普通高等教育“十二五”规划教材

混凝土结构设计原理

主　编　翟爱良　周建萍
副主编　饶光媛　周翠玲　李　昊
　　　　张　园　郭　巍　杨　帆

中国水利水电出版社
www.waterpub.com.cn

内 容 提 要

本书以全国高等学校土木工程学科专业指导委员会审定通过的《混凝土结构》教学大纲和国家标准《混凝土结构设计规范》（GB 50010—2010）作为主要编写依据。全书共九章，主要讲述钢筋混凝土材料性能、混凝土结构计算原理以及受弯、受剪、受扭、受压、受拉及预应力构件等各类混凝土基本构件的受力性能和分析计算。

本书可作为高等学校土木工程专业的教材，也可供土木工程行业从事混凝土结构设计、施工与管理的工程技术人员学习参考。

图书在版编目（CIP）数据

混凝土结构设计原理 / 翟爱良，周建萍主编. -- 北京：中国水利水电出版社，2012.10
普通高等教育“十二五”规划教材
ISBN 978-7-5170-0269-7

Ⅰ. ①混… Ⅱ. ①翟… ②周… Ⅲ. ①混凝土结构—结构设计—高等学校—教材 Ⅳ. ①TU370.4

中国版本图书馆CIP数据核字(2012)第247199号

书 名	普通高等教育“十二五”规划教材 **混凝土结构设计原理**
作 者	主 编 翟爱良 周建萍 副主编 饶光媛 周翠玲 李昊 张园 郭巍 杨帆
出版发行	中国水利水电出版社 （北京市海淀区玉渊潭南路1号D座 100038） 网址：www.waterpub.com.cn E-mail：sales@waterpub.com.cn 电话：（010）68367658（发行部）
经 售	北京科水图书销售中心（零售） 电话：（010）88383994、63202643、68545874 全国各地新华书店和相关出版物销售网点
排 版	中国水利水电出版社微机排版中心
印 刷	北京市北中印刷厂
规 格	184mm×260mm 16开本 20.75印张 492千字
版 次	2012年10月第1版 2012年10月第1次印刷
印 数	0001—3000册
定 价	**39.00**元

前言

本书根据全国高等学校土木工程学科专业指导委员会审定通过的《混凝土结构》教学大纲和最新国家标准——《混凝土结构设计规范》（GB 50010—2010）编写。

作为土木工程专业的一门专业基础课程，本书主要讲述土木工程涉及领域内各类混凝土基本构件的受力性能和分析计算。全书共9章，包括钢筋混凝土材料的物理力学性能、钢筋混凝土结构计算方法、受弯构件正截面承载力计算、受弯构件斜截面承载力计算、受压构件承载力计算、受拉构件承载力计算、受扭构件承载力计算、钢筋混凝土构件的裂缝、变形和耐久性以及预应力混凝土构件等。

本书内容按照21世纪土木工程专业本科学生的培养规格和要求，从全面提高学生专业素质和创新能力出发，密切结合《混凝土结构》课程教学改革成果，结合工程实际和混凝土结构学科的国内外最新研究应用进展，注意吸收同类教材的优点，力求文字简练、深入浅出，在讲清基本概念和基本理论的基础上，列出了较多的计算示例，每章均附有思考题，除第一章和第二章外，其他各章都有一定数量的习题，以强化学生对基本理论和基本知识的应用能力。

全书由山东农业大学翟爱良和云南农业大学周建萍担任主编。编写人员及分工为：翟爱良（绪论、第五章第三节）周建萍（第二章、第七章）；周翠玲（第五章第一节、第二节）；杨 帆（第一章、第六章）；李昊（第三章）；郭巍（第四章）；张 园（第八章）；饶光媛（第九章）。

由于本书编写时间仓促及编者水平有限，书中肯定会有不妥或错误之处，敬请读者批评指正。

编者

2012年7月

目　录

绪　论

一、混凝土结构的一般概念和特点

在土木工程中，由建筑材料筑成，能承受荷载而起骨架作用的构架称为工程结构，简称结构。从材料种类分，可分为混凝土结构、钢结构、木结构、砌体结构以及组合结构等。以混凝土材料为主，并根据需要配置钢筋、预应力钢筋、钢骨、钢管、纤维等，共同受力的结构均可称为混凝土结构。混凝土结构包括有素混凝土结构、钢筋混凝土结构、预应力混凝土结构、钢骨混凝土结构、钢管混凝土结构及配置各种纤维筋的混凝土结构等（图 0－1）。

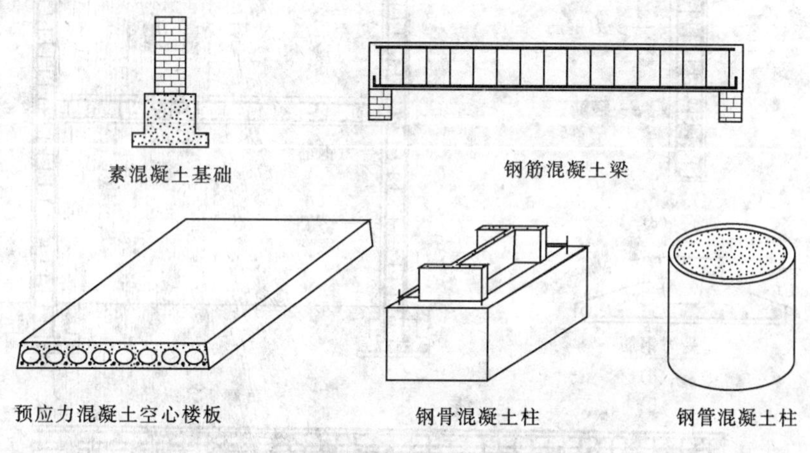

图 0－1　常见混凝土结构构件的形式

素混凝土结构是指不配置任何钢材的混凝土结构。

钢筋混凝土结构是指用圆钢筋作为配筋的普通混凝土结构。常见钢筋混凝土结构和构件配筋实例见图 0－2。

预应力混凝土结构是指在结构构件制作时，在其受拉部位上人为地预先施加压应力的混凝土结构。

钢骨混凝土结构又称为型钢混凝土结构。它是指用型钢或用钢板焊成的钢骨架作为配筋的混凝土结构。

钢管混凝土结构是指在钢管内浇捣混凝土做成的结构。

素混凝土结构由于承载力低、性质脆，很少用来作为土木工程的承力结构。钢骨混凝土结构承载能力大、抗震性能好，但耗钢量较多，可在高层、大跨或抗震要求较高的工程中采用。钢管混凝土结构的构件连接较复杂，维护费用多。本书重点讲述钢筋混凝土结构的材料性能、设计原则、计算方法和构造措施。对于预应力混凝土结构，将在本书的第九章中介绍。

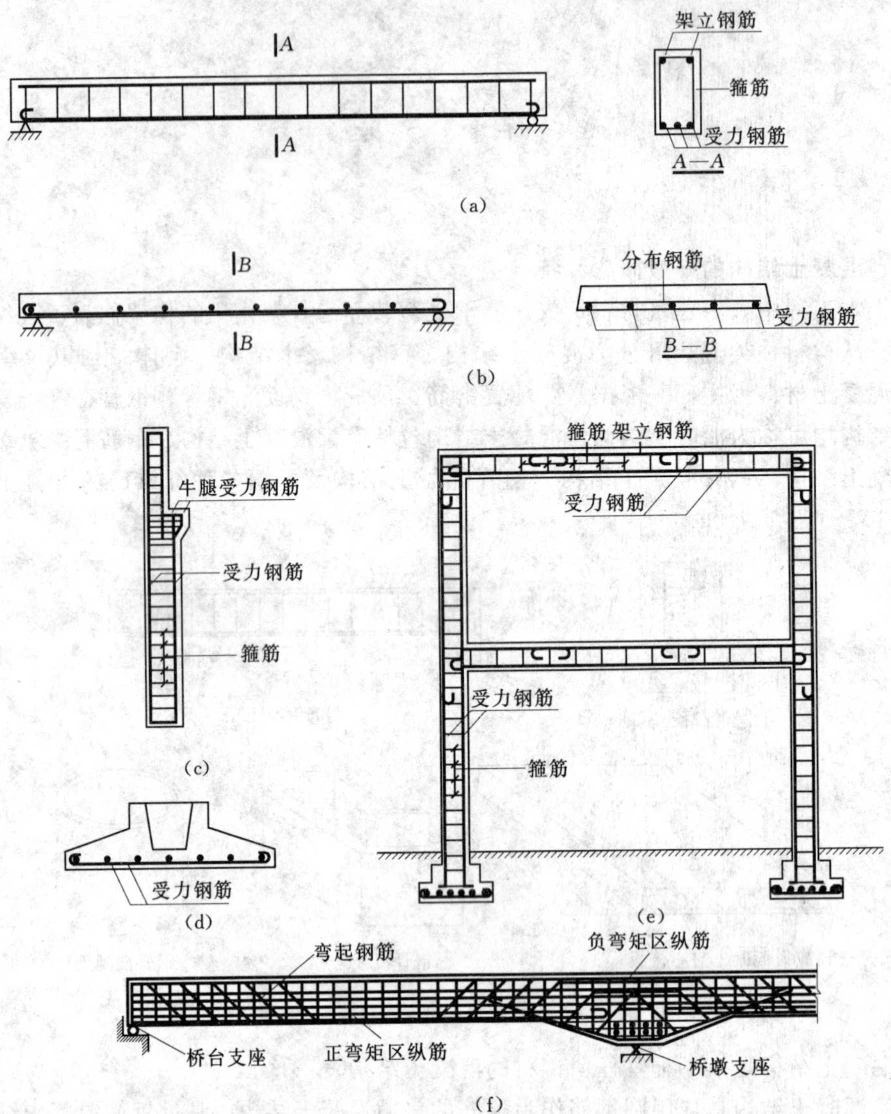

图 0-2　常见钢筋混凝土结构和构件配筋实列

(a) 钢筋混凝土简支梁的配筋；(b) 钢筋混凝土简支平板的配筋；(c) 装配式钢筋混凝土单层工业厂房边柱的配筋；(d) 钢筋混凝土杯形基础的配筋；(e) 两层单跨钢筋混凝土框架的配筋；(f) 钢筋混凝土连续梁桥的配筋

最常用的是由钢筋和混凝土两种材料组成共同受力的钢筋混凝土结构，将钢筋和混凝土结合在一起做成钢筋混凝土结构和构件，其原因可通过下面的试验看出。

图 0-3 所示为两根混凝土梁的对比实验情况。一根截面为 200mm×300mm，跨长为 4.0m，混凝土强度为 C20 的素混凝土简支梁，如图 0-3 (a) 所示，当跨中承受的集中力 F 为 8.0kN 时，就会因混凝土受拉而断裂，从而导致整个梁的破坏。但是，如果在这根梁的受拉区配置 3 根直径 16mm 的 HRB335 级钢筋，用钢筋代替开裂后的混凝土承受拉力，则可以继续加载，直到钢筋达到屈服强度，混凝土受压而破坏，破坏荷载增加到约为

36.0kN，如图 0-3（b）所示。

上述实验结果说明，在混凝土结构中配置一定型式和数量的钢筋，可以使结构的承载能力大幅度的提高，结构的受力性能得到显著的改善。分析其原因，在钢筋和混凝土两种材料中，钢筋的抗拉和抗压能力都很强，混凝土的抗压能力较强而抗拉能力很差，一般只有抗压能力的 1/20～1/8，混凝土承受拉力时很容易开裂，因此素混凝土梁承载力较低。当混凝土受拉区配置了适量的钢筋，一旦受拉区混凝土开裂，裂缝截面处的受拉混凝土虽然不能继续承受拉力，但是此力可由受拉区钢筋来承受，因此钢筋混凝梁不会像素混凝土梁那样发生脆性破坏，在受拉区混凝土开裂后还可以继续增加荷载直至钢筋应力达到屈服强度，梁才破坏，破坏荷载大为增加，梁的承载能力大大提高。这同时也表明素混凝土结构在应用中受到很大的限制。

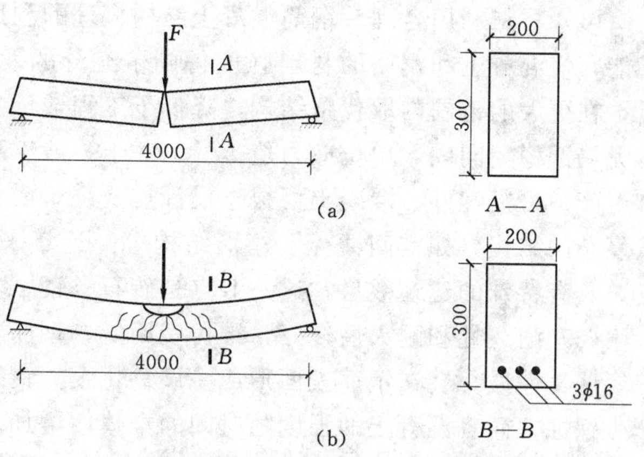

图 0-3　混凝土简支梁的破坏

（a）素混凝土简支梁；（b）钢筋混凝土简支梁

一般来说，在钢筋混凝土结构中混凝土主要承担压力，钢筋主要在构件的受拉区承担拉力，在实际工程中，还有许多其他配筋方式，如在构件的受压区配置钢筋协助混凝土受压；在构件受剪区段、受扭区段、节点区等复杂应力区域，配置箍筋或纵横交错的钢筋；当构件受力很大时，可以直接配置钢骨；利用箍筋或钢管约束混凝土来提高混凝土的抗压强度等（图 0-4）。

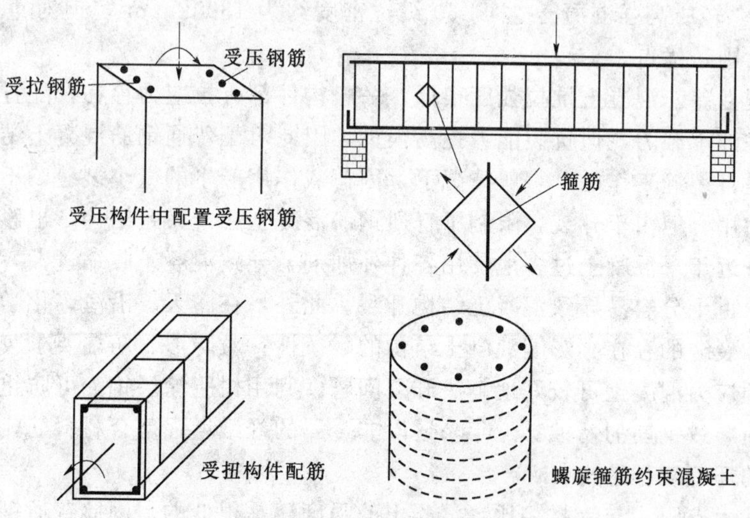

图 0-4　混凝土构件常见配筋方式

作为在土建工程中应用最广泛的钢筋混凝土结构具有许多优点，主要有：

(1) 材料利用合理。钢筋混凝土结构合理的利用了钢筋和混凝土两种不同材料的受力性能，使混凝土和钢筋的材料强度得到了充分的发挥，特别是现代预应力混凝土应用以后，在更大的范围内取代钢结构，降低了工程造价。结构的承载力与其刚度比例合适，基本无局部稳定问题，单位应力造价低，对于一般工程结构，经济指标优于钢结构。

(2) 可模性好。混凝土可根据设计需要浇筑成各种形状和尺寸的结构，适用于各种形状复杂的结构，如空间薄壳、箱形结构等。近年来采用高性能混凝土可浇筑的清水混凝土，具有特殊的建筑效果。这一特点是砖石、钢、木等结构所不能代替的。

(3) 耐久性和耐火性较好，维护费用低。钢筋与混凝土具有良好的化学相容性，混凝土属碱性性质，会在钢筋表面形成一层氧化膜，钢筋有混凝土的保护层，一般环境下不会产生锈蚀，而且混凝土的强度随时间的推移而增加。混凝土是不良导热体，使钢筋不致因发生火灾时升温过快而丧失强度，一般 30mm 厚混凝土保护层，可耐火约 2.5h；同时，在常温至 300℃范围，混凝土的抗压强度基本不降低。

(4) 现浇混凝土结构的整体性好，且通过合适的配筋，可获得较大的延性，适用于抗震、抗爆结构；同时防振性能和防辐射性能较好，适用于防护结构。

(5) 刚度大、阻尼大，有利于结构的变形控制。

(6) 易于就地取材。混凝土所用的大量砂、石，易于就地取材。近年来，利用工业废料来制造人工骨料，或利用粉煤灰作为水泥的外加成分来改善混凝土性能，既可废物利用，又可保护环境。

但是，钢筋混凝土结构也有一些缺点，主要有：

(1) 结构自重大。混凝土和钢筋混凝土结构的重力密度一般为 $23kN/m^3$ 和 $25kN/m^3$，由于钢筋混凝土结构截面尺寸大，所以对大跨度结构、高层抗震结构都是不利的。需发展和研究轻质混凝土、高强混凝土和预应力混凝土。目前我国工程应用的高强混凝土可达 C100 级；轻质高强混凝土达 CL60 级，密度约为 $1800kg/m^3$。但对重力坝，高密度混凝土自重大则是优点。

(2) 抗裂性差。混凝土抗拉强度很低，一般构件都有拉应力存在，配置钢筋以后虽然可以提高构件的承载力，但抗裂能力提高很少，因此对于普通钢筋混凝土结构，在正常使用阶段往往是带裂缝工作的。一般情况下，因荷载作用产生的微小裂缝，不会影响混凝土结构的正常使用。但由于开裂，限制了普通钢筋混凝土用于大跨结构，也影响到高强钢筋的应用。而且近年来混凝土过多地使用各种外加剂，导致混凝土收缩过大，以及由于环境温度的影响，也十分容易导致混凝土结构开裂。此外，在露天、沿海、化学侵蚀等环境较差的情况下，裂缝的存在会影响混凝土结构的耐久性；对防渗、防漏要求较高的结构也不适用。采用预应力混凝土可较好地解决开裂问题。利用树脂涂层钢筋可防止在恶劣工作环境下因开裂而导致钢筋的锈蚀。近年来还以非金属的纤维增强复合材料筋代替钢筋，用于腐蚀性很强的环境工程结构。

(3) 承载力有限。与钢材相比，混凝土的强度还是很低的，因此普通钢筋混凝土构件的承载力有限，用作承受重载结构和高层建筑底部结构时，往往会导致构件尺寸太大，占据较多的使用空间。发展高强混凝土、钢骨混凝土、钢管混凝土可较好地解决这一问题。

(4) 施工复杂，工序多（支模、绑钢筋、浇筑、养护、拆模），工期长，施工受季节、天气的影响较大。利用钢模、飞模、滑模等先进施工技术，采用泵送混凝土、早强混凝土、商品混凝土、高性能混凝土、免振自密实混凝土等，可大大提高施工效率。

(5) 混凝土结构一旦被破坏，其修复、加固、补强比较困难。但新型混凝土结构的加固技术不断发展，如最近研究开发的采用黏贴碳纤维布加固混凝土结构的新技术，不仅快速简便，而且不增加原结构重量。

钢筋和混凝土两种材料的物理力学性能很不相同，能否共同工作是人们关心的问题，实践证明这两种材料是能够有效结合在一起共同工作的，两者的共同工作具有较好的基础，除混凝土对钢筋具有较好的保护作用外，还具有以下两个原因：

(1) 混凝土结硬后，能与钢筋牢固地黏结在一起，相互传递内力。黏结力是这两种性质不同的材料能够共同工作的基础，保证在荷载作用下，钢筋和外围混凝土能够协调变形，共同受力。

(2) 钢筋和混凝土两种材料的温度线膨胀系数很接近（钢筋为 1.2×10^{-5}，混凝土为 $1.0\times10^{-5}\sim1.4\times10^{-5}$）。当温度变化时，二者间不会因各自伸缩，而产生较大的相对变形和温度应力，致使黏结力遭到破坏。

二、混凝土结构的发展简况与应用

混凝土结构是随着水泥和钢铁工业的发展而发展起来的，至今已有 160 多年的历史。1824 年，英国约瑟夫·阿斯匹丁（JosephAspdin）发明了波特兰水泥并取得了专利。1850 年，法国蓝波特（L. Lambot）制成了铁丝网水泥砂浆的小船。1861 年法国约瑟夫·莫尼埃（Joseph Monier）获得了制造钢筋混凝土板、管道和拱桥等的专利，1872 年，在纽约建造了第一座钢筋混凝土房屋，混凝土结构开始实际工程中应用。

和砖石结构、钢木结构相比，混凝土结构是一种较新的结构，其发展大体可分为三个阶段：

从 19 世纪 50 年代到 20 世纪 20 年代，一般认为是钢筋混凝土结构发展的第一阶段。这个期间出现了钢筋混凝土板、梁、柱、基础等简单的构件，所采用的混凝土和钢筋强度都比较低，钢筋混凝土的计算理论尚未建立，设计计算沿用材料力学中的容许应力法。

第二阶段是从 20 世纪 20 年代到 40 年代前后。随着混凝土和钢筋强度的不断提高，1928 年法国杰出的土木工程师弗雷西奈（E. Freyssnet）的贡献使预应力混凝土进入了实用阶段，使混凝土结构可以用来建造大跨度结构。在计算理论上，前苏联著名的混凝土结构专家格沃兹捷夫（A. A. FBOaeB）提出了考虑混凝土塑性性能的破损阶段设计法，奠定了现代钢筋混凝土结构的基本计算理论。

第三阶段是 20 世纪 40 年代到现在。随着高强混凝土和高强钢筋的出现，装配式钢筋混凝土结构、泵送商品混凝土等工业化生产方式的采用，许多大型结构，如超高层建筑、大跨度桥梁、特长隧道等不断兴建，计算理论过渡到极限状态设计法。近几十年来，钢筋混凝土计算理论日趋完善，在钢筋混凝土的材料制造、施工方法等方面也有了很大的进步。混凝土结构的应用范围日益扩大，无论地上或地下建筑，乃至海洋工程构筑物，很多采用混凝土结构建造。目前，混凝土结构已经成为我国土木工程各个领域应用最广泛的结构。在工业民用建筑及交通运输工程中，用来建造厂房、多层与高层楼房、水池、水塔、桥梁、飞机跑道、电视塔；在水利水电、水运工程建筑中，钢筋混凝土用来建造水坝、水闸、船闸、水电站厂房、机墩、蜗壳、尾水管、码头、涵洞等，现摘要举例说明。

在房屋工程中，多层住宅、办公楼大多采用砌体结构作为竖向承重构件，楼板和屋面板则几乎全部采用预制或现浇钢筋混凝土板；多层厂房和小高层房屋大多采用现浇钢筋混凝土梁板柱框架结构；单层工业厂房多是采用预制钢筋混凝土基础、柱、屋架或屋面梁以及大型屋面板；高层建筑采用钢筋混凝土体系更是获得很大发展，美国高层建筑与都市居住小区理事会于1986年公布的世界最高100幢高层建筑最低为207m，1991年公布的最低为218m，而1997年公布的则为227m。目前，采用钢筋混凝土结构体系建造的高度位于前列的高层建筑主要有：马来西亚石油双塔楼，88层，高452m；香港中环广场大厦，78层，高374m；广州中天广场大厦，80层，高322m，美国芝加哥双咨询大楼，64层，高303m；曼谷Baiyoke塔楼，高320m；朝鲜平壤柳京饭店，高300m；美国芝加哥311南威克旅游中心，高293m；美国夏洛特国家银行合作中心，高265m；美国芝加哥水塔广场大厦，高262m。我国上海的金茂大厦，88层，建筑高度421m，为正方形框筒结构，内筒混凝土墙厚850mm，外围为钢骨混凝土柱和钢柱。上海浦东世界环球金融中心大厦，95层，高460m，内筒为钢筋混凝土结构，为世界最高的建筑物之一。

在桥梁工程中，中小跨度桥梁绝大部分采用钢筋混凝土结构建造。拱桥方面，我国混凝土拱桥建设居世界领先地位。1990年建成的宜宾金沙江钢筋混凝土拱桥，跨度为240mm，是中承式拱桥当时的世界纪录。这一纪录被1996年建成的广西邕宁邕江桥所突破，其跨度为312m，采用钢管混凝土作骨架浇成混凝土箱形截面，钢管不外露，为劲性混凝土结构。1997年建成的318国道上的四川万县长江大桥，也是采用钢管混凝土作骨架浇成的三室单箱截面上承式拱桥，跨长420m，为目前世界第一拱桥。刚架桥方面，1999年11月挪威建成Stoma和Raft两座海峡桥，跨度分别为301m、298m，分别列世界同类桥梁的第一、第二位，我国于1997年7月建成通车的虎门大桥由东引桥、主桥、中引桥、辅航道桥和西引桥组成，其中辅航道桥为两座单桥组成，都为单室单箱预应力混凝土连续刚构桥，行车道宽14.25m，跨度达到270m，位居同类桥梁第三位。斜拉桥方面，虽然采用钢悬索或钢制斜拉索，但其桥墩、塔桥和桥面仍都采用钢筋混凝土结构。如1993年1月建成通车的上海杨浦组合斜拉桥，采用混凝土面板与钢加劲大梁共同工作，主跨602m；1997年建成的香港青马大桥跨度1377m，桥体为悬索结构，支承悬索的两端塔架为高度203m的钢筋混凝土结构；1997年建成的江阴长江大桥，主跨1385m，位居世界第四。从上可见，我国斜拉桥建设也已进入国际先进行列。

在水利工程中，水利枢纽中的水电站、拦洪坝、引水渡槽、污水排灌管也大都采用钢筋混凝土结构。世界最高的重力坝为瑞士大狄克桑斯坝，高285m；我国大坝建设也已达到国际先进水平，在建的长江三峡水利枢纽大坝为重力坝，高度190m，设计装机容量1860万kW，为世界最大的水利发电站。四川二滩双曲拱坝于1998年12月建成投产，坝高242m，装机容量330kW；黄河小浪底水利枢纽中小浪底大坝高154m，主体工程中混凝土和钢筋混凝土用量达269万m^3。我国还将建造高度达290m的四川溪洛渡及其他高坝，已经开工的南水北调工程是一项跨世纪的宏伟工程，沿线将建很多预应力混凝土渡槽、混凝土水闸。

在隧道工程中，新中国成立以来修建了2500km长的铁道隧道，其中成昆铁路线中就有隧道427座，总长341km，占全线路长的近1/3；修建公路隧道约400座，总长80km。混凝土结构还大量应用于北京、上海、天津、广州、南京等城市已建或在建的地铁、高架轻轨、高速磁悬浮等城市重要交通设施。

还有一些特种结构（一般认为除房屋建筑、道路桥隧以及水工结构外的所有结构均属于特种结构），如电线杆、烟囱、水塔、筒仓、储水池、储罐、电视塔、核电站反应堆安全壳、近海采油平台等也多用混凝土结构建造。我国宁波北仑火力发电厂建有高度达270m的筒中筒烟囱；山西云岗建成两座预应力混凝土煤仓，容量6万t；日本建成的地下液化天然气储罐容量已达20万m^3；日本大阪正在建容量达18万m^3的地上预应力液化天然气储罐。世界最高电视塔加拿大多伦多电视塔，高553.3m，为钢筋混凝土结构，采用滑模施工技术建造；上海东方明珠电视塔由三个钢筋混凝土筒体组成独特造型，高456m，居世界第三位。

三、混凝土结构的最新进展

在改革开放30多年的时间里，伴随着经济的快速增长，我国的混凝土结构发展迅猛，从新材料、新技术的研究开发和推广应用，到工程结构的建造，均取得了前所未有的巨大成就。现阶段混凝土结构的最新发展特征是：

高性能混凝土（HPC）和绿色高性能混凝土（GHPC）的兴起和应用。

进一步发展的工业化体系，如大模板现浇体系；高层建筑结构体系的发展，如框桁体系和外伸结构的采用。

计算机的发展和普及，在结构工程领域内引起深刻的变革。在设计中引入概率方法，专家系统的采用，计算机辅助设计和绘图（CAD，CAG）的程序化，包括结构动态分析图形的描绘，改进了设计方法，提高了设计质量，减轻了设计工作量，极大地提高了人的工作效率。优化设计的广泛应用，节约了建设投资。

振动台试验和拟动力试验以及风洞试验较普通地开展；建筑和桥梁结构的主、被动抗震控制的实际应用；计算机模拟试验大大减少了试验工作量，节约了大量人力物力。

有限元的广泛应用，计算模式研究的开展，其他数值计算方法的创立和发展；结构机理包括破坏机理研究的加强；对复合应力的研究并结合实验结果提出各种强度理论，由此产生了“近代混凝土力学”这一学科分支，并将逐渐得到发展和完善。

工程结构的“移植”，如将桥梁中的斜拉结构应用于房屋建筑，及至创造新的结构形式，如创造出双拱架结构和桁式组合拱桥等。以及各学科间的相互渗透，如将有限元应用于混凝土的微观研究。

工程材料微观研究的开展与加强，为材料强度和性能的不断提高创造了条件，新材料、新工艺和施工新方法的研究和开发。

模糊数学在抗震设计中的应用。

混凝土结构寿命的研究。

现代力学（断裂力学、损伤力学、微观力学）在混凝土结构方面的应用。

混凝土结构应用范围在多方面的拓宽，其尺度不断向高、长、大方向发展。以下从四个方面简述混凝土结构的最新进展。

1. 材料方面

混凝土结构材料将继续向轻质、高强、高性能方向发展。

(1) 在可持续发展的思想指导下，21 世纪将是高性能混凝土（HPC）和绿色高性能混凝土（GHPC）兴起和发展的时期。发展绿色高性能混凝土可充分利用各种工业废弃物，大力发展复合胶凝材料，最大限度地降低硅酸盐水泥的用量，使混凝土工程走可持续发展之路。

20 世纪 80 年代末西方发达国家在总结混凝土技术发展的基础上提出了“高性能混凝土”的概念，美、英、法、日等国相继进行了大力研究。目前我国工程中普遍使用的混凝土等级为 C20～C40，在一些高层建筑中也采用等级为 C50～C80 的混凝土，个别试点工程项目用到 C80 以上。《高强混凝土结构设计与施工指南》将等级在 C50 以上（含 C50）的混凝土划为高强度混凝土。高性能混凝土的概念相对于高强度混凝土更加深远，高性能混凝土即要求混凝土具有高耐久性、高工作性、高强度、低温升、高抗渗、抗震、抗爆、抗冲击以及高体积稳定性等，后来总结概括为高强度、高耐久性和高工作性。其配合比的重要特点是低水灰比和多组掺合剂。降低水灰比可减少混凝土中的孔隙，提高密实性和强度，并减少收缩及徐变。外加高效减水剂、粉煤灰、沸石粉、硅粉等掺合剂可以改善拌料工作度，降低泌水离析，改善混凝土的微观结构，增加混凝土抗酸碱腐蚀和防止碱骨料反应的作用。混凝土材料强度的提高和性能的改善为钢筋混凝土结构进一步向大跨化、高耸化发展创造了条件，桥梁的跨度在 21 世纪已突破 500m，正逼近 2000m，大跨度空间结构跨度也将突破 200m，印度正在设计拟在孟买建造 560m 高的钢筋混凝土电视塔，我国拟在雅砻江拐弯处建一座高 325m 的混凝土拱式电站大坝。

(2) 20 世纪 80 年代国外开始采用碳纤维乱向掺入普通混凝土内形成纤维增强混凝土。纤维增强混凝土可在多方面达到优异的性能，大幅度提高混凝土的抗拉、抗剪、抗折强度和抗裂、抗冲击、抗疲劳、抗震、抗爆性能。常见的纤维材料有：钢纤维、合成纤维、玻璃纤维和碳纤维等，其中钢纤维混凝土应用比较成熟。

钢纤维混凝土是将短的、不连续的钢纤维均匀乱向的掺入普通混凝土中制成的一种“特殊”混凝土，可形成无筋钢纤维混凝土结构或钢筋钢纤维混凝土结构。其施工方法可采用浇筑振捣，也可采用喷射方法。钢纤维的长度一般 20～50mm，截面形式常用的有圆形、月牙形和矩形，截面直径或等效直径 0.3～0.8mm，钢纤维的抗拉强度要求不低于 380N/mm^2，钢纤维掺入量通常为混凝土体积的 0.5%～2%。钢纤维混凝土的破坏一般是钢纤维从基体混凝土中被拔出而不是被拉断，因此两者之间的黏结强度是影响钢纤维增强和阻裂效果的重要因素。钢纤维的工程应用很广，可用于预制桩的桩尖和桩顶部分、抗震框架节点、刚性防水屋面、地下人防工程、水工闸门的门槽和渡槽的受拉区、大坝防渗面板、混凝土拱桥受拉区段等。

合成纤维可以作为主要加筋材料，提高混凝土的抗拉、韧性等性能，用于各种水泥基板材；也可作为次要加筋材料，用于提高混凝土材料的抗裂性。目前应用较理想的合成纤维有尼龙单丝纤维、纤化聚丙烯纤维，其长度一般为 20mm，掺加量一般为 600～900g/m^3，应具有较高的耐碱性及在水泥基体中的分散性与黏结性。合成纤维混凝土已经在我国上海东方明珠电视塔、上海地铁一号线等工程中使用，取得了较好效果。

碳纤维有单向碳纤维布、双向碳纤维交织布、单向碳纤维层压板材等种类，拉伸模量一般为230GPa，抗拉强度一般为3200～3500MPa，具有轻质、高强、耐腐蚀、耐疲劳、施工便捷等优点，已广泛应用于建筑、桥梁结构的加固补强。此项技术从1981年瑞典最早采用碳纤维复合材料加固Ebach桥以来，在日美等国发展迅速，在90年代先后制订了加固设计规程，日本至今已有1000多个工程加固项目采用。我国从1997年开始研究并应用碳纤维加固混凝土结构，计算设计理论、材料及施工技术等方面均取得了很大进展，取得了良好的社会效果和经济效益，我国目前已经制订了《碳纤维布加固修复混凝土结构技术规程》。碳纤维也可以作预应力筋，应用于工程结构，日本、德国等国家用碳纤维作预应力筋建造了不少桥梁，1996年在日本茨城用碳纤维作预应力筋建造了一座长度为54.5m的悬索桥。

(3) 轻集料混凝土得到研究和应用。轻集料混凝土是指密度小于1800kN/m^3的混凝土，其强度等级一般为C15～C20，集料类型主要有人造轻集料、天然轻集料和工业费料轻集料等。这种混凝土顺应当前严峻的环保形势，具有很强的生命力。据报道，瑞典已经成功研制出密度小于水的超轻混凝土。

(4) 在钢筋工程技术方面，HRB400、RRB400钢筋（相当于原标准的Ⅲ级钢筋）成为普通混凝土结构主导性受力钢筋，低松弛高强钢绞线将成为预应力结构的主导性受力钢筋，冷拉带肋钢筋得到更多的应用。此外，粗直径钢筋的连接技术得到较快发展，钢筋的连接将逐渐由搭接过渡到电渣压力焊、套筒挤压、锥螺纹连接、直螺纹连接等新的连接方式。与搭接连接相比，新连接方式连接可靠，节约钢筋。

2. 结构形式方面

混凝土结构形式将进一步向组合结构方向发展。

(1) 钢—混凝土组合结构稳步发展。为了充分发挥钢材的抗拉能力和混凝土的抗压能力，钢—混凝土组合结构应运而生。主要形式有：受弯构件采用混凝土板和型钢组合；受压构件采用钢管混凝土结构，以及钢骨混凝土、劲性混凝土结构。

钢骨混凝土结构在我国已经广泛采用，已建成的高层建筑有30多幢，如北京的香格里拉饭店、上海金茂大厦、上海浦东世界环球金融中心大厦等。钢骨混凝土结构有实腹式钢骨和空腹式钢骨两种形式（图0-5、图0-6），前者通常由钢板焊接拼成或用直接轧制而成的工字形、Ⅱ形、十字形截面，外包钢筋混凝土；后者是用轻型型钢拼成构架埋入混凝土中。抗震结构多采用实腹式钢骨混凝土结构。

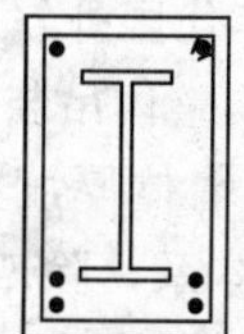

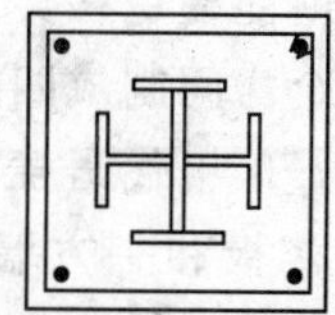

图0-5　实腹式钢骨混凝土构件截面形式

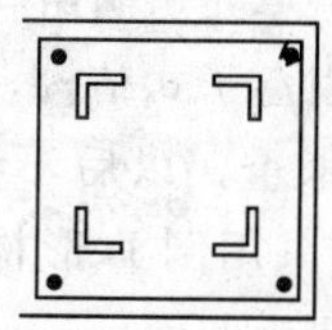

图0-6　空腹式钢骨混凝土构件截面形式

钢骨混凝土结构的钢骨与外包钢筋混凝土共同承受荷载作用，外包混凝土可以防止钢构件的局部屈曲，提高构件的整体刚度，显著改善钢构件的平面扭转屈曲性能，还可以增强结构的耐久性和耐火性。钢骨混凝土结构比钢结构节省钢材，增加刚度和阻尼，有利于控制结构的变形和振动，因此钢骨混凝土结构承载力大且延性好、耗能能力强，可显著改善结构的抗震性能。

预弯型钢预应力梁是钢—混凝土组合结构中一种较新的结构形式。这种结构采用工字钢在无应力状态下制成向上弯的构件，然后横向加载施压使其平直，再浇筑混凝土，待混凝土结硬后卸载，受预应力的工字钢将回弹使梁底受压，达到预应力效果。这种工艺无需锚具和张拉设备，我国 20 世纪 80 年代中期在桥梁工程中采用过这一工艺。

（2）为了提高结构的抗裂度，预应力混凝土结构得到了越来越多的应用。预应力技术的最新进展是在无黏结预应力技术的基础上发展起来的缓黏结技术、体外预应力筋以及横向张拉预应力筋技术。

缓黏结技术与无黏结预应力工艺类似，但采用缓凝砂浆包裹预应力钢筋，在张拉钢筋时砂浆不起黏结作用，待钢筋锚固后，砂浆缓慢凝结硬化，与预应力钢筋相黏结，无需灌浆。缓凝结技术在钢筋张拉时是“无黏结”，但在砂浆硬化后又是“有黏结”，因而具有两者共同的优点。

体外张拉预应力钢筋的方法最早应用于结构的加固补强，最近已开始在新建工程中采用。它工艺简便，且可以大幅度减少因磨擦引起的预应力损失，便于更换和增加新索具，是一项值得关注的新技术，已在国外桥梁工程中广泛采用，国内房屋和桥梁中也开始采用。

横向张拉预应力钢筋的工艺是首先将梁底预应力钢筋浇入梁中，在梁底预留明槽以暴露预应力钢筋的中段，在梁端设加宽的梁肋，以承受预应力筋的巨大作用力。当梁端混凝土达到一定强度后，将预应力筋垂直于梁底面进行张拉，使钢筋在纵向伸长，梁中混凝土受到预压应力，最后用钢销固定预应力筋的位置，明槽内填充混凝土。这种工艺不需要特殊的锚具，不需要在孔道内穿入钢筋，且张拉应力小，施工方便。

3. 施工技术方面

工程施工技术将进一步向加快施工速度、降低造价、保证工程质量和建筑工业化的方向发展，施工监测技术、延长混凝土结构使用寿命、结构维修加固技术等已成为新的研究热点。

在一般的工业与民用建筑中已广泛采用定型化、标准化的装配式结构。目前又从一般的标准设计发展到工业化建筑体系，趋向于只用少数几种类型的构件（如梁板合一构件，墙柱合一构件，单元房间组合件等）就能建造各类房屋。20 世纪 60 年代国外（主要在罗马尼亚）曾采用盒子式结构，即将一个房间制成四方墙壁和顶板的结构整体吊装，这样形成双墙，显得笨重，以后不再采用。70 年代丹麦采用的盒子结构，墙体厚度很薄，仅 50mm；北欧还采用倒 L 形构件构成楼板和一方墙；美国 Anderson 体系，除四方墙外，楼板则根据需要为四面、三面或二面挑出以构成另一房间的楼板部分，避免了双墙。

中小型预制桥梁的自整个吊装，大型桥梁及大跨度房屋盖结构的整体吊装、高层建筑中的升板结构和泵送混凝土等技术已经得到了广泛的应用。

为节约木材及工程实际的需要，模板正向着非木材化、高品质、多功能方向发展。从材料上看，在小钢模的基础上开始研制使用中型钢模、钢框胶合板、竹模板甚至玻璃钢模板；从品质上看，正在探索清水混凝土用模板；从功能上看，开始提出模板的结构化；即施工中采用外形美观的模板，作为结构的一部分参与受力，不再拆除，也可以减少装修中的部分工序。

在工厂生产的条件下，已开始尝试采用远红外辐射养护技术；在现场养护条件下，新近提出用电热钢模板的方法来加速混凝土养护过程。另外，养护液开始采用，将养护液喷洒于新生混凝土表面，快速干燥后形成极薄的一层封闭膜，从而充分利用水化热使混凝土早强。

4. 设计理论方面

目前在建筑结构中已广泛应用基于概率论和数理统计分析的可靠度理论，采用以概率论为基础的可靠度设计方法；考虑混凝土非线性变形的计算理论已经有了很大的进展，对实际结构进行非线性分析已经进入实用阶段，在新规范中已经得到体现，在梁板、框架结构及大型工程结构的分析中得到了应用。从侧重于结构安全到注重结构的全面，包括对结构裂缝和变形性能的控制，从侧重于结构的使用阶段，到结构抗倒塌设计。对施工过程中和逐渐老化过程中的混凝土结构进行分析研究，推动了相关检测和加固技术的发展；随着对混凝土性能的深入研究和电子计算机的应用，目前已能对各种构件从加载到最后破坏进行全过程分析，采用虚拟现实的计算机仿真技术，开展设计分析及决策工作。混凝土构件复合受力和反复荷载作用下的计算理论正朝着向受力机理，建立统一计算模式的方向发展。由于将结构与机械相结合（如机械舞台活动台板），将结构与现代控制理论及技术相结合（结构可以根据外荷载的变化，调整自己的承载力特性，从而提高结构承受变化荷载的能力），以及将电子计算机、有限元方法和现代化的测试技术引入到钢筋混凝土的理论和试验研究中来，使得钢筋混凝土的计算理论和设计方法正日趋完善，并向更高阶段发展。

四、学习本课程需要注意的几个问题

混凝土结构设计原理课程主要是对房屋建筑工程中混凝土结构构件的受力性能、计算方法和构造要求等问题进行讨论。首先介绍混凝土结构的材料性能，它是学习以后各章的基础。然后讨论混凝土结构设计基本原理，受弯构件正截面承载力计算，受弯构件斜截面承载力计算，受压构件承载力计算，受拉构件承载力计算，受扭构件承载力计算，混凝土构件的裂缝、变形和耐久性，最后介绍预应力混凝土构件设计。

在学习混凝土结构设计原理课程时，应该注意以下几点：

（1）混凝土结构通常是由钢筋和混凝土结合而成的一种结构。钢筋混凝土材料与理论力学中的刚性材料以及材料力学、结构力学中的理想弹性材料或理想弹塑性材料有很大的区别。为了对混凝土结构的受力性能与破坏特征有较好的了解，首先要求对钢筋和混凝土的力学性能要很好地掌握。

（2）混凝土结构在裂缝出现以前的抗力行为，与理想弹性结构相近。但是，在裂缝出现以后，特别是临近破坏之前，其受力和变形状态与理想弹性材料有显著不同。混凝土结构的受力性能还与结构的受力状态、配筋方式和配筋数量等多种因素有关，暂时还难以用一种简单的数学、力学模型来描述。因此，目前主要以混凝土结构构件的试验与工程实践经验为基础进行分析，许多计算公式都带有经验性质。它们虽然不如理想弹塑性材料做成的结构构件的计算公式那样严谨，然而却能够较好地反映结构的真实受力性能。在学习本课程时，应该注意各计算公式与力学公式的联系与区别，要重视构件的实验研究，了解试验中的规律性现象，理解建立公式时所采用的基本假定的实验依据，应用公式时要注意适用范围和限制条件。

(3) 由于钢筋混凝土由两种力学性能不相同的材料所组成，如果两种材料在强度搭配和数量比值上的变化超过一定范围或界限，会引起构件受力性能的改变，这是单一材料构件所没有的，学习时应注意。

(4) 钢筋混凝土构件中，钢筋与混凝土的共同工作是建立在两者之间有可靠黏结力的基础上的，一旦两者的黏结力失效，按两种材料共同工作条件建立的力学分析方法就不适用，因此应注意两种材料共同工作的条件是否得到满足。而这通常由构造措施来保证，必须与理论计算同等重视。

(5) 本课程不仅要解决构件强度和变形的计算问题，而且要进一步解决构件的设计问题，包括结构方案、构件选型、材料选择和配筋构造等。这是一个综合性的问题。对同一问题，往往有多种可能的解决办法，要综合考虑使用要求、材料供应、施工条件和经济效益等各种因素，从中选出较优的方案。要注意培养对多种因素进行综合分析的能力。

(6) 本课程还要与有关规范配合学习。为了贯彻国家的技术经济政策，保证设计质量，加快施工速度，国家颁了各种结构设计规范。新修订的《混凝土结构设计规范（GB 50010—2010)》(以下简称《规范》) 反映了我国多年来钢筋混凝土的科技水平和丰富的工程经验，并且吸收了国际上的一些先进成果，在学习过程中要理解、熟悉和应用。

(7) 进行混凝土结构设计时离不开计算。但是，现行的计算方法一般只考虑荷载效应。其他影响因素，如混凝土收缩、温度影响以及地基不均匀沉陷等，难于用计算公式来表达。《规范》根据长期的工程实践经验，总结出一些构造措施来考虑这些因素的影响，在学习本课程时，除了要对各种计算公式了解和掌握以外，对于各种构造措施也必须给予足够的重视。在设计混凝土结构时，除了进行各种计算之外，还必须检查各项构造要求是否得到满足。

(8) 本课程内容实践性较强，有些内容，如现浇楼盖中的梁、板、柱和节点中的钢筋布置和模板构造，预应力的张拉方法及各种锚夹具等，若不进行现场参观是很难掌握的。因此在学习过程中要有计划地到施工现场，预制构件厂参观，留心观察已有建筑物的结构布置，受力体系和构造细节，积累实际的感性认识，对于学好本课程将大有益处。

思　考　题

0－1　分别回答什么是混凝土结构、素混凝土结构、钢筋混凝土结构、型钢混凝土结构、预应力混凝土结构。

0－2　钢筋混凝土结构有哪些优点？哪些缺点？人们正在采取哪措施来克服钢筋混凝土结构的主要缺点？

0－3　钢筋混凝土结构是由两种物理力学性质不同的材料组成的，为什么能共同工作？

0－4　混凝土结构是何时开始出现的？近 30 年来，混凝土结构有哪些发展？

0－5　现阶段钢筋混凝土结构最新发展特征有哪些？

0－6　学习钢筋混凝土结构要注意哪些问题？

第一章　钢筋混凝土材料的物理和力学性能

概要：钢筋和混凝土的物理和力学性能是钢筋混凝土和预应力混凝土结构构件的基础。本章主要讨论钢筋和混凝土在不同受力条件下强度和变形的变化规律，以及这两种材料的共同工作的性能，它将为建立有关计算理论并进行钢筋混凝土构件的设计提供重要的依据。

学习本章时应掌握：

(1) 混凝土的强度等级，影响混凝土强度和变形的因素，混凝土的各类强度指标，混凝土的变形模量。

(2) 混凝土的徐变和收缩现象及其对结构的影响。

(3) 不同类型钢筋的应力—应变曲线及其区别，钢筋的强度、变形、弹性模量，钢筋的品种和级别。

(4) 钢筋的冷加工方法。

(5) 钢筋混凝土结构对钢筋性能的要求，钢筋的选用原则。

(6) 保证钢筋和混凝土黏结力的构造措施。

第一节　混凝土的物理力学性能

混凝土是由水泥、砂、石子和水按一定的配合比拌和而成，经凝结和硬化形成的人工石材。水泥和水在凝结硬化过程中一部分形成硬化后的结晶体，另一部分是未硬化的水泥凝胶、被结晶体所包围未水化的水泥颗粒、内部的细微孔隙和孔隙水所形成，称之为水泥石的水泥胶块，同时它把砂和石子黏结成一整体，构成为混凝土。

由于混凝土在浇筑时的泌水作用引起沉缩，以及在硬化过程中水泥浆的水化造成化学收缩和未水化多余水分蒸发造成干缩，受到骨料的限制，因而在水泥胶块和石子或砂浆的不同结合界面处以及通过水泥胶块处在荷载作用前形成了不规则的微裂缝。在荷载作用后，这种微裂缝往往时引起混凝土破坏的主要根源。

一、混凝土的强度

混凝土强度是混凝土的重要力学性能，是设计钢筋混凝土结构的重要依据，它直接影响结构的安全性和耐久性。

混凝土的强度是指混凝土抵抗外力产生的某种应力的能力，即混凝土材料达到破坏或开裂极限状态时所能承受的应力。混凝土的强度除受材料组成、养护条件及龄期等因素影响外，还与受力状态有关。

(一) 立方体抗压强度

混凝土的强度和所采用的水泥标号、骨料质量、水灰比大小、混凝土的配合比、制作方法、养护条件以及混凝土的龄期等因素有关。试验时采用试件尺寸的大小和形状、试验方法和加荷速度不同，测得的数值亦不相同。

《规范》规定的混凝土立方体抗压强度标准值系指按标准方法制作、养护的边长为150mm立方体试件，在28d或设计规定龄期以标准试验方法测得的具有95%保证率的抗压强度值，记为$f_{cu,k}$。如C30表示$f_{cu,k}=30N/mm^2$。

《规范》规定混凝土强度分为14个强度等级，即C15、C20、C25、C30、C35、C40、C45、C50、C55、C60、C65、C70、C75、C80。其中C表示混凝土，15～80等数值表示以N/mm^2为单位的立方体抗压强度的大小。素钢筋混凝土结构的混凝土强度等级不应低于C15，钢筋混凝土结构的混凝土强度等级不应低于C20；采用强度等级400MPa及以上的钢筋时，混凝土强度等级不应低于C25；预应力混凝土结构的混凝土强度等级不宜低于C40，且不应低于C30；承受重复荷载的钢筋混凝土构件，混凝土强度等级不应低于C30。

混凝土的立方体抗压强度与试验方法有着密切的关系。如果在试件的表面和压力机的压盘之间涂一层润滑剂（如油脂、石蜡），其抗压强度比表面不涂润滑剂的试件低很多，两者的破坏形态也不相同。未加润滑剂的试件表面与压力机压盘之间有向内的摩阻力存在，摩阻力像箍圈一样，对混凝土试件的横向变形产生约束，延缓了裂缝的开展，提高了试件的抗压极限强度。当压力达到极限值时，试件在竖向压力和水平摩阻力的共同作用下沿斜向破坏，形成两个对称的角锥形破坏面。如果在试件表面涂抹一层润滑剂，试件表面与压力机压盘之间的摩阻力大大减小，对混凝土试件横向变形的约束作用几乎没有。最后，试件由于形成了与压力方向平行的裂缝而破坏，所测得的抗压极限强度较不加润滑剂者低很多（图1-1）。

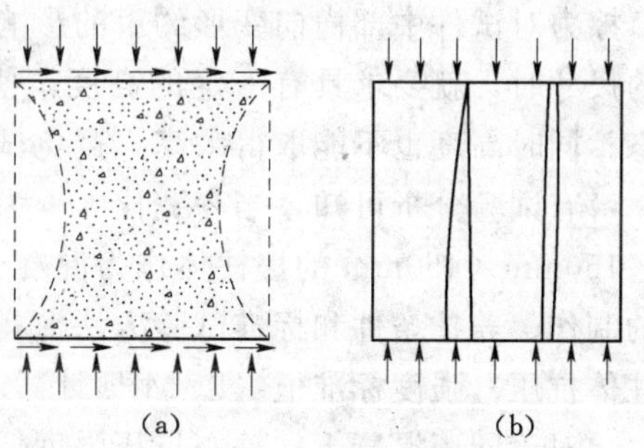

图1-1　混凝土立体试件的破坏形态

(a) 不涂润滑剂；(b) 涂润滑剂

混凝土的立方体抗压强度与试件的龄期和养护条件有关。在一定的湿度和温度条件下，开始时混凝土的强度增长很快，以后逐渐减慢，这个强度增长过程往往延续很多年。混凝土试件在潮湿环境下养护时其后期强度较高；而在干燥环境下养护时，虽然其早期强度略高，但后期强度比前期要低。

混凝土的立方体抗压强度还与试件的形状有关。试验表明，试件两端与压力机压盘之间存在的摩阻力，对不同高宽比试件混凝土横向变形的约束影响程度不同。试件的高宽比h/b越大，支端摩阻力对试件中部的横向变形的约束影响程度就越小，所测得的强度越低。当高宽比$h/b \geqslant 3$时，支端摩阻力对混凝土横向变形的约束作用就影响不到试件的中部，所测得的强度基本上保持一个定值，强度变化很小。

此外，试件的尺寸对抗压强度也有一定影响。试件的尺寸越大，实测强度越低。这种现象称为尺寸效应。一般认为这是由混凝土内部缺陷和试件承压面摩阻力影响等因素造成的。试件尺寸大，内部缺陷（微裂缝、气泡等）相对较多，端部摩阻力影响相对较小，故实测强度较低。实际工程中常采用边长为100mm的非标准立方体试件。由于尺寸效应的影响，对于同样的混凝土，试件尺寸越小测得的强度越高。100mm立方体试件强度与标准立方体试件强度平均值之间的换算关系为：

$$f_{cu,m}^{150}=\mu f_{cu,m}^{100} \tag{1-1}$$

式中　$f_{cu,m}^{150}$——边长为150mm的标准立方体试块抗压强度的平均值；

$f_{cu,m}^{100}$——边长为100mm的立方体试块抗压强度的平均值；

μ——换算系数，对不超过C50级的混凝土，μ可取0.95，随着混凝土强度的提高，μ值有所降低，当$f_{cu,m}^{100}=100\text{N/mm}^2$时，$\mu$值约为0.9。

（二）棱柱体抗压强度——轴心抗压强度

用棱柱体试件所测得的抗压强度称为混凝土轴心抗压强度（或称为棱柱体抗压强度）。在实际结构中，绝大多数受压构件的高度比其支承面的边长要大得多，所以采用棱柱体试件能更好地反映混凝土的实际抗压能力。试验表明，在试件上下表面不涂润滑剂所得的抗压强度随棱柱体的高宽比的增加而降低，这是因为试件高度越大，试验机压板与试件表面之间的摩擦力对试件中部横向变形约束的影响越小，所测得的强度也相应小。因此，在确定试件的尺寸时，就要求具有一定的高度，使试件中间区域不致受摩擦力的影响而形成纯压状态；同时高度也不能取得太高，避免试件破坏时产生较大的附加偏心而降低其抗压强度。

有试验分析可知，当高宽比h/b为2～3时，其强度值趋近于稳定。我国采用150mm×150mm×450mm的棱柱体作为混凝土轴心抗压试验的标准试件，按与立方体试件相同的制作、养护条件和标准试验方法测得的具有95%保证率的抗压强度称轴心抗压（或棱柱体抗压）强度标准值（以MPa计），记为f_{ck}。

对于同一混凝土，轴心抗压强度低于立方体抗压强度，这是因为试件高度增大后，上下两端接触面摩擦力对试件中部的影响逐渐减弱所致。根据国内外对比试验，f_{ck}与$f_{cu,k}$大致成线性关系，f_{ck}与$f_{cu,k}$之比值对普通混凝土为0.76，对高强混凝土则大于0.76。考虑到结构中混凝土强度与试件混凝土之间的差异，根据以往的经验，并结合试验数据分析，以及参考其他国家的有关规定，对试件混凝土强度修正系数取为0.88，对强度等级超过C40的混凝土，考虑到其材料性质较脆，尚需乘以一个强度折减系数。则轴心抗压强度标准值与立方体抗压强度标准值的关系表达式为：

$$f_{ck}=0.88\alpha_{c1}\alpha_{c2}f_{cu,k} \tag{1-2}$$

式中　α_{c1}——轴心抗压强度与立方体抗压强度的比值，当混凝土的强度等级大于C50时，$\alpha_{c1}=0.76$，当混凝土的强度等级为C80时，$\alpha_{c1}=0.82$，当混凝土的强度等级为中间值时，在0.76和0.82之间插值；

α_{c2}——对C40以上混凝土的脆性折减系数，当混凝土的强度等级不大于C40时，$\alpha_{c2}=1.0$，当混凝土的强度等级为C80时，$\alpha_{c2}=0.87$；当混凝土的强度等级为中间值时，在1.0和0.87之间插值；

f_{ck}——混凝土轴心抗压强度标准值，见附表2-1；

$f_{cu,k}$——混凝土立方体抗压强度标准值。

（三）轴心抗拉强度

混凝土的抗拉强度和抗压强度一样，都是混凝土的基本强度指标，但混凝土的抗拉强度只有抗压强度值的1/18～1/8。我国采用的测试方法是用钢模浇筑成型的100mm×100mm×500mm的棱柱体试件，通过预埋在试件轴线两端的钢筋，对试件施加均匀拉力，试件破坏时的平均拉应力即为混凝土的轴心抗拉强度f_{tk}（图1-2）。

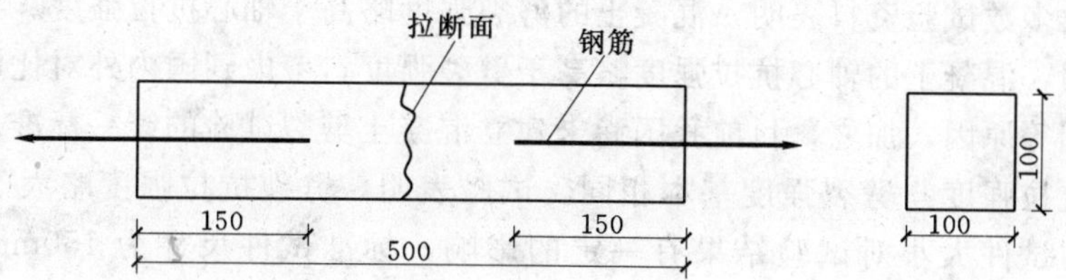

图 1-2　混凝土轴心抗拉强度直接抗拉试验

在测定混凝土抗拉强度时，采用上述的直接抗拉试验法相当困难，因为在试件制作时预埋两端的钢筋不容易对中，混凝土质量也不均匀，因此它的几何中心和质量中心不相一致；此外安装试件很难避免有较小的歪斜和偏心，所有这些因素都会对试验结果产生较大的影响。所以目前国外常采用劈裂抗拉试验方法测定混凝土抗拉强度。劈裂试验可用立方体或圆柱体试件进行，在试件上下支承面与压力机压板之间加一条垫条，使试件上下形成对应的条形加载，造成沿立方体中心或圆柱体直径切面的劈裂破坏（图 1-3）。

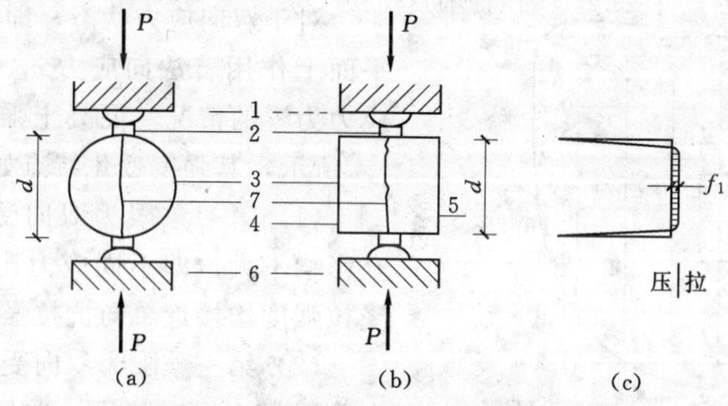

图 1-3　混凝土劈裂试验及其应力分布

(a) 用圆柱体进行劈裂试验；(b) 用立方体进行劈裂试验；

(c) 劈裂面中水平应力分布

1—压力机上压板；2—垫条；3—试件；4—试件浇筑顶面；

5—试件浇筑底面；6—压力机下压板　7—试件破裂线

由弹性力学可知，在上下对称的条形荷载作用下，在试件的竖直中面上，除两端加载点附近的局部区域产生压应力外，其余部分将产生均匀的水平拉应力，当拉应力达到混凝土的抗拉强度时，试件将沿竖直中面产生劈裂破坏。混凝土的劈裂强度可按下式计算：

$$f_{tk}=\frac{2P}{\pi dl}=0.637\frac{P}{dl} \tag{1-3}$$

式中　P——竖向破坏荷载；

d——圆柱体试件的直径或立方体试件的边长；

l——试件的长度。

试验结果表明，混凝土的劈裂强度除与试件尺寸等因素有关外，还与垫条的宽度和材料特性有关。加大垫条宽度可使实测劈裂强度提高，一般认为垫条宽度应不小于立方体试件边长或圆柱体试件直径的 1/10。

国外的大多数试验资料表明，混凝土的劈裂强度略高于轴心抗拉强度。我国的一些试验资料则表明，混凝土的轴心抗拉强度略高于劈裂强度，考虑到国内外对比资料的具体条件不完全相同等原因，加之，目前我国尚未建立混凝土劈裂试验的统一标准，通常认为混凝土的轴心抗拉强度与劈裂强度基本相同。试验表明，劈裂抗拉强度略大于直接受拉强度，劈裂抗拉试件大小对试验结果有一定的影响，标准试件尺寸为150mm×150mm×150mm，若采用100mm×100mm×100mm非标准试件时，所得强度值应乘以尺寸换算系数0.85。

(四) 复合应力状态下的混凝土强度

在钢筋混凝土结构中，混凝土处于单向受力状态的情况较少，往往是处于复合应力状态。因此，研究混凝土在复合应力状态下的强度问题，对进一步认识其强度极限状态具有重要意义。但是，由于混凝土材料的特点，至今尚未建立起完善的强度理论。目前仍然只是借助有限的试验资料，介绍一些近似计算方法。

1. 双向应力状态

对于双向应力状态，即在两个相互垂直的平面上作用着法向应力 σ_1 和 σ_2，第三平面上应力为零的情况，混凝土强度变化曲线如图1-4所示，其强度变化特点如下：

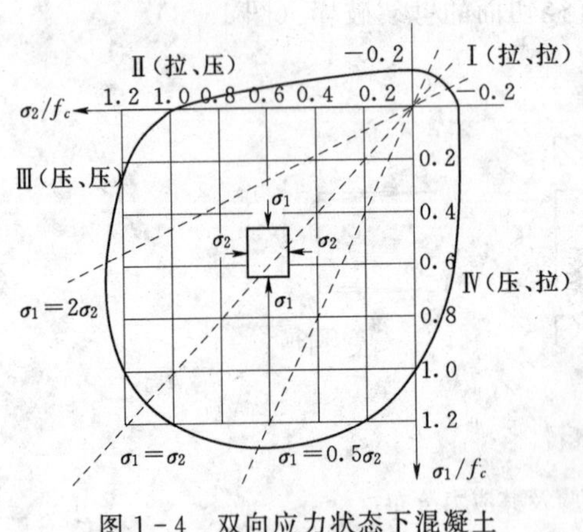

图1-4 双向应力状态下混凝土强度变化曲线

(1) 第一象限为双向受拉区，σ_1 和 σ_2 相互影响不大，即不同应力比值 σ_1/σ_2 下的双向受拉强度均接近单向抗拉强度。

(2) 第三象限为双向受压区，大体上是一向的混凝土强度随另一向压力的增加而增加。这是由于一个方向的压应力对另一个方向压应力引起的横向变形起到一定的约束作用，限制了试件内部混凝土微裂缝的扩展，故而提高了混凝土的抗压强度。双向受压状态下混凝土强度提高的幅度与双向应力比 σ_1/σ_2 有关。当 σ_1/σ_2 约等于2.0或0.5时，双向抗压强度比单向抗压强度提高约为25%左右；当时 $\sigma_1/\sigma_2=1.0$，仅提高16%左右。

(3) 第二、四象限为拉—压应力状态，此时混凝土的强度均低于单轴受力（拉或压）强度，这是由于两个方向同时受拉、压时，相互助长了试件在另一个方向的受拉变形，加速了混凝土内部微裂缝的发展，使混凝土的强度降低。

2. 剪压或剪拉复合应力状态

如果在单元体上，除作用有剪应力外，在一个面上同时作用有法向应力，即形成剪拉或剪压复合应力状态。由图1-5所示的法向应力和剪应力组合时混凝土强度变化曲线可以看出，在剪拉应力状态下，随着拉应力绝对值的增加，混凝土抗剪强度降低，当拉应力约为 $0.1f_c$ 时，混凝土受拉开裂，抗剪强度降低到零。在剪压力状态下，随着压应力的增大，混凝土的抗剪强度逐渐增大，并在压应力达到某一数值时，抗剪强度达到最大值，此后，由于混凝土内部微裂缝的发展，抗剪强度随压应力的增加反而减小，当应力达到混凝土轴心抗压强度时，抗剪强度为零。

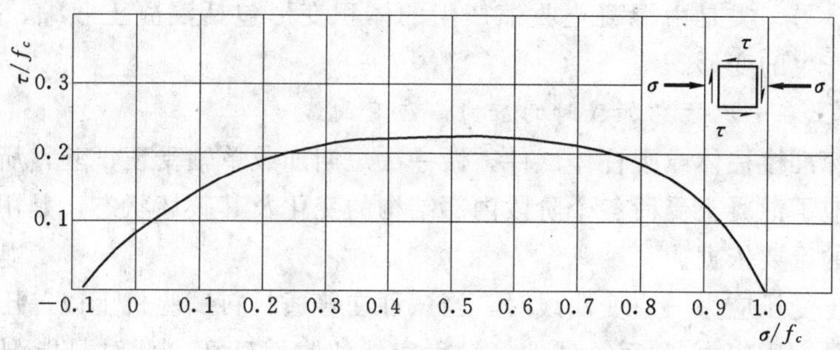

图 1-5　法向应力和剪应力共同作用下混凝土强度变化曲线

图 1-5 所示曲线可用经验公式表示为：

$$\frac{\tau}{f_c}=\sqrt{a+b\left(\frac{\sigma}{f_c}\right)^n-c\left(\frac{\sigma}{f_c}\right)^2} \tag{1-4}$$

式中 σ 和 τ 分别为破坏时截面上的正应力和剪应力。a、b、c 为常数，可由试验求得。如有的剪压试验得出 $a=0.00981$，$b=0.112$，$c=0.122$ 及 $n=1.0$。试验表明，加载次序、数值大小以及试件形状均会对结果有明显影响。

3. 三向受压应力状态

在钢筋混凝土结构中，为了进一步提高混凝土的抗压强度，常采用横向钢筋约束混凝土变形。例如，螺旋箍筋柱和钢管混凝土等，它们都是用螺旋形箍筋和钢管来约束混凝土的横向变形，使混凝土处于三向受压应力状态，从而使混凝土强度有所提高。

试验研究表明，混凝土三向受压时，最大主压应力轴的极限强度有很大程度的增长，其变化规律随其他两侧向应力的比值和大小而异。常规三向受压是两侧等压，最大主压应力轴的极限强度随侧向压力的增大而提高。

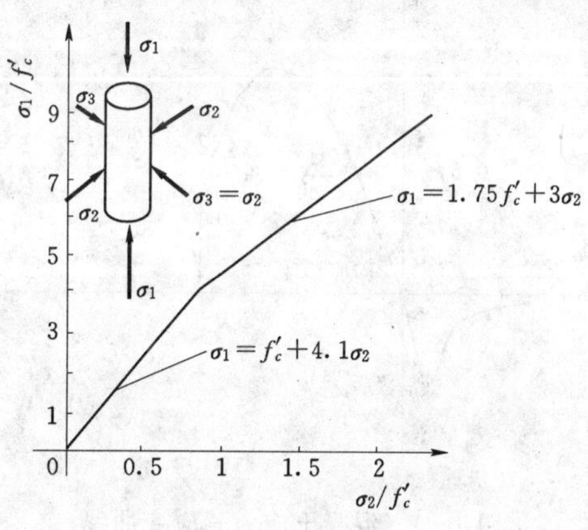

图 1-6　三轴受压下混凝土的强度关系

混凝土圆柱体三向受压的轴向抗压强度与侧压力之间的关系如图 1-6 所示，可用下列经验公式表示：

$$\sigma_1=f_c+K\sigma_2 \tag{1-5}$$

式中　σ_1——三向受压时的混凝土轴向抗压强度，MPa；

f_c——单向受压时混凝土棱柱体抗压强度，MPa；

σ_2——侧向压应力；

K——侧向应力系数，侧向压力较低时，其数值较大，为简化计算，可取为常数，较早的试验资料给出 $K=4.1$，后来的试验资料给出 $K=4.6\sim7.0$。

二、混凝土的变形

混凝土的变形可分为两类：一类是由荷载作用下产生的受力变形，其数值和变化规律与加载方式及荷载作用持续时间有关，包括单调短期加载、多次重复加载以及荷载长期作用下的变形等；另一类是由混凝土收缩产生的体积变形包括混凝土收缩、膨胀和由于温度、湿度变化产生的变形。

（一）混凝土在一次短期加载时的应力—应变曲线

用混凝土标准棱柱体或圆柱体试件，做一次短期加载单轴受压试验，所测得的应力—应变曲线，反应了混凝土受荷各个阶段内部结构的变化及其破坏状态，是用以研究混凝土结构强度机理的重要依据。

测定混凝土受压应力—应变曲线时，当试件在普通材料试验机上以等压应力及等速度加载时，超过最大压应力 f_c 后，试件将发生突然的脆性破坏。此时只能测得加载时其应力—应变曲线的“上升段”，而不能测得超过 f_c 后应力—应变曲线的“下降段”。这是因为试验机在加载过程中积蓄了大量弹性应变能，当达到最大承载力后，由于试验机一般对卸载速度不起控制作用，试件破坏时荷载突然下降，大量释放应变能致使试件压应变迅速增大并立即被击碎。若采用能控制应变下降速度的特殊试验机，以等应变及等速度进行加、卸载，或加载试验机旁附加各种弹性元件协同受压，使其缓慢的卸载，则试件的变形会随着应力的降低而继续发生，形成了应力—应变曲线的“下降段”。

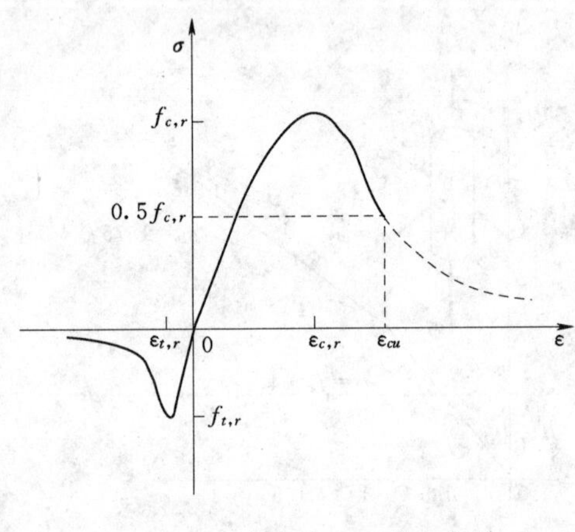

图 1-7　混凝土应力—应变曲线

从图 1-7 可以看出，混凝土的应力—应变曲线分两部分，第一象限为混凝土的受压应力—应变曲线，第三象限是混凝土的受拉应力—应变曲线。

当混凝土受压时，从试验分析得知：

(1) 当应力小于其极限强度 30%～40%时，应力—应变关系接近直线。

(2) 当应力继续增大时，应力—应变曲线就逐渐向下弯曲，呈现出塑性性质。当应力增大到接近极限强度的 80%左右时，应变增加得更快。

(3) 当应力达到极限强度时，试件表面出现与压力方向平行的纵向裂缝，试件开始破坏，这时达到的最大应力 σ_0 称为混凝土轴心抗压强度 $f_{c,r}$，相应的应变为 $\varepsilon_{c,r}$，一般为 0.002 左右。

(4) 下降段是混凝土到达峰值应力后裂缝继续扩展、贯通，从而是应力—应变关系发生变化。试件的平均应力强度下降，所以应力—应变曲线向下弯曲，这时，只靠骨料间的咬合力及摩擦力与残余承压面来承受荷载。

当混凝土受拉时：混凝土的受拉应力—应变曲线和受压曲线一样是光滑的单峰曲线，只是曲线更陡，以及下降段与横坐标有交点，即试件断裂前瞬间的变形或裂缝宽度。

混凝土受压时应力—应变曲线的形态与混凝土强度等级和加载速度等因素有关。

图 1-8 所示为不同强度等级混凝土的应力—应变曲线。不同强度等级混凝土的应力—应变曲线有着相似的形态，但也有实质性区别。试验结果表明，随着混凝土强度等级的提高，相应的峰值应变 ε_c 也略有增加，曲线的上升段形状相似，但下降段的形状有明显不同。强度等级较低的混凝土下降段较长，顶部较平缓；强度等级较高的混

凝土下降段顶部陡峭，曲线较短。这表明强度等级低的混凝土受压时的延性比强度等级高的要好。

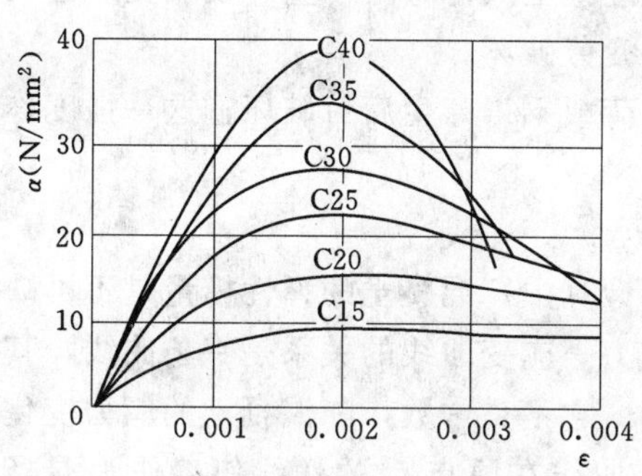

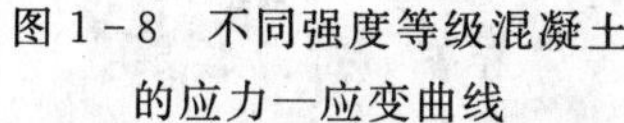
图 1-8　不同强度等级混凝土的应力—应变曲线

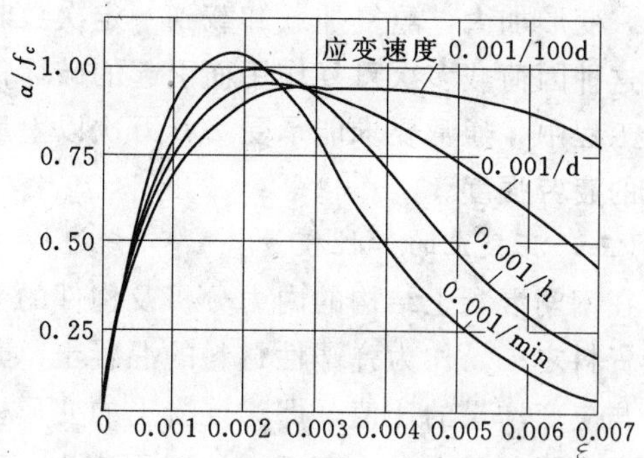

图 1-9　相同强度等级混凝土在不同应变速度下的应力—应变曲线

图 1-9 所示为相同强度等级的混凝土在不同应变速度下的应力—应变曲线。加荷速度影响混凝土应力—应变曲线的形状。应变速度越大，下降段越陡，反之，下降段要平缓些。

（二）混凝土在重复荷载下的应力—应变曲线

混凝土在多次重复荷载作用下，其应力、应变性质和短期一次加载情况有显著不同。由于混凝土是弹塑性材料，初次卸载至应力为零时，应变不可能全部恢复。可恢复的那部分称之为弹性应变，弹性应变包括卸载时瞬时恢复的应变和卸载后弹性后效两部分，不可恢复的部分称之为残余应变，因此在一次加载卸载过程中，混凝土的应力—应变曲线形成一个环状，如图 1-10（a）所示。

混凝土在多次重复荷载作用下的应力—应变曲线示于图 1-10（b）。当加载应力相对较小时，随着加载卸载重复次数的增加，残余应变会逐渐减小，一般重复 5～10 次后，加载和卸载应力—应变曲线环就越来越闭合，并接近一直线，混凝土呈现弹性工作性质。

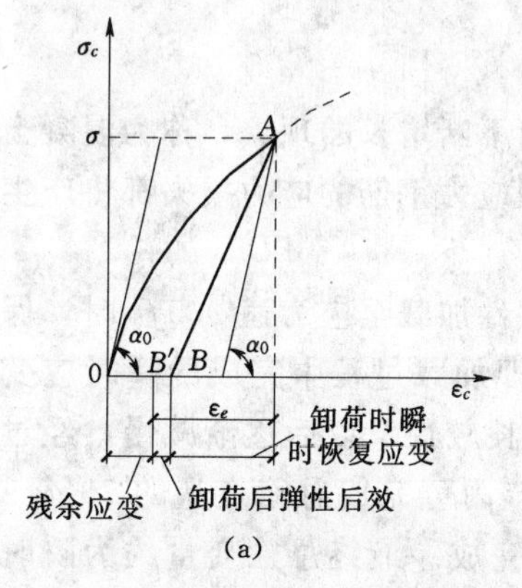

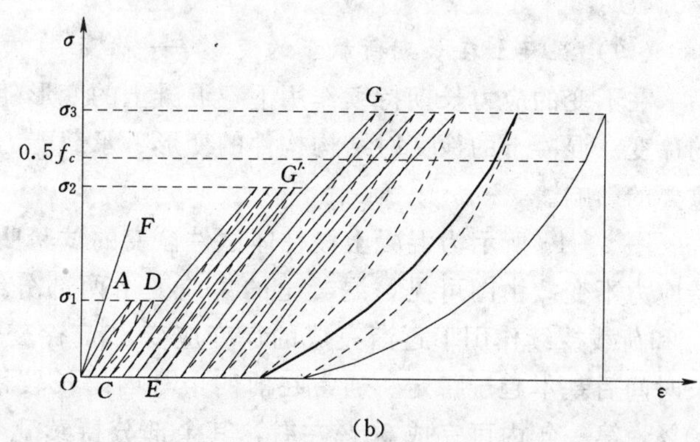

图 1-10　混凝土在荷载作用下的应力—应变曲线

（a）混凝土一次加载卸载过程的 $\sigma-\varepsilon$ 曲线；（b）混凝土在重复荷载作用下的 $\sigma-\varepsilon$ 曲线

如果加载应力超过某一个限值时，经过几次重复加载卸载，应力—应变曲线就变成直线，再经过多次重复加载卸载后，应力—应变曲线出现反向弯曲，逐渐凸向应变轴，斜率变小，变形加大，重复加载卸载到一定次数时，混凝土试件将因严重开裂或变形过大而破坏，这种因荷载多次重复作用而引起的破坏称为疲劳破坏。

工程中，通常要求能承受 200 万次以上反复荷载不得产生疲劳破坏，这一强度称为混凝土的疲劳强度。

（三）混凝土的弹性模量

在钢筋混凝土结构的内力分析及构件的变形计算中，混凝土的弹性模量是不可缺少的基础资料之一。作为弹塑性材料的混凝土，其应力—应变曲线的关系是一条曲线，其应力增量与应变增量的比值，即为混凝土的变形模量。它不是常数，随混凝土的应力变化而变化。在实际工程上，人们近似地取用应力—应变曲线在原点 O 的切线斜率作为混凝土的弹性模量，并用 E_c 表示。

根据试验资料，混凝土受压弹性模量的经验公式为

$$E_c=\frac{10^5}{2.2+\dfrac{34.74}{f_{cu,k}}}(\mathrm{MPa}) \tag{1-6}$$

式中　$f_{cu,k}$——混凝土立方体抗压强度标准值。

试验表明，混凝土的受拉弹性模量与受压弹性模量大体相等，其比值为 0.82～1.12，平均值为 0.995。计算中受拉和受压弹性模量可取同一值，宜按附表 2-3 采用。

混凝土的剪变模量很难用试验方法确定。一般是根据弹性理论分析公式，由实测的弹性模量 E_c 和泊松比 υ_c 按下式确定：

$$G_c=\frac{E_c}{2(1+\upsilon_c)} \tag{1-7}$$

式中　υ_c——混凝土的泊松比，即混凝土横向应变与纵向应变之比。

试验研究表明，混凝土的泊松比 υ_c 随应力大小而变化，并非是常数。但是在应力不大于 $0.5f_c$ 时，可以认为 υ_c 为一定值。《规范》规定混凝土的泊松比 $\upsilon_c=0.2$，求得 $G_c=0.4E_c$。

（四）混凝土在长期荷载下的变形——徐变

在不变的应力长期持续作用下，混凝土的变形随时间而不断增长的现象，称为混凝土的徐变。混凝土的徐变对结构构件的变形、承载能力以及预应力钢筋的应力损失都将产生重要的影响。

图 1-11 所示为混凝土棱柱体试件徐变的试验曲线，试件加载至应力达 $0.5f_c$ 时，保持应力不变。由图可见，混凝土的总应变由两部分组成，即加载过程中完成的瞬时应变 ε_{ela} 和荷载持续作用下逐渐完成的徐变应变 ε_{cr}。徐变开始增长较快，以后逐渐减慢，经过长时间后基本趋于稳定。通常在前四个月内增长较快，半年内可完成总徐变量的 70%～80%，第一年内可完成 90%左右，其余部分持续几年才能完成。最终总徐变量约为瞬时应变的 2～4 倍。此外，图中还表示了两年后卸载时应变的恢复情况，其中 ε'_{ela} 为卸载时瞬时恢复的应变，其值略小于加载时的瞬时应变 ε_{ela}，ε''_{ela} 为卸载后的弹性后效，即卸载后经过 20 天左右又恢复的一部分应变，其值约为总徐变量的 1/12，其余很大一部分应变是不

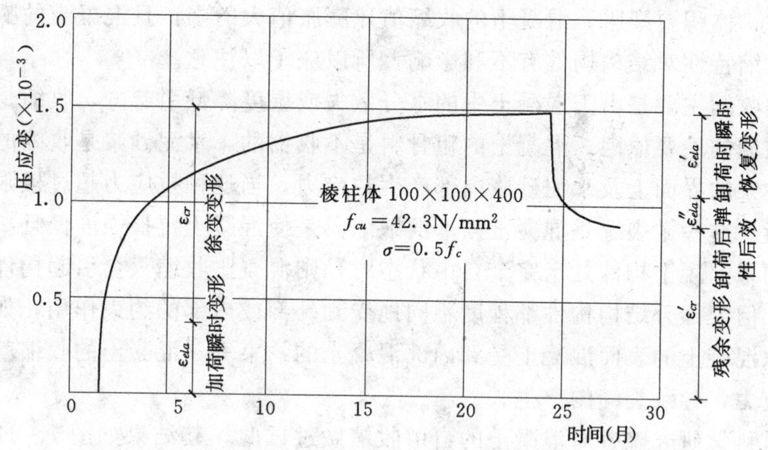

图 1-11　混凝土的徐变（加载卸载应变与时间关系曲线）

可恢复的，称为残余应变 ε'_{cr}。

关于徐变产生的原因，目前尚无统一的解释，通常可这样理解：一是混凝土中水泥凝胶体在荷载作用下产生黏性流动，并把它所承受的压力逐渐转给骨料颗粒，使骨料压力增大，试件变形也随之增大；二是混凝土内部的微裂缝在荷载长期作用下不断发展和增加，也使应变增大。当应力不大时，徐变的发展以第一种原因为主；当应力较大时，以第二种原因为主。

影响混凝土徐变的因素很多，除了受材料组成及养护和使用环境条件等客观因素影响外，从结构角度分析，持续应力的大小和受荷时混凝土的龄期（即硬化强度）是影响混凝土徐变的主要因素。

试验表明，混凝土的徐变与持续应力的大小有着密切关系，持续应力越大徐变也越大。当持续应力较小时，徐变与应力成正比，这种情况称为线性徐变。通常将线性徐变用徐变系数乘以瞬时应变表示。

受荷时混凝土的龄期（即硬化程度）对混凝土的徐变有重要影响。受荷时混凝土的龄期越短，混凝土中尚未完全结硬的水泥凝胶体越多，徐变也越大。因此，混凝土结构过早的受荷，将产生较大的徐变，对结构是不利的。

此外，混凝土的组成对混凝土的徐变也有很大影响。水灰比越大，水泥水化后残存的游离水越多，徐变也越大；水泥用量越多，水泥凝胶体在混凝土中所占比重也越大，徐变也越大；骨料越坚硬，弹性模量越高，骨料所占体积比越大，则由水泥凝胶体流动后转给骨料的压力所引起的变形也越小。

外部环境对混凝土的徐变亦有重要影响。养护环境湿度越大，温度越高，水泥水化作用越充分，则徐变就越小。混凝土在使用期间处于高温、干燥条件下所产生的徐变比低温、潮湿环境下明显增大。此外，由于混凝土中水分的挥发逸散与构件的体积与表面积比有关，这些因素都对徐变有所影响。

（五）混凝土的温度变形和干湿变形

混凝土在结硬过程中，体积会产生变化，在空气中结硬时，体积要缩小，称为收缩。

在水中结硬时，体积要膨胀。混凝土的收缩值比膨胀值大的多，且混凝土的膨胀往往对构件有利，而收缩特性对结构构件有不利影响，所以应予以注意。

混凝土的收缩主要是由于混凝土中的水分散失或湿度降低引起的，收缩是使混凝土内部产生初始裂缝的主要原因。混凝土的粗骨料是不收缩的，水泥砂浆是收缩的，这就使粗骨料与水泥砂浆的界面上及水泥砂浆内部产生拉应力，当这种拉应力超过极限强度时，就会产生微裂缝。这些微裂缝是混凝土内部的缺陷，是使混凝土抗拉强度低且离散性较大的主要原因。如果混凝土构件处于完全自由状态时，则混凝土收缩只会引起构件的缩短而不会导致裂缝。但大部分结构构件都程度不同地受到外部或内部的约束作用，如梁受到支座约束，大体积混凝土的表面混凝土受到内部混凝土的约束等。混凝土的收缩就会使构件产生有害的拉应力，导致裂缝的产生。

我国铁道科学研究院曾对混凝土的自由收缩做过试验，其结果如图 1－12。混凝土收缩变形的发展规律与线性徐变类似，早期发展较快，在前 6 个月可完成其变形的 80％～90％。往后逐渐减慢，一年后收缩仍有发展，但不明显。从图中还可看出蒸汽养护的混凝土的收缩值小于常温养护下的收缩值。这是因为高温高湿的养护条件促进了水泥石水化作用。加速了其凝结与硬化所致。

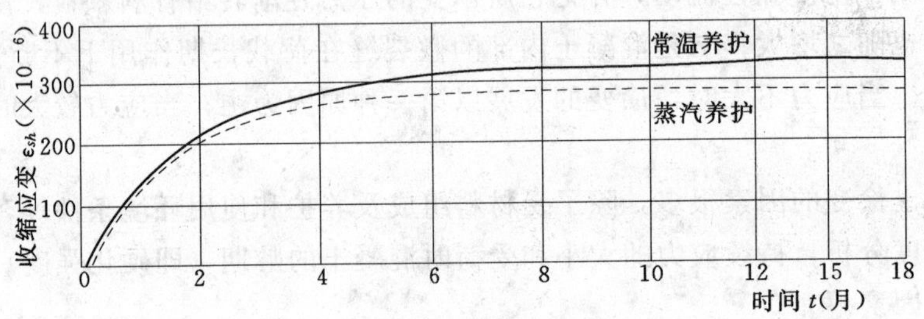

图 1－12　混凝土收缩应变与时间的关系

除养护条件外，混凝土的收缩还与下列因素有关：①水泥品种，所用水泥等级越高，混凝土收缩越大；②水泥用量和水灰比，水泥用量越多，水灰比越大，收缩也越大；③骨料性质，骨料的弹性模量越小，收缩越大；④混凝土的浇捣和所处环境，混凝土振捣越密实，收缩越小，构件所处环境湿度越大，收缩越小；⑤构件的体积与表面面积比值越小，收缩越大。

对混凝土的收缩很难做定量分析，往往在设计和施工中针对影响收缩的因素采取措施，以减少对结构的不利影响。

混凝土的温度变形也很重要，尤其对大体积的混凝土结构，温度变化引起的应力可能会使混凝土形成贯穿性裂缝，进而导致渗漏、钢筋锈蚀、整体性下降，使结构承载力和混凝土的耐久性显著降低。

大体积混凝土结构、水池以及烟囱等结构由温度变化引起的温度应力在设计中需要进行计算。混凝土的线性温度膨胀系数在（0.82～1.1）$\times10^{-6}$之间，它与骨料性质有关，一般计算时可取 1.0×10^{-6}，混凝土与钢筋的线膨胀系数 1.2×10^{-6} 是相近的，因此，温度变化时在钢筋和混凝土之间引起的内应力很小，不致产生有害的变形。

温度应力的产生主要是由于水泥在水化作用时释放出的热量导致构件内部的温度上

升，构件表面由于便于散热而温度相对较低，构件内外的这种温差就会引起应力，从而导致混凝土开裂。温度的变化与水泥的水化热、水泥含量、新拌混凝土的温度、混凝土的硬化速度、构件尺寸等因素有关。因此，在设计和施工中对混凝土的原材料、级配和养护有一系列的要求。

在大体积混凝土结构中，用钢筋来防止温度裂缝或干缩裂缝的出现是不可能的。但在纯混凝土中，一旦出现裂缝，裂缝数目虽不多但往往开展的很宽。适当布置钢筋后，能有效的使裂缝分散，从而限制裂缝的宽度，减轻危害。

为减少温度及干缩的有害影响，在构造上还可以采取预留伸缩缝，在施工上采用后浇施工带的方法等，都是较有效的措施。

三、混凝土的其他性能

我国将C50级以上的混凝土划为高强混凝土范围。高强混凝土的优点是强度高、变形小、耐久性好，下面就其物理力学性能做一简要介绍。

（一）单轴抗压性能

与普通混凝土相比，高强混凝土中的孔隙较小，水泥浆强度、水泥浆与骨料之间的界面强度、骨料强度这三者之间的差异也较小，所以相对来说更接近匀质材料，使得高强混凝土的抗压应力—应变曲线与普通强度混凝土相比有相当大的差别。

(1) 高强混凝土应力应变曲线的特点。

1) 在应力达到峰值的75%～90%以前，应力—应变关系为一直线，即为弹性工作。线弹性段的范围随强度的提高而增大。而在普通混凝土中，线弹性段的上限仅达到峰值应力的40%～50%。

2) 与峰值应力相应的应变值 ε_0 随混凝土强度的提高有增大趋势，可达 2500×10^{-6}，甚至更大，而普通混凝土中与峰值应力相应的一般仅有 $(1500\sim2000)\times10^{-6}$。

3) 在峰值应力的65%以前，几乎不发生微裂，甚至在90%的峰值应力下，多数的微裂缝还只是孤立的粘接面裂缝。高强混凝土到达峰值应力以后，其应力—应变曲线骤然下跌，表现出很大的脆性，强度越高，下跌越陡。应力—应变曲线中下降段或软化段的曲线形状与试验机的刚度有很大关系。高强混凝土的应力一旦达到峰值，混凝土即呈现剥落，所以下降段所反映的主要是一个破碎过程，破碎区通常只发生在一个局部，因此下降段的应变值还受到应变量测时所用的标距长短以及局部破碎区域大小的影响。普通混凝土的下降段比较平缓，相对来说有较好的延性。

(2) 从材料的内部结构分析，普通混凝土开始受力后大约在峰值应力的30%时已出现微裂缝，微裂缝首先从水泥浆与骨料之间的界面开始并沿着界面发展，随后在水泥浆中也出现微裂缝，这些微裂缝在混凝土内部愈来愈多，并逐渐连通，最后导致材料的宏观破坏，破坏面通过水泥浆与骨料的粘接面，破裂面粗糙而凹凸不平。但高强混凝土与此不同，在峰值应力，混凝土的破坏面比较光滑，通常穿过石子和水泥浆而不是绕着骨料表面。用X射线技术测定混凝土的开裂过程表明，普通混凝土在65%极限荷载下已有不稳定裂缝，而高强度混凝土直到90%极限荷载时才出现界面破裂。

（二）极限应变与泊松比

在混凝土应力—应变曲线中，与峰值应力相应的极限应变值 ε_0 随强度的提高而稍有增加，但对应于峰值应力下降15%时的下降段应变值却随强度的提高而减小，此时的应变值在高强混凝土中为（3000～3300）$\times 10^{-6}$。应变值 ε_0 的测定受到试验加载时应变速度的较大影响，不同的配比和骨料品种显然也会影响 ε_0 值。

高强混凝土在弹性阶段的泊松比与普通强度混凝土没有明显差别。我国铁道科学研究院曾测定强度为63.9MPa和102.0MPa两组高强混凝土的泊松比分别为0.22和0.23。美国ACI高强混凝土委员会报道的一项试验结果，给出（55～88)MPa高强混凝土的泊松比为0.20～0.28。在非弹性阶段，由于高强混凝土中的微裂缝少，所以这时的“视泊松比”或横向变形系数要小于普通强度混凝土。Ahmad曾提出混凝土在峰值应力下的“视泊松比”为

$$\upsilon' = 6.58(f_c')^{-0.77} \tag{1-8}$$

（三）持久荷载下的性能与徐变

混凝土在荷载持久作用下的抗压强度要低于暂时连续加载下的强度。在较高应力水平的持久作用下，混凝土中的微裂缝变得不稳定并连续发展，经过一定时期后最终发生破坏。美国Comell大学的试验表明，低强度混凝土在超过75%圆柱体强度 f_c' 的应力持久作用下，60天就会出现破坏，而高强混凝土在高达85%圆柱体强度 f_c' 的应力持久作用下有可能经久不坏。普通混凝土的持久强度为暂时强度的75%～80%，而高强混凝土可达80%～85%。

第二节　钢筋的品种和力学性能

一、钢筋的类型、品种和级别

在钢筋混凝土结构中所用的钢筋品种很多，按钢筋的力学性能可分为两大类：一类是具有明显的物理屈服点的钢筋；另一类是无明显物理屈服点的钢筋，该类钢筋主要用于预应力混凝土结构中。钢筋按其外形分为光面钢筋和变形钢筋两类，如图1-13所示。光面钢筋的表面是光圆的，与混凝土的黏结强度较低，变形钢筋外形有螺纹钢筋统称等高肋钢筋，如图旋纹、人字纹、月牙纹等。在现行的钢筋标准中，螺旋纹如图1-13（b)、(c）所示。月牙纹形钢筋称为月牙肋钢筋，如图1-13（d）所示。月牙肋钢筋与同样公称直径的等高肋钢筋相比，强度稍有提高，凸缘处应力集中也得到改善，它与混凝土之间的黏结强度略低于等高肋钢筋，但仍有良好的黏结性能。

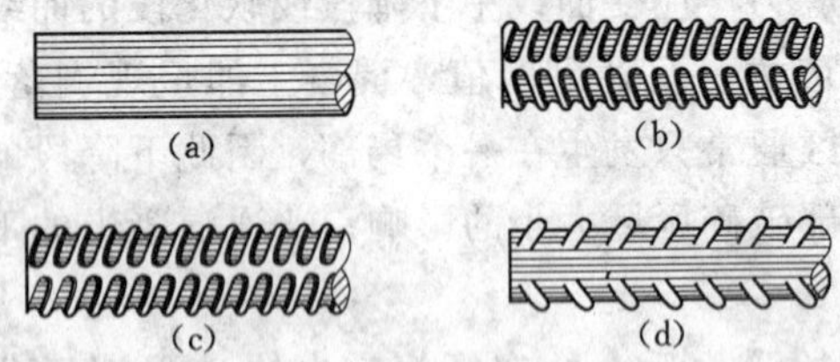

图1-13　钢筋的外形

钢筋混凝土结构所采用的钢筋按其化学成分，可为碳素钢及普通低合金钢两大类。碳素钢除了铁、碳两种基本元素外，还含有少量硅、锰、硫、磷等元素。根据含碳量的多少又可分为低碳钢、中碳钢及高碳钢。含碳量越高强度越高，但塑性和可焊性降低。普通低合金钢除碳素钢中已有的成分外，再加入少量的合金元素如硅、锰、钛、钒和铬等，可有

效地提高钢材的强度和改善钢材的性能。

按钢筋的加工方法，钢筋可分为热轧钢筋、冷拉钢筋、冷轧带肋钢筋、热处理钢筋和钢丝五大类。热轧钢筋是将钢材在高于再结晶温度状态下，用机械方法轧制成不同外形的钢筋。热轧钢筋按外形可分为光面钢筋和带肋钢筋两大类。

光面钢筋的强度等级代号为 HPB300，相当于原标准的Ⅰ级钢筋，厂家生产的公称直径范围为（6～22)mm。HPB300 钢筋属于低碳钢，其强度较低，但塑性和可焊性能较好，广泛用于钢筋混凝土结构中。

带肋钢筋按强度分为 HRB335、HRB400 或 RRB400、HRB500 三个等级。HRB335 钢筋相当于原标准的Ⅱ级钢筋，厂家生产的公称直径范围为（6～50）mm，推荐采用直径一般不超过 32mm，HRB335 钢筋属于普通低合金钢，强度、塑性和可焊性等综合性能都比较好，钢筋表面带肋与混凝土黏结性能也较好。HRB400、RRB400 钢筋相当于原标准的Ⅲ级钢筋。HRB400 钢筋的强度高于 HRB335 钢筋，综合性能较好，是钢筋混凝土结构推广采用的主导钢筋。HRB500 即新标准名称，四级螺纹钢为旧称，为热轧带肋钢筋的一种。HRB500 级钢筋在强度、延性、耐高温、低温性能、抗震性能和疲劳性能等方面均比 HRB400 有很大的提高，主要用于高层、超高层建筑、大跨度桥梁等高标准建筑工程，是国际工程标准积极推荐并已在发达国家广泛使用的产品，HRB500 钢筋工程应用实践表明，可节省大量钢材，具有明显的经济效益和社会效益。细晶粒热轧钢筋其牌号在热轧带肋钢筋的英文缩写后加“细”的英文（Fine）首位字母。如：HRBF335、HRBF400、HRBF500。

碳素钢丝又称高强钢丝，一般是将热轧 $\phi 8$ 高碳钢盘条加热到 850～950℃，并经在 500～600℃的铅浴中淬火，使其具有较高的塑性，然后再经酸洗、镀铜、拉拔、矫直、回火、卷盘等工艺生产而得。碳素钢丝具有强度高、无需焊接、使用方便等优点，广泛应用于预应力混凝土结构。

碳素钢丝按其外形分为光面钢丝、螺旋肋钢丝和刻痕钢丝等三种类型。

光面钢丝一般以多根钢丝组成钢丝束或由若干根钢丝扭结成钢绞线的形式应用。工程中常用的钢绞线有：1×3（三股）、1×7（七股），其中采用最多的是七股钢绞线。钢绞线截面集中，盘弯运输方便，与混凝土黏结性能良好，现场配束方便，是预应力混凝土结构推广采用的主导钢筋。

螺旋肋钢丝和刻痕钢丝，与混凝土之间的黏结性能好，适用于先张法预应力混凝土结构。

根据《规范》的规定，纵向受力普通钢筋宜采用 HRB400、HRB500、HRBF500 钢筋，也可采用 HPB300、HRB335、HRBF335、HRB400 钢筋；梁、柱纵向受力普通钢筋应采用 HRB400、HRB500、HRBF400、HRBF500 钢筋；箍筋宜采用 HRB400、HRBF400、HPB300、HRB500、HRBF500，也可采用 HRB335、HRBF335 钢筋；预应力筋宜采用预应力钢丝、钢绞线和预应力螺纹钢筋。

二、钢筋的力学性能

（一）钢筋的应力—应变曲线

根据钢筋在单调受拉时的应力—应变曲线特点，可将钢筋分为有明显屈服点和无明显屈服点两类。

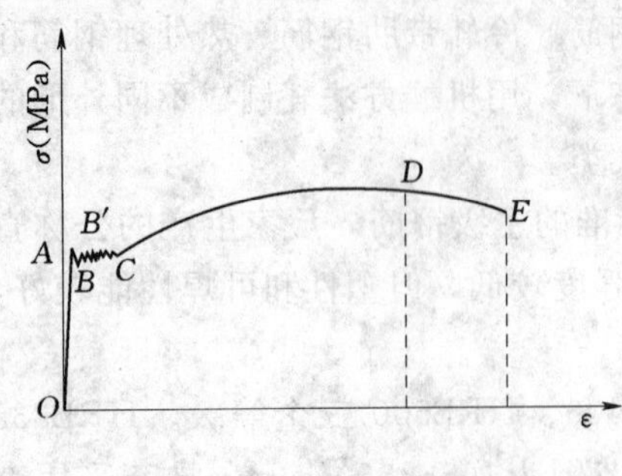

图1-14　有明显屈服点的钢筋应力—应变曲线

1. 有明显屈服点的钢筋应力—应变曲线

一般热轧钢筋属于有明显屈服点的钢筋，工程上习惯称为软钢，其拉伸试验的典型应力—应变曲线如图1-14所示。

从图1-14可以看出，软钢从加载到拉断，共经历四个阶段，即弹性阶段、屈服阶段、强化阶段与破坏阶段。

钢筋自开始加载至应力达到A点以前，应力与应变成直线变化，A点对应的应力称为比例极限。OA段属于线弹性工作阶段。过A点以后，应变增加很大，变形出现很大塑性，曲线上出现一锯齿型线段，其最高点B'称上屈服点，最低点B称下屈服点。B点到C点的水平距离的大小称为屈服台阶（流幅）。有明显流幅的热轧钢筋屈服强度是以下屈服点B为依据的。过C点以后，应力应变关系重新表现为上升的曲线，该段为强化阶段。曲线最高点D对应的应力称为钢筋的抗拉强度或极限强度。过了D点以后，试件某处截面渐渐变小，出现颈缩现象，变形增加迅速，应力随之下降，直至达到E点而断裂。

有明显屈服点的钢筋有两个强度指标：一是B点所对应的屈服强度，另一个是D点对应的极限强度。工程上取屈服强度作为钢筋强度取值的依据，因为钢筋屈服后产生了较大的塑性变形，将使构件变形和裂缝宽度大大增加，以致无法使用。钢筋的极限强度是钢筋的实际破坏强度，不能作为设计中钢筋强度取值的依据。

2. 无明显屈服点的钢筋应力—应变曲线

各种类型的钢丝属于无明显屈服点的钢筋，工程上习惯称为硬钢。硬钢拉伸试验时的典型应力—应变曲线如图1-15所示。

从图1-15可以看出，在应力达到比例极限a点（约为极限强度的0.65倍）之前，应力—应变关系按直线变化，钢筋具有明显的弹性性质。超过a点之后，钢筋表现出越来越明显的塑性性质，但应力、应变均持续增长，应力—应变曲线无明显的屈服点，到达极限抗拉强度b点后，同样出现钢筋的颈缩现象，应力—应变曲线表现为下降段，至c点钢筋被拉断。

无明显屈服点的钢筋只有一个强度指标，即b点所对应的极限抗拉强度。在工程设计中，极限抗拉强度不能作为钢筋强度取值的依据，一般取残余应变为0.2%所对应的应力$\sigma_{0.2}$作为无明显屈服点钢筋的强度限值，通常称为条件屈服强度。对高强钢丝，条件屈服强度相当于极限抗拉强度的0.86倍。为简化计算取$\sigma_{0.2}=0.85\sigma_b$，其中$\sigma_b$为无明显屈服点钢筋的抗拉极限强度。

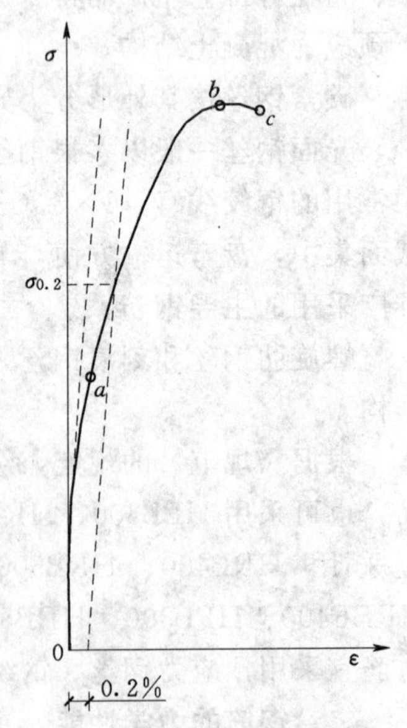

图1-15　无明显屈服点的钢筋应力—应变曲线

（二）钢筋的塑性性能

钢筋除应具有足够的强度外，还应具有一定的塑性变形能力。钢筋的塑性性能通常用延伸率和冷弯性能两个指标来衡量。

钢筋延伸率是指钢筋试件上标距为 $10d$ 或 $5d$（d 为钢筋试件直径）范围内的极限伸长率，记为 δ_{10} 或 δ_5。钢筋的延伸率越大，表明钢筋的塑性越好。

冷弯是将直径为 d 的钢筋围绕某个规定直径 D（规定 D 为 $1d$、$2d$、$3d$、$4d$、$5d$）的辊轴弯曲成一定的角度（90°或 180°），弯曲后钢筋应无裂纹、鳞落或断裂现象（图 1-16）。弯芯（辊轴）的直径越小，弯转角越大，说明钢筋的塑性越好。

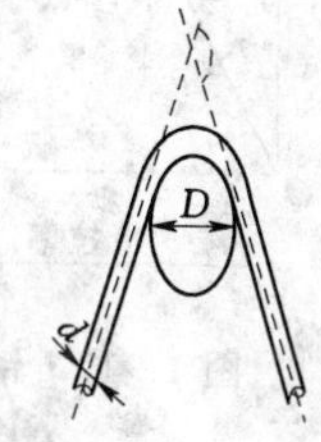

图 1-16　钢筋的冷弯

（三）钢筋的松弛

钢筋受力后，在长度保持不变的情况下，应力随时间增长而降低的现象称为松弛。预应力混凝土结构中，预应力钢筋张拉后长度基本保持不变，将产生松弛现象，从而引起预应力损失。

钢筋的松弛随时间增长而加大，总的趋势是初期发展较快，3～4 天完成大部分，1～2 个月基本完成。钢筋的松弛还与初始应力大小、温度、钢种等因素有关。初始应力越大则松弛也越大；温度对松弛也有很大影响，应力松弛值随温度的升高而增加，同时这种影响还会长期存在，因此，对蒸汽养护的预应力混凝土构件应考虑温度对钢筋松弛的影响。不同钢种的钢筋松弛值差异很大，低合金钢热轧钢筋的松弛值相对较小，热处理钢筋次之，高强钢丝和钢绞线的松弛值相对较大。目前我国生产的高强钢丝和钢绞线按其生产工艺不同分为Ⅰ级松弛（普通松弛）和Ⅱ级松弛（低松弛）两种类型。低松弛钢丝和钢绞线的松弛值，约为普通松弛者的 1/3。

（四）钢筋的弹性模量

钢筋的弹性模量是一项很稳定的材料常数。即使强度级别相差很大的钢筋，弹性模量却很接近，而且强度高的钢筋，弹性模量反而很低。各种类型钢筋的弹性模量见表 1-1。

表 1-1　　钢筋弹性模量　　单位：$\times 10^5 \mathrm{N/mm^2}$

牌号或种类	弹性模量 E_s
HPB300 钢筋	2.10
HRB335、HRB400、HRB500 钢筋 HRBF335、HRBF400、HRBF500 钢筋 RRB400 钢筋预应力螺纹钢筋	2.00
消除应力钢丝、中强度预应力钢丝	2.05
钢绞线	1.95

三、冷加工的钢筋

对有明显屈服点的钢筋进行机械冷加工，可以使钢材内部组织结构发生变化，从而提高钢材的强度。

1. 冷拉

冷拉时指利用有明显屈服点的热轧钢筋“屈服强度/极限抗拉强度”比值（即屈强比）低的特性，在常温条件在把钢筋应力拉到超过其原有的屈服点，然后完全放松，若钢筋再

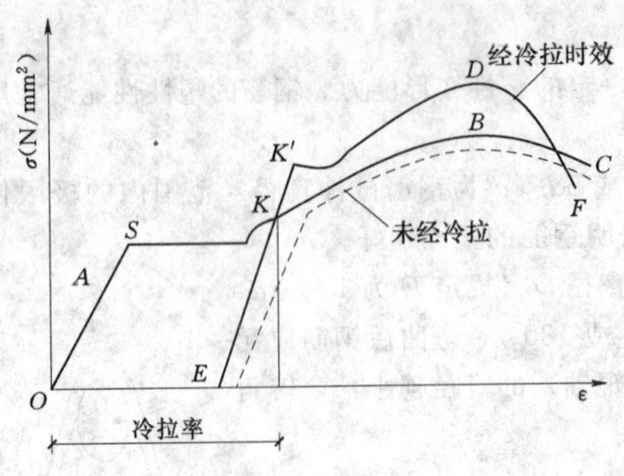

图 1-17　钢筋冷拉后的应力—应变曲线

次受拉，则能获得较高屈服强度的一种加工方法。如图 1-17 所示，若将钢筋应力拉到超过原有屈服点 S 的 K 点然后放松，则钢筋应力在曲线图中将沿着平行于 OA 的直线 KE 回到应力为零的点，钢筋发生了残余变形。此时如果再次张拉钢筋，则钢筋的应力—应变曲线将沿图中的 $EKBC$ 线发展，图形中的转折点 K 高于冷拉前的屈服点 S，从而钢筋在第二次受拉时能够获得比原来更高的屈服强度，这种特性称为钢筋的“冷拉强化”。

如果将钢筋经冷拉放松后，放置一段时间再行张拉，则其应力—应变曲线将沿图中的 $EK'DF$ 发展，曲线的转折点提高到 K'点，此时钢筋获得了新的弹性阶段和屈服强度，其屈服台阶也较冷拉前有所缩短，伸长率也有所减少，这种特性称为“时效硬化”。

还需指出的是，冷拉只能提高钢筋的抗拉屈服强度，却不能提高其抗压屈服强度，故当用冷拉钢筋作受压钢筋时，其屈服强度与母材相同。

对 HPB300 级钢筋通过冷拉同时可以达到拉直除锈的目的，一般可拉长 7%～10%，从而节约钢材，通常可用于普通钢筋混凝土结构，对其他级别热轧钢筋经过冷拉，可用于预应力混凝土结构。

2. 冷拔

冷拔是将钢筋用强力拔过比它直径还小的硬质合金拔丝模，这时钢筋受到纵向拉力和横向压力的作用以提高其强度的一种加工方法。钢筋经多次冷拔后，截面变小而长度增加，强度比原来提高很多，但塑性降低，硬度提高，冷拔后钢丝的抗压强度也获得提高。

3. 冷轧

热轧钢筋再经过冷轧，表面轧制成不同的形状，其材料内部组织变得更加密实，使钢筋的强度和黏结性能有所提高，但相应的塑性性能有所下降，是我国目前钢筋冷加工普遍采用的一种加工方法。

四、钢筋在重复荷载下的力学性能

钢筋混凝土构件在多次重复荷载作用下，尽管构件内的最大钢筋应力始终低于一次加载时钢筋的屈服强度，钢筋也会产生脆性断裂现象，称为“疲劳”破坏，此时其材料强度值称为“疲劳强度”。

材料“疲劳”破坏的原因，是由于材料内部有杂质和孔隙等缺陷存在，同时其内部每个晶粒的弹性、强度、受力大小和方向也各不相同，即使材料处于弹性工作阶段，内部个别晶粒也会达到屈服而发生歪扭和强化作用；随着重复荷载的不断增加，材料内部晶粒也不断在强化，致使个别晶粒的应力达到了破坏强度而使钢筋表面出现了微裂缝，最终由于多次重复荷载的不断作用，促使微裂缝不断增长和发展，减低了材料的强度而导致断裂。

我国规定，对钢筋疲劳强度，是采用应力幅的方法进行验算。钢筋混凝土受弯构件正截面纵向受拉钢筋的应力幅，应符合下列要求：

$$\Delta\sigma_s^f \leqslant \Delta f_y^f \tag{1-9}$$

式中　$\Delta\sigma_s^f$——疲劳验算时受拉纵向钢筋的应力幅；

Δf_y^f——钢筋的疲劳应力幅限值。

$$\Delta\sigma_s^f = \sigma_{max}^f - \sigma_{min}^f \tag{1-10}$$

式中　σ_{max}^f、σ_{min}^f——疲劳验算时，分别按相应荷载效应组合下产生的最大弯矩 M_{max}^f 和最小弯矩 M_{min}^f 时引起相应截面受拉区纵向钢筋的应力。

五、混凝土结构对钢筋性能的要求

钢筋混凝土结构对钢筋性能的要求即强度高、塑性及焊接性能好。此外，还要求和混凝土有良好的黏结性能。

（1）强度——包括钢筋的屈服强度和极限强度。通常强度高的钢筋，塑性和焊接性能差。提高钢筋强度的根本途径不是单纯的增加钢材中碳的含量，而是改变钢材的化学成分，生产出新的钢种，使其既有良好的塑性和焊接性能，又具有较高的强度。因此对于预应力混凝土结构，可以采用高强度的钢丝和钢绞线，以节约钢材。

（2）塑性——即钢筋在断裂前有足够的变形能力。它是反应钢筋混凝土构件破坏的信号。钢筋的塑性是通过检验钢筋的伸长率和弯曲试验得到保证的。

（3）焊接性能——即在一定的工艺条件下，要求钢筋焊接后不产生裂纹或过大变形，保证焊接后接头的良好受力性能。

（4）黏结（握裹）力——包括水泥胶体和钢筋表面起化学作用的胶结力、混凝土收缩紧压钢筋在滑移时产生的摩擦力，以及带肋钢筋表面与混凝土之间的机械咬合力。黏结力是保证钢筋和混凝土共同工作的基础。

第三节　钢筋与混凝土的黏结性能

一、钢筋与混凝土之间的黏结力的定义与重要性

钢筋与混凝土之间之所以能有效地共同工作是因为两者之间有很好的握裹力，又称为黏结应力。钢筋与混凝土间的黏结应力由三部分组成：①因混凝土内水泥颗粒的水化作用形成了凝胶体，对钢筋表面产生的胶结力；②因混凝土结硬时体积收缩，将钢筋裹紧而产生的摩擦力；③由于钢筋表面凸凹不平与混凝土之间产生的机械咬合作用而形成的挤压力。

光面钢筋的黏结应力作用，在钢筋与混凝土间尚未出现相对滑移前主要取决于化学胶结力，发生滑移后则由摩擦力和钢筋表面粗糙不平产生的机械咬合力提供。光面钢筋拔出试验的破坏形态是钢筋从混凝土中被拔出的剪切破坏，其破坏面就是钢筋与混凝土的接触面。

带肋钢筋的黏结作用主要由钢筋表面凸起产生的机械咬合力提供，化学胶结力和摩擦力占的比重很小。带肋钢筋的肋条对混凝土的斜向挤压力形成了滑移阻力，斜向挤压力的轴向分力使肋间混凝土像悬臂环梁那样承受弯、剪，而径向分力使钢筋周围的混凝土犹如受内压的管壁，产生环向拉力。因此，带肋钢筋的外围混凝土处于复杂的三向受力状态，剪应力及纵向拉应力使横肋间混凝土产生内部斜裂缝，环向拉应力使钢筋附近的混凝土产生径向裂缝。裂缝出现后，随着荷载的增大，肋条前方混凝土逐渐被压碎，钢筋连同被压碎的混凝土由试件中被拔出，这种破坏称为剪切黏结破坏。如果钢筋外围混凝土很薄，且没有设置环向箍筋，径向裂缝将达到构件表面，形成沿钢筋的纵向劈裂裂缝，造成混凝土层的劈裂破坏，这种破坏称为劈裂黏结破坏。劈裂黏结破坏强度要低于剪切破坏黏结强度。

黏结应力按其在钢筋混凝土构件中的作用性质，可分为锚固黏结应力和局部黏结应力(开裂截面处的黏结应力)。

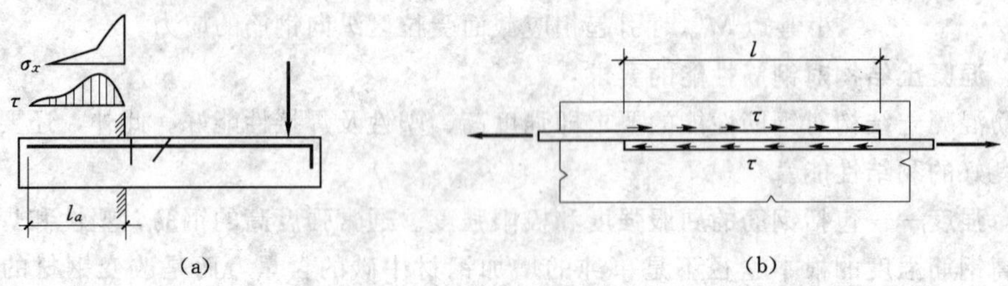

图 1-18 锚固黏结应力

锚固黏结应力如图 1-18 (a) 所示，钢筋伸入支座或支座负筋在跨间切断时，必须有足够的锚固长度，通过该长度上黏结应力的积累，使钢筋在靠近支座处能充分发挥作用。图 1-18 (b) 为钢筋的搭接接头，同样要有一定的搭接长度，这样才能通过黏结应力传递钢筋与钢筋间的内力，以保证钢筋强度的充分发挥。《规范》规定的最小锚固长度和最小搭接长度必须在设计和施工中予以保证。

局部黏结应力是指开裂构件裂缝两侧产生的黏结应力，其作用是使裂缝之间的混凝土参与工作，如图 1-19 所示。该类黏结应力的大小，反映了混凝土参与受力的程度。钢筋与混凝土之间的黏结应力如果遭到破坏，就会使构件变形增加，裂缝剧烈开展甚至提前破坏。在重复荷载特别是强烈地震作用下，很多结构的破坏都是黏结破坏及锚固失效引起的。

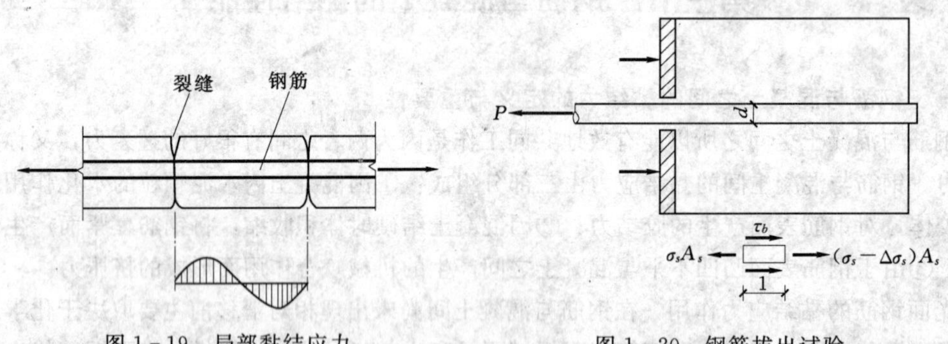

图 1-19 局部黏结应力　　图 1-20 钢筋拔出试验

二、黏结力的组成

钢筋与混凝土之间的黏结力可用拔出试验来测定。在混凝土试件的中心埋置钢筋，如图 1-20 所示在加荷端拉拔钢筋，则沿钢筋长度上的黏结应力 τ_b 可由两点之间的钢筋拉力的变化除以钢筋与混凝土的接触面积来计算。即

$$\tau_b=\frac{\Delta\sigma_s A_s}{\mu\times 1}=\frac{d}{4}\Delta\sigma_s \tag{1-11}$$

式中 $\Delta\sigma_s$——单位长度上钢筋应力的变化值；

A_s——钢筋截面面积；

μ——钢筋周界。

式（1-11）表明，黏结应力使钢筋中的应力沿其长度发生变化，没有钢筋应力的变化也就不存在黏结应力。若已知钢筋应力 σ_s 的分布曲线，就可得到黏结应力 τ_b 的分布曲线。图 1-21 为拔出试验测得的钢筋应力及黏结应力分布情况。

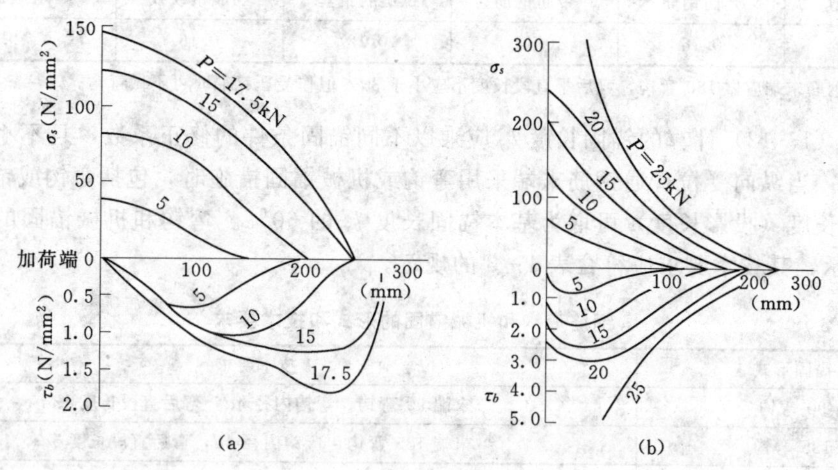

图 1-21　钢筋应力及黏结应力图

（a）光圆钢筋；（b）变形钢筋

从该试验可看出，光圆钢筋的应力曲线为凸形，而变形钢筋的应力曲线为凹形，可见变形钢筋应力传递较光圆钢筋快。随着拉拔力的增加，光圆钢筋 τ_b 图形的峰值由加荷端不断内移，临近破坏时，移至自由端附近，即 τ_b 图形的长度（有效埋长）也达到了自由端。而变形钢筋 τ_b 图形的峰值位置始终在加荷端附近，有效埋长增加缓慢，这表明变形钢筋的黏结强度大得多，钢筋中的应力能够很快向四周混凝土传递。

三、保证可靠黏结的构造措施

（一）保证钢筋在混凝土中的锚固长度和搭接长度

如前所述，钢筋的锚固长度和搭接长度对黏结能力的大小有重要影响。试验也证明，当钢筋的锚固长度不足时，有可能发生拔出破坏。因此，《规范》规定了钢筋的最小锚固长度 l_a 和最小搭接长度 l_l。在设计和施工中必须予以保证。

1. 基本锚固长度

钢筋受拉会产生向外的膨胀力，这个膨胀力导致拉力传递到构件表面。为了保证钢筋与混凝土之间的可靠黏结，钢筋必须有一定的锚固长度。锚固长度与钢筋强度、混凝土抗拉强度、钢筋直径及外形有关。根据有关试验，《规范》规定当计算中充分利用钢筋受拉强度时，可按下式计算：

$$l_{ab}=\alpha\frac{f_y}{f_t}d \tag{1-12}$$

式中　l_{ab}——受拉钢筋的基本锚固长度；

α——锚固钢筋的外形系数，按表 1-2 取值；

f_y——锚固钢筋的抗拉强度设计值；

f_t——混凝土轴心抗拉强度设计值，当混凝土强度等级高于 C60 时，按 C60 取值；

d——锚固钢筋的直径或锚固并筋（钢筋束）的等效直径。

表 1-2　锚固钢筋的外形系数 α

钢筋类型	光面钢筋	带肋钢筋	螺旋肋钢丝	三股钢绞线	七股钢绞线
α	0.16	0.14	0.13	0.16	0.17

注　光面钢筋末端应做 180°弯钩，弯后平直段长度不应小于 $3d$，但作受压钢筋时可不做弯钩。

由式（1-12）计算的锚固长度 l_{ab} 应乘以不同锚固条件的修正系数，且不小于规定的锚固长度。当纵向受拉普通钢筋末端采用弯钩或机械锚固措施时，包括弯钩或锚固端头在内的锚固长度（投影长度）可取为基本锚固长度 l_{ab} 的 60%。弯钩和机械锚固的形式如图 1-22 所示，其技术要求应符合表 1-3 的规定。

表 1-3　钢筋弯钩和机械锚固的形式和技术要求

锚固形式	技术要求
90°弯钩	末端 90°弯钩，弯钩内径 $4d$，弯后直段长度 $12d$
135°弯钩	末端 135°弯钩，弯钩内径 $4d$，弯后直段长度 $5d$
一侧贴焊锚筋	末端一侧贴焊长 $5d$ 同直径钢筋
两侧贴焊锚筋	末端两侧贴焊长 $3d$ 同直径钢筋
焊端锚板	末端与厚度 d 的锚板穿孔塞焊
螺栓锚头	末端旋入螺栓锚头

注　1. 焊缝和螺纹长度应满足承载力要求；
2. 螺栓锚头和焊接锚板的承压净面积不应小于锚固钢筋截面积的 4 倍；
3. 螺栓锚头的规格应符合相关标准的要求；
4. 螺栓锚头和焊接锚板的钢筋净间距不宜小于 $4d$，否则应考虑群锚效应的不利影响；
5. 截面角部的弯钩和一侧贴焊锚筋的布筋方向宜向截面内侧偏置。

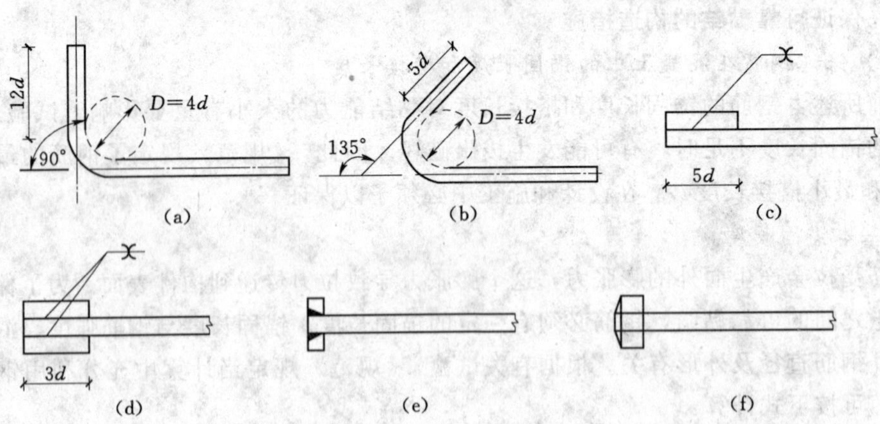

图 1-22　弯钩和机械锚固的形式

(a) 90°弯钩；(b) 135°弯钩；(c) 一侧贴焊锚筋；(d) 两侧贴焊锚筋；(e) 穿孔塞焊锚板；(f) 螺栓锚头

对于受压钢筋，由于钢筋受压时会侧向膨胀，对混凝土产生挤压增加了黏结力，所以它的锚固长度可以短些。当钢筋的锚固区作用有侧向压应力时，黏结强度将得到提高。因此，在直接支承的支座处，如梁的简支端，考虑支座压力的有利影响，伸入支座的钢筋锚固长度可作适当减小。

2. 受拉钢筋的锚固长度

受拉钢筋的锚固长度应根据锚固条件按下列公式计算，并不应小于 200mm：

$$l_a=\zeta_a l_{ab} \tag{1-13}$$

式中　l_a——受拉钢筋的锚固长度；

ζ_a——锚固长度修正系数，可按下列规定取用，当多于一项时，可按连乘计算，但不应小于 0.6；对预应力筋，可取 1.0。

纵向受拉普通钢筋的锚固长度修正系数 ζ_a 应按下列规定取用：

（1）当带肋钢筋的公称直径大于 25mm 时取用 1.10。

（2）环氧树脂涂层带肋钢筋取 1.25。

（3）施工过程中易受扰动的钢筋取 1.10。

（4）当纵向受力钢筋的实际配筋面积大于其设计计算面积时，修正系数取设计计算面积与实际配筋面积的比值，但对有抗震设防要求及直接承受动力荷载的结构构件，不应考虑此项修正。

（5）锚固钢筋的保护层厚度为 $3d$ 时修正系数可取为 0.8，保护层厚度为 $5d$ 时修正系数可取 0.7，中间按内插取值，此处 d 为锚固钢筋的直径。

3. 搭接长度

当混凝土构件中的钢筋长度不够时，或因为构造要求需设施工缝或后浇带时，钢筋就需要搭接，即将两根钢筋的端头在一定长度内并放，并采用适当的连接将一根钢筋的力传给另一根钢筋。受拉钢筋搭接接头处的黏结比锚固黏结要差，实际工程中需要对受拉钢筋进行搭接时，搭接长度应大于锚固长度。受拉钢筋绑扎搭接接头的搭接长度按下式计算：

$$l_l=\zeta_l l_a \tag{1-14}$$

式中　ζ_l——受拉钢筋搭接长度修正系数，与同一连接区段内搭接钢筋的截面面积有关。

对于受压钢筋的搭接接头以及焊接骨架的搭接，也应满足相应的构造要求，以保证力的传递。

横向钢筋可以限制混凝土内部裂缝的发展，使黏结强度提高。因此，在钢筋锚固区和搭接长度范围内，加强横向箍筋（如箍筋加密等）可提高混凝土的黏结强度。

（二）满足钢筋最小间距和混凝土保护层最小厚度的要求

混凝土构件截面上有多根钢筋并列在一排时，钢筋的净间距对黏结强度有重要影响。当钢筋净间距不足时，外围混凝土将发生钢筋平面内贯穿整个梁宽的劈裂裂缝。造成混凝土保护层剥落，使黏结强度显著降低。

对变形钢筋来说，钢筋周围的混凝土保护层厚度大小也对黏结强度有影响，变形钢筋受力时，在钢筋凸肋的角端上，混凝土会发生内部裂缝，如果钢筋周围的混凝土过薄，也就会发生由于混凝土撕裂裂缝的延长而导致的破坏，如图 1-23 所示。《规范》中对纵向受力钢筋及预应力钢筋、钢丝及钢绞线的混凝土保护层厚度也做了规定，设计和施工中应

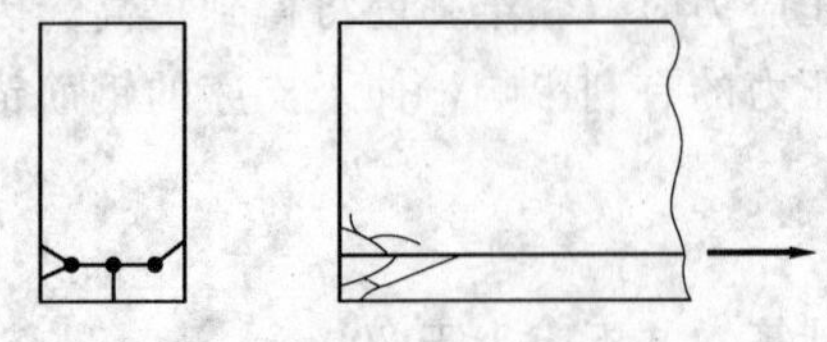

图 1-23　混凝土的撕裂裂缝

予以保证。

（三）黏结强度与浇筑混凝土时钢筋的位置有关

浇筑深度超过 300mm 以上的混凝土时，钢筋底面的混凝土会出现沉淀收缩和离析泌水，气泡逸出，使混凝土与水平放置的钢筋之间形成一层强度较低的空隙层，它将削弱钢筋与混凝土的黏结作用。因此，对高度较大的混凝土构件应分层浇筑和采用二次振捣。

光圆钢筋的黏结性能较差，因此，除直径 12mm 以下的受压钢筋及焊接网或焊接骨架中的光面钢筋外，其余光面钢筋的末端均应做成半圆弯钩。弯钩的形式和尺寸如图 1-24 所示。变形钢筋及焊接骨架中的光面钢筋由于其黏结力较好，可不做弯钩。当板厚小于 120mm 时，板的上层钢筋可做成直抵板底的直钩。轴心受压构件中的光面钢筋也可不做弯钩。

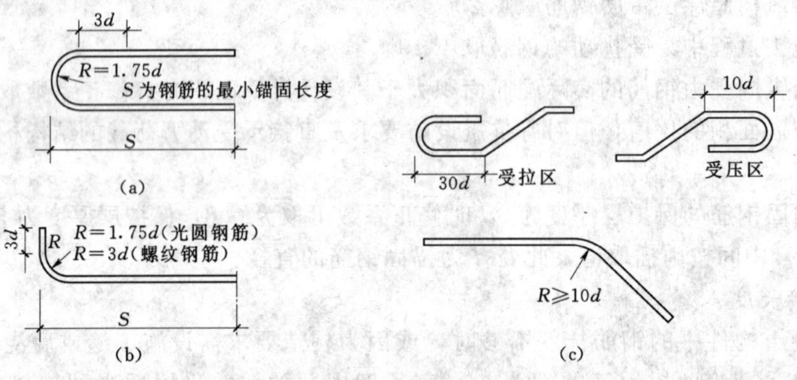

图 1-24　钢筋的弯钩

此外，钢筋的表面粗糙程度也影响到黏结强度。轻度锈蚀的钢筋的黏结强度比无锈及除锈处理的钢筋要高。所以，除锈蚀严重的钢筋外，钢筋一般可不必进行除锈处理。

思　考　题

1-1　混凝土的强度等级是如何确定的?《规范》规定的混凝土强度等级有哪些?

1-2　混凝土轴心受压应力—应变曲线有何特点?

1-3　混凝土的变形模量和弹性模量是怎样确定的?

1-4　混凝土的收缩和徐变有什么区别和联系?

1-5　我国建筑结构用钢筋的品种有哪些？并说明各种钢筋的应用范围。

1-6　钢筋的应力—应变曲线分为哪两类？各有何特点?

1-7　钢筋冷加工的方法有哪几种？冷加工后力学性能有何变化?

1-8　钢筋混凝土结构对钢筋的性能有哪些要求?

1-9　什么是钢筋和混凝土之间的黏结力？影响钢筋和混凝土黏结强度的主要因素有哪些?

1-10　为保证钢筋和混凝土之间有足够的黏结力应采取哪些措施?

第二章　混凝土结构设计基本原理

概要：本章介绍混凝土结构设计时应遵循的基本原则，主要包括作用在结构上的荷载大小如何确定，所用结构材料强度如何取值；结构应具有的功能；结构安全可靠的标准；概率极限状态实用设计表达式等。

结构设计是在预定的荷载及材料性能一定的条件下，确定完成结构构件的功能要求所需要的截面尺寸、配筋以及构造措施。一座钢筋混凝土建筑物往往是由多种构件组成的，如梁、板、柱、墙体以及基础等，结构设计除分别进行各个构件的设计外，尚需设计各个连接节点，使各个构件能够有机地构成一个整体。设计的目的是在现有的技术基础上，用最少的人力、物力消耗获得能够完成全部功能要求的足够可靠的结构。

第一节　结构设计的极限状态

一、结构上的作用、作用效应及结构抗力

1. 结构上的作用

结构上的作用是指施加在结构上的集中力或分布力（直接作用）和引起结构外加变形或约束变形的原因（间接作用）。直接作用是以力的形式出现在结构上的作用，习惯上常称为荷载，如结构自重、人群荷载、风荷载和雪荷载等。间接作用是不以力的形式出现在结构上的作用，如地基不均匀沉降、混凝土收缩、焊接变形、温度变化或地震等。

结构上的作用按随时间的变化，可分为三类：

（1）永久作用。指在设计所考虑的时期内始终存在且其量值变化与平均值相比可以忽略不计的作用，或其变化是单调的并趋于某个限值的作用。如结构自重、土压力和预应力等。

（2）可变作用。指在设计使用年限内其量值随时间变化，且其变化与平均值相比不可忽略不计的作用。如楼面活荷载、风荷载、雪荷载和吊车荷载等。

（3）偶然作用。指在设计使用年限内不一定出现，而一旦出现其量值很大，且持续期很短的作用。如强烈地震、爆炸和撞击等。

2. 作用效应

作用效应是指由作用引起的结构或结构构件的反应，例如内力（如轴力、剪力、弯矩和扭矩）和变形（如挠度、转角和裂缝）等。当作用为直接作用时，其效应通常称为荷载效应，用 S 表示。在一般情况下，荷载 Q 与荷载效应 S 可近似地按线性关系考虑，即

$$S=CQ \tag{2-1}$$

式中　C——荷载效应系数。

荷载效应可由力学方法分析得到，如对于均布荷载 q 作用下的简支梁，其跨中弯矩为 $M=\frac{1}{8}ql_0^2$，剪力为 $V=\frac{1}{2}ql_0$。其中 q 是荷载，M、V 是荷载效应，而 $\frac{1}{8}l_0^2$ 和 $\frac{1}{2}l_0$ 则分别相当于他们的荷载效应系数，l_0 为计算跨度。

由于结构上的作用具有随机性质，如楼面荷载、雪荷载、风荷载等都不是固定不变的，而是随时在变化的，所以作用效应 S 也具有随机性，二者均为随机变量。

3. 结构的抗力

结构的抗力是指结构或结构构件承受作用效应（即内力和变形）的能力，如构件的承载力、刚度和抗裂度等，用 R 表示。抗力可由相应的计算公式求得。影响结构抗力的主要因素是材料性能、几何参数和计算模式的精确性等。由于这些因素都具有不确定性，都是随机变量，因而受这些因素综合影响的结构抗力也是一个随机变量。

二、设计基准期与设计使用年限

设计基准期是为了确定可变作用及与时间有关的材料性能取值而选用的时间参数。如房屋建筑结构的设计基准期为 50 年，铁路桥涵结构、公路桥涵结构的设计基准期为 100 年，港口工程结构的设计基准期为 50 年。设计使用年限是设计规定的结构或结构构件不需要进行大修即可按预定目的使用的年限，即工程结构在正常设计、正常施工、正常使用和正常维护下所应达到的使用年限。设计使用年限按《工程结构可靠性设计统一标准》(GB 50153—2008) 确定。表 2-1 为房屋建筑结构的设计使用年限分类。

表 2-1　房屋建筑结构的设计使用年限

类别	设计使用年限（年）	示　例
1	5	临时性建筑结构
2	25	易于替换的结构构件
3	50	普通房屋和建筑物
4	100	标志性建筑和特别重要的建筑结构

注意，结构的设计使用年限与设计基准期和结构的使用寿命有联系，但不等同。设计基准期可根据设计使用年限的要求适当选定，而超过设计使用年限的结构并不意味着不能再使用，只是表明它的失效概率可能会增大，可靠度可能会有所降低。

三、结构的功能要求

工程结构在实际使用过程中应满足的各种要求，称为结构的功能要求。结构设计的目的，就是应使结构在规定的设计使用年限内以适当的可靠度且经济的方式满足规定的各项功能要求。《工程结构可靠性设计统一标准》(GB 50153—2008) 明确规定了结构在规定的设计使用年限内应满足下列功能要求：

(1) 能承受在施工和使用期间可能出现的各种作用；

(2) 保持良好的使用性能；

(3) 具有足够的耐久性能；

(4) 当发生火灾时，在规定的时间内可保持足够的承载力；

(5) 当发生爆炸、撞击、人为错误等偶然事件时，结构能保持必需的整体稳固性，不出现与起因不相称的破坏后果，防止出现结构的连续倒塌。

在上述工程结构必须满足的5项功能中，第（1）、（4）、（5）项是对结构安全性的要求，第（2）项是对结构适用性的要求，第（3）项是对结构耐久性的要求。安全性、适用性和耐久性统称为结构的可靠性。

四、结构的极限状态

衡量一个结构是否可靠，或者说是否完成预定的功能要求，应有明确的标志或限值。当结构能够满足功能要求而良好地工作时，则结构为“可靠”。反之为“不可靠”或“失效”。区分结构“可靠”与“失效”的临界工作状态称为“极限状态”，即整个结构或结构的某部分超过某一特定状态就不能满足设计规定的某一功能要求，此特定状态为该功能的极限状态。

根据结构的功能要求，《工程结构可靠性设计统一标准》（GB 50153—2008）将极限状态分为两类，即承载能力极限状态和正常使用极限状态。

1. 承载能力极限状态

承载能力极限状态指结构或结构构件达到最大承载力或不适于继续承载的变形状态。当结构或结构构件出现下列状态之一时，应认为超过了承载能力极限状态：

（1）结构构件或连接因超过材料强度而破坏，或因过度变形而不适于继续承载；

（2）整个结构或其一部分作为刚体失去平衡；

（3）结构转变为机动体系；

（4）结构或结构构件丧失稳定；

（5）结构因局部破坏而发生连续倒塌；

（6）地基丧失承载能力而破坏；

（7）结构或结构构件的疲劳破坏。

承载能力极限状态为结构或结构构件达到允许的最大承载能力状态。结构构件由于塑性变形而使其几何形状发生显著改变，虽未达到最大承载能力，但已彻底不能使用，也属于这种极限状态。

承载能力极限状态主要针对结构的安全性。一旦出现承载能力极限状态，结构就有可能发生严重的破坏，甚至倒塌，造成人身伤亡和重大经济损失，故承载能力极限状态出现的概率应该很低。对于任何承受荷载的结构或构件，都需按承载能力极限状态进行设计。

2. 正常使用极限状态

正常使用极限状态指结构或结构构件达到正常使用或耐久性能的某项规定限值的状态。当结构或结构构件出现下列状态之一时，应认为超过了正常使用极限状态：

（1）影响正常使用或外观的变形；

（2）影响正常使用或耐久性能的局部损坏；

（3）影响正常使用的振动；

（4）影响正常使用的其他特定状态。

正常使用极限状态可理解为结构或结构构件达到使用功能上允许的某个限值状态。例如，某些构件必须控制变形、裂缝才能满足使用要求。正常使用极限状态主要针对结构的适用性和耐久性。因其出现后虽会损害结构或结构构件的使用功能或耐久性，但对生命和财产的危害较小，故与超过承载能力状态相比，其出现的概率允许稍高些，但设计时仍应予以重视，因过大的变形、裂缝不仅影响正常使用和耐久性，也会造成用户心理上的不安全。

结构构件应以不超过承载能力极限状态和正常使用极限状态为原则。这种把极限状态作为结构设计依据的设计方法，称为极限状态设计法。结构设计时，一般是先按承载能力极限状态进行承载能力设计计算，然后按照使用要求进行正常使用极限状态的变形、裂缝宽度等验算。

五、结构的设计状况

结构的设计状况是指代表一定时段内实际情况的一组设计条件，设计应做到在该组条件下结构不超越有关的极限状态。工程结构设计时应区分下列设计状况。

1. 持久设计状况

持久设计状况是指在结构使用过程中一定出现，且持续期很长的设计状况，其持续期一般与设计使用年限为同一数量级。例如，房屋结构承受家具和正常人员荷载的状况。持久设计状况适用于结构使用时的正常情况。

2. 短暂设计状况

短暂设计状况是指在结构施工和使用过程中出现概率较大，而与设计使用年限相比，其持续期很短的设计状况。例如，结构施工和维修时承受堆料荷载的状况。短暂设计状况适用于结构出现的临时情况。

3. 偶然设计状况

偶然设计状况是指在结构使用过程中出现概率很小，且持续期很短的状况。偶然设计状况适用于结构出现的异常情况，包括结构遭受火灾、爆炸、撞击时的情况等。

4. 地震设计状况

地震设计状况是指结构遭受地震时的设计状况。适用于结构遭受地震时的情况，在抗震设防地区必须考虑地震设计状况。

对上述四种设计状况，均应进行承载能力极限状态设计；对持久设计状况，尚应进行正常使用极限状态设计；对于短暂设计状况和地震设计状况，可根据需要进行正常使用极限状态设计；对偶然设计状况则可不进行正常使用极限状态设计。工程结构设计时，对不同的设计状况应采用相应的结构体系、可靠度水平、基本变量和作用组合等。

第二节　概率极限状态设计方法

一、结构的功能函数和极限状态方程

结构上的各种作用，材料性能及几何参数等因素都具有随机性，可用基本变量 X_i（$i=1, 2, \cdots, n$）表示，则包括有关基本变量在内的结构功能函数可表达为

$$Z=g(X_1, X_2, \cdots, X_n) \tag{2-2}$$

当

$$Z=g(X_1, X_2, \cdots, X_n)=0 \tag{2-3}$$

时，称为极限状态方程。

当功能函数仅有作用效应 S 和结构抗力 R 两个基本变量时，则结构的功能函数和极限状态方程分别为

$$Z=g(R,S)=R-S \tag{2-4}$$

$$Z=R-S=0 \tag{2-5}$$

显然，通过功能函数 Z 可以判别结构所处的状态。由于 S 和 R 取值的不同，Z 值可能出现三种状态。

当 $Z=R-S>0$，即 $R>S$ 时，结构处于可靠状态；

当 $Z=R-S<0$，即 $R<S$ 时，结构处于失效状态；

当 $Z=R-S=0$，即 $R=S$ 时，结构处于极限状态。

结构所处的三种状态也可用图 2-1 来表达。

二、结构的可靠度

如前所述，对工程结构必须满足的安全性、适用性和耐久性三方面的功能要求可概括为对结构可靠性的要求。如果一个结构在规定的时间内（设计使用年限），在规定的条件（正常设计、正常施工、正常使用）下，完成预定功能，这意味着这个结构是可靠的，否则就不可靠。由于结构的可靠性是一种定性的概念，而衡量一个结构是否可靠或是否完成预定功能，应有明确标志。为了定量的描述结构的可靠性，在结构设计中采用了“可靠度”来具体度量结构的可靠程度。所谓结构的可靠度是指结构在规定的时间内，在规定的条件下完成预定功能的概率。可见，结构可靠度是结构可靠性的概率度量。

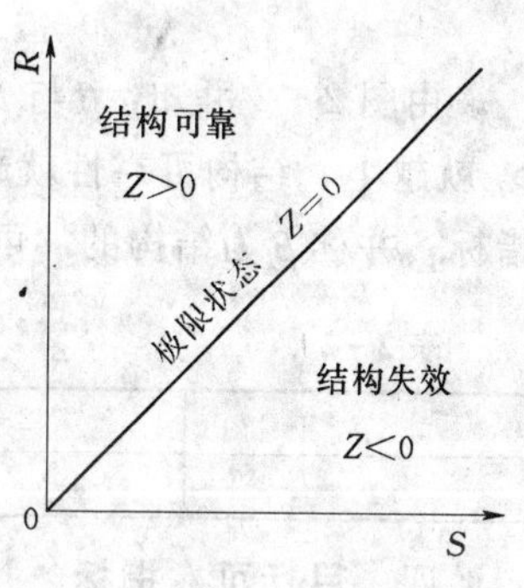

图 2-1 结构所处状态

三、失效概率与可靠指标

结构能够完成预定功能的概率，即结构处于可靠状态（$Z\geqslant 0$）的概率，称为结构的可靠概率，用 p_s 来表示。反之，结构不能完成预定功能的概率，即结构处于失效状态（$Z<0$）的概率，称为失效概率，用 p_f 来表示。

结构按极限状态设计的目的，在于保证其安全可靠。即要使功能函数 $Z=R-S\geqslant 0$，此时，如果结构抗力 R 和作用效应 S 都是确定性的变量，则可由 R 和 S 的差值，即 Z 值就可直接判断结构所处的状态。实际上，由于 R 和 S 均为随机变量，由概率论可知，在结构设计中，要绝对保证 R 总大于 S 是不可能的，而只能做到在大多数情况下使结构处于 $R\geqslant S$，即 $Z\geqslant 0$ 的可靠状态。

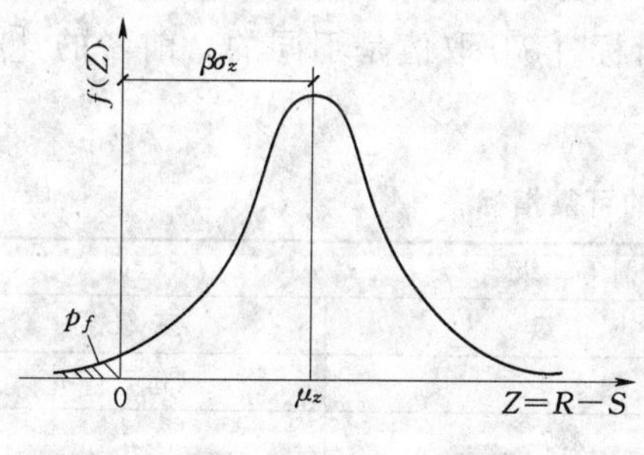

图 2-2 $Z=R-S$ 的概率分布曲线及和 p_f 的关系

假设 R 和 S 均服从正态分布，由于 $Z=R-S$，故 Z 也服从正态分布，其平均值为 μ_Z，均方差为 σ_Z，则功能函数 Z 的概率密度分布曲线如图 2-2 所示。从图中可见，出现 $Z=R-S<0$ 的结构失效概率 p_f 就等于图中阴影部分的面积，而图中原点以右分布曲线与横坐标轴所围成的面积就表示结构的可靠概率 p_s，即

$$p_f = P(Z<0) = \int_{-\infty}^{0} f(Z)\mathrm{d}Z \tag{2-6}$$

$$p_s = (Z \geqslant 0) = \int_0^{\infty} f(Z) \mathrm{d}Z \tag{2-7}$$

显然结构的失效概率 p_f 和可靠概率 p_s 是互补的，$p_s = 1 - p_f$。可见，结构的可靠度也可用失效概率 p_f 来度量，失效概率 p_f 越小，结构的可靠度就越大。

用结构的失效概率 p_f 来度量结构的可靠性具有明确的物理意义，能较好地反应问题的实质，因而得到国际公认，但 p_f 计算比较复杂，因此国际标准和我国标准都采用一个与失效概率 p_f 在数值上有对应关系的另一个参数——可靠指标 β。由图 2-2 所知，结构的失效概率 p_f 与平均值 μ_Z 到原点的距离 $\beta\sigma_Z$ 有关，β 值为功能函数 Z 的平均值与其标准差 σ_z 之比，即

$$\beta = \frac{\mu_Z}{\sigma_Z} = \frac{\mu_R - \mu_S}{\sqrt{\sigma_R^2 + \sigma_S^2}} \tag{2-8}$$

由图 2-2 可知，β 与 p_f 有对应关系（具体数值关系见表 2-2）。β 值越大，失效概率 p_f 就越小，结构可靠性就越高，故 β 和失效概率 p_f 一样可作为衡量结构可靠程度的一个指标，并称 β 为结构的“可靠指标”。

表 2-2　　可靠指标 β 与失效概率 p_f 的对应关系

β	2.7	3.2	3.7	4.2
p_f	3.5×10^{-3}	6.9×10^{-4}	1.1×10^{-4}	1.3×10^{-5}

四、目标可靠指标

由于 R 和 S 均为随机变量，因此，在结构设计中，要达到所谓“绝对可靠”（即失效概率 $p_f = 0$）的状态是不可能的，只能做到在绝大多数情况下使失效概率 p_f 低到某一人们可以接受的数值，该值即称为容许失效概率 $[p_f]$，与容许失效概率 $[p_f]$ 相对应的可靠指标，称为目标可靠指标 $[\beta]$。当满足 $p_f \leqslant [p_f]$ 或 $\beta \geqslant [\beta]$ 时，即表示结构此时处于可靠状态。按概率极限状态设计法设计时，一般是已知各种基本变量的统计特征（如平均值、标准差等），然后根据规范规定的目标可靠指标 $[\beta]$，求出所需的结构抗力平均值，再求出抗力标准值，最后进行截面设计。

《建筑结构可靠度设计统一标准》（GB 50068—2001）根据结构的安全等级和破坏类型，规定了结构构件承载能力极限状态的目标可靠指标 $[\beta]$，如表 2-3 所示。表中延性破坏是指结构构件在破坏前具有明显的变形或其他预兆；脆性破坏是指结构构件在破坏前无明显的变形或其他预兆。由于结构构件发生延性破坏前有明显的预兆，而脆性破坏发生时较为突然，其后果更为严重，故两者的目标可靠指标 $[\beta]$ 取值是不同的，前者的 $[\beta]$ 值取值较后者较小一些。

表 2-3　　结构构件承载能力极限状态的可靠指标

破坏类型	安全等级		
	一级	二级	三级
延性破坏	3.7	3.2	2.7
脆性破坏	4.2	3.7	3.2

对于结构构件在正常使用极限状态的目标可靠指标 $[\beta]$，根据其可逆程度宜取 0 ～

1.5。对可逆的正常使用极限状态，$[\beta]$ 取为 0；对不可逆的正常使用极限状态 $[\beta]$ 取为 1.5。不可逆极限状态指产生超越状态的作用被移掉后，仍将永久保持超越状态的一种极限状态；可逆极限状态指产生超越状态的作用被移掉后，将不再保持超越状态的一种极限状态。如某一悬臂梁在某一荷载作用下，其挠度超过了规范规定的允许值，卸去该荷载后，若梁的挠度小于规范规定的允许值，则为可逆极限状态，否则为不可逆极限状态。当可逆程度在可逆与不可逆二者之间时，可逆程度较高的结构构件取较低值；可逆程度较低的结构构件取较高值。

第三节 荷载的代表值

工程结构在实际使用和施工期间所承受的荷载不是固定不变的，其具有不同性质的变异性。因此，结构设计时所取用的荷载值应采用概率统计方法来确定。并根据不同的设计要求，选取不同的荷载数值作为荷载代表值，以使之能更确切地反应它在设计中的特点。荷载代表值即为设计中以验算极限状态所采用的荷载量值。《建筑结构荷载规范》(GB 50068—2001)（以下简称《荷载规范》）给出了四种代表值：荷载标准值、组合值、频遇值和准永久值。

一、荷载标准值

荷载标准值是结构设计时采用的荷载基本代表值，荷载的其他代表值都是在标准值的基础上乘以相应的系数后得到的。荷载标准值是其在结构使用期间可能出现的最大荷载值。由于荷载本身的随机性，因而使用期间的最大荷载也是随机变量，其值原则上可由设计基准期最大荷载概率分布的某个分位值来确定。

对于有足够资料而有可能对其统计分布做出合理估计的荷载，则在其设计基准期最大荷载的分布上，取某一分位值作为该荷载的代表值。理论上，荷载代表值应为结构在使用期间，在正常情况下，可能出现的具有一定保证率的偏大荷载值。假定图 2-3 中的荷载符合正态分布，其分位值为 P_K，若取

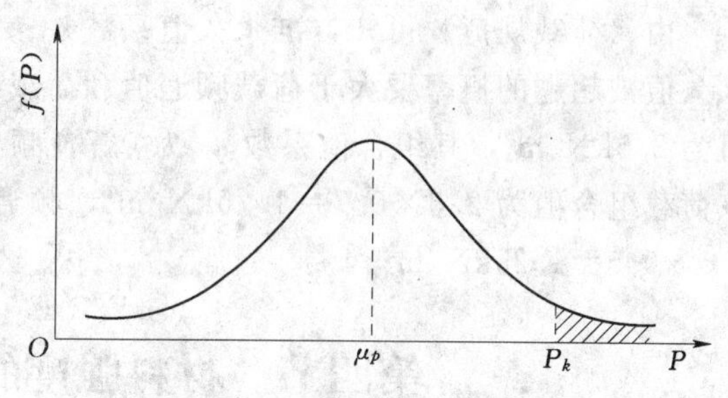

图 2-3 荷载标准值的取值方法

$$P_K=\mu_P+1.645\sigma_P \tag{2-9}$$

则荷载标准值具有 95%的保证率，亦即在设计基准期内超过此值的荷载出现率为 5%。式中 μ_P 是平均值，σ_P 是标准差。

对于有些不具备统计资料的荷载，难以给出符合实际的概率分布，只能根据已有的工程实践经验，通过分析判断确定或参照传统习用的数值确定。

在《荷载规范》中，对按上述两种方式规定的代表值均统称为荷载标准值。

结构或非承重构件的自重为永久荷载，由于其变异性不大，且多为正态分布，一般以其分布的均值作为标准值，即可按结构设计规定的尺寸与材料单位体积的自重（或单位面积的自重）计算确定；对于自重变异性较大的材料，尤其是制作屋面的轻质材料，考虑到

结构的可靠性，在设计中应根据该荷载对结构有利或不利，分别取其自重的下限值或上限值。

对于各类可变荷载标准值，在结构设计时可按《荷载规范》直接查用。

二、荷载组合值

当结构同时承受两种或两种以上的可变荷载作用时，考虑到所有可变荷载同时达到其单独出现时可能达到的最大值（标准值）的概率极小，因此，除主导可变荷载（产生最大效应的荷载）仍以其标准值为代表外，其余可变荷载均采用小于其标准值的量值作为代表值，称为荷载组合值。荷载组合值应取可变荷载标准值乘以组合值系数 ψ_c。ψ_c 为小于 1.0 的系数，可由《荷载规范》查取。

三、可变荷载频遇值

对于可变荷载，在设计基准期内，其被超越的总时间仅为设计基准期一小部分的荷载值即为荷载频遇值。它相当于在结构上时而出现的较大荷载值，但总小于荷载的标准值。可变荷载频遇值是正常使用极限状态按频遇组合设计时采用的一种可变荷载代表值。

对于与时间有关联的正常使用极限状态，如允许某些极限状态在一个较短的持续时间内被超越，或在总体上不长的时间内被超过，则可以采用频遇值作为荷载的代表值。荷载频遇值应取可变荷载标准值乘以小于 1.0 的频遇值系数 ψ_f，ψ_f 可由《荷载规范》查取。

四、可变荷载准永久值

对可变荷载，在设计基准期内，其超越的总时间约为设计基准期一半的荷载值即为可变荷载准永久值，即在设计基准期内经常作用的荷载值（接近于永久荷载）。可变荷载的准永久值应取可变荷载标准值乘以荷载准永久值系数 ψ_q，ψ_q 可由《荷载规范》查取。

由《荷载规范》可知，准永久值系数 ψ_q＜频遇值系数 ψ_f≤组合值系数 ψ_c，即荷载准永久值被超越的概率要大于荷载频遇值和荷载组合值。例如，某餐厅楼面均布活荷载标准值为 2.5kN/m^2，其组合值系数 ψ_c 为 0.7，频遇值系数为 0.6，准永久值系数为 0.5，则该荷载组合值为 $2.5\times0.7=1.75\text{kN/m}^2$，频遇值为 $2.5\times0.6=1.50\text{kN/m}^2$，准永久值为 $2.5\times0.5=1.25\text{kN/m}^2$。

第四节　材料强度的标准值与设计值

混凝土和钢筋的强度，是影响结构抗力的主要因素。混凝土和钢筋性能均存在离散性，即使同一次搅拌的混凝土、同一批生产的钢筋，强度也不会完全相同。合理的强度取值，将直接影响结构的可靠性和经济性。由于材料性能的变异性，使这两种材料的强度都属于随机变量，其强度概率分布可采用正态分布。

一、材料强度的标准值

材料强度标准值可取其概率分布的 0.05 分位值（具有不小于 95%的保证率）确定。当材料强度按正态分布时，其标准值为：

$$f_k=\mu_f-1.645\sigma_f \tag{2-10}$$

式中　f_k——材料强度标准值；

μ_f——材料强度平均值；

σ_f——材料强度标准差。

1. 混凝土强度标准值

混凝土强度标准值有混凝土立方体抗压强度标准值 $f_{cu,k}$、混凝土轴心抗压强度标准值 f_{ck} 和混凝土轴心抗拉强度标准值 f_{tk}。混凝土立方体抗压强度标准值系指按标准方法制作、养护的边长为 150mm 的立方体试件，在 28d 或设计规定龄期以标准方法测得的具有 95％保证率的抗压强度值。混凝土强度等级是按立方体抗压强度标准值确定的。同时混凝土立方体抗压强度标准值也是混凝土各种力学指标的基本代表值。如前所述，混凝土轴心抗压强度标准值 f_{ck} 和混凝土轴心抗拉强度标准值 f_{tk} 均可由混凝土立方体抗压强度标准值 $f_{cu,k}$ 经相关换算关系计算得到，结果见附表 2－1。

2. 钢筋强度标准值

《规范》规定钢筋的强度标准值应具有不小于 95％的保证率。为了使钢筋强度标准值与钢筋的检验标准相统一，普通钢筋屈服强度标准值 f_{yk} 采用现行国家标准《钢筋混凝土用钢》（GB 1499）规定的屈服强度特征值 R_{eL}。由于结构抗连续倒塌设计的需要，《规范》新增了钢筋极限强度标准值 f_{stk}，其值相当于钢筋标准中的抗拉强度特征值 R_m。为保证钢材的质量，国家有关标准规定钢材出厂前要按"废品限值"进行检验，对于普通钢筋，废品限值相当于屈服强度平均值减去两倍标准差，即具有 97.73％的保证率。可见，国家标准规定的钢筋废品限值符合《规范》要求，且偏于安全。

对于没有明显屈服点的预应力钢筋，极限强度标准值 f_{ptk} 相当于钢筋标准中的钢筋抗拉强度 σ_b（废品限值）。对《规范》新增的中强度预应力钢丝、预应力螺纹钢丝的屈服强度标准值，在钢筋标准中一般取 0.002 残余应变所对应的应力 $\sigma_{p0.2}$ 作为其条件屈服强度标准值 f_{pyk}。

普通钢筋强度标准值和预应力钢筋强度标准值分别见附表 2－7 及附表 2－8。

二、材料强度的设计值

在进行混凝土结构构件的承载能力极限状态设计计算时，为保证结构构件的安全性，钢筋和混凝土的强度均取用一个比标准值小的强度值，即材料强度设计值：

材料强度设计值＝材料强度标准值/材料分项系数

1. 混凝土强度设计值

混凝土强度设计值由强度标准值除以混凝土材料分项系数 γ_c 确定。混凝土材料的分项系数取为 1.40。则混凝土轴心抗压强度设计值 $f_c=f_{ck}/1.4$、轴心抗拉强度设计值 $f_t=f_{tk}/1.4$，结果见附表 2－2。

2. 钢筋强度设计值

钢筋强度设计值为其强度标准值除以材料分项系数 γ_s 的数值。对延性较好的钢筋 γ_s 取为 1.10；但对《规范》新列入的高强度 500MPa 级钢筋，考虑到适当提高安全储备，故 γ_s 取为 1.15；对延性稍差的预应力钢筋，γ_s 取不小于 1.20。钢筋抗压强度设计值 f'_y 取与抗拉强度相同。普通钢筋强度设计值和预应力钢筋强度设计值分别按附表 2－9 及附表 2－10 取值。

第五节　实用设计表达式

用概率极限状态设计法直接设计时，采用目标可靠度 $[\beta]$ 来直接进行结构设计，可以较全面地考虑结构抗力和荷载效应等基本变量的变异性对结构可靠度的影响，使所设计的结构比较符合预期的可靠度要求。但对于常用的工程结构，按概率极限状态设计法进行结构设计是比较复杂的，在设计中应用极为不便。因此，《混凝土结构设计规范》仍采用以荷载标准值、材料强度标准值以及相应的分项系数和组合系数表达的设计表达式进行设计，并称其为“实用设计表达式”。表达式中的各分项系数是根据结构构件基本变量的统计特性通过可靠度分析方法经优选确定的，起着相当于目标可靠指标 $[\beta]$ 的作用。

一、承载能力极限状态设计表达式

1. 基本表达式

《规范》规定，对持久设计状况、短暂设计状况和地震设计状况，当用内力的形式表达时，结构构件应采用下列承载能力极限状态设计表达式：

$$\gamma_0 S \leqslant R \tag{2-11}$$

$$R=\frac{R(f_c, f_s, a_k, \cdots)}{\gamma_{Rd}} \tag{2-12}$$

式中　γ_0——结构重要性系数，在持久设计状况和短暂设计状况下，对安全等级为一级的结构构件不应小于 1.1，对安全等级为二级的结构构件不应小于 1.0，对安全等级为三级的结构构件不应小于 0.9，对地震设计状况下应取 1.0；

S——承载能力极限状态下作用组合的效应设计值；

R——结构构件的抗力设计值；

$R(\cdot)$——结构构件的抗力函数；

γ_{Rd}——结构构件的抗力模型不定性系数（构件抗力调整系数），静力设计取 1.0，对不确定性较大的结构构件根据具体情况取大于 1.0 的数值，抗震设计应用承载力抗震调整系数 γ_{RE} 代替 γ_{Rd}；

f_c、f_s——混凝土、钢筋的强度设计值；

a_k——几何参数的标准值，当几何参数的变异性对结构性能有明显的不利影响时应增减一个附加值。

式（2-12）中的 $\gamma_0 S$ 为内力设计值，可用 N、M、V、T 等表达。

2. 承载能力极限状态下作用组合的效应设计值 S

《规范》规定，对于承载能力极限状态，作用组合的效应设计值 S，对持久设计状况和短暂设计状况应按作用的基本组合计算；对地震设计状况应按作用的地震组合计算。因本书只涉及混凝土结构构件的非抗震设计，故以下仅介绍作用效应的基本组合。

基本组合是持久设计状况或短暂设计状况下永久荷载与可变荷载的组合。荷载效应组合的设计值 S 应从可变荷载效应控制的组合和永久荷载效应控制的组合中取最不利值确定：

（1）由可变荷载效应控制的组合

$$S = \gamma_G S_{Gk} + \gamma_{Q1} S_{Q1k} + \sum_{i=2}^{n} \gamma_{Qi} \psi_{ci} S_{Qik} \tag{2-13}$$

（2）由永久荷载效应控制的组合

$$S = \gamma_G S_{Gk} + \sum_{i=1}^{n} \gamma_{Qi} \psi_{ci} S_{Qik} \tag{2-14}$$

式中　γ_G——永久荷载分项系数。当其效应对结构不利（使结构内力增大）时，对由可变荷载效应控制的组合，应取1.2；对由永久荷载效应控制的组合取1.35，当其效应对结构有利（使结构内力减小）时，应取1.0；

γ_{Qi}——第i个可变荷载分项系数，其中γ_{Q1}为可变荷载Q_1的分项系数，一般情况下取1.4；对标准值大于$4kN/m^2$的工业房屋楼面结构的活荷载取1.3；

S_{Gk}——按永久荷载标准值G_k计算的荷载效应值；

S_{Qik}——按可变荷载标准值Q_{ik}计算的荷载效应值，其中S_{Q1k}为诸可变荷载效应中起控制作用者；

ψ_{ci}——可变荷载Q_i的组合值系数。

必须注意，基本组合中的表达式仅适用于荷载与荷载效应为线性关系的情况；此外，若对S_{Q1K}无法判断时，可逐次以各可变荷载效应为S_{Q1K}，选其中最不利的荷载效应组合；当考虑以竖向永久荷载控制的组合时，出于简化的目的，参与组合的可变荷载仅限于竖向荷载，而忽略影响不大的横向荷载。

对于一般排架、框架结构，基本组合可采用简化规则，按下列组合值中取最不利值确定：

（1）由可变荷载效应控制的组合

$$S = \gamma_G S_{Gk} + \gamma_{Q1} S_{Q1k} \tag{2-15}$$

$$S = \gamma_G S_{Gk} + 0.9 \sum_{i=1}^{n} \gamma_{Qi} S_{Qik} \tag{2-16}$$

（2）由永久荷载效应控制的组合仍按式（2-14）采用。

3. 承载能力极限状态计算内容

《规范》规定，混凝土结构承载力能力极限状态计算应包括下列内容：

（1）结构构件应进行承载力（包括失稳）计算：

（2）直接承受重复荷载的构件应进行疲劳验算；

（3）有抗震设防要求时，应进行抗震承载力计算；

（4）必要时尚应进行结构的倾覆、滑移、漂浮验算；

（5）对于可能遭受偶然作用，且倒塌可能引起严重后果的重要结构，宜进行防连续倒塌设计。

二、正常使用极限状态设计表达式

1. 正常使用极限状态设计表达式

对于正常使用极限状态，钢筋混凝土构件、预应力混凝土构件应分别按荷载的准永久组合并考虑长期作用的影响或标准组合并考虑长期作用的影响，采用下列极限状态设计表达式进行验算：

$$S \leqslant C \tag{2-17}$$

式中　S——正常使用极限状态荷载组合的效应设计值；

C——结构构件达到正常使用要求所规定的变形、应力、裂缝宽度和自振频率等的限值。

2. 正常使用极限状态荷载组合的效应设计值 S

(1) 对于标准组合，荷载效应组合的效应设计值 S 应按下式采用

$$S = S_{Gk} + S_{Q1k} + \sum_{i=2}^{n} \psi_{ci} S_{Qik} \tag{2-18}$$

(2) 对于准永久组合，荷载效应组合的效应设计值 S 应按下式采用

$$S = S_{Gk} + \sum_{i=1}^{n} \psi_{qi} S_{Qik} \tag{2-19}$$

式中　ψ_{qi}——可变荷载 Q_i 的准永久值系数。

式（2-18）、式（2-19）组合中的设计值仅适用于荷载与荷载效应为线性的情况。

3. 正常使用极限状态验算规定及 C 值

《规范》规定，混凝土结构构件应根据其使用功能及外观要求，按下列规定进行正常使用极限状态验算：

(1) 对需要控制变形的构件，应进行变形验算。钢筋混凝土受弯构件的最大挠度应按荷载的准永久组合、预应力钢筋混凝土受弯构件的最大挠度应按荷载的标准组合，并均应考虑荷载长期作用的影响进行计算（计算方法见第九章），其值不超过规范规定的挠度限值。

(2) 对不允许出现裂缝的构件，应进行混凝土拉应力验算。

(3) 对允许出现裂缝的构件，应进行受力裂缝宽度验算。

结构构件正截面的受力裂缝控制等级分为三级，等级划分及要求应符合下列规定：

一级——严格要求不出现裂缝的构件，按荷载标准组合计算时，构件受拉边缘混凝土不应产生拉应力。

二级——一般要求不出现裂缝的构件，按荷载效应标准组合计算时，构件受拉边缘混凝土拉应力不应大于混凝土抗拉强度标准值。

三级——允许出现裂缝的构件：对钢筋混凝土构件，按荷载准永久组合并考虑长期作用影响计算时，构件的最大裂缝宽度不应超过《规范》规定的最大裂缝宽度限值。对预应力混凝土构件，按荷载标准组合并考虑长期作用影响计算时，构件的最大裂缝宽度不应超过《规范》规定的最大裂缝宽度限值；对二 a 类环境的预应力混凝土构件，尚应按荷载准永久组合计算，且构件受拉边缘混凝土的拉应力不应大于混凝土的抗拉强度标准值。

(4) 对舒适度有要求的楼盖结构，应进行竖向自振频率验算。

对混凝土楼盖结构应根据使用功能要求进行竖向自振频率验算，并宜符合下列要求：

1) 住宅和公寓不宜低于 5Hz；

2) 办公楼和旅馆不宜低于 4Hz；

3) 大跨度公共建筑不宜低于 3Hz。

为提高建筑物的使用质量，《规范》首次对楼盖提出了舒适度的要求。对于一般结构

及跨度不大的楼盖，如已对板的跨厚比进行控制，可不作舒适度验算。对跨度较大的楼盖及业主有要求时，可按上述要求执行。一般楼盖的竖向自振频率可采用简化方法计算。对有特殊要求的工业建筑，可参照现行国家标准《多层厂房楼盖结构抗微振设计规范》(GB 50190) 进行验算。

【例 2-1】 某住宅楼面简支梁，计算跨度 $l_0=4.5\text{m}$，结构安全等级为二级，承受永久荷载标准值（包括梁自重）$G_k=13\text{kN/m}$，楼面活荷载标准值 $Q_k=6\text{kN/m}$。楼面活荷载组合值系数 $\psi_c=0.7$，准永久值系数 $\psi_q=0.4$。试求：①按承载能力极限状态设计时该梁跨中截面弯矩设计值；②按正常使用极限状态验算时该梁跨中截面弯矩组合值。

【解】

(1) 永久荷载、楼面活荷载作用下梁跨中截面弯矩标准 M_{Gk}、M_{Qk}

$$M_{Gk}=\frac{1}{8}G_k l_0^2=\frac{1}{8}\times13\times4.5^2=32.9\ (\text{kN}\cdot\text{m})$$

$$M_{Qk}=\frac{1}{8}Q_k l_0^2=\frac{1}{8}\times6\times4.5^2=15.2\ (\text{kN}\cdot\text{m})$$

(2) 承载力能力极限状态下，梁跨中截面弯矩设计值 M

对于承载力能力极限状态，梁的跨中截面弯矩设计值 M 应从可变荷载效应控制的组合和永久荷载效应控制的组合中取最不利值确定。

① 可变荷载效应控制的组合

因为结构安全等级为二级，故取 $\gamma_0=1.0$。由式 (2-13) 有

$$M=\gamma_0(\gamma_G M_{Gk}+\gamma_{Q1}M_{Q1k}+\sum_{i=2}^{n}\gamma_{Qi}\psi_{ci}M_{Qik})$$
$$=1.0\times(1.2\times32.9+1.4\times15.2)=60.8\ (\text{kN}\cdot\text{m})$$

②永久荷载效应控制的组合

由式 (2-14) 有

$$M=\gamma_0\left(\gamma_G M_{Gk}+\sum_{i=1}^{n}\gamma_{Qi}\psi_{ci}M_{Qik}\right)$$
$$=1.0\times(1.35\times32.9+1.4\times0.7\times15.2)=59.3\ (\text{kN}\cdot\text{m})$$

可见，由可变荷载效应控制的组合弯矩计算结果最大，故按承载力能力极限状态设计时，该梁跨中截面弯矩设计值取 $M=60.8\text{kN}\cdot\text{m}$。

(3) 正常使用极限状态下，梁跨中截面弯矩设计值 M

①对于标准组合，由式 (2-18) 有

$$M=M_{Gk}+M_{Q1k}+\sum_{i=2}^{n}\psi_{ci}M_{Qik}$$
$$=32.9+15.2=48.1\ (\text{kN}\cdot\text{m})$$

②对于准永久组合，由式 (2-19) 有

$$M=M_{Gk}+\sum_{i-1}^{n}\psi_{qi}M_{Qik}$$
$$=32.9+0.4\times15.2=39.0\ (\text{kN}\cdot\text{m})$$

第六节　结构方案、结构抗倒塌设计和既有建筑的结构设计原则

一、结构方案

结构方案指的是结构选型和构件布置。灾害调查和事故分析表明：结构方案对建筑物的安全有着决定性的影响，因此，《规范》补充了“结构方案”设计内容，将规范从以构件计算为主适当扩展到整体结构的设计，进一步完善了规范的完整性。

结构方案在与建筑方案协调时应考虑结构体型（高宽比、长宽比）适当；传力途径和构件布置能够保证结构的整体稳固性；避免因局部破坏引发结构连续倒塌。

混凝土结构设计方案应符合下列要求：

(1) 选用合理的结构体系、构件型式和布置；

(2) 结构的平、立面布置宜规则，各部分的质量和刚度宜均匀、连续；

(3) 结构传力途径应简捷、明确，竖向构件宜连续贯通、对齐；

(4) 宜采用超静定结构，重要构件和关键传力部位应增加冗余约束或有多条传力途径；

(5) 宜采用减小偶然作用影响的措施。

混凝土结构设计时通过设置缝将结构分割为若干相对独立的单元。这些缝称为“结构缝”，包括伸缝、缩缝、沉降缝、防震缝、构造缝、防连续倒塌的分割缝等。不同类型的结构缝是为消除下列不利因素的影响：混凝土收缩、温度变化引起的胀缩变形；基础不均匀沉降；刚度及质量突变；局部应力集中；结构防震；防止连续倒塌等。除永久性的结构缝以外，还应考虑设置施工接槎、后浇带、控制缝等临时性缝以消除某些暂时性的不利影响。

结构缝的设置应考虑对建筑功能（如装修观感、止水防渗、保温隔声等）、结构传力（如结构布置、构件传力）、构造做法和施工可行性等造成的影响。应遵循“一缝多能”的设计原则，采取有效的构造措施。

混凝土结构构件的节点受力复杂，但因配筋较多、混凝土不易捣实等原因，易成为结构的薄弱环节，应在设计和施工中给予重视。

构件之间连接构造设计的原则是：保证连接节点处被连接构件之间的传力性能符合设计要求；保证不同材料（混凝土、钢、砌体等）结构构件间的良好结合；选择可靠的连接方式以保证可靠传力；连接节点尚应考虑被连接构件之间变形的影响以及相容条件，以避免、减少不利影响。

混凝土结构设计还应符合节省材料、方便施工、降低能耗与保护环境的要求。

二、结构抗倒塌设计

结构的连续性倒塌是一种特殊的破坏形式，是指结构在偶然荷载（如煤气爆炸、炸弹袭击、车辆撞击、火灾等）作用下局部破坏，并引发连锁反应导致破坏向结构的其他部分扩散，最终使结构主体丧失承载力，造成结构的大范围坍塌的破坏形式。

从1968年英国伦敦22层、64m高的Ronan Point公寓在18层角部发生燃气爆炸引

发连续性倒塌，2001 年美国发生“911”事件——世贸中心双塔遭遇恐怖袭击而发生连续倒塌，到 2007 年广东九江大桥的桥墩被一艘运砂船撞击，造成九江大桥三个桥墩倒塌。近年来，国内外多次发生突发事件导致结构发生连续性倒塌事故，造成了重大人员伤亡和财产损失，并产生恶劣的社会影响。随着这些事故频繁的发生，结构的连续倒塌已经成为严重威胁公共安全的重要问题。《规范》首次将抗连续倒塌设计引入，以提高结构综合抗灾能力。

结构防连续倒塌设计的目标，就是在特定类型的偶然作用发生时或发生后，结构能够承受这种作用，或当结构体系发生局部垮塌时，依靠剩余结构体系仍能够继续承载，避免发生与作用不相匹配的大范围破坏或连续倒塌。考虑到结构防继续倒塌设计的难度和代价很大，因此，对于一般的混凝土结构，只需进行防连续倒塌的概念设计。

混凝土结构防连续倒塌设计宜符合下列要求：

(1) 采取减小偶然作用效应的措施；

(2) 采用使重要构件及关键传力部位避免直接遭受偶然作用的措施；

(3) 在结构容易遭受偶然作用影响的区域增加冗余约束，布置备用的传力途径；

(4) 增强疏散空间等重要结构构件及关键传力部位的承载力和变形性能；

(5) 配置贯通水平、竖向构件的钢筋，并与周边构件可靠地锚固；

(6) 设置结构缝，控制可能发生连续倒塌的范围。

上述要求，可通过加强楼梯、避难室、底层边墙、角柱等重要构件；在关键传力部位设置缓冲装置（防撞墙、裙房等）或泄能通道（开敞式布置或轻质墙体、屋盖等）；布置分隔缝以控制房屋连续倒塌的范围；增加重要构件及关键传力部位的冗余约束及备用传力途径（斜撑、拉杆）等有效措施来实现。

对于因倒塌可能引起严重后果的安全等级为一级的可能遭受偶然作用的重要结构，以及为抵御灾害作用而必须增强抗灾能力的重要结构，防连续倒塌设计可采用下列方法：

(1) 局部加强法：提高可能遭受偶然作用而发生局部破坏的竖向重要构件和关键传力部位的安全储备，也可直接考虑偶然作用进行设计。

(2) 拉结构件法：在结构局部竖向构件失效的条件下，可根据具体情况分别按梁—拉结模型、悬索—拉结模型和悬臂—拉结模型进行承载力验算，维持结构的整体稳固性。

(3) 拆除构件法：按一定规则拆除结构的主要受力构件，验算剩余结构体系的极限承载力；也可采用倒塌全过程分析进行设计。

当进行偶然作用下结构防连续倒塌的验算时，作用宜考虑结构相应部位倒塌冲击引起的动力系数。在抗力函数的计算中，混凝土强度取强度标准值 f_{ck}；普通钢筋强度取极限强度标准值 f_{stk}，预应力筋强度取极限强度标准值 f_{ptk} 并考虑锚具的影响。宜考虑偶然作用下结构倒塌对结构几何参数的影响。必要时尚应考虑材料性能在动力作用下的强化和脆性，并取相应的强度特征值。

三、既有建筑的结构设计原则

既有结构为已建成、使用的结构。随着国内既有结构老龄化以及鉴于我国传统结构设计安全度偏低以及结构耐久性不足的历史背景，对既有结构的设计将成为未来工程设计的主要内容。为保证既有结构的安全可靠并延长其使用年限，满足近年日益增多的既有结构加固改建的需要，《规范》首次将既有结构设计列入规范，强调既有混凝土结构设计原则。

既有结构设计适用于下列几种情况：

(1) 既有结构达到设计年限后延长继续使用的年限；

(2) 既有结构为消除安全隐患而进行的设计校核；

(3) 既有结构改变用途和使用环境而进行的复核性设计；

(4) 既有结构进行改建、扩建；

(5) 既有结构事故或灾后受损结构的修复、加固等。应根据不同的目的，选择不同的设计方案。

既有结构的再设计不同于新建结构的设计，有其特殊性。既有结构设计前，应按现行的国家标准、规范进行检测和可靠性评估，并应根据评定结果、使用年限和后续使用年限确定既有结构的设计方案。设计方案有两类：复核性验算和重新进行设计。在既有结构设计中，为保证安全，承载能力极限状态计算基本按现行规范进行。对正常使用极限状态验算及构造措施，可通过限制其使用功能和使用年限的方法作适当调整，以适应既有结构的实际情况，减少重新设计在构造要求方面的经济代价。

既有结构设计应符合以下原则：

(1) 应优化结构方案、保证结构的整体稳固性；

(2) 荷载可按现行规范的规定确定，也可根据使用功能作适当的调整；

(3) 结构既有部分混凝土、钢筋的强度设计值应根据强度的实测值确定；当材料的性能符合原设计的要求时，可按原设计的规定取值；

(4) 设计时应考虑既有结构构件实际的几何尺寸、截面配筋、连接构造和已有缺陷的影响；当符合原设计的要求时，可按原设计的规定取值；

(5) 应考虑既有结构的承载历史及施工状态的影响：对二阶段成形的叠合构件，按《规范》相关规定进行设计。

既有结构的设计是混凝土结构设计理论的延伸，设计时应考虑既有结构的现状，通过检测分析确定既有部分材料强度和几何参数，尽量利用原设计的规定值。结构后加部分则完全按现行规范的规定取值。设计中应强调整体稳固性原则，避免由于仅对局部进行加固引起结构承载力或刚度的突变。应注意新旧材料结构间的可靠连接，并反映既有结构的承载历史以及施工支撑卸载状态对内力分配的影响，满足预定要求。

思　考　题

2-1　什么是结构上的作用及作用效应？荷载属于哪种作用？

2-2　什么是结构抗力？影响结构抗力的因素有哪些？

2-3　结构的设计基准期和设计使用年限有何不同？

2-4　结构应满足哪些功能要求？

2-5　什么是结构的极限状态？极限状态分为几类？各有哪些标志？

2-6　结构的设计状况有哪些？各设计状况分别应进行哪些极限状态设计？

2-7　什么是结构的可靠性？结构的可靠性与可靠度有何关系？

2－8　说明结构的失效概率、可靠概率、可靠指标的概念及相互关系。

2－9　什么是荷载标准值、组合值、频遇值和准永久值？它们是如何确定的？

2－10　什么是材料强度标准值？什么是材料强度设计值？

2－11　说明承载能力极限状态实用设计表达式中各项符号的含义。

2－12　说明载能力极限状态与正常使用极限状态实用设计表达式的异同点？

2－13　结构方案应符合哪些要求？

2－14　结构防连续倒塌设计应遵循哪些原则？

2－15　既有结构设计适用于哪些情况？

第三章　钢筋混凝土受弯构件正截面承载力计算

概要：受弯构件是指截面上有弯矩或弯矩和剪力共同作用而轴力可以忽略不计的构件，梁和板就是典型的受弯构件。受弯构件在设计时都要进行正截面抗弯承载力计算和斜截面抗剪承载力计算。本章主要讨论受弯构件的正截面承载力计算方法，重点包括：

(1) 了解配筋率对受弯构件破坏特征的影响，以及适筋受弯构件在各个工作阶段的受力特点。

(2) 掌握单筋矩形截面、双筋矩形截面和T性截面正截面承载力的计算方法。

(3) 熟悉受弯构件正截面的构造要求。

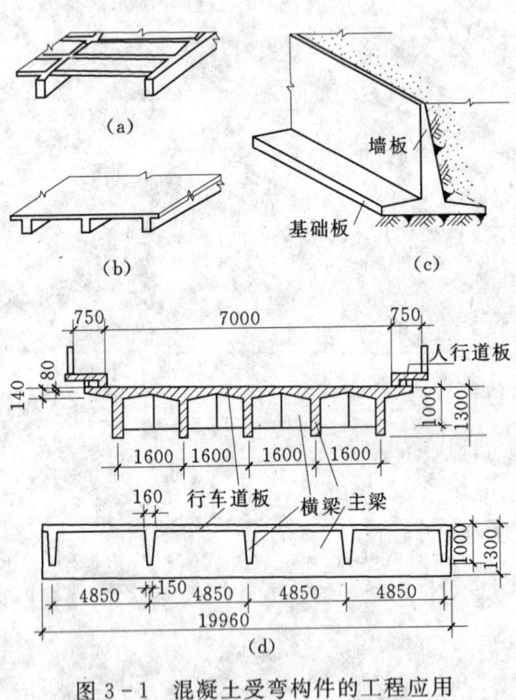

图3-1　混凝土受弯构件的工程应用
(a) 装配式混凝土楼盖；(b) 现浇混凝土楼盖；(c) 混凝土挡土墙；(d) 混凝土梁式桥

受弯构件是指截面上有弯矩或弯矩和剪力共同作用而轴力可以忽略不计的构件，梁、板是典型的受弯构件。设计受弯构件时，应进行在弯矩作用下的正截面承载力计算和在弯矩与剪力共同作用下的斜截面承载力计算。本章介绍受弯构件的正截面承载力计算和有关构造规定，斜截面承载力计算及其构造规定将在第四章中介绍。

混凝土受弯构件在土木工程中应用极为广泛，如建筑结构中常用的混凝土肋形楼盖的梁板和楼梯、厂房屋面板和屋面梁以及供吊车行驶的吊车梁，桥梁中的铁路桥道碴槽板，公路桥行车道板，板式桥承重板，梁式桥的主梁和横梁，水工结构中的闸坝工作桥的面板和纵梁，水闸的底板和胸墙，以及悬臂式挡土墙的立板和底板等（图3-1）。

第一节　受弯构件截面形式及配筋的构造要求

构造要求是钢筋混凝土结构设计的一个重要组成部分，设计时应注意遵守。它是针对结构设计过程中结构计算无法详尽考虑而又不能忽略的因素，在施工方便的条件下而采取的一种技术措施。它与结构计算相辅相成，共同构成科学合理的钢筋混凝土结构或构件设计方案。因此，在进行受弯构件承载力计算过程中，需要了解钢筋混凝土构件截面尺寸和配筋的一般构造要求。《规范》对构造要求有专门规定，这些构造要求大多是设计和施工经验的总结，学习过程中，无需死记硬背，应明了其中的道理，通过逐步练习，熟练掌握有关要求，直到应用自如。下面将结合本章内容对梁、板的有关构造规定分别加以说明。

一、截面形式

(1) 按几何形状分类，受弯构件的截面形式有矩形、T形、I形、倒L形、箱形、花篮形以及空心形截面等（图3-2）。大多情况梁的截面形式为矩形或T形；板的截面多为矩形，以便减轻自重、增大截面抵抗矩，预制板常采用空心形截面，也有采用正槽形、倒槽形等截面形式（图3-3）。

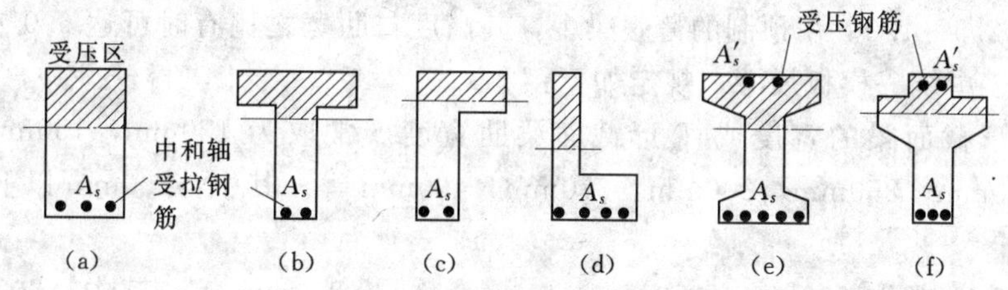

图3-2　梁的截面形式

(a) 矩形梁；(b) T形梁；(c) 倒L形梁；(d) L形梁；(e) 工字形梁；(f) 花篮梁

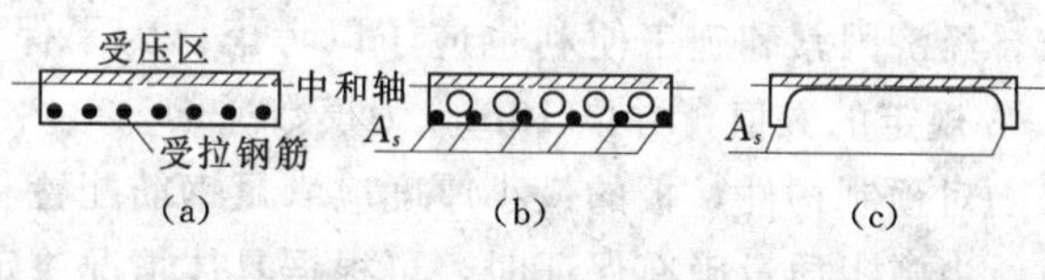

图3-3　板的截面形式

(2) 按照纵向受力钢筋所在位置，受弯构件可分为单筋截面和双筋截面。仅在受拉区配置纵向受力钢筋的截面称为单筋截面［图3-4(b)、(c)］；同时在受拉区和受压区配置纵向受力钢筋的截面称为双筋截面［图3-1(d)］。纵向受力钢筋是经承载力计算确定的，帮助混凝土承受拉力或压力的钢筋；此外，当受压区不需要钢筋帮助混凝土受压时，为了形成钢筋骨架在受压边设置的纵向钢筋，称为架力钢筋，架力钢筋为非受力钢筋，可按构造要求配置。纵向受力钢筋和架力钢筋统称为梁内纵向钢筋［图3-4(a)］。

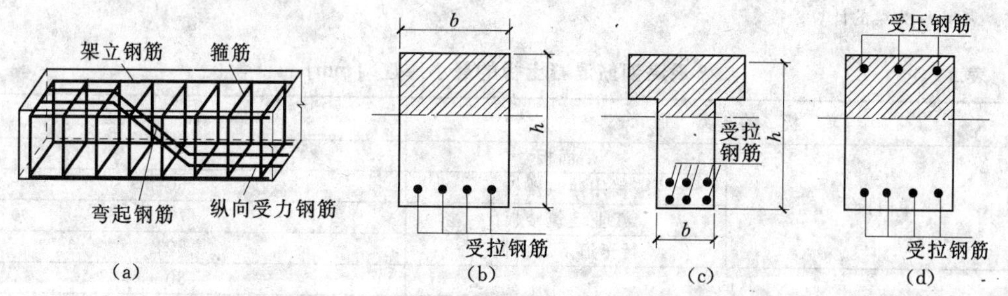

图3-4　梁的纵筋与单筋截面和双筋截面

(a) 梁内钢筋；(b) 单筋矩形截面；(c) 单筋T形截面；(d) 双筋矩形截面

二、截面尺寸

梁截面尺寸要满足承载力、刚度和裂缝宽度限值三方面的要求。从刚度条件出发，根据工程经验，梁截面最小高度 h 可根据其计算跨度 l_0 确定。梁高与计算跨度之比 h/l_0 称为高跨比，表 3 - 1 给出了无需刚度验算的梁截面最小高度。

表 3 - 1　　无需刚度验算的梁截面最小高度 h

项　次	构件种类		简支	两端连续	悬臂
1	整体肋形梁	次梁	$l_0/15$	$l_0/20$	$l_0/8$
		主梁	$l_0/12$	$l_0/15$	$l_0/6$
2	独立梁		$l_0/12$	$l_0/15$	$l_0/6$

注　表中 l_0 为梁的计算跨度，当梁的跨度大于 9m 时，表中数值应乘以 1.2。

梁的高度与宽度（T 形梁为肋宽）之比 h/b，对矩形截面梁一般取 2.0～3.0；对 T 形截面梁取 2.5～4.0。在预制的薄腹梁中，其高度与肋宽之比有时可达 6.0 左右。此外，为了便于施工中统一模板尺寸，规定如下：

(1) 矩形截面梁的宽度或 T 形截面梁肋宽度 b 常取为 120mm，150mm，180mm，200mm，240mm，250mm，300mm，370mm，400mm 等。其中，250mm 以上者以 50mm 为模数递增。

(2) 梁高 h 常取 300mm，350mm，400mm，…，800mm 等。其中，800mm 以下以 50mm 递增；800mm 以上则可以 100mm 递增。

现浇板的最小厚度一般根据刚度要求确定（参照表 3 - 2），并且应满足承载力的要求，经济因素和施工便利也应予以考虑。为了保证施工质量，现浇板的厚度不应小于表 3 - 3 规定的数值，并以 10mm 为模数递增。

对预制构件，板的最小厚度应满足钢筋配置和混凝土保护层厚度的要求，为了减轻自重，当施工质量确有保证时，可根据具体情况决定板厚，不受表 3 - 3 的规定限制。

表 3 - 2　　不作挠度验算的板的厚度

支座构造特点	板的厚度
简支	$\geqslant l_0/30$
弹性约束	$\geqslant l_0/40$
悬　臂	$\geqslant l_0/12$

注　表中 l_0 为梁的计算跨度。

表 3 - 3　　现浇钢筋混凝土板的最小厚度（mm）

板　的　类　别		最　小　厚　度
单向板	屋面板	60
	民用建筑楼板	60
	工业建筑楼板	70
	行车道下的楼板	80
双向板		80
密肋楼盖	面板	50
	肋高	250
悬臂板（根部）	悬臂长度不大于 500mm	60
	悬臂长度大于 1200mm	100
无梁楼盖		150
现浇空心楼盖		200

三、梁板混凝土保护层 c 及截面有效高度 h_0

1. 混凝土保护层厚度 c

混凝土构件中，为防止钢筋锈蚀和保证钢筋与混凝土间具有足够的黏结力，钢筋外面必须有足够厚度的混凝土保护层。它是指从混凝土表面到最外层钢筋（包括纵向钢筋、箍筋和分布钢筋）外边缘之间的混凝土（图 3-5）。对后张法预应力筋，为套管或孔道外边缘到混凝土表面的距离。这一规定是为了满足混凝土结构构件耐久性、防火性能和对受力钢筋有效锚固的要求，主要与钢筋混凝土结构构件的种类、所处环境因素有关。但是，过大的保护层厚度在造成经济上浪费的同时，会使构件受力后产生过大裂缝，影响其使用性能（如破坏构件表面的装修层、过大的裂缝宽度会使人恐慌不安等），因此，《规范》明确了纵向受力钢筋的混凝土保护层厚度不应小于钢筋的公称直径 d，且当设计使用年限为 50 年应符合表 3-4 的规定；当设计使用年限为 100 年时，表中的系数应乘以 1.4 的系数。

表 3-4　混凝土板保护层的最小厚度 c（mm）

环境类别	板、墙、壳	梁、柱、杆
一	15	20
二 a	20	25
二 b	25	35
三 a	30	40
三 b	40	50

注　混凝土强度等级不大于 C25 时，表中保护层厚度数值应增加 5mm。

2. 截面有效高度 h_0

在计算受弯构件承载力时，因开裂，受拉区混凝土退出工作，裂缝处的拉力由钢筋承担。此时，受拉钢筋的截面重心到受压混凝土边缘的距离是受弯构件能充分发挥作用的截面高度，称为截面的有效高度，用 h_0 表示，如图 3-5 所示。截面有效高度 $h_0=h-a_s$（图 3-5），h 为截面高度，a_s 为纵向受拉钢筋合力点至截面受拉边缘的距离。实际工程中可按下面方法估算。

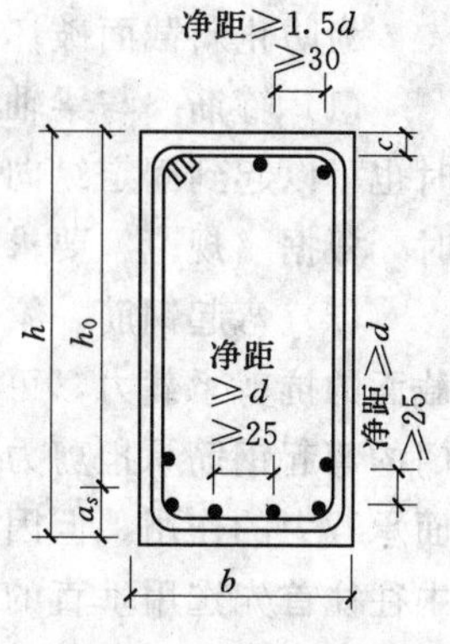

图 3-5　截面有效高度 h_0 及梁内钢筋净距

对于梁：

钢筋单层布置时，$h_0=h-c-d_{sv}-d/2$（d_{sv} 为箍筋直径），可近似取 $h_0=h-40\text{mm}$

钢筋双层布置时，$h_0=h-c-d_{sv}-d-e/2$，其中 e 为两层钢筋的净距。可近似取，$h_0=h-65\text{mm}$

对于板：$h_0=h-c-d/2$，可近似取，$h_0=h-20\text{mm}$。

当钢筋直径较大时，应按实际尺寸计算。

四、梁内钢筋的直径和净距

梁内配置的钢筋主要有纵向受力钢筋、箍筋、弯起钢筋和纵向构造钢筋（架立钢筋和腰筋），如图 3-6 所示。

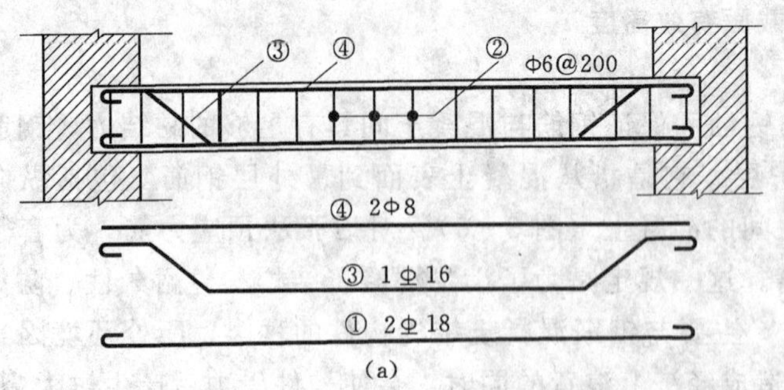

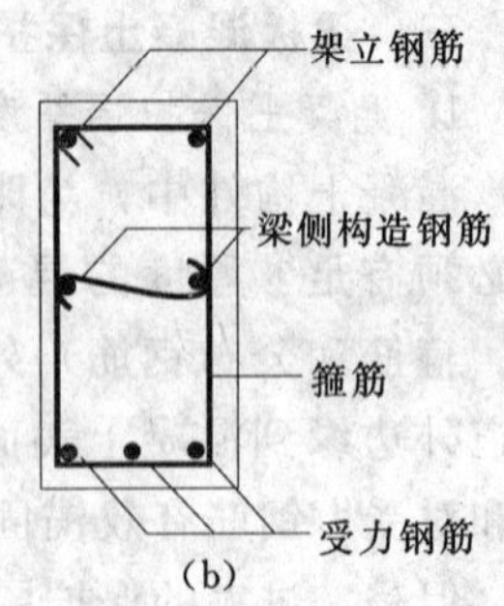

图 3-6 梁内钢筋

1. 纵向受力钢筋

纵向受力钢筋的作用是帮助混凝土承受由弯矩作用而产生的拉力或压力，其数量须有承载力计算确定。为保证钢筋骨架有较好的刚度并便于施工，纵向受力钢筋的直径不能太细；同时为了避免受拉区混凝土产生过宽的裂缝，直径也不宜太粗，通常可选用 14～25mm 的钢筋。当梁高 $h>300$mm 时，不应小于 10mm；当梁高 $h<300$mm 时，不应小于 8mm。同一梁中，截面一边的受力钢筋直径最好相同，为了选配钢筋方便和节约钢材起见，也可用两种直径，最好使两种直径相差 2mm 以上，以便于识别。

钢筋直径应选用常用直径，例如 12mm、14mm、16mm、18mm、20mm、22mm、25mm、28mm、…，当然也需根据材料供应的情况决定。

梁跨中截面受力钢筋的根数一般不宜少于 2 根。跨度较大的梁，受力钢筋一般不少于 3～4 根。梁中钢筋的根数也不宜太多，否则会增加浇灌混凝土的困难。

2. 腹筋

为防止斜截面破坏，在钢筋混凝土梁中需配置箍筋和弯起钢筋，两者统称为腹筋。

(1) 箍筋。与梁轴线垂直的箍筋可以阻止斜裂缝的开展，提高构件的抗剪承载力，同时也可以起到固定纵向钢筋的作用。箍筋的直径和间距由计算确定；当按计算不需要箍筋时，根据《规范》要求按构造配置箍筋（详见第四章）。

(2) 弯起钢筋。梁中纵向受力钢筋在靠近支座的地方承受的拉应力较小，为了增加斜截面的抗剪承载力，可将部分纵向受力钢筋弯起来伸至梁顶，形成弯起钢筋；也可设置专门的弯起钢筋承担剪力。弯起钢筋的方向可与主拉应力方向一致，能较好的起到提高斜截面承载力的作用，但因其传力较为集中，易引起弯起处混凝土的劈裂裂缝，所以工程实际中往往首先选用垂直的箍筋。

3. 纵向构造钢筋

为了固定箍筋，以便与纵向受力钢筋形成钢筋骨架，承担因混凝土收缩和温度变化产生的拉应力，应在梁的受压区平行于纵向受力钢筋设置架力钢筋，见图 3-6。架立钢筋为非受力钢筋，可按构造要求配置。

(1) 支座区上部构造钢筋。当梁端实际受到部分约束（如梁端上部的砌体等），但按简支梁计算时，应在支座区上部设置纵向构造钢筋承受负弯矩；如在受压区已有受压纵筋，则受压纵筋可兼做架力钢筋。纵向构造钢筋的截面面积不应小于梁跨中下部纵向受拉钢筋计算所需截面面积的1/4，且不应少于两根。且纵向构造钢筋自支座边缘向跨中伸出

的长度不应小于 $l_0/5$，l_0 为梁的计算跨度。架力钢筋的直径可参考表 3-5。架力钢筋应伸至梁端，当考虑其承受负弯矩时，架力钢筋两端在支座内应有足够的锚固长度。

表 3-5　　架力钢筋的最小直径　　单位：mm

梁跨度 l_0/m	d_{min}
$l_0<4$	8
$4\leqslant l_0\leqslant 6$	10
$l_0>6$	12

（2）梁侧构造钢筋。当梁的截面尺寸较大时，有可能在梁侧面产生垂直于梁轴线的收缩裂缝，同时也为了保持钢筋骨架的刚度，故应在梁两侧沿梁长度方向设置纵向构造钢筋，详见图 3-6（b）。根据工程经验，当梁腹板高度 $h_w\geqslant 450$mm 时，应在梁的两个侧面设置沿高度间距不大于 200mm 的纵向构造钢筋，每侧纵向构造钢筋（不包括梁上、下部的纵向受力钢筋及架力钢筋）的截面面积不应小于腹板截面面积 $b\times h_w$ 的 0.1%。此处，对矩形截面梁 $h_w=h_0$；T 形截面梁 $h_w=h_0-h'_f$；I 形截面梁 h_w＝腹板净高。

对钢筋混凝土薄腹梁或需作疲劳验算的钢筋混凝土梁，截面上部 1/2 梁高腹板内两侧构造钢筋的配置与上述相同，但应在下部 1/2 梁高的腹板内加强，可沿两侧配置直径为 8～14mm，间距为 100～150mm 的纵向构造钢筋，并应按下密上疏的方式布置。

4. 钢筋的净距

为了便于混凝土的浇捣并保证混凝土与钢筋之间有足够的黏结力，梁内上部纵向钢筋水平方向的净距不应小于 30mm 和 1.5d（d 为钢筋的最大直径）；下部纵向钢筋水平方向的净距不应小于 25mm 和 d（图 3-5）。纵向受力钢筋尽可能排成一层，当根数较多时也可排成两层，当两层还布置不开时，也允许将钢筋成束布置（每束以 2 根为宜）。在受力钢筋多于两层的特殊情况，两层以上钢筋水平方向的中距应比下面两层的中距增大一倍。各层钢筋之间的净距不应小于 25mm 和 d。钢筋排成两层或两层以上时，应避免上下层钢筋互相错位，否则将使混凝土浇灌困难。

五、板内钢筋的直径和间距

板内有受力钢筋和分布钢筋两种，如图 3-7 所示。

1. 受力钢筋

受力钢筋沿板的受力方向布置，承受由弯矩产生的拉应力，其用量由正截面承载力计算确定。板中受力钢筋直径常用 6mm、8mm、10mm、12mm；当板的厚度较大时，钢筋直径也可以使用 14mm、16mm、18mm。同一板中受力钢筋可以用两种不同直径，但两种直径宜相差在 2mm 以上。

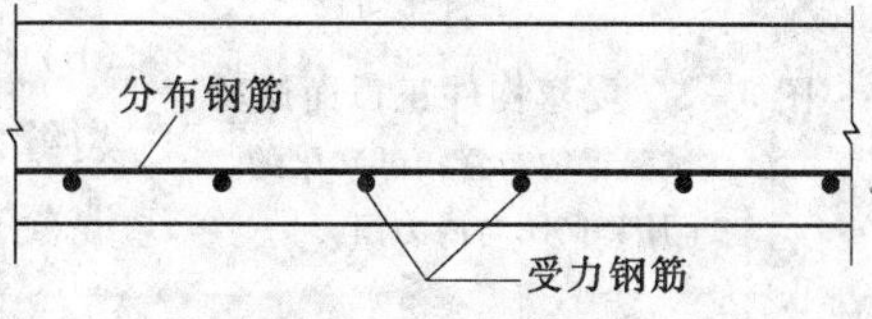

图 3-7　板内钢筋布置

为传力均匀及避免混凝土局部破坏，板中受力钢筋的间距（中距）不能太大，当板厚 $h\leqslant 150$mm 时，不宜大于 200mm；当板厚 $h>150$mm 时，不宜大于 1.5h，且不宜大于 250mm。为便于施工，板中钢筋的间距也不要过密，最小间距为 70mm，即每米板宽中最多放 14 根钢筋。

2. 分布钢筋

当按单向板设计时，垂直于受力钢筋方向还要布置分布钢筋（图 3－7）。分布钢筋的作用是将板面荷载均匀有效地传递给受力钢筋；施工中固定受力钢筋的位置；抵抗混凝土收缩和温度应力。单位长度上分布钢筋的截面面积不宜小于单位宽度上受力钢筋截面面积的 15%，且不宜小于该方向板截面面积的 0.15%；分布钢筋的直径在一般厚度的板中不宜小于 6mm，多用 6～8mm，间距不宜大于 250mm。对集中荷载较大的情况，分布钢筋的截面面积应适当增加，其间距不宜大于 200mm。由于分布钢筋主要起构造作用，所以可采用光面钢筋，并布置在受力钢筋的内侧。对于预制板，当有实践经验或可靠措施时，其分布钢筋可不受此限。对于经常处于温度变化较大环境中的板，分布钢筋可适当加大。

第二节　受弯构件正截面承载力的试验研究

一、梁的试验和正截面工作的三个阶段

匀质线弹性材料的受弯构件加载时，其变形规律符合平截面假定（应变与中和轴距离成正比，即平截面在梁变形后仍保持为平面），而材料性能符合虎克定律（应力与应变成正比），因此受拉区与受压区的应力分布图形都呈三角形。此外，梁的挠度与弯矩也将一直保持线性关系。钢筋混凝土梁由于其材料的不均匀性、非弹性等，受力性能有很大不同。为了建立钢筋混凝土受弯构件正截面承载力计算公式，需首先进行构件的加载试验，了解试验梁的受力过程，以及正截面的应力—应变变化规律。

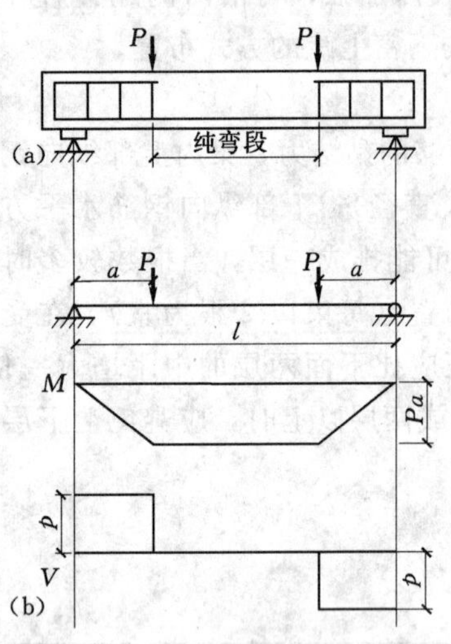

图 3－8　受弯构件正截面试验
（a）试验梁的布置；（b）梁的计算简图与内力图

为了着重研究梁正截面受力和变形的变化规律，受弯构件正截面试验一般采用承受两对集中荷载的简支梁［图 3－8（a）］。这样在两个对称的集中荷载间的区段可形成纯弯段（忽略自重），既可排除剪力的影响［图 3－8（b）］，又利于仪表的布置和试验结果（梁受荷后变形和裂缝的出现与开展）的观测，便于对弯矩作用下的钢筋混凝土梁正截面承载力进行分析。

图 3－9 是钢筋混凝土试验梁弯矩与挠度关系曲线的实测结果（来源于中国建筑科学研究院）。图中纵坐标为无量纲量 M/M_u，横坐标为跨中挠度实测值 f。从图中可以看到对于纵筋配置适中的钢筋混凝土梁（适筋梁）从加载到破坏有两个明显的转折点，把梁的受力—变形过程划分为三个阶段：未出现裂缝的第Ⅰ阶段，带裂缝工作的第Ⅱ阶段和开始破坏的第Ⅲ阶段［图 3－10（a）、（b）、（c）］。

1. 第Ⅰ阶段——未开裂阶段

此时钢筋混凝土梁处于弹性工作阶段，梁上弯矩以及截面上的应变都很小，应力与应

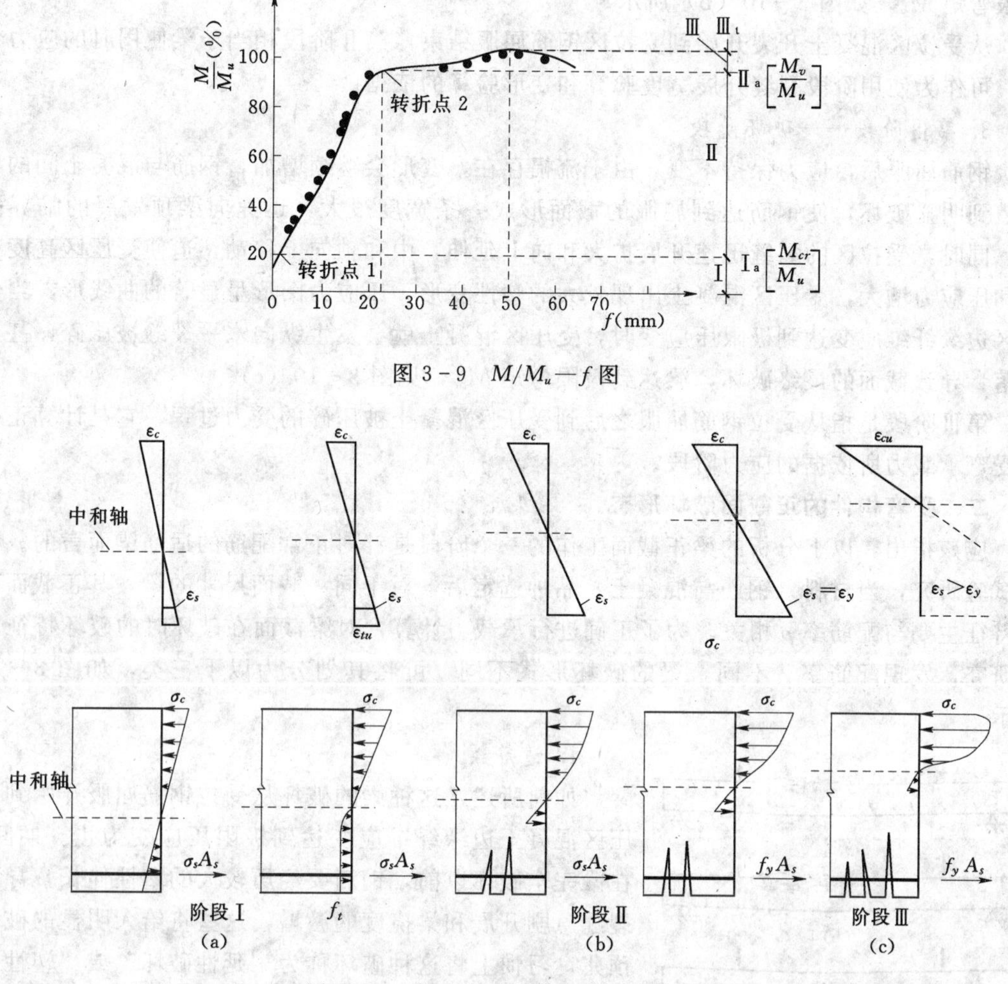

图 3-9　M/M_u—f 图

图 3-10　梁在各阶段的应力、应变图

变成正比，如图 3-10（a）所示。依据平截面假定，梁截面应力分布为三角形，中和轴以上受压，以下受拉。下部钢筋与混凝土共同受拉，应变相同。随着 M 的增大，拉区混凝土出现塑性变形，应变增长较快，应力增长放慢，应力图形呈曲线。M 继续增大，受拉区混凝土达到极限拉应变时，梁进入裂缝即将出现的临界状态。如继续加载，拉区混凝土将开裂，这时的弯矩为开裂弯矩 M_{cr}。而此时，压区混凝土仍处于弹性阶段，应力图形为三角形。第Ⅰ阶段末的受力状态，是抗裂验算的依据。

2. 第Ⅱ阶段——带裂缝工作阶段

弯矩达到 M_{cr} 后，在钢筋混凝土梁纯弯段的薄弱环节将出现第一批裂缝，开裂部分混凝土承担的拉力转到对应的钢筋上，使其应力突然增大，但中和轴以下未开裂部分混凝土仍可承担一部分拉力。随着荷载加大，裂缝迅速扩宽并向上延伸，中和轴逐渐上移，裂缝截面的受拉区混凝土几乎完全脱离工作（不承受拉力），拉力全部由钢筋承担。与此同时，受压区高度逐渐减小，混凝土压应力越来越大，压区混凝土也愈来愈表现出塑性变性特征，应力分布呈平缓的曲线形。当钢筋应力达到屈服时，第Ⅱ阶段结束，这时的弯矩称为

屈服弯矩 M_y，如图 3-10（b）所示。

从受拉区混凝土开裂开始到受拉区钢筋屈服结束，第Ⅱ阶段相当于梁使用时的应力状态，可作为使用阶段裂缝开展宽度验算和变形验算的依据。

3. 第Ⅲ阶段——破坏阶段

钢筋屈服后，应力保持不变，由于流幅存在，变形会继续增加，钢筋与混凝土间的黏结遭到明显破坏，使钢筋达到屈服的截面形成一条宽度很大，迅速向梁顶发展的临界裂缝。同时，受拉区的裂缝迅速开展扩大和向上延伸，中和轴向上移动，迫使受压区高度减小和压应力增大，受压区混凝土出现较大的塑性变形，压应力图形呈显著的曲线形。当受压区边缘纤维应变达到极限压应变时，受压区混凝土就会发生纵向水平裂缝被压碎，甚至崩落，导致截面的最终破坏，梁达到极限弯矩 M_{cu}，见图 3-10（c）。

第Ⅲ阶段是指从受拉钢筋屈服之后到受压区混凝土被压碎的受力过程，它是计算正截面受弯承载力所依据的应力阶段。

二、受弯构件的正截面破坏形态

应该指出，以上分析的梁正截面工作的三个阶段是针对正常配筋的适筋梁而言的。根据试验研究，当材料（钢筋与混凝土）品种选定后，对于同一截面尺寸的梁，其正截面破坏特征主要与配筋率 ρ 相关。为了正确进行承载力计算，对梁截面在破坏时的破坏特征加以研究，发现配筋率 ρ 不同，梁的破坏形式不同，可将其划分为以下三类，如图 3-11 所示。

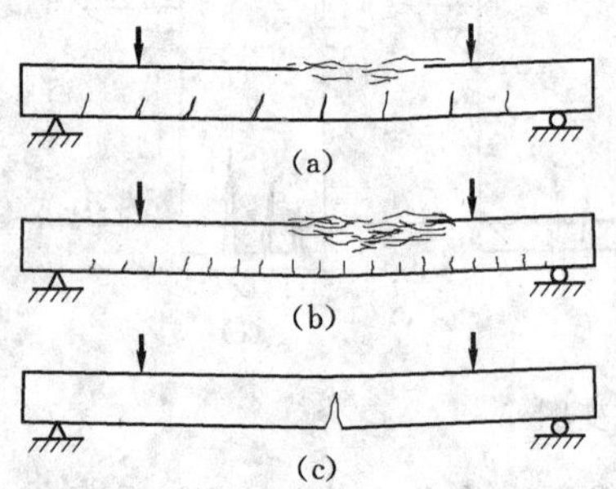

图 3-11　正截面破坏的三种形态
（a）适筋破坏；（b）超筋破坏；（c）少筋破坏

1. 适筋梁

如前所述，这种梁的破坏从受拉钢筋屈服开始到受压区混凝土边缘纤维应变达到极限压应变为止。期间，在梁完全破坏以前，钢筋要经历较大的塑性伸长，导致裂缝急剧开展和梁挠度的激增，这些将给人明显的破坏预兆，习惯上将这种破坏称为“延性破坏”或“塑性破坏”[图 3-11（a）]。适筋梁的钢筋与混凝土均能充分发挥作用，且破坏前具有明显的预兆，故在正截面强度计算中，应控制钢筋的用量，将正截面设计成适筋状态。

2. 超筋梁

对于钢筋配置过多的梁，破坏始自于受压混凝土的压碎。此时，受压区边缘纤维应变已达到混凝土受弯极限压应变，而受拉钢筋的应力远小于屈服强度，但梁已宣告破坏，这种梁称为“超筋梁”。超筋梁破坏时裂缝小，变形也不大，钢筋不能充分发挥作用，不经济，破坏前没有明显预兆，属脆性破坏，设计时不允许出现超筋梁 [图 3-11（b）]。

3. 少筋梁

配筋数量过少的梁称为少筋梁。这种梁的破坏特点在于，梁一旦开裂，受拉钢筋立即达到屈服强度，甚至经过流幅而进入强化阶段。尽管开裂后梁仍能保留一定的承载力，但梁已发生严重的开裂下垂，我们认为梁已破坏。少筋梁的破坏是突然的，属于脆性破坏；

且少筋梁的截面尺寸过大，不经济，因而设计时也不允许出现少筋梁［图 3 - 11（c）］。

综上所述，受弯构件的截面尺寸、混凝土强度等级相同时，正截面的破坏特征随配筋量多少而变化的规律如下。

（1）配筋量太少时，破坏弯矩接近于开裂弯矩，其大小取决于混凝土的抗拉强度及截面大小；且破坏时受压区混凝土的强度未得到充分利用，造成材料的浪费，破坏呈脆性。

（2）配筋量过多时，配筋不能充分发挥作用，因此既不经济，又不安全，构件的破坏弯矩取决于混凝土的抗压强度及截面大小，破坏呈脆性。

合理的配筋量应在这两个限度之间，避免发生超筋或少筋的破坏情况。因此，在下面计算公式推导中所取用的应力图形，也仅是指配筋量适中的截面来说的。

第三节　受弯构件正截面承载力计算的基本理论

一、基本假定

1. 平截面假定

国内外大量试验表明，在各级荷载作用下，不仅在第Ⅰ阶段，而且在开裂后的Ⅱ、Ⅲ阶段直到Ⅲ$_a$极限状态，若受拉区的应变是采用跨过几条裂缝的长标距量测时，所测得破坏区段的混凝土和钢筋的平均应变基本符合平截面假定。即：截面内任意点的应变与该点到中和轴的距离成正比，外围混凝土和钢筋的应变一致。平截面假定提供了变形协调的几何关系。

2. 不考虑受拉区混凝土的工作

对于极限状态下的承载力计算来说，尽管在中性轴附近尚有部分混凝土承担拉力，但与受压混凝土承担的压力以及受拉钢筋承担的拉力相比，数值和力臂（合力到中性轴的距离）都很小，所以拉区混凝土承担的弯矩可忽略不计。

3. 混凝土受压的应力与应变关系

由于受弯构件受压区混凝土的应力—应变关系曲线较为复杂，在分析国外规范所采用的应力—应变曲线及试验资料的基础上，我国的混凝土规范不考虑混凝土应力—应变曲线的下降段，将其设计曲线简化为如图 3 - 12 的理想化曲线。它是由一条二次抛物线和一水平直线段组成。

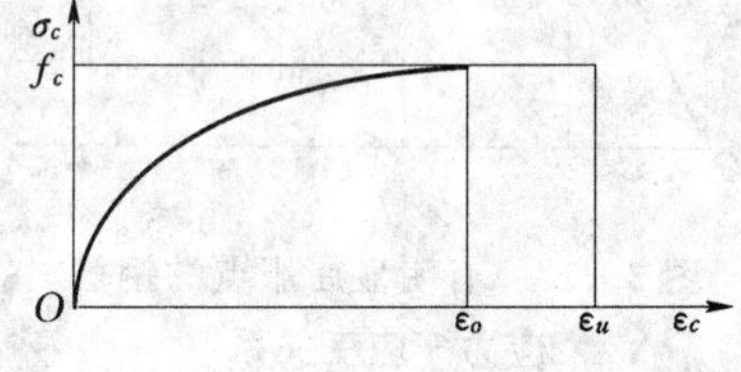

图 3 - 12　混凝土的应力—应变关系

当 $\varepsilon_c \leqslant \varepsilon_0$ 时

$$\sigma_c = f_c\left[1-\left(1-\frac{\varepsilon_c}{\varepsilon_0}\right)^n\right] \tag{3-1}$$

当 $\varepsilon_0 < \varepsilon_c \leqslant \varepsilon_{cu}$ 时

$$\sigma_c = f_c \tag{3-2}$$

$$n = 2-\frac{1}{60}(f_{cu,k}-50) \tag{3-3}$$

$$\varepsilon_0 = 0.002+0.5(f_{cu,k}-50)\times 10^{-5} \tag{3-4}$$

$$\varepsilon_{cu} = 0.0033-(f_{cu,k}-50)\times 10^{-5} \tag{3-5}$$

式中　σ_c——对应于混凝土压应变为 ε_c 时的混凝土压应力；

f_c——混凝土轴心抗压强度设计值；

ε_0——对应于混凝土压应力刚达到 f_c 时的混凝土压应变，当按式（3-4）计算所得的 ε_0 值小于 0.002 时，应取为 0.002；

ε_{cu}——正截面处于非均匀受压时的混凝土极限压应变，当按式（3-5）计算所得的 ε_{cu} 值大于 0.0033 时，应取为 0.0033；正截面处于轴心受压时取为 ε_0；

$f_{cu,k}$——混凝土立方体抗压强度标准值；

n——系数，当计算的 n 值大于 2.0 时，应取为 2.0。

4. 钢筋的应力—应变关系

混凝土构件对于有明显屈服点的钢筋（热轧钢筋、冷拉钢筋），取屈服强度 f_y 作为钢筋的强度极限。这是因为钢筋应力超过屈服强度后，其应变已经相当大，构件出现了很大裂缝，以致不能应用，故其应力—应变关系可取如图 3-13 所示的理想弹塑性曲线。其表达式为：

当 $0<\varepsilon_s\leqslant\varepsilon_y$ 时 $$\sigma_s=\varepsilon_s E_s \tag{3-6}$$

当 $\varepsilon_y<\varepsilon_s\leqslant\varepsilon_{sh}$ 时 $$\sigma_s=f_y \tag{3-7}$$

式中 f_y——钢筋的屈服应力；

ε_y——钢筋的屈服应变，$\varepsilon_y=f_y/E_s$；

ε_{sh}——钢筋的极限拉应变，取 0.01；

E_s——钢筋的弹性模量。

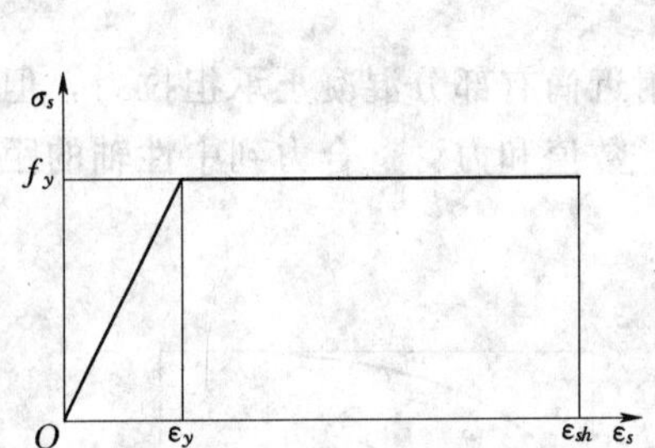

图 3-13 有明显屈服点的钢筋应力—应变关系

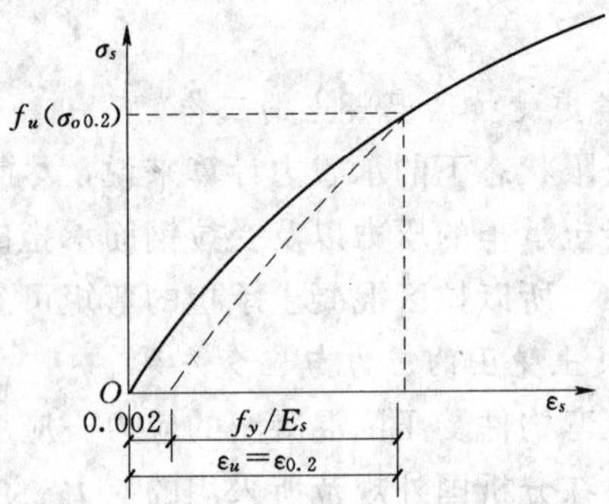

图 3-14 没有明显屈服点的钢筋应力—应变关系

对于没有明显屈服点的钢筋（热处理钢筋、冷轧带肋钢筋、钢丝和钢绞线），根据“名义流限”的定义，钢筋应力达到名义流限时，不仅有弹性应变，而且还有 0.2%的永久残余应变。因而，当钢筋应力 σ_s 达到其抗拉强度设计值 f_y 时，其相应的应变为 $\varepsilon_y=f_y/E_s+0.002$（图 3-14）。

二、正截面受弯承载力基本方程

根据上述基本假定，可得出截面在受弯承载力极限状态Ⅲa 时的应力和应变分布图，如图 3-15 所示。此时，截面受压区边缘混凝土的应变达到极限压应变 ε_{cu}；钢筋拉应变大于或等于钢筋屈服应变，即 $\varepsilon_s\geqslant\varepsilon_y$。假定截面受压区高度为 x_n，则根据平截面假定，受压区任意高度 y 处混凝土纤维压应变为：

$$\varepsilon_c=\varepsilon_{cu}\frac{y}{x_n} \tag{3-8}$$

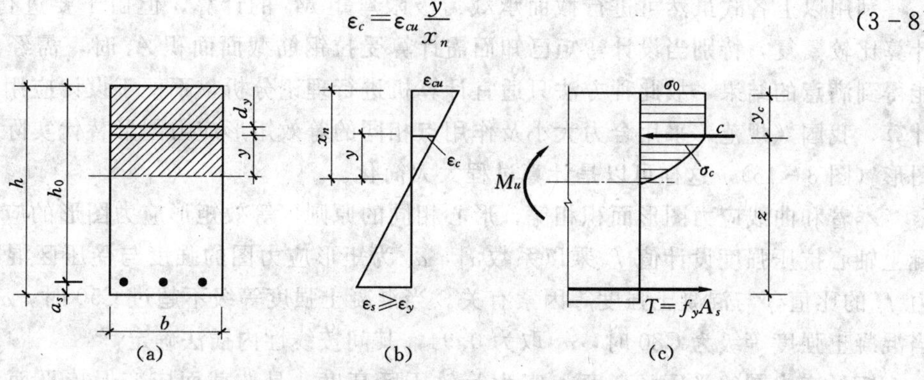

图 3-15　截面极限状态时应力—应变分布图

(a) 梁的横截面；(b) 应变分布图；(c) 应力分布图

受拉钢筋的应变为：

$$\varepsilon_s=\varepsilon_{cu}\frac{h_0-x_n}{x_n} \tag{3-9}$$

由图 3-15 (c) 所示，截面混凝土压力呈曲线分布，受压区混凝土的合力 C 可用下式表示：

$$C=\int_0^{x_n}\sigma_c b\,\mathrm{d}y \tag{3-10}$$

上式中混凝土应力 σ_c 可用应变函数来表示，即可用式 (3-1)、式 (3-2)、式 (3-8) 代入。

当梁的配筋率在适筋范围时，纵向受拉钢筋的应力可达到抗拉强度设计值 f_y，若钢筋面积为 A_s，则受拉钢筋的合力 T 为：

$$T=f_yA_s \tag{3-11}$$

根据截面静力平衡条件，可得正截面受弯承载力计算的两个基本方程：

$$\sum x=0,\quad C=T$$

$$\int_0^{x_n}\sigma_c b\,\mathrm{d}y=f_yA_s \tag{3-12}$$

$$\sum M_{A_s}=0, M_u=C\cdot Z$$

进一步可表示为：

$$M_u=\int_0^{x_n}\sigma_c b(h_0-x_c+y)\mathrm{d}y=\int_0^{x_n}\sigma_c b(h_0-y_c)\mathrm{d}y \tag{3-13}$$

或

$$\sum M_c=0,\quad M_u=T\cdot Z$$

即

$$M_u=f_yA_s(h_0-x_c+y)=f_yA_s(h_0-y_c) \tag{3-14}$$

式中 Z 为 C 与 T 之间的距离，称为内力臂。y_c 为受压区混凝土合力 C 的作用点至受压区混凝土的距离，可有下式计算：

$$y_c=x_n-\frac{\int_0^{x_n}\sigma_c by\,\mathrm{d}y}{\int_0^{x_n}\sigma_c b\,\mathrm{d}y} \tag{3-15}$$

利用以上各式虽然可进行截面承载力极限弯矩 M_u 的计算，但由于要进行积分运算，计算比较繁复，特别当设计弯矩已知而需计算受拉钢筋截面面积 A_s 时，需经多次试算才能得到满意的结果，故此种方法只适宜计算机进行理论分析，不便于设计应用。为了简化计算，我国《规范》采用合力大小及作用点相同的等效矩形应力图形替代实际的曲线应力图形（图 3-16)，这样可以是计算过程大大简化。

本着和曲线应力图形面积相等，形心相同的原则，等效矩形应力图形的应力值取为混凝土轴心抗压强度设计值 f_c 乘以系数 α_1，α_1 为矩形应力图的强度与受压区混凝土最大应力 f_c 的比值，与混凝土强度等因素有关。当混凝土强度等级不超过 C50 时，α_1 取为 1.0，当混凝土强度等级为 C80 时，α_1 取为 0.94，其间按线性内插法确定。

矩形应力图的受压区高度 x 实为等效压区高度，是按截面应变保持平面假定所确定的中和轴高度 x_c（可以认为是混凝土实际受压区高度）乘以无量纲参数 β_1 的值。同样，β_1 也是一个与混凝土强度密切相关的一个系数，当混凝土强度等级不超过 C50 时，β_1 取为 0.8，当混凝土强度等级为 C80 时，β_1 取为 0.74，其间按线性内插法确定。

受压混凝土的曲线应力分布图形用等效矩形应力图形代替后，即可得到正截面承载力计算的计算应力图形，如图 3-16（d）所示。

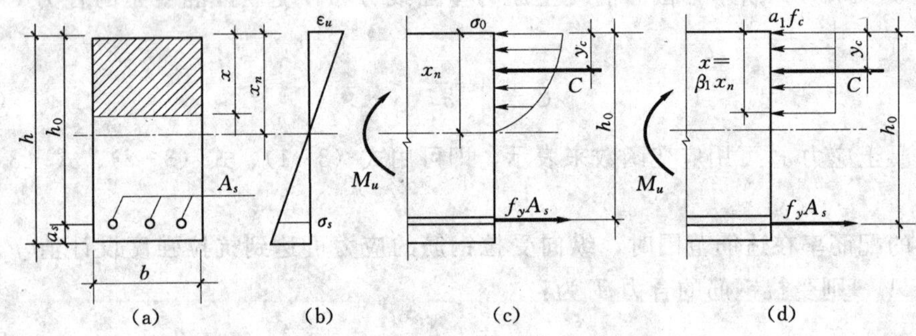

图 3-16 受弯构件正截面计算简图

综上所述，可得到按等效矩形应力图形计算正截面受弯承载力的两个基本方程：

$$\sum x=0,\ C=T$$

$$\alpha_1 f_c bx=f_yA_s \tag{3-16}$$

$$\sum M_{A_s}=0,\ M_u=C\cdot Z$$

$$M_u=\alpha_1 f_c bx\left(h_0-\frac{x}{2}\right) \tag{3-17}$$

或

$$\sum M_c=0,\ M_u=T\cdot Z$$

$$M_u=f_yA_s\left(h_0-\frac{x}{2}\right) \tag{3-18}$$

式中 α_1——系数，按上文选取；

f_c——混凝土轴心抗压强度设计值，按附表 2-2 选取；

b——构件截面宽度；

x——混凝土受压区高度；

f_y——钢筋抗拉强度设计值；

A_s——受拉区纵向受拉钢筋的截面面积；

M_u——构件的正截面受弯承载力设计值；

h_0——截面有效高度。

以上各式即为正截面受弯承载力基本方程，是受弯构件正截面承载力计算的基础，需要大家用心掌握。

三、相对界限受压区高度 ξ_b 和适筋梁的最大配筋率 $\rho_{\max}$

为了保证钢筋混凝土受弯构件适筋破坏，必须把构件的含钢量控制在某一限值以内，不出现超筋现象。为了求得这一限值，先来研究适筋梁破坏时截面应变分布，如图 3-17 所示。

如前所述，适筋破坏的特点是受拉钢筋的应力首先达到屈服强度 f_y，经过一段流幅变形后，受压区混凝土边缘的压应变达到其极限压应变 ε_{cu}，构件破坏。此时，$\varepsilon_s>\varepsilon_y=f_y/E_s$，而 $\varepsilon_c=\varepsilon_{cu}$。超筋破坏的特点是在受拉钢筋的应力尚未达到屈服强度时，受压区混凝土边缘的压应变已达到其极限压应变，构件破坏。此时，$\varepsilon_s<\varepsilon_y=f_y/E_s$，而 $\varepsilon_c=\varepsilon_{cu}$。显然，在适筋破坏和超筋破坏之间必定存在着一种界限状态。这种状态的特征是在受拉钢筋的应力达到屈服强度的同时，受压区混凝土边缘的压应变恰好达到极限压应变而破坏，即为界限破坏。此时，$\varepsilon_s=\varepsilon_y=f_y/E_s$；$\varepsilon_c=\varepsilon_{cu}$（图 3-17）。

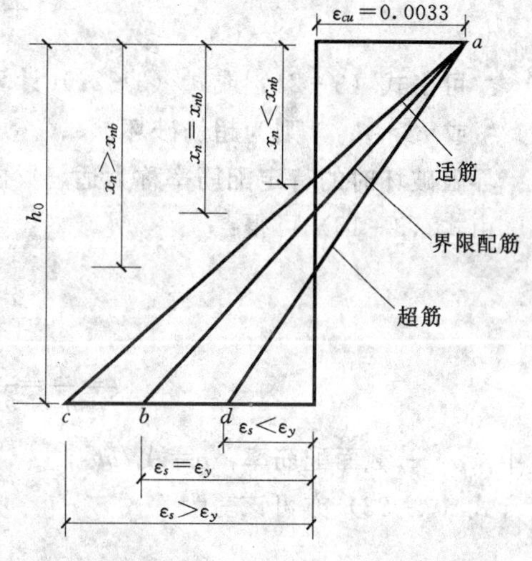

图 3-17　不同配筋率 ε_{cu} 与 ε_s 间的关系图

根据平截面假定，当界限破坏时，受弯构件实际曲线应力图形中的中和轴高度 x_{nb} 与截面有效高度 h_0（自受拉钢筋合力点至截面受压区边缘的距离）的比值（用符号 ξ_{nb} 表示），可按三角形相似原理求得。此时若混凝土强度等级确定时，ε_{cu} 为常数。

$$\xi_{nb}=\frac{x_{nb}}{h_0}=\frac{\varepsilon_{cu}}{\varepsilon_{cu}+\varepsilon_y} \tag{3-19}$$

按基本假定，取 $\varepsilon_y=\dfrac{f_y}{E_s}$，代入式（3-19），则

$$\xi_{nb}=\frac{\varepsilon_{cu}}{\varepsilon_{cu}+\dfrac{f_y}{E_s}}=\frac{1}{1+\dfrac{f_y}{\varepsilon_{cu}E_s}} \tag{3-20}$$

将实际的曲线应力图形简化为矩形应力图形之后，界限破坏时，等效矩形截面的受压区高度 x_b 与截面有效高度 h_0 的比值，称为相对界限受压区高度，用 ξ_b 表示。如上所述，矩形应力图形中的受压区高度 x 为实际受压区高度 x_n 的 β_1 倍，相应的有 $x_b=\beta_1 x_{nb}$，所以

$$\xi_b=\frac{x_b}{h_0}=\frac{\beta_1 x_{nb}}{h_0}=\frac{\beta_1}{1+\dfrac{f_y}{E_s\varepsilon_{cu}}} \tag{3-21}$$

式中　E_s——钢筋弹性模量，按附表 2-8 取值；

ε_{cu}——正截面的混凝土极限压应变，按式（3-5）计算；

β_1——系数，为混凝土矩形应力图形的受压区高度与平截面假定所确定的中和轴高度的比值；

f_y——钢筋抗拉强度设计值，按附表 2-6 取用。

对于没有明显屈服点的钢筋，因 $\varepsilon_y=\frac{f_y}{E_s}+0.002$，将其代入式 $\xi_b=\beta_1\xi_{nb}=\beta_1\varepsilon_{cu}/(\varepsilon_{cu}+\varepsilon_y)$，经过整理可得

$$\xi_b=\frac{\beta_1}{1+\frac{0.002}{\varepsilon_{cu}}+\frac{f_y}{E_s\varepsilon_{cu}}} \tag{3-22}$$

ξ_b 可由式（3-21）或式（3-22）计算。显然，若计算出来的相对受压区高度 $\xi=x/h_0>\xi_b$ 或 $x>\xi_b h_0$，则为超筋破坏。

界限破坏时的特定配筋率称为适筋梁的最大配筋率，以 ρ_{max} 表示。

由式（3-16）可得：

$$x=\frac{f_yA_s}{\alpha_1 f_c b}$$

$$\xi=\frac{x}{h_0}=\frac{A_s}{bh_0}\frac{f_y}{\alpha_1 f_c}=\rho\frac{f_y}{\alpha_1 f_c} \tag{3-23}$$

式中　ρ——截面配筋率，$\rho=A_s/bh_0$。

式（3-23）亦可该写为：

$$\rho=\xi\frac{\alpha_1 f_c}{f_y} \tag{3-24}$$

当取相对受压区高度 ξ 为相对界限受压区高度 ξ_b 时，从式（3-24）即可得最大配筋率 ρ_{max}：

$$\rho_{max}=\xi_b\frac{\alpha_1 f_c}{f_y} \tag{3-25}$$

最大配筋率 ρ_{max} 是区分适筋梁和超筋梁的界限，当梁截面配筋率 $\rho\leqslant\rho_{max}$ 或相对受压区高度 $\xi\leqslant\xi_b$ 时，截面将不会发生超筋破坏。

四、适筋构件的最小配筋率 ρ_{min}

当配筋过少时，钢筋混凝土梁破坏时所能承受的极限弯矩 M_u 将小于同截面素混凝土梁所能承受的开裂弯矩 M_{cr}，即 $M_u<M_{cr}$。这种梁称为少筋梁。少筋梁在荷载作用下，一旦出现裂缝，裂缝截面的钢筋应力立即超过屈服强度，通过全部流幅进入强化，甚至拉断钢筋。因此，少筋梁破坏前没有明显预兆，属于脆性破坏，应予避免。

为此，我们将钢筋混凝土梁的极限弯矩 M_u 等于同等条件素混凝土梁的开裂弯矩 M_{cr} 作为确定最小配筋率的条件，它是适筋梁与少筋梁的分界。考虑了这种“等承载力”原则的同时，我国混凝土规范在确定最小配筋量时，还考虑了混凝土的收缩和温度应力的影响，以及以往工程设计经验，将其表达式定为：$A_s\geqslant A_{s,min}=\rho_{min}bh$，并给出了《混凝土规

范》要求的最小配筋率 ρ_{min}（表 3-6），即 $\rho_{min}=0.45f_t/f_y$ 且不小于 0.2%。

表 3-6　　纵向受力钢筋的最小配筋率 ρ_{min}

受力类型			最小配筋率（%）
受压构件	全部纵向钢筋	强度等级 500MPa	0.50
		强度等级 400MPa	0.55
		强度等级 300MPa、335MPa	0.60
	一侧纵向钢筋		0.20
受弯构件、偏心受拉、轴心受拉构件一侧的受拉钢筋			0.20 和 $45f_t/f_y$ 中较大值

五、经济配筋率

配筋率 ρ 在 $\rho_{min}\sim\rho_{max}$ 之间的梁都属于适筋梁，同时配筋率 ρ 也是衡量截面设计是否经济合理的一个重要指标。在适筋梁范围内，为了达到较好的经济效果，设计时应尽量使配筋率 ρ 处于以下经济配筋率范围之内：

实心板：$\rho_{经济}=0.4\%\sim0.8\%$；

矩形梁：$\rho_{经济}=0.6\%\sim1.5\%$；

T 形梁：$\rho_{经济}=0.9\%\sim1.8\%$。

如果在计算过程中，不符合基本公式的适用条件或配筋率不在经济范围内，一般需要调整截面尺寸、材料强度等设计参数，使之合适为止。

第四节　单筋矩形截面受弯构件正截面承载力计算

一、基本计算公式及适用条件

1. 基本计算公式

在前述四条基本假定的前提上，用受压区混凝土简化等效矩形应力图代替实际的应力图形，可得单筋矩形截面梁正截面承载力计算简图，如图 3-16（d）所示。分别考虑轴向力平衡条件和力矩平衡条件，并满足承载能力极限状态的计算要求，可得两个基本计算公式：

$\sum X=0$
$$\alpha_1 f_c bx=f_yA_s \tag{3-26}$$

$\sum M=0$
$$M\leqslant M_u=\alpha_1 f_c bx\left(h_0-\frac{x}{2}\right) \tag{3-27}$$

$$M\leqslant M_u=f_yA_s\left(h_0-\frac{x}{2}\right) \tag{3-28}$$

式中　M——弯矩设计值，按承载能力极限状态荷载效应组合计算，并考虑结构重要性系数；

M_u——截面极限弯矩值；

f_c——混凝土轴心抗压强度设计值，按附表 2-2 取用；

b——矩形截面宽度；

x——混凝土等效受压区高度；

f_y——钢筋抗拉强度设计值，按附表 2-6 取用；

A_s——纵向受拉钢筋截面面积；

h_0——截面有效高度。

2. 适用条件

基本公式（3-26）和式（3-27）仅适用于适筋梁，而不适用于超筋梁和少筋梁，所以必须满足以下适用条件：

（1）为了避免超筋破坏，应满足

$$\xi \leqslant \xi_b \tag{3-29a}$$

或

$$x \leqslant x_b = \xi_b h_0 \tag{3-29b}$$

或

$$\rho \leqslant \rho_{\max} = \xi_b \alpha_1 f_c / f_y \tag{3-29c}$$

若将 ξ_b 代入式（3-27），可得

$$M \leqslant M_u = \xi_b (1 - 0.5\xi_b) \alpha_1 f_c b h_0^2 \tag{3-29d}$$

式（3-29）中的四个式子意义相同，都是检验受弯构件是否因配筋过多而出现超筋破坏，实践中只要满足一个式子，其余的就必定满足。

（2）为了避免发生少筋破坏，使用基本公式计算的另一个适用条件是

$$\rho \geqslant \rho_{\min} \tag{3-30}$$

$\rho_{\min}$为适筋构件的最小配筋率。当计算所得的配筋率小于最小配筋率（$\rho < \rho_{\min}$）时，则按 $\rho = \rho_{\min}$ 配筋，即取 $A_s = \rho_{\min} bh$；当温度因素对结构构件有较大影响时，应适当增大受拉钢筋的最小配筋率。

二、基本公式的应用

（一）截面设计

截面设计是在结构形式、结构布置确定之后，要求确定构件的截面形式、尺寸，混凝土强度等级，钢筋的品种和数量，以及钢筋在截面中的相对位置。在进行截面设计时，基本计算公式仅有两个，不确定因素却很多，因此需要根据构造要求并参考类似结构，先拟定构件的截面尺寸和材料强度等级，再进行配筋计算。

1. 用基本公式设计截面的步骤

（1）计算简图的确定。

计算简图是实际受弯构件经过抽象分析和简化处理而形成的力学模型，它的确定是受弯构件设计计算的前提。简图中应表示出支座及荷载情况、梁或板的计算跨度等。其中，梁板的计算跨度按表 3-7 选取。

（2）确定材料强度设计值（确定设计参数）。

（3）确定截面尺寸 b、h 及有效高度 h_0。

（4）内力计算，计算弯矩设计值 M。对于简支梁或板，按作用在板或梁上的全部荷载（永久荷载及可变荷载），求出跨中最大弯矩设计值。对于外伸梁和连续梁，应根据永久荷载及最不利位置的可变荷载，分别求出简支跨跨中最大正弯矩和支座最大负弯矩设计值。现浇板的计算宽度可取单位宽度 1m 进行计算。

表 3-7　　　　梁和板的计算跨度 l_0

<table>
<tr><th rowspan="2">跨数</th><th colspan="2" rowspan="2">支座情况</th><th colspan="2">计算跨度 l_0</th><th rowspan="2">符号意义</th></tr>
<tr><th>梁</th><th>板</th></tr>
<tr><td rowspan="3">单跨</td><td colspan="2">两端简支</td><td rowspan="3">$l_0=l_n+a\leqslant 1.05l_0$</td><td>$l_0=l_n+h$</td><td rowspan="9">$l_0$—计算跨度
l_n—支座净距
l_c—支座中心间距离
h—板的厚度
a—边支座宽度
a'—中间支座宽度</td></tr>
<tr><td colspan="2">一端简支、一端与梁整体连接</td><td>$l_0=l_n+0.5h$</td></tr>
<tr><td colspan="2">两端与梁整体连接</td><td>$l_0=l_n$</td></tr>
<tr><td rowspan="6">多跨</td><td colspan="2" rowspan="2">梁端简支</td><td>当 $a'\leqslant 0.05l_c$ 时，$l_a=l_c$</td><td>当 $a'\leqslant 0.1l_c$ 时，$l_0=l_c$</td></tr>
<tr><td>当 $a'>0.05l_c$ 时，$l_c=1.05l_n$</td><td>当 $a'>0.1l_c$ 时，$l_0=1.05l_n$</td></tr>
<tr><td rowspan="2">一端入墙内，一端与梁整体连接</td><td>按塑性计算</td><td>$l=l_n+0.5a\leqslant 1.025l_n$</td><td>$l_0=l_n+0.5h$</td></tr>
<tr><td>按弹性计算</td><td>$l=l_c\leqslant 1.025l_n+0.5a'$</td><td>$l_0=l_n+0.5\ (h+a')$</td></tr>
<tr><td rowspan="2">梁端与梁整体连接</td><td>按塑性计算</td><td>$l_0=l_n$</td><td>$l_0=l_n$</td></tr>
<tr><td>按弹性计算</td><td>$l_0=l_n$</td><td>$l_0=l_n$</td></tr>
</table>

(5) 计算钢筋截面面积 A_s 并验算适用条件。

- 联立公式（3-26）、式（3-27）或式（3-28）可得：$x=h_0-\sqrt{h_0^2-\dfrac{2M}{\alpha_1 f_c b}}$。
- 验算最大配筋率的适用条件。

若根号内出现负值，或 $x>x_b=\xi_b h_0$，应加大截面尺寸，或提高混凝土强度等级。

- 当 $x\leqslant x_b$ 时，由公式（3-26）可得，$A_s=\alpha_1 f_c bx/f_y$。
- 验算最小配筋率 $\rho_{\min}$ 的适用条件。

若 $\rho=\dfrac{A_s}{bh}\geqslant\rho_{\min}$，满足要求；否则按最小配筋率配筋，即取 $A_s=\rho_{\min}bh$。

(6) 选配钢筋。

由附表 3-1 选择合适的钢筋直径及根数。对现浇板，由附表 3-4 选择合适的钢筋直径及间距。实际采用的钢筋截面面积一般应等于或略大于计算所需的钢筋截面面积，如若小于计算所需要的面积，则相差不应超过 5%。钢筋的直径和间距应符合本章第一节所述的有关规定。

(7) 绘制截面配筋图。

配筋图上应表示截面尺寸和配筋情况，应注意适当比例正规绘制。

【例 3-1】 某钢筋混凝土简支主梁，结构安全等级为二级，承受恒荷载标准值 $G_k=6.3\text{kN/m}$，活荷载标准值为 $Q_k=9.6\text{kN/m}$，采用 HRB335 级钢筋和 C30 混凝土，梁的计算跨度 $l_0=6\text{m}$，如图 3-18 所示。试确定梁的截面尺寸及纵向受力钢筋。

【解】 (1) 设计参数的确定

查附表 2-2、附表 2-9 得材料的设计强度 $f_c=14.3\text{N/mm}^2$，$f_t=1.43\text{N/mm}^2$，$f_y=300\text{N/mm}^2$，$\alpha_1=1.0$，$\xi_b=0.55$。

(2) 确定截面尺寸 b、h 及有效高度 h_0

查表 3-1 得

$$h=\frac{l_0}{12}=\frac{6000}{12}=500(\text{mm});b=\frac{h}{2.5}=\frac{500}{2.5}=200(\text{mm})$$

所以取截面高度 $h=500\text{mm}$，截面跨度 $b=250\text{mm}$。

设纵向受力钢筋按一排设置，所以初步取 $h_0=h-40=500-40=460$（mm）

(3) 内力计算，求弯矩设计值 M

恒荷载产生的弯矩标准值：

$$\frac{1}{8}(G_k+G_{自重})l_0^2=\frac{1}{8}\times(6.3+0.2\times0.5\times25)\times6^2=39.6\ (\text{kN}\cdot\text{m})$$

活荷载产生的弯矩标准值：

$$\frac{1}{8}Q_k l_0^2=\frac{1}{8}\times9.6\times6^2=43.2\ (\text{kN}\cdot\text{m})$$

因为结构安全等级为二级，所以此题中结构重要性系数 $\gamma_0=1.0$

当恒荷载起控制作用时，弯矩设计值为

$$M_{恒}=\gamma_0(\gamma_G S_{GK}+\gamma_Q S_{QK})=1.0\times(1.35\times39.6+1.4\times0.7\times43.2)=95.8(\text{kN}\cdot\text{m})$$

当活荷载起控制作用时，弯矩设计值为

$$M_{活}=\gamma_0(\gamma_G S_{GK}+\gamma_Q S_{QK})=1.0\times(1.2\times39.6+1.4\times43.2)=108\text{kN}\cdot\text{m}>M_{恒}$$

所以可变荷载控制的组合 $M=108\text{kN}\cdot\text{m}$ 作为弯矩设计值。

(4) 计算钢筋截面面积 A_s 并验算适用条件

$$x=h_0-\sqrt{h_0^2-\frac{2M}{\alpha_1 f_c b}}=460-\sqrt{460^2-\frac{2\times108\times10^6}{1.0\times14.3\times200}}=91.1\ (\text{mm})$$

因 $x_b=\xi_b h_0=0.55\times460=253>x$，所以满足最大配筋率 ρ_{max}的要求。

所以可得　　$A_s=\alpha_1 f_c bx/f_y=1.0\times14.3\times200\times91.1/300=868.5\ (\text{mm}^2)$

$$\rho_{min}=0.45f_t/f_y=0.45\times1.43/300=0.215\%>0.2\%$$

$A_s=\rho_{min}bh=0.215\%\times200\times500=215\text{mm}^2<A_s=868.5\text{mm}^2$，所以满足最小配筋率的要求。

由以上验算可知截面符合适筋条件。

(5) 选配钢筋

选用 3Φ20($A_s=942\text{mm}^2$)，钢筋排列如图 3-18 所示。

钢筋净间距为 $(200-2\times25-3\times20)\text{mm}/2=45\text{mm}>25\text{mm}$，满足构造要求。

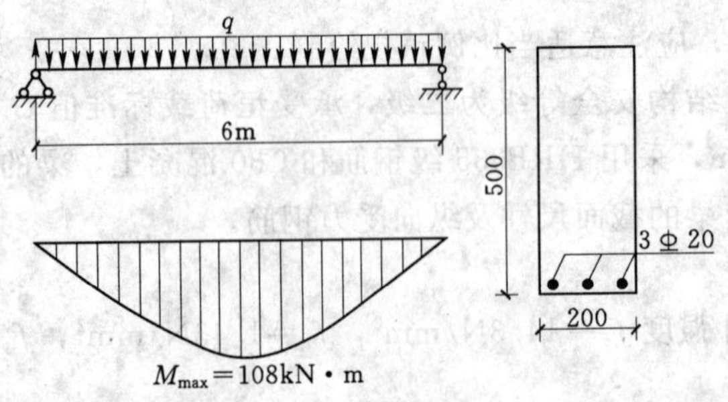

图 3-18　钢筋排列图

2. 用系数法设计截面

(1) 系数法的公式推导。按基本公式 (3-26) 和式 (3-27) 进行截面配筋计算时，由于截面受压区高度 x 和钢筋截面积 A_s 均为未知，必须解二元二次联立方程式，比较繁琐。实际工程中，为了简化运算过程，常引入参数制成计算用表进行分析计算，具体编制过程如下：

将 $\xi=x/h_0$ 代入式 (3-27)、式 (3

-28）得

$$M=\alpha_1 f_c bx\left(h_0-\frac{x}{2}\right)=\alpha_1 f_c bh_0^2\xi(1-0.5\xi) \quad (3-31)$$

$$M=f_y A_s\left(h_0-\frac{x}{2}\right)=f_y A_s h_0(1-0.5\xi) \quad (3-32)$$

式中的 ξ 为无量纲，称为受压区相对高度。

如令

$$\alpha_s=\xi(1-0.5\xi) \quad (3-33a)$$

$$\gamma_s=1-0.5\xi \quad (3-34)$$

则有

$$M=\alpha_s\alpha_1 f_c bh_0^2 \quad (3-35a)$$

$$M=f_y A_s\gamma_s h_0 \quad (3-36)$$

式中的 α_s、γ_s 均为无量纲的值，分别称为截面抵抗矩系数和内力臂系数。

当 $\xi=\xi_b$ 时，代入公式（3-33a）可求出梁截面抵抗矩系数的最大值 α_{smax}

$$\alpha_{smax}=\xi_b(1-0.5\xi_b) \quad (3-33b)$$

则有

$$M_{u,max}=\alpha_{smax}\alpha_1 f_c bh_0^2 \quad (3-35b)$$

式（3-33a）还可以改写为

$$\xi=1-\sqrt{1-2\alpha_s} \quad (3-37)$$

α_s、γ_s 都是相对受压区高度 ξ 的函数，根据不同的 ξ 值可由式（3-33a）、（3-34）计算出 α_s 及 γ_s，有关书籍已经编制成计算表格（本书略），如已知 ξ、α_s、γ_s 三个系数中的任一值时，除可采用上述公式计算外，还可以通过查表查出相对应的另外两个系数。

根据规范给出的材料计算指标，由式（3-21）、式（3-22）和式（3-33b）算出的 ξ_b 和 α_{smax} 近似值列于表 3-8。

表 3-8　　ξ_b 和 α_{smax} 取值

混凝土等级	≤C50			C60			C70			C80		
钢筋级别	HPB 300	HRB 335	HRB 400	HPB 300	HRB 335	HRB 400	HPB 300	HRB 335	HRB 400	HPB 300	HRB 335	HRB 400
ξ_b	0.576	0.550	0.518	0.556	0.531	0.499	0.537	0.512	0.481	0.518	0.493	0.463
α_{smax}	0.410	0.399	0.384	0.401	0.390	0.375	0.393	0.381	0.365	0.384	0.372	0.356

（2）系数法的设计步骤。

由式（3-35a）计算 α_s 值，$\alpha_s=M/\alpha_1 f_c bh_0^2$；

由式（3-37）计算求得 $\xi=1-\sqrt{1-2\alpha_s}$，则 $x=\xi h_0$。同时验算是否 $\xi\leqslant\xi_b$，如不满足，则应加大截面尺寸，提高混凝土强度等级或采用双筋截面后再重新计算。

或由式（3-37）及式（3-34），求得 $\gamma_s=\dfrac{1+\sqrt{1-2\alpha_s}}{2}$。

由式（3-26）、式（3-36）计算可得　$A_s=\alpha_1 f_c bx/f_y$，或 $A_s=\dfrac{M}{\gamma_s f_y h_0}$

验算是否满足 $A_s\geqslant A_{s,min}=\rho_{min}bh$。

其他步骤同“基本公式截面设计步骤”。

【例 3-2】　条件同［例 3-1］，试用系数法确定梁纵向受力钢筋的数量。

【解】 步骤（1）～（3）同例题［例 3-1］

（4）用系数法计算钢筋截面面积 A_s 并验算适用条件

由式（3-35a）计算 α_s 值

$$\alpha_s = M/\alpha_1 f_c b h_0^2 = 108\times10^6/1.0\times14.3\times200\times460^2 = 0.178$$

由式（3-37）计算 ξ 值

$$\xi = 1-\sqrt{1-2\alpha_s} = 1-\sqrt{1-2\times0.178} = 0.198 < \xi_b = 0.55$$

$$x = \xi h_0 = 0.198\times460 = 91.08(\text{mm})$$

由式（3-26）计算 A_s 值

$$A_s = \frac{\alpha_1 f_c b x}{f_y} = \frac{1.0\times14.3\times200\times91.08}{300} = 868.3(\text{mm}^2)$$

验算最小配筋率 $\rho_{\min}$

$$A_s > \rho_{\min} bh = 0.215\%\times200\times500 = 215\ (\text{mm}^2)$$

（5）选筋

查附表 3-1 选用 3 Φ 20，实际配筋面积 $A_s = 942\ (\text{mm}^2)$。

从［例 3-1］和［例 3-2］可以看到，用系数法求得的受弯构件钢筋截面面积与基本公式法求出的结果一致，且计算过程简单。因此，实际工程中多采用系数法进行截面设计计算。

【例 3-3】 某宿舍的内廊为现浇简支在砖墙上的钢筋混凝土平板（如图 3-19），板上作用的均布活荷载标准值为 $q_k = 2\text{kN/m}^2$。水磨石地面及细石混凝土垫层共 30mm 厚（重度为 22kN/m^3），板底粉刷石灰砂浆 12mm 厚（重度为 17kN/m^3）。混凝土强度等级选用 C25，纵向受力钢筋采用 HPB300 级热轧钢筋。试确定板厚度和受拉钢筋截面面积。

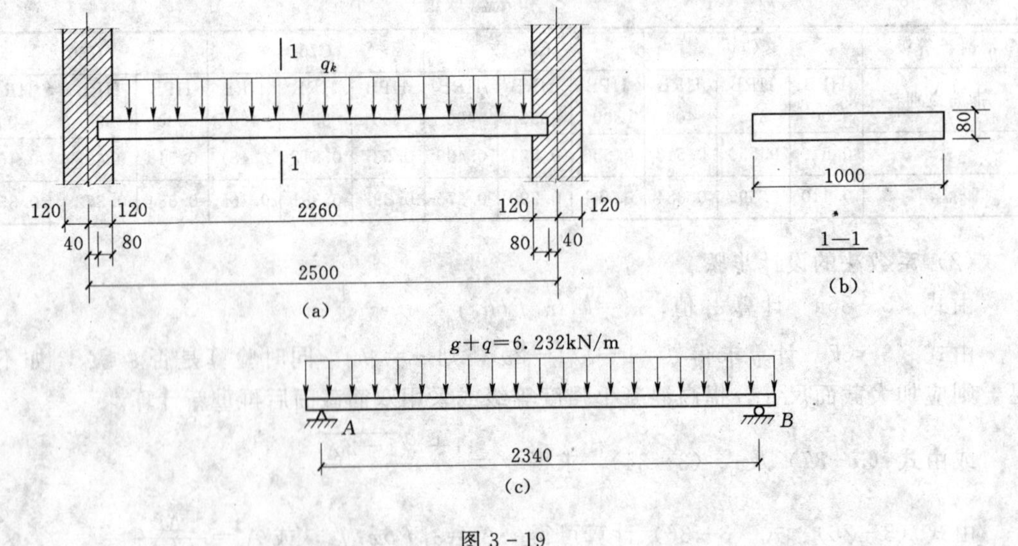

图 3-19

【解】（1）计算单元选取及截面有效高度计算

内廊虽然很长，但板的厚度和板上的荷载都相等，因此只需取 1m 宽的板带进行计算并配筋，其余板带均按此板带配筋。取出 1m 板带计算，假定板厚 $h = 80\text{mm}$（图 3-

19b)，混凝土保护层厚15mm，取 $a=20$ 则 $h_0=80-20=60\text{mm}$。

(2) 求计算跨度

单跨梁板的计算跨度可按图 3-19 (a) 计算：

$$l_0=l_n+h=2260+80=2340(\text{mm})$$

(3) 求荷载设计值

恒载标准值：水磨石地面 $0.03\times1\times22=0.66$ (kN/m)

钢筋混凝土板自重　　$0.08\times1\times25=2.0$ (kN/m)

石灰砂浆粉刷　　$0.012\times1\times17=0.204$ (kN/m)

$$g_k=0.66+2.0+0.204=2.864\ (\text{kN/m})$$

活荷载标准值：　　$q_k=2\times1=2$ (kN/m)

恒载的分项系数 $\gamma_G=1.2$，活荷载的分项系数 $\gamma_Q=1.4$

恒载设计值：　　$g=\gamma_G g_k=1.2\times2.864=3.432$ (kN/m)

活荷载设计值：　　$q=\gamma_Q q_k=1.4\times2=2.8$ (kN/m)

(4) 求最大弯矩设计值 M

$$M=\frac{1}{8}(g+q)l_0^2=\frac{1}{8}\times(3.432+2.8)\times2.34^2=4.265(\text{kN}\cdot\text{m})$$

(5) 查钢筋和混凝土强度设计值

查附表 2-2、附表 2-9 得材料强度设计值 $f_c=11.9\text{N/mm}^2$，$f_t=1.27\text{N/mm}^2$，$f_y=270\text{N/mm}^2$

(6) 求 x 及 A_s 值

$$a_s=\frac{M}{\alpha_1 f_c b h_0^2}=\frac{4.265\times10^6}{1.0\times11.9\times1000\times60^2}=0.0996$$

$$\xi=1-\sqrt{1-2a_s}=1-\sqrt{1-2\times0.0996}=0.105<\xi_b=0.576$$

$$A_s=\frac{\alpha_1 f_c \xi b h_0}{f_y}=\frac{1.0\times11.9\times0.105\times1000\times60}{270}=278(\text{mm}^2)$$

验算

$$\rho=\frac{A_s}{bh}=\frac{278}{1000\times80}=0.35\%$$

$$>0.45\frac{f_t}{f_y}=0.45\times\frac{1.27}{270}=0.21\%>0.2\%$$

(7) 选筋

查附表 3-4 选受力纵筋Φ8@160 ($A_s=359\text{mm}^2$)，分布钢筋Φ8@250，钢筋布置如图 3-20 所示。

(二) 承载力复核

承载力复核，是对已设计或施工好的混凝土构件截面的承载力进行复核，核算作用于截面的弯矩 M 是否超过截面受弯极限承载力 M_u。

受弯构件正截面承载力复核时，已知构件的尺寸 ($b\times h$)、材料强度 (f_c，f_y)、受拉钢筋截面面积 (A_s) 以及截面承受的弯矩设计值 (M)，按下列步骤进行：

(1) 由式 (3-26) 计算受压区高度 $x=\dfrac{f_y A_s}{\alpha_1 f_c b}$。

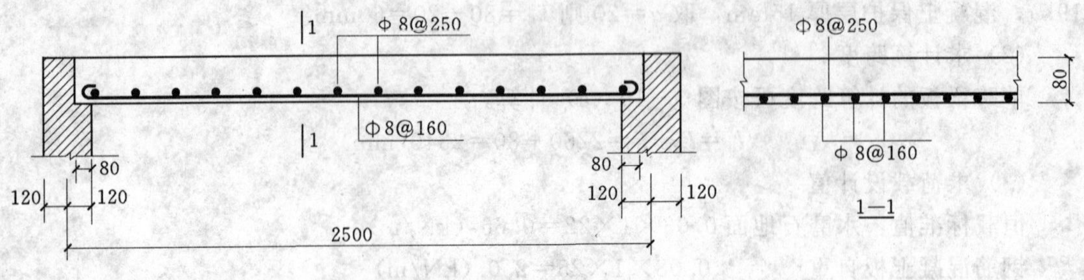

图 3-20 钢筋布置图

(2) 求截面受弯极限承载力 M_u：

1) 当 $x \leqslant \xi_b h_0$ 时，由式 (3-28) 计算 $M_u = f_y A_s \left(h_0 - \frac{x}{2}\right)$。

2) 当 $x > \xi_b h_0$ 时，由式 (3-35b) 计算 $M_u = \alpha_{smax} \alpha_1 f_c b h_0^2$。

(3) 承载力校核。按承载能力极限状态计算要求，应满足 $M \leqslant M_u$。

【例 3-4】 已知钢筋混凝土矩形梁截面尺寸 $b \times h = 200 \times 450$mm，采用 C25 混凝土，HRB400 级钢筋，受拉钢筋配置 3 ⌀ 25 ($A_s = 1473\text{mm}^2$)。试求梁正截面受弯极限承载力 M_u，若使用时实际承受的弯矩设计值 $M = 110\text{kN} \cdot \text{m}$，复核该梁是否安全。

【解】 查附表 2-2、附表 2-9 得材料的设计强度 $f_c = 11.9\text{N/mm}^2$，$f_y = 360\text{N/mm}^2$

截面有效高度 $h_0 = h - a = 450 - (25 + 25/2) = 413(\text{mm})$

(1) 计算受压区高度

$$x = \frac{f_y A_s}{\alpha_1 f_c b} = \frac{360 \times 1473}{1.0 \times 11.9 \times 200} = 222.8(\text{mm})$$

$> \xi_b h_0 = 0.518 \times 413 = 213.9(\text{mm})$，为超筋梁。

(2) 计算正截面受弯极限承载力

取 $\xi = \xi_b = 0.518$

$$M_u = \alpha_1 f_c b h_0^2 \xi_b (1 - \xi_b) = 1.0 \times 11.9 \times 200 \times 413^2 \times 0.518 \times (1 - 0.518)$$
$$= 101.3 \times 10^6 \text{N} \cdot \text{mm} = 101.3(\text{kN} \cdot \text{m})$$

(3) 承载力复核

$$M = 110\text{kN} \cdot \text{m} > M_u = 101.3(\text{kN} \cdot \text{m})$$

所以该梁正截面是不安全的。

第五节 双筋矩形截面受弯构件正截面承载力计算

在梁受压区放置的经计算确定的承受压力的钢筋，称为受压钢筋，记为 A_s'。梁内在受拉区和受压区同时配有纵向受力钢筋的截面，称为双筋截面。双筋截面通常在以下几种情况采用：

(1) 当梁截面承受的弯矩很大，同时截面高度 h 受到使用要求的限制不能增大，混凝土强度等级又受到施工条件所限不便提高时，若继续采用单筋截面就无法满足 $\xi \leqslant \xi_b$ 的适用条件导致超筋，使受拉钢筋不能被充分利用，因此就需要在受压区设置受压钢筋帮助混凝土受压，按双筋截面计算。

(2) 在不同的荷载组合下，同一截面可能会承受正、负两种弯矩，如风荷载作用下的框架梁等。此时必须在构件截面的上下均配置受力钢筋，设计成双筋截面。

(3) 在受压区配置钢筋，可提高混凝土的极限压应变 ε_{cu}，减少混凝土受压区高度 x_n，可以提高构件的延性，对结构抗震有利。此外，双筋截面可减少使用阶段的变形。

但必须指出，用钢筋帮助混凝土受压虽能提高截面承载力，但用钢量比较大，不经济，一般情况下应尽量避免采用。

一、基本计算公式及适用条件

1. 应力图形

试验结果表明，只要满足适筋梁条件 $\xi\leqslant\xi_b$，双筋截面梁的破坏形式与单筋截面梁的塑性破坏特征基本相同，不同之处仅在于受压区增加了受压钢筋承受压力。

与单筋梁一样，双筋梁破坏时，首先是受拉钢筋应力达到屈服强度 f_y，随后受压边缘纤维混凝土的变形达到极限压应变 ε_{cu}，压区混凝土应力仍采用等效矩形应力图形，其应力为 $\alpha_1 f_c$（图 3－21）。

受压钢筋在梁发生适筋破坏时，压应力取决于其压应变 ε'_s。根据平截面假定，由图 3－21 可知：

$$\varepsilon'_s=\frac{x_n-a'_s}{x_n}\varepsilon_{cu}=\left(1-\frac{a'_s}{x/0.8}\right)\varepsilon_{cu} \tag{3-38}$$

将 $\varepsilon_{cu}=0.0033$ 代入上式，并取 $a'_s=x/2$，此时，$\varepsilon'_s=0.002$。相应的受压钢筋的应力范围为：

$$\sigma'_s=E'_s\varepsilon'_s=(1.95\times10^5\sim2.1\times10^5)\times0.002=390\sim420(\text{N/mm}^2) \tag{3-39}$$

对应常用的 HPB300、HRB335、HRB400 及 RRB400 级钢筋，破坏时受压钢筋应力超过了钢筋的屈服强度，因此，可以取钢筋的抗压屈服强度设计值作为钢筋的抗压设计强度 f'_y。值得强调的是，设计时必须满足 $x\geqslant2a'_s$，否则说明截面破坏时钢筋应变达不到 0.002，受压钢筋不屈服。

对于更高强度的钢筋，由于受到受压区混凝土极限压应变的限制，其强度设计值只能发挥到 $0.002E'_s$，不能得到充分利用，因此《规范》中受压钢筋抗压强度设计值取 $0.002E'_s$。

双筋矩形截面梁截面计算应力图形如图 3－21 所示。

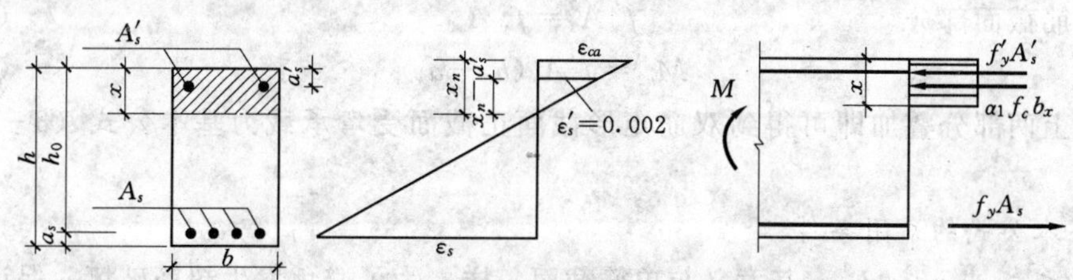

图 3－21　双筋矩形截面受弯构件正截面计算简图

2. 基本公式

根据图（3－21）计算应力图形和内力平衡条件，可得下列基本公式：

$$f_y A_s = \alpha_1 f_c bx + f'_y A'_s \tag{3-40}$$

$$M \leqslant M_u = \alpha_1 f_c bx\left(h_0 - \frac{x}{2}\right) + f'_y A'_s (h_0 - a'_s) \tag{3-41}$$

式中　f'_y——钢筋抗压强度设计值，按附表 2-6 取用；

A'_s——受压区纵向钢筋截面面积；

a'_s——受压钢筋合力点到受压区边缘的距离；

其余符号意义同前。

实际应用中，为方便分析可将双筋截面所承担的弯矩 M_u 分为两部分考虑：第一部分由受压混凝土的压力和相应的受拉钢筋 A_{s1} 的拉力组成，表示为 M_{u1}；另一部分由受压钢筋 A'_s 的压力和剩余的受拉钢筋 A_{s2} 的拉力组成，表示为 M_{u2}。详见图 3-22，将两者叠加即为双筋矩形截面梁的受弯承载力 M_u。即：$M_u = M_{u1} + M_{u2}$，所求受拉钢筋截面面积为：$A_s = A_{s1} + A_{s2}$。

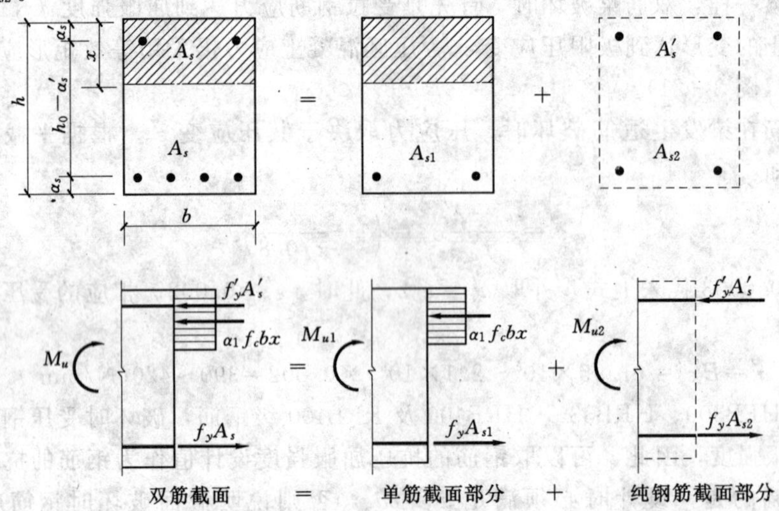

图 3-22　双筋截面的分解

根据平衡公式，可得：

单筋截面部分

$$\alpha_1 f_c bx = f_y A_{s1} \tag{3-40a}$$

$$M_{u1} = \alpha_1 f_c bx\left(h_0 - \frac{x}{2}\right) \tag{3-41a}$$

纯钢筋截面部分

$$f'_y A'_s = f_y A_{s2} \tag{3-40b}$$

$$M_{u2} = f'_y A'_s (h_0 - a'_s) \tag{3-41b}$$

将以上两部分叠加即可得到双筋矩形截面正截面受弯承载力基本公式（3-40），式（3-41）。

3. 基本公式的适用条件

（1）$\xi \leqslant \xi_b$ 或 $x \leqslant \xi_b h_0$，其意义与单筋截面一样，为了避免发生超筋破坏，保证受拉钢筋在截面破坏时应力能够达到抗拉强度设计值 f_y。

（2）$x \geqslant 2a'_s$，其意义是保证受压钢筋具有足够的变形，在截面破坏时应力能够达到抗压强度设计值 f'_y。如果 $x < 2a'_s$，则受压钢筋太靠近中和轴，变形不充分，受压钢筋的压

应变 ε_s'太小，应力达不到抗压强度设计值 f_y'。对此情况，在计算中可近似的假定受压钢筋的压力和受压混凝土的压力作用点均在受压钢筋重心位置上，即取 $x=2a_s'$(图 3-23)，以受压钢筋合力点为矩心取矩，可得

$$M\leqslant M_u=f_yA_s(h_0-a_s') \tag{3-42}$$

如计算中不考虑受压钢筋 A_s'的受压作用，则不需要满足 $x\geqslant 2a_s'$的条件，按单筋矩形截面计算 A_s。

双筋截面承受的弯矩较大，一般均能满足最小配筋率的适用条件，通常可不进行 $\rho_{\min}$条件的验算。

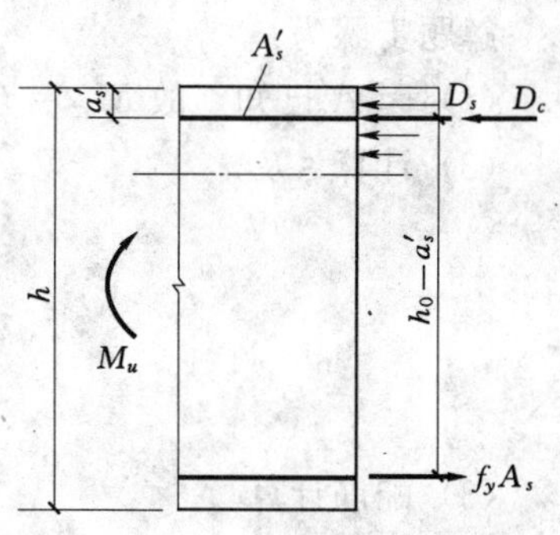

图 3-23　$x<2a_s'$时双筋截面计算简图

双筋截面中的受压钢筋在压力作用下，可能产生纵向弯曲而向外凸出，不能充分利用钢筋的强度，还会使受压区混凝土过早破坏。因此，在计算中若考虑受压钢筋的作用时，应按规范规定，配置封闭式箍筋，将受压钢筋箍住，且箍筋间距不应大于 $15d$（d 为受压钢筋的最小直径），同时不应大于 400mm；当一层内的纵向受压钢筋多于 5 根且直径大于 18mm 时，箍筋的间距 s 不应大于 $10d$；箍筋直径不应小于 $1/4d$；当梁的宽度大于 400mm 且一层内的纵向受力钢筋多余 3 根时，或当梁的宽度不大于 400mm 但一层内的纵向受力钢筋多余 4 根时，应设置复合箍筋。

二、截面设计—基本公式的应用

双筋截面设计时，可能会遇到下面两种情况。

1. 第一种情况

已知截面尺寸（$b\times h$），截面弯矩设计值（M），混凝土的强度等级（f_c）和钢筋的级别（f_y，f_y'），求受拉钢筋截面积 A_s 和受压钢筋截面积 A_s'。

解题步骤为：

(1) 验算是否需要采用双筋截面，即 $M>\alpha_1 f_cbh_0^2\xi_b(1-0.5\xi_b)$或$M>\alpha_{s\max}\alpha_1 f_cbh_0^2$，如果符合，应采用双筋，否则采用单筋截面即可。

(2) 由于式（3-40）、式（3-41）两个基本公式中含有 x、A_s、A_s'三个未知数，可有多组解，故应补充一个条件才能求解。为节约钢筋，应充分利用混凝土抗压，令 $\xi=\xi_b$（即 $x=\xi_bh_0$），由式（3-41）可得：

单筋截面部分所能承担的弯矩 M_{u1}，$M_{u1}=\alpha_1 f_cbh_0^2\xi_b(1-0.5\xi_b)=\alpha_{s\max}\alpha_1 f_cbh_0^2$

纯钢筋截面部分承担的弯矩 M_{u2}，$M_{u2}=M-M_{u1}$

所以
$$A_s'=\frac{M_{u2}}{f_y'(h_0-a_s')}$$

由式（3-40）得
$$A_s=A_{s1}+A_{s2}=\frac{\alpha_1 f_cb\xi_bh_0+f_y'A_s'}{f_y}$$

(3) 选择钢筋的直径和根数。

2. 第二种情况

已知截面尺寸（$b\times h$），弯矩设计值（M），混凝土的强度等级（f_c）和钢筋的级别（f_y，f_y'），受压钢筋截面面积 A_s'。求受拉钢筋的截面面积 A_s。

解题步骤为：

（1）因 A_s'已知，故 $M_{u2}=f_y'A_s'(h_0-a_s')$；$M_{u1}=M-M_{u2}$

（2）计算 ξ 及 x

$$a_s=\frac{M_{u1}}{\alpha_1 f_c bh_0^2}$$

$$\xi=1-\sqrt{1-2\alpha_s}$$

$$x=\xi h_0$$

（3）配筋计算

当 $2a'\leqslant x\leqslant\xi_b h_0$ 时，由式（3-40）得　$A_s=\dfrac{\xi\alpha_1 f_c bh_0+f_y'A_s'}{f_y}$

当 $x>\xi_b h_0$ 时，说明已配置的受压钢筋 A_s'数量不够，应增加其数量，可当作受压钢筋未知的情况（即情况 1）重新计算 A_s 和 A_s'。

当 $x<2a_s'$时，表示受压钢筋 A_s'的应力达不到抗压强度，由式（3-42）计算受拉钢筋截面积。

$$A_s=\frac{M}{f_y(h_0-a_s')}$$

（4）选择钢筋的直径和根数。

三、承载力复核

已知截面尺寸（$b\times h$），混凝土的强度等级（f_c）和钢筋的级别（f_y，f_y'），受拉钢筋和受压钢筋截面面积（A_s、A_s'），截面弯矩设计值 M。复核截面是否安全。

解题步骤为

（1）由式（3-40）计算受压区高度

$$x=\frac{f_yA_s-f_y'A_s'}{\alpha_1 f_c b}$$

（2）计算受弯承载力 M_u

当 $2a_s'\leqslant x\leqslant\xi_b h_0$，由式（3-41）得 $M_u=\alpha_1 f_c bx\left(h_0-\dfrac{x}{2}\right)+f_y'A_s'(h_0-a_s')$。

当 $x>\xi_b h_0$，以 $x=\xi_b h_0$ 代入式（3-41）得 $M_u=a_{smax}\alpha_1 f_c bh_0^2+f_y'A_s'(h_0-a_s')$。

当 $x<2a_s'$，由式（3-42）得 $M_u=f_yA_s(h_0-a_s')$。

（3）如 $M\leqslant M_u$，则正截面承载力满足要求，否则不满足。

【例 3-5】 某钢筋混凝土矩形截面简支梁，承受弯矩设计 $M=244\text{kN}\cdot\text{m}$，截面尺寸为 $b\times h=200\text{mm}\times500\text{mm}$；混凝土强度等级为 C25；采用 HRB335 级钢筋；要求计算截面配筋。

【解】（1）确定设计参数

C25 混凝土，查附表 2-2，$f_c=11.9$（N/mm^2）；

HRB335 钢筋，查附表 2-9，$f_y=f_y'=300$（N/mm^2）；

因弯矩较大，估计受拉钢筋应排成两层，取 $a_s=65\text{mm}$，则 $h_0=h-a_s=500-65=435$（mm）。

（2）验算是否需要采用双筋截面

对于 HRB335 级钢筋，查表 3－8 可知相应的 $\xi_b=0.550$ 及 $\alpha_{smax}=0.399$

$$M=244\text{kN}\cdot\text{m}>\xi_b(1-0.5\xi_b)\alpha_1 f_c bh_0^2$$
$$=0.55\times(1-0.5\times0.55)\times1.0\times11.9\times200\times435^2$$
$$=179.58\times10^6\text{N}\cdot\text{mm}=179.58(\text{kN}\cdot\text{m})$$

所以，因此应采用双筋截面。

(3) 配筋计算

受压钢筋为单排，取 $a_s'=40$mm，为节约钢筋，充分利用混凝土抗压，令 $\xi=\xi_b$，则

- 单筋截面部分所能承担的弯矩 M_{u1}，$M_{u1}=\alpha_1 f_c bh_0^2\xi_b(1-0.5\xi_b)=179.58$ (kN·m)
- 纯钢筋截面部分承担的弯矩 M_{u2}，$M_{u2}=M-M_{u1}=244-179.58=64.42$ (kN·m)
- 所以 $$A_s'=\frac{M_{u2}}{f_y'(h_0-a_s')}=\frac{64.42\times10^6}{300\times(435-40)}=543.63(\text{mm}^2)$$

$$A_s=A_{s1}+A_{s2}=\frac{\alpha_1 f_c\xi_b bh_0+f_y'A_s'}{f_y}=\frac{1.0\times11.9\times0.55\times200\times435+300\times543.63}{300}$$
$$=2441.68\ (\text{mm}^2)$$

(4) 选择钢筋

受拉钢筋选取用 2 Φ 20＋4 Φ 22（$A_s=2454\text{mm}^2$）；受压钢筋选用 2 Φ 20（$A_s'=628\text{mm}^2$），其配筋图如图 3－24 所示。

【例 3－6】 条件同［例 3－5］，但在受压区已配置了 3 Φ 20 的受压钢筋（$A_s'=942\text{mm}^2$）。试求受拉钢筋的截面面积 A_s。

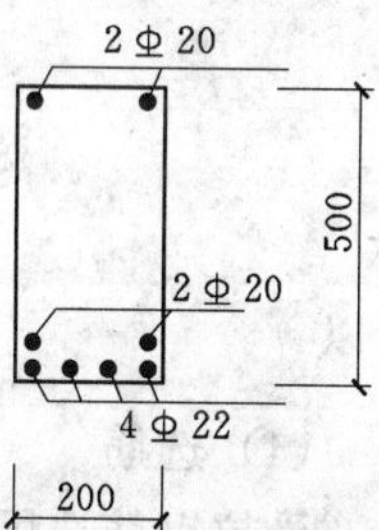

图 3－24 配筋图

【解】 (1) 确定设计参数

C25 混凝土，查附表 2－2，$f_c=11.9\text{N/mm}^2$；

HRB335 钢筋，查附表 2－9，$f_y=f_y'=300\text{N/mm}^2$；

因弯矩较大，估计受拉钢筋应排成两层，取 $a_s=65$mm，则

$$h_0=h-a=500-65=435\text{mm}$$

(2) 计算受压钢筋与部分受拉钢筋承担的弯矩 M_{u2}

$$M_{u2}=f_y'A_s'(h_0-a_s')=300\times942\times(435-40)$$
$$=111.63\times10^6\text{N}\cdot\text{mm}^2=111.62(\text{kN}\cdot\text{m})$$

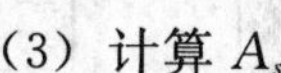
(3) 计算 A_s

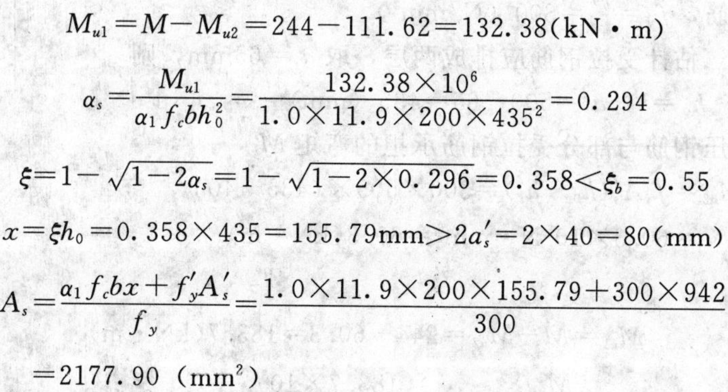

$$M_{u1}=M-M_{u2}=244-111.62=132.38(\text{kN}\cdot\text{m})$$
$$\alpha_s=\frac{M_{u1}}{\alpha_1 f_c bh_0^2}=\frac{132.38\times10^6}{1.0\times11.9\times200\times435^2}=0.294$$
$$\xi=1-\sqrt{1-2\alpha_s}=1-\sqrt{1-2\times0.296}=0.358<\xi_b=0.55$$
$$x=\xi h_0=0.358\times435=155.79\text{mm}>2a_s'=2\times40=80(\text{mm})$$
$$A_s=\frac{\alpha_1 f_c bx+f_y'A_s'}{f_y}=\frac{1.0\times11.9\times200\times155.79+300\times942}{300}$$
$$=2177.90\ (\text{mm}^2)$$

(4) 选筋

受拉钢筋选用 5 ⌀ 22+1 ⌀ 20($A_s=1900+314.2=2214.2\text{mm}^2$)，配筋如图（3-25）所示。

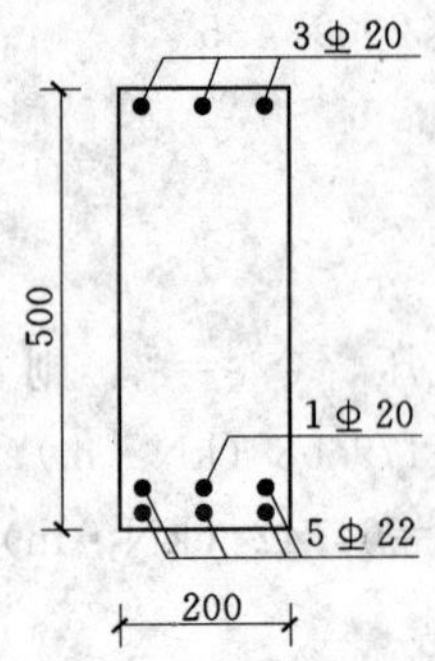

图 3-25　配筋布置图

可以看到此题中全部受力钢筋的面积为 $A_s+A_s'=2177.90+942=3119.9\text{mm}$ 大于［例 3-5］中的钢筋用量 $A_s+A_s'=2441.68+543.63=2985.31\text{mm}$，验证了当取 $\xi=\xi_b$ 时，钢筋用量最少。

【例 3-7】 条件同［例 3-5］，但在受压区已配置了 3 ⌀ 25 的受压钢筋（$A_s'=1473\text{mm}^2$）。试求受拉钢筋的截面面积 A_s。

【解】（1）确定设计参数

C25 混凝土，$f_c=11.9\text{N/mm}^2$

HRB335 钢筋，$f_y=f_y'=300\text{N/mm}^2$

因弯矩较大，估计受拉钢筋应排成两层，取 $a_s=65\text{mm}$，则 $h_0=h-a_s=500-65=435\text{mm}$

（2）计算受压钢筋与部分受拉钢筋承担的弯矩 M_{u2}

$$M_{u2}=f_y'A_s'(h_0-a_s')=300\times1473\times(435-40)=174.55\times10^6\text{N}\cdot\text{mm}^2=174.55\ (\text{kN}\cdot\text{m})$$

（3）计算 A_s

$$M_{u1}=M-M_{u2}=244-174.55=69.45(\text{kN}\cdot\text{m})$$

$$\alpha_s=\frac{M_{u1}}{\alpha_1 f_c b h_0^2}=\frac{69.45\times10^6}{1.0\times11.9\times200\times435^2}=0.154$$

$$\xi=1-\sqrt{1-2\alpha_s}=1-\sqrt{1-2\times0.154}=0.168<\xi_b=0.55$$

$$x=\xi h_0=0.168\times435=73.1\text{mm}<2a_s'=2\times40=80(\text{mm})$$

所以
$$A_s=\frac{M}{f_y(h_0-a_s')}=\frac{244\times10^6}{300\times(435-40)}=2059.1(\text{mm}^2)$$

（4）选筋

受拉钢筋选用 4 ⌀ 22+2 ⌀ 20($A_s=1520+628=2148\text{mm}^2$)，配筋如图（3-26）所示。

【例 3-8】 条件同［例 3-5］，但在受压区已配置了 2 ⌀ 18 的受压钢筋（$A_s'=509\text{mm}^2$）。试求受拉钢筋的截面面积 A_s。

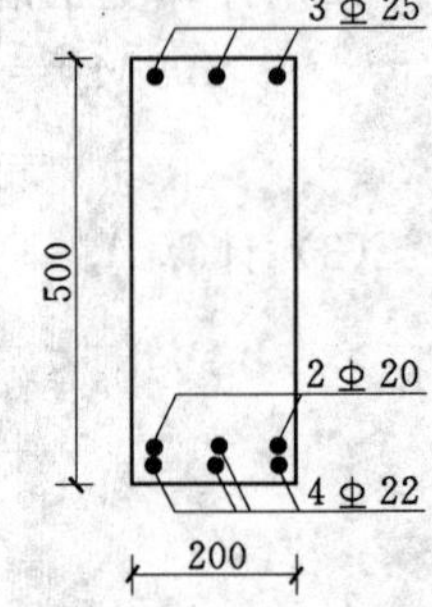

图 3-26　配筋布置图

【解】（1）确定设计参数

C25 混凝土，$f_c=11.9\ (\text{N/mm}^2)$

HRB335 钢筋，$f_y=f_y'=300\ (\text{N/mm}^2)$

因弯矩较大，估计受拉钢筋应排成两层，取 $a_s=65\text{mm}$，则

$$h_0=h-a_s=500-65=435\ (\text{mm})$$

（2）计算受压钢筋与部分受拉钢筋承担的弯矩 M_{u2}

$$M_{u2}=f_y'A_s'(h_0-a_s')=300\times509\times(435-40)=60.3\times10^6\text{N}\cdot\text{mm}^2=60.3(\text{kN}\cdot\text{m})$$

（3）计算 A_s

$$M_{u1}=M-M_{u2}=244-60.3=183.7(\text{kN}\cdot\text{m})$$

$$\alpha_s=\frac{M_{u1}}{\alpha_1 f_c b h_0^2}=\frac{183.7\times10^6}{1.0\times11.9\times200\times435^2}=0.408$$

$$\xi=1-\sqrt{1-2\alpha_s}=1-\sqrt{1-2\times0.144}=0.571>\xi_b=0.55$$

所以，应按 A_s'未知重新计算钢筋用量，具体详见［例 3－4］。

【例 3－9】 某双筋矩形截面梁如图 3－27 所示，截面尺寸为 $b\times h=250\text{mm}\times500\text{mm}$，承受弯矩设计值 $M=182\text{kN}\cdot\text{m}$，采用 C25 混凝土，HRB400 级钢筋，受压钢筋为 2 ⏀16，受拉钢筋为 5 ⏀20，箍筋为 ϕ10@200。结构安全等级为二级，环境类别为一类。试复核该截面是否安全。

【解】 （1）参数确定

$f_c=11.9\text{N/mm}^2$，$f_y=f_y'=360\text{N/mm}^2$，HRB400 级钢筋对应的 $\xi_b=0.518$。

由附表 3－1 查得 $A_s'=402\text{mm}^2$，$A_s=1570\text{mm}^2$。

（2）确定截面有效高度 h_0

查表 3－4，对于环境类别为一类的梁，混凝土保护层厚度 $c=20\text{mm}$。

纵向受拉钢筋合力点到梁底距离为：

$$a_s=\frac{942\times(20+10+20/2)+628(20+10+20+25+20/2)}{942+628}=58(\text{mm})$$

$$h_0=h-a_s=500-58=442(\text{mm})$$

（3）计算受压区高度 x

$$x=\frac{f_yA_s-f_y'A_s'}{\alpha_1f_cb}=\frac{360\times1570-360\times402}{1.0\times11.9\times250}=141.3\text{mm}<\xi_bh_0=0.518\times442=229.0(\text{mm})$$

$$2a_s'=2\times(20+10+\frac{20}{2})=80(\text{mm})$$

$$\xi_bh_0>x=141.3\text{mm}>2a_s'=80(\text{mm})$$

（4）计算受弯承载力

$$M_u=\alpha_1f_cbx(h_0-\frac{x}{2})+f_y'A_s'(h_0-a_s')$$

$$=1.0\times11.9\times250\times141.3\times(442-\frac{141.3}{2})+360\times402\times(442-40)$$

$$=214.28\times10^6\text{N}\cdot\text{mm}=214.28\text{kN}\cdot\text{m}$$

（5）比较

$M=182\text{kN}\cdot\text{m}<M_u=214.28\text{kN}\cdot\text{m}$，此截面安全。

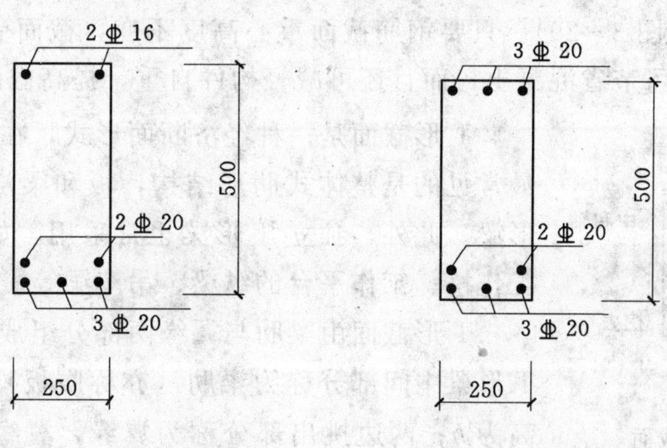

图 3－27　配筋布置图　　　　图 3－28　配筋布置图

【例 3-10】 某矩形截面梁如图 3-28 所示，截面尺寸为 $b\times h=250\text{mm}\times500\text{mm}$；跨中截面弯矩设计值 $M=201\text{kN}\cdot\text{m}$；已配有 3 ⌀ 20（$A'_s=942\text{mm}^2$）的受压钢筋，5 ⌀ 20（$A_s=1570\text{mm}^2$）的受拉钢筋和 ϕ10@200 的箍筋，选用混凝土 C25，钢筋 HRB400 级，结构安全等级为二级，环境类别为一类。试复核该截面是否安全。

【解】（1）参数确定

$f_c=11.9\text{N/mm}^2$，$f_y=f'_y=360\text{N/mm}^2$，HRB400 级钢筋对应的 $\xi_b=0.518$。

（2）确定截面有效高度 h_0

查表 3-4，对于环境类别为一类的梁混凝土保护层厚度 $c=20\text{mm}$

纵向受拉钢筋合力点到梁底距离为：

$$a_s=\frac{942\times(20+10+20/2)+628(20+10+20+25+20/2)}{942+628}=58\ (\text{mm})$$

$$h_0=h-a_s=500-58=442\ (\text{mm})$$

（3）计算受压区高度 x

$$x=\frac{f_yA_s-f'_yA'_s}{\alpha_1f_cb}=\frac{360\times1570-360\times942}{1.0\times11.9\times250}=76.0\text{mm}<\xi_bh_0=0.518\times442=229.0(\text{mm})$$

$$2a'_s=2\times\left(20+10+\frac{20}{2}\right)=80\ (\text{mm})$$

$$x=76.0\text{mm}<2a'_s=80\ (\text{mm})$$

（4）计算受弯承载力

$$M_u=f_yA_s(h_0-a'_s)=360\times1570\times(442-40)=227.2(\text{kN}\cdot\text{m})$$

（5）比较

$M=201\text{kN}\cdot\text{m}<M_u=227.2\text{kN}\cdot\text{m}$，此截面安全。

第六节 T 形截面受弯构件正截面承载力计算

一、概述

矩形截面受弯构件破坏时，已进入其破坏过程的第三阶段Ⅲ$_a$，此时受拉区混凝土早已开裂，按照有关正截面承载力计算的基本假定，可不考虑受拉区混凝土受力，拉力完全由钢筋承担。若将矩形截面的受拉区去掉一部分，纵向受拉钢筋集中布置在受拉边中部，便形成了 T 形截面（图 3-29）。只要钢筋截面重心高度不变，截面受弯承载力与原矩形截面相同。这样不仅可节省混凝土，而且还可减轻构件自重，提高截面的有效承载力。

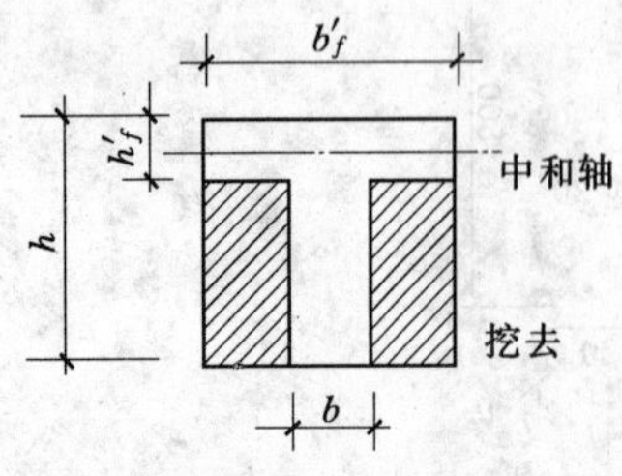

图 3-29 T 形截面

T 形截面是一种经济断面形式，在工程中被广泛采用。最常见的是整体式肋形结构，板和梁浇筑在一起形成的 T 形梁。此外，独立 T 形梁也常采用，如渡槽槽身、装配式工作桥、工作平台的纵梁、吊车梁等。

T 形截面由梁肋与翼缘两部分组成。如图 3-29 所示，T 形梁中间部分称为梁肋（亦称腹板），肋宽表示为 b，梁高为 h；两边挑出部分称为翼缘，翼缘宽度用 b'_f表示，翼

缘高度为 h'_f。对于翼缘位于受拉区的⊥形截面（倒T形截面），由于受拉区翼缘混凝土开裂，不起受力作用，其受力性能与 $b\times h$ 的矩形截面相同，所以应按宽度为肋宽 b、高为T形截面高度 h 的矩形截面计算。因此，决定是否按T形截面计算，不能只看其外形，应当看受压区的形状是否为T形。只有形状为T形或类似T形形状（如为了构造需要做成L形、倒L形等）、且翼缘位于受压区的截面，方可按T形截面计算。例如图3-30所示的两跨连续梁，截面形状为T形，梁在支座位置（1—1截面）承受负弯矩，截面下部受压，翼缘位于受拉区，应按矩形截面计算；跨中（2—2截面）承受正弯矩，翼缘位于受压区，故按T形截面计算。

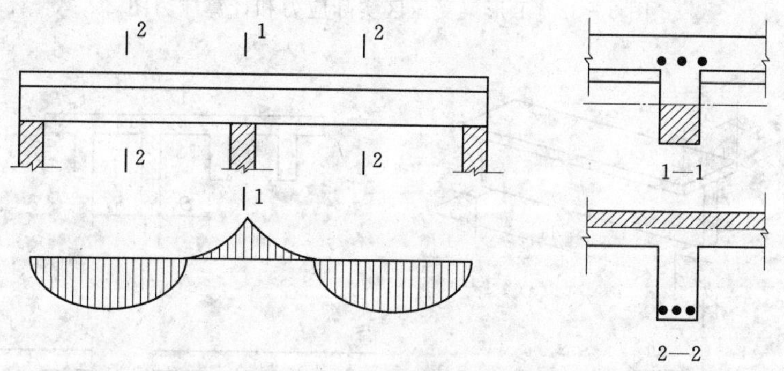

图3-30 T形截面与矩形截面的计算位置

对I形、门形、空心形等截面（图3-31），它们的受压区与T形截面相同，其受拉区混凝土开裂后不起受力作用，因此均可按T形截面计算。

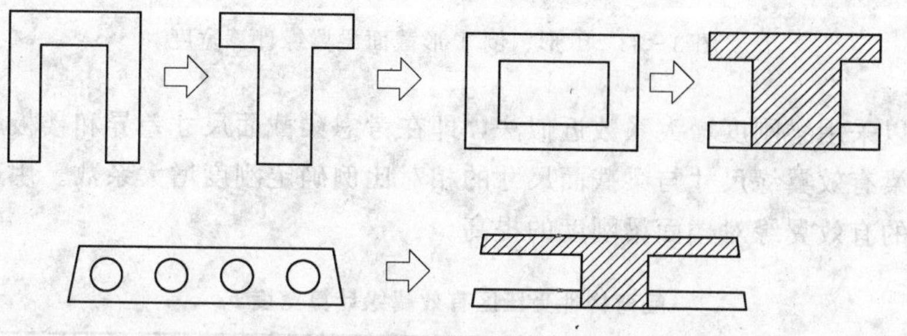

图3-31 Π形、箱形及空心截面化成T形截面

T形截面混凝土受压区比矩形截面多出翼缘挑出部分，混凝土承担的压力相对矩形截面更大，常不需要加受压钢筋帮助混凝土受压，故T形截面一般为单筋截面。

根据实验和理论分析可知，当T形梁受力时，沿翼缘宽度上压应力分布是不均匀的，压应力由梁肋中部向两边逐渐减小，如图3-32（a）所示。当翼缘宽度很大时，远离梁肋的一部分翼缘几乎不承受压力，因而在计算中不能将离梁肋较远受力很小的翼缘也算为T形梁的一部分。为简化计算，将T形截面的翼缘宽度限制在一定范围内，称为翼缘计算宽度 b'_f。在这个范围以外，认为翼缘不再起作用，如图3-32（b）所示。

试验及理论计算表明，翼缘的计算宽度 b'_f 主要与梁的工作情况（是独立梁还是整体梁）、梁的跨度 l_0 以及受压翼缘高度与截面有效高度之比（即 h'_f/h_0）有关。规范规定的翼缘计算高度 b'_f 列于表3-9（表中符号见图3-33），计算时，取各项中最小值；结构分

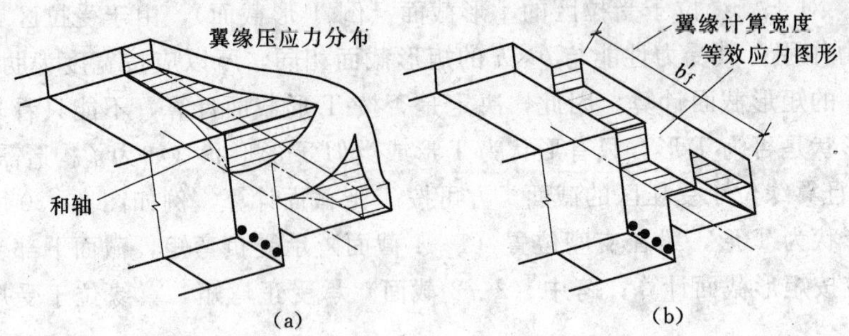

图 3-32　T形梁受压区实际应力和计算应力图

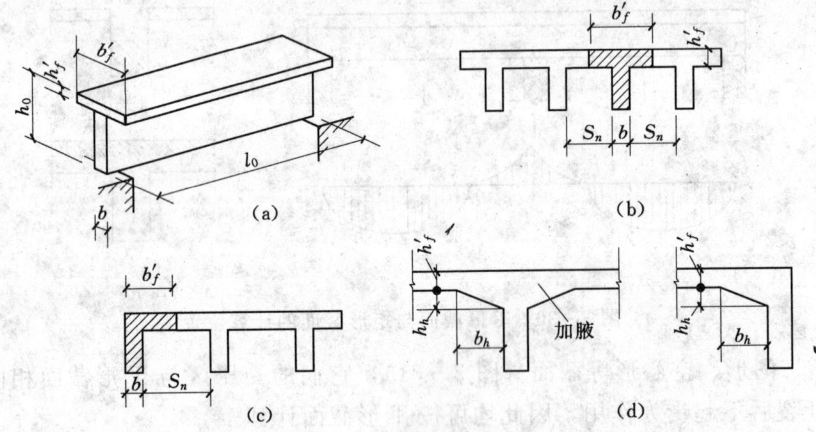

图 3-33　T形、倒T形截面梁翼缘计算宽度

析时，也可以采用梁刚度增大系数近似法，即在考虑梁截面尺寸差异和楼板厚度差异的基础上，根据梁有效翼缘尺寸与梁截面尺寸的相对比例确定刚度增大系数。用这一系数考虑楼板作为梁的有效翼缘对楼面梁刚度的提高。

表 3-9　　受弯构件受压区有效翼缘计算宽度 b'_f

项次	考虑情况		T形截面、I形截面		倒L形截面
			肋形梁（板）	独立梁	肋形梁（板）
1	按计算跨度 l_0 考虑		$l_0/3$	$l_0/3$	$l_0/6$
2	按梁（肋）净距 s_n 考虑		$b+s_n$	—	$b+s_n/2$
3	按翼缘高度 h'_f 考虑	$h'_f/h_0\geqslant0.1$	—	$b+12h'_f$	—
		$0.1>h'_f/h_0\geqslant0.05$	$b+12h'_f$	$b+6h'_f$	$b+5h'_f$
		$h'_f/h_0<0.05$	$b+12h'_f$	b	$b+5h'_f$

注　1. 表中 b 为梁的腹板（梁肋）宽度。
2. 如肋形梁在梁跨内设有间距小于纵肋间距的横肋时，则可不遵守表中项次 3 的规定。
3. 对于加腋（托承）的 T 形和倒 L 形截面，当受压区加腋的高度 $h_h\geqslant h'_f$ 且加腋的宽度 $b_h\leqslant3h_h$ 时，则其翼缘计算宽度可按表中项次 3 的规定分别增加 $2b_h$（T 形截面）和 b_h（倒 L 形截面），见图 3-33。
4. 独立梁受压区的翼缘板面在荷载作用下如可能产生沿纵肋方向的裂缝时，则计算宽度取用肋宽 b。

二、计算应力图形和基本计算公式

T形梁的计算，按中和轴所在位置的不同分为两种情况。当中和轴在翼缘内时（$x\leqslant h'_f$），称为第一类T形截面；当中和轴通过翼缘进入梁肋部时（$x>h'_f$），称为第二类T形截面。其相应的计算公式如下。

1. 第一类T形截面

（1）基本公式。中和轴位于翼缘内，即受压区高度 $x\leqslant h'_f$，受压区为矩形（图3-34）。因中和轴以下的受拉混凝土不起作用，所以这样的T形截面与宽度为 b'_f 的矩形截面完全一样。因而矩形截面的所有公式在此都能应用。但应注意截面的计算宽度为翼缘计算宽度 b'_f，而不是梁肋宽 b。

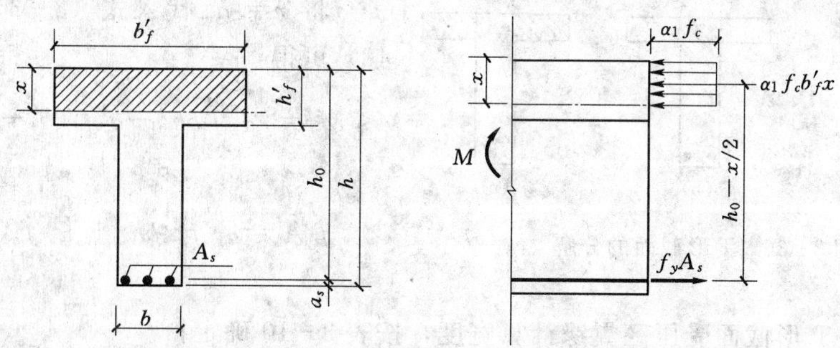

图3-34 第一类T形截面受弯构件承载力计算简图

根据计算简图和力的平衡条件可得：

$$\alpha_1 f_c b'_f x = f_y A_s \tag{3-43}$$

$$M\leqslant M_u=\alpha_1 f_c b'_f x(h_0-0.5x) \tag{3-44}$$

（2）适用条件。由于第一类T形截面的承载力计算相当于宽度为 b'_f 的矩形截面承载力计算，所以第一类T形截面的计算公式也必须符合本章第四节所述的单筋矩形截面计算公式的两个适用条件。

这种情况的T形梁，由于 $\xi=x/h_0\leqslant h'_f/h_0$，而一般情况下T形截面的 h'_f/h_0 较小，所以可不必验算 $\xi\leqslant\xi_b$ 的条件。

在验算 $\rho\geqslant\rho_{\min}$ 时，T形截面的配筋率仍然用公式 $\rho=A_s/bh$ 计算，其中 b 按梁肋宽取用。这是因为 $\rho_{\min}$ 是根据钢筋混凝土梁开裂后的极限弯矩与相同截面素混凝土梁的破坏弯矩相同的条件确定的，但素混凝土梁的破坏弯矩是由混凝土抗拉强度控制的，因而与拉区截面尺寸关系较大，与受压区截面尺寸关系不大，因此，为简化计算，T形截面的 $\rho_{\min}$ 仍按肋宽 b 来计算。

2. 第二类T形截面

（1）基本公式。中和轴位于梁肋内，即受压区高度 $x>h'_f$，受压区为T形，计算简图如图3-35所示。

根据计算简图和内力平衡条件，将T形截面按图3-36分解，可列出第二类T形截面受弯构件的两个基本计算公式为：

$$M\leqslant M_u=\alpha_1 f_c bx\left(h_0-\frac{x}{2}\right)+\alpha_1 f_c(b'_f-b)h'_f\left(h_0-\frac{h'_f}{2}\right) \tag{3-45}$$

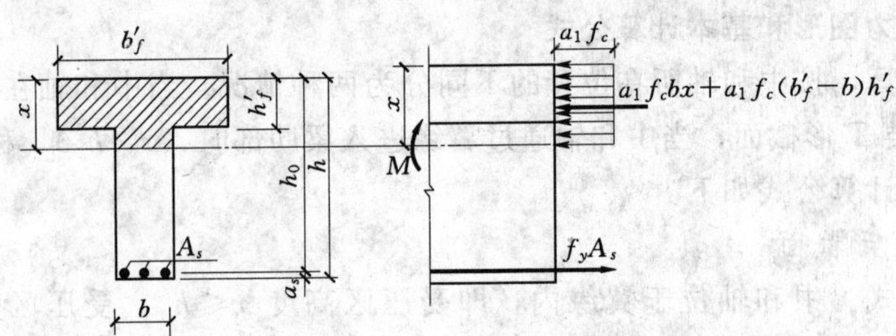

图 3-35　第二类 T 形截面受弯构件承载力计算简图

$$f_yA_s=\alpha_1 f_c bx+\alpha_1 f_c(b'_f-b)h'_f \tag{3-46}$$

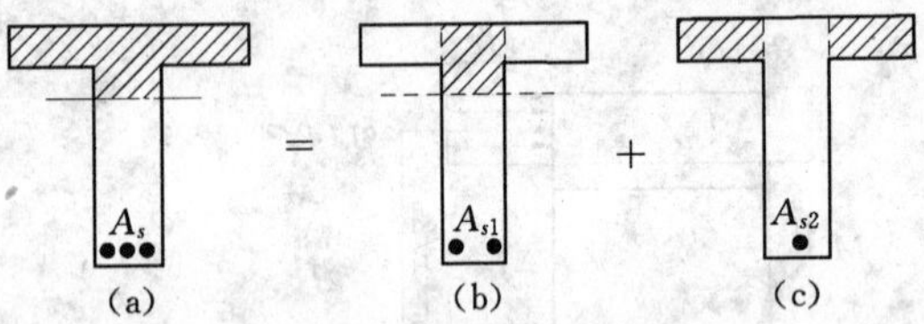

图 3-36　T 形截面的分解

将 $x=\xi h_0$ 代入式（3-47）及式（3-48）可得

$$M\leqslant M_u=\alpha_s\alpha_1 f_c bh_0^2+\alpha_1 f_c(b'_f-b)h'_f\left(h_0-\frac{h'_f}{2}\right) \tag{3-47}$$

$$f_yA_s=\alpha_1 f_c \xi bh_0+\alpha_1 f_c(b'_f-b)h'_f \tag{3-48}$$

式中　b'_f——T 形截面受压区翼缘计算宽度，按表 3-10 确定；

h'_f——T 形截面受压区翼缘高度；

其他符号意义同前。

（2）适用条件。

1）$\xi\leqslant\xi_b$，即 $x\leqslant\xi_b h_0$。

2）$\rho\geqslant\rho_{\min}$。

第一个条件与单筋截面一样，即保证受拉钢筋具有足够的变形，截面破坏时，受拉钢筋能屈服，避免发生超筋破坏。第二个条件是防止少筋破坏。由于第二类 T 形截面纵向受拉钢筋数量较多，一般均能满足 $\rho\geqslant\rho_{\min}$，故此项条件可不验算。

3. 两类 T 形截面的判别

因为中和轴刚好通过翼缘（即 $x=h'_f$）时，为两类 T 形截面的分界，所以当

$$M\leqslant\alpha_1 f_c b'_f h'_f\left(h_0-\frac{h'_f}{2}\right) \tag{3-49}$$

或

$$f_yA_s\leqslant\alpha_1 f_c b'_f h'_f \tag{3-50}$$

时，则 $x\leqslant h'_f$，属于第一类。

当

$$M>\alpha_1 f_c b'_f h'_f\left(h_0-\frac{h'_f}{2}\right) \tag{3-51}$$

或

$$f_yA_s>\alpha_1 f_c b'_f h'_f \tag{3-52}$$

时，则 $x>h'_f$，属于第二类。

三、截面设计

T 形梁的截面尺寸一般是预先假定或参考同类的结构取用（梁高 h 一般为梁跨长 l_0 的 1/8～1/12，梁的高宽比 $h/b=2.5$～5），需要求出受拉钢筋截面面积 A_s，其计算步骤

如下：

(1) 确定 b'_f。计算截面有效高度 h_0 和比值 h'_f/h_0，将实际的翼缘宽度与表 3-10 所列各值进行比较，取其中的最小值作为翼缘的计算宽度 b'_f。

(2) 判别属于哪一类 T 形截面。此时由于 A_s 未知，故应按式（3-49）来判别，如 $M\leqslant\alpha_1 f_c b'_f h'_f\left(h_0-\frac{h'_f}{2}\right)$，则为第一类 T 形截面；反之，则为第二类 T 形截面。

(3) 如为第一类 T 形截面，应按截面尺寸为 $b'_f\times h$ 的单筋矩形截面梁计算 A_s，具体步骤参照本章第四节单筋矩形截面设计。

(4) 如为第二类 T 形截面

由式（3-47）整理得

$$\alpha_s=\frac{M-\alpha_1 f_c(b'_f-b)h'_f\left(h_0-\frac{h'_f}{2}\right)}{\alpha_1 f_c bh_0^2}$$

$$\xi=1-\sqrt{1-2\alpha_s}$$

如 $\xi\leqslant\xi_b$，由式（3-48）得 $A_s=\frac{\xi\alpha_1 f_c bh_0+\alpha_1 f_c(b'_f-b)h'_f}{f_y}$

如 $\xi>\xi_b$，说明梁的截面尺寸不够，应加大截面尺寸，或改用双筋 T 形截面。

(5) 选配钢筋。

四、承载力复核

承载力复核时，已知截面尺寸，混凝土的强度等级（f_c）和钢筋的级别（f_y，f'_y），受拉钢筋截面面积（A_s），截面弯矩设计值 M，可按下列步骤进行：

(1) 确定翼缘计算宽度 b'_f。确定方法同截面设计。

(2) 用式（3-50）或式（3-52），鉴别 T 形截面类型（因为此时 A_s 为已知值）。

(3) 若满足式 $f_y A_s\leqslant\alpha_1 f_c b'_f h'_f$，则为第一类 T 形截面，按梁宽为 b'_f、梁高为 h 的单筋矩形截面进行复核。

(4) 若满足式 $f_y A_s>\alpha_1 f_c b'_f h'_f$，则为第二类 T 形截面。

1) 由式（3-46）求 x

$$x=\frac{f_yA_s-\alpha_1 f_c(b'_f-b)h'_f}{\alpha_1 f_c b}$$

2) 求极限承载力 M_u

当 $x\leqslant\xi_b h_0$ 时，由式（3-45）得

$$M_u=\alpha_1 f_c bx\left(h_0-\frac{x}{2}\right)+\alpha_1 f_c(b'_f-b)h'_f\left(h_0-\frac{h'_f}{2}\right)$$

当 $x>\xi_b h_0$ 时，以 $x=\xi_b h_0$ 代入式（3-45）并整理得

$$M_u=\alpha_{smax}\alpha_1 f_c bh_0^2+\alpha_1 f_c(b'_f-b)h'_f\left(h_0-\frac{h'_f}{2}\right)$$

3) 比较 M_u 和 M 大小，即可判别正截面承载力能否满足要求。

【例 3-11】 某钢筋混凝土现浇肋形楼盖的次梁，计算跨度 $l_0=5.1$m，次梁间距为 2.4m；截面尺寸如图 3-37 所示；跨中承受最大正弯矩设计值为 $M=130$kN·m。混凝土

强度等级为C30，采用HRB335级钢筋，结构安全等级为二级，环境类别为一类。试计算次梁跨中截面所需受拉钢筋的截面面积A_s。

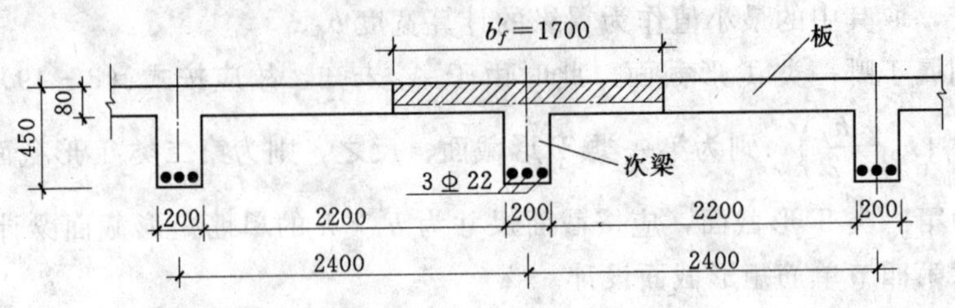

图3-37　截面尺寸图

【解】　(1) 参数确定

C30混凝土：$f_c=14.3\text{N/mm}^2$，$\alpha_1=1.0$

HRB335钢筋：$f_y=300\text{N/mm}^2$，$\xi_b=0.55$

环境类别一类，取$a_s=40\text{mm}$，所以$h_0=h-a_s=450-40=410$（mm）

(2) 确定翼缘计算宽度b'_f。根据表3-2可得：

按计算跨度l_0考虑，$b'_f=l_0/3=5100/3=1700$（mm）；

按梁（肋）净距s_n考虑，$b'_f=b+s_n=200+2200=2400$（mm）；

按翼缘高度h'_f考虑，$h'_f/h_0=80/410=0.195>0.1$翼缘宽度不受此项限制。

故翼缘计算宽度取上述两项中之较小值，即$b'_f=1700$（mm）。

(3) 判别T形截面的类型

$$\alpha_1 f_c b'_f h'_f\left(h_0-\frac{h'_f}{2}\right)=1.0\times14.3\times1700\times80\times(410-80/2)=719.58\times10^6(\text{N}\cdot\text{mm})$$

因$719.58\text{kN}\cdot\text{m}>M=130\text{kN}\cdot\text{m}$，所以为第一类型T形截面。

(4) 计算钢筋截面面积A_s

$$a_s=\frac{M}{\alpha_1 f_c b'_f h_0^2}=\frac{130\times10^6}{1.0\times14.3\times1700\times410^2}=0.0318$$

$$\xi=1-\sqrt{1-2a_s}=1-\sqrt{1-2\times0.0318}=0.0323<\xi_b=0.55$$

$$A_s=\frac{\alpha_1 f_c \xi b'_f h_0}{f_y}=\frac{1.0\times14.3\times0.0323\times1700\times410}{300}=1073(\text{mm}^2)$$

(5) 选择钢筋

选用3Φ22（$A_s=1140\text{mm}^2$），钢筋排列如图3-37所示。

(6) 验算最小配筋率$\rho_{\min}$

因$0.45\dfrac{f_t}{f_y}=0.45\times\dfrac{1.27}{300}=0.19\%<0.2\%$，所以取$\rho_{\min}=0.2\%$

$$\rho=\frac{A_s}{bh}=\frac{1140}{200\times450}=1.27\%>\rho_{\min}=0.2\%$$

所以满足最小配筋率要求。

【例3-12】　某厂房T形截面独立吊车梁，计算跨度$l_0=6.0\text{m}$，结构安全级别为二级，截面尺寸如图3-38所示，承受设计弯矩$M=640\text{kN}\cdot\text{m}$，采用C30混凝土及

HRB400级钢筋，求所需的纵向受拉钢筋截面面积 A_s。

【解】（1）参数确定

C30混凝土：$f_c=14.3\text{N/mm}^2$，$\alpha_1=1.0$

HRB400钢筋：$f_y=360\text{N/mm}^2$，$\xi_b=0.518$

（2）确定翼缘计算宽度

因梁承受弯矩较大，假定受拉钢筋双层布置，取 $a_s=65\text{mm}$，则 $h_0=700-65=635\text{mm}$

对于独立T形梁

$$h'_f/h_0=120/635=0.189>0.1$$

$$b+12h'_f=300+12\times120=1740(\text{mm})$$

$$l_0/3=6000/3=2000(\text{mm})$$

上述数值均大于翼缘的实有宽度，因此，取 $b'_f=600$（mm）。

（3）判别T形截面类型

$$\alpha_1 f_c b'_f h'_f\left(h_0-\frac{h'_f}{2}\right)=1.0\times14.3\times600\times120\times(635-120/2)=592.02\times10^6\text{N}\cdot\text{mm}$$

$$=592.02\text{kN}\cdot\text{m}>M=640\ (\text{kN}\cdot\text{m})$$

所以，属于第二类型T形截面。

（4）计算受拉钢筋用量 A_s

$$\alpha_s=\frac{M-\alpha_1 f_c(h_0-b)h'_f\left(h_0-\frac{h'_f}{2}\right)}{\alpha_1 f_c b h_0^2}$$

$$=\frac{640\times10^6-1.0\times14.3\times(600-300)\times120\times\left(635-\frac{120}{2}\right)}{1.0\times14.3\times300\times635^2}=0.1989$$

$$\xi=1-\sqrt{1-2a_s}=1-\sqrt{1-2\times0.1989}=0.2239<\xi_b=0.518$$

$$A_s=\frac{\alpha_1 f_c\xi b h_0+\alpha_1 f_c(b'_f-b)h'_f}{f_y}$$

$$=\frac{1.0\times14.3\times0.2239\times300\times635+1.0\times14.3\times(600-300)\times120}{360}=3124.5(\text{mm}^2)$$

（5）选配钢筋

选用2⌀28+4⌀25（$A_s=3196\text{mm}^2$），钢筋排列见图3-38所示。

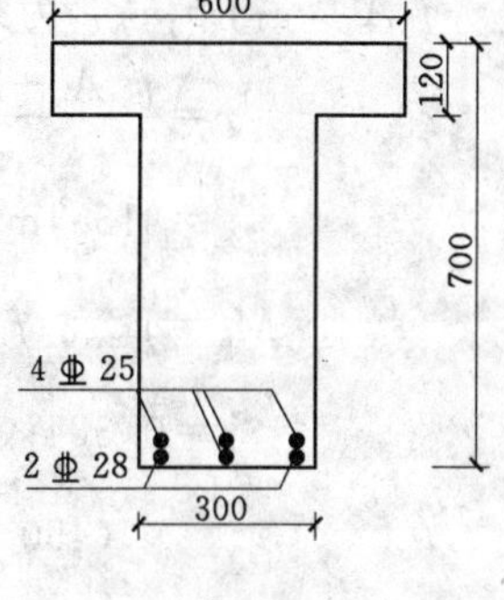

图3-38

【例3-13】 一T形截面梁，$b=250\text{mm}$，$h=600\text{mm}$，$b'_f=450\text{mm}$，$h'_f=100\text{mm}$，混凝土为C30，受拉纵筋采用HRB400级钢筋。试计算：（1）当受拉纵筋为4⌀25（$A_s=1964\text{mm}^2$）时（钢筋单层布置）；（2）当受拉纵筋为3⌀20（$A_s=942\text{mm}^2$）时（钢筋单层布置），（3）当受拉纵筋为8⌀25（$A_s=3927\text{mm}^2$）时（钢筋双层布置），此截面所能承受的最大弯矩设计值 M_u 分别是多少？

【解】 $f_c=14.3\text{N/mm}^2$，$f_y=360\text{N/mm}^2$，HRB400 级钢筋相应的 $\xi_b=0.518$，$a_{smax}=0.384$

(1) 受拉纵筋为 4 ⌀ 25 时

$$h_0=h-a_s=600-(25+25/2)=562.5(\text{mm})$$

$$f_yA_s=360\times1964=707.04\times10^3\text{N}=707.04(\text{kN})$$

$$\alpha_1 f_c b'_f h'_f=1.0\times14.3\times450\times100=643.5\times10^3\text{ N}=643.5\text{kN}$$

$f_yA_s>\alpha_1 f_c b'_f h'_f$，为第二类 T 形截面。

$$x=\frac{f_yA_s-\alpha_1 f_c(b'_f-b)h'_f}{\alpha_1 f_c b}=\frac{707.04\times10^3-1.0\times14.3\times(450-250)\times100}{1.0\times14.3\times250}$$

$$=117.77\text{mm}<\xi_b h_0=0.518\times562.5=291\text{mm}$$

$$M_u=\alpha_1 f_c bx\left(h_0-\frac{x}{2}\right)+\alpha_1 f_c(b'_f-b)h'_f\left(h_0-\frac{h'_f}{2}\right)$$

$$=1.0\times14.3\times250\times117.77\times\left(562.2-\frac{117.77}{2}\right)+1.0\times14.3$$

$$\times(450-250)\times100\times\left(562.5-\frac{100}{2}\right)$$

$$=358.48\times10^6\text{N}\cdot\text{mm}=358.48(\text{kN}\cdot\text{m})$$

(2) 受拉纵筋为 3 ⌀ 20 时

$$h_0=h-a_s=600-(25+20/2)=565\text{mm}$$

$$f_yA_s=360\times942=339.1\times10^3\text{N}=339.1\text{kN}$$

$$\alpha_1 f_c b'_f h'_f=1.0\times14.3\times450\times100=643.5\times10^3\text{N}=643.5(\text{kN})$$

$f_yA_s<\alpha_1 f_c b'_f h'_f$，为第一类 T 形截面

$$x=\frac{f_yA_s}{\alpha_1 f_c b'_f}=\frac{360\times942}{1.0\times14.3\times450}=52.7\text{mm}<\xi_b h_0=0.518\times565=292.7(\text{mm})$$

$$M_u=\alpha_1 f_c b'_f x(h_0-0.5x)$$

$$=1.0\times14.3\times450\times52.7\times(565-0.5\times52.7)$$

$$=182.7\times10^6\text{N}\cdot\text{mm}=182.7(\text{kN}\cdot\text{m})$$

(3) 受拉纵筋为 8 ⌀ 25 时

$$h_0=h-a_s=600-(25+25+25/2)=537.5(\text{mm})$$

$$f_yA_s=360\times3927=1413.7\times10^3\text{N}=1413.7(\text{kN})$$

$$\alpha_1 f_c b'_f h'_f=1.0\times14.3\times450\times100=643.5\times10^3(\text{N})=643.5(\text{kN})$$

$f_yA_s>\alpha_1 f_c b'_f h'_f$，为第二类 T 形截面

$$x=\frac{f_yA_s-\alpha_1 f_c(b'_f-b)h'_f}{\alpha_1 f_c b}=\frac{1413.7\times10^3-1.0\times14.3\times(450-250)\times100}{1.0\times14.3\times250}$$

$$=315.4\text{mm}>\xi_b h_0=0.518\times537.5=278.4(\text{mm})$$

$$M_u=a_{smax}\alpha_1 f_c bh_0^2+\alpha_1 f_c(b'_f-b)h'_f\left(h_0-\frac{h_f'}{2}\right)$$

$$=0.384\times1.0\times14.3\times250\times537.5^2+1.0\times14.3$$

$$\times(450-250)\times100\times\left(537.5-\frac{100}{2}\right)$$

$$=536.04\times10^6\text{N}\cdot\text{mm}=536.04\ (\text{kN}\cdot\text{m})$$

思 考 题

3-1　受弯构件中的适筋梁，从开始加载到破坏，经历了哪几个工作阶段？试绘出各阶段截面上的应变应力分布图形，指出其变化规律，并说明每个阶段的应力图形是哪类极限状态计算依据？

3-2　正截面承载力计算的基本假定是什么？为什么做出这些假定？

3-3　配筋率的大小对梁的正截面破坏形态有何影响？

3-4　少筋梁、适筋梁与超筋梁的破坏形态有什么不同？如何确定三者之间的界限？

3-5　什么叫延性破坏？什么叫脆性破坏？

3-6　受弯构件的最小配筋率 ρ_{min} 是多少？梁和板的经济配筋率大致是多少？

3-7　梁的架力钢筋和板的分布钢筋起什么作用？

3-8　在梁内布置纵向受力钢筋时，对其净距和保护层厚度有哪些要求？

3-9　根据受弯构件正截面承载力计算公式，分析提高截面抗弯承载力的主要措施有哪些？哪种措施最有效？

3-10　在什么情况下可采用双筋梁？其计算应力图形如何确定？试与单筋矩形截面计算应力图形作比较，指出其异同。

3-11　双筋截面受弯承载力的计算中有哪些适用条件？为什么要满足这些适用条件？

3-12　两类T形截面的判别式是根据什么条件定出的？怎样应用？

3-13　验算T形截面的 $\rho=\frac{A_s}{bh}\geqslant\rho_{min}$ 时，b 应取什么宽度？为什么？

习　题

3-1　钢筋混凝土矩形截面梁，承受设计弯矩 $M=180\text{kN}\cdot\text{m}$，采用C25混凝土和HRB335级钢筋，试设计梁的截面（求 $b\times h$ 及 A_s）（a_s 取35mm）

3-2　钢筋混凝土矩形截面梁的截面尺寸为 $b\times h=200\text{mm}\times450\text{mm}$；混凝土强度等级为C25，采用HRB400级钢筋；承受弯矩设计值 $M=100\text{kN}\cdot\text{m}$。试计算受拉钢筋截面面积 A_s。

3-3　一现浇钢筋混凝土简支平板，板厚 $h=80\text{mm}$，计算跨度 $l_0=2.24\text{m}$，混凝土强度等级C20，纵向受拉钢筋采用HPB300级。板上作用的均布活荷载标准值为 2kN/m^2，细石混凝土面层30mm厚（细石混凝土容重取 25kN/m^3）。试确定板的配筋并绘出板的配筋图。

3-4　某现浇整体式板，跨中截面每米板宽上承受弯矩设计值 $M=48\text{kN}\cdot\text{m}$，采用C25混凝土，HPB300级钢筋。试设计板的截面（求板厚 h 及受拉钢筋数量 A_s）（取 $a_s=20\text{mm}$）。

3-5　某矩形截面梁，截面尺寸为 $b\times h=200\text{mm}\times500\text{mm}$，采用混凝土等级为C25，配有HRB335级钢筋4 Φ 16（$A_s=804\text{mm}^2$），结构安全级别为Ⅱ级，如承受弯矩设计值

M=58kN·m，试验算此梁正截面是否安全。

3-6　某钢筋混凝土矩形截面简支梁，截面尺寸为 $b \times h$=250mm×600mm，混凝土强度等级为C25，采用HRB335级钢筋；若配置的受拉钢筋分别为2Φ25，4Φ25和8Φ25，其截面的受弯承载力 M_u 各为多少？截面受弯承载力 M_u 是否与钢筋截面面积 A_s 成正比例增长？

3-7　试计算表3-10所给出的五种情况的截面受弯承载力 M_u，并分析提高混凝土强度等级、提高钢筋级别、加大截面高度和加大截面宽度这几种措施对提高截面受弯承载力的效果。从中可以得出什么结论？

表3-10　　五　种　情　况

序号	情况	梁高 h（mm）	梁宽 b（mm）	A_s（3Φ20）（mm²）	钢筋级别	混凝土强度等级	M_u	$\frac{M_{ui}}{M_u}$
1	原情况	500	200	942	HRB335级	C25		
2	提高混凝土强度等级	500	200	942	HRB335级	C40		
3	提高钢筋级别	500	200	942	HRB400级	C25		
4	加大截面高度	600	200	942	HRB335级	C25		
5	加大截面宽度	500	250	942	HRB335级	C25		

3-8　某走道简支板如图3-39所示，结构安全级别为Ⅱ级，板厚 h=80mm，混凝土强度等级C20，采用HPB300级钢筋，截面配筋Φ8@120，水磨石面层厚30mm，白灰砂浆粉刷厚15mm。求走道板能够承受的最大标准活荷载 q_k（水磨石容重22kN/m³，白灰砂浆容重为17kN/m³，钢筋混凝土容重为25kN/m³）。

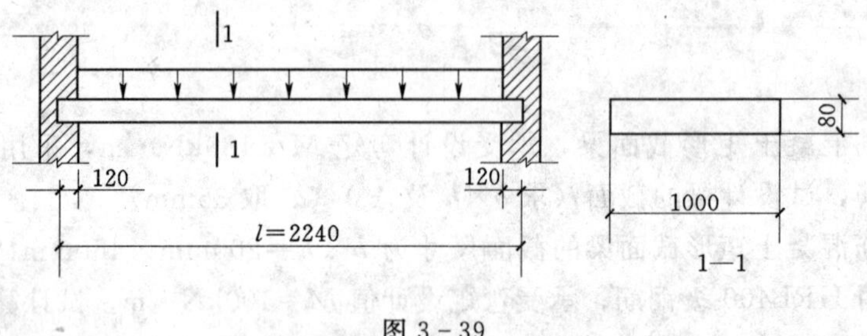

图3-39

3-9　某钢筋混凝土矩形截面简支梁，受建筑净空的限制，计算跨度为 l_0=5.7m，截面尺寸为 $b \times h$=200mm×500mm；承受均布永久荷载标准值25.5kN/m（包括梁自重），均布可变荷载标准值22.5kN/m，组合值系数 ψ_c=0.7；混凝土强度等级为C25，采用HRB400级钢筋。

(1) 要求计算截面配筋；

(2) 若受压区已配置3Φ20的受压钢筋，试计算受拉钢筋的截面面积 A_s；

(3) 比较上述结果可得出什么结论？

3-10　已知一结构安全等级为Ⅱ级的矩形截面梁，截面尺寸为 $b \times h$=250mm×500mm，采用C20混凝土，HRB335级钢筋，受压区已配有2Φ18（A'_s=509mm²）的钢筋，承受弯矩设计值 M=125kN·m。求受拉钢筋截面积。

3-11　已知某矩形截面梁，截面尺寸为 $b\times h$=250mm×400mm，采用 C25 混凝土，HRB400 级钢筋，配置 2 ⌀ 25（A_s'=982mm^2）的受压钢筋（a_s'=45mm），6 ⌀ 25（A_s'=2945mm^2）的受拉钢筋（a_s=70mm）。求该截面所能承受的设计弯矩值。

3-12　如图 3-40 所示为某厂房肋形结构的次梁，结构安全级别为Ⅱ级，跨长 l_0=5500mm，承受弯矩 M=80kN·m；采用混凝土 C25，HRB335 级钢筋，试计算并选配梁的受拉钢筋。

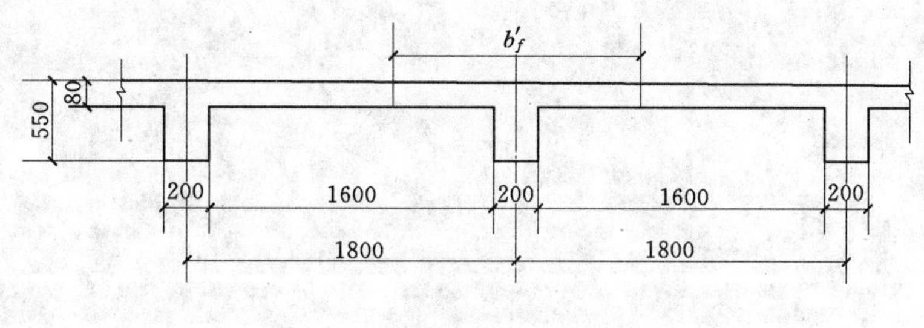

图 3-40

3-13　某钢筋混凝土 T 形截面梁截面尺寸为 $b\times h$=250mm×600mm，b_f'=500mm，h_f'=100mm。混凝土强度等级为 C25，采用 HRB400 级钢筋，承受弯矩设计值 M=310 kN·m。要求计算所需受拉钢筋的截面面积 A_s。

3-14　某 T 形截面伸臂梁计算简图及截面尺寸如图 3-41 所示；承受均布荷载设计值为 q=60kN/m（已包含梁自重）；混凝土强度等级为 C25，采用 HRB400 级钢筋。试计算跨中及 B 支座截面纵向受拉钢筋的截面面积，并绘出截面配筋图。

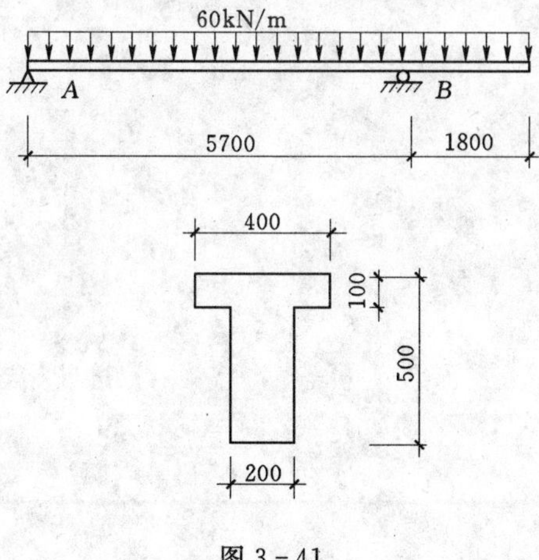

图 3-41

3-15　有一 T 形截面简支梁，截面尺寸为 $b\times h$=200mm×600mm，b_f'=400mm，h_f'=100mm，梁的计算跨度为 l_0=5.4m，承受均布荷载设计值为 q=85kN/m（已包含梁自重），跨中集中荷载设计值 P=100kN，混凝土强度等级为 C25，采用 HRB400 级钢筋，取 h_0=540mm，要求计算跨中截面所需纵向受力钢筋的截面面积。

3-16　某 T 形截面预制梁，结构安全级别为Ⅱ级，截面尺寸为 $b\times h$=200mm×

600mm，$b'_f=500$mm，$h'_f=100$mm，采用 C25 混凝土，HRB400 级受拉钢筋 5 Φ 22（$A_s=1901\text{mm}^2$），$a_s=65$mm。求该梁能够承受的设计弯矩值。

3-17 有一 T 形截面梁，结构安全级别为Ⅱ级，截面尺寸 $b\times h=200\text{mm}\times600\text{mm}$，$b'_f=500$mm，$h'_f=100$mm，混凝土为 C20，HRB335 级受拉钢筋 3 Φ 22，承受设计弯矩 $M=560\text{kN}\cdot\text{m}$，试验算该梁正截面是否安全。

第四章　钢筋混凝土受弯构件斜截面承载力计算

概要：本章叙述了钢筋混凝土受弯构件斜截面的受力特点、破坏形态和影响斜截面受剪承载力的主要因素，介绍了钢筋混凝土无腹筋梁和有腹筋梁斜截面受剪承载力的计算公式及其适用条件，并介绍了材料抵抗弯矩图的概念和作法，以及规范中对纵向受力钢筋、箍筋、弯起筋、腰筋等构造要求。

斜截面的抗剪公式采用了半理论半经验的方法，是综合了大量试验结果得出的，因此对公式适用条件要特别注意。

第一节　概　　述

钢筋混凝土受弯构件除了承受弯矩之外，还同时承受剪力。在弯矩和剪力的共同作用下，当所配置的受弯纵向钢筋较多不致引起正截面受弯首先破坏时，构件将产生斜截面的剪切破坏。这种破坏发生的很突然，呈脆性性质，所以在设计受弯构件时，应避免这种由剪力引起的破坏，体现“强剪弱弯”原则。因此，进行斜截面承载力计算，防止斜截面受剪破坏先于正截面破坏，是钢筋混凝土受弯构件设计的重要内容。

斜截面承载力由斜截面受剪承载力和斜截面受弯承载力两部分组成。其中斜截面受剪承载力是由计算和构造来满足，斜截面受弯承载力则是通过对纵向钢筋和箍筋的构造来保证。如果无足够的抗剪腹筋，就可能沿斜向裂缝发生斜截面破坏。

通常，板的跨高比较大，且大多承受分布荷载，其斜截面承载能力往往是足够的，故受弯构件的斜截面承载能力主要是对梁及厚板。为了防止梁沿斜裂缝破坏，应使梁具有合理的尺寸，还必须配置必要的腹筋，保证斜截面强度的腹筋主要有两类：箍筋和弯起钢筋，如图 4-1 所示。一般称配置了腹筋的梁为有腹筋梁，反之为无腹筋梁。

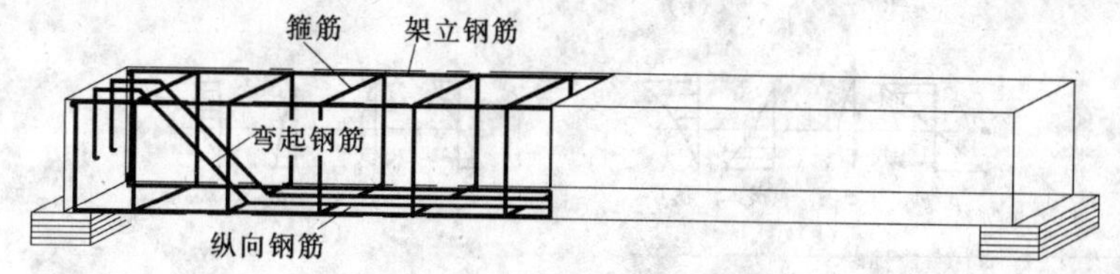

图 4-1　箍筋和弯起钢筋

第二节　受弯构件斜截面的受力特点和破坏形态

一、无腹筋梁斜截面的受力特点和破坏形态

1. 斜裂缝出现前后梁内应力状态的变化

钢筋混凝土受弯构件在其剪力和弯矩共同作用的区段内，为何会发生斜向裂缝呢？下

面以一钢筋混凝土简支梁在两个对称集中荷载作用下的受力状态为例加以说明，如图 4-2 所示，CD 段为梁的纯弯区段，截面上只产生正应力（受压、受拉），当截面下部边缘的拉应力（即主拉应力）超过了混凝土的抗拉强度时，截面即开裂，随着荷载的递增，裂缝形成，裂缝方向垂直于拉应力，产生了垂直裂缝。在 AC 和 DB 段，当荷载较小，梁内尚未出现裂缝之前，梁处于整体工作状态，此时可将钢筋混凝土梁视为均质弹性梁，而把纵向钢筋按钢筋与混凝土的弹性模量比 $\alpha_E(E_s/E_c)$ 换算成等效混凝土，成为换算截面如图 4-2（d）所示，截面上任意一点的正应力和剪应力可用材料力学公式计算，即

$$\sigma=\frac{My_0}{I_0} \tag{4-1}$$

$$\tau=\frac{VS_0}{bI_0} \tag{4-2}$$

式中 M、V——作用在截面上的弯矩、剪力；

I_0——换算截面惯性矩；

S_0——通过计算点且平行于中和轴的直线所切出的上部（或下部）换算截面面积对中和轴的面积矩；

y_0——所计算点到换算截面中和轴的距离；

b——截面宽度。

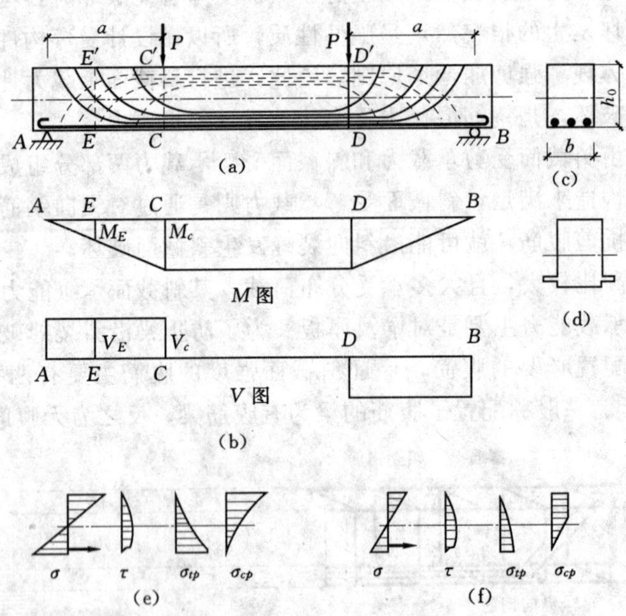

图 4-2 无腹筋简支梁裂缝前应力状态

（a）主应力迹线图；（b）内力图；（c）截面图；（d）换算截面图；

（e）截面 CC'（左面）的正应力、剪应力、主拉应力、主压应力图；

（f）截面 EE'（左面）的正应力、剪应力、主拉应力、主压应力图

由正应力和剪应力共同作用，将形成主拉应力 σ_{tp} 和主压应力 σ_{cp}，其值为：

$$\sigma_{tp}=\frac{\sigma}{2}+\sqrt{\frac{\sigma^2}{4}+\tau^2} \tag{4-3}$$

$$\sigma_{cp}=\frac{\sigma}{2}-\sqrt{\frac{\sigma^2}{4}+\tau^2} \tag{4-4}$$

主应力作用方向与梁纵轴的夹角为 α

$$\alpha=\frac{1}{2}\arctan\left(-\frac{2\tau}{\sigma}\right) \tag{4-5}$$

截面 CC'（左面）的应力分布图如图 4-2（e）所示，梁的主应力迹线如图 4-2（a）所示，弯剪段截面 EE'（左面）的应力分布图如图 4-2（f）所示。

梁的下部剪拉区，当斜向的主拉应力 σ_{tp} 达到混凝土的抗拉强度 f_t 时，则形成与主拉应力相垂直的斜向裂缝如图 4-3 所示，但在截面的下边缘，由于主拉应力的方向是水平的，故仍可能出现较小的垂直裂缝。实验证明，斜裂缝出现过程有两种情况：一种是因受弯正应力较大，在梁底部首先出现较小的垂直裂缝，随着荷载的增大，初始垂直裂缝逐渐向上发展，并随主拉应力作用的方向的改变而发生倾斜，即沿主压应力迹线向集中力作用点延伸，坡度渐缓，裂缝下宽上细。这种斜裂缝称为“弯剪裂缝”，如图 4-3（a）所示，它是一种常见的斜裂缝。另一种是因腹部剪应力较大，首先在梁腹中和轴附近出现大致成 45°倾角的斜裂缝，随着荷载的增大，裂缝沿主压应力迹线方向分别向上方（集中力作用点）和向下方（支座）延伸，这种斜裂缝两头细，中间粗，呈枣核型，称为“腹剪裂缝”，如图 4-3（b）所示，一般当梁腹很薄时，发生在支座附近处（主要是剪力 V 的作用）。

钢筋混凝土梁在荷载很小时，梁内应力分布近似于弹性体。主应力分布情况如图 4-2（a）。随着荷载增加，当某段范围内的主拉应力达到混凝土的抗拉强度时，就出现了斜裂缝。

裂缝出现后，梁内应力状态发生了显著变化即发生了应力重分布。此时已不可再将其看作是均质弹性梁，截面应力也不能用材料力学式（4-1）、式（4-2）进行计算。为了研究斜裂缝出现后的应力状态，将已出现斜裂缝的梁沿斜裂缝切开，取支座到斜裂缝之间的梁段为隔离体来分析它的应力状态。

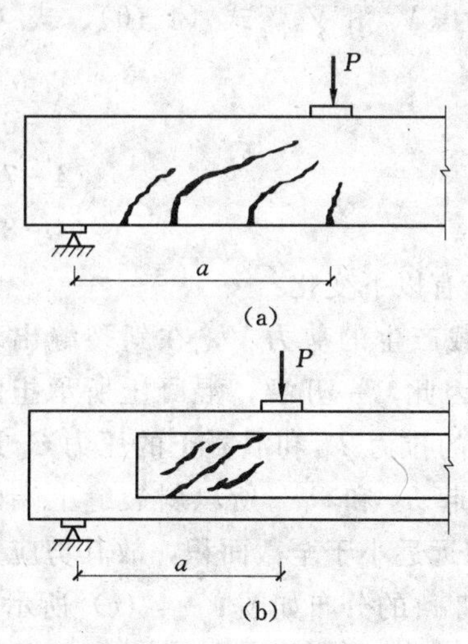

图 4-3　弯剪裂缝与腹剪裂缝

（a）弯剪裂缝；（b）腹剪裂缝

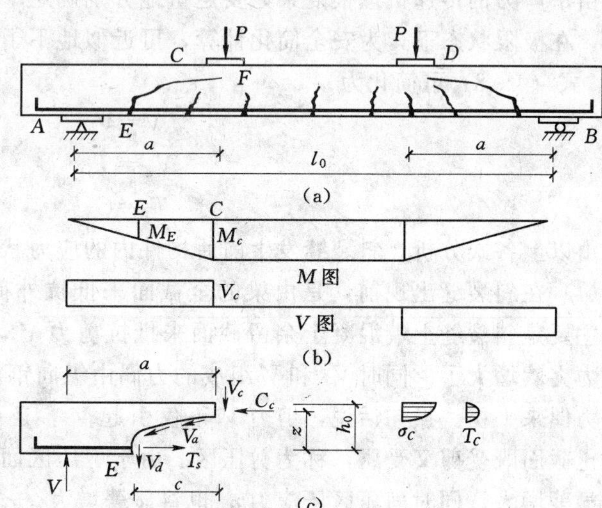

图 4-4　无腹筋梁在斜裂缝出现后的应力状态

（a）受力状态；（b）内力图；（c）隔离体

图 4-4（a）为一出现斜裂缝 EF 的无腹筋简支梁，取出的隔离体如图 4-4（c）所示，作用在隔离体上的力有：①荷载产生的剪力为 V；②纵向钢筋的拉力 T_s；③斜截面端部余留的混凝土剪压面上混凝土承担的剪力 V_c 及压力 C_c；④在梁的变形过程中，斜裂缝的两边将发生相对的剪切位移产生的骨料咬合力 V_a（咬合力 V_a 的竖向分力和水平分力为 V_y 和 V_x）；⑤由于斜裂缝两边有相对的上下错动，使纵向钢筋也传递一定的剪力，称为纵向钢筋的"销栓力" V_d。

由隔离体的平衡条件可得：

$\sum Y=0$　　$V=V_c+V_y+V_d$　　(4-6)

$\sum M=0$　　$V_a=T_s z+V_{dc}+V_a b$　　(4-7)

$\sum X=0$　　$T_s=C_c+V_x$　　(4-8)

式中　z——钢筋拉力到混凝土压应力合力点的力臂；

c——斜裂缝的水平投影长度；

b——骨料咬合力 V_a 合力点到混凝土压应力合力点的力臂。

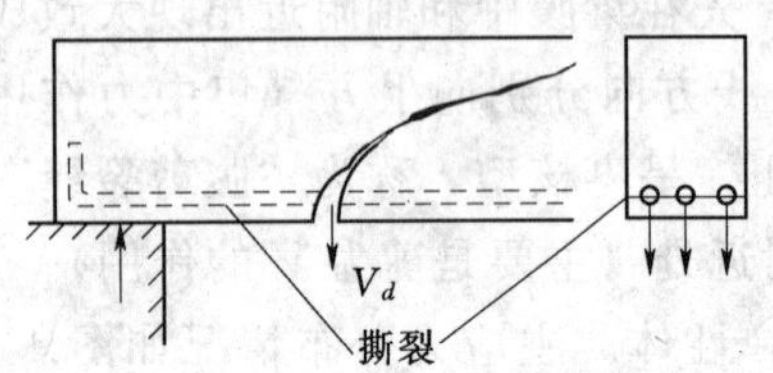

图 4-5　在销栓力 V_d 作用下混凝土发生撕裂

无腹筋梁的试验表明，在斜裂缝形成的初始阶段，骨料咬合力所承担的剪力占主要地位。由纵向钢筋销栓作用所承担的剪力则不很大。这是因为在无腹筋梁中，能阻止纵向钢筋发生垂直位移的只有纵向钢筋下面的混凝土保护层。在销栓力 V_d 作用下，钢筋两侧的混凝土产生垂直方向的拉应力如图 4-5 所示，混凝土很容易沿纵向钢筋撕裂。混凝土产生撕裂裂缝后，销栓作用就随之降低。同时，钢筋就会失去和混凝土的粘结而发生滑动，使斜裂缝迅速增大，骨料咬合力 V_a 也相应减小。在梁接近破坏时，受压区混凝土所承受的剪力 V_c 渐渐增大到它的最大值。

由于剪力的传递机理很复杂，要定量地分别确定 V_c、V_a 及 V_d 各自的大小相当困难。因此，在极限状态下，为安全简化计算，可近似地不予考虑 V_a 和 V_d。式（4-6）、式（4-7）、式（4-8）可简化为

$$V=V_c \quad (4-6)'$$

$$V_a=T_s z \quad (4-7)'$$

$$T_s=C_c \quad (4-8)'$$

由以上各式分析，斜裂缝发生前后构件内的应力状态有以下变化：

（1）在斜裂缝出现前，是由梁的全截面来抵抗外荷载产生的剪力 V，在斜裂缝出现后，主要是斜裂缝上端混凝土余留截面来抵抗剪力 V_c，因此，一开裂，混凝土所承担的剪应力突然增大了。同时 V_c 和 V 组成的力偶由纵向钢筋的拉力 T_s 和混凝土的压力 C_c 组成的力偶来平衡。换句话说，剪力 V 不仅引起 V_c，还引起 T_s 和 C_c。所以斜裂缝上端的混凝土截面既受剪又受压，称为剪压区。由于剪压区面积远远小于全截面积，故其剪应力 τ_c 将显著增大，同时剪压区压应力 σ_c 也将显著增大。τ_c 和 σ_c 的分布如图 4-4（c）所示。

（2）在斜裂缝出现前，各截面纵向钢筋的拉力 T_s 由该截面的弯矩决定，因此 T_s 的变化规律基本上和弯矩图一致，在剪弯段截面 E 处的钢筋拉力决定于该处正截面弯矩 M_E。

但从图 4-4 可看到，斜裂缝出现后，$T_s z = V_a$ 这表明截面 E 处的钢筋拉力决定于截面 C 的弯矩 $M_c(M_c = V_a)$，而 $M_c > M_E$。所以，斜裂缝出现后穿过斜裂缝的纵向钢筋的拉力突然增大。

(3) 由于纵向钢筋拉力的突增，斜裂缝更向上开展，使剪压区面积进一步缩小，所以在斜裂缝出现后剪压区混凝土的压应力和剪应力都显著提高，使剪压区成为薄弱区域。

随着荷载的增加，剪压区混凝土承受的剪应力和压应力将继续增大，当其应力达到混凝土在此种剪压复合应力状态下的极限强度时，剪压区即破坏，梁将沿斜截面发生破坏。

2. 无腹筋梁的破坏形态

由试验表明，斜裂缝可能发生若干条，但当荷载增大到一定程度时，在这若干条斜裂缝中总有一条开展得特别宽，并很快向集中荷载作用点处伸展。这条斜裂缝常称为“临界斜裂缝”。在无腹筋梁中，临界斜裂缝的出现预示着斜截面受剪破坏即将来临，破坏也在此斜裂缝面上发生。

根据试验观察，无腹筋梁的剪切破坏，大致有以下三种主要破坏形态，如图 4-6 所示。

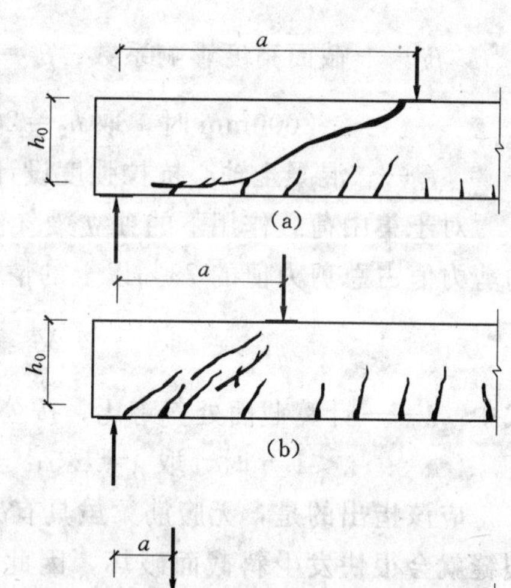

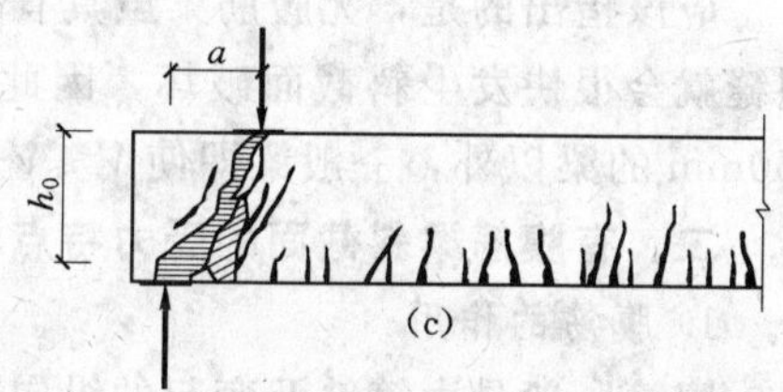

图 4-6　无腹筋梁的剪切破坏形态
(a) 斜拉破坏；(b) 剪压破坏；(c) 斜压破坏

(1) 斜拉破坏。当剪跨比较大时 ($\lambda > 3$) 常发生这种破坏，其破坏特征是斜裂缝一出现就很快形成临界斜裂缝，并迅速向上延伸到梁顶的集中荷载作用点处，直至将整个截面裂通，整个构件被斜拉为两部分而破坏，如图 4-6 (a) 所示。其特点是整个破坏过程急速而突然，破坏荷载比斜裂缝形成时的荷载增加不多。斜拉破坏的原因是由于混凝土余留截面上剪应力的上升，使截面上的主拉应力超过了混凝土的抗拉强度。

(2) 剪压破坏。当剪跨比 λ 约为 1～3 时常发生这种破坏形态。其破坏特征为在剪弯段先出现垂直裂缝和几条微细的斜裂缝。当荷载增大到一定程度时，其中一条形成临界斜裂缝。这条临界斜裂缝虽向斜上方伸展，但仍能保留一定的压区混凝土截面而不裂通，直到斜裂缝顶端的混凝土在剪应力和压应力共同作用下被压碎而破坏，如图 4-6 (b) 所示。它的特点是破坏过程比斜拉破坏缓慢些，破坏时的荷载明显高于斜裂缝出现时的荷载。剪压破坏的原因是由于混凝土余留截面上的主压应力超过了混凝土在压力和剪力共同作用下的抗压强度。

(3) 斜压破坏。这种破坏多数发生在剪力大而弯矩小的区段，即剪跨比较小时 ($\lambda < 1$) 或梁腹板很薄的 T 或 I 形梁中。由于剪应力起主导作用，所以破坏特征为在靠近支座的梁腹部先出现若干条大体平行的斜裂缝，梁腹被分割成几个倾斜的受压柱体。随着荷载的增大，过大的主压应力将梁腹混凝土压碎而破坏，如图 4-6 (c) 所示。

上述三种主要破坏形态，就其受剪承载力而言，对同样的构件，斜拉破坏最低，剪压破坏较高，斜压破坏最高。但就其破坏性质而言，由于它们达到破坏时的跨中挠度都不大，决定因素均为混凝土，因而均属于无预兆的脆性破坏，而斜拉破坏的脆性更突出。

无腹筋梁除了以上三种主要破坏形态外，在不同的条件下，还可能发生其他破坏形态，例如荷载离支座很近时的纯剪破坏以及局部受压破坏等。

3. 无腹筋梁受剪承载力计算公式

由于影响斜截面受剪承载力的因素很多，尽管各国学者进行了大量的实验研究，但迄今为止，关于斜截面受剪承载力计算理论尚未圆满解决。我国《规范》所建议的公式是采用理论与经验相结合的方法，通过对实验数据进行统计分析得出。《规范》规定：对于无腹筋梁以及不配置箍筋和弯起钢筋的一般板类受弯构件（主要是指受均布荷载作用下的单向板和需按单向板计算的双向板），其斜截面受剪承载力计算公式为

$$V \leqslant V_c = 0.7\beta_h f_t b h_0 \tag{4-9}$$

式中　V——构件斜截面上的最大剪力设计值；

β_h——截面高度影响系数：$\beta_h = \left(\frac{800}{h_0}\right)^{\frac{1}{4}}$，当 $h_0 < 800$mm 时，取 $h_0 = 800$mm；当 $h_0 > 2000$mm 时，取 $h_0 = 2000$mm；

f_t——混凝土轴心抗拉强度设计值。

对于集中荷载作用下的独立梁（包括以集中荷载为主，集中荷载在支座截面处所引起的剪力值占总剪力值的75%以上的情况），其斜截面受剪承载力计算公式改为：

$$V \leqslant V_c = \frac{1.75}{\lambda + 1.0}\beta_h f_t b h_0 \tag{4-10}$$

式中　λ——计算截面处剪跨比，按公式（4-12）计算。计算截面取集中荷载作用处，当 $\lambda < 1.5$ 时，取 $\lambda = 1.5$；当 $\lambda > 3$ 时，取 $\lambda = 3$。

应该指出的是，无腹筋梁虽具有一定的斜截面承载力，但其承载力很低，一旦出现斜裂缝就会很快发生斜截面破坏，因此，工程上一般均采用有腹筋梁。除截面高度不大于150mm 的梁以外，一般梁即使 $V \leqslant V_c$ 也应按构造要求配置箍筋。

二、有腹筋梁斜截面的受力特点和破坏形态

1. 腹筋的作用

腹筋一般是由箍筋及弯起的纵向钢筋构成的。在斜裂缝发生之前，混凝土在各方向的应变都很小，所以腹筋的应力很低，对阻止斜裂缝的出现几乎没有什么作用。但是当斜裂缝出现之后，梁的剪力传递机构转变为桁架与拱的复合传递机构，如图 4-7 所示。斜裂缝间的齿状体混凝土相当于斜压腹杆，腹筋如同竖向拉杆，临界裂缝上部及受压区混凝土相当于受压弦杆，梁底纵向钢筋如同下弦拉杆。腹筋将齿状体混凝土Ⅱ、Ⅲ传来的荷载通过“悬吊”作用传递给受压弦杆Ⅰ靠近支座的部分，增加了混凝土传递受压的作用，大大加强了斜截面受剪承载力，如图 4-8 所示。腹筋主要作用归纳为：

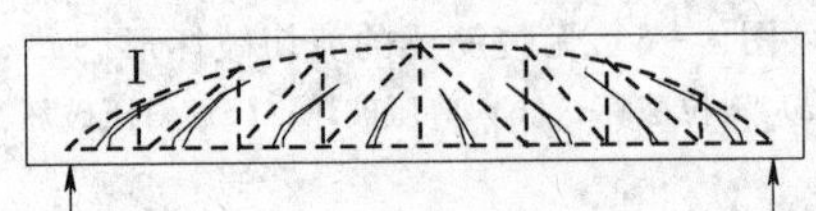

图 4-7　拱形桁架模式

（1）与斜裂缝相交的腹筋，能承担裂缝间的拉应力，增加整体梁的抗剪能力。

（2）腹筋能阻止斜裂缝开展过宽，延缓斜裂缝向上伸展，保留了梁更大的混凝土余留

截面，从而提高了梁的受剪承载力 V_c。

（3）腹筋能有效地减少斜裂缝的开展宽度，提高了斜截面上的骨料咬合力 V_a。

（4）箍筋可限制纵向钢筋的竖向位移，有效地阻止了混凝土沿纵向钢筋的撕裂，从而提高了纵向钢筋的"销栓作用" V_d。

（5）腹筋能参与斜截面的受弯，使裂缝出现后相应截面处纵向钢筋应力的增量减少。

因此，可以认为从斜裂缝的产生直至腹筋屈服之前，有腹筋梁的受剪承载力由混凝土剪压区承担的剪力 V_c、纵向钢筋的销栓力 V_d、斜裂缝面上的骨料咬合力 V_y 及腹筋本身承担的剪力 V_{sv} 构成。

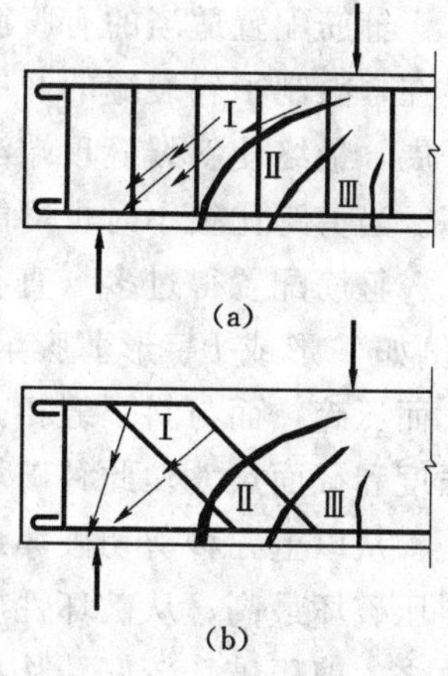

图 4-8　腹筋的传力
(a) 箍筋传力；(b) 弯筋传力

弯起钢筋差不多和斜裂缝正交，因而传力直接，但由于弯起钢筋是由纵向钢筋弯起而成，一般直径较粗，根数较少，受力不很均匀；箍筋虽不和斜裂缝正交，但分布均匀，因而对斜裂缝宽度的遏制作用更为有效。在配置腹筋时，一般总是先配一定数量的箍筋，需要时再加配适量的弯起钢筋。

2. 有腹筋梁的破坏形态

同无腹筋梁相比，有腹筋梁斜截面受力性能和破坏形态有相似之处，也有一些不同特点。

对截面尺寸和腹筋配置都合适的梁进行加载试验，分析其斜截面的受力情况，从开始加载到破坏经历了三个阶段。

第一阶段：斜裂缝出现前，荷载比较小，由弯矩引起的正应力和由剪力引起的剪应力都比较小，二者产生的主拉应力也比较小，梁处于弹性状态，随着荷载的增大，主拉应力也不断增大，当 $\sigma_{tp} \geqslant f_t$ 时，在受拉区即出现裂缝，标志着第一阶段结束，构件进入第二阶段。

第二阶段：斜裂缝出现后，在斜裂缝截面上，混凝土退出工作，拉应力全部由与斜裂缝相交的钢筋来承担，使与斜裂缝相交的箍筋或弯起钢筋应力突增，截面发生应力重分布，随着荷载的增大，应变增加，裂缝扩展，当荷载增加到一定值时，在几条斜裂缝中逐渐形成一条主要斜裂缝，成为临界斜裂缝。

第三阶段：荷载继续增加，临界斜裂缝向荷载作用点方向发展，腹筋应力进一步加大，当腹筋应力达到屈服强度时，斜裂缝急剧发展，剪压区面积快速减少，剪压区的混凝土在压应力和剪应力共同作用下，达到混凝土复合应力状态的极限抗压强度时，梁失去承载力而破坏。

有腹筋梁的斜截面破坏形态不仅与剪跨比 λ 有关，而且与配箍率有关。剪切破坏与无腹筋梁相似，也可归纳为三种主要的破坏形态：①斜拉破坏；②剪压破坏；③斜压破坏。

箍筋数量配置过少（直径小、间距大）的有腹筋梁，不足以承担沿斜裂缝截面的拉应力，当斜裂缝一出现时，原来由混凝土承担的拉力转由箍筋承受，箍筋就达到屈服，变形迅速增加，破坏形态同无腹筋梁。剪跨比较大时，也有可能发生斜拉破坏。

箍筋配置适当的有腹筋梁大部分发生剪压破坏。这种梁在斜裂缝出现后，由于箍筋的存在，限制了斜裂缝的开展，使荷载仍能有较大的增长，直到箍筋屈服不能再控制斜裂缝开展，最终使斜裂缝顶端混凝土余留截面发生剪压破坏。此种破坏类似于正截面的适筋破坏。当剪跨比很小时也可能发生斜压破坏。

箍筋配置得过多（直径较大、间距较小）或剪跨比很小的有腹筋梁，尤其梁腹较薄（例如T形或I字形薄腹梁）时，则会发生斜压破坏，破坏时剪压区混凝土因主压应力过大而压碎，而与斜裂缝相交的箍筋尚不能达到屈服强度，受剪承载力取决于混凝土的抗压强度和截面尺寸。此种破坏类似于正截面的超筋破坏。

从以上三种剪切破坏形态来看，就受剪承载力而言，斜拉破坏最低，剪压破坏较高，斜压破坏最高；从破坏性质而言，均属于脆性破坏，其中斜拉破坏脆性最突出，斜压破坏次之，剪压破坏较好；从材料利用状况而言，斜拉破坏的承载力主要由混凝土的抗拉强度决定，未能发挥混凝土抗压强度较高的优势，斜压破坏的承载力由斜向柱体抗压强度决定，但与斜裂缝相交的箍筋未屈服，未能充分发挥作用；剪压破坏时，与斜裂缝相交的箍筋先达到屈服，然后剪压区的混凝土在复合应力作用下，达到极限承载力，其材料利用状况最好。

三、影响受剪承载力的主要因素

斜截面破坏形态和构件斜截面承载力有密切的关系。因此，凡影响破坏形态的因素也就是影响构件承载力的因素，主要有以下几个方面：

1. 混凝土强度

实验和理论分析表明，无腹筋梁斜裂缝出现后，裂缝间的混凝土是在剪应力和压应力的作用下处于复合应力状态，达到复合应力状态下的极限强度而发生的，因此混凝土的强度对梁受剪承载力的影响很大。

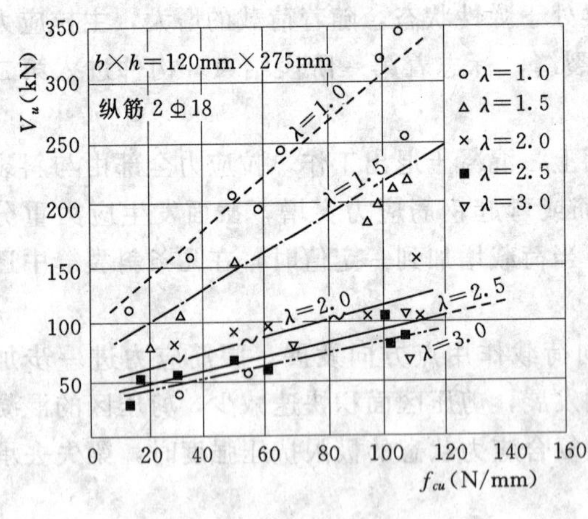

图4-9 受剪承载力与混凝土强度的关系

图4-9为截面尺寸和纵筋配筋率相同的五组梁的试验结果。由图4-9可以看出，梁的受剪承载力随着混凝土的强度的提高而提高，混凝土强度对梁的受剪承载力的影响大致成线性关系。由于在不同的剪跨比下梁的斜截面破坏形态不同，所以影响程度也不同。剪跨比λ=1.0时为斜压破坏，梁的受剪承载力取决于混凝土的抗压强度，而混凝土的抗压强度与混凝土的立方体强度成正比，因此直线的斜率较大；剪跨比λ=3.0时为斜拉破坏，梁的受剪承载力取决于混凝土的抗拉强度，而混凝土的抗拉强度并不随混凝土强度成正比，所以近似取直线关系，直线的斜率较小；1.0<λ<3.0时，为剪压破坏，其直线斜率介于二者之间。

2. 剪跨比

我们把在图4-4中集中力到支座之间的距离称为剪跨 a。剪跨 a 与梁的有效高度 h_0

的比值称为剪跨比 λ，它是一个无量纲的计算参数。

$$\lambda=\frac{a}{h_0} \tag{4-11}$$

广义来讲，剪跨比 λ 反映了截面所受弯矩和剪力的相对大小，即

$$\lambda=\frac{a}{h_0}=\frac{M}{Vh_0} \tag{4-12}$$

式（4-12）适合用于承受分布荷载或其他复杂荷载的梁。由于正应力大致与 M 成正比，剪应力大致与 V 成正比，因此剪跨比 λ 实质上也反映了截面上正应力 σ 和剪应力 τ 的数值关系。由于 σ 和 τ 决定了主应力的大小和方向，从而剪跨比 λ 也就影响梁的斜截面破坏形态和受剪承载力，并且是影响受剪承载力的最主要因素之一。

对梁顶直接施加集中荷载的无腹筋梁，剪跨比 λ 是影响受剪承载力的最主要因素。如图 4-10 为荷载作用下无腹筋梁受剪试验数据 V_u/f_tbh_0 和剪跨比 λ 的关系。由图可见，随着剪跨比 λ 的增大，破坏形态发生显著变化，斜截面受剪承载力有显著降低的趋势。当剪跨比 $\lambda>3$ 时，剪跨比对受剪承载力的影响不明显。

对于承受均布荷载的梁，剪跨比的影响可通过跨高比 l_0/h_0 来表示，在此 l_0 是梁的计算跨度，h_0 为截面的有效高度。随 $\frac{l_0}{h_0}$ 的减小，破坏时抗剪承载力显著提高，而开裂强度提高不多。

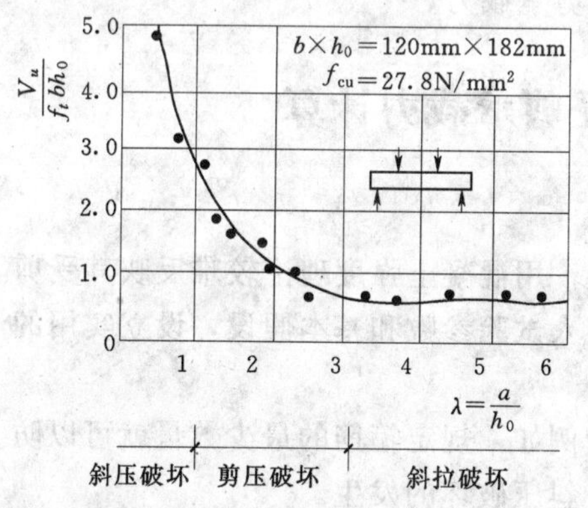

图 4-10　剪跨比对梁受剪承载力的影响

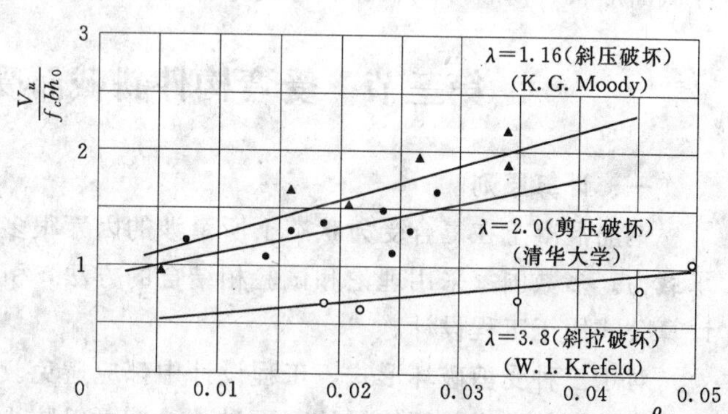

图 4-11　纵向钢筋配筋率与受剪承载力

3. 纵向钢筋配筋率

由于斜裂缝破坏的直接原因是受压区混凝土被压碎（剪压）或拉裂（斜拉），因此增加纵向钢筋配筋率可抑制斜裂缝向受压区的伸展，提高骨料咬合力，加大了受压区混凝土余留截面，同时提高了纵向钢筋销栓作用。因而梁的受剪承载力会随着纵向钢筋配筋率 ρ 的增大而有所提高，图 4-11 所示为纵向配筋率 ρ 与梁的受剪承载力大致呈线性关系，但剪跨比不同，纵向钢筋配筋率的影响程度也不同。剪跨比小时，纵筋的销栓作用强，ρ 对梁的受剪承载力的影响较大；剪跨比大时，纵筋的销栓作用减弱，ρ 对梁的受剪承载力的影响较小。

4. 配箍率和箍筋强度

有腹筋梁出现斜裂缝后，箍筋不仅直接承受相当部分的剪力，而且有效地抑制斜裂缝

的开展和延伸，对提高剪压区混凝土的抗剪能力和纵向钢筋的销栓作用有着积极的影响。试验表明，在配箍最适当的范围内，梁的受剪承载力随配箍量的增多、箍筋强度的提高而有较大幅度的增长。

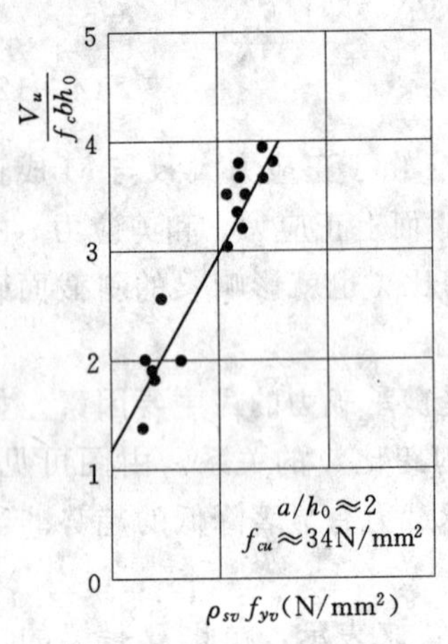

图 4-12　配箍率和箍筋强度的影响

配箍量一般用配箍率（又称箍筋配筋率）ρ_{sv} 表示，即

$$\rho_{sv}=\frac{A_{sv}}{bs}=\frac{nA_{sv1}}{bs} \tag{4-13}$$

式中　ρ_{sv}——配箍率；

A_{sv}——箍筋的截面面积；

A_{sv1}——单肢箍筋的截面面积；

n——同一截面内箍筋的肢数；

b——截面宽度；

s——箍筋间距。

如图 4-12 表示配箍率与箍筋强度 f_{yv} 的乘积对梁受剪承载力的影响。当其他条件相同时，两者大体成线性关系。如前所述，剪切破坏属脆性破坏。为了提高斜截面的延性，不宜采用高强度钢筋作箍筋。

除了上述主要影响因素外，截面尺寸、构件的类型、构件截面形状、荷载形式、加载方式等都将影响梁的受剪承载力。

第三节　受弯构件斜截面受剪承载力计算

一、计算原则

钢筋混凝土在复合受力状态下所牵涉的因素很多，用混凝土强度理论较难反映其受剪承载力。多数国家采用理论和试验相结合的方法，引入试验参数和基本假设，设立实用的计算公式用于工程设计。

对于三种受剪破坏形式，工程设计中都应避免。例如，规定箍筋的最少数量就可以防止斜拉破坏的发生；不使梁的截面过小，就可以防止斜压破坏的发生。

对于常见的剪压破坏，因为梁的受剪承载力变化幅度较大，设计时必须进行计算。我国《规范》的基本公式就是根据这种破坏形态的受力特征而建立的。我国混凝土结构设计规范中所规定的计算公式是根据剪压破坏形态为基础采用理论与实验相结合的方法建立的，主要考虑力的平衡条件$\sum y=0$，基本假定如下：

现以一根配有箍筋和弯起钢筋的钢筋混凝土简支梁为例，分析当达到受剪承载力极限状态而发生剪压破坏时受力状态，取斜裂缝到支座的一段梁为隔离体，建立平衡方程，如图 4-13 所示。

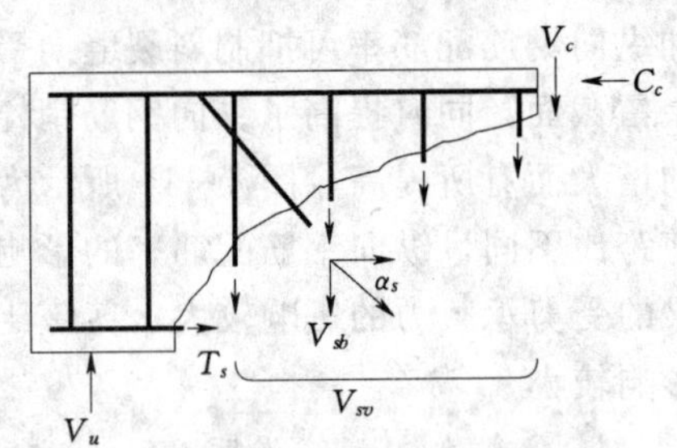

图 4-13　斜裂缝隔离体受力图

(1) 斜截面承受的剪力由三部分组成：剪压区混凝土的剪应力合力 V_c、箍筋、弯起钢筋的抗力 V_{sv} 和 V_{sb}，由$\sum Y=0$ 得

$$V_u=V_c+V_{sv}+V_{sb} \tag{4-14}$$

式中　V_u——斜截面的受剪承载力；

V_c——斜裂缝上端或剪压区混凝土承受的剪力；

V_{sv}——与斜截面相交的箍筋所承担的剪力总和；

V_{sb}——与斜截面相交的弯起钢筋所承担的拉力的竖向分力。

对于仅配有箍筋梁的斜截面受剪承载力主要由剪压区的混凝土与箍筋来承担，即：

$$V_u=V_{cs}=V_c+V_{sv} \tag{4-15}$$

式中　V_{cs}——构件斜截面上混凝土和箍筋共同承担的剪力。

（2）与斜裂缝相交的箍筋和弯起钢筋的拉应力均达到屈服强度，但应力存在不均匀性，靠近剪压区的箍筋可能达不到屈服强度。

（3）试验表明，骨料和纵筋所承受的剪力占总剪力的20%左右，在计算中为简便未考虑此项内容。

（4）截面尺寸对有腹筋梁抗剪承载能力的影响不予考虑。

（5）剪跨比λ的影响仅在计算受集中荷载为主的梁时才予以考虑。

二、有腹筋梁受剪承载力计算

1. 计算公式

（1）仅配有箍筋梁的斜截面受剪承载力计算公式。试验表明，箍筋的配筋率和箍筋的强度对有腹筋的斜截面破坏形态和受剪承载力有很大影响。当配置箍筋适当时，梁的受剪承载力随着配箍量的增大和箍筋强度的提高而有较大幅度的提高。

图4-14以相对名义剪应力$\frac{V_{cs}}{f_tbh_0}$和相对配箍系数$\frac{\rho_{sv}f_{yv}}{f_t}$为纵、横坐标，表示出了45根在均布荷载作用下和166根在集中荷载作用下的简支梁的受剪承载力实验结果。

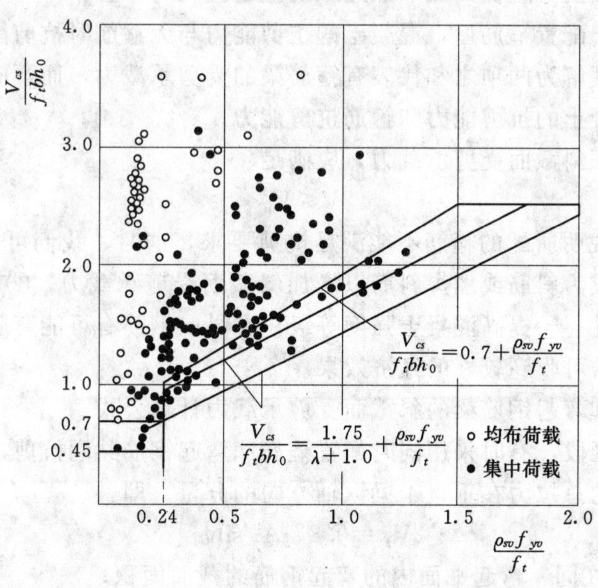

图4-14　有腹筋梁受剪承载力实验结果

通过试验资料的统计分析，不同的荷载形式和截面形状，梁的斜截面受剪承载力不同，《规范》规定：

1）一般情况下的矩形、T形和I形截面的受弯构件斜截面受剪承载力计算公式

$$V_u=V_{cs}=0.7f_tbh_0+f_{yv}\frac{A_{sv}}{s}h_0 \tag{4-16}$$

式中 V_u——斜截面的受剪承载力；

V_{cs}——构件斜截面上混凝土和箍筋的受剪承载力设计值；

f_t——混凝土轴心抗拉强度设计值；

A_{sv}——配置在同一截面内箍筋各肢的全部截面面积：$A_{sv}=nA_{SV1}$，其中 n 为同一截面内箍筋的肢数，A_{sv1} 为单肢箍筋的截面面积；

s——沿构件长度方向的箍筋间距；

b——矩形截面的宽度或T形、I形截面的腹板宽度；

h_0——截面有效高度；

f_{yv}——箍筋抗拉强度设计值。

2）受集中荷载作用为主（包括作用有多种荷载，且其中集中荷载在支座截面处或节点边缘处所引起的剪力值占总剪力值的75%以上的情况）的独立梁受剪承载力计算公式：

$$V_u=V_{cs}=\frac{1.75}{\lambda+1}f_tbh_0+f_{yv}\frac{A_{sv}}{s}h_0 \tag{4-17}$$

式中 λ——计算截面剪跨比 $\lambda=\frac{a}{h_0}$，$1.5\leqslant\lambda\leqslant3.0$，当 $\lambda<1.5$ 时，$\lambda=1.5$；当 $\lambda>3.0$ 时，$\lambda=3.0$。

值得注意的是，应用式（4-17）时，要求独立梁和以集中荷载作用为主这两个条件同时满足；计算截面到支座截面或节点边缘的箍筋应均匀布置。

必须指出，由于配置箍筋后，混凝土的抗剪能力与无箍筋时抗剪能力是不同的，因此对于上述表达式应理解为两项之和代表有箍筋梁的受剪承载力，而不应将两项分离开，理解为有箍筋梁中混凝土的抗剪能力和箍筋抗剪能力。

在设计中为保证斜截面受剪承载力，应满足

$$V\leqslant V_u \tag{4-18}$$

如果 $V>V_u$，说明所配的箍筋不能满足抗剪要求，这时，我们可采取的解决办法有：①将纵向钢筋弯起成为斜筋或加焊斜筋以增加斜截面受剪承载力；②将箍筋加密或加粗；③增大构件截面尺寸；④提高混凝土强度等级。在纵向钢筋有可能弯起的情况下，利用弯起的纵向钢筋来抗剪可收到较好的经济效果。

（2）配有箍筋和弯起钢筋梁的斜截面受剪承载力计算公式

在剪力较大的区段，有时采用同时配置箍筋和弯起钢筋共同抗剪，弯起钢筋所承担的剪力等于弯起钢筋的总拉力在垂直于梁纵轴方向的分量。即：

$$V_{sb}=0.8f_yA_{sb}\sin\alpha_s \tag{4-19}$$

式中 A_{sb}——配置在同一弯起平面内的弯起钢筋的截面面积；

f_y——弯起钢筋的抗拉强度设计值；

0.8——考虑到靠近剪压区的弯起钢筋在破坏时可能达不到屈服强度而采用的强度

降低系数；

α_s——弯起钢筋与构件纵轴的夹角，α_s 一般取 45°；当梁高 h 大于 800mm 时，取 60°。

因此，同时配有箍筋和弯起钢筋共同抗剪时，前述两种情况的计算公式为：

1）一般情况下的矩形、T 形和 I 形截面的一般受弯构件斜截面受剪承载力计算公式

$$V \leqslant V_u = V_{cs} + V_{sb} = 0.7 f_t b h_0 + f_{yv} \frac{A_{sv}}{s} h_0 + 0.8 f_y A_{sb} \sin\alpha_s \tag{4-20}$$

2）受集中荷载作用为主的独立梁的受剪承载力计算公式

$$V \leqslant V_u = V_{cs} + V_{sb} = \frac{1.75}{\lambda+1} f_t b h_0 + f_{yv} \frac{A_{sv}}{s} h_0 + 0.8 f_y A_{sb} \sin\alpha_s \tag{4-21}$$

式中　V——在配置弯起钢筋处截面的剪力设计值。

V 取值按以下规定采用：

当计算支座边缘处的截面时，取该处的剪力设计值；当计算箍筋数量改变处的截面时，取箍筋数量开始改变处的剪力设计值；计算第一排（从支座算起）弯起钢筋时，取支座边缘的剪力设计值 V_1；当计算以后每一排弯起钢筋时，取前一排弯起钢筋弯起点处的剪力设计值 V_2、V_3、…，弯起钢筋的计算一直要进行到最后一排弯起钢筋进入 V_{cs} 的控制区段内为止，如图 4-15 所示。腹板宽度改变处截面。

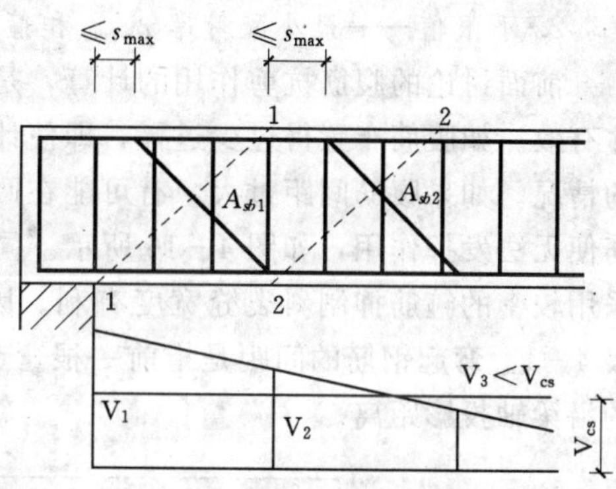

图 4-15　配置多排弯起筋剪力设计值的计算

三、计算公式的适用条件

受弯构件斜截面受剪承载力计算公式是以剪压破坏为特征建立起来，为防止斜压破坏和斜拉破坏的发生，计算公式应有相应的适用条件。

1. 上限值——截面尺寸的最小值

从式（4-16）、式（4-17）、式（4-20）和式（4-21）可以看出，对于有腹筋梁，其斜截面的剪力由混凝土和腹筋共同承担。但是，当梁的截面尺寸确定之后，斜截面受剪承载能力并不能随着腹筋配置数量的增加而无限制地提高。当腹筋的数量超过一定值后，梁的受剪承载能力几乎不再增加，腹筋的应力达不到屈服强度，而发生斜压破坏。此时梁的受剪承载力取决于混凝土的抗压强度 f_c 和梁的截面尺寸。为了避免这种破坏的发生，因此要求构件的截面尺寸不能过小。为此，《规范》规定了截面尺寸的限定条件：

当 $h_w/b \leqslant 4$ 时，应满足

$$V \leqslant 0.25 \beta_c f_c b h_0 \tag{4-22}$$

当 $h_w/b \geqslant 6$ 时，应满足

$$V \leqslant 0.2 \beta_c f_c b h_0 \tag{4-23}$$

当 $4 < h_w/b < 6$ 时，式中系数按线性内插法确定。

式中　V——构件斜截面上的最大剪力设计值；

β_c——混凝土强度影响系数：当混凝土强度等级不超过 C50 时，取 $\beta_c=1.0$；当混凝土强度等级为 C80 时，取 $\beta_c=0.8$；其间按线性内插法确定；

f_c——混凝土轴心抗压强度设计值；

b——矩形截面的宽度，T 形截面或 I 形截面的腹板宽度；

h_0——截面的有效高度；

h_w——截面的腹板高度，矩形截面取有效高度 h_0，T 形截面取有效高度减去翼缘高度，I 形截面为腹板净高。

如果上述条件不能满足，则必须加大截面尺寸或提高混凝土强度等级。

对于 T 形截面或 I 形截面简支受弯构件，当有实践经验时，式（4-22）中的系数可改用 0.3，可按下式计算

$$V\leqslant 0.3\beta_c f_c bh_0 \tag{4-24}$$

2. 下限值——最小配箍率 $\rho_{sv,\min}$ 和箍筋最大间距

前面讨论的腹筋抗剪作用的计算，是在箍筋和斜筋（弯起钢筋）具有一定密度前提下才有效。如腹筋布置得过少过稀，即使计算满足要求，仍可能出现斜截面受剪承载力不足的情况。如果腹筋间距过大，有可能在两根腹筋之间出现不与腹筋相交的斜裂缝，这时腹筋便无法发挥作用，如图 4-16 所示。同时箍筋分布的疏密对斜裂缝开展宽度也有影响，采用较密的箍筋抑制斜裂缝宽度有利。因此要对腹筋的最大间距 $s_{\max}$ 予以限制，$s_{\max}$ 值见表 4-1。弯起钢筋的间距是指前一根弯起钢筋的下弯点到后一根弯起钢筋的上弯点之间的沿梁轴投影距离。

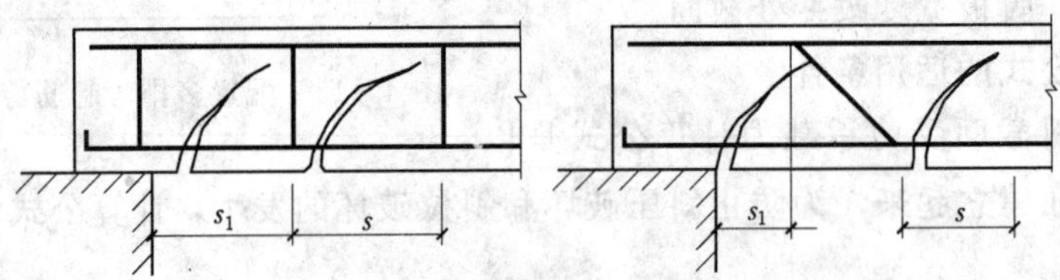

图 4-16　腹筋间距过大产生的影响

s_1—支座边缘到第一根箍筋或斜筋的距离；s—箍筋或斜筋的间距

表 4-1　　**箍筋的最大间距 $s_{\max}$**　　单位：mm

项　次	梁高 h	$V>0.7f_tbh_0$	$V\leqslant 0.7f_tbh_0$
1	$150<h\leqslant 300$	150	200
2	$300<h\leqslant 500$	200	300
3	$500<h\leqslant 800$	250	350
4	$h>800$	300	400

如果箍筋配置过少，一旦斜裂缝出现，斜裂缝处由箍筋承担的抗剪能力不足以替代原来混凝土的作用，箍筋很快屈服，发生斜拉破坏。试验表明，当梁的配箍率一定数值时，斜裂缝一出现，与之相交的箍筋会立即屈服，为防止斜拉破坏的发生，《规范》规定梁的最小配箍率 $\rho_{sv,\min}$ 如下：

当 $V>0.7f_tbh_0$ 时
$$\rho_{sv,\min}=0.24\frac{f_t}{f_{yv}} \tag{4-25}$$

《规范》规定：梁承受的剪力较小而截面尺寸较大，满足下列条件时，可不进行斜截面承载力计算，但应按构造要求配置箍筋，即满足最小配箍率和最大箍筋间距的要求：

矩形、T形及I形截面的一般受弯构件所受剪力
$$V\leqslant 0.7\beta_h f_t bh_0 \tag{4-26a}$$

集中荷载作用下的独立梁所受剪力
$$V\leqslant\frac{1.75}{\lambda+1}\beta_h f_t bh_0 \tag{4-26b}$$

对于集中荷载的规定及λ的限值，与式（4－17）相同。

此外，《规范》还规定了箍筋的最小直径详见本章第五节。

四、计算截面位置

计算斜截面受剪承载力时，剪力设计值的计算截面应按下列规定采用（图4－17）：

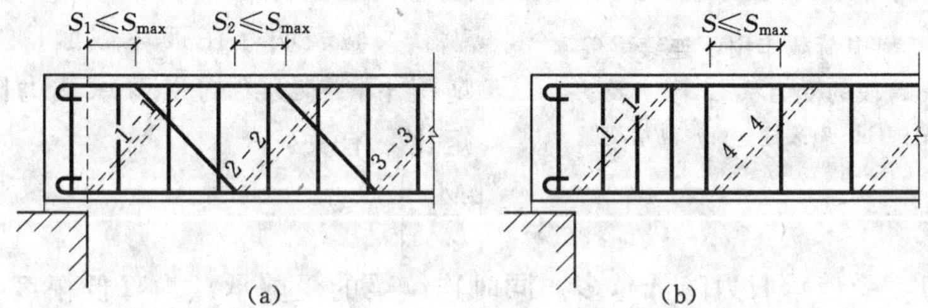

图4－17　斜截面受剪承载力的计算截面
(a) 配箍筋和弯起筋的梁；(b) 只配箍筋的梁

(1) 支座边缘处的截面（一般为剪力最大处）。如图截面1—1处。

(2) 受拉区弯起钢筋弯起点处的截面。如图截面2—2、3—3处。

(3) 箍筋截面面积或间距改变处的截面。如图截面4—4处。

(4) 截面尺寸改变处的截面。

上述斜截面都是斜截面承载力比较薄弱的位置，在计算时应取其相应区段内的最大剪力值作为剪力设计值。

五、连续梁的抗剪性能及受剪承载力的计算

连续梁与简支梁的区别在于，前者在支座截面作用有负弯矩，在梁的剪跨段中有反弯点，因此在这个区段内斜截面受力状态、斜裂缝分布以及破坏特点都与简支梁不同。

1. 承受集中荷载的连续梁

图4－18所示为承受集中荷载的连续梁（剪跨比适中）的一剪跨段，由于在该段内存在有正负两向弯矩，当荷载增加到一定程度，将首先在正负弯矩较大的区段内出现垂直裂缝；随着荷载增大，在反弯点两侧的剪跨段内会出现二条腹剪斜裂缝，并最终发展为临界斜裂缝。这两条斜裂缝几乎平行，一条位于正弯矩范围内，从梁下部伸向集中荷载作用点，另一条则位于负弯矩范围内，从梁的上部伸向支座。在斜裂缝处纵向钢筋的拉应力显著增大，但在反弯点处附近的纵向钢筋拉应力却很小，造成在这不长的区段内钢筋拉应力

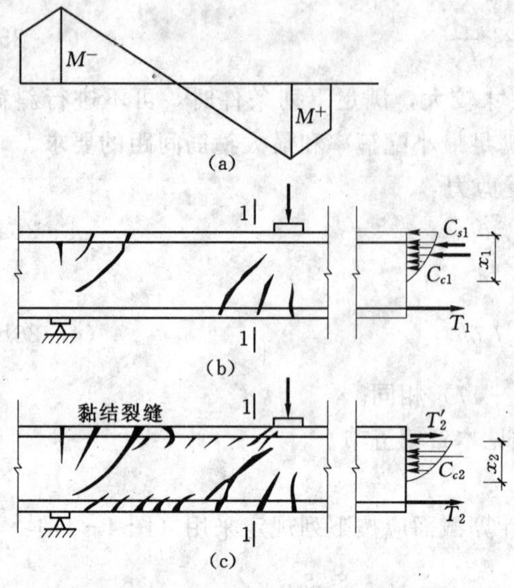

图 4－18　集中荷载作用下连续梁剪跨段的受力状态

(a) 弯矩图；(b) 斜裂缝；(c) 黏结裂缝

差值过大，从而导致钢筋和混凝土之间的黏结破坏。所以，沿纵向钢筋水平位置混凝土上出现一些断断续续的黏结裂缝。临近破坏时，上下黏结裂缝分别穿过反弯点向压区延伸。由于黏结裂缝伸过反弯点，反弯点不再是纵向钢筋受拉和受压的分界点，原先受压纵向钢筋变成受拉，造成在两条临界斜裂缝之间的上下纵向钢筋都处于受拉状态（图 4－18c），梁截面只剩中间部分承受压力和剪力，这就相应提高了截面的压应力和剪应力，降低了连续梁的受剪承载力。因而，与相同广义剪跨比的简支梁相比，连续梁的受剪承载力要低。

实验表明，在破坏截面广义剪跨比相同情况下，连续梁的受剪承载力降低幅度与弯矩比 φ 有关：

$$\varphi=\left|\frac{M^-}{M^+}\right|$$

φ 越接近 1，受剪承载力降低越多。同时连续梁的受剪承载力降低幅度与广义剪跨比 λ 有关，广义剪跨比 $\lambda\leqslant3$ 时，随 λ 的减少，承载力降低越多；当 $\lambda>3$ 时，抗剪承载力基本不再降低。

对连续梁来说，广义剪跨比 $\lambda=\dfrac{M}{Vh_0}=\dfrac{a}{h_0}\cdot\dfrac{1}{1+\phi}$，把 $\dfrac{a}{h_0}$ 称为计算剪跨比，其值将大于广义剪跨比 λ。

2. 承受均布荷载的连续梁

承受均布荷载的连续梁一般不会出现前述的沿纵向钢筋的黏结开裂裂缝，通常只在反弯点一侧出现一条临界斜裂缝，其剪切破坏的位置与弯矩比 φ 有关。当 $\varphi<1.0$ 时，由于 $|M^+|>|M^-|$ 临界斜裂缝将出现在跨中正弯矩区段内，如图 4－19 (a) 所示，它的破坏形态和所能承受的荷载相当于在反弯点有一个理想支座的简支梁。随着 φ 增大，反弯点的距离在减少，相应连续梁的抗剪能力提高；当 $\varphi>1.0$ 时，因支座负弯矩超过跨中正弯矩，临界斜裂缝的位置移到支座负弯矩区内，如图 4－19 (b) 所示。这时破坏形态与以反弯点为假想支座、而在实际支座处作用有一个集中荷载的简支梁相似，随 φ 的加大，支座截面的广义剪跨比 $\dfrac{M}{Vh_0}$ 在加大，所

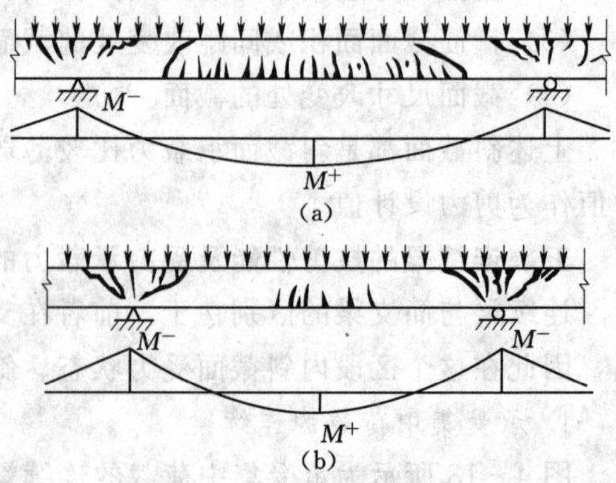

图 4－19　均布荷载作用下连续梁的裂缝分布

(a) $\phi<1.0$ 时；(b) $\phi>1.0$ 时

以连续梁的抗剪能力降低。

试验得知，均布荷载作用下连续梁的受剪承载力，不低于相同条件下简支梁的受剪承载力。

3. 连续梁受剪承载力的计算

根据以上的试验研究结果，连续梁的受剪承载力与相同条件下的简支梁相比，仅在受集中荷载时偏低。不过在集中荷载时，连续梁与简支梁的这种比较，用的是广义剪跨比，如果改用计算剪跨比来比较，连续梁的受剪承载力将反略高于的简支梁的承载力。

据此，为了简化计算，《规范》采用了与简支梁相同的受剪承载力计算公式，即前述的式（4－16）、式（4－17）、式（4－20）和式（4－21）。式中的 λ 为计算剪跨比，使用条件同前所述。

其他的截面限制条件及最小的配箍率等均与简支梁相同。

六、斜截面受剪承载力计算方法

钢筋混凝土受弯构件的设计应从控制受弯构件的正截面破坏和斜截面破坏这两方面考虑。通过正截面受弯承载力计算，配置适量的纵向受力钢筋。在此基础上进行斜截面的受剪承载力计算。斜截面的受剪承载力计算包括为两类问题：截面设计和强度校核。

1. 截面设计

已知梁的截面尺寸（b、h 等），材料强度设计值（f_c、f_t、f_y、f_{yv} 等），梁的荷载设计值和跨度，要求确定箍筋和弯起钢筋的数量，其步骤归纳如下：

（1）确定控制截面的剪力设计值。

（2）验算截面尺寸是否符合要求。梁的截面尺寸一般根据正截面承载力和刚度确定，在进行斜截面承载力计算时首先应按式（4－22）或式（4－23）复核截面尺寸。

若不满足，应加大截面尺寸或提高混凝土强度等级。

（3）判别是否需要按计算配置腹筋。若计算截面承受的剪力设计值符合公式（4－26a）或式（4－26b）时，可不进行斜截面受剪承载力计算，但应按构造配置腹筋。

否则，应按计算配置腹筋。

（4）计算腹筋数量。配置腹筋有两种方案：方案一，只配箍筋而不配弯起钢筋；方案二，同时配置箍筋和弯起钢筋。

方案一：剪力完全由混凝土和箍筋承担，箍筋的用量可按下列公式确定

对于矩形、T 形和 I 形截面梁

$$\frac{nA_{sv1}}{s} \geqslant \frac{V-0.7f_tbh_0}{f_{yv}h_0} \tag{4-27}$$

对于以集中荷载为主的独立梁

$$\frac{nA_{sv1}}{s} \geqslant \frac{V-\dfrac{1.75}{\lambda+1.0}f_tbh_0}{f_{yv}h_0} \tag{4-28}$$

求得 $\frac{nA_{sv1}}{s}$ 后，可先确定箍筋肢数（常用双肢箍 $n=2$）、箍筋直径和单肢箍筋截面面积 A_{sv1}，然后求出箍筋的间距 s，对 s 取整，并应满足最大箍筋间距的要求；也可先按构造要求选取 s，再算出 A_{sv}，确定 n 和 A_{sv1}，确定直径。

选择箍筋间距和直径应满足构造要求，同时应验算最小配箍率即

$$\rho_{sv}=\frac{nA_{sv1}}{bs}\geqslant\rho_{sv,\min}=0.24\frac{f_t}{f_{yv}} \tag{4-29}$$

如在不宜增大箍筋直径的情况下，所得箍筋间距过密，则应考虑方案二。

方案二：在剪力较大的区段由箍筋和弯起钢筋共同抗剪。设计时可采用两种方法：

1）先按常规配置箍筋数量（肢数、直径和间距）$\frac{nA_{sv1}}{s}$，不足部分用弯起钢筋补充，则需要弯起钢筋面积为

$$A_{sb}\geqslant\frac{V-V_{cs}}{0.8f_y\sin\alpha_s} \tag{4-30}$$

2）先选定弯起钢筋面积（结合斜截面受弯承载力的构造要求），然后计算箍筋，箍筋的用量可按下式计算

$$\frac{nA_{sv1}}{s}=\frac{V-0.7f_tbh_0-0.8f_yA_{sb}\sin\alpha_s}{f_{yv}h_0} \tag{4-31}$$

或

$$\frac{nA_{sv1}}{s}=\frac{V-\frac{1.75}{\lambda+1.0}f_tbh_0-0.8f_yA_{sb}\sin\alpha_s}{f_{yv}h_0} \tag{4-32}$$

结合构造要求选定箍筋的数量（肢数、直径和间距）。

后一种方法适合于跨中正弯矩纵筋比较富裕，可以弯起一部分来抵抗剪力的情况。

（5）绘制配筋图。根据计算和构造规定以及弯矩图布置弯起钢筋，绘制构件配筋图。

2. 截面复核

已知截面尺寸（b、h 等），混凝土强度、箍筋和弯起钢筋的强度等级（f_c、f_t、f_y、f_{yv}）和配置钢筋数量（s、A_{sv}、A_{sb} 等），要求校核斜截面所能承担的剪力 V_u。

进行梁斜截面受剪承载力验算时，要根据前述梁斜截面计算的位置分别进行验算。

（1）验算截面尺寸是否符合要求用式（4-22）或式（4-23）计算。

（2）验算配箍率以及箍筋的构造要求是否满足。

（3）根据荷载形式按以下两种情况，计算可能的斜截面承载能力设计值。

当梁只配箍筋时，将已知数据代入式（4-16）或式（4-17）计算。

当梁同时配置箍筋和弯起钢筋时，将已知数据代入用式（4-20）或式（4-21）计算。

【例 4-1】 某钢筋混凝土矩形截面简支梁，环境类别为一类，两端支撑在砖墙上，墙厚 240mm，净跨 $l_n=3.36$m，承受均布荷载设计值 $q=95$kN/m（包括梁自重）。梁截面尺寸 $b\times h=200\text{mm}\times500\text{mm}$。如图 4-20 所示。混凝土强度等级为 C30，箍筋采用 HPB300 级钢筋，纵向受力筋已按正截面受弯承载力计算配置了 3 根直径为 22mm 的 HRB400 级钢筋。试进行斜面受剪承载力计算。

【解】（1）已知条件

净跨 $l_n=3.36$m，$b=200$mm，$h_0=500-40=460$mm，$f_c=14.3\text{N/mm}^2$，$f_t=1.43\text{N/mm}^2$，$f_y=360\text{N/mm}^2$，$f_{yv}=270\text{N/mm}^2$

（2）计算剪力设计值，画出剪力图

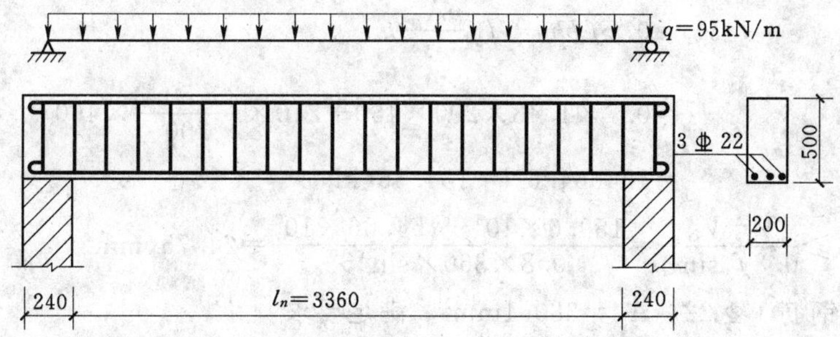

图 4-20　[例 4-1] 计算简图

最危险截面在支座边缘处，该处剪力设计值为

$$V=\frac{1}{2}ql_n=\frac{1}{2}\times95\times3.36=159.6(\text{kN})$$

(3) 验算截面尺寸是否符合要求

$$h_w=h_0=460(\text{mm})$$

$$h_w/b=460/200<4.0$$

$0.25\beta_c f_c bh_0=0.25\times1\times14.3\times200\times460=328900\text{N}=328.9\text{kN}>V=159.6\ (\text{kN})$

截面尺寸满足要求。

(4) 判别是否需要按计算配置腹筋

$0.7\beta_h f_t bh_0=0.7\times1.0\times1.43\times200\times460=92092\text{N}=92.09\text{kN}<V=159.6(\text{kN})$

需要按计算配置腹筋。

(5) 计算腹筋数量

方案一：剪力完全由混凝土和箍筋承担，箍筋的用量可按下列公式确定

$$\frac{nA_{sv1}}{s}\geqslant\frac{V-0.7f_tbh_0}{f_{yv}h_0}=\frac{159.6\times10^3-0.7\times1.43\times200\times460}{270\times460}$$

$$=0.544(\text{mm}^2/\text{mm})$$

选 $\phi8$ 双肢箍，将 $n=2$、单肢箍筋截面面积 $A_{sv1}=50.3\text{mm}^2$ 代入上式得

$$s\leqslant\frac{2\times50.3}{0.544}=185(\text{mm})，取\ s=180\text{mm}$$

配箍率
$$\rho_{sv}=\frac{nA_{sv1}}{bs}=\frac{2\times50.3}{200\times180}=0.279\%$$

$$\geqslant\rho_{sv,\min}=0.24\frac{f_t}{f_{yv}}=0.24\times\frac{1.43}{270}=0.127\%$$

且选择箍筋间距和直径均满足构造要求。

方案二：同时配置箍筋和弯起钢筋。

先按常规配置箍筋数量，选Φ8@200，弯起筋利用梁底纵向受力筋，

弯起角 $\alpha_s=45°$，则需要弯起钢筋面积为：

$A_{sb}\geqslant\dfrac{V-V_{cs}}{0.8f_y\sin\alpha_s}$，其中

$$V_{cs}=0.7f_tbh_0+f_{yv}\frac{nA_{sv1}}{s}h_0$$

$$=0.7\times1.43\times200\times460+270\times\frac{2\times50.3}{200}\times460$$

$$=154564.6\text{N}=154.56(\text{kN})$$

所以，$A_{sb}\geqslant\dfrac{V-V_{cs}}{0.8f_y\sin\alpha_s}=\dfrac{159.6\times10^3-154.56\times10^3}{0.8\times360\times\sin45°}=24.75(\text{mm}^2)$

实际弯起钢筋 1 ⌀ 22，$A_{sb}=380.1\text{mm}^2$，满足要求。

弯起钢筋弯起点 C 处抗剪验算：弯起筋上弯点到支座边缘距离应≤$s_{\max}$，取 $s=50$mm，则下弯点到支座边缘距离为 420＋50＝470mm，C 处剪力设计值为

$$V=\frac{\frac{3.36}{2}-0.47}{\frac{3.36}{2}}\times159.6=114.95(\text{kN})$$

由于 $V<V_{cs}$ 所以 C 处斜截面受剪承载力满足要求，无须再弯起第二排钢筋。配筋如图 4－21 所示。

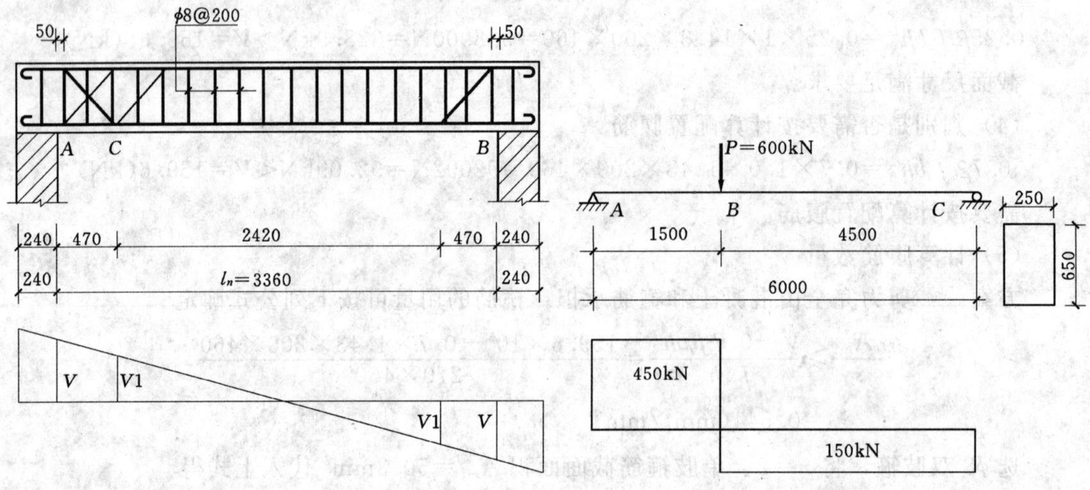

图 4－21　［例 4－1］配置箍筋和弯起筋　　　图 4－22　［例 4－2］计算简图

【例 4－2】　矩形截面简支梁截面尺寸 $b\times h=250\text{mm}\times650\text{mm}$，环境类别为一类，荷载作用情况如图 4－22，设计值 $P=600$kN（忽略梁自重）。混凝土强度等级为 C30 级，箍筋采用 HRB400 级钢筋，试确定所需要配置的箍筋。

【解】（1）已知条件

$b=250$mm，$h_0=650-40=610$mm

$f_c=14.3\text{N/mm}^2$，$f_t=1.43\text{N/mm}^2$，$f_{yv}=360\text{N/mm}^2$

（2）计算剪力设计值，画出剪力图

最危险截面在集中荷载作用处，该处剪力设计值为 $V_{左}=450$kN；$V_{右}=150$kN

（3）验算截面尺寸是否符合要求

$h_w=h_0=610(\text{mm})$

$h_w/b=610/250<4.0$

$0.25\beta_c f_c bh_0=0.25\times1\times14.3\times250\times610=545187.5\text{N}=545.19\text{kN}>V_{max}=450(\text{kN})$

截面尺寸满足要求。

（4）判别是否需要按计算配置腹筋

AC 段：$\lambda=\dfrac{a}{h_0}=\dfrac{1500}{610}=2.46<3.0$

$$\frac{1.75}{\lambda+1.0}f_t bh_0=\frac{1.75}{2.46+1.0}\times1\times1.43\times250\times610$$

$$=110298.05\text{N}=110.3\text{kN}<V_{max}=450(\text{kN})$$

应按计算配置腹筋。

CB 段：$\lambda=\dfrac{a}{h_0}=\dfrac{4500}{610}=7.38>3.0$ 取 $\lambda=3.0$

$$\frac{1.75}{\lambda+1.0}f_t bh_0=\frac{1.75}{3+1.0}\times1\times1.43\times250\times610$$

$$=95407.81\text{N}=95.41\text{kN}<V=150(\text{kN})$$

应按计算配置腹筋。

（5）计算箍筋数量。

AC 段：箍筋的用量按下列公式确定

$$\frac{nA_{sv1}}{s}\geqslant\frac{V_{max}-\dfrac{1.75}{\lambda+1.0}f_t bh_0}{f_{yv}h_0}$$

$$=\frac{450\times10^3-\dfrac{1.75}{2.46+1.0}\times1.43\times250\times610}{360\times610}=1.547(\text{mm}^2/\text{mm})$$

选 $\phi10$ 双肢箍，将 $n=2$、单肢箍筋截面面积 $A_{sv1}=78.5\text{mm}^2$ 代入上式得

$$s\leqslant\frac{2\times78.5}{1.547}=101\text{mm}，取\ s=100\text{mm}$$

配箍率：

$$\rho_{sv}=\frac{nA_{sv1}}{bs}=\frac{2\times78.5}{250\times100}=0.628\%$$

$$\geqslant\rho_{sv,\min}=0.24\frac{f_t}{f_{yv}}=0.24\times\frac{1.43}{360}=0.095\%$$

且选择箍筋间距和直径均满足构造要求。

CB 段：箍筋的用量按下列公式确定

$$\frac{nA_{sv1}}{s}\geqslant\frac{V-\dfrac{1.75}{\lambda+1.0}f_t bh_0}{f_{yv}h_0}=\frac{150\times10^3-\dfrac{1.75}{3.0+1.0}\times1.43\times250\times610}{300\times610}=0.298(\text{mm}^2/\text{mm})$$

选 $\phi8$ 双肢箍，将 $n=2$、单肢箍筋截面面积 $A_{sv1}=50.3\text{mm}^2$ 代入上式得

$s\leqslant\dfrac{2\times50.3}{0.298}=338\text{mm}$，按构造要求取 $s=250\text{mm}$

配箍率：

$$\rho_{sv}=\frac{nA_{sv1}}{bs}=\frac{2\times50.3}{250\times250}=0.161\%$$

$$\geqslant\rho_{sv,\min}=0.24\frac{f_t}{f_{yv}}=0.24\times\frac{1.43}{360}=0.095\%$$

且选择箍筋间距和直径均满足构造要求。

【例 4-3】 一矩形截面简支梁，截面尺寸 $b\times h=250\text{mm}\times500\text{mm}$，沿梁全长已配置 HPB300 级Φ 8@200 的双肢箍筋，环境类别为一类，混凝土强度等级为 C30 级，试按受剪承载力确定该梁所能承受的最大剪力设计值。若梁内净跨为 5.36m，求按受剪承载力计算，梁所能承受的单位均布荷载设计值？

【解】 (1) 已知条件

$b=250\text{mm}$，$h_0=500-40=460\text{mm}$，$f_c=14.3\text{N/mm}^2$，$f_t=1.43\text{N/mm}^2$

$f_{yv}=270\text{N/mm}^2$，$nA_{sv1}=2\times50.3=100.6\text{mm}^2$，$l_n=5.36\text{m}$，$s=200\text{mm}$

(2) 计算在现有配筋下，混凝土与箍筋可能承担的剪力设计值

$$V_{cs}=0.7f_tbh_0+f_{yv}\frac{nA_{sv1}}{s}h_0=0.7\times1.43\times250\times460+270\times\frac{100.6}{200}\times460$$

$$=177587.6\text{N}=177.59(\text{kN})$$

(3) 验算截面尺寸是否符合要求

$$h_w=h_0=460(\text{mm})$$

$$h_w/b=460/250<4.0$$

$0.25\beta_cf_cbh_0=0.25\times1\times14.3\times250\times460=411125\text{N}=411.13\text{kN}>V_{cs}=177.59\ (\text{kN})$

截面尺寸满足要求。

(4) 验算配箍率是否符合要求

配箍率
$$\rho_{sv}=\frac{nA_{sv1}}{bs}=\frac{100.6}{250\times200}=0.201\%$$

$$\geqslant\rho_{sv,\min}=0.24\frac{f_t}{f_{yv}}=0.24\times\frac{1.43}{270}=0.127\%$$

且选择箍筋间距和直径均满足构造要求。

因此，该梁所能承受的最大剪力设计值 $V=V_{cs}=177.59(\text{kN})$。

(5) 按受剪承载力计算，梁所能承受的单位均布荷载设计值

$$q=\frac{2V}{l_n}=\frac{2\times177.59}{5.36}=66.26(\text{kN/m})$$

第四节　受弯构件斜截面受弯承载力

在实际工程设计中，梁的弯矩和剪力是沿梁轴线变化的，我们在进行纵向钢筋的配置时，一般是根据跨中最大正弯矩或支座最大负弯矩通过正截面承载力计算来确定的。若按弯矩最大值计算的纵筋沿梁全长布置，既不弯起也不截断，则必然会满足任何截面上的弯矩。这种纵筋沿梁通长布置，构造虽然简单，但钢筋强度没有得到充分利用，是不够经济的。在弯矩数值逐渐减小的区段，可以考虑将部分纵向钢筋弯起或截断（负筋），使截面的实际抗

弯能力随弯矩设计值的大小而变化，但是纵向钢筋的弯起和截断不是随意的，在剪力和弯矩共同作用下产生的斜裂缝，还会导致与其相交的纵向钢筋拉力增加，引起沿斜截面受弯承载力不足及锚固不足的破坏。

图 4-23 表示一承受均布荷载的简支梁和它的弯矩图，其中任一截面 A 的弯矩 M_A 是根据图 4-23（c）所示的隔离体计算得出的。

设取一斜截面 AB，要计算作用在斜截面上的弯矩 M_{AB}，所取隔离体如图 4-23（d）所示。很显然，$M_{AB}=M_A$，所以，按跨中截面的最大弯矩 M_{max} 配置的钢筋，只要在梁全长内不截断也不弯起，必然可以满足任何斜截面上的弯矩 M_{AB}。但是，如果一部分纵向钢筋在截面 B 之前被弯起或被截断，则所余的纵向钢筋即使能抵抗截面 B 上的正截面弯矩 M_B，但抵抗斜截面 AB 上的弯矩 M_{AB} 就有可能不足，因为 $M_{AB}>M_B$。因此，在纵向钢筋被截断或弯起时，斜截面抗弯就有可能成为问题。

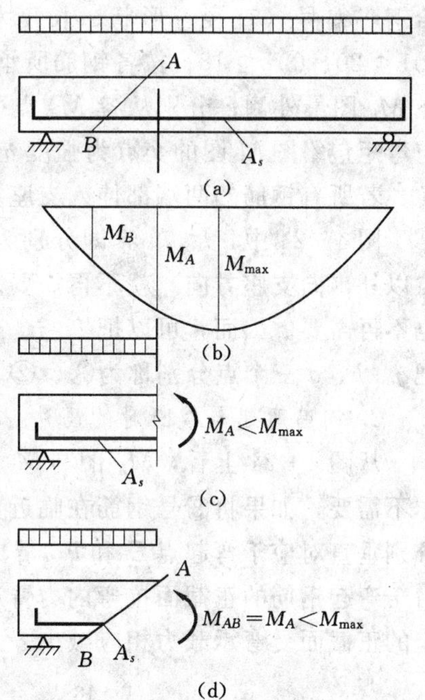

图 4-23　弯矩图与斜截面上的弯矩

（a）均布荷载下简支梁；（b）弯矩图；（c）截面 A 弯矩；（d）斜截面 AB 左隔离体

下面探讨截断与弯起钢筋时如何保证斜截面抗弯强度。首先介绍抵抗弯矩图的概念。

一、材料抵抗弯矩图

所谓材料抵抗弯矩图或 M_R 图是按实际配置的纵向受力钢筋绘制的梁上各正截面所能抵抗的弯矩图。图形上的纵坐标就是各截面实际能够抵抗的弯矩值，可以根据截面实配纵向钢筋求得。做 M_R 图的过程就是对钢筋布置进行图解设计的过程，绘制应按照一定比例。下面以某承受均布荷载简支梁为例说明 M_R 图的做法。

1. 充分利用点和不需要点

如图 4-24 所示，该梁配置的纵向钢筋为 2⌀20+1⌀18，如果钢筋的总面积等于计算所需纵向钢筋的面积，则 M_R 图的外围水平线正好与 M 图上最大弯矩点相切，若钢筋的总面积略大于计算面积，则可根据实际配筋量按下式计算求得 M_R 图处水平线的位置，即

$$M_R=A_S f_y\left(h_0-\frac{f_y A_s}{2\alpha_1 f_c b}\right) \tag{4-33}$$

当钢筋等级相同时，每根钢筋所承担的 M_{Ri} 可按该钢筋的面积与总钢筋面积的比值乘以 M_R 求得，即

$$M_{Ri}=M_R\frac{A_{si}}{A_s} \tag{4-34}$$

不同规格的钢筋按 $f_y A_s$ 的大小分担相应弯矩。

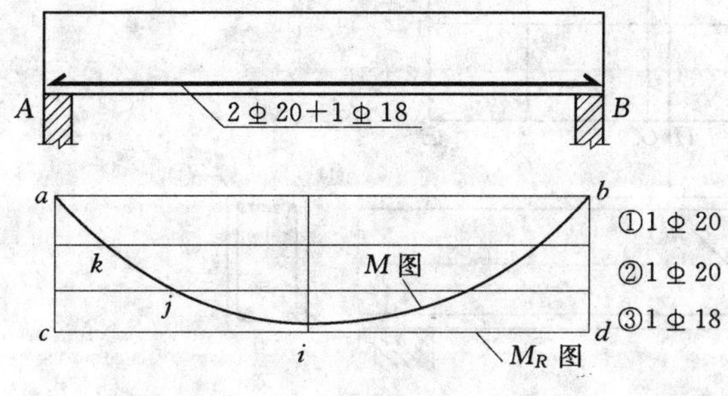

图 4-24　抵抗弯矩图（M_R 图）

确定了每根钢筋所承担的 M_{Ri}，然后

给钢筋编号（直径、形状、长度相同的编号可相同），例如图 4－25 中的①1 Φ 20、②1 Φ 20、③1 Φ 18；按各钢筋所承担的弯矩 M_{Ri} 排列钢筋，把先截断或先弯起的钢筋放在 M_R 图最外侧；分别从各 M_{Ri} 点引水平线将 M_R 图分为几部分，抵抗图中的 M_{Ri} 水平线与弯矩包络图 M 图的交点为强度充分利用点。

若所有钢筋的两端都伸入支座，则 M_R 图即为图 4－24 中的 $acdb$。

图 4－24 中，i、j、k 即分别为③、②、①钢筋的强度充分利用点。而③号钢筋在 j 点以外（向支座方向）就不再需要。同样，②号钢筋在 k 点以外、①号钢筋在 a 点以外，也不再需要。因而，可以把 i、j、k 三个点分别称为③、②、①号钢筋的充分利用点，而把 j、k、a 三个点分别称为③、②、①号钢筋的不需要点。

2. 钢筋弯起与截断时的画法

从图 4－24 上看，M_R 图与 M 相比，沿梁多数截面的纵筋没有被充分利用，有的则根本不需要，如果将③号钢筋在临近支座处弯起，则 M_R 图如图 4－25 所示。图中 e、f 点分别垂直对应于弯起点 E 和 F，g、h 点分别垂直对应于弯起钢筋与梁轴线的交点 G、H。由于弯起钢筋的正截面抗弯内力臂逐渐减小，所以反映在 M_R 图上 eg 和 fh 也呈斜线，承担的正截面受弯承载力相应减少。

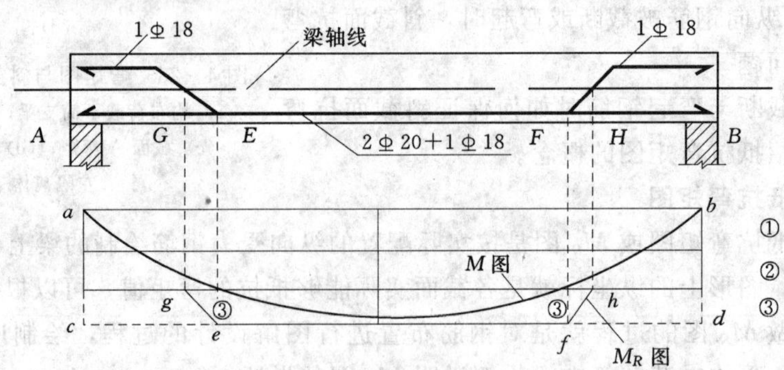

图 4－25　钢筋弯起时抵抗弯矩图（M_R 图）

钢筋的截断在 M_R 图上反映为截面抵抗弯矩的突变。如图 4－26 所示，F 截面④号筋不需要点（理论截断点），在 M_R 图上就表现为 F 处突变。一般在梁的设计中，不宜将纵

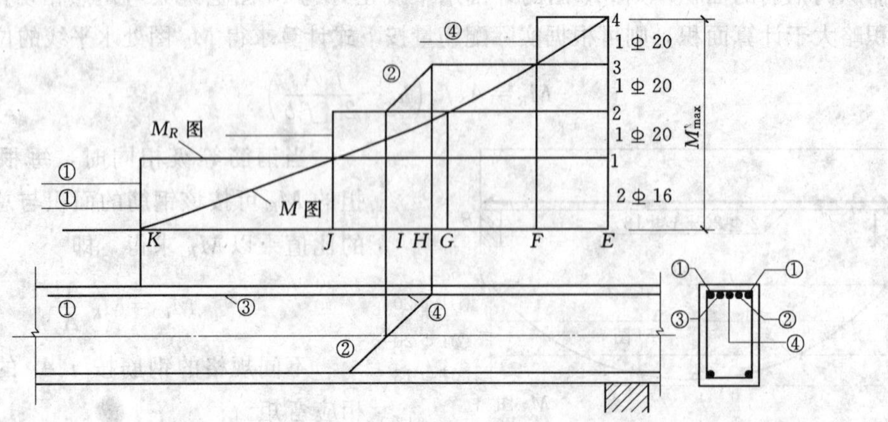

图 4－26　钢筋切断时抵抗弯矩图（M_R 图）

向钢筋在受拉区截断，而是在靠近支座处将钢筋弯起抗剪，在连续梁中还可以利用弯起钢筋抵抗支座负弯矩。

3. M_R 图与 M 图的关系

M_R 图代表梁正截面的抵抗能力，因此各截面的 M_R 不小于 M，也即 M_R 图应能完全包住 M 图，M_R 图与 M 图越贴近则钢筋利用越充分。

M_R 图完全包住 M 图，能够保证正截面抗弯能力满足要求，而斜截面抗弯的能力则不一定能够得到保证。

二、保证受弯构件斜截面受弯承载力的构造要求

1. 纵向钢筋弯起的构造要求

(1) 弯起钢筋弯起位置的确定。如图 4-27 所示在截面Ⅰ—Ⅰ上承受的弯矩为 M_{I}，按正截面受弯承载力计算所需纵向钢筋的截面面积为 A_s，在 D 处弯起钢筋，弯起钢筋的面积为 A_{sb}，余下钢筋面积为 A_{s1}，则有：

$$A_s=A_{s1}+A_{sb} \qquad (4-35)$$

在钢筋未弯起前，正截面Ⅰ—Ⅰ处的抵抗弯矩为：

$$M_{\mathrm{I}}=f_yA_sz \qquad (4-36)$$

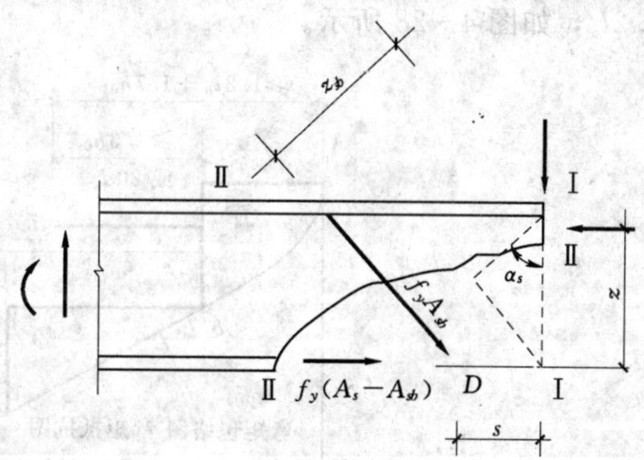

图 4-27　弯起钢筋受力图

如出现斜裂缝Ⅱ—Ⅱ，在斜截面Ⅱ—Ⅱ处承受的弯矩仍为 M_{I}，设斜截面能够承受的抵抗弯矩为 M_{II} 则：

$$M_{\mathrm{II}}=f_yA_{s1}z+f_yA_{sb}z_{sb} \qquad (4-37)$$

为保证斜截面Ⅱ—Ⅱ有足够的受弯承载力，不发生斜弯破坏，应使 $M_{\mathrm{II}}\geqslant M_{\mathrm{I}}$

$$f_yA_{s1}z+f_yA_{sb}z_{sb}\geqslant f_yA_sz$$

即

$$z_{sb}\geqslant z \qquad (4-38)$$

什么情况下才能保证 $z_{sb}\geqslant z$ 呢？由图 4-27 可得：

$$z_{sb}=s\sin\alpha_s+z\cos\alpha_s \qquad (4-39)$$

所以

$$s\geqslant\frac{1-\cos\alpha_s}{\sin\alpha_s}z \qquad (4-40)$$

一般情况下，α_s 为 45°或 60°，$z\approx0.9h_0$。

因此，$s\geqslant(0.37h_0\sim0.52h_0)$，为计算方便，《规范》规定：

$$s\geqslant0.5h_0 \qquad (4-41)$$

即弯起钢筋的弯起点距该钢筋的充分利用点的距离 s 要大于等于 $0.5h_0$。

(2) 弯起钢筋弯终点位置的确定。弯起钢筋弯终点的位置到支座边缘或到前一排弯起钢筋弯起点之间的距离，都不应大于箍筋的最大间距要求，其值见表 4-1。目的是为了使每一根弯起钢筋都能与斜裂缝相交，保证斜截面受剪承和受弯。同时弯终点在 M_R 图上应落在该钢筋不需要点之外。

2. 纵向钢筋截断的构造要求

从理论上讲，某一纵向钢筋在其不需要点处截断似乎无可非议，但事实上，当在其不

需要点处截断后，相应于该处的混凝土拉应力会突然增大，在截断处会过早地出现斜裂缝，而该处未截断的纵向钢筋的强度是被充分利用的，斜裂缝的出现，使斜裂缝顶端截面处承担的弯矩增大，未截断的纵向钢筋的应力就有可能超过其抗拉强度，而造成梁的斜截面受弯破坏。因此，纵向钢筋必须从其不需要点向外延伸一定长度后再截断。此时，若在实际截断处出现斜裂缝，则因该处未截断的纵向钢筋并未充分利用，能承担一部分因斜裂缝出现而增大的弯矩，从而使斜截面的受弯承载力得以保证。《规范》规定：

(1) 当 V 不大于 $0.7f_tbh_0$ 时，纵向钢筋应延伸至按正截面受弯承载力计算不需要该钢筋的截面以外不小于 $20d$ 处截断，且从该钢筋强度充分利用截面伸出的长度不应小于 $1.2l_a$，如图 4-28 所示。

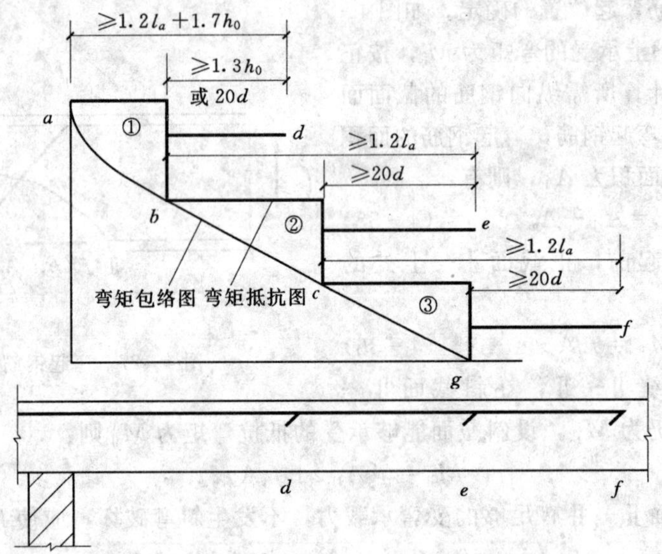

图 4-28　$V\leqslant0.7f_tbh_0$ 钢筋截断时弯矩抵抗图

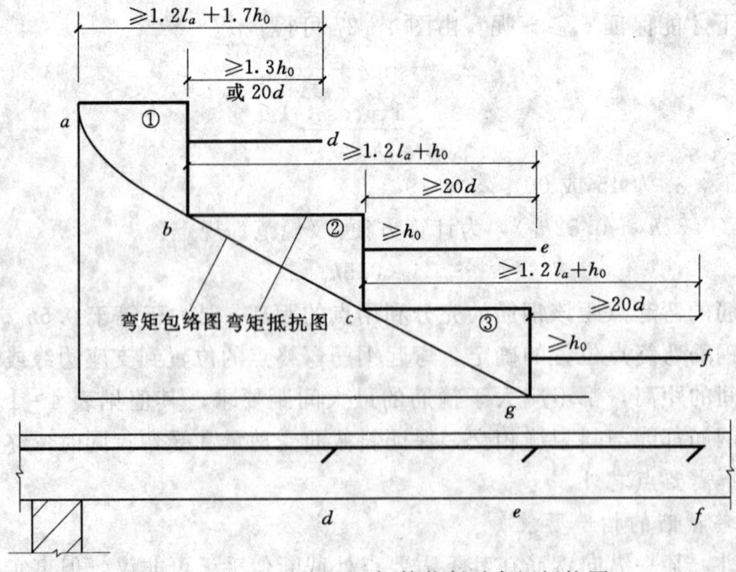

图 4-29　$V>0.7f_tbh_0$ 钢筋截断时弯矩抵抗图

(2) 当 V 大于 $0.7f_tbh_0$ 时，纵向钢筋应延伸至按正截面受弯承载力计算不需要该钢筋的截面以外不小于 h_0 且不小于 $20d$ 处截断，且从该钢筋强度充分利用截面伸出的长度不应小于 $1.2l_a+h_0$，如图 4-29 所示。

(3) 若按上述规定确定的截断点仍位于负弯矩对应的受拉区内，则应延伸至按正截面受弯承载力计算不需要该钢筋的截面以外不小于 $1.3h_0$ 且不小于 $20d$ 处截断，且从该钢筋强度充分利用截面伸出的长度不应小于 $1.2l_a+1.7h_0$。

上述规定中 l_a 为受拉钢筋的锚固长度。

在钢筋混凝土悬臂梁中，应有不小于两根上部钢筋伸至悬臂梁外端，并向下弯折不小于 $12d$，其余钢筋不应在上部截断，而应根据弯矩图向下弯折在受压区锚固，并符合弯起钢筋的构造要求。

第五节 配筋的构造要求

为了使钢筋骨架适应受力的需要，并具有一定的刚度以便施工，《规范》对钢筋骨架的构造要求作了规定，现将一些主要要求列述如下。

一、箍筋的构造要求

1. 箍筋的形式

箍筋在梁内除提高梁的抗剪能力之外，还能固定纵向钢筋的位置，使梁内形成骨架。箍筋有开口和封闭两种形式，如图 4-30 所示。常采用封闭式箍筋，它能固定梁的上部钢筋及提高梁的抗扭能力。在现浇 T 形截面梁中由于在翼缘顶部通常另有横向钢筋，也可采用开口箍筋。箍筋端部弯钩常采用 135°，弯钩直线端头长度不小于 50mm 或 $5d$。箍筋的肢数分为单肢、双肢和复合箍。当梁宽大于 400mm，一排纵向受压钢筋多于 3 根时或当梁宽度不大于 400mm 但一排内纵向受压钢筋多于 4 根，应采用复合箍筋。梁内配有受压钢筋时，应使受压钢筋至少每隔一根处于箍筋转角处。

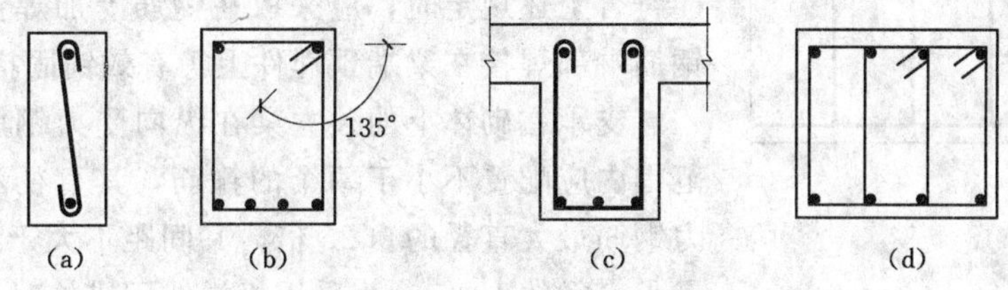

图 4-30 箍筋的形式与肢数

(a) 单肢箍；(b) 双肢封闭式；(c) 双肢开口式；(d) 复合箍

2. 箍筋的直径

为了使骨架具有足够的刚度，《规范》规定：对截面高度 $h>800$mm 的梁，箍筋直径不宜小于 8mm；对高度 $h\leqslant 800$mm 的梁，箍筋直径不宜小于 6mm；当梁内配有计算需要的纵向受压钢筋时，箍筋直径尚不应小于 $0.25d$（d 为受压钢筋中的最大直径）。

在受力纵向钢筋搭接长度范围内，箍筋的直径不应小于搭接钢筋直径的 0.25 倍。

3. 箍筋的布置

如按计算需要设置箍筋时，一般可在梁的全长均匀布置箍筋，也可以在梁两端剪力较大的部位布置得密一些。如按计算不需设置箍筋时，对高度 h 大于 300mm 的梁，仍应沿全梁布置箍筋；对高度 h 为 150～300mm 的梁，可仅在构件端部各 1/4 跨度范围内设置箍筋，但当在构件中部 1/2 跨度范围内有集中荷载作用时，箍筋仍应沿梁全长布置；对高度小于 150mm 以下的梁，可不布置箍筋。

4. 箍筋的最大间距

箍筋的分布对斜裂缝开展宽度有显著的影响，一般宜采用间距较密、直径较小的箍筋。箍筋的最大间距 s_{max}，应符合表 4－1 所列的数值。

梁中当配有计算需要的受压钢筋时，箍筋应采用封闭式，其间距不应大于 $15d$（d 为受压钢筋中的最小直径），同时不应大于 400mm；当一排内纵向受压钢筋多于 5 根且直径大于 18mm 时，箍筋间距不应大于 $10d$。

在受力纵向钢筋搭接长度范围内，当钢筋受拉时，其箍筋间距不应大于 $5d$，且不大于 100mm；当钢筋受压时，箍筋间距不应大于 $10d$，且不大于 200mm；当受压钢筋直径大于 25mm 时，应在搭接接头两端外 100mm 范围内各设置两个箍筋，d 为搭接钢筋中的最小直径。

二、纵向钢筋的构造要求

1. 纵向受力钢筋在支座中的锚固

（1）钢筋混凝土简支梁和连续梁的简支端的下部，弯矩 M 等于零。按正截面抗弯要求，纵向受力钢筋适当伸入支座即可。但当在支座边缘发生斜裂缝时，支座边缘处的纵向钢筋受力会突然增加，如无足够的锚固，纵向钢筋将从支座拔出而导致破坏。为此，简支梁下部纵向受力钢筋伸入支座的锚固长度 l_{as} 如图 4－31 所示，应符合下列条件：

当 $V \leqslant 0.7 f_t b h_0$ 时　　$l_{as} \geqslant 5d$　　(4－42)

当 $V > 0.7 f_t b h_0$ 时　　带肋钢筋　$l_{as} \geqslant 12d$　　(4－43)

光面钢筋　$l_{as} \geqslant 15d$　　(4－44)

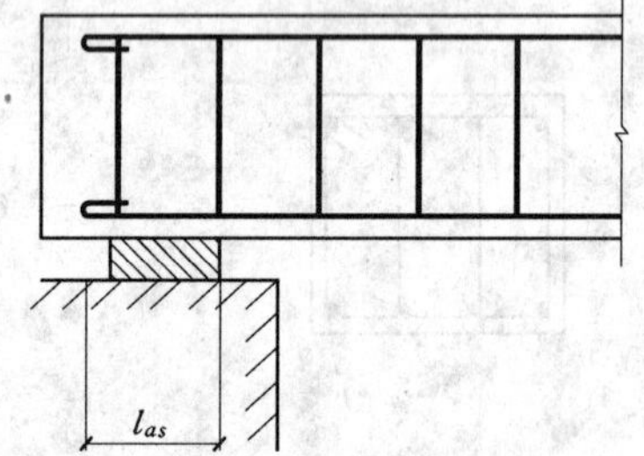

图 4－31　简支端纵向受力钢筋的锚固

如下部纵向受力钢筋伸入支座范围内的锚固长度不能符合上述规定时，应采取在钢筋上加焊锚固钢板或将钢筋端部焊接在梁端预埋件上等有效锚固措施。

支承在砌体上的独立梁在纵向受力钢筋的锚固长度范围内应配置不小于两个的箍筋，其直径不小于纵向受力钢筋最大直径的 0.25 倍，其间距不大于纵向受力钢筋最小直径的 10 倍；当采用机械锚固措施时，箍筋间距尚应不大于纵向受力钢筋最小直径的 5 倍。

（2）钢筋混凝土连续梁中间支座或中间节点。连续梁中间支座或中间节点的上部纵向钢筋应贯穿支座或节点范围，纵向钢筋自节点或支座边缘伸向跨中的截断位置应符合前述支座承受负弯矩钢筋截断的规定。

连续梁在中间支座或节点处的锚固应符合下列规定：

1）当计算中不利用其强度时，其伸入锚固长度应符合上述 $V \geqslant 0.7 f_t b h_0$ 的规定。

2）当计算中充分利用其抗拉强度时，下部纵向钢筋应锚固在节点或支座内：采用直线锚固形式时，钢筋的锚固长度不小于 l_a，如图 4－32（a）所示；采用 90°弯折锚固形式时，应竖直向上弯折，有关长度尺寸应符合图 4－32（b）要求；下部钢筋也可贯穿节点或支座范围，并在节点或支座以外梁内弯矩较小处设置搭接接头如图 4－32（c）所示。

（3）当计算中充分利用钢筋抗压强度时，下部纵向钢筋应按受压钢筋锚固在节点或支座内，其直线锚固长度不小于 $0.7l_a$；也可贯穿节点或支座范围，并在节点或支座以外梁内弯矩较小处设置搭接接头。

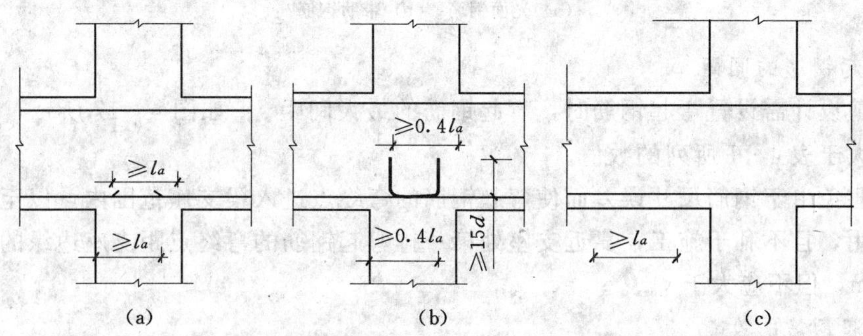

图 4－32　纵向钢筋在中间支座或节点处的锚固

（a）梁下部纵向钢筋在节点处的直线锚固；（b）梁下部纵向钢筋在节点处带 90°弯钩锚固；（c）梁下部纵向钢筋贯穿节点或支座并在节点或支座以外锚固

2. 架立钢筋的配置

为了使纵向受力钢筋和箍筋能绑扎成骨架，在箍筋的四角必须沿梁全长配置纵向钢筋，在没有纵向受力筋的区段，则应补设架立钢筋，如图 4－33 所示。

当梁跨 $l<4$m 时，架立钢筋直径 d 不宜小于 6mm；当 $l=4\sim6$m 时，d 不宜小于 10mm；当 $l>6$m 时，d 不宜小于 12mm。

3. 腰筋及拉筋的设置

当梁高 $h\geqslant450$mm 时，为防止由于温度变形及混凝土收缩等原因在梁中部产生竖向裂缝，在梁的两侧沿高度每隔不大于 200mm，应设置纵向构造钢筋，称为“腰筋”，每侧腰筋的截面面积不小于腹板截面面积的 0.1%。两侧腰筋之间用拉筋连系起来，拉筋也称连系筋，如图 4－33 所示。拉筋的直径可取与箍筋相同，拉筋的间距常取为箍筋间距的倍数，一般在 500～700mm 之间。

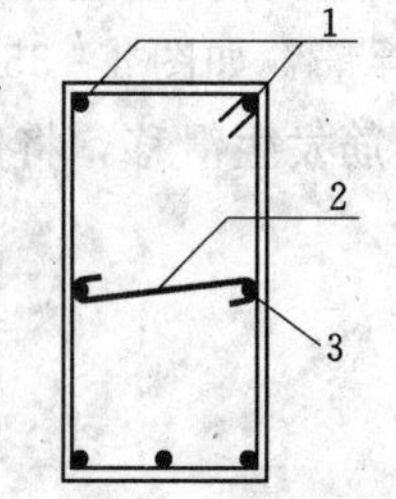

图 4－33　架立钢筋、腰筋和拉筋

1—架立钢筋；2—拉筋；3—腰筋

对钢筋混凝土薄腹梁或需做疲劳强度计算的钢筋混凝土梁，除按前述要求布置纵向构造钢筋外，应在下部 1/2 梁高的腹板沿两侧设置直径为 8～14mm、间距 100～150mm 的纵向构造筋，并按上疏下密的方式布置。

三、弯起钢筋的构造

1. 弯起钢筋的锚固

为了防止弯起筋因锚固不善而发生滑动，在弯起钢筋的弯终点以外应有足够的平行于梁轴线方向的锚固长度。当锚固在受拉区时，锚固长度不应小于 $20d$；当锚固在受压区时，锚固长度不应小于 $10d$，d 为弯起钢筋的直径，如图 4－34 所示。对于光圆钢筋，在末端尚应设置弯钩。

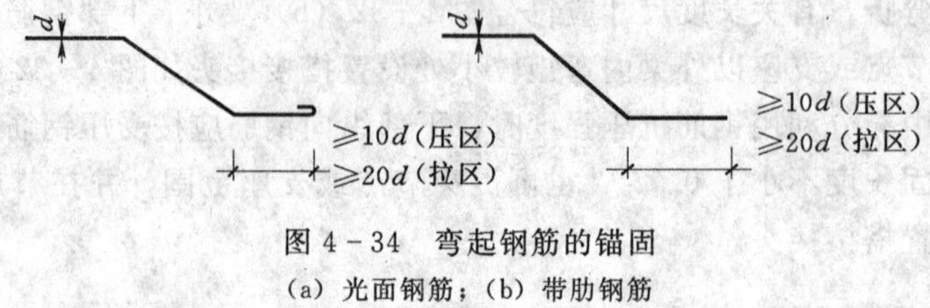

图 4-34　弯起钢筋的锚固

（a）光面钢筋；（b）带肋钢筋

2. 弯起钢筋的间距

按抗剪设计需设置弯起钢筋时，弯起钢筋的最大间距 s_{max} 如图 4-17 所示，同箍筋一样，不得大于表 4-1 所列的数值。

为了避免由于钢筋尺寸误差而使弯起钢筋的弯终点进入梁支座范围内，以至不能充分发挥其作用，且不利于施工，靠近支座处第一排弯起钢筋的弯终点距支座边缘的距离不宜小于 50mm，但不应大于 s_{max}。

3. 弯起钢筋的设置

梁中弯起钢筋的弯起角一般为 45°，当梁高 h 大于 800mm 时也可用 60°。当梁宽较大（例如 $b\geqslant 250$mm）时，为使弯起钢筋在整个宽度范围内受力均匀，宜在一个截面内同时弯起两根钢筋。

梁底层位于箍筋转角处的纵向受力钢筋不应弯起，梁顶层位于箍筋转角处的纵向受力钢筋不应弯下，而应直通至梁端部，以便和箍筋构成钢筋骨架。

若弯起纵向钢筋抗剪后不能满足抵抗弯矩图 M_R 图的要求时，可单独设置抗剪斜筋用以抗剪。此时应将斜筋布置成吊筋型式如图 4-35（a）所示，俗称"鸭筋"，但不可采用"浮筋"如图 4-35（b）。浮筋在受拉区只有不大的水平长度，其锚固的可靠性差，一旦浮筋发生滑移，将使斜裂缝开展过大。

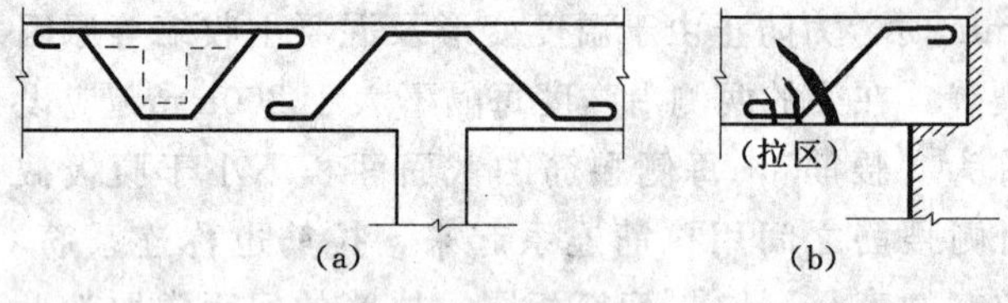

图 4-35　吊筋型式

（a）鸭筋；（b）浮筋

【例 4-4】 某支承在砌体墙上的混凝土伸臂梁，其跨度为 $l_{01}=7.0$m，伸臂长度 $l_{02}=1.86$m，墙厚 370mm。该梁承受由楼面传来的荷载设计值 $q_1=55$kN/m，$q_2=129.2$kN/m。混凝土采用 C30，纵筋采用 HRB400 级钢筋，箍筋采用 HPB300 级钢筋，其他如图 4-36 所示。环境类别为一类。试设计此梁并绘制配筋图。

解：（一）梁的截面尺寸及内力计算

1. 截面尺寸选择

取高跨比 $\frac{h}{l}=\frac{1}{10}$，则 $h=700$mm，按高宽比的一般规定，取 $b=250$mm，$\frac{h}{b}=2.8$。

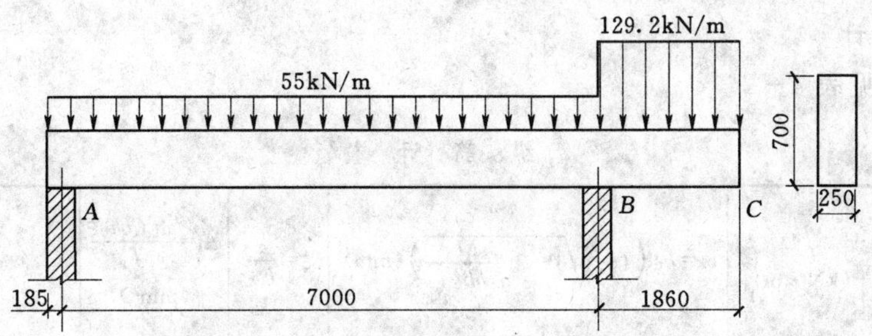

图 4-36　伸臂梁的跨度、支承及荷载

按布置一排纵筋，初选 $a_s=40\text{mm}$，$h_0=h-a_s=700\text{mm}-40\text{mm}=660\text{mm}$。

2. 梁的荷载计算

梁的自重设计值（包括梁侧 15mm 厚粉刷层）为

$$g=1.2\times0.25\times0.7\times25+1.2\times0.015\times2\times0.7\times17=5.68(\text{kN/m})$$

则荷载设计值为　$p_1=55+5.68=60.68(\text{kN/m})$

$p_2=129.2+5.68=134.88(\text{kN/m})$

3. 梁的内力计算

用结构力学的方法作出弯矩图及剪力图，如图 4-37 所示。

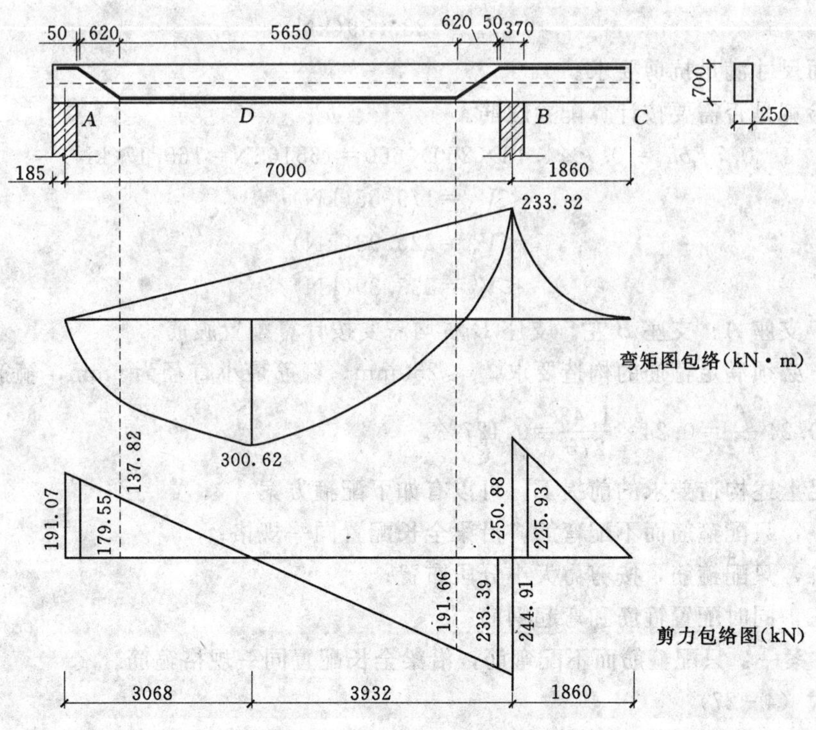

图 4-37　弯矩图和剪力图

（二）配筋设计

1. 有关资料

$f_c=14.3\text{N/mm}^2$，$f_t=1.43\text{N/mm}^2$，$f_y=360\text{N/mm}^2$，$f_{yv}=270\text{N/mm}^2$，$\xi_b=0.518$

2. 纵筋设计

纵筋设计见表 4-2。

表 4-2 纵 筋 计 算

计算截面 / 计算内容	M (kN·m)	$x=h_0\left(1-\sqrt{1-2\dfrac{M}{\alpha_1 bh_0^2 f_c}}\right)$(mm)	$\xi=\dfrac{x}{h_0}$	$A_s=\dfrac{\alpha_1 f_c bh_0\xi}{f_y}$ (mm²)	选筋	实配 A_s (mm²)
跨中 D 截面	300.62	142.87	0.216 $\xi\leqslant\xi_b$	1416	2 ⌀ 20+2 ⌀ 22	1388
支座截面 B	233.32	107.67	0.163 $\xi\leqslant\xi_b$	1068	2 ⌀ 18+2 ⌀ 20	1137

注 截面配筋满足最小配筋率和净距要求。

3. 腹筋设计

(1) 验算截面尺寸是否符合要求。

$$\frac{h_w}{b}=\frac{h_0}{b}=\frac{660}{250}=2.64<4.0$$

$$0.25\beta_c f_c bh_0=0.25\times1\times14.3\times250\times660=589875\text{N}=589.88(\text{kN})$$
$$>V_{max}=233.39(\text{kN})$$

故截面尺寸满足抗剪要求。

(2) 验算是否需要按计算配置腹筋。

$$0.7f_t bh_0=0.7\times1.43\times250\times660=165165\text{N}=165.17(\text{kN})$$
$$<V_A=179.55(\text{kN})$$
$$<V_B^R=225.93(\text{kN})$$
$$<V_B^L=233.39(\text{kN})$$

因此，支座 A、支座 B 左、支座 B 右均需要按计算配置腹筋。

另外，必须满足箍筋的构造要求，$s\leqslant250$mm，箍筋最小直径为 6mm，箍筋最小配筋率 $\rho_{sv,\min}=0.24\dfrac{f_t}{f_{yv}}=0.24\times\dfrac{1.43}{270}=0.127\%$。

在满足上述构造要求的前提下，可以有如下配箍方案：

方案一，只配箍筋而不配弯筋，沿梁全长配置同一规格；

方案二，只配箍筋，按剪力大小分段布置；

方案三，同时配置箍筋和弯起钢筋。

(3) 方案一：只配箍筋而不配弯筋，沿梁全长配置同一规格箍筋。

根据式 (4-27)

$$\frac{nA_{sv1}}{s}=\frac{V_{max}-0.7f_t bh_0}{f_{yv}h_0}=\frac{(233.39-165.17)\times10^3}{270\times660}=0.383(\text{mm}^2/\text{mm})$$

选用双肢箍 $\phi6$，$A_{sv1}=28.3\text{mm}^2$

$$s=\frac{2\times28.3}{0.383}=148\text{mm}，取 s=140\text{mm}<250\text{mm}$$

实选Φ6@140mm，则有 $\rho_{sv}=\frac{A_{sv}}{bs}=\frac{2\times28.3}{250\times140}=0.162\%>\rho_{sv,\min}=0.127\%$。

故满足计算和构造要求。

(4) 方案二：仅考虑箍筋抗剪，但按剪力的大小分段布置箍筋。由于支座 B 左与支座 B 右的剪力相近，支座 B 左右区段配同一规格箍筋。

支座 B 左右区段可配Φ6@140mm，由上可知，满足要求。

支座 A，根据公式（4－27），有

$$\frac{nA_{sv1}}{s}=\frac{V_A-0.7f_tbh_0}{f_{yv}h_0}=\frac{(179.55-165.17)\times10^3}{270\times660}=0.081(\text{mm}^2/\text{mm})$$

选用双肢箍Φ6，$A_{sv1}=28.3\text{mm}^2$

$s=\frac{2\times28.3}{0.081}=699\text{mm}$，取 $s=170\text{mm}<s_{\max}=200(\text{mm})$

选Φ6@170mm，$\rho_{sv}=\frac{A_{sv}}{bs}=\frac{2\times28.3}{250\times170}=0.133\%>\rho_{sv,\min}=0.127\%$

满足计算和构造要求。

(5) 方案三，配置箍筋和弯起钢筋共同抗剪。在 AB 区段配置箍筋和弯起钢筋，弯起钢筋参与抗剪并抵抗支座 B 负弯矩；BC 段仍配双肢箍。

腹筋的计算见表 4－3。

表 4－3　腹筋的计算

计算内容 \ 截面位置	A 支座	B 支座左	B 支座右
剪力设计值 V(kN)	179.55	233.39	225.93
$V_c=0.7f_tbh_0$(kN)	165.17	165.17	165.17
选箍筋(直径、间距)	Φ6@170	Φ6@170	Φ6@140
$V_s=f_{yv}\frac{A_{sv}}{s}h_0$(kN)	$270\times\frac{56.6}{170}\times660\times10^{-3}$ $=59.33$	59.33	$270\times\frac{56.6}{140}\times660\times10^{-3}$ $=72.04$
$V_{cs}=V_c+V_s$(kN)	224.5	224.5	237.21
$V-V_{cs}$(kN)	<0	8.89	<0
$A_{sb}=\frac{V-V_{cs}}{0.8f_y\sin\alpha_s}$(mm²)	—	230($\alpha=45°$)	—
弯起筋选择	—	1Φ20 $A_{sb}=314.2$	—
弯起点距支座边缘距离(mm)(设弯终点距支边缘 50mm)	—	50＋(700－80) ＝670	—
弯起点处剪力设计值(kN)	—	191.66	—
是否需弯起第二排弯起筋	—	$V<V_{cs}$不需要	—

(三) 钢筋布置和作材料图

钢筋的布置设计要利用抵抗弯矩图进行图解。为此，先将弯矩图（M 图）、梁的纵剖面图按比例画出，再在 M 图上作材料图，如图 4－38 所示。

1. 绘制弯矩图

按比例绘出设计弯矩图（图 4－38）。

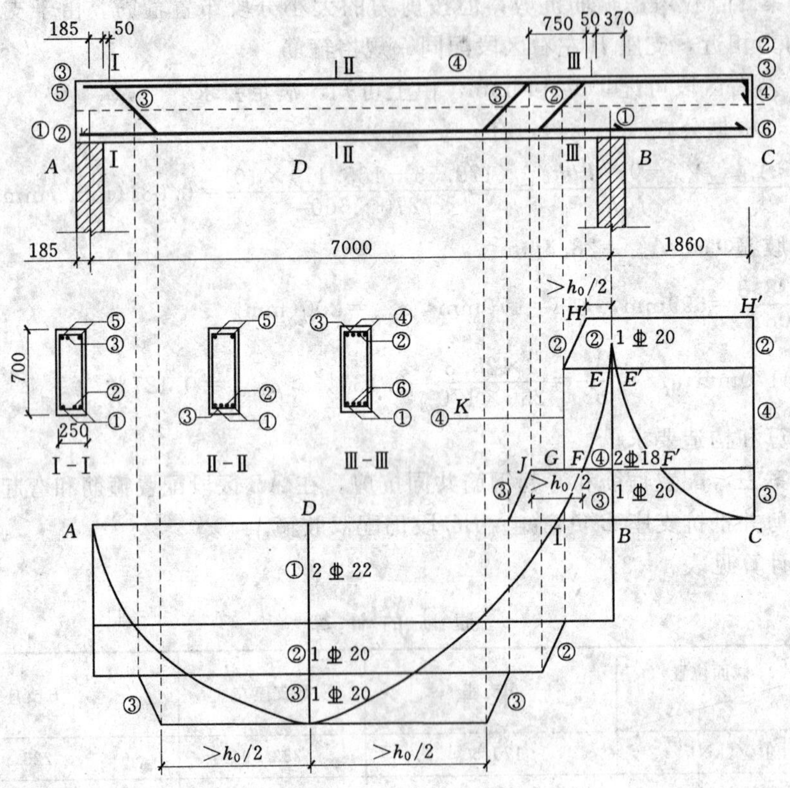

图 4－38　抵抗弯矩图

2. 确定纵筋承担的弯矩并绘制抗弯矩图 M_R 图

在选配钢筋时要考虑支座、跨中以及弯起钢筋之间的协调，AB 段跨中配置钢筋 2 ⌀ 20＋2 ⌀ 22，支座 B 需配置钢筋 2 ⌀ 18＋2 ⌀ 20，同时从 AB 跨到支座 B 需弯起 2 ⌀ 20。因此可以考虑将 AB 段中的 2 ⌀ 20 弯起，既可抗剪，又可作为 B 支座的抗弯筋。

基本锚固长度 $l_a=\zeta_a\alpha\dfrac{f_y}{f_t}d=1.0\times0.14\times\dfrac{360}{1.43}d=35d>25d$，取 $l_a=35d$

(1) 先考虑 AB 段的正弯矩的 M_R 图。共配置钢筋 2 ⌀ 20＋2 ⌀ 22，在图 4－38 上绘出纵筋能承担的最大弯矩［根据实际配筋量按下式计算求得 M_R 图处水平线的位置，即 $M_R=A_Sf_y\left(h_0-\dfrac{f_yA_s}{2\alpha_1f_cb}\right)$］；

给钢筋编号 2 ⌀ 22①、1 ⌀ 20②、1 ⌀ 20③，因钢筋等级相同时，各号钢筋所承担的 M_{Ri} 可近似按该钢筋的面积与总钢筋面积的比值确定，并画在 M_R 图外边。按各 M_{Ri} 点引水平线，与弯矩包络图 M 图的交点为各钢筋的充分利用点。

对于 AD 段，从跨中弯起 1 ⌀ 20（即钢筋③）至支座 A，从图中看显然满足弯起位置大于充分利用点 D 距离 $0.5h_0$，其余钢筋②及①将直通支座 A 锚固而不再弯起；

对于 DB 段，从跨中分两次弯起 1 ⌀ 20（钢筋③②）至支座 B，钢筋①将直通到支座 B 锚固；钢筋③②的具体弯起位置要满足大于充分利用点距离 $0.5h_0$，尚需与支座 B 左抗弯、抗剪要求协调。

(2) 再考虑支座 B 负弯矩的 M_R 图。

共配置钢筋 2 ⌀ 18+2 ⌀ 20，同理可在图上绘出纵筋能承担的最大弯矩；

从跨中弯起 2 ⌀ 20（即钢筋②③），另配 2 ⌀ 18（即钢筋④）放在角隅，因要绑扎箍筋形成骨架，故钢筋④可在悬臂段直通。布置钢筋时，把先弯起的②钢筋放在 M_R 图外边，再放④钢筋和③钢筋；

同理求得其余各号钢筋所承担的 M_{Ri}。绘出②④③号钢筋的充分利用点分别是 E、E'、F、F'、I、C；

对于 B 支座左侧：需要先弯下 1 ⌀ 20（即钢筋②），钢筋②的充分利用点在 B 截面中心，按斜截面抗弯要求，其弯起点截面 H 距 B 中心 $HB \geqslant 0.5h_0 = 330$mm，按抗剪构造要求 $HB \leqslant s_{max} + 185 = 250 + 185 = 435$mm，所以取 $HB = 235$mm；取距钢筋②下弯起点 H 截面 750mm 处（J 截面）下弯钢筋③，根据钢筋②的弯起位置决定了钢筋③的充分利用点由原来的 F 变为 G，由图 4－38 可知 $JG > 0.5h_0 = 330$mm，因此在此处满足正截面抗弯、斜截面抗弯和抗剪要求。同时根据确定的钢筋③②的具体下弯位置即可确定 BC 段 M_R 图，由图 4－38 可知钢筋③②在跨中处上弯的弯起位置满足大于充分利用点距离 $0.5h_0$ 的要求。

钢筋④在其不需要点 G 外可切断，由于在 G 截面上 $V > V_C$，故④号钢筋应从充分利用点 E 延伸 $1.2l_a + h_0 = 1.2 \times 35 \times 18 + 660 = 1416$mm，且应自其不需要点 G 延伸 $20d = 20 \times 18 = 360$mm，以上两种情况取大者，然后在 K 处切断（K 已不在支座最大负弯矩对应的受拉区内）。

对于 B 支座右侧：钢筋②③④直通梁端，并按构造要求下弯 270mm＞$12d = 240$mm。

因此，以上钢筋的设计均满足正截面抗弯、斜截面抗弯和抗剪要求。

3. 作 M_R 图时注意事项

(1) 在本例中跨中钢筋②从抵抗正截面弯矩来说，也可以在跨中到 A 支座间某部位切断。但是，一般不宜在受拉区切断钢筋，在受拉区切断钢筋会影响纵筋的锚固作用，减弱受剪承载力，为此，将钢筋②直通支座 A（也可弯起）。

(2) 在既有正弯矩，又有负弯矩的构件中，钢筋的布置矛盾比较集中在支座附近的截面。原因是由于那里的 M 和 V 都比较大，这样，弯起钢筋既要抗剪，又要抗弯，在布置时要加以综合研究。如在本例中支座 B 左侧，钢筋②的弯下是为了抗剪，因此要求其弯起点距支座边缘不大于 s_{max}。同时又是支座抵抗负弯矩的钢筋之一，这样从斜截面抗弯的角度来看，其弯起点距其充分利用点的距离应不小于 $0.5h_0$。当然在本例中这两个要求都能得到满足，但当这两个要求发生矛盾时，则应首先满足斜截面受弯承载力要求，再单独另加钢筋，以满足受剪承载力的要求。或多配一根支座负弯矩钢筋，而钢筋②单纯作抗剪之用。

(3) 钢筋③弯到支座 A，从理论上只要满足水平锚固长度要求就可切断，但工程上的习惯做法是将钢筋③弯起后伸到梁端。

(4) 钢筋切断时，要根据具体情况按规范要求确定其切断点，如钢筋④的切断点，是

取在其充分利用点 E 外延伸 $1.2l_a+h_0$ 和其不需要点 G 延伸 $20d$ 二者中最外点。

必须指出，图 4-38 是以教学目的而做的，以反映钢筋布置时常遇到的问题。在实际计算时，钢筋布置还可简化。

（四）绘制梁的配筋图

梁的配筋图包括纵断面图、横断面图及钢筋分离图（对简单钢筋情况，可只画纵断面图或横断面图）。纵断面图表示各钢筋沿梁长方向的布置情形，横断面图表示钢筋在同一截面内的位置，如图 4-39 所示。

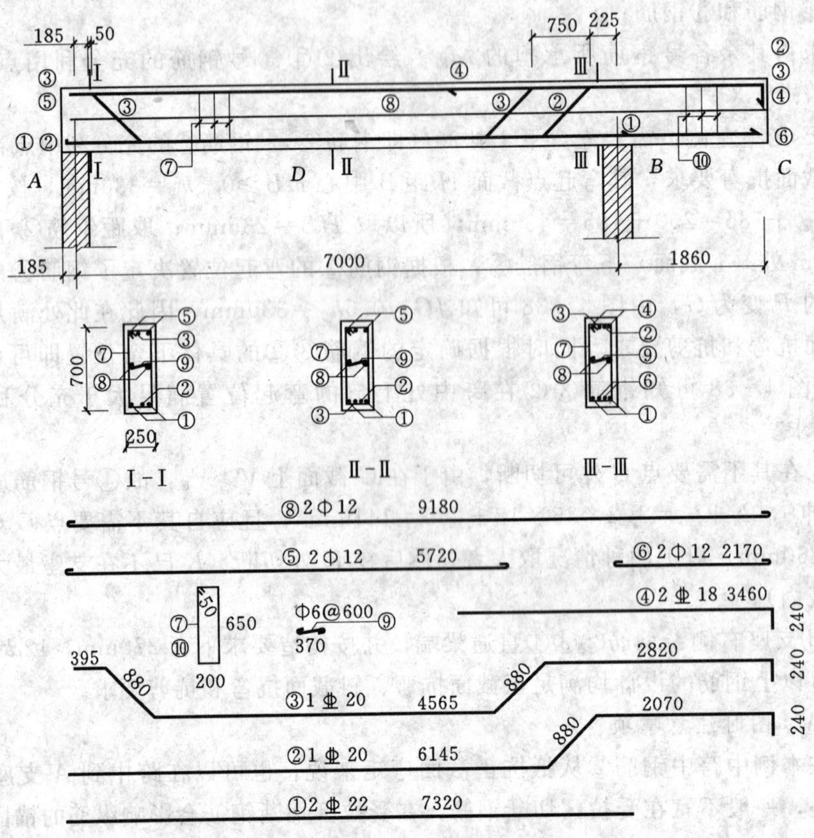

图 4-39　配筋图

(1) 按比例画出梁的纵断面和横断面。当梁的纵横向断面尺寸相差悬殊时，纵横断面可采用不同比例。

(2) 画出每种规格钢筋在纵横断面位置并进行编号（钢筋的直径、强度和外形尺寸相同时，用同一编号）。

1) 直钢筋①2 ⌀ 22，一端全部伸入支座，另一端伸到梁 B 端支座。两端各留出保护层厚度 25mm，锚固长度为 $370-25=345(\text{mm})>l_{as}=12d=264(\text{mm})$，满足要求。该钢筋总长度 $7000+370-50=7320(\text{mm})$。

2) 弯起钢筋②1 ⌀ 20，左端伸入 A 支座 $370-25=345(\text{mm})$；右端根据作抵抗弯矩图确定的位置，在 B 支座左侧弯起后，穿过支座并延伸到伸臂梁端部，并向下弯直钩 $12d$

$=12\times 20=240$(mm)，取 240mm。总长度为 $345+5800+880+235+1835+240=9335$(mm)。

3）直钢筋③1 Φ 20，根据作抵抗弯矩图后确定的位置在 A 支座附近上弯后锚固于受压区，应使其水平长度$\geqslant 10d=10\times 20=200$，实际取 $370+50-25=395$(mm)；右端伸过 B 支座并延伸到伸臂梁端部，并向下弯直钩 $12d=12\times 20=240$(mm)，取 240mm，总长为 $395+880+4565+880+750+235+1835+240=9780$(mm)。

4）直钢筋④2 Φ 18，左端在 K 处切断，右端伸至梁端并向下弯直钩 $12d=12\times 18=216$(mm)，取 240mm。总长为 $1416+139+1835+240=3630$(mm)，取 3700mm。

5）架立钢筋⑤2 Φ 12，左端伸入 A 支座锚固，右端与钢筋④搭接，考虑其端部弯钩 $2\times 6.25d=2\times 6.25\times 12=150$(mm)，按照实际钢筋搭接方式确定其长度为 5720mm。

6）架立钢筋⑥2 Φ 12，左端伸过 B 支座锚固，右端伸到悬臂端部，考虑其端部弯钩 150mm，其长度为 2170mm。

7）箍筋⑦Φ 6@170，沿梁 AB 段布置。

8）腰筋⑧2 Φ 12，沿梁的通长布置，考虑其端部弯钩 150mm，其长度为 9180mm。

9）拉筋⑨Φ 6@600，沿梁的通长布置。

10）箍筋⑩Φ 6@140，沿梁 BC 段布置。

(3) 为了施工方便，应绘出钢筋表。

(4) 对于钢筋混凝土图中不便表达的内容，可在图中适当位置用文字说明。

思　考　题

4－1　无腹筋梁在斜裂缝形成前后的应力状态有什么变化？

4－2　钢筋混凝土梁在荷载作用下为何出现斜裂缝？斜裂缝有几种类型？

4－3　什么是剪跨比？它对梁的斜截面抗剪有什么影响？

4－4　影响梁的斜截面受剪承载力的主要因素有哪些？

4－5　梁斜截面受剪破坏的主要形态有哪几种？它们分别在什么情况下发生？破坏特征如何？

4－6　在设计中采取什么措施来防止斜压破坏和斜拉破坏？

4－7　在斜截面受剪承载力计算时，梁的计算截面有哪些？

4－8　均布荷载作用下钢筋混凝土简支梁，如果按计算不需配置箍筋和弯起钢筋，这时梁中是否还要配置腹筋？

4－9　在一般情况下，限制箍筋及弯起钢筋的最大间距的目的是什么？满足最大间距时，是不是必然满足最小配筋率的规定？如果有矛盾，你认为该怎样处理？

4－10　什么是抵抗弯矩图？它与弯矩图有何关系？如何绘制？

4－11　连续梁的受剪性能与简支梁相比有何不同？

4－12　钢筋伸入支座的锚固长度有哪些要求？钢筋切断时有哪些要求？梁中部分受弯纵筋弯起用于抗剪时应注意哪些问题？

习　　题

4-1　矩形截面简支梁截面尺寸 $b \times h = 200\text{mm} \times 500\text{mm}$，支座为 240mm 的砌体墙，净跨 $L_n = 4.76\text{m}$，荷载作用情况如图 4-40 所示，$P = 140\text{kN}$，梁自重设计值 $q = 15\text{kN/m}$。混凝土强度等级为 C35 级，箍筋采用 HPB300 级钢筋，纵筋采用 HRB400 级钢筋，已按正截面受弯承载力计算配置 6 ⌀ 18。试确定所需要配置的箍筋和弯起筋。

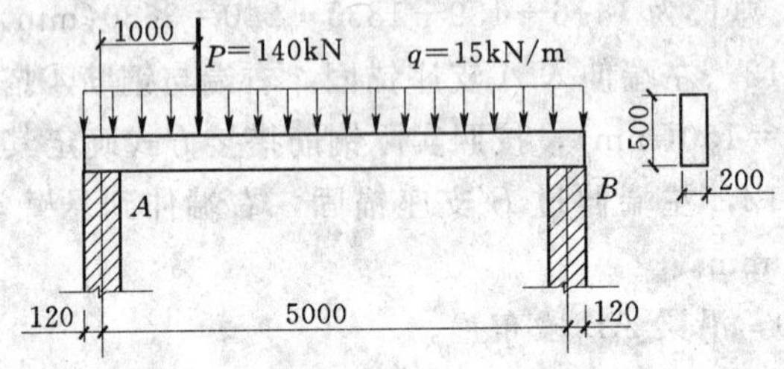

图 4-40　习题 4-1 图

4-2　图 4-41 所示的钢筋混凝土矩形截面简支梁，环境类别为一类，截面尺寸 $b \times h = 250\text{mm} \times 600\text{mm}$，荷载设计值 $F = 160\text{kN}$（未包括梁自重），采用 C25 混凝土，纵向受力筋为 HRB335 级钢筋，箍筋为 HPB300 钢筋。试设计该梁：（1）确定纵向受力钢筋的根数和直径；（2）配置腹筋。

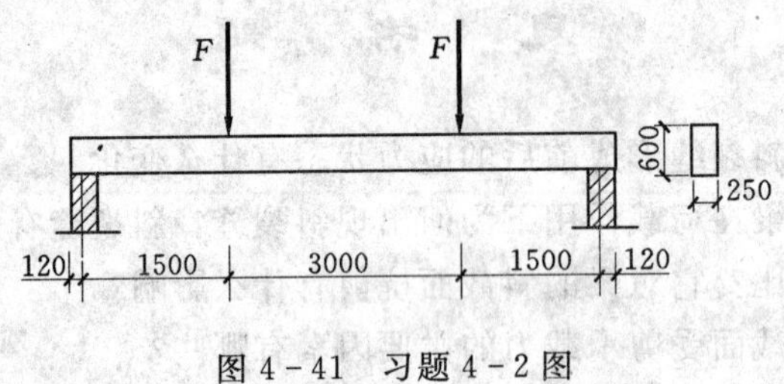

图 4-41　习题 4-2 图

4-3　承受均布荷载作用的矩形截面简支梁，支座为 370mm 的砌体墙，净跨 $L_n = 5.63\text{m}$，承受均布荷载设计值 $q = 50\text{kN/m}$（包括梁自重）。梁截面尺寸 $b \times h = 250\text{mm} \times 600\text{mm}$，混凝土强度等级为 C30 级，箍筋采用 HPB300 级钢筋。试确定所需要配置的箍筋。

4-4　某 T 形截面简支梁尺寸如下：$b \times h = 200\text{mm} \times 500\text{mm}$，$b'_f = 400\text{mm}$，$h'_f = 100\text{mm}$；环境类别为一类，采用 C30 混凝土，箍筋为 HPB300 级钢筋；由集中荷载产生的支座边缘剪力设计值 $V = 120\text{kN}$（包括自重），剪跨比 $\lambda = 3$。试选择该梁箍筋。

4-5　某矩形截面简支梁，截面尺寸：$b = 200\text{mm}$，$h = 600\text{mm}$，净跨 $L_n = 6.67\text{m}$，混凝土强度等级为 C35 级，沿梁全长已配置 HPB300 级Φ 8@200 箍筋，试按受剪承载力确定该梁所能承受的均布荷载设计值。

4-6　一矩形截面伸臂梁，截面尺寸 $b \times h = 250\text{mm} \times 700\text{mm}$，所受荷载（设计值）作用情况（包括梁自重）如图 4-42 所示。混凝土强度等级为 C30 级，箍筋采用 HPB300

级钢筋，纵筋采用 HRB400 级钢筋，试确定所需要配置的箍筋和弯起筋，画出材料抵抗图。

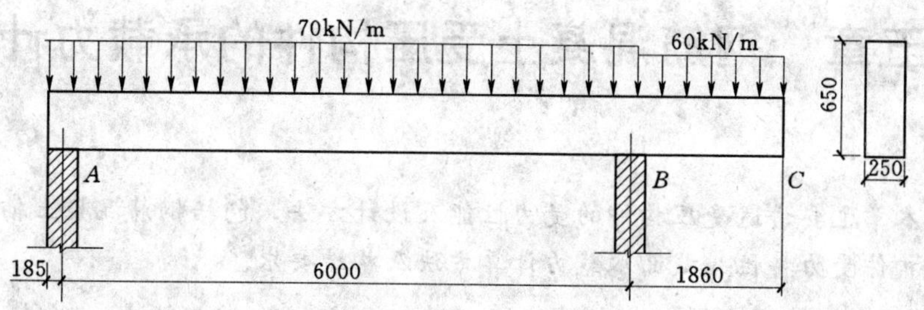

图 4-42　习题 4-6 图

4-7　一矩形截面简支梁，截面尺寸 $b \times h = 200\text{mm} \times 400\text{mm}$，所受荷载（设计值）$P = 100\text{kN}$ 作用情况如图 4-43 所示。混凝土强度等级为 C35 级，试确定：

(1) 所需纵向受力筋；

(2) 受剪箍筋（无弯起筋）；

(3) 利用部分纵筋弯起时，所需箍筋。

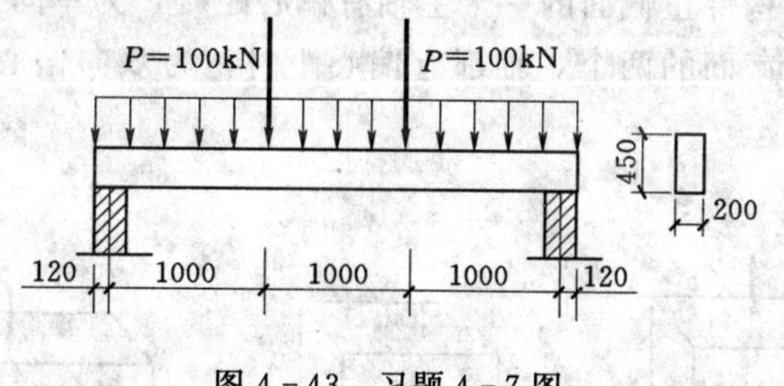

图 4-43　习题 4-7 图

第五章　钢筋混凝土受压构件的承载力计算

概要：本章主要讲述受压构件的受力性能及设计方法，包括钢筋混凝土轴心受压构件及偏心受压构件受力特性、截面承载力计算方法及构造要求。

受压构件是工程结构中以承受压力作用为主的受力构件。例如，单层厂房排架柱，拱、屋架的上弦杆，多层及高层建筑中的框架柱，桥梁结构中的桥墩、桩等均属于受压构件。受压构件往往在结构中起着重要作用，一旦产生破坏，将导致整个结构严重损坏，甚至倒塌。受压构件按其受力情况可分为轴心受压构件和偏心受压构件。

当轴向压力的作用点与构件截面重心重合时，称为轴心受压构件；当轴向压力作用点与构件截面重心不重合或构件截面上同时有弯矩和轴向压力作用时，称为偏心受压构件。当轴向压力作用点只对构件正截面的一个主轴有偏心距时，为单向偏心受压构件；当轴向压力的作用点对构件正截面的两个主轴都有偏心距时，为双向偏心受压构件。如图 5－1 所示。

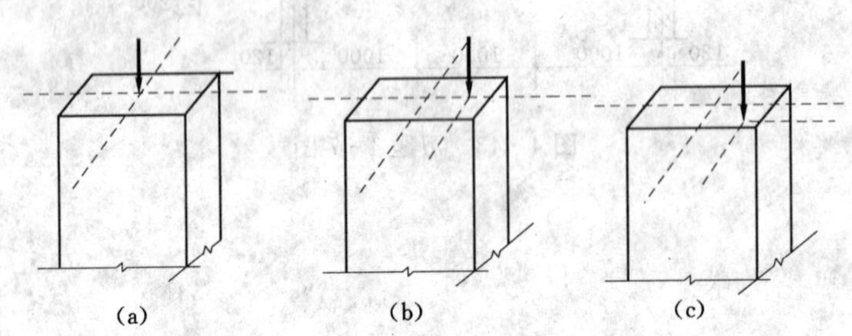

图 5－1　受压构件

(a) 轴心受压；(b) 单向偏心受压；(c) 双向偏心受压

第一节　受压构件的一般构造

一、截面形式和尺寸

为了模板制作的方便，受压构件一般均采用方形或矩形截面，用于桥墩、桩和公共建筑中的柱，也可做成圆形或多边形，为了节约混凝土和减轻构件的自重，对预制装配式受压构件，当截面尺寸较大时，常常采用工字形截面。受压构件的截面尺寸不宜太小，因为构件越细长，纵向弯曲的影响越大，承载力降低越多，不能充分利用材料强度。钢筋混凝土受压构件当采用矩形截面时，截面长边布置在弯矩作用方向，长边与短边的比值一般为 1.5～2.5，截面宽度一般不宜小于 300mm；当采用圆形截面时，一般要求圆形截面直径不宜小于 350mm。一般长细比宜控制在 $l_0/b\leqslant30$、$l_0/h\leqslant25$、$l_0/d\leqslant25$，此处 l_0 为受压构件的计算长度，b、h 为矩形截面受压构件的短边和长边尺寸，d 为圆形截面柱的直径。

为施工方便，受压构件的截面尺寸一般采用整数，且柱截面边长在 800mm 以下时以 50mm 为模数，800mm 以上时以 100mm 为模数。

二、混凝土和钢筋强度

受压构件的承载力主要取决于混凝土受压，因此，与受弯构件不同，混凝土的强度等级对受压构件的承载力影响很大，取用较高强度等级的混凝土是经济合理的。目前我国一般结构中柱的混凝土强度等级常采用 C30～C50 或更高强度等级，其目的是充分利用混凝土的优良抗压性能来减小构件截面尺寸。

受压构件中配置的纵向受力钢筋通常采用 HRB400、HRB500、HRBF400 或 HRBF500 级钢筋，不宜采用高强度钢筋，因为它的抗压强度受到混凝土极限压应变的限制，不能充分利用其高强度作用。箍筋一般采用 HRB400、HRBF400、HPB300、HRB500、HRBF500 级钢筋，也可采用 HRB335、HRBF335 级钢筋。

三、纵向钢筋

钢筋混凝土受压构件主要承受压力作用。纵向受力钢筋的作用是与混凝土共同承担由外荷载引起的内力（压力和弯矩）。柱内纵向受力钢筋的直径 d 不宜小于 12mm，过小则钢筋骨架柔性大，不便施工，工程上通常采用直径 16～32mm 的钢筋。矩形截面受压构件中纵向受力钢筋的根数不得少于 4 根，以便与箍筋形成钢筋骨架。轴心受压构件中纵向受力钢筋应沿截面的四周均匀放置，偏心受压构件的纵向受力钢筋应沿垂直于弯矩作用方向的两个短边放置。圆柱中纵向受力钢筋根数不宜少于 8 根，不应少于 6 根，且宜沿周边均匀布置。为了顺利浇筑混凝土，现浇柱中纵向钢筋的净间距不应小于 50mm，且不宜大于 300mm；在偏心受压柱中，垂直于弯矩作用平面的侧面上纵向受力钢筋以及轴心受压构件中各边的纵向受力钢筋，其中距不宜大于 300mm；水平浇筑的预制柱，纵向钢筋的最小净间距可按梁的有关规定取用。偏心受压柱的截面高度 $h\geqslant600$mm 时，在柱侧面上应设置直径不小于 10mm 的纵向构造钢筋，并相应地设置复合箍筋或拉筋。如图 5-2 所示。

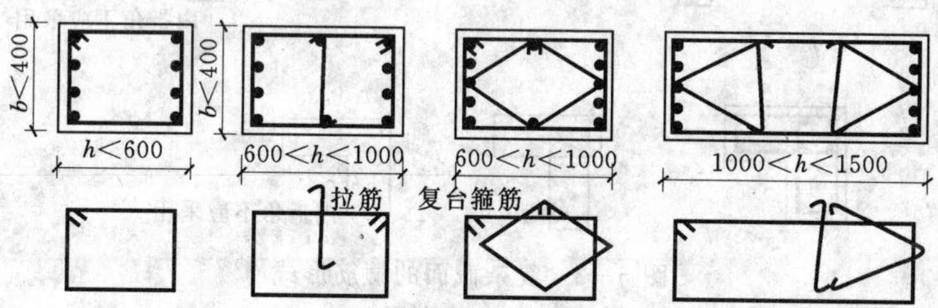

图 5-2　受压构件的配筋构造

受压构件中的纵向钢筋，其用量不能过少。纵向钢筋太少，构件破坏时呈脆性，这对抗震不利；同时纵向钢筋太少，在荷载长期作用下，由于混凝土的徐变，容易引起钢筋过早屈服。因此《规范》规定纵向钢筋用量应满足最小配筋率的要求。纵向钢筋最小配筋率见附表 4-6。为了方便施工和考虑经济性要求，纵向钢筋也不宜过多，在柱中全部纵向钢筋的配筋率不宜超过 5%，以免造成浪费。

纵筋的连接接头宜设置在受力较小处。钢筋的接头可采用机械连接接头，也可采用焊接接头和搭接接头。对于直径大于 28mm 的受拉钢筋和直径大于 32mm 的受压钢筋，不宜采用绑扎的搭接接头。

四、箍筋

受压构件中的周边箍筋应做成封闭式，其直径不宜小于 $d/4$（d 为纵筋最大直径），且不应小于 6mm。

箍筋间距不应大于 400mm 及构件截面的短边尺寸，且不应大于 $15d$。（d 为纵筋的最小直径）。

当柱截面短边尺寸大于 400mm，且各边纵筋配置根数多于 3 根时，或当柱截面短边尺寸小于 400mm，但各边纵筋配置根数多于 4 根时，应设置复合箍筋（图 5-2）。

当柱中全部纵向受力钢筋的配筋率超过 3%时，箍筋直径不应小于 8mm，其间距不应大于 $10d$，且不应大于 200mm。箍筋末端应做成 135°弯钩，且弯钩末端平直段长度不应小于 $10d$（d 为纵筋的最小直径）。

在配有螺旋式或焊接环式箍筋的柱中，如在正截面受压承载力计算中考虑间接钢筋的作用时，箍筋间距不应大于 80mm 及 $d_{cor}/5$，且不宜小于 40mm，d_{cor}为按箍筋内表面确定的核心截面直径。

在纵向受力钢筋搭接长度范围内，箍筋的直径不应小于搭接钢筋直径的 0.25 倍，箍筋间距不应大于 $5d$，且不应大于 100mm，此处 d 为受力钢筋中的最小直径。当搭接受压钢筋直径大于 25mm 时，应在搭接接头两个端面外 100mm 范围内各设置两根箍筋。

对于截面形状复杂的构件，不可采用具有内折角的箍筋，避免产生向外的拉力，致使折角处的混凝土破损。如图 5-3 所示。

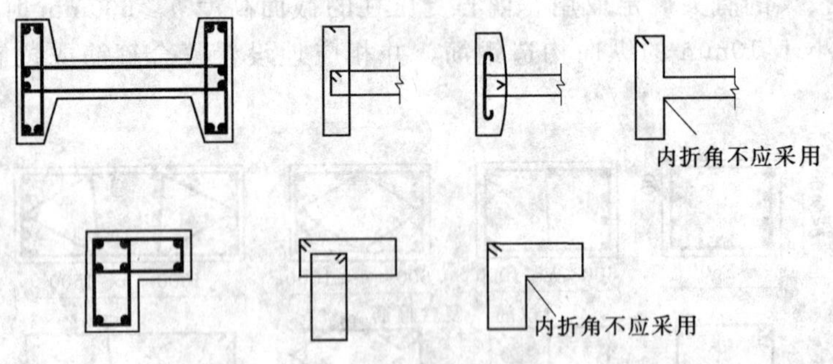

图 5-3　复杂截面的箍筋形式

五、保护层厚度

受压构件混凝土保护层厚度与结构所处的环境类别和设计使用年限有关。设计使用年限为 50 年的混凝土结构，最外层钢筋的保护层厚度应符合附表 4-4 的规定；设计使用年限为 100 年的混凝土结构，最外层钢筋的保护层厚度不应小于附表 4-4 中数值的 1.4 倍。结构所处环境类别的规定见附表 4-2。

第二节 轴心受压构件正截面承载力计算

在实际工程中，理想的轴心受压构件几乎是不存在的。通常由于施工制造的误差、荷载作用位置的偏差、混凝土的不均匀性等原因，往往存在或多或少初始偏心距。但有些构件，如以恒载作用为主的等跨多层房屋的内柱、桁架的受压腹杆等，主要承受轴向压力，可近似按轴心受压构件计算。

一般把钢筋混凝土柱按照箍筋的作用及配置方式的不同分为两种：配有纵向钢筋和普通箍筋的柱，简称普通箍筋柱；配有纵筋和螺旋式（或焊接环式）箍筋的柱，简称螺旋箍筋柱（也称为间接钢筋柱）。普通箍筋柱中箍筋的作用是防止纵筋的压屈，改善构件的延性并与纵筋形成骨架，便于施工；纵筋则协助混凝土承受压力，承受可能存在的不大的弯矩以及混凝土收缩和温度变形引起的拉应力，并防止构件产生突然的脆性破坏。螺旋箍筋柱中，箍筋的形状为圆形（在纵筋外围连续缠绕或焊接钢环），且间距较密，其作用除了上述普通钢箍的作用外，还对核心部分的混凝土形成约束，提高混凝土的抗压强度，增加构件的承载力，并提高构件的延性。如图 5－4 所示。

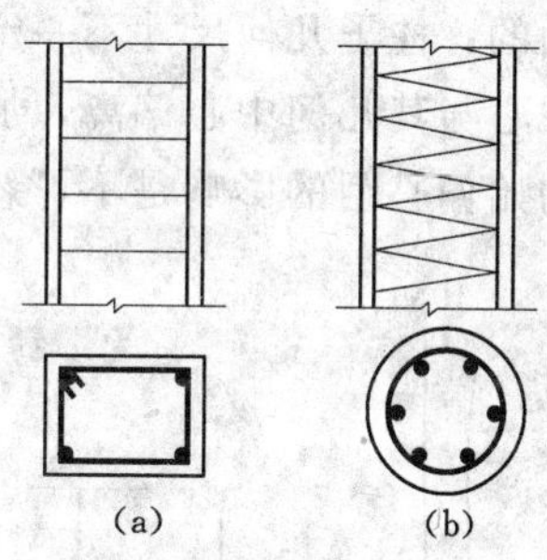

图 5－4 箍筋柱
(a) 普通箍筋柱；(b) 螺旋箍筋柱

一、普通箍筋柱的承载力计算

1. 受力特征

轴心受压构件在进行试验时，采用配有纵向钢筋和箍筋的短柱体作为试件。在整个加载过程中，可以观察到短柱全截面受压，整个截面的压应变呈均匀分布，由于钢筋与混凝土之间存在黏结力，因此，从开始加载到构件破坏，混凝土与钢筋能够共同变形，两者的压应变始终保持一样。

当初始加载荷载较小时，构件处于弹性工作状态，混凝土及钢筋的应力—应变关系按弹性规律变化，两种材料应力的比值基本上等于它们的弹性模量之比。

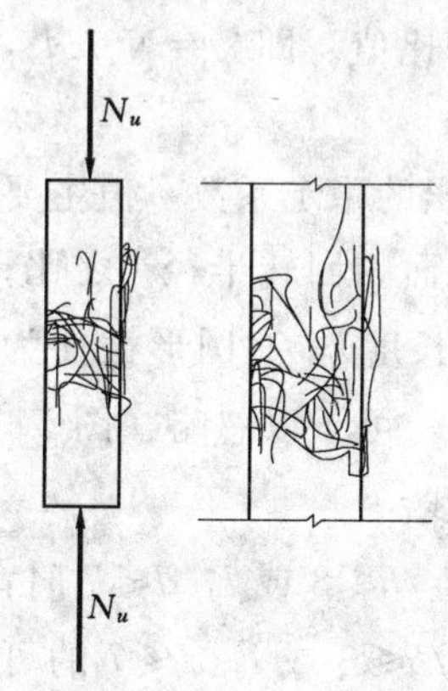

图 5－5 短柱轴心受压破坏形态

随着荷载的增加，混凝土的塑性变形开始发展，变形模量逐渐降低，混凝土应力增长速度变慢，而钢筋由于在屈服之前一直处于弹性工作状态，应力与应变成正比，钢筋应力的增长速度加快，这时在相同荷载增量下，钢筋的压应力比混凝土的压应力增加得快，在此情况下，混凝土和钢筋应力之比不再符合弹性模量之比。在临近破坏荷载时，柱子由于横向变形达到极限而在四周出现纵向裂缝，混凝土保护层脱落，箍筋间的纵筋发生压屈外凸，混凝土被压碎，柱子即告破坏，如图 5－5 所示。破坏时，混凝土的应力达到其轴心抗压强度 f_c，钢筋应力达到受压时的屈服强度 f'_y。

试验表明，素混凝土棱柱体构件达到最大压应力值时的压应变值约为 0.0015～0.002，而钢筋混凝土短柱达到峰值应力时的应变一般在 0.0025～0.0035 之间。其主要原因是纵向钢筋起到了调整混凝土应力的作用，使混凝土塑性性质得到了较好发挥，改善了受压破坏的脆性性质。在破坏时，一般是纵筋先达到屈服强度，此时可继续增加荷载，最后混凝土达到极限压应变值，构件破坏。

在设计计算时，以混凝土的压应变达到 0.002 为控制条件，并认为此时混凝土及受压钢筋都达到了各自的强度设计值。

上述是短柱的受力分析及破坏形态。对于比较细长的柱子，试验表明，在轴心压力作用下，不仅发生压缩变形，同时还产生横向挠度，出现弯曲现象。产生弯曲的原因是多方面的：柱子几何尺寸不一定正确，构件材料不均匀，钢筋位置在施工中移动，使截面物理中心与其几何中心偏离，加载作用线与柱轴线并非完全保持绝对重合等，这些因素造成的初始偏心距的影响是不可忽略的，但对于短柱可以忽略不计。

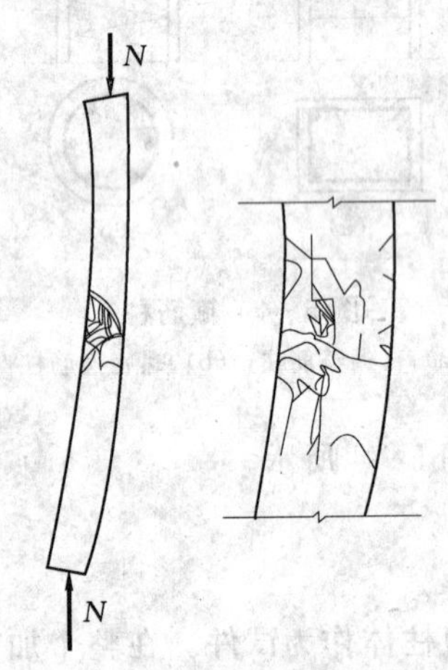

图 5-6　长柱轴心受压破坏形态

加载后，由于初始偏心距导致产生附加弯矩和相应的侧向挠度，而侧向挠度又增大了荷载的偏心距；随着荷载的增加，侧向挠度和附加弯矩不断增大，这样相互影响的结果会使长柱在轴向压力 N 和弯矩 M 的共同作用下破坏。破坏时，首先在凹侧出现纵向裂缝，随后混凝土被压碎，纵向钢筋被压弯而向外凸出，凸侧混凝土由受压突然变为受拉，出现水平的受拉裂缝，侧向挠度急剧增大，柱子破坏，如图 5-6 所示。

如果截面尺寸、混凝土强度等级及配筋均相同的长柱和短柱相比较，就可发现长柱的破坏荷载低于短柱，并且柱子越细长，承载力降低越多。其原因在于，长细比越大，由于各种偶然因素造成的初始偏心距将越大，从而产生的附加弯矩和相应的侧向挠度也越大。对于很细长的柱子还有可能发生失稳破坏，失稳时的承载力也就是临界压力。此外，在长期荷载作用下，由于混凝土的徐变，侧向挠度将增加得更多，从而使长柱的承载力降低得更多，长期荷载在全部荷载中所占的比例越多，其承载力降低越多。因此，在设计中必须考虑由于纵向弯曲对柱子承载力降低的影响，《规范》采用稳定系数 φ 来表示长柱承载力降低的程度。φ 是长柱的承载力与短柱的承载力比值。即 $\varphi=N_u^l/N_u^s$，显然 φ 是一个小于 1 的数值。

根据中国建筑科学研究院试验资料及一些国外的试验数据，得出的稳定系数 φ 值主要与构件的长细比有关。所谓长细比，是指构件的计算长度 l_0 与其截面的回转半径 i 之比；对于矩形截面为 l_0/b（b 为矩形截面柱短边尺寸，l_0 为柱子的计算长度），对圆形截面为 l_0/d（d 为圆形截面的直径）。混凝土强度及配筋率对 φ 的影响很小，可予以忽略。图 5-7 为根据国内外试验数据得到的稳定系数 φ 与长细比 l_0/b 的关系曲线。

从图中可以看出，长细比（l_0/b 或 l_0/d）越大，φ 值越小。当 $l_0/b\leqslant 8$ 或 $l_0/d\leqslant 7$ 时，柱的承载力没有降低，$\varphi\approx 1.0$，可不考虑纵向弯曲问题，也就是 $l_0/b\leqslant 8$ 或 $l_0/d\leqslant 7$ 的可称为短柱；而当 $l_0/b>8$ 或 $l_0/d>7$ 时，φ 值随长细比的增大而减小。由数理统计可得到下列经验公式：

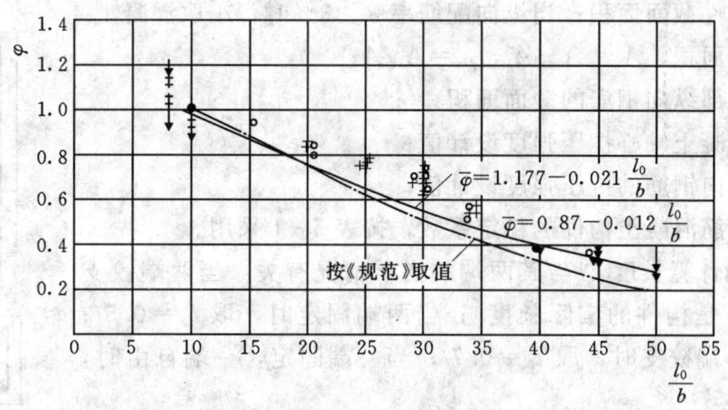

图 5-7 试验得到的 φ 值与长细比 l_0/b 关系曲线

$l_0/b=8\sim34$ 时
$$\varphi=1.177-0.021\frac{l_0}{b} \tag{5-1}$$

$l_0/b=35\sim50$ 时
$$\varphi=0.87-0.012\frac{l_0}{b} \tag{5-2}$$

表 5-1 钢筋混凝土轴心受压构件的稳定系数 φ

l_0/b	≤8	10	12	14	16	18	20	22	24	26	28
l_0/d	≤7	8.5	10.5	12	14	15.5	17	19	21	22.5	24
l_0/i	≤28	35	42	48	55	62	69	76	83	90	97
φ	1.0	0.98	0.95	0.92	0.87	0.81	0.75	0.70	0.65	0.60	0.56
l_0/b	30	32	34	36	38	40	42	44	46	48	50
l_0/d	26	28	29.5	31	33	34.5	36.5	38	40	41.5	43
l_0/i	104	111	118	125	132	139	146	153	160	167	174
φ	0.52	0.48	0.44	0.40	0.36	0.32	0.29	0.26	0.23	0.21	0.19

注 表中 l_0 为构件的计算长度；b 为矩形截面的短边尺寸；d 为圆形截面的直径，i 为截面最小回转半径。

在《规范》中，对于长细比 l_0/b 较大的构件，考虑到荷载初始偏心和长期荷载作用对构件强度的不利影响，稳定系数 φ 的取值比经验公式所得的值还要降低一些，以保证安全；对于长细比小的构件，根据以往的经验，φ 得取值又略微提高一些。表 5-1 给出了经修正后的 φ 值，可根据构件的长细比，从表中线性内插求得 φ 值。

2. 承载力计算

(1) 基本公式。根据以上受力性能分析，配有纵筋和普通箍筋的轴心受压短柱破坏时，截面的计算应力图形如图 5-8 所示。在考虑长柱承载力降低和可靠度的调整因素后，轴心受压柱的正截面承载力，可按下列公式计算：

$$N\leqslant N_u=0.9\varphi(f_cA+f_y'A_s') \tag{5-3}$$

式中 N——荷载作用下轴向压力设计值；

A——构件截面面积；当纵向配筋率 $\rho' \geqslant 3\%$时，A 取混凝土净面积，$A_n = A - A_s'$，$\rho' = A_s'/A$；

A_s'——全部纵向钢筋的截面面积；

f_c——混凝土轴心抗压强度设计值；

f_y'——纵向钢筋的抗压强度设计值；

φ——钢筋混凝土构件的稳定系数，按表 5-1 采用。

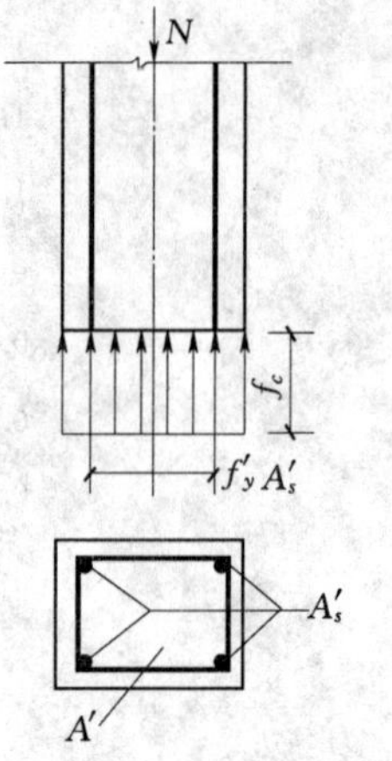

受压构件的计算长度 l_0 与其两端的支承情况有关：当两端铰支时，取 $l_0 = l$（l 是构件的实际长度）；当两端固定时，取 $l_0 = 0.5l$；当一端固定，一端铰支时，取 $l_0 = 0.7l$；当一端固定，一端自由时，取 $l_0 = 2l$。

N

f_c

$f_y' A_s'$

A_s'

A'

图 5-8　轴心受压短柱承载力计算简图

在实际结构中，构件端部的连接不像上面几种情况那样理想、明确，《规范》根据结构受力变形的特点，对单层厂房排架柱、框架柱等的计算长度 l_0 作了具体的规定，分别见表 5-2、表 5-3。

表 5-2　　刚性屋盖单层厂房排架柱、露天吊车柱和栈桥柱的计算长度 l_0

柱的类别		l_0		
		平行于排架方向	垂直于排架方向	
			有柱间支撑	无柱间支撑
无吊车厂房	单跨	$1.5H$	$1.0H$	$1.2H$
	两跨及多跨	$1.25H$	$1.0H$	$1.2H$
有吊车厂房	上柱	$2.0H_u$	$1.25H_u$	$1.5H_u$
	下柱	$1.0H_l$	$0.8H_l$	$1.0H_l$
露天吊车柱和栈桥柱		$2.0H_l$	$1.0H_l$	—

注　1. 表中 H 为从基础顶面算起的柱全高；H_l 为从基础顶面至装配式吊车梁底面或现浇式吊车梁顶面的柱下部高度；H_u 为装配式吊车梁底面或现浇式吊车梁顶面算起的柱上部高度。

2. 表中有吊车厂房排架柱的计算长度，当计算中不考虑吊车荷载时，可按无吊车厂房柱的计算长度采用，但上柱的计算长度仍可按有吊车厂房柱采用。

3. 表中有吊车厂房柱的上柱在排架方向的计算长度，仅适用于 $H_u/H_l \geqslant 0.3$ 的情况；当 $H_u/H_l < 0.3$ 时，计算长度宜采用 $2.5H_u$。

表 5-3　　框架结构各层柱的计算长度

楼盖类型	柱的类别	l_0
现浇楼盖	底层柱	$1.0H$
	其余各层柱	$1.25H$
装配式楼盖	底层柱	$1.25H$
	其余各层柱	$1.5H$

注　表中 H 为底层柱从基础顶面到一层楼盖顶面的高度，对其余各层柱为上下两层楼盖顶面之间的高度。

必须指出，工程中采用过分细长的柱子是不合理的，因为柱子越细长，受压后越容易发生纵向弯曲而导致失稳，构件承载力降低越多，材料强度不能充分利用。因此，对一般建筑物中的柱，常限制长细比 $l_0/b \leqslant 30$ 及 $l_0/h \leqslant 25$。

此外，轴心受压构件在加载后荷载维持不变的条件下，由于混凝土徐变的影响，使混凝土和钢筋的应力还会发生变化，随着荷载作用时间的增加，混凝土的压应力逐渐变小，钢筋的压应力逐渐变大，这种现象称为徐变引起的应力重分布。一开始变化较快，经过一段时间后趋于稳定。在荷载突然卸载时，构件回弹，由于混凝土徐变变形的大部分不可恢复，故当荷载为零时，会使柱中钢筋受压而混凝土受拉，如图5-9所示；若柱中的配筋率过大，还可能将混凝土拉裂，若柱中纵筋与混凝土之间有很强的黏结力时，则能同时产生纵向裂缝，这种裂缝更为危险。为了防止出现这种情况，故要控制柱中纵筋的配筋率不宜超过5%。

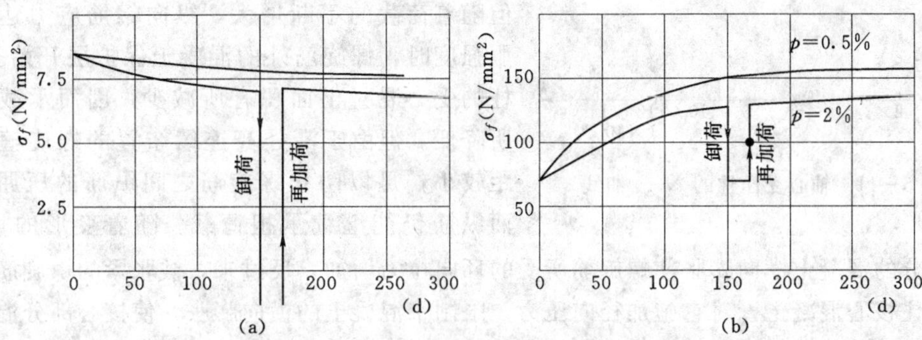

图5-9　长期荷载作用下截面混凝土和钢筋的应力重分布

(a) 混凝土；(b) 钢筋

(2) 截面设计。

1) 按构造要求和参考已建成的建筑物选择截面尺寸、材料强度等级。

2) 根据构件的长细比 l_0/b (l_0/i) 由表5-1查出 φ 值。

3) 根据式 (5-3) 计算受压钢筋的截面面积 A'_s。

$$A'_s=\frac{N-0.9\varphi f_c A}{0.9\varphi f'_y} \tag{5-4}$$

4) 验算配筋率 $\rho'\geqslant\rho'_{\min}$，选配钢筋。

(3) 截面复核。轴心受压构件的承载力复核，是已知截面尺寸、钢筋截面面积和材料强度后，验算截面承受某一轴向力时是否安全，即计算截面能承受多大的轴向力。

可根据长细比 $l_0/b(l_0/i)$ 由表5-1查出 φ 值；然后按式 (5-3) 计算所能承受的轴向力。

二、螺旋形箍筋柱承载力计算

当柱承受较大的轴心受压荷载，并且柱的截面尺寸由于建筑使用方面的要求受到限制时，若设计成普通箍筋柱，即使提高了混凝土强度等级或增加了纵筋用量也不足以承受该荷载时，可考虑采用螺旋箍筋柱或焊接环筋柱，以提高构件的承载力，柱的截面形状一般为圆形和多边形，如图5-10所示。但这种柱因

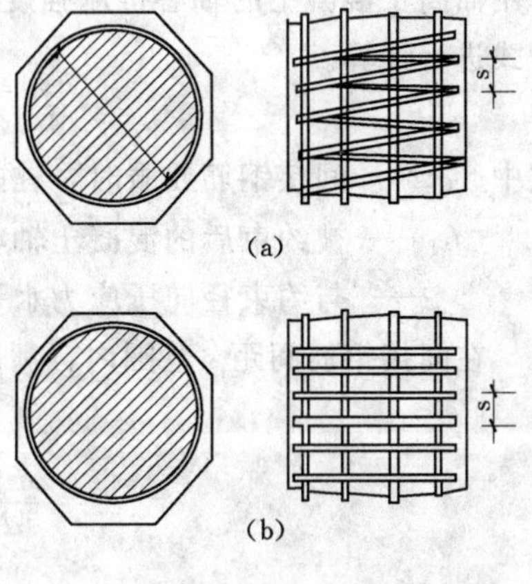

图5-10　螺旋箍筋柱和焊接环筋柱

施工复杂，用钢量较多，造价高，较少采用。

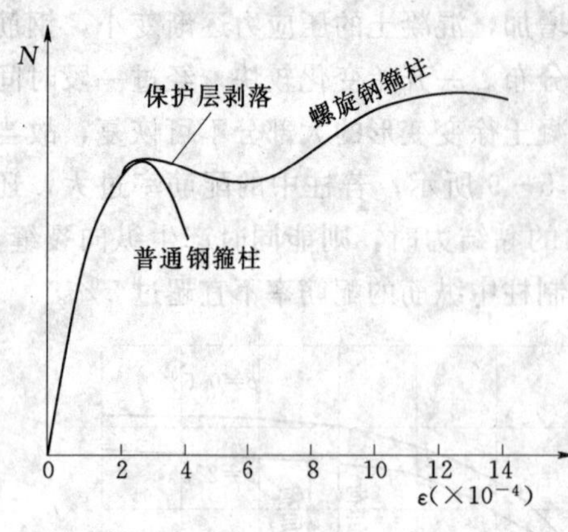

图 5-11　轴心受压柱的 N—ε 曲线

1. 受力性能及破坏形态

螺旋箍筋柱的受力性能与普通箍筋柱有很大不同。图 5-11 为螺旋箍筋柱或焊接环筋柱与普通箍筋柱的轴向压力与轴向应变关系曲线的对比。试验结果表明，当荷载不大时，螺旋箍筋柱与普通箍筋柱的受力变形没有多大差别。但随着荷载的不断增大，纵向钢筋应力达到屈服强度时，螺旋筋外的混凝土保护层开始剥落，柱的受力混凝土面积有所减少，因而承载力有所降低。但由于沿柱高连续布置的螺旋箍筋间距较小，足以防止螺旋筋之间纵筋的压屈，因而纵筋仍能继续承担荷载。随着变形的增大，核心部分的混凝土横向膨胀使螺旋筋所受的环向拉力增加，反过来，被张紧的螺旋筋又紧紧地箍住核心混凝土，对它施加径向压力，限制了混凝土的横向膨胀，使核心部分混凝土处于三向受压状态，从而提高了柱子的抗压承载力和变形能力，当荷载增加到使螺旋筋屈服，不再继续对核心混凝土起约束作用，核心混凝土的抗压强度也不再提高，混凝土被压碎，构件破坏。所以，尽管柱子的保护层剥落。但核心混凝土因受约束使强度提高，足以补偿了失去保护层后承载能力的减小，螺旋箍筋柱的极限荷载一般要大于同样截面尺寸的普通箍筋柱，且柱子具有更大的延性。

由上可知，横向钢筋采用螺旋筋或焊接环筋，可使得核心混凝土三向受压而提高其强度，从而间接地提高了柱子的承载能力，这种配筋方式，有时称为“间接配筋”，故又将螺旋筋或焊接环筋称为间接钢筋。

2. 承载力计算

根据上述分析，螺旋筋或焊接环筋所包围的核心截面混凝土的实际抗压强度，因套筒作用而高于混凝土的轴心抗压强度，可利用圆柱体混凝土在三向受压状态下强度近似计算公式进行计算。

$$f_{c1}=f_c+\beta\sigma_r \tag{5-5}$$

式中　σ_r——间接钢筋屈服时，柱的核心混凝土受到的径向压应力值；

f_{c1}——被约束后的混凝土轴心抗压强度；

β——与约束径向压应力水平有关的影响系数，$\beta=4.1\sim7.0$。

在间接钢筋间距 s 范围内，利用 σ_r 合力与钢筋拉力的平衡，如图 5-12 所示。则可得

$$\sigma_r d_{cor} s=2f_{yv}A_{ss1} \tag{5-6}$$

$$\sigma_r=\frac{2f_{yv}A_{ss1}}{d_{cor}s}=\frac{2f_{yv}A_{ss1}\pi d_{cor}}{\dfrac{\pi d_{cor}^2}{4}\times4s}=\frac{f_{yv}A_{sso}}{2A_{cor}} \tag{5-7}$$

$$A_{sso}=\frac{\pi d_{cor}A_{ss1}}{s} \tag{5-8}$$

式中　A_{ss1}——单根间接钢筋的截面面积；

s——沿构件轴线方向间接钢筋的间距；

d_{cor}——构件的核心直径，按间接钢筋内表面确定；

A_{ss0}——间接钢筋的换算截面面积；

A_{cor}——构件的核心截面面积；

f_{yv}——间接钢筋的抗拉强度设计值。

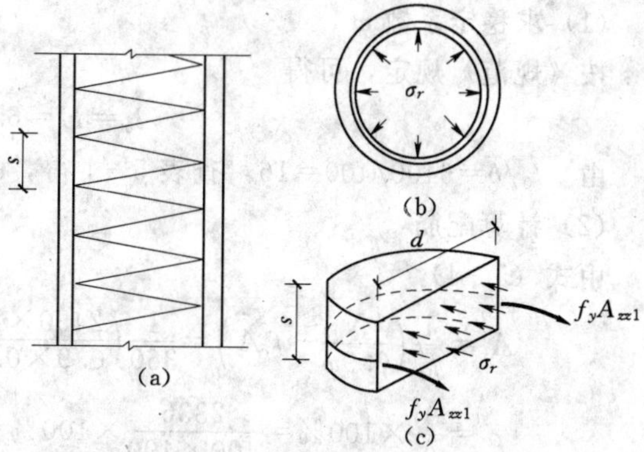

图 5-12　混凝土径向压力示意图

根据达到极限状态时轴向力的平衡，可得到螺旋箍筋柱的轴心受压承载力：

$$N_u = f_{c1}A_{cor} + f'_yA'_s = f_cA_{cor} + \frac{\beta}{2}f_{yv}A_{ss0} + f'_yA'_s \tag{5-9}$$

令 $2\alpha=\beta/2$ 代入式（5-9），同时考虑可靠度的调整系数 0.9 后，《规范》规定螺旋式或焊接环式间接钢筋柱的承载力设计计算公式为：

$$N \leqslant N_u = 0.9(f_cA_{cor} + 2\alpha f_{yv}A_{ss0} + f'_yA'_s) \tag{5-10}$$

式中 α 称为间接钢筋对混凝土约束的折减系数，当混凝土强度等级不超过 C50，取 $\alpha=1.0$；当混凝土强度等级为 C80 时，取 $\alpha=0.85$；当混凝土强度等级在 C50 与 C80 之间时，按线性内插取值。

由以上分析可知，采用螺旋箍筋可有效提高柱的轴心受压承载力，但如果螺旋箍筋配置过多，极限承载力提高过大，则会在远未达到极限承载力之前保护层产生剥落，从而影响正常使用。因此《规范》规定，按式（5-10）计算所得的承载力不应大于按式（5-3）计算所得普通箍筋柱受压承载力的 1.5 倍。

此外，《规范》规定，凡属下列情况之一者，不考虑间接钢筋的影响而按式（5-3）计算构件的承载力：

（1）当 $l_0/d>12$ 时，此时因长细比较大，螺旋箍筋因受纵向弯曲的影响而不能发挥其作用。

（2）当按式（5-10）算得受压承载力小于按式（5-3）算得的受压承载力时。

（3）当螺旋箍筋换算截面面积 A_{ss0} 小于全部纵筋截面面积 A'_s 的 25%时，可以认为螺旋箍筋配置的太少，套箍作用的效果不明显。

【例 5-1】 某现浇多层钢筋混凝土框架结构，底层中柱按轴心受压构件计算，柱高 $H=6.4$m，承受轴向压力设计值 $N=2450$kN，采用 C30 混凝土，HRB400 级钢筋，求柱的截面尺寸和纵筋面积。

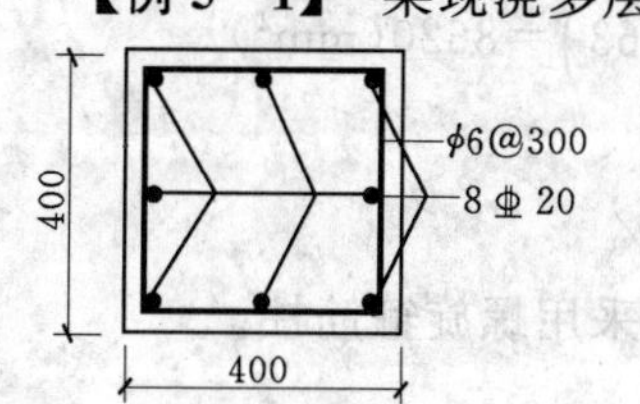

图 5-13　［例 5-1］配筋图

【解】 1. 基本参数值取用

C30 级混凝土 $f_c=14.3$MPa，HRB400 级钢筋 $f'_y=360$MPa

2. 估算截面尺寸

根据构造要求，先假定柱的截面尺寸为 400mm×400mm

(1) 求稳定系数 φ

按《规范》规定，可得

$$l_0=H=6.4(\mathrm{m})$$

由 $l_0/b=6400/400=16$，查表 5-1 得，$\varphi=0.87$

(2) 计算配筋

由式 (5-4)

$$A'_s=\frac{1}{f'_y}\left(\frac{N}{0.9\varphi}-f_cA\right)=\frac{1}{360}\left(\frac{2450\times10^3}{0.9\times0.87}-14.3\times400^2\right)=2336(\mathrm{mm}^2)$$

$$\rho'=\frac{A'_s}{A}\times100\%=\frac{2336}{400\times400}\times100\%=1.46\%>0.6\%$$

由附表 3-1，选配钢筋 8 ⌀ 20 ($A'_s=2513\mathrm{mm}^2$)，箍筋配置 ϕ6@300，满足构造要求。

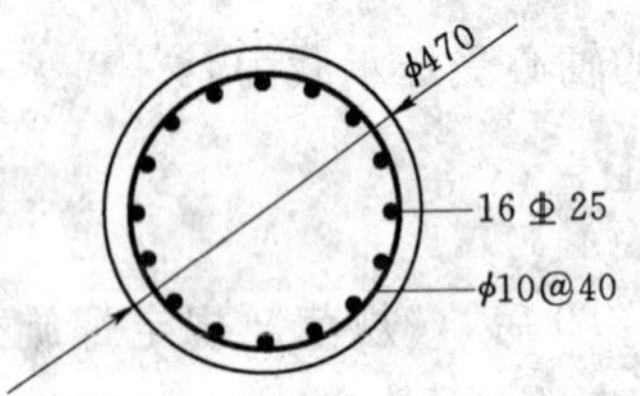

图 5-14　[例 5-2] 配筋图

【例 5-2】 已知某旅馆底层门厅内现浇钢筋混凝土柱，承受轴心压力设计值 $N=4000\mathrm{kN}$；从基础顶面至二层楼面高度为 $H=5.2\mathrm{m}$，混凝土强度等级为 C30，由于建筑要求柱截面为圆形，直径 $d=450\mathrm{mm}$，柱中纵筋用 HRB400 级钢筋，箍筋用 HPB300 级钢筋。

求：柱中配筋。

【解】 1. 计算参数

查附表 4-4 可知，室内正常环境（一类环境）时，柱混凝土保护层的最小厚度取 20mm，初选螺旋箍筋直径为 10mm，则有 $A_{ss1}=78.5\mathrm{mm}^2$。

$$d_{cor}=450-2\times20-2\times10=390\mathrm{mm},\ A_{cor}=\frac{\pi d_{cor}^2}{4}=119399\mathrm{mm}^2$$

C30 级混凝土 $f_c=14.3\mathrm{MPa}$，HRB400 级钢筋 $f'_y=360\mathrm{MPa}$，HPB300 级钢筋 $f_{yv}=270\mathrm{MPa}$。

2. 先按普通箍筋柱计算

(1) 求计算长度 l_0

无侧移多层房屋的钢筋混凝土现浇框架柱的计算长度 $l_0=H=5.2\mathrm{m}$

(2) 计算稳定系数 φ

由 $l_0/d=5200/450=11.56$，查表 (5-1) 得 $\varphi=0.93$

(3) 求纵筋 A'_s

已知圆形混凝土截面面积 $A=\pi d^2/4=3.14\times450^2/4=158963(\mathrm{mm}^2)$，由式 (5-4) 得

$$A'_s=\frac{1}{f'_y}\left(\frac{N}{0.9\varphi}-f_cA\right)=\frac{1}{360}\left(\frac{4500\times10^3}{0.9\times0.93}-14.3\times158963\right)=8620(\mathrm{mm}^2)$$

(4) 求配筋率

$$\rho'=A'_s/A=8620/158963=5.4\%>5\%$$

配筋率太高，若混凝土强度等级不再提高，并因 $l_0/d<12$，可采用螺旋箍筋柱。

3. 按螺旋箍筋柱计算

(1) 假定纵筋配筋率 $\rho'=0.035$，则得 $A'_s=\rho'A=5564(\mathrm{mm}^2)$，选用 16 ⌀ 22，$A'_s=$

6082(mm^2)

(2) 计算螺旋筋的换算截面面积 A_{ss0}

由式 (5-10) 得

$$A_{ss0}=\frac{N/0.9-(f_cA_{cor}+f'_yA'_s)}{2f_y}$$

$$=\frac{4500\times10^3/0.9-(14.3\times119399+360\times6082)}{2\times270}=2043(mm^2)$$

$A_{ss0}>0.25A'_s=0.25\times6082=1521(mm^2)$，满足构造要求。

由式 (5-8) 得

$$s=\frac{\pi d_{cor}A_{ss1}}{A_{ss0}}=\frac{3.14\times390\times78.5}{2043}=47(mm)$$

取 $s=40$mm，满足不小于 40mm，并不大于 80mm 及 $0.2d_{cor}$ 的要求。

(3) 根据所配置的螺旋筋 $d=10$mm，$s=45$mm 重新用式 (5-8) 及式 (5-10) 求得螺旋箍筋柱的轴向承载力设计值

$$A_{ss0}=\frac{\pi d_{cor}A_{ss1}}{s}=\frac{3.14\times390\times78.5}{40}=2403(mm^2)$$

$$N_u=0.9(f_cA_{cor}+2f_yA_{ss0}+f'_yA'_s)$$

$$=0.9\times(14.3\times119399+2\times270\times2403+360\times6082)=4675(kN)$$

再按轴心受压普通箍筋柱由式 (5-3) 计算构件的承载力得

$$N_u=0.9\varphi(f_cA+f'_yA'_s)$$

$$=0.9\times0.93\times[14.3\times(158963-6082)+360\times6082]=3662.5(kN)$$

因 $$1.5\times3662.5=5493.8kN>4675(kN)$$

说明该间接箍筋柱能承受的轴向压力设计值为 $N_u=4675$kN。此值大于已知的轴心压力设计值 $N=4500$kN，满足要求。

第三节　偏心受压构件承载力计算

一、偏心受压短柱的受力特点及破坏形态

同时承受轴向压力和弯矩的构件，称为偏心受压构件。如图 5-15 所示，受轴向压力 N 和弯矩 M 共同作用的截面，可等效于偏心距为 $e_0=M/N$ 的偏心受压截面。当偏心距 $e_0=0$ 时，即弯矩 $M=0$ 时，为轴心受压情况；当 $N=0$ 时，为受纯弯情况。因此偏心受压构件的受力性能和破坏形态介于轴心受压和受弯之间。为增强抵抗压力和弯矩的能力，偏心受压构件一般同时在截面两侧配置纵向钢筋，离偏心压力较远一侧的纵向钢筋为受拉钢筋，其截面面积用 A_s 表示，另一侧的纵向钢筋为受压钢筋，其截面面积用 A'_s 表示。同时构件中应配置必要的箍筋，以防止受压钢筋的压曲。

偏心受压构件的破坏形态与相对偏心距 e_0/h_0 的大小和纵向钢筋的配筋率有关，试验结果表明，偏心受压短柱的破坏可分为两种情况。

1. 受拉破坏——大偏心受压破坏

当轴向压力的相对偏心距 e_0/h_0 较大，且受拉侧钢筋 A_s 配置适当时，在荷载作用下，

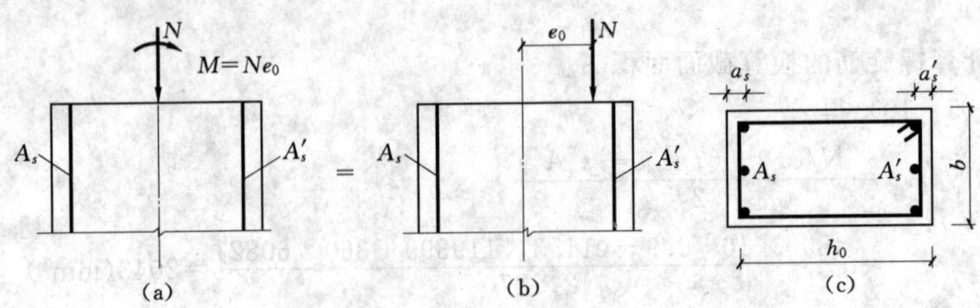

图 5-15　压弯截面等效于偏心受压截面

(a) 压弯构件；(b) 偏心受压构件；(c) 截面配筋

靠近轴向压力一侧受压，另一侧受拉。当荷载增加到一定值时，首先在受拉区产生横向裂缝，裂缝截面处的混凝土退出工作。轴向压力的偏心距 e_0 越大，横向裂缝出现越早，裂缝的开展与延伸越快。随着荷载的继续增加，受拉区钢筋的应力及应变增速加快，裂缝随之不断地增多和延伸，受压区高度逐渐减小，临近破坏荷载时，横向水平裂缝急剧开展，并形成一条主要破坏裂缝，受拉钢筋首先达到屈服强度，随着受拉钢筋屈服后的塑形伸长，中和轴迅速向受压区边缘移动，受压区面积不断缩小，受压区应变快速增加，最后受压区边缘混凝土达到极限压应变而被压碎，从而导致构件破坏。此时，受压区的钢筋一般也达到其屈服强度。

这种破坏特征与适筋的双筋截面梁类似，有明显的预兆，为延性破坏。由于破坏始于受拉钢筋首先屈服，然后受压区混凝土被压碎，故称受拉破坏。又由于它属于偏心距较大的情况，故又称大偏心受压破坏。构件的破坏情况如图 5-16 所示。

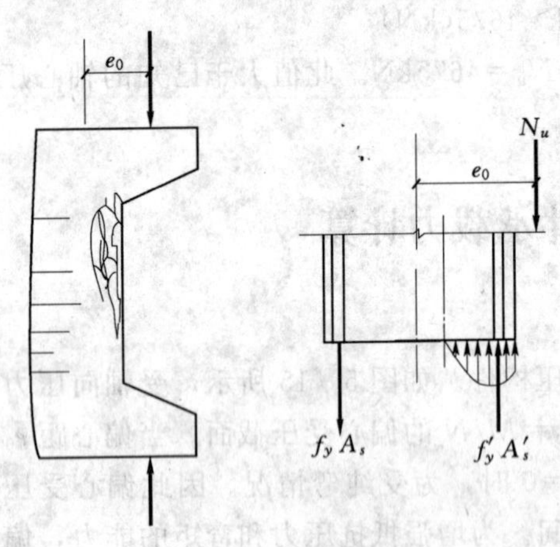

图 5-16　受拉破坏时的截面应力和受拉破坏形态

2. 受压破坏——小偏心受压破坏

当轴向压力的相对偏心距 e_0/h_0 较小，或者相对偏心距 e_0/h_0 虽较大，但受拉钢筋 A_s 配置的太多时，在荷载作用下，截面大部分受压或全部受压，此时可能发生以下几种破坏情况：

(1) 当相对偏心距 e_0/h_0 很小时，构件全截面受压，如图 5-17 (a) 所示。靠近轴向力一侧的压应力较大，随着荷载逐渐增大，这一侧混凝土首先被压碎（发生纵向裂缝），构件破坏，该侧受压钢筋 A'_s 达到抗压屈服强度，而远离轴向力一侧的混凝土未被压碎，钢筋 A_s 虽受压，但未达到抗压屈服强度。

(2) 当相对偏心距 e_0/h_0 较小时，截面大部分受压，小部分受拉，如图 5-17 (b) 所示。由于中和轴靠近受拉一侧，截面受拉边缘的拉应变很小，受拉区混凝土可能开裂，也可能不开裂。破坏时，靠近轴向力一侧的混凝土被压碎，受压钢筋 A'_s 达到抗压屈服强度，但受拉钢筋 A_s 未达到抗拉屈服强度，不论受拉钢筋数量多少，其应力很小。

(3) 当相对偏心距 e_0/h_0 较大，但受拉钢筋配置太多时，同样是部分截面受压，部分截面受拉，如图 5－17（c）所示。随着荷载的增大，破坏也是发生在受压一侧，混凝土被压碎，受压钢筋 A_s' 应力达到抗压屈服强度，构件破坏。而受拉钢筋 A_s 应力未能达到抗拉屈服强度，这种破坏形态类似于受弯构件的超筋梁破坏。

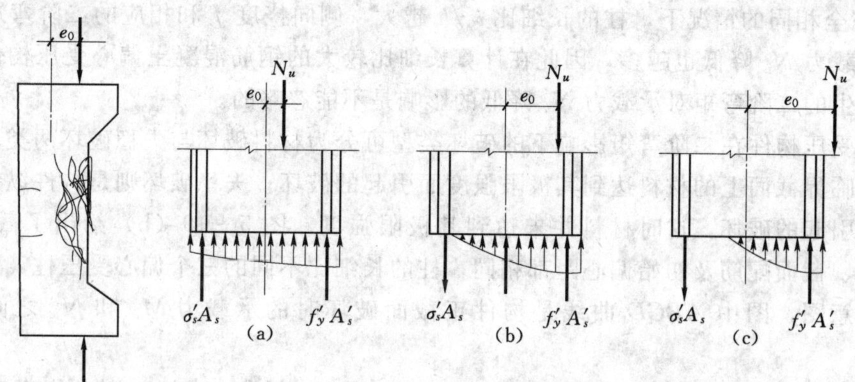

图 5－17　受压破坏时的截面应力和受压破坏形态

上述三种情况，破坏时的应力状态虽有所不同，但破坏特征都是靠近轴向力一侧的受压区混凝土应变先达到极限压应变，受压钢筋 A_s' 达到屈服强度而破坏，故称受压破坏。又由于它属于偏心距较小的情况，故又称为小偏心受压破坏。

当轴向压力的偏心距 e_0 极小，靠近轴向力一侧的受压钢筋 A_s' 较多，而远离轴向力一侧的受拉钢筋 A_s 相对较少时，轴向力可能在截面的几何形心和实际重心之间，离轴向压力较远一侧的混凝土的压应力反而大些，该侧边缘混凝土的应变可能先达到其极限值，混凝土被压碎而破坏，如图 5－18 所示。

试验还表明，从加载开始到接近破坏为止，偏心受压构件的截面平均应变值都较好地符合平截面假定。

3. 大小偏心受压构件的界限

在“受拉破坏”和“受压破坏”之间存在着一种界限状态，称为界限破坏。界限破坏的特征是在受拉钢筋 A_s 应力达到抗拉屈服强度的同时，受压区边缘混凝土的应变也达到极限压应变而破坏。界限破坏也属于受拉破坏。

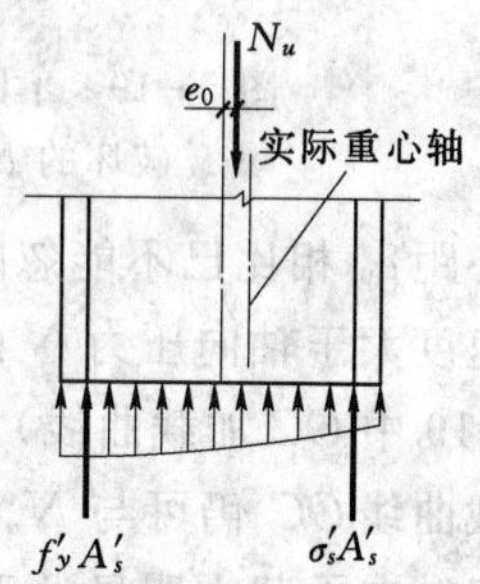

图 5－18　个别情况的受压破坏

这一特征与受弯构件适筋与超筋的界限破坏特征相同，所以同样可利用平截面假定得到大、小偏心受压构件的界限条件，即当 $\xi \leqslant \xi_b$ 时，为大偏心受压破坏；当 $\xi > \xi_b$ 时，为小偏心受压破坏。相对界限受压区高度 ξ_b 由式（3－11）求出。

二、偏心受压长柱的受力特点及纵向弯曲影响

1. 偏心受压长柱的附加弯矩或二阶弯矩

试验表明，钢筋混凝土柱在承受偏心受压荷载后，会产生纵向弯曲。对于长细比较小的柱，即所谓的短柱，由于纵向弯曲小，在设计时一般忽略不计。但长细比较大的柱则不同，在荷载作用下，会产生比较大的侧向挠曲变形，设计时必须予以考虑。

下面讨论图 5－19（a）所示的典型偏心受压柱纵向弯曲变形的影响。轴向压力 N 在柱上下端的偏心距为 e_0，柱中截面的侧向挠度为 f。因此，对柱跨中截面来说，轴向压力的实际偏心距为 e_0+f，即柱跨中截面的弯矩为 $M=N(e_0+f)$，$\Delta M=N\cdot f$ 为柱中截面侧向挠度引起的附加弯矩（也叫二阶弯矩）。在截面尺寸、截面配筋、材料强度和初始偏心距 e_0 完全相同的情况下，柱的长细比 l_0/h 越大，侧向挠度 f 和相应的二阶弯矩 ΔM 也越大，承载力 N_u 降低也越多，因此在计算长细比较大的钢筋混凝土偏心受压构件时，轴向压力产生的二阶弯矩对承载力 N_u 降低的影响是不能忽略的。

偏心受压构件在二阶弯矩影响下的破坏类型可分为材料破坏与失稳破坏两类，材料破坏是构件临界截面上的材料达到其极限强度而引起的破坏；失稳破坏则是构件纵向弯曲失去平衡而引起的破坏，这时材料并未达到其极限强度。图 5－19（b）给出了截面尺寸、材料强度、截面配筋及初始偏心距都相同，柱的长细比不同的三个偏心受压柱，从加载到破坏的示意图，图中 $ABCD$ 曲线是构件正截面破坏时的承载力 M_u 和 N_u 之间的关系曲线。

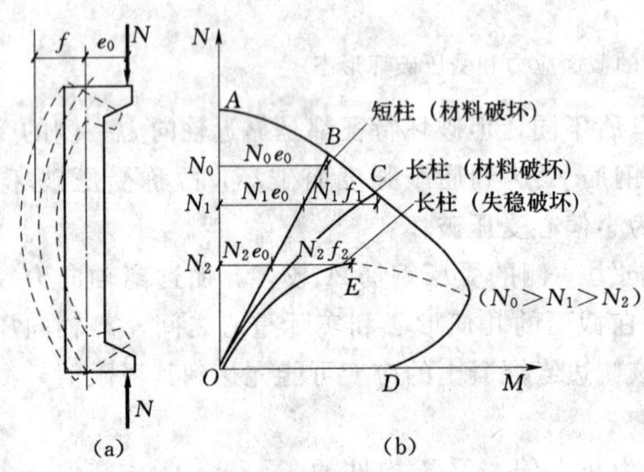

图 5－19　不同长细比柱从加载到破坏的 N—M 关系曲线

（1）对于短柱，侧向挠度 f 与偏心距 e_0 相比很小，二阶效应的影响可以忽略不计，偏心距 e_0 保持不变，柱跨中截面弯矩 $M=Ne_0$ 随着轴向力的增加基本呈线性增长（图 5－19 中 OB 直线），直至达到正截面承载力的极限状态产生破坏（图 5－19 中加载曲线 OB 与 N_u-M_u 相关曲线相交于 B 点时，柱达到最大承载力，截面的材料强度也同时耗尽），属于“材料破坏”。因此，对于短柱，设计时可忽略附加挠度 f 的影响。

（2）对于中长柱，侧向挠度 f 与偏心距 e_0 相比已不能忽略，随着轴向力 N 的增大，柱跨中截面弯矩 $M=N(e_0+f)$ 的增长速度大于轴向压力 N 的增长速度，即柱中弯矩随轴向力的增加呈明显的非线性增长（图 5－19 中 OC 加载曲线），这种非线性是由于柱的侧向挠曲变形引起的，虽然最终 M—N 加载曲线 OC 仍可与 N_u-M_u 曲线相交达到正截面承载力极限状态（图 5－19 中的 C 点），但轴向承载力明显低于同样截面和初始偏心距情况下的短柱。因此，对于中长柱，在设计中应考虑侧向挠度 f 引起的二阶效应对偏心受压构件承载力的影响。对于中长柱的破坏也属于“材料破坏”。

（3）对于长细比很大的细长柱，侧向挠度的影响已很大，N—M 加载曲线 OE 与曲线 OC 相比弯曲程度更大，曲线 OE 在于 N_u-M_u 相关曲线相交之前，侧向挠度 f 已呈不稳定发展，由于轴向力的微小增量可引起不收敛的弯矩 M 的增加而破坏，即所谓的“失稳破坏”。此时的 N—M 加载曲线 OE 不再与 N_u-M_u 相关曲线相交，在 E 点的承载力已达最大，但此时截面内的钢筋应力未达到屈服强度，混凝土也未达到极限压应变值。

由以上分析可知，这三根柱的轴向力偏心距 e_0 虽然相同，但其正截面承载力 N_u 随长细比的增大而降低，即 $N_2<N_1<N_0$。因此，《规范》规定：弯矩作用平面内截面对称的

偏心受压构件，当同一主轴方向的杆端弯矩比 M_1/M_2 不大于 0.9 且设计轴压比不大于 0.9 时，若构件的长细比满足式（5－11）的要求，可不考虑该方向构件自身挠曲产生的附加弯矩影响；否则附加弯矩的影响不可忽略，需按截面的两个主轴方向分别考虑构件自身挠曲产生的附加弯矩影响。

$$\frac{l_0}{i}\leqslant 34-12\left(\frac{M_1}{M_2}\right) \tag{5-11}$$

式中　M_1、M_2——偏心受压构件两端截面按结构弹性分析确定的对同一主轴的组合弯矩设计值，绝对值较大端为 M_2，绝对值较小端为 M_1，当构件按单曲率弯曲时，M_1/M_2 取正值如图 5－20（a）所示，否则取负值，如图 5－20（b）所示；

l_0——构件的计算长度，可近似取偏心受压构件相应主轴方向上下支撑点之间的距离；

i——偏心方向的截面回转半径。

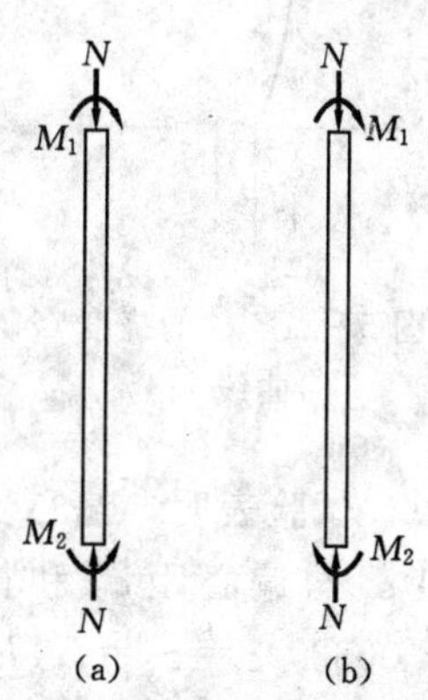

图 5－20　M_1/M_2

(a) 取正值；(b) 取负值

2. 柱端截面附加弯矩——偏心距调节系数和弯矩增大系数

实际工程中最常遇到的是长柱，即不满足式（5－11）要求的条件，在确定偏心受压构件的内力设计值时，需考虑构件的侧向挠度引起的附加弯矩的影响。

《规范》中，将柱端的附加弯矩计算用偏心距调节系数和弯矩增大系数来表示，即偏心受压柱的设计弯矩（考虑了附加弯矩影响后）为原柱端最大弯矩 M_2 乘以偏心距调节系数 C_m 和弯矩增大系数 η_{ns} 而得。

（1）偏心距调节系数 C_m。对于弯矩作用平面内截面对称的偏心受压构件，同一主轴方向两端的杆端弯矩大多不相同，但也存在单曲率弯曲（M_1/M_2 为正）时二者大小接近的情况，即比值 M_1/M_2 大于 0.9，此时，该柱在柱两端相同方向、几乎相同大小的弯矩作用下将产生最大的偏心距，使该柱处于最不利的受力状态。因此在这种情况下，需考虑偏心距调节系数，《规范》规定偏心距调节系数按式（5－12）计算：

$$C_m=0.7+0.3\frac{M_1}{M_2}\geqslant 0.7 \tag{5-12}$$

当按上式计算的 C_m 值小于 0.7 时，取 $C_m=0.7$。

（2）弯矩增大系数 η_{ns}。弯矩增大系数是考虑偏心受压构件侧向挠度对其承载力降低影响。如图 5－21 所示，考虑偏心受压构件侧向挠度 f 后，柱跨中实际截面偏心距可表示为：

$$e_0+f=\left(1+\frac{f}{e_0}\right)e_0=\eta_{ns}e_0 \tag{5-13}$$

$$\eta_{ns}=1+\frac{f}{e_0} \tag{5-14}$$

式中　f——长柱纵向弯曲后产生的侧向挠度；

e_0——轴向压力对截面重心的偏心距。

下面讨论如何确定 η_{ns} 值。

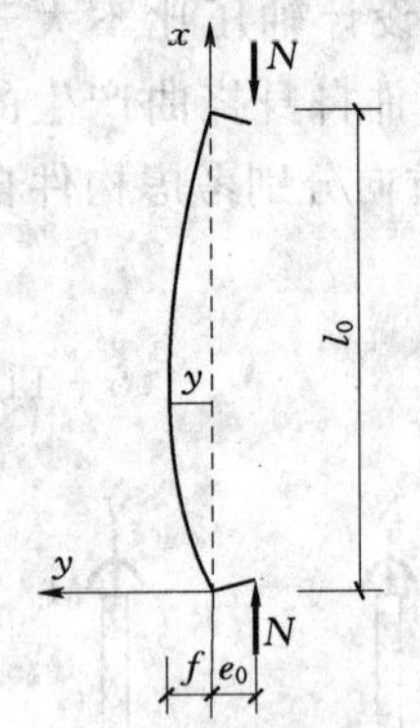

图 5-21　柱的挠度曲线

对于图 5-19 所示的典型的两端铰接柱，柱跨中截面侧向挠度最大，试验结果表明，侧向挠度曲线近似符合正弦曲线如图 5-21 所示，即

$$y=f\sin\frac{\pi x}{l_0} \tag{5-15}$$

柱跨中截面（$x=l_0/2$）的曲率为：

$$\phi=-\frac{d^2y}{dx^2}=f\frac{\pi^2}{l_0^2}\sin（\pi x/l_0）\approx 10\frac{f}{l_0^2}$$

则有

$$f=\frac{l_0^2}{10}\phi \tag{5-16}$$

根据平截面假定，截面曲率可表示为：

$$\phi=\frac{\varepsilon_c+\varepsilon_s}{h_0} \tag{5-17}$$

试验表明，偏心受压构件达到极限状态时，受压区边缘混凝土应变 ε_c 和受拉钢筋应变 ε_s 与偏心距 e_0 和长细比有关。对于界限破坏情况，ε_c 和 ε_s 是明确的，即 $\varepsilon_c=\varepsilon_{cu}=0.0033$，$\varepsilon_s=\varepsilon_y=f_y/E_s=0.002$（对于常用的 HRB400 和 HRB500 级钢筋），故界限破坏时的截面曲率为：

$$\phi_b=\frac{\varepsilon_{cu}+f_y/E_s}{h_0}=\frac{1.25\times0.0033+0.002}{h_0}=\frac{1}{163.3h_0} \tag{5-18}$$

其中，1.25 是考虑长期作用下混凝土的徐变引起的混凝土应变增大系数。对于偏心距较小的小偏心受压情况，达到承载力极限状态时受拉侧钢筋未达到抗拉屈服强度，其应变 ε_s 小于 $\varepsilon_y=f_y/E_s$，且受压区边缘混凝土的应变值一般也小于 ε_{cu}，截面破坏时的曲率小于界限破坏时的曲率 ϕ_b，为此计算破坏曲率时，须引进一个修正系数 ζ_c，称为偏心受压构件截面曲率修正系数，参考国外规范和试验结果，为了简化计算《规范》采用下式计算 ζ_c 值：

$$\xi_c=\frac{0.5f_cA}{N} \tag{5-19}$$

式中　A——构件截面面积；

N——受压构件轴向力设计值；

ζ_c——偏心受压构件截面曲率修正系数，且当 $\zeta_c>1.0$ 时。取 $\zeta_c=1.0$。

对于大偏心受压构件，截面破坏时的曲率大于界限曲率 ϕ_b 值，但受拉钢筋屈服时截面的曲率则小于 ϕ_b 值。而破坏弯矩和受拉钢筋屈服时能承受的弯矩值很接近，为此，计算曲率可视为与界限曲率相等，取 $\zeta_c=1.0$。

考虑上述因素后，对界限情况下的曲率 ϕ_b 进行修正得

$$\phi=\phi_b\zeta_c=\frac{1}{163.3h_0}\zeta_c \tag{5-20}$$

将式（5-20）代入式（5-16）得

$$f=\frac{l_0^2}{10}\phi=\frac{l_0^2}{1633h_0}\zeta_c \tag{5-21}$$

将上述有关结果代入式（5-14），并取 $h=1.1h_0$，考虑附加偏心距后以 $M_2/N+e_a$ 代

替 e_0，可得《规范》中弯矩增大系数 η_{ns} 计算公式为：

$$\eta_{ns}=1+\frac{1}{1300(M_2/N+e_a)/h_0}\left(\frac{l_0}{h}\right)^2\zeta_c \tag{5-22}$$

式中　M_2——偏心受压构件两端截面按结构分析确定的弯矩设计值中绝对值较大的弯矩设计值；

N——与弯矩设计值 M_2 相应的轴向压力设计值；

e_a——附加偏心距，由于荷载作用位置的不确定性、混凝土质量的不均匀性及施工的偏差等因素引起的偏心距，按《规范》规定，其值取 $e_a=20\text{mm}$ 或 $e_a=h/30$ 两者中的较大者；

h——偏心受压构件的截面高度，对环形截面，取外直径，对圆形截面，取直径。

3. 控制截面弯矩设计值的确定

《规范》规定：除排架结构柱外，对其他偏心受压构件考虑偏心压力在挠曲杆件中产生的二阶效应（附加弯矩或二阶弯矩）后，控制截面的弯矩设计值可按下式计算：

$$M=C_m\eta_{ns}M_2 \tag{5-23}$$

当 $C_m\eta_{ns}$ 小于 1.0 时取 1.0；对剪力墙和核心筒墙，可取等于 1.0。

三、矩形截面偏心受压构件正截面承载力计算

1. 矩形截面大偏心受压构件正截面承载力计算

（1）基本公式。试验表明，大偏心受压构件的破坏特征是受拉钢筋先达到屈服，然后受压区边缘混凝土被压碎，构件破坏。与受弯构件的双筋矩形截面破坏特征类似，其截面应力图形如图 5-22 所示。计算时采用的基本假定同受弯构件，混凝土非均匀受压区的压应力图形用等效矩形应力图形代替，其高度等于按平截面假定所确定的中和轴的高度乘以系数 β_1，矩形应力图形的应力值取 $\alpha_1 f_c$。

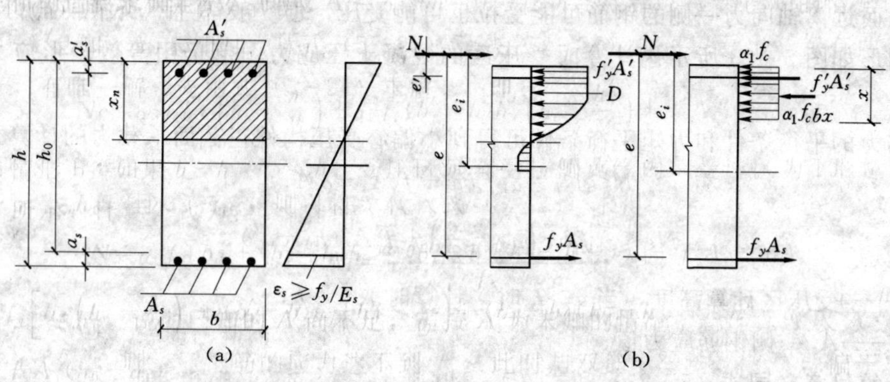

图 5-22　大偏心受压破坏的截面计算图形

(a) 截面应力分布和应变分布；(b) 等效计算图形

根据力的平衡条件及各力对受拉钢筋合力点取矩的力矩平衡条件，可得到以下两个基本公式：

$$N\leqslant N_u=\alpha_1 f_c bx+f'_y A'_s-f_y A_s \tag{5-24}$$

$$Ne\leqslant\alpha_1 f_c bx\left(h_0-\frac{x}{2}\right)+f'_y A'_s(h_0-a'_s) \tag{5-25}$$

$$e=e_i+\frac{h}{2}-a_s \tag{5-26}$$

式中　N——轴向力设计值；

α_1——系数，当混凝土强度等级不超过 C50 时，α_1 取为 1.0，为 C80 时，α_1 取为 0.94，其间按线性内插法确定；

e——轴向力作用点到受拉钢筋 A_s 合力点的距离；

e_i——初始偏心距，$e_i=e_0+e_a$；

e_0——轴向压力对截面重心的偏心距，$e_0=\frac{M}{N}$；

e_a——附加偏心距，按《规范》的规定，其值取 $e_a=20\text{mm}$ 或 $e_a=h/30$ 两者中较大者；

M——考虑二阶效应影响后的偏心受压构件控制截面的弯矩设计值；按式（5-22）计算；

x——受压区计算高度。

（2）适用条件。

1）为了保证构件破坏时受拉区钢筋应力先达到屈服强度，要求

$$x\leqslant\xi_b h_0$$

2）为了保证构件破坏时，受压钢筋应力能达到抗压屈服强度设计值，与双筋受弯构件相同，要求满足：

$$x\geqslant 2a_s' \tag{5-27}$$

2. 矩形截面小偏心受压构件正截面受压承载力计算公式

如前所述，小偏心受压构件在破坏时，靠近轴向力一侧的混凝土被压碎，受压钢筋达到屈服，而远离轴向力一侧的钢筋可能受拉也可能受压，但一般都达不到屈服强度，其截面应力图形如图 5-23 所示。计算时受压区的混凝土压应力图形仍用等效矩形应力图来代替。

根据力的平衡条件和力矩平衡条件可得到小偏心受压构件正截面承载力的计算公式

$$N\leqslant N_u=\alpha_1 f_c bx+f_y'A_s'-\sigma_s A_s \tag{5-28}$$

$$Ne\leqslant\alpha_1 f_c bx\left(h_0-\frac{x}{2}\right)+f_y'A_s'(h_0-a_s') \tag{5-29}$$

式中　x——受压区计算高度，当 $x>h$ 时，计算时取 $x=h$；

σ_s——A_s 一侧钢筋应力值；

其余符号意义同式（5-23）和式（5-24）。

在进行小偏心受压构件承载力计算时，关键问题是必须确定远离轴向压力一侧钢筋的应力值 σ_s。根据平截面假定，由图 5-24 所示的应变分布的几何关系，先确定出远离轴向力一侧钢筋的应变，然后再按钢筋的应力应变关系，求得 σ_s 的值。

$$\frac{\varepsilon_{cu}}{\varepsilon_{cu}+\varepsilon_s}=\frac{x_n}{h_0} \tag{5-30}$$

$$\varepsilon_s=\varepsilon_{cu}\left(\frac{1}{x_n/h_0}-1\right) \tag{5-31}$$

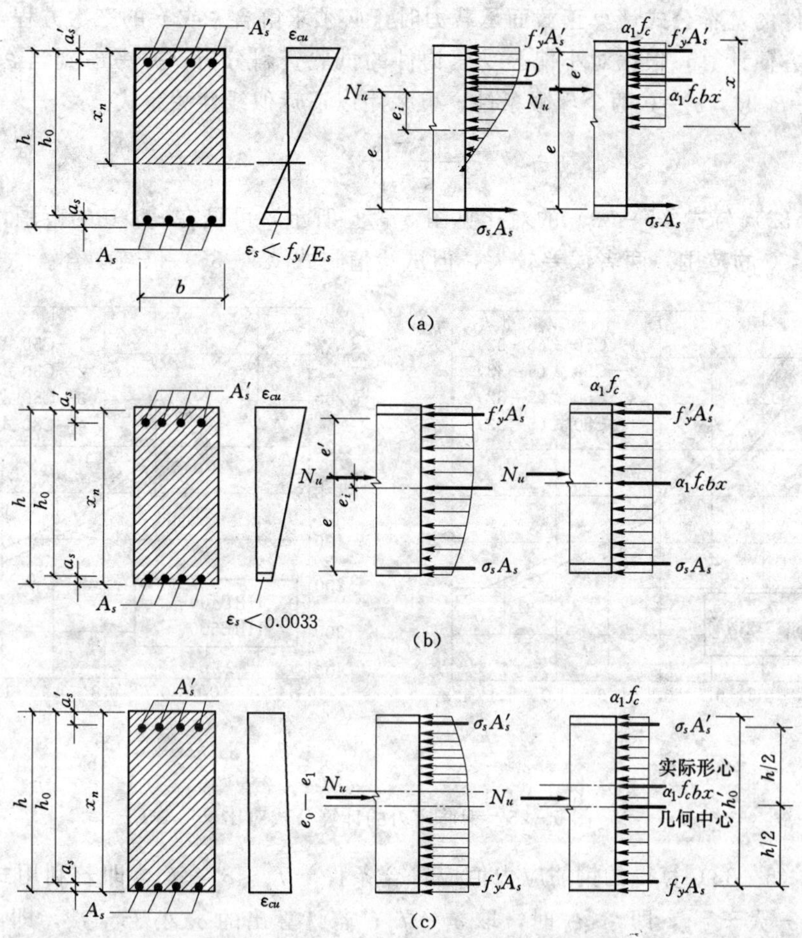

图 5-23　小偏心受压破坏界面计算图形

(a) A_s 受拉不屈服；(b) A_s 受压不屈服；(c) A_s 受压屈服

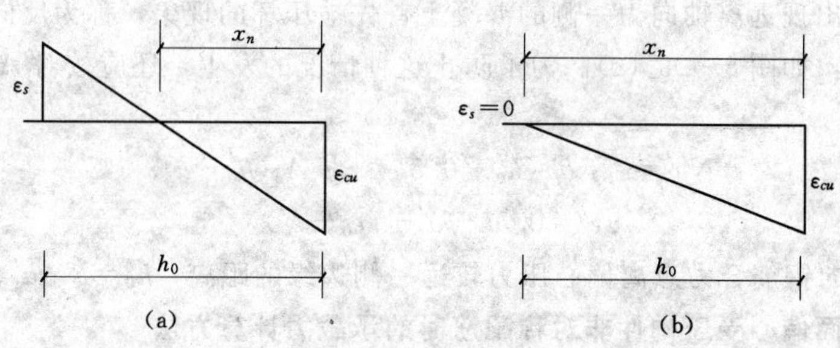

图 5-24　小偏心受压时截面应变分布图

(a) 有受拉区；(b) 无受拉区

由 $x=\beta_1 x_n$ 及 $\sigma_s=E_s\varepsilon_s$，可推得

$$\sigma_s=E_s\varepsilon_{cu}\left(\frac{\beta_1}{x/h_0}-1\right)=E_s\varepsilon_{cu}\left(\frac{\beta_1}{\xi}-1\right) \tag{5-32}$$

由式 (5-32) 可见，σ_s 与 ξ 呈双曲线关系，如图 5-25 所示。如将此关系式代入小

偏心受压构件的基本公式计算正截面承载力时，必须求解含 ξ 或 x 的三次方程，计算十分麻烦。为了方便计算，根据对小偏心受压构件的试验资料分析，并考虑到当 $\xi=\xi_b$ 时，$\sigma_s=f_y$；当 $\xi=\beta_1$ 时，$\sigma_s=0$ 两个界限条件，可采用以下近似线性关系式。

$$\sigma_s=\frac{\xi-\beta_1}{\xi_b-\beta_1}f_y \tag{5-33}$$

式（5－32）与式（5－33）的对比见图 5－25 所示，可见在 $\sigma_s>0$ 的范围，两者吻合较好；在 $\sigma_s<0$ 的范围，两者误差较大，但试验值与式（5－33）仍较吻合。

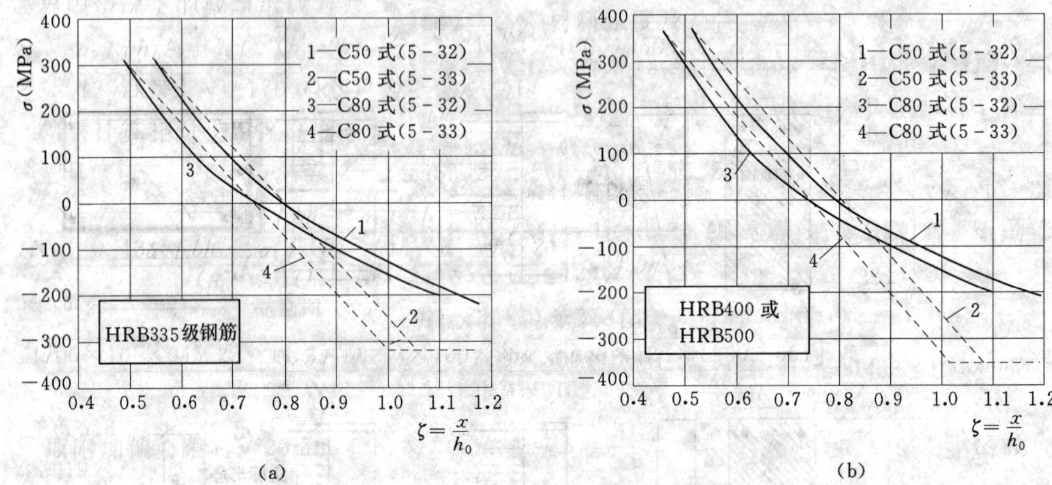

图 5－25　钢筋应力的计算公式对比

利用式（5－33）算得的钢筋应力值应符合条件 $-f'_y\leqslant\sigma_s\leqslant f_y$，即若利用式（5－33）计算得出的 σ_s 大于 f_y，即 $\xi\leqslant\xi_b$ 时，取 $\sigma_s=f_y$；若计算出的 σ_s 小于 $-f'_y$，即 $\xi>2\beta_1-\xi_b$ 时，取 $\sigma_s=-f'_y$。

此外，当偏心矩 e_0 很小时，如附加偏心矩 e_a 与荷载偏心距 e_0 方向相反，或 A_s 配置的很少，也可能出现远离轴向力一侧的混凝土首先被压坏的现象，称为反向破坏，此时通常为全截面受压，如图 5－23（c）。为了防止这种情况的发生，还应按对 A'_s 重心取力矩平衡进行计算：

$$Ne'=\alpha_1 f_c bh(h'_0-0.5h)+f'_y A_s(h'_0-a_s) \tag{5-34}$$

$$e'=0.5h-a'_s-(e_0-e_a) \tag{5-35}$$

式中　h'_0——纵向钢筋合力点离偏心压力较远一侧边缘的距离，$h'_0=h-a'_s$。

四、矩形截面偏心受压构件非对称配筋时的承载力计算方法

目前偏心受压构件截面承载力计算，一般都采用简化分析方法。根据截面钢筋的布置，可以将偏压截面分成对称配筋和非对称配筋两种类型，每种类型又可分为截面设计和截面复核两种状况。

在进行截面设计时，首先遇到的问题是如何判别构件属于大偏心受压还是小偏心受压，以便采用不同的方法进行配筋计算。在进行截面设计之前，由于钢筋截面面积 A_s、A'_s 为未知数，构件截面的混凝土相对受压区高度 ξ 将无从计算，因此无法利用 ξ 与 ξ_b 关系

来判别截面属于大偏心受压还是小偏心受压。在实际设计时常根据初始偏心距的大小来加以确定。根据设计经验的总结和理论分析，如果截面配置了不少于最小配筋率的钢筋，则在一般情况下：

当 $e_i>0.3h_0$ 时，可按大偏心受压构件设计；

当 $e_i\leqslant0.3h_0$ 时，可按小偏心受压构件设计。

1. 截面设计

大偏心受压构件（$e_i>0.3h_0$）。已知截面尺寸 $b\times h$，混凝土强度等级 f_c，钢筋种类及强度 f_y、f'_y，柱端弯矩设计值 M_1 和 M_2 及轴向力设计值 N，构件的计算长度 l_0，计算纵向钢筋截面面积 A_s 和 A'_s。一般有两种情况：

1）A_s 和 A'_s 未知时。此时基本公式（5－23）、式（5－24）中有三个未知数 A_s、A'_s 和 x，故无唯一解。与双筋梁类似，为使总配筋面积（$A_s+A'_s$）最小，可取 $x=\xi_b h_0$ 代入式（5－24），得到钢筋 A'_s 的计算公式：

$$A'_s=\frac{Ne-\alpha_1 f_c bh_0^2\xi_b(1-0.5\xi_b)}{f'_y(h_0-a'_s)} \tag{5-36}$$

其中
$$e=e_i+\frac{h}{2}-a_s$$

如果所求得的 A'_s 满足最小配筋率 $\rho'_{\min}$（$\rho'_{\min}$ 为受压钢筋的配筋率）的要求，即 $A'_s\geqslant\rho'_{\min}bh$，则将所求得的 A'_s 和 $x=\xi_b h_0$ 代入式（5－23），即可求得受拉钢筋 A_s

$$A_s=\frac{\alpha_1 f_c bh_0\xi_b+f'_yA'_s-N}{f_y} \tag{5-37}$$

所求得的 A_s 应满足最小配筋率 $\rho_{\min}$（$\rho_{\min}$ 为受拉钢筋最小配筋率）的要求，即 $A_s\geqslant\rho_{\min}bh$，如不满足，则应按最小配筋率确定 A_s。即 $A_s=\rho_{\min}bh$。

如果按式（5－36）求得的 A'_s 不满足最小配筋率的要求，即 $A'_s<\rho'_{\min}bh$，则应按最小配筋率和构造要求确定 A'_s，即取 $A'_s=\rho'_{\min}bh=0.002bh$，然后按 A'_s 为已知的情况计算。

2）A'_s 已知，A_s 未知时。从式（5－23）及式（5－24）中可以看出，仅有两个未知数 A_s 和 x，有唯一解，先由式（5－24）求解 x，即

$$Ne=f'_yA'_s(h_0-a'_s)+\alpha_1 f_c bx\left(h_0-\frac{x}{2}\right)$$

若 $x\leqslant\xi_b h_0$，且 $x>2a'_s$，则可将 x 代入式（5－23）求得 A_s

$$A_s=\frac{\alpha_1 f_c bx+f'_yA'_s-N}{f_y} \tag{5-38}$$

若 $x>\xi_b h_0$，说明已知的 A'_s 尚不足，需按 A'_s 为未知的情况重新计算 A'_s 及 A_s。

若 $x<2a'_s$，则受压钢筋的应力达不到 f'_y，此时与双筋受弯构件一样，偏于安全地近似取 $x=2a'_s$，对 A'_s 合力中心取矩得

$$Ne'=f_yA_s(h_0-a'_s) \tag{5-39}$$

$$A_s=\frac{Ne'}{f_y(h_0-a'_s)} \tag{5-40}$$

式中　e'——轴向压力作用点至钢筋 A'_s 合力点的距离，$e'=e_i-0.5h+a'_s$。

以上求得的 A_s 若小于 $\rho_{\min}bh$，应取 $A_s=\rho_{\min}bh$。

3）小偏心受压构件（$e_i \leqslant 0.3h_0$）

小偏心受压构件截面设计时，将 σ_s 的计算公式代入式（5-28）及式（5-29），并将 x 换算成 ξh_0，则小偏心受压的基本公式为

$$N=\alpha_1 f_c b\xi h_0+f'_y A'_s-f_y \frac{\xi-\beta_1}{\xi_b-\beta_1}A_s \tag{5-41}$$

$$Ne\leqslant\alpha_1 f_c bh_0^2\xi(1-0.5\xi)+f'_y A'_s(h_0-a'_s) \tag{5-42}$$

式中
$$e=e_i+\frac{h}{2}-a_s$$

式（5-41）及式（5-42）中共有三个未知数 ξ、A_s、A'_s，两个独立方程，不能得出唯一的解，故需补充一个条件才能求解。由于小偏心受压构件破坏时，远离轴向力一侧的钢筋 A_s 无论受压还是受拉其应力一般都达不到其屈服强度，故配置数量很多的钢筋是无意义的，为了节约钢材，可先按最小配筋率 $\rho_{\min}$ 及构造要求假定 A_s，即

$$A_s=\rho_{\min}bh \tag{5-43}$$

A_s 值确定以后，即可用式（5-41）及式（5-42）求得 ξ（或 x）。根据解得的 ξ 可分为以下三种情况：

（a）$\xi_b<\xi\leqslant(2\beta_1-\xi_b)$，则可直接将求得的 ξ 代入式（5-42），A'_s 即为所求受压钢筋面积，计算完毕。

（b）若（$2\beta_1-\xi_b$）$<\xi\leqslant h/h_0$，此时 σ_s 达到 $-f'_y$，计算时，取 $\sigma_s=-f'_y$，式（5-41）、式（5-42）转化为

$$N=\alpha_1 f_c b\xi h_0+f'_y A'_s+f'_y A_s \tag{5-44a}$$

$$Ne\leqslant\alpha_1 f_c bh_0^2\xi(1-0.5\xi)+f'_y A'_s(h_0-a'_s) \tag{5-44b}$$

将 A_s 代入上式，可求得 ξ 及 A'_s。

（c）若 $\xi>h/h_0$，则为全截面受压，此时应取 $x=h$ 并代入式（5-42）计算 A'_s。

以上求得的 A'_s 值应不小于 $\rho'_{\min}bh$，否则取 $A'_s=\rho'_{\min}bh=0.002bh$。

在利用式（5-41）、式（5-42）计算 ξ、A'_s 时，将两式中的 A'_s 消去后得 ξ 的二次方程

$$\xi^2+2B\xi+2C=0 \tag{5-45}$$

$$\xi=-B+\sqrt{B^2-2C} \tag{5-46}$$

式中

$$\left.\begin{aligned}B&=\frac{f_y A_s(h_0-a'_s)}{\alpha_1 f_c bh_0^2(\beta_1-\xi_b)}-\frac{a'_s}{h_0}\\C&=\frac{N(e-h_0+a'_s)(\beta_1-\xi_b)-\beta_1 f_y A_s(h_0-a'_s)}{\alpha_1 f_c bh_0^2(\beta_1-\xi_b)}\end{aligned}\right\} \tag{5-47}$$

此外，对于小偏心受压构件，当 $N>f_c bh$ 时，由于偏心矩 e_0 很小，而轴向压力很大，远离轴向压力一侧钢筋 A_s 配置的很少，破坏也可能开始于 A_s 一侧。为避免这种情况，还需按式（5-34）确定 A_s，即：

$$A_s=\frac{N[0.5h-a'_s-(e_0-e_a)]-\alpha_1 f_c bh(0.5h-a'_s)}{f'_y(h'_0-a_s)} \tag{5-48}$$

4）垂直于弯矩作用平面的承载力计算。除了在弯矩作用平面内依照偏心受压进行计

算外，当构件在垂直于弯矩作用平面内的长细比 l_0/b 较大时，应按轴心受压情况验算垂直于弯矩作用平面的受压承载力，这时应根据 l_0/b 确定稳定系数 φ，然后按式（5-1）计算承载力，A_s'取全部纵向钢筋的截面面积（即偏压计算的 A_s+A_s'），并与上面求得的 N 比较后取较小值。

2. 截面复核

复核截面的承载能力也是经常遇到的问题。此时一般是在构件的计算长度 l_0，截面尺寸、材料强度及截面配筋已知的条件下，按以下两种情况进行截面复核：①给定的轴向力设计值 N（或偏心距 e_0）求弯矩作用平面的弯矩设计值 M 或偏心距 e_0；②给定弯矩作用平面的弯矩设计值 M，求轴向力设计值 N。

（1）给定弯矩作用平面的弯矩设计值 M 或偏心矩 e_0，求轴向力设计值 N。此时的未知数为 x 和 N 两个。

因截面配筋已知，故可先按大偏心受压情况，即按图 5-22 对轴向力 N 作用点取矩，根据力矩平衡条件得

$$\alpha_1 f_c bx\left(e-h_0+\frac{x}{2}\right)-(f_yA_se\mp f_y'A_s'e')=0 \tag{5-49}$$

式中

$$e=e_i+\frac{h}{2}-a_s,\ e'=e_i-\frac{h}{2}+a_s'$$

由式（5-51）可求得 x。但应注意公式中 $f_y'A_se'$ 项前面的正负号，须根据 N 作用位置确定，当轴向力 N 作用在 A_s 和 A_s'之间时，取"+"号，当轴向力 N 作用在 A_s 和 A_s'之外时，取"−"号。e'取绝对值。

当求出的 $x\leqslant\xi_bh_0$ 时，为大偏心受压，若同时 $x\geqslant 2a_s'$，即可将 x 代入式 5-23，求截面能承受的轴向力 N。

若求出的 $x<2a_s'$，则按式（5-39）求截面能承受的轴向力 N。

当求得的 $x>\xi_bh_0$ 时，为小偏心受压。可将已知数据代入式（5-28）、式（5-29）重新求解 x 及截面能承受的轴向力 N。

如求出的 $x\leqslant(2\beta_1-\xi_b)h_0$，则将 x 代入式（5-29）计算轴向力设计值 N。

如求出的 $(2\beta_1-\xi_b)h_0<x<h/h_0$，则取 $\sigma_s=-f_y'$，按式（5-28）、式（5-29）重新求解 x 及轴向力设计值 N。

如求出的 $x\geqslant h/h_0$，取 $x=h$，按式（5-29）计算轴向力设计值 N。

同时还应考虑 A_s 一侧混凝土可能先压坏的情况，还应按式（5-34）求解轴向力 N。并取两者的较小值作为轴向力设计值。

$$N=\frac{\alpha_1 f_cbh(h_0'-0.5h)+f_y'A_s(h_0'-a_s)}{0.5h-a_s'-(e_0-e_a)} \tag{5-50}$$

（2）给定轴向力设计值 N，求弯矩作用平面的弯矩设计值 M。由于截面尺寸、配筋和材料强度均已知，未知数有 x、e_0 和 M 三个。

先将已知配筋量和 $x=\xi_bh_0$ 代入式（5-23）求得界限轴向力 N_b。

$$N_b=\alpha_1 f_cbh_0\xi_b+f_y'A_s'-f_yA_s \tag{5-51}$$

如果给定的轴向力设计值 $N\leqslant N_b$，则为大偏心受压，可按式（5-23）重新求解 x，如果 $x\geqslant 2a_s'$，则将 x 代入式 5-24 求解 e 及 e_0；如果求得的 $x<2a_s'$，则取 $x=2a_s'$利用式

(5－39) 求解 e' 及 e_0。弯矩设计值 $M=Ne_0$；最后由式 (5－22) 求得 M_2。

如果给定的轴向力设计值 $N>N_b$，则为小偏心受压，将已知数据代入式 (5－28) 和式 (5－33) 求解 x，仿照第一种情况，根据 x 的取值范围由小偏心受压构件基本公式 (5－28)、式 (5－29) 求出 e、e_0 及 $M=Ne_0$；最后由式 (5－22) 求得 M_2。

【例 5－3】 已知：荷载作用下柱的轴向力设计值 $N=1250\text{kN}$，柱端较大弯矩设计值 $M_2=250\text{kN}\cdot\text{m}$，截面尺寸 $b\times h=300\text{mm}\times500\text{mm}$，计算长度 $l_0=4.5\text{m}$，采用 C25 的混凝土，纵向钢筋采用 HRB400。求：纵向钢筋 A_s 及 A'_s(按两端弯矩相等 $M_1/M_2=1$ 的框架柱考虑)。

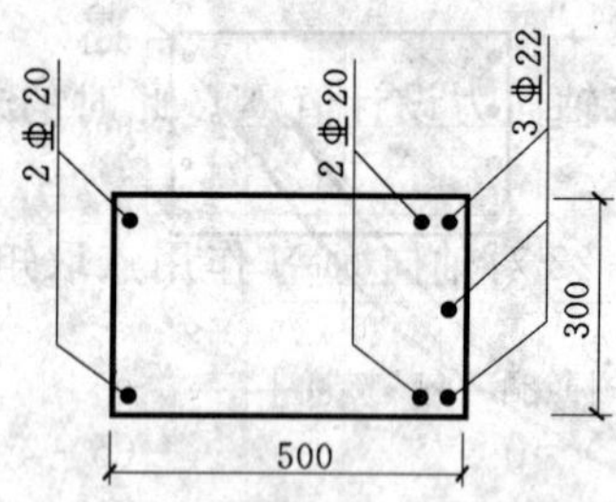

图 5－26 [例 5－3] 配筋图

【解】 (1) 材料强度及几何参数

C25 混凝土，$f_c=11.9\text{N/mm}^2$；HRB400 级钢筋，$f_y=f'_y=360\text{N/mm}^2$；$\beta_1=0.8$，$\xi_b=0.518$，$\alpha_1=1.0$。$a_s=a'_s=40\text{mm}$，$h_0=460\text{mm}$。

(2) 求框架柱端设计弯矩 M

由于 $M_1/M_2=1>0.9$，因此需要考虑附加弯矩的影响，根据式 (5－12)、式 (5－21) 及式 (5－22) 得：

偏心距调节系数 $C_m=0.7+0.3M_1/M_2=1.0$

$$\zeta_c=\frac{0.5f_cA}{N}=\frac{0.5\times11.9\times300\times500}{1250\times10^3}=0.714<1.0$$

取附加偏心距 $e_a=20\text{mm}$ (e_a 取 20mm 或 $\frac{1}{30}h=\frac{1}{30}\times500=16.67\text{mm}$ 二者之中的较大者)。弯矩增大系数为：

$$\eta_{ns}=1+\frac{1}{1300(M_2/N+e_a)/h_0}\left(\frac{l_0}{h}\right)^2\zeta_c$$

$$=1+\frac{460}{1300\times(250\times10^6/1250\times10^3+20)}\times9^2\times0.714=1.093$$

柱端截面设计弯矩为：

$$M=C_m\eta_{ns}M_2=1.0\times1.093\times250=273.25(\text{kN}\cdot\text{m})$$

(3) 大、小偏心受压的判别

$$e_0=\frac{M}{N}=\frac{273.25\times10^6}{1250\times10^3}=218.6(\text{mm})$$

$$e_i=e_0+e_a=218.6+20=238.6\text{mm}>0.3h_0=0.3\times460=138(\text{mm})$$

按大偏心受压构件计算。

(4) 计算配筋 A_s 及 A'_s

$$e=e_i+\frac{h}{2}-a_s=238.6+250-40=448.6(\text{mm})$$

代入式 (5－37) 得

$$A'_s=\frac{Ne-\alpha_1f_cbh_0^2\xi_b(1-0.5\xi_b)}{f'_y(h_0-a'_s)}$$

$$=\frac{1250\times10^3\times448.6-1.0\times11.9\times300\times460^2\times0.518\times(1-0.5\times0.518)}{360\times(460-40)}$$

$=1791\text{mm}^2>\rho'_{\min}bh=0.002\times300\times500=300(\text{mm}^2)$

再由式（5－38）得：

$$A_s=\frac{\alpha_1 f_c bh_0\xi_b+f'_yA'_s-N}{f_y}=\frac{1.0\times11.9\times300\times460\times0.518-1250\times10^3}{360}+1791$$

$$=682\text{mm}^2>\rho_{\min}bh=0.002\times300\times500=300(\text{mm}^2)$$

（5）选配钢筋

由附表3－1，受压钢筋选3 ⌀ 22＋2 ⌀ 20（$A'_s=1768\text{mm}^2$），受拉钢筋选2 ⌀ 20（$A_s=760\text{mm}^2$），如图5－26所示。

【例5－4】 某框架结构柱，截面尺寸 $b\times h=400\text{mm}\times500\text{mm}$，层高 $H=3.6\text{m}$，计算长度 $l_0=1.25H$，柱的轴向力设计值 $N=320\text{kN}$，柱上下端弯矩设计值 $M_1=158\text{kN}\cdot\text{m}$，$M_2=160\text{kN}\cdot\text{m}$；采用C30的混凝土，纵向钢筋采用HRB400，计算需配置的受拉钢筋 A_s、A'_s。

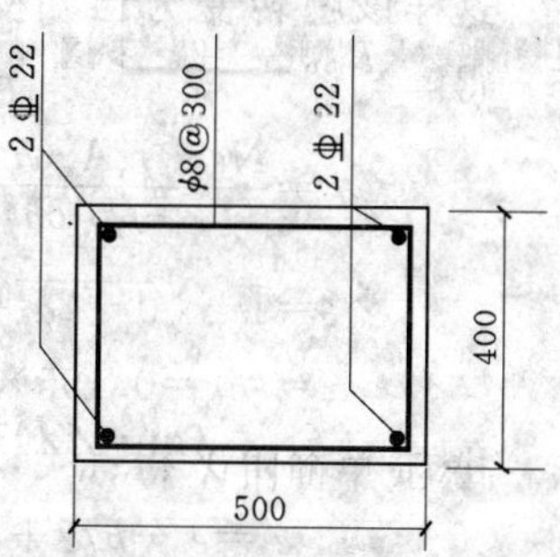

图5－27　［例5－4］配筋图

【解】（1）材料强度及几何参数

C30混凝土，$f_c=14.3\text{N/mm}^2$；HRB400级钢筋，$f_y=f'_y=360\text{N/mm}^2$；$a_s=a'_s=40\text{mm}$，$h_0=460\text{mm}$。C30混凝土，HRB400级钢筋，$\beta_1=0.8$，$\xi_b=0.518$，$\alpha_1=1.0$。$l_0=1.25H=4.5\text{m}$

（2）求框架柱端设计弯矩 M

由于 $M_1/M_2=0.988>0.9$，因此需要考虑附加弯矩的影响，根据式（5－12）、式（5－21）及式（5－22）得：

偏心距调节系数 $C_m=0.7+0.3M_1/M_2=0.996$

$$\zeta_c=\frac{0.5f_cA}{N}=\frac{0.5\times14.3\times400\times500}{320\times10^3}=4.469>1.0，\text{取}\ \xi_c=1.0$$

取附加偏心距 $e_a=20\text{mm}$（e_a 取20mm或 $\frac{1}{30}h=\frac{1}{30}\times500=16.67\text{mm}$ 二者之中的较大者）。弯矩增大系数为：

$$\eta_{ns}=1+\frac{1}{1300(M_2/N+e_a)/h_0}\left(\frac{l_0}{h}\right)^2\zeta_c$$

$$=1+\frac{460}{1300\times(160\times10^6/320\times10^3+20)}\times9^2\times1=1.06$$

柱端截面设计弯矩为：

$$M=C_m\eta_{ns}M_2=0.996\times1.06\times160=168.92(\text{kN}\cdot\text{m})$$

（3）大、小偏心受压的判别

$$e_0=\frac{M}{N}=\frac{168.92\times10^6}{320\times10^3}=528(\text{mm})$$

$$e_i=e_0+e_a=528+20=548\text{mm}>0.3h_0=0.3\times460=138(\text{mm})$$

按大偏心受压构件计算。

（4）计算配筋 A_s 及 A'_s

$$e=e_i+\frac{h}{2}-a_s=548+250-40=758(\text{mm})$$

代入式（5-37）得

$$A_s'=\frac{Ne-\alpha_1 f_c bh_0^2\xi_b(1-0.5\xi_b)}{f_y'(h_0-a_s')}$$

$$=\frac{320\times10^3\times758-1.0\times14.3\times400\times460^2\times0.518\times(1-0.5\times0.518)}{360\times(460-40)}<0$$

取 $A_s'=\rho_{\min}bh=0.002\times400\times500=400(\text{mm}^2)$，选 3 ⌀ 14（$A_s'=461\text{mm}^2$）

这样该题转变为已知受压钢筋 $A_s'=402\text{mm}^2$，求受拉钢筋 A_s 的问题。由式（5-25）得

$$\alpha_s=\frac{Ne-f_y'A_s'(h_0-a_s')}{\alpha_1 f_c bh_0^2}=\frac{320\times10^3\times758-360\times402\times(460-40)}{1\times14.3\times400\times460^2}=0.143$$

$$\xi=1-\sqrt{1-2\alpha_s}=1-\sqrt{1-2\times0.15}=0.155<\xi_b=0.518$$

$$x=\xi h_0=0.155\times460=71.3\text{mm}<2a_s'=80\text{mm}$$

由式（5-40）得：

$$e'=e_i-h/2+a_s'=548-250+40=338(\text{mm})$$

$$A_s=\frac{Ne'}{f_y(h_0-a_s')}=\frac{320\times10^3\times338}{360\times(460-40)}=715(mm^2)>\rho_{\min}bh=400(\text{mm}^2)$$

（5）选配钢筋

由附表 3-1 受拉钢筋选 3 ⌀ 18（$A_s=763\text{mm}^2$），箍筋选用 Φ8@300。如图 5-27 所示。

【例 5-5】 某框架结构底层柱，截面尺寸 $b\times h=400\text{mm}\times400\text{mm}$，层高 $H=5.2\text{m}$，计算长度 $l_0=H$，柱的轴向力设计值 $N=720\text{kN}$，柱上下端弯矩设计值 $M_1=120\text{kN}\cdot\text{m}$，$M_2=160\text{kN}\cdot\text{m}$；采用 C25 的混凝土，纵向钢筋采用 HRB335 级钢筋，计算需配置的纵向受力钢筋 A_s、A_s'。

【解】（1）材料强度及几何参数

C30 混凝土，$f_c=11.9\text{N/mm}^2$；HRB335 级钢筋，$f_y=f_y'=300\text{N/mm}^2$；$a_s=a_s'=40\text{mm}$，$h_0=360\text{mm}$。C25 混凝土，HRB335 级钢筋，$\beta_1=0.8$，$\xi_b=0.55$，$\alpha_1=1.0$。

（2）求框架柱端设计弯矩 M

由于 $M_1/M_2=0.75$，$i=\sqrt{\frac{I}{A}}=\sqrt{\frac{400^2}{12}}=115.5(\text{mm})$，则

$l_0/i=45>34-12(M_1/M_2)=25$，因此需要考虑附加弯矩的影响，根据式（5-12）、式（5-21）及式（5-22）得：

偏心距调节系数 $C_m=0.7+0.3M_1/M_2=0.925$

$$\zeta_c=\frac{0.5f_cA}{N}=\frac{0.5\times11.9\times400\times400}{720\times10^3}=1.322>1.0\text{，取 }\xi_c=1.0$$

取附加偏心距 $e_a=20\text{mm}$（e_a 取 20mm 或 $\frac{1}{30}h=\frac{1}{30}\times400=13.3\text{mm}$ 二者之中的较大者）。弯矩增大系数为：

$$\eta_{ns}=1+\frac{1}{1300(M_2/N+e_a)/h_0}\left(\frac{l_0}{h}\right)^2\zeta_c$$

$$=1+\frac{360}{1300\times(160\times10^6/720\times10^3+20)}\times13^2\times1=1.193$$

柱端截面设计弯矩为：

$$M=C_m\eta_{ns}M_2=1.0\times1.193\times160=190.88(\text{kN}\cdot\text{m})$$

（3）大、小偏心受压的判别

$$e_0=\frac{M}{N}=\frac{190.88\times10^6}{720\times10^3}=265\ (\text{mm})$$

$$e_i=e_0+e_a=265+20=285\text{mm}>0.3h_0=0.3\times360=108(\text{mm})$$

按大偏心受压构件计算。

（4）计算配筋 A_s 及 A'_s

$$e=e_i+\frac{h}{2}-a_s=285+200-40=445(\text{mm})$$

代入式（5－37）得

$$A'_s=\frac{Ne-\alpha_1 f_c bh_0^2\xi_b(1-0.5\xi_b)}{f'_y(h_0-a'_s)}$$

$$=\frac{720\times10^3\times445-1.0\times11.9\times400\times360^2\times0.55\times(1-0.5\times0.55)}{300\times(360-40)}$$

$$=775\text{mm}^2>\rho'_{\min}bh=0.002\times400\times400=320(\text{mm}^2)$$

再由式（5－38）得：

$$A_s=\frac{\alpha_1 f_c bh_0\xi_b+f'_yA'_s-N}{f_y}=\frac{1.0\times11.9\times400\times360\times0.55-720\times10^3}{300}+775$$

$$=1517\text{mm}^2>\rho_{\min}bh=0.002\times400\times400=320(\text{mm}^2)$$

（5）选配钢筋

由附表 3－1，受压钢筋选 3Φ18（$A'_s=763\text{mm}^2$），受拉钢筋选 4Φ22（$A_s=1520\text{mm}^2$）如图 5－28 所示。

【例 5－6】 已知：偏心受压柱的轴向力设计值 $N=270$kN，柱上下端弯矩设计值相等 $M_1=M_2=165$kN·m，截面尺寸 $b\times h=300\text{mm}\times400\text{mm}$，受压区已配置 4Φ20（$A'_s=1256\text{mm}^2$）的钢筋，采用 HRB335 级钢筋，混凝土强度等级为 C25，构件的计算长度为 $l_0=6$m。

求：受拉钢筋截面面积 A_s

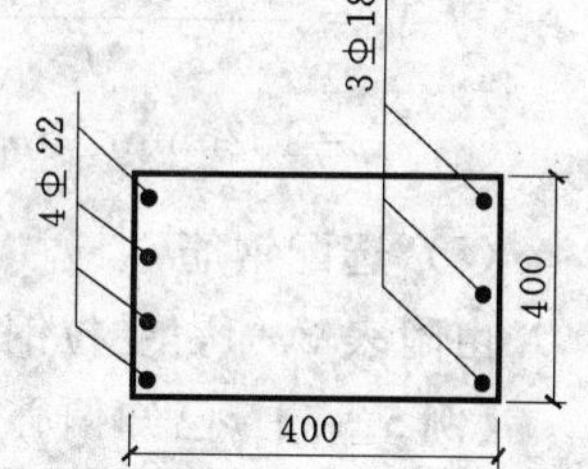

图 5－28　［例 5－5］配筋图

【解】（1）材料强度及几何参数

C25 混凝土，$f_c=11.9\text{N/mm}^2$；HRB335 级钢筋，$f_y=f'_y=300\text{N/mm}^2$；$a_s=a'_s=40$mm，$h_0=360$mm。C25 混凝土，HRB335 级钢筋，$\beta_1=0.8$，$\xi_b=0.55$，$\alpha_1=1.0$。$l_0=6$m

（2）求框架柱端设计弯矩 M

由于 $M_1/M_2=1.0>0.9$，因此需要考虑附加弯矩的影响，根据式（5－12）、式（5－

21）及式（5－22）得：

偏心距调节系数 $C_m=0.7+0.3M_1/M_2=1.0$

$$\zeta_c=\frac{0.5f_cA}{N}=\frac{0.5\times11.9\times300\times400}{270\times10^3}=2.64>1.0，取\ \xi_c=1.0$$

取附加偏心距 $e_a=20\text{mm}$（e_a 取 20mm 或 $\frac{1}{30}h=\frac{1}{30}\times400=13.3\text{mm}$ 二者之中的较大者）。弯矩增大系数为：

$$\eta_{ns}=1+\frac{1}{1300(M_2/N+e_a)/h_0}\left(\frac{l_0}{h}\right)^2\zeta_c$$

$$=1+\frac{360}{1300\times(165\times10^6/270\times10^3+20)}\times15^2\times1=1.099$$

柱端截面设计弯矩为：

$$M=C_m\eta_{ns}M_2=1.0\times1.099\times165=181.3(\text{kN}\cdot\text{m})$$

（3）大、小偏心受压的判别

$$e_0=\frac{M}{N}=\frac{181.5\times10^6}{270\times10^3}=671.5(\text{mm})$$

$$e_i=e_0+e_a=671.5+20=691.5\text{mm}>0.3h_0=0.3\times360=108(\text{mm})$$

按大偏心受压构件计算。

（4）计算受拉钢筋 A_s

$$e=e_i+\frac{h}{2}-a_s=691.5+200-40=851.5(\text{mm})$$

$$\alpha_s=\frac{Ne-f'_yA'_s(h_0-a'_s)}{\alpha_1f_cbh_0^2}=\frac{270\times10^3\times851.5-300\times1256\times(360-40)}{1\times11.9\times300\times360^2}=0.236$$

$$\xi=1-\sqrt{1-2\alpha_s}=1-\sqrt{1-2\times0.236}=0.273<\xi_b=0.55$$

$$x=\xi h_0=0.273\times360=98.3\text{mm}>2a'_s=80(\text{mm})$$

$$A_s=\frac{\alpha_1f_cbh_0\xi+f'_yA'_s-N}{f_y}=\frac{1.0\times11.9\times300\times360\times0.273-270\times10^3}{300}+1256$$

$$=1526\text{mm}^2>\rho_{\min}bh=0.2\%\times300\times400=240(\text{mm}^2)$$

（5）选配钢筋

由附表 3－1，受拉钢筋选 4⌀22（$A_s=1520\text{mm}^2$）如图 5－29 所示。

【例 5－7】 已知偏心受压柱，截面尺寸 $b=400\text{mm}$，$h=600\text{mm}$，计算长度 4.8m，内力设计值 $N=3000\text{kN}$，柱上端截面承受的弯矩设计值为 $M_1=310\text{kN}\cdot\text{m}$，柱下端截面承受的弯矩设计值为 $M_2=336\text{kN}\cdot\text{m}$。采用 C30 混凝土，纵筋采用 HRB400 级钢筋，求所需配置的钢筋截面面积 A_s 及 A'_s。

【解】（1）材料强度及几何参数

C30 混凝土，$f_c=14.3\text{N/mm}^2$；HRB400 级钢筋，$f_y=f'_y=360\text{N/mm}^2$；$\beta_1=0.8$，$\xi_b=0.518$，$\alpha_1=1.0$；$a_s=a'_s=40\text{mm}$，$h_0=560\text{mm}$。

（2）求框架柱端设计弯矩 M。

由于 $M_1/M_2=0.923>0.9$，因此需要考虑附加弯矩的影响，根据式（5-12）、式（5-21）及式（5-22）得：

偏心距调节系数 $C_m=0.7+0.3M_1/M_2=0.977$

$$\zeta_c=\frac{0.5f_cA}{N}=\frac{0.5\times14.3\times400\times600}{3000\times10^3}=0.572$$

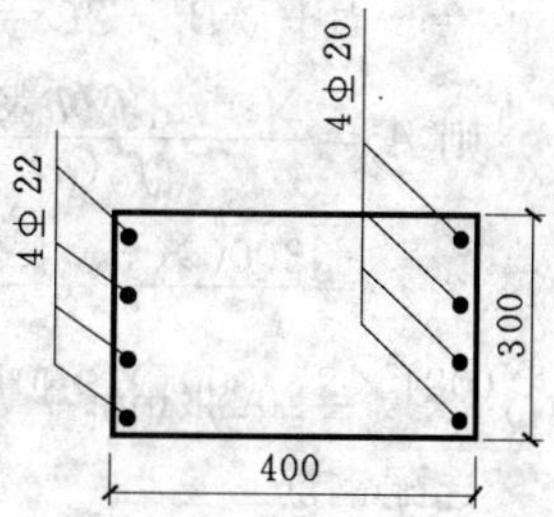

取附加偏心距 $e_a=20\text{mm}$（e_a 取 20mm 或$\frac{1}{30}h=\frac{1}{30}\times600=20\text{mm}$二者之中的较大者）。弯矩增大系数为：

$$\eta_{ns}=1+\frac{1}{1300(M_2/N+e_a)/h_0}\left(\frac{l_0}{h}\right)^2\zeta_c$$

$$=1+\frac{560}{1300\times(336\times10^6/3000\times10^3+20)}\times8^2\times0.572=1.119$$

柱端截面设计弯矩为：

$$M=C_m\eta_{ns}M_2=0.977\times1.119\times336=367.5(\text{kN}\cdot\text{m})$$

（3）大、小偏心受压的判别

$$e_0=\frac{M}{N}=\frac{367.5\times10^6}{3000\times10^3}=122.5(\text{mm})$$

$$e_i=e_0+e_a=122.5+20=142.5\text{mm}<0.3h_0=0.3\times560=168(\text{mm})$$

按小偏心受压构件计算。

（4）确定受拉侧钢筋 A_s

按最小配筋率 $\rho_{\min}$确定的受拉侧钢筋 A_s

$$A_s=\rho_{\min}bh=0.002\times400\times600=480(\text{mm}^2)$$

按 A_s 一侧首先被压坏确定的 A_s

$$A_s=\frac{N[0.5h-a_s'-(e_0-e_a)]-\alpha_1f_cbh(0.5h-a_s')}{f_y'(h_0'-a_s)}$$

$$=\frac{3000\times10^3(300-40-122.5+20)-1\times14.3\times400\times600\times(300-40)}{360\times(560-40)}<0$$

因此取 $A_s=\rho_{\min}bh=0.002\times400\times600=480(\text{mm}^2)$

（5）计算受压钢筋 A_s'及相对受压区高度 ξ

$$e=e_i+\frac{h}{2}-a_s=142.5+300-40=402.5(\text{mm})$$

$$e'=0.5h-a_s'-e_i=300-40-142.5=117.5(\text{mm})$$

利用式（5-46）、式（5-47）计算 ξ 及 A_s'

$$B=\frac{f_yA_s(h_0-a_s')}{\alpha_1f_cbh_0^2(\beta_1-\xi_b)}-\frac{a_s'}{h_0}=\frac{360\times480\times(560-40)}{14.3\times400\times560^2\times(0.8-0.518)}-\frac{40}{560}=0.1062$$

$$C=\frac{N(e-h_0+a_s')(\beta_1-\xi_b)-\beta_1f_yA_s(h_0-a_s')}{\alpha_1f_cbh_0^2(\beta_1-\xi_b)}$$

$$=\frac{3000\times10^3\times(402.5-560+40)(0.8-0.518)-0.8\times360\times480\times(560-40)}{14.3\times400\times560^2\times(0.8-0.518)}$$

$$=-0.3386$$

4Φ22　4Φ20　300　400

图 5-29　［例 5-6］配筋图

$\xi=-B+\sqrt{B^2-2C}=-0.1062+\sqrt{0.1062^2+2\times0.3386}=0.724<2\beta_1-\xi_b=1.082$

则 $A_s'=\dfrac{Ne-\alpha_1 f_c bh_0^2\xi(1-0.5\xi)}{f_y'(h_0-a_s')}$

$=\dfrac{3000\times10^3\times402.5-1.0\times14.3\times400\times560^2\times0.724\times(1-0.5\times0.724)}{360\times(560-40)}$

$=2024(\text{mm}^2)$

选配钢筋

A_s 一侧选配 2 ⏀ 18（$A_s=509\text{mm}^2$）

A_s'一侧选配 3 ⏀ 25+1 ⏀ 28（$A_s'=2089\text{mm}^2$）

(6) 验算垂直于弯矩作用平面的承载力，按轴心受压构件验算。

$l_0/b=4800/400=12$，查表 5-1 得 $\varphi=0.95$，$(A_s+A_s')/A=1.08\%<3\%$，则

$N=0.9\varphi[f_cA+f_y'(A_s+A_s')]$

$=0.9\times0.95\times[14.3\times400\times600+360\times(509+2089)]=3734\text{kN}>300\text{kN}$

满足要求。

【例 5-8】 已知偏心受压柱的截面尺寸 $b=400\text{mm}$，$h=500\text{mm}$，轴向力设计值 $N=800\text{kN}$，计算长度 $l_0=4.0\text{m}$，采用 C30 级混凝土，纵筋采用 HRB400 级钢筋，A_s 选用 5 ⏀ 20（$A_s=1570\text{mm}^2$），A_s'选用 4 ⏀ 18（$A_s'=1017\text{mm}^2$）。求该截面在 h 方向能承受的柱端弯矩设计值 M_1（假定柱上、下端弯矩相等）。

【解】 (1) 材料强度及几何参数

基本数据 $f_c=14.3\text{N/mm}^2$，$f_y=f_y'=360\text{N/mm}^2$；等效矩形图形系数 $\alpha_1=1.0$，$\beta_1=0.8$；$\xi_b=0.518$；$a_s=a_s'=40\text{mm}$，$h_0=460\text{mm}$。

(2) 判别大小偏心受压

按式（5-24）计算界限情况下的轴向力设计值 N_b

$N_b=\alpha_1 f_c bh_0\xi_b+f_y'A_s'-f_yA_s$

$=1.0\times14.3\times400\times460\times0.518+360\times(1017-1570)=1164(\text{kN})$

由于 $N<N_b$，故为大偏心受压情况。

(3) 计算受压区高度，由式（5-24）得

$$N=\alpha_1 f_c bx+f_y'A_s'-f_yA_s$$

$$800\times10^3=1.0\times14.3\times400x+360\times(1017-1570)$$

解得 $x=174.66\text{mm}<\xi_bh_0=0.518\times460=238$（mm）且 $x=174.66\text{mm}>2a_s'=80\text{mm}$

(4) 计算 e_i 及 M

取附加偏心距 $e_a=20\text{mm}$（e_a 取 20mm 或 $\frac{1}{30}h=\frac{1}{30}\times500=16.67\text{mm}$ 二者之中的较大者）

$\zeta_c=\dfrac{0.5f_cA}{N}=\dfrac{0.5\times14.3\times400\times500}{800\times10^3}=1.79>1.0$，取 $\zeta_c=1.0$

$\eta_{ns}=1+\dfrac{1}{1300(M_2/N+e_a)/h_0}\left(\dfrac{l_0}{h}\right)^2\zeta_c$

$$=1+\frac{460}{1300\times(M_2/800\times10^3+20)}\times8^2\times1.0=1+\frac{22.65}{M_2/800\times10^3+20}$$

由式（5-25）得

$$e=\frac{\alpha_1 f_c bx(h_0-0.5x)+f'_yA'_s(h_0-a'_s)}{N}$$

$$=\frac{1.0\times14.3\times400\times174.66\times(460-0.5\times174.66)+360\times1017\times420}{800\times10^3}$$

$$=657.61(\text{mm})$$

由式（5-26）得，$e_i=e-\frac{h}{2}+a=657.61-250+40=447.61(\text{mm})$

$$e_0=e_i\quad e_a=447.61-20-427.61(\text{mm})$$

$$M=Ne_0=342(\text{kN}\cdot\text{m})$$

由式（5-22）得：

$$M=C_m\eta_{ns}M_2$$

$$342\times10^6=\left(1+\frac{22.65}{M_2\times10^6/800\times10^3+20}\right)M_2$$

$$M_2^2-307.88M_2-5472=0$$

$$M_2=324.73\text{kN}\cdot\text{m}$$

即

$$M_1=M_2=324.73\text{kN}\cdot\text{m}$$

【例5-9】 基本数据同［例5-8］，且柱在长边和短边方向的计算长度均为 $l_0=4.0\text{m}$，设轴向力在长边方向的偏心距 $e_0=100\text{mm}$。求该柱所能承受的轴向力设计值N。

【解】（1）材料强度及几何参数

基本数据 $f_c=14.3\text{N/mm}^2$，$f_y=f'_y=360\text{N/mm}^2$；等效矩形图形系数 $\alpha_1=1.0$，$\beta_1=0.8$，$\xi_b=0.518$；$a_s=a'_s=40\text{mm}$，$h_0=460\text{mm}$。

（2）判别大小偏心受压

取附加偏心距 $e_a=20\text{mm}$（e_a 取 20mm 或 $\frac{1}{30}h=\frac{1}{30}\times500=16.67\text{mm}$ 二者之中的较大者），则 $e_i=e_0+e_a=100+20=120\text{mm}$。由式（5-49）得

$$e=e_i+\frac{h}{2}-a_s=120+250-40=330\text{mm},\quad e'=e_i-\frac{h}{2}+a'_s=120-250+40=-90(\text{mm})$$

$$\alpha_1 f_c bx\left(e-h_0+\frac{x}{2}\right)=f_yA_se+f'_yA'_se'$$

$$1.0\times14.3\times400x\times\left(330-460+\frac{x}{2}\right)=360\times1570\times330+360\times1017\times90$$

$$x^2-260x-76737=0$$

解得 $x=436\text{mm}>\xi_bh_0=0.518\times460=238(\text{mm})$，故为小偏心受压。

（3）计算受压区高度 x 及轴向压力设计值 N

$$\alpha_1 f_c bx\left(e-h_0+\frac{x}{2}\right)=\sigma_sA_se+f'_yA'_se'$$

$$1.0\times14.3\times400x\times\left(330-460+\frac{x}{2}\right)=\frac{\frac{x}{460}-0.8}{0.518-0.8}\times360\times1570\times330+360\times1017\times90$$

$$x^2+243x-196529=0$$

解得　$x=338\text{mm}<(1.6-\xi_b)h_0=(1.6-0.518)\times460=498(\text{mm})$

$$N=\alpha_1 f_c bx+f'_y A'_s-f_y\frac{\xi-\beta_1}{\xi_b-\beta_1}A_s$$

$$=1.0\times14.3\times400\times338+360\times1017-360\times\frac{0.735-0.8}{0.518-0.8}\times1570=2169(\text{kN})$$

(4) 垂直于弯矩作用平面的承载力

$l_0/b=4000/400=10$，查表 5-1 得 $\varphi=0.98$。

由式 (5-1) 得

$$N=0.9\varphi(f_c A+f'_y A'_s)=0.9\times0.98\times[14.3\times400\times500+360\times(1570+1017)]$$

$$=3344\text{kN}>2169(\text{kN})$$

故该柱的承载力 $N=2169(\text{kN})$。

五、矩形截面对称配筋时正截面承载力计算

从上一节可以看出，不论大、小偏心受压构件，两侧的钢筋截面面积 A_s 及 A'_s 都是由各自的计算公式得出的，其数量一般不相等，这种配筋方式称为不对称配筋。不对称配筋比较经济，但施工不够方便。

在实际工程中，受压构件在不同的荷载组合下，同一截面有时会承受不同方向的弯矩，例如，框、排架柱在风载、地震力等方向不定的水平荷载作用下，截面上弯矩的作用方向会随荷载作用方向的变化而改变，当弯矩数值相差不大时，可采用对称配筋，即 $A_s=A'_s$；$f_y=f'_y$，$a_s=a'_s$。对称配筋构造简单，施工方便，是受压构件中常用的一种配筋方式。

1. 大小偏心的判别

由于附加了对称配筋的条件 $A_s=A'_s$，$f_y=f'_y$，$a_s=a'_s$，因而在截面设计时，大小偏压的基本公式中的未知量只有两个，可以联立求解，不再需要附加条件，考察式 (5-24)，在大偏压情况下，由于 $f_y A_s$ 与 $f'_y A'_s$ 大小相等，方向相反，刚好相互抵消，所以 $x(\xi)$ 值可直接求得，即

$$x=\frac{N}{\alpha_1 f_c b}\text{或}\ \xi=\frac{N}{\alpha_1 f_c bh_0} \tag{5-52}$$

因此，在判别大小偏心受压时，除考虑偏心距大小外，还要根据受压区高度 x(或 ξ) 值的大小来进行判别：

(1) 当 $x\leqslant\xi_b h_0$ (或 $\xi\leqslant\xi_b$) 时，为大偏心受压。

(2) 当 $x>\xi_b h_0$ (或 $\xi>\xi_b$) 时，为小偏心受压。

在界限状态下，由于 $\xi=\xi_b$，利用式 (5-22) 还可以得到界限破坏状态时的轴向力为

$$N_b=\alpha_1 f_c bh_0\xi_b \tag{5-53}$$

对称配筋时，大小偏心受压也可用如下方法判别：

(1) 当 $N\leqslant N_b$ 时，为大偏心受压。

(2) 当 $N>N_b$ 时，为小偏心受压。

在实际计算中判别大小偏心受压时，可根据实际情况选用其中的一种方法即可。

2. 截面设计

(1) 大偏心受压构件。先用式 (5-52) 计算 x 或 ξ，如果 $x=\xi h_0\geqslant 2a_s'$，则将 x 代入式 (5-25) 可得

$$A_s=A_s'=\frac{Ne-f_c bh_0^2\xi(1-0.5\xi)}{f_y'(h_0-a_s')} \tag{5-54}$$

式中

$$e=e_i+h/2-a_s$$

如果计算所得的 $x=\xi h_0<2a_s'$，应取 $x=2a_s'$，根据式 (5-40) 计算

$$A_s=A_s'=\frac{Ne'}{f_y(h_0-a_s')} \tag{5-55}$$

其中

$$e'=e_i-h/2+a_s'$$

(2) 小偏心受压构件。小偏心受压时，由于 $-f_y'\leqslant\sigma_s\leqslant f_y$，$\xi$ 值需由基本公式 (5-41)、式 (5-42) 联立求解。将 σ_s 按式 (5-33) 代入式 (5-41)，由于 $f_yA_s=f_y'A_s'$，可以得到

$$f_y'A_s'=(N-\alpha_1 f_c bh_0\xi)\frac{\xi_b-\beta_1}{\xi_b-\xi} \tag{5-56}$$

将上式代入式 (5-42) 整理得

$$Ne\frac{\xi_b-\xi}{\xi_b-\beta_1}=\alpha_1 f_c bh_0^2\xi(1-0.5\xi)\frac{\xi_b-\xi}{\xi_b-\beta_1}+(N-\alpha_1 f_c bh_0\xi)(h_0-a_s') \tag{5-57}$$

这是一个 ξ 的三次方程，计算很麻烦。为了简化计算进行如下简化。

令

$$\bar{y}=\xi(1-0.5\xi)\frac{\xi-\xi_b}{\beta_1-\xi_b} \tag{5-58}$$

代入式 (5-57) 得

$$\frac{Ne}{\alpha_1 f_c bh_0^2}\left(\frac{\xi_b-\xi}{\xi_b-\beta_1}\right)-\left(\frac{N}{\alpha_1 f_c bh_0^2}-\frac{\xi}{h_0}\right)(h_0-a_s')=\bar{y} \tag{5-59}$$

对于给定的钢筋级别和混凝土强度等级，ξ_b、β_1 为已知，则由式 (5-58) 可画出 $\bar{y}$ 与 ξ 的关系曲线，见图 5-30。

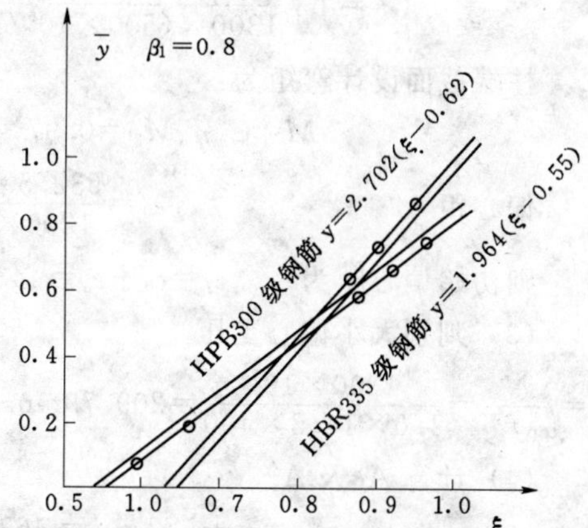

图 5-30　$\bar{y}-\xi$ 关系曲线

由图 5-30 可知，在小偏心受压 $[\xi_b\leqslant\xi\leqslant(2\beta_1-\xi_b)]$ 的区段内，$\bar{y}$ 与 ξ 的关系曲线逼近直线关系，对于 HPB300、HRB335、HRB400 (或 RRB400) 级钢筋，$\bar{y}$ 与 ξ 的线性方程可近似取为

$$\bar{y}=0.43\frac{\xi-\xi_b}{\beta_1-\xi_b} \tag{5-60}$$

将式 (5-60) 代入式 (5-59) 经整理后可得到求解 ξ 的近似公式。

$$\xi=\frac{N-\xi_b\alpha_1 f_c bh_0}{\dfrac{Ne-0.43\alpha_1 f_c bh_0^2}{(\beta_1-\xi_b)(h_0-a_s')}+\alpha_1 f_c bh_0}+\xi_b \tag{5-61}$$

代入式 (5-42) 即可求得钢筋面积

$$A_s = A_s' = \frac{Ne - \alpha_1 f_c b h_0^2 \xi (1 - 0.5\xi)}{f_y'(h_0 - a_s')} \tag{5-62}$$

3. 截面复核

对称配筋截面复核的计算与非对称配筋情况基本相同，但取 $A_s = A_s'$，$f_y = f_y'$，在这里不再赘述。并且由于 $A_s = A_s'$，因此不必再进行反向破坏验算。

【例 5-10】 已知偏心受压柱截面 $b \times h = 400\text{mm} \times 500\text{mm}$，构件计算长度 $l_0 = 5.5\text{m}$，荷载作用下柱的轴向力设计值 $N = 1200\text{kN}$，柱上端截面承受弯矩设计值 $M_1 = 450\text{kN} \cdot \text{m}$，柱下端截面承受弯矩设计值 $M_2 = 500\text{kN} \cdot \text{m}$；混凝土强度等级为 C30，钢筋采用 HRB400 级钢筋，采用对称配筋，求 A_s、A_s'。

【解】（1）材料强度及几何参数

C30 混凝土，$f_c = 14.3\text{N/mm}^2$；HRB400 级钢筋，$f_y = f_y' = 360\text{N/mm}^2$；$\beta_1 = 0.8$，$\xi_b = 0.518$，$\alpha_1 = 1.0$；$a_s = a_s' = 40\text{mm}$，$h_0 = 460\text{mm}$。

（2）计算框架柱端设计弯矩 M 及 e_i

由于 $M_1/M_2 = 0.9$，因此需要考虑附加弯矩的影响，根据式（5-12）、式（5-21）及式（5-22）得：

偏心距调节系数 $C_m = 0.7 + 0.3M_1/M_2 = 0.97$

$$\zeta_c = \frac{0.5 f_c A}{N} = \frac{0.5 \times 14.3 \times 400 \times 500}{1200 \times 10^3} = 1.19 > 1.0\text{，取 } \zeta_c = 1.0$$

取附加偏心距 $e_a = 20\text{mm}$（e_a 取 20mm 或 $\frac{1}{30}h = \frac{1}{30} \times 500 = 16.67\text{mm}$ 二者之中的较大者）。弯矩增大系数为：

$$\eta_{ns} = 1 + \frac{1}{1300(M_2/N + e_a)/h_0}\left(\frac{l_0}{h}\right)^2 \zeta_c$$

$$= 1 + \frac{460}{1300 \times (500 \times 10^6 / 1200 \times 10^3 + 20)} \times 11^2 \times 1.0 = 1.098$$

柱端截面设计弯矩为：

$$M = C_m \eta_{ns} M_2 = 0.97 \times 1.098 \times 500 = 532.5(\text{kN} \cdot \text{m})$$

偏心距　$$e_0 = \frac{532.5 \times 10^6}{1200 \times 10^3} = 443.75(\text{mm})$$

则初始偏心距为　$e_i = e_0 + e_a = 443.75 + 20 = 463.75(\text{mm})$

（3）判别大小偏心受压

$x = \frac{N}{\alpha_1 f_c b} = \frac{1200 \times 10^3}{1.0 \times 14.3 \times 400} = 209.79\text{mm} < \xi_b h_0 = 0.518 \times 460 = 238(\text{mm})$，属于大偏心受压

（4）计算 A_s 及 A_s'

$$e = e_i + h/2 - a_s = 463.75 + 250 - 40 = 673.75(\text{mm})$$

因 $2a' < x < \xi_b h_0$，故

$$A_s = A_s' = \frac{Ne - \alpha_1 f_c b x (h_0 - x/2)}{f_y'(h_0 - a_s')}$$

$$= \frac{1200 \times 10^3 \times 673.75 - 1.0 \times 14.3 \times 400 \times 209.79 \times (460 - 209.79/2)}{360 \times (460 - 40)} = 2529(\text{mm}^2)$$

每边配置 3 ⌀ 22＋3 ⌀ 25 ［$A_s=A'_s=2613$（mm^2）］，见图 5－31。

【例 5－11】 某偏心受压柱截面 $b\times h=400mm\times600mm$，计算长度 $l_0=4.8m$，作用在柱上的荷载设计值所产生的内力 $N=2500kN$，柱上下端弯矩相等为 $M_1=M_2=350kN\cdot m$，混凝土采用 C35，钢筋采用 HRB400 级钢筋，采用对称配筋，求 A_s、A'_s。

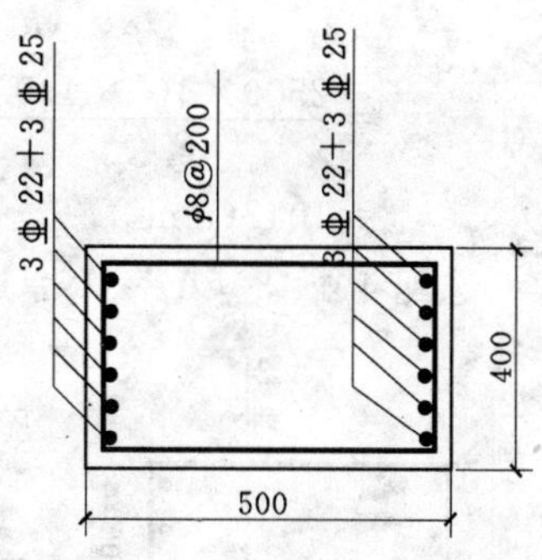

图 5－31　［例 5－10］配筋图

【解】（1）材料强度及几何参数

C35 混凝土，$f_c=16.7N/mm^2$；HRB400 级钢筋，$f_y=f'_y=360N/mm^2$；$\beta_1=0.8$，$\xi_b=0.518$，$\alpha_1=1.0$；$a_s=a'_s=40mm$，$h_0=560mm$。

（2）计算框架柱端设计弯矩 M 及 e_i

由于 $M_1/M_2=1.0>0.9$，因此需要考虑附加弯矩的影响，根据式（5－12）、式（5－21）及式（5－22）得：

偏心距调节系数 $C_m=0.7+0.3M_1/M_2=1.0$

$$\zeta_c=\frac{0.5f_cA}{N}=\frac{0.5\times16.7\times400\times600}{2500\times10^3}=0.802<1.0$$

取附加偏心距 $e_a=20mm$（e_a 取 20mm 或 $\frac{1}{30}h=\frac{1}{30}\times600=20mm$ 二者之中的较大者）。弯矩增大系数为：

$$\eta_{ns}=1+\frac{1}{1300(M_2/N+e_a)/h_0}\left(\frac{l_0}{h}\right)^2\zeta_c$$

$$=1+\frac{560}{1300\times(350\times10^6/2500\times10^3+20)}\times8^2\times0.802=1.138$$

柱端截面设计弯矩为：

$$M=C_m\eta_{ns}M_2=1.0\times1.138\times350=398.37(kN\cdot m)$$

偏心距　　$$e_0=\frac{M}{N}=\frac{398.37\times10^6}{2500\times10^3}=159.35(mm)$$

则初始偏心距为　　$$e_i=e_0+e_a=159.35+20=179.35(mm)$$

（3）判别大小偏心受压

$$\xi=\frac{N}{\alpha_1f_cbh_0}=\frac{2500\times10^3}{1.0\times16.7\times400\times560}=0.668>\xi_b=0.518(mm)$$，属于小偏心受压

（4）求 A_s，A'_s

$$e=e_i+h/2-a_s=179.35+300-40=439.35(mm)$$

$$\xi=\frac{N-\alpha_1f_cbh_0\xi_b}{\frac{Ne-0.43\alpha_1f_cbh_0^2}{(\beta_1-\xi_b)(h_0-a'_s)}+\alpha_1f_cbh_0}+\xi_b$$

$$=\frac{2500\times10^3-1.0\times16.7\times400\times560\times0.518}{\frac{2500\times10^3\times439.35-0.43\times16.7\times400\times560^2}{(0.8-0.518)(560-40)}+1.0\times16.7\times400\times560}+0.518$$

$$=0.629$$

$$A_s=A_s'=\frac{Ne-\alpha_1 f_c b h_0^2\xi(1-0.5\xi)}{f_y'(h_0-a_s')}$$

$$=\frac{2500\times10^3\times439.35-1.0\times16.7\times400\times560^2\times0.629(1-0.5\times0.629)}{360\times(560-40)}$$

$$=1042(\text{mm}^2)$$

选配 4 Φ 18（$A_s=A_s'=1017\text{mm}^2$），如图 5-32 所示。

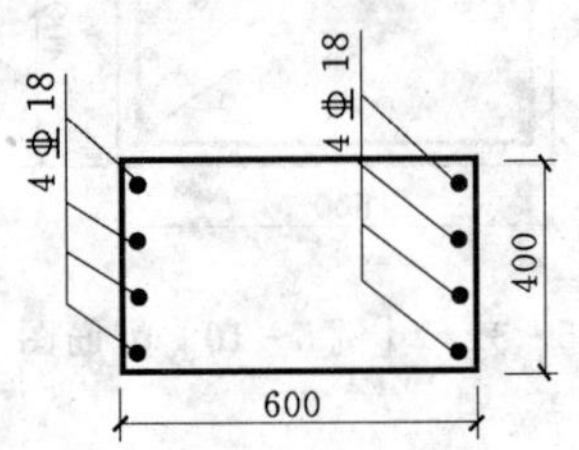

图 5-32　［例 5-11］配筋图

（5）验算垂直于弯矩作用平面的承载力，按轴心受压构件验算。

$l_0/b=4800/400=12$，查表 5-1 得 $\varphi=0.95$，$(A_s+A_s')/A=0.85\%<3\%$，则

$$N=0.9\varphi[f_cA+f_y'(A_s+A_s')]$$

$$=0.9\times0.95\times[16.7\times400\times600+360\times(1017+1017)]$$

$$=4053\text{kN}>2500(\text{kN})$$

满足要求。

六、工形截面偏心受压构件正截面承载力计算

实际工程中，有的偏心受压构件采用工字形截面，如在单层工业厂房中，为节省混凝土及减轻构件的自重，对截面高度 h 大于 600mm 的立柱，一般采用工形截面。工形截面柱的翼缘厚度一般不小于 120mm，腹板厚度不小于 100mm。工形截面偏心受压构件的破坏特征、计算方法与矩形截面类似，区别在于增加了受压翼缘参与受力，受压翼缘的计算宽度 b_f' 仍按表 3-2 的规定确定。计算时，同样可分为 $\xi\leqslant\xi_b$ 时的大偏心受压和 $\xi>\xi_b$ 时的小偏心受压两种情况进行。

单层厂房的立柱一般均采用对称配筋，因此在这里只讨论对称配筋的计算方法。非对称配筋工形截面的计算方法与前述矩形截面的计算方法并无原则区别，只须注意翼缘的作用，在这里从略。

1. 基本公式

（1）大偏心受压构件的计算公式。大偏心受压时工形截面的应力分布有两种情形，即计算中和轴在受压侧翼缘内和在腹板内。用前述的简化方法将混凝土的应力图形简化为等效矩形应力图形，见图 5-33。

1）情形 a　如果 $x\leqslant h_f'$，受压区在受压翼缘内，截面受力实际上相当于一宽度为 b_f' 的矩形截面，如图 5-33（a）所示，根据平衡条件，可给出以下计算公式

$$N=\alpha_1 f_c b_f' x+f_y'A_s'-f_yA_s \tag{5-63}$$

$$Ne=\alpha_1 f_c b_f' x\left(h_0-\frac{x}{2}\right)+f_y'A_s'(h_0-a_s') \tag{5-64}$$

式中　b_f'——工形截面受压翼缘宽度；

h_f'——工形截面受压翼缘高度。

2）情形 b　如果 $x>h_f'$，有部分腹板在受压区，受压区为 T 形截面，如图 5-33（b）所示，根据平衡条件，计算公式为

$$N=\alpha_1 f_c bx+\alpha_1 f_c(b_f'-b)h_f'+f_y'A_s'-f_yA_s \tag{5-65}$$

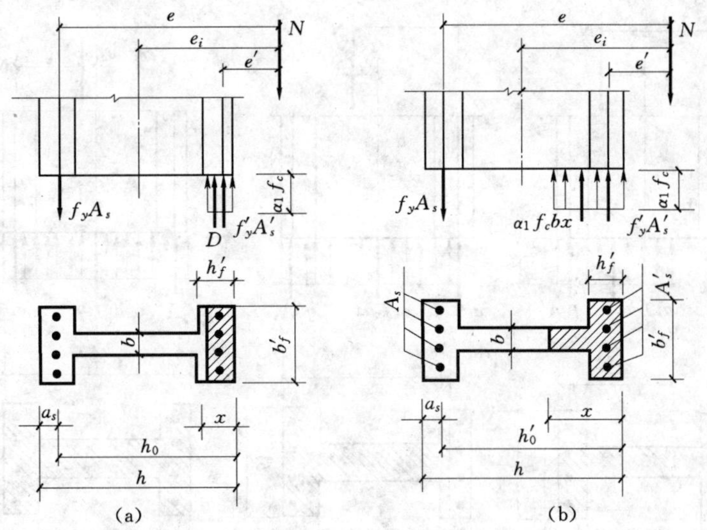

图 5-33 工形截面大偏压计算图形

$$Ne=\alpha_1 f_c bx\left(h_0-\frac{x}{2}\right)+\alpha_1 f_c(b'_f-b)h'_f\left(h_0-\frac{h'_f}{2}\right)+f'_yA'_s(h_0-a'_s) \tag{5-66}$$

为了保证受拉钢筋及受压钢筋能达到屈服，上述公式的适用条件为

$$x\leqslant\xi_b h_0\text{（或 }\xi\leqslant\xi_b\text{）及 }x\geqslant 2a'_s$$

(2) 小偏心受压构件的计算公式。小偏心受压时，一般受压区高度均延伸至腹板内，当偏心距很小时，受压区也可能延伸至受拉侧翼缘内，甚至全截面受压。因此，小偏心受压时截面的应力分布有三种情况，如图 5-34 所示。

1）情形 a 如果 $\xi_b h_0<x\leqslant h-h'_f$，属于中和轴在腹板中的情形，受压区为 T 形，如图 5-34（a）所示。计算公式为：

$$N=\alpha_1 f_c bx+\alpha_1 f_c(b'_f-b)h'_f+f'_yA'_s-\sigma_s A_s \tag{5-67}$$

$$Ne=\alpha_1 f_c bx\left(h_0-\frac{x}{2}\right)+\alpha_1 f_c(b'_f-b)h'_f\left(h_0-\frac{h'_f}{2}\right)+f'_yA'_s(h_0-a'_s) \tag{5-68}$$

2）情形 b 如果 $h-h'_f<x<h$，受压区延至受拉侧翼缘内，受压区为 I 形，如图 5-34（b）所示，计算公式为：

$$N=\alpha_1 f_c[bx+(b'_f-b)h'_f+(b_f-b)(h_f-h+x)]+f'_yA'_s-\sigma_s A_s \tag{5-69}$$

$$Ne=\alpha_1 f_c\left[bx\left(h_0-\frac{x}{2}\right)+(b'_f-b)h'_f\left(h_0-\frac{h'_f}{2}\right)+(b_f-b)(h_f-h+x)\left(h_f-a_s-\frac{x-h+h_f}{2}\right)\right]+f'_yA'_s(h_0-a'_s) \tag{5-70}$$

3）情形 c 如果 $x\geqslant h$，此时全截面受压，如图 5-34（c）所示，在这种状态下，受拉侧翼缘一侧的钢筋压应力也可达到屈服强度，计算时取 $x=h$，计算公式为

$$N=\alpha_1 f_c[bh+(b'_f-b)h'_f+(b_f-b)h_f]+f'_yA'_s+f'_yA_s \tag{5-71}$$

$$Ne=\alpha_1 f_c\left[bh\left(h_0-\frac{h}{2}\right)+(b'_f-b)h'_f\left(h_0-\frac{h'_f}{2}\right)+(b_f-b)h_f\left(\frac{h_f}{2}-a_s\right)\right]+f'_yA'_s(h_0-a'_s) \tag{5-72}$$

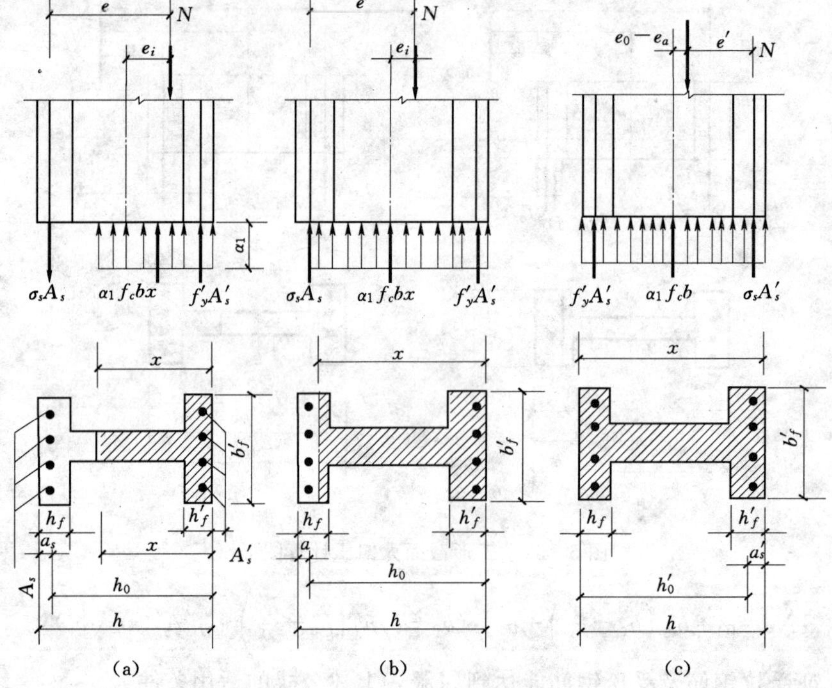

图 5-34　工形截面小偏压计算图形

对于小偏心受压构件，尚应满足下列条件。

$$Ne'=\alpha_1 f_c\left[bh\left(h'_0-\frac{h}{2}\right)+(b_f-b)h_f\left(h'_0-\frac{h_f}{2}\right)+(b'_f-b)h'_f\left(\frac{h'_f}{2}-a'_s\right)\right]+f'_yA_s(h'_0-a_s) \tag{5-73}$$

式中　h'_0——钢筋 A'_s合力点至远离轴向力一侧边缘的距离，即 $h'_0=h-a_s$

$$e'=h/2-(e_0-e_a)-a'_s$$

同样，式（5-73）与式（5-34）意义相同，也是为了防止由于 A_s 太小而使受拉侧首先被压碎。

2. 大、小偏压的界限判别式

由于采用对称配筋，界限判别式仍可取界限状态时截面的轴向力 N_b，即

$$N_b=\alpha_1 f_c bh_0\xi_b+\alpha_1 f_c(b'_f-b)h'_f \tag{5-74}$$

当 $N\leqslant N_b$ 时，属于大偏心受压；$N>N_b$ 时，属于小偏心受压。

3. 计算方法

（1）大偏心受压时的计算方法

①当 $N\leqslant\alpha_1 f_c b'_f h'_f$时，受压区高度 x 小于翼缘厚度 h'_f，可按宽度为 b'_f的矩形截面计算，一般截面尺寸情况下 $\xi\leqslant\xi_b$。先由式（5-63）求得 x

$$x=\frac{N}{\alpha_1 f_c b'_f} \tag{5-75}$$

$$A_s=A'_s=\frac{Ne-\alpha_1 f_c b'_f x(h_0-x/2)}{f'_y(h_0-a'_s)} \tag{5-76}$$

式中 $$e=e_i+h/2-a_s$$

如 $x<2a_s'$，则近似取 $x=2a_s'$，用式（5-55）求得钢筋的截面面积。

$$A_s=A_s'=\frac{Ne'}{f_y(h_0-a_s')}$$

其中 $$e'=e_i-h/2+a_s'$$

②当 $\alpha_1 f_c b_f' h_f'<N\leqslant\alpha_1 f_c[\xi_b bh_0+(b_f'-b)h_f']$ 时，受压区已进入腹板 $x>h_f'$，但 $x\leqslant\xi_b h_0$，仍属于大偏心受压情况。用式（5-65）及 $f_yA_s=f_y'A_s'$ 一项，即可求得受压区高度 x，代入式（5-66）可求得钢筋的截面面积 $A_s=A_s'$。

（2）小偏心受压时的计算方法

当 $N>\alpha_1 f_c[\xi_b bh_0+(b_f'-b)h_f']$ 时，则为小偏心受压，与矩形截面相同，把受拉侧钢筋应力 σ_s 的公式（5-33）代入式（5-68）及式（5-69），消去 A_s'，也可得 ξ 的三次方程。与矩形截面类似，为简化计算，也可用下列近似公式计算 ξ。

$$\xi=\frac{N-\xi_b\alpha_1 f_c bh_0-\alpha_1 f_c(b_f'-b)h_f'}{\dfrac{Ne-0.43\alpha_1 f_c bh_0^2-\alpha_1 f_c(b_f'-b)h_f'(h_0-h_f'/2)}{(\beta_1-\xi_b)(h_0-a_s')}+\alpha_1 f_c bh_0}+\xi_b \tag{5-77}$$

求出 ξ 值后，再根据 $x=\xi h_0$ 与 $h-h_0$ 的关系，当 $x\leqslant h-h_f$，代入式（5-68）计算 $A_s=A_s'$，当 $x>h-h_f$ 时，代入式（5-70）计算 $A_s=A_s'$。

【例 5-12】 已知工形截面柱，截面尺寸为 $b_f=b_f'=500\text{mm}$，$h_f=h_f'=120\text{mm}$，$b=100\text{mm}$，$h=1000\text{mm}$，计算长度 $l_0=11.5\text{m}$，承受的轴向压力设计值 $N=1700\text{kN}$，上端截面弯矩设计值 $M_1=650\text{kN}\cdot\text{m}$，下端截面弯矩设计值 $M_2=700\text{kN}\cdot\text{m}$。采用 C30 混凝土，纵筋采用 HRB400 级钢筋，采用对称配筋，求所配置的钢筋截面面积 A_s 及 A_s'。

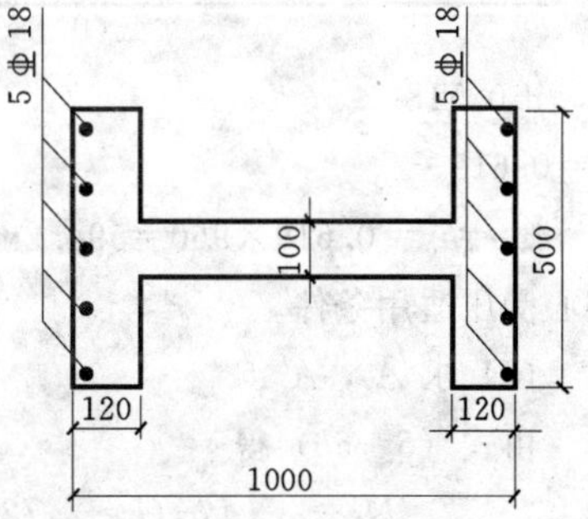

图 5-35 ［例 5-12］配筋图

【解】（1）确定计算参数

取 $a_s=a_s'=40\text{mm}$，$h_0=960\text{mm}$，$f_c=14.3\text{N/mm}^2$，$f_y=f_y'=360\text{N/mm}^2$，$\xi_b=0.518$，矩形图形应力系数 $\alpha_1=1.0$，$\beta_1=0.8$

（2）计算框架柱端设计弯矩 M 及 e_i

由于 $M_1/M_2=0.93>0.9$，因此需要考虑附加弯矩的影响，根据式（5-12）、式（5-21）及式（5-22）得：

偏心距调节系数 $C_m=0.7+0.3M_1/M_2=0.979$

$$\zeta_c=\frac{0.5f_cA}{N}=\frac{0.5\times14.3\times1.96\times10^5}{1700\times10^3}=0.824<1.0$$

取附加偏心距 $e_a=33\text{mm}$（e_a 取 20mm 或 $\frac{1}{30}h=\frac{1}{30}\times1000=33\text{mm}$ 二者之中的较大者）。弯矩增大系数为：

$$\eta_{ns}=1+\frac{1}{1300(M_2/N+e_a)/h_0}\left(\frac{l_0}{h}\right)^2\zeta_c$$

$$=1+\frac{960}{1300\times(700\times10^6/1700\times10^3+33)}\times11.5^2\times0.824=1.181$$

柱端截面设计弯矩为：

$$M=C_m\eta_{ns}M_2=0.93\times1.181\times700=768.83(\text{kN}\cdot\text{m})$$

偏心距 $e_0=\dfrac{768.83\times10^6}{1700\times10^3}=452.25(\text{mm})$

则初始偏心距为　　$e_i=e_0+e_a=452.25+33=485.25(\text{mm})$

(3) 判别大小偏心受压

界限情况下的截面承载力为

$N_b=\alpha_1 f_c bh_0\xi_b+\alpha_1 f_c\ (b'_f-b)\ h'_f=1\times14.3\times100\times960\times0.518+1\times14.3\times400\times120$

$=1397\text{kN}<N=1700(\text{kN})$ 为小偏心受压。

(4) 计算相对受压区高度 ξ

$$e=e_i+h/2-a=485.25+500-40=945.25(\text{mm})$$

$$\xi=\frac{N-\xi_b\alpha_1 f_c bh_0-\alpha_1 f_c(b'_f-b)h'_f}{\dfrac{Ne-0.43\alpha_1 f_c bh_0^2-\alpha_1 f_c(b'_f-b)h'_f(h_0-h'_f/2)}{(\beta_1-\xi_b)(h_0-a'_s)}+\alpha_1 f_c bh_0}+\xi_b$$

$$=\frac{1700\times10^3-1397\times10^3}{\dfrac{1700\times10^3\times945.25-14.3\times[0.43\times100\times960^2+400\times120\times(960-60)]}{(0.8-0.518)(960-40)}+14.3\times100\times960}$$

$+0.518$

$=0.619$

$x=\xi h_0=0.619\times960=594.2\text{mm}<h-h_f=1000-120=880(\text{mm})$，满足中和轴在腹板内的小偏心受压适用条件。

(5) 求 A_s，A'_s

由式 (5-68) 得

$$A_s=A'_s=\frac{Ne-\alpha_1 f_c[bx(h_0-x/2)+(b'_f-b)h'_f(h_0-h'_f/2)]}{f'_y(h_0-a'_s)}$$

$$=\frac{1700\times10^3\times945.25-14.3\times[100\times594.2\times(960-594.2/2)+400\times120\times(960-60)]}{360\times(960-40)}$$

$=1286(\text{mm}^2)$

选配 5 ⌀ 18 ($A_s=A'_s=1272\text{mm}^2$)，配筋如图 5-35 所示。

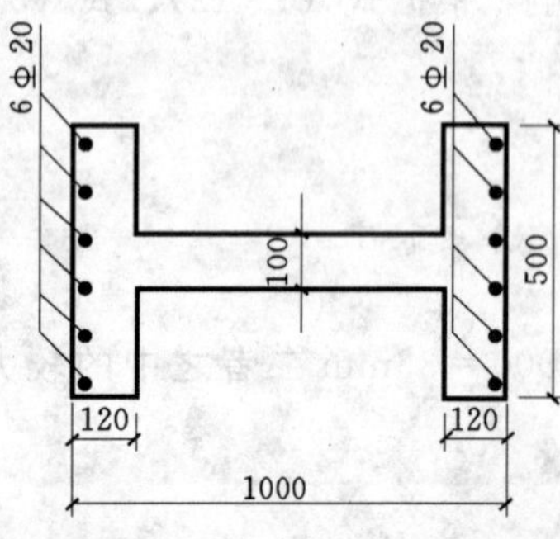

图 5-36　[例 5-13] 配筋图

【例 5-13】 已知工形截面柱，截面尺寸为 $b_f=b'_f=500\text{mm}$，$h_f=h'_f=120\text{mm}$，$b=100\text{mm}$，$h=1000\text{mm}$，计算长度 $l_0=12\text{m}$，承受的轴向压力设计值 $N=950\text{kN}$，柱上端截面弯矩设计值 $M_1=750\text{kN}\cdot\text{m}$，下端截面弯矩设计 $M_2=800\text{kN}\cdot\text{m}$。采用 C30 混凝土，纵筋采用 HRB335 级钢筋，采用对称配筋，求所配置的钢筋截面面积 A_s 及 A'_s。

【解】 (1) 确定计算参数

取 $a_s=a'_s=40$mm，$h_0=960$mm，$f_c=14.3\text{N/mm}^2$，$f_y=f'_y=300\text{N/mm}^2$，$\xi_b=0.55$，矩形图形应力系数 $\alpha_1=1.0$，$\beta_1=0.8$。

（2）计算框架柱端设计弯矩 M 及 e_i

$$I=\frac{1}{12}b_f h_f^3+b_f h_f\left(\frac{h-h_f}{2}\right)^2+\frac{1}{12}b(h-h_f-h'_f)^3+\frac{1}{12}b'_f h'^3_f+b'_f h'_f\left(\frac{h-h'_f}{2}\right)^2$$

$$=2\times\frac{1}{12}\times500\times120^3+2\times500\times120\times\left(\frac{1000-120}{2}\right)^2+\frac{1}{12}\times100\times(1000-2\times120)^3$$

$$=2.7\times10^{10}(\text{mm}^4)$$

$$A=bh+2(b'_f-b)h'_f=100\times1000+2\times400\times120=1.96\times10^5(\text{mm}^2)$$

由于 $M_1/M_2=0.938>0.9$，$i=\sqrt{\frac{I}{A}}=\sqrt{\frac{2.7\times10^{10}}{1.96\times10^5}}=371(\text{mm})$，则

$l_0/i=31>34-12(M_1/M_2)=23$，因此需要考虑附加弯矩的影响，根据式（5－12）、式（5－21）及式（5－22）得：

偏心距调节系数 $C_m=0.7+0.3M_1/M_2=0.981$

$$\zeta_c=\frac{0.5f_cA}{N}=\frac{0.5\times14.3\times1.96\times10^5}{950\times10^3}=1.475>1.0\text{，故取 }\zeta_c=1.0$$

取附加偏心距 $e_a=33$mm（e_a 取 20mm 或 $\frac{1}{30}h=\frac{1}{30}\times1000=33$mm 二者之中的较大者）。弯矩增大系数为：

$$\eta_{ns}=1+\frac{1}{1300(M_2/N+e_a)/h_0}\left(\frac{l_0}{h}\right)^2\zeta_c$$

$$=1+\frac{960}{1300\times(800\times10^6/950\times10^3+33)}\times12^2\times1.0=1.122$$

柱端截面设计弯矩为：

$$M=C_m\eta_{ns}M_2=0.981\times1.122\times800=880(\text{kN}\cdot\text{m})$$

偏心距 $e_0=\frac{880\times10^6}{950\times10^3}=926.32(\text{mm})$

则初始偏心距为　　$e_i=e_0+e_a=926.32+33=959.32(\text{mm})$

（3）判断截面偏心受压情况

界限情况下的截面承载力为

$$N_b=\alpha_1f_cbh_0\xi_b+\alpha_1f_c(b'_f-b)h'_f=1\times14.3\times100\times960\times0.55+1\times14.3\times400\times120$$

$$=1441.44\text{kN}>N=950(\text{kN})$$　为大偏心受压。

$\alpha_1f_cb'_fh'_f=1.0\times14.3\times500\times120=858(\text{kN})$，其受压区已进入腹板。

（4）计算配筋

$$e=e_i+0.5h-a_s=959.32+500-40=1419.32(\text{mm})$$

由式（5－65）计算 x

$$x=\frac{N-\alpha_1f_c(b'_f-b)h'_f}{\alpha_1f_cb}=\frac{950\times10^3-1.0\times14.3\times(500-100)\times120}{1.0\times14.3\times100}=184.34(\text{mm})$$

将 x 代入式（5－66）得

$$A_s=A_s'=\frac{Ne-\alpha_1 f_c[bx(h_0-x/2)+(b_f'-b)h_f'(h_0-h_f'/2)]}{f_y'(h_0-a_s')}$$

$$=\frac{950\times10^3\times1419.32-14.3\times[100\times184.34\times(960-184.34/2)+400\times120\times(960-60)]}{300\times(960-40)}$$

$$=1818(\text{mm}^2)$$

选配 6 ⌀ 20（$A_s=A_s'=1884\text{mm}^2$），配筋如图 5-36 所示。

七、偏心受压构件正截面承载力 N_u-M_u 的相关曲线

对于给定截面、配筋及材料强度的偏心受压构件，达到承载力极限状态时，截面承受的内力设计值 N、M 并不是独立的，而是相关的。轴力与弯矩对于构件的作用效应存在着叠加与制约的关系，也就是说，当给定轴力 N 时，有其唯一对应的弯矩 M，或者说构件可在不同的 N 和 M 的组合下达到其承载力极限状态。在进行构件截面设计时，往往要考虑多种内力组合（即不同的 N 和 M 组合），因此，必须要判断哪些内力组合对截面起控制作用。下面以对称配筋截面为例说明 N 和 M 的相关关系。

大偏心受压时，由式（5-24）得

$$x=\frac{N}{\alpha_1 f_c b}$$

将 $e=e_i+h/2-a_s$ 及 x 代入式 5-25 则得

$$N\left(e_i+\frac{h}{2}-a_s\right)=\alpha_1 f_c b\frac{N}{\alpha_1 f_c b}\left(h_0-\frac{N}{2\alpha_1 f_c b}\right)+f_y'A_s'(h_0-a_s')$$

整理得

$$Ne_i=\frac{N^2}{2\alpha_1 f_c b}+\frac{Nh}{2}+f_y'A_s'(h_0-a_s')$$

这里 $M=Ne_i$，故

$$M=\frac{N^2}{2\alpha_1 f_c b}+\frac{Nh}{2}+f_y'A_s'(h_0-a_s') \tag{5-78}$$

由上式可见，在大偏心范围内，M 与 N 为二次函数关系。对于已知材料，尺寸与配筋的截面，可作出 M 与 N 的关系曲线。如图 5-38 中的 AB 段。

小偏心受压时，如果 $x>\xi_b h_0$，取 $\sigma_s=\frac{\beta_1-\xi_1}{\beta_1-\xi_b}f_y$，并取 $f_yA_s=f_y'A_s'$，代入式（5-28），整理后可得受压区高度 x 为

$$x=\frac{N(\beta_1-\xi_b)}{\alpha_1 f_c b(\beta_1-\xi_b)+(f_yA_s)/h_0}+\frac{\xi_b f_yA_s}{\alpha_1 f_c b(\beta_1-\xi_b)+(f_yA_s)/h_0}$$

令
$$\lambda_1=\frac{(\beta_1-\xi_b)}{\alpha_1 f_c b(\beta_1-\xi_b)+(f_yA_s)/h_0}\quad\lambda_2=\frac{\xi_b f_yA_s}{\alpha_1 f_c b(\beta_1-\xi_b)+(f_yA_s)/h_0}$$

同样将 $e=e_i+h/2-a$ 及 x 代入式（5-29），并令 $M=Ne_i$ 则得

$$M=\alpha_1 f_c bh_0^2[(\lambda_1N+\lambda_2)-0.5(\lambda_1N+\lambda_2)^2]-\left(\frac{h}{2}-a_s\right)N+f_y'A_s'(h_0-a_s')$$

由上式可知，小偏心受压时，M 与 N 也为二次函数关系，但与大偏心受压时不同，随着 N 的增大而 M 将减小。如图 5-37 中的 BC 段。

M 与 N 相关曲线反映了钢筋混凝土构件在压力和弯矩共同作用下正截面压弯承载力

的变化规律，具有以下特点：

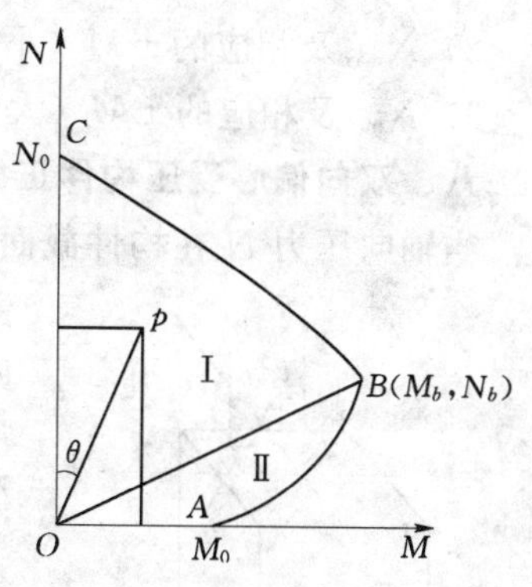

图 5-37　对称配筋时 M—N 相关曲线

(1) M—N 相关曲线上的任意一点代表截面处于正截面承载力极限状态时的一种内力组合。如一组内力（M、N）在曲线内侧（如 p 点），说明截面未达到承载力极限状态，是安全的，如（M、N）在曲线外侧，则表明截面承载力不足；

(2) 当弯矩 $M=0$ 时，轴向承载力 N_u 达到最大值，即为轴心受压承载力 N_0 对应图 5-37 中的 C 点；当轴力 $N=0$ 时，为受纯弯承载力 M_0，对应于图 5-37 中的 A 点；

(3) 截面受弯承载力 M_u 在 $B(M_b, N_b)$ 点达到最大，该点近似为界限破坏，因此，图 5-37 中 AB 段（$N\leqslant N_b$）为受拉破坏；BC 段（$N>N_b$）为受压破坏；

(4) 小偏心受压时，N_u 随 M_u 的增大而减小；大偏心受压时，N_u 随 M_u 的增大而增大；

(5) 对于对称配筋的截面，界限破坏时的受压承载力 N_b 与配筋率无关，而受弯承载力 M_b 随着配筋率的增加而增大，如图 5-38 所示。

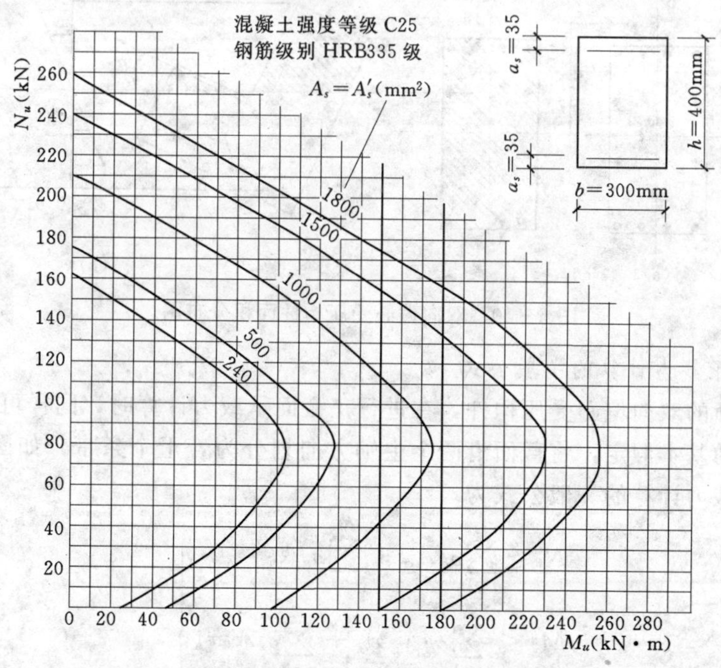

图 5-38　M_u-N_u 配筋曲线

利用 M—N 相关曲线，可以帮助我们在设计时找到最不利内力组合。一般在设计时要考虑以下内力组合：

1) $\pm M_{max}$ 及相应的 N；

2）N_{max}及相应的$\pm M$（小偏心受压时）；

3）N_{min}及相应的$\pm M$（大偏心受压时）。

八、双向偏心受压构件正截面承载力计算

当轴向压力N在构件截面的两个主轴方向都有偏心（e_{ix}及e_{iy}）时；或者构件同时承受轴向压力N及两个主轴方向弯矩M_x及M_y时，称为双向偏心受压构件，或斜偏心受压构件，见图5-39。

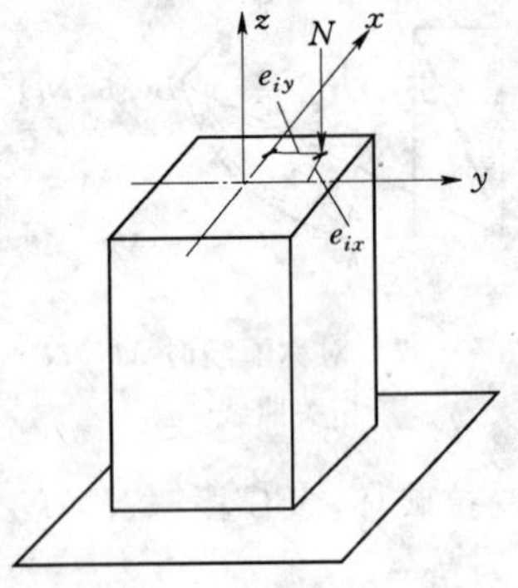

图5-39　双向偏心受压构件

在钢筋混凝土结构工程中，经常遇到双向偏心受压构件。例如：在地震区的多层或高层框架的角柱、管道支架和水塔的支柱等。

双向偏心受压构件正截面的破坏形态与单向偏心受压构件正截面破坏形态相似，也分为大偏心受压破坏和小偏心受压破坏。但双向偏心受压构件的截面破坏时，其中和轴是倾斜的，与截面形心主轴有一个成ψ值的夹角。根据偏心距大小的不同，受压区面积的形状变化较大；对于矩形截面可能呈三角形、四边形或五边形；对于L形、T形截面可能出现更复杂的形状，如图5-40所示。

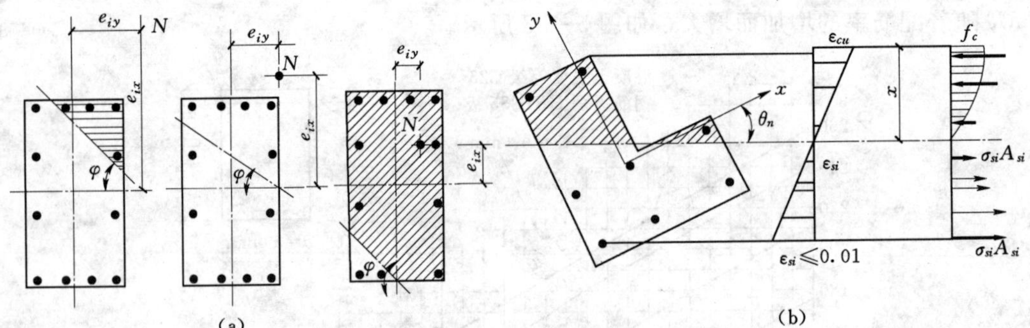

图5-40　双向偏心受压构件面积分布图

1. 正截面承载力计算的一般公式

对任意截面的双向偏心受压构件，在进行正截面承载力计算时，同样可根据前述正截面承载力计算的基本假定，将截面沿两个主轴方向划分为若干个条带，如图5-41所示，则其正截面承载力计算的一般公式为

$$\left.\begin{aligned}N&\leqslant\sum_{j=1}^{m}\sigma_{cj}A_{cj}+\sum_{i=1}^{n}\sigma_{si}A_{si}\\M_y&\leqslant\sum_{j=1}^{m}\sigma_{cj}A_{cj}x_{cj}+\sum_{i=1}^{n}\sigma_{si}A_{si}x_{si}\\M_x&\leqslant\sum_{j=1}^{m}\sigma_{cj}A_{ej}y_{cj}+\sum_{i=1}^{n}\sigma_{si}A_{si}y_{si}\end{aligned}\right\}\tag{5-79}$$

式中　N——轴向压力设计值；

M_x，M_y——考虑了结构侧移、构件挠曲和附加偏心距引起的附加弯矩后对截面形心轴x

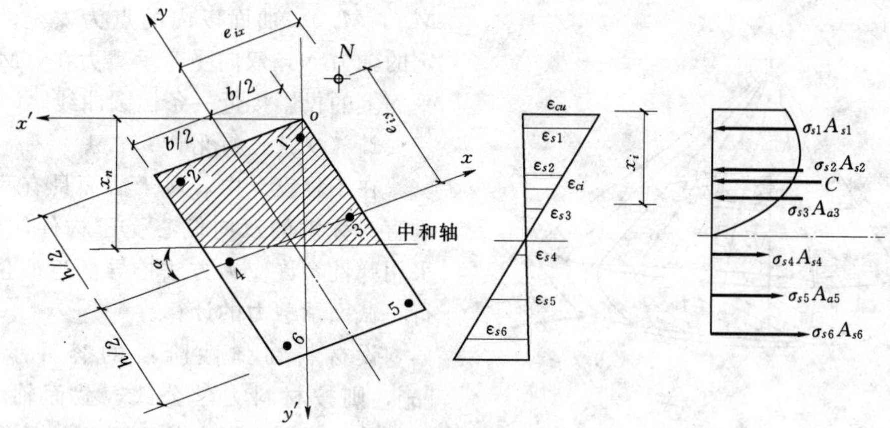

图 5-41 任意截面双向偏心受压截面

和 y 的弯矩设计值；

σ_{si}——第 i 个钢筋单元应力，受压时为"+"，$i=1$，…，n，n 为钢筋单元数；

A_{si}——第 i 个钢筋单元面积；

x_{si}，y_{si}——第 i 个钢筋单元形心到截面形心轴 y 和 x 的距离。x_{si} 在形心轴 y 右侧，y_{si} 在形心轴 x 上侧取"+"号；

σ_{cj}——第 j 个混凝土单元应力，受压为"+"号，$j=1$，…，m，m 为混凝土单元数；

A_{cj}——混凝土单元面积；$A_{cj}=\mathrm{d}x_{cj}\,\mathrm{d}y_{cj}$；

x_{cj}，y_{cj}——第 j 个混凝土条单元形心到截面形心轴 y 和 x 的距离。x_{cj} 在形心轴 y 右侧，y_{cj} 在形心轴 x 上侧取"+"号。

混凝土单元和钢筋单元的应力可根据各单元的应变由各自的应力－应变关系计算。各单元的应变按平截面假定确定，即

$$\left.\begin{aligned}\varepsilon_{cj}&=\phi_u[(x_{cj}\sin\theta+y_{cj}\cos\theta)-R]\\\varepsilon_{si}&=\phi_u[(x_{si}\sin\theta+y_{si}\cos\theta)-R]\\\phi_u&=\varepsilon_{cu}/x_n\end{aligned}\right\}\tag{5-80}$$

式中 ε_{si}——第 i 个钢筋单元应变，受压为"+"号，$i=1$，…，n；

ε_{cj}——第 j 个混凝土单元应变，受压为"+"号，$j=1$，…，m；

R——截面形心到中和轴的距离；

θ——中和轴与形心轴 x 的夹角，顺时针时为"+"号；

ϕ_u——正截面承载力极限状态时截面曲率；

ε_{cu}——混凝土的极限压应变；

x_n——中和轴至受压边缘的距离；

n——钢筋的根数；

m——混凝土单元数。

利用上述公式进行双向偏心受压构件正截面承载力计算时，须借助于计算机进行求解，比较复杂。图 5-42 为矩形截面双向偏心受压构件正截面轴力和两个主轴方向受弯的承载力相关曲面，该曲面上的任意一点代表一个达到正截面承载力极限状态的组合（N_u，

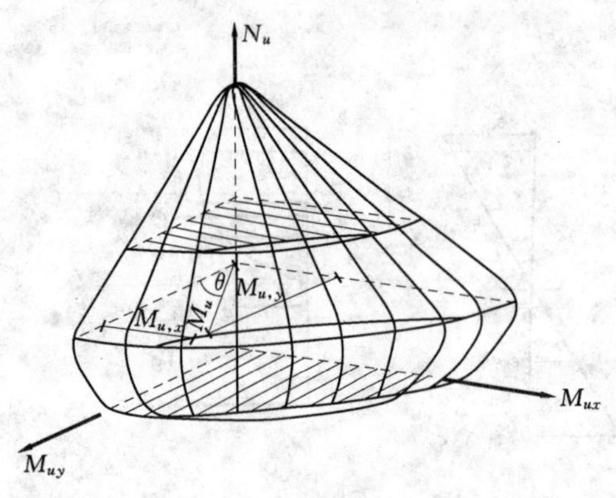

图 5-42　矩形截面 N_u—M_{ux}—M_{uy} 承载力相关曲线

M_{ux}，M_{uy})，曲面以内的点为安全。对于给定的轴力 N，双向受弯承载力在（M_x，M_y）平面上的投影接近一条椭圆曲线。

2.《规范》简化计算方法

在工程设计中，对于截面具有两个相互垂直对称轴的双向偏心受压构件，《规范》采用弹性容许应力方法推导的近似公式，进行正截面承载力的计算。

设材料在弹性阶段的容许承载力为 $[\sigma]$，则按材料力学公式，截面轴心受压、单向偏心受压和双向偏心受压的承载力可分别表示为

$$
\begin{aligned}
&\frac{N_{u0}}{A_0}=[\sigma]\\
&N_{ux}\left(\frac{1}{A_0}+\frac{e_{ix}}{W_{0x}}\right)=[\sigma]\\
&N_{uy}\left(\frac{1}{A_0}+\frac{e_{iy}}{W_{0y}}\right)=[\sigma]\\
&N_u\left(\frac{1}{A_0}+\frac{e_{ix}}{W_{0x}}+\frac{e_{iy}}{W_{0y}}\right)=[\sigma]
\end{aligned}
\tag{5-81}
$$

式中　A_0、M_{0x}、M_{0y}——截面的换算面积和两个方向的换算截面抵抗矩。

合并以上各式，可得以下公式

$$
N\leqslant\frac{1}{\dfrac{1}{N_{ux}}+\dfrac{1}{N_{uy}}-\dfrac{1}{N_{u0}}}
\tag{5-82}
$$

式中　N_{ux}、N_{uy}——轴向力作用于 x 轴和 y 轴，考虑相应的计算偏心距后，按全部纵向钢筋计算的偏心受压承载力设计值；

N_{u0}——构件截面轴心受压承载力设计值。此时考虑全部纵筋，但不考虑稳定系数。

设计时，先拟定构件的截面尺寸和钢筋布置方案，然后按式（5-82）复核所能承受的轴向承载力设计值 N。如果不满足，须重新调整构件截面尺寸和配筋，再进行复核，直到满足设计要求。

九、偏心受压构件斜截面受剪承载力计算

偏心受压构件，一般情况下剪力值相对较小，可不进行斜截面受剪承载力计算；但对于有较大水平力作用下的框架柱，有横向力作用下的桁架上弦压杆，剪力影响相对较大，必须予以考虑。

试验表明，轴向压力能延迟裂缝的出现和发展，增加混凝土受压区的高度，从而提高构件斜截面受剪承载力。但当压力超过一定数值后，由于剪压区混凝土压应力过大，使得混凝土的受剪强度降低，反而会使斜截面受剪承载力降低。

《规范》对于矩形、T形和I形截面偏心受压构件斜截面受剪承载力计算，可在集中荷载作用下的矩形截面梁受剪承载力计算公式的基础上，增加一项由于轴向压力的作用使斜截面受剪承载力的提高值。为偏于安全起见，此项提高值为 $0.07N$，则受压构件斜截面受剪承载力计算公式为

$$V \leqslant \frac{1.75}{\lambda+1} f_t b h_0 + f_{yv} \frac{A_{sv}}{s} h_0 + 0.07N \tag{5-83}$$

式中 λ——偏心受压构件的计算截面的剪跨比。对各类结构的框架柱，取 $\lambda = M/Vh_0$；当框架结构中柱的反弯点在层高范围内时，可取 $\lambda = H_n/2h_0$（H_n 为柱的净高）；当 $\lambda<1$ 时，取 $\lambda=1.0$；当 $\lambda>3.0$ 时，取 $\lambda=3.0$；此处，M 为计算截面上与剪力设计值 V 相应的弯矩设计值。对其他偏心受压构件，当承受均布荷载时，取 $\lambda=1.5$；当承受集中荷载时（包括作用有多种荷载、且集中荷载对支座截面或节点边缘所产生的剪力值占总剪力的75%以上的情况），取 $\lambda = a/h_0$；当 $\lambda<1.5$ 时，取 $\lambda=1.5$；当 $\lambda>3.0$ 时，取 $\lambda=3.0$；此处，a 为集中荷载至支座或节点边缘的距离；

N——与剪力设计值 V 相应的轴向压力设计值，当 $N>0.3f_cA$ 时，取 $N=0.3f_cA$；A 为构件的截面面积。

当偏心受压构件满足下列公式要求时，可不进行斜截面受剪承载力计算，而仅需根据构造要求配置箍筋。

$$V \leqslant \frac{1.75}{\lambda+1.0} f_t b h_0 + 0.07N \tag{5-84}$$

与受弯构件类似，为防止由于配箍过多产生斜压破坏，偏心受压构件的受剪截面尺寸同样应满足式（4-21）要求。

思 考 题

5-1 箍筋在受压构件中有何作用？普通矩形箍筋与螺旋箍筋轴心受压柱的承载力计算有何差别？

5-2 轴心受压普通箍筋短柱与长柱的破坏形态有何不同？轴心受压长柱的稳定系数 φ 如何确定？

5-3 螺旋钢筋柱不适用于哪些情况？为什么？

5-4 偏心受压正截面破坏形态有几种？破坏特征怎样？与哪些因素有关？偏心距较大时为什么也会产生受压破坏？

5-5 偏心受压构件正截面承载力计算与受弯构件正截面承载力计算有何异同？什么情况下，偏心受压构件计算允许 $\xi>\xi_b$？此时，受拉钢筋的应力如何确定？

5-6 试说明偏心受压构件中，η_{ns} 是什么系数？它是怎样得来的？它和轴心受压构件中的 φ 有何不同？η_{ns} 与哪些因素有关？哪些因素是主要的？

5-7 如何用偏心距来判别大小偏心受压？这种判别严格吗？

5-8 为什么要考虑附加偏心距？附加偏心距的取值与什么因素有关？

5-9　比较不对称配筋大偏心受压截面的设计方法与双筋梁的异同。

5-10　不对称配筋小偏心受压截面设计时，A_s 是根据什么确定的？

5-11　为什么偏心受压构件一般采用对称配筋截面？对称配筋的偏心受压构件如何判别大小偏心受压？

5-12　已知两组内力（N_1，M_1）和（N_2，M_2），采用对称配筋，试判别以下情况哪组内力的配筋大：

（1）$N_1=N_2$，$M_2>M_1$；

（2）$N_1<N_2<N_b$，$M_2=M_1$；

（3）$N_b<N_1<N_2$，$M_2=M_1$。

5-13　试总结不对称和对称配筋截面大小偏心受压的判别方法。截面设计与截面复核大小偏心的判别方法有什么不同？

5-14　偏心受压构件的 $M—N$ 相关曲线说明了什么？偏心距的变化对偏心受压构件的承载力有什么影响？

5-15　轴向压力对受剪承载力有何影响？

5-16　受压构件为什么要控制最小配筋率？试布置图 5-43 所示截面的箍筋。

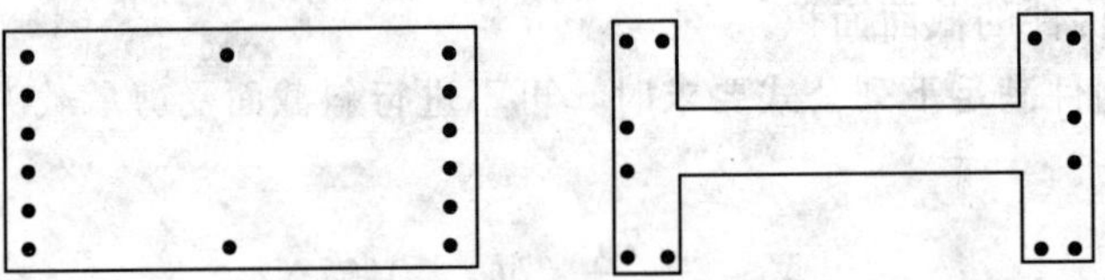

图 5-43　思考题 5-16 图

5-17　工字型截面大、小偏心受压构件正截面承载力计算公式是如何建立的？其适用条件是什么？

习　　题

5-1　某混合结构多层房屋，门厅为现浇内框架结构（按无侧移考虑），其底层柱截面为方形，按轴心受压构件计算。轴向力设计值 $N=3000$kN，层高 $H=5.6$m，混凝土为 C30 级，纵筋用 HRB335 级钢筋，箍筋为 HPB300 级钢筋。试求柱的截面尺寸并配置纵筋及箍筋。

5-2　5-1 题中的柱的截面由于建筑要求，限定为直径不大于 350mm 的圆形截面。其他条件不变，（1）采用普通钢箍柱；（2）采用螺旋钢箍柱，求柱的配筋构造。

5-3　设矩形截面柱 $b\times h=400\text{mm}\times600\text{mm}$，$a_s=a_s'=45$mm，柱的计算长度 $l_0=7.2$m，采用 C25 混凝土，HRB400 级钢筋。已知荷载作用下产生的轴向压力设计值 $N=2000$kN，柱上端弯矩设计值为 $M_1=460\text{kN}\cdot\text{m}$，下端弯矩设计值为 $M_2=500\text{kN}\cdot\text{m}$。求柱的纵向钢筋 A_s 及 A_s' 并配置箍筋。

5-4　已知矩形截面柱 $b\times h=300\text{mm}\times400\text{mm}$，$a_s=a_s'=45$mm，$l_0=3$m。采用 C25 混凝土，HRB400 级钢筋，荷载作用下产生的轴向压力设计值 $N=300$kN，柱上端弯矩设

计值为 $M_1=175\text{kN}\cdot\text{m}$，下端弯矩设计值为 $M_2=185\text{kN}\cdot\text{m}$。求柱的纵向钢筋 A_s 及 A_s' 并配置箍筋。

5-5　其他条件同题 5-3，内力设计值 $N=3600\text{kN}$，柱上端弯矩设计值为 $M_1=375\text{N}\cdot\text{m}$，下端弯矩设计值为 $M_2=400\text{kN}\cdot\text{m}$。求柱的纵向钢筋 A_s 及 A_s' 并配置箍筋。

5-6　已知矩形截面柱 $b\times h=300\text{mm}\times500\text{mm}$，$a_s=a_s'=45\text{mm}$，$l_0=6\text{m}$。采用 C25 混凝土，HRB400 级钢筋，荷载作用下产生的轴向压力设计值 $N=130\text{kN}$，柱上下端弯矩设计值相等为 $M_1=M_2=210\text{kN}\cdot\text{m}$，已知选用受压钢筋为 4 ⌀ 22（$A_s'=1520\text{mm}^2$）。求柱的纵向受拉钢筋截面面积 A_s 并选配钢筋。

5-7　已知矩形截面柱 $b\times h=300\text{mm}\times500\text{mm}$，$a_s=a_s'=40\text{mm}$，$l_0=6\text{m}$，采用 C25 级混凝土，纵筋为 HRB400 级钢筋，A_s' 为 3 ⌀ 22（$A_s'=1140\text{mm}^2$），A_s 为 2 ⌀ 16（$A_s=402\text{mm}^2$），轴向压力设计值 $N=1800\text{kN}$，柱上、下端截面弯矩设计值相等。求此柱所能承受的最大弯矩值 M_1。

5-8　已知矩形截面柱 $b\times h=400\text{mm}\times500\text{mm}$，计算长度 $l_0=6.0\text{m}$ $a_s=a_s'=40\text{mm}$，混凝土采用 C35 级，纵向钢筋采用 HRB400 级。截面配筋为 $A_s'=628\text{mm}^2$（2 ⌀ 20），$A_s=1256\text{mm}^2$（4 ⌀ 20）。求当轴向力的偏心距 $e_0=300\text{mm}$ 时，柱截面承受的设计轴向力 N；当 $e_0=95\text{mm}$ 时，柱截面承受的设计轴向力 N。

5-9　已知数据同题 5-3，采用对称配筋，求 $A_s=A_s'$。

5-10　已知数据同题 5-5，采用对称配筋，求 $A_s=A_s'$。

5-11　某单层工业厂房工字形截面柱，截面尺寸如图 5-44 所示。已知柱的计算长度 $l_0=13.5\text{m}$，轴向力设计值 $N=2000\text{kN}$，柱上端弯矩设计值 $M_1=560\text{kN}\cdot\text{m}$，下端弯矩设计值为 $M_1=585\text{kN}\cdot\text{m}$。采用 C30 级混凝土，HRB400 级钢筋，按对称配筋求柱所需配置的纵向钢筋 $A_s'=A_s$。

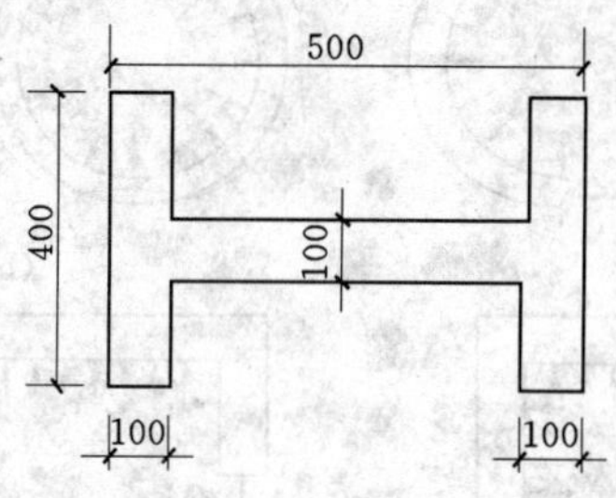

图 5-44　习题 5-11

5-12　其他条件同上题 5-11，按另一组内力设计值 $N=1250\text{kN}$，$M_1=560\text{kN}\cdot\text{m}$，$M_2=585\text{kN}\cdot\text{m}$。求柱的纵向钢筋 $A_s'=A_s$。

第六章　钢筋混凝土受拉构件承载力计算

概要： 本章主要讲述轴心受拉构件、偏心受拉构件的正截面承载力计算，以及受拉构件的斜截面承载力计算。

第一节　概　　述

在钢筋混凝土结构中，承受轴向拉力或承受轴向拉力及弯矩共同作用的构件称为受拉构件。轴向拉力作用点通过截面质量中心连线且不受弯矩作用的构件称为轴心受拉构件，轴向拉力作用点偏离构件截面质量中心连线或构件承受轴向拉力及弯矩共同作用的构件称为偏心受拉构件。在实际工程中，理想的轴心受拉构件实际上是不存在的，但当构件上弯矩很小时，为方便计算，可将此类构件简化为轴心受拉构件进行计算。

建筑工程中常见的受拉构件很多，例如钢筋混凝土桁架或拱拉杆、受内压力作用的环形截面管壁及圆形贮液池的筒壁等，通常按轴心受拉构件计算，如图 6－1 (a) 所示；矩形水池的池壁、受内水压力和土压力共同作用的环形截面管壁以及双肢柱的受拉肢，属于偏心受拉构件 [图 6－1 (b)、(c)]。本章主要讨论矩形截面受拉构件的正截面和斜截面承载力计算。

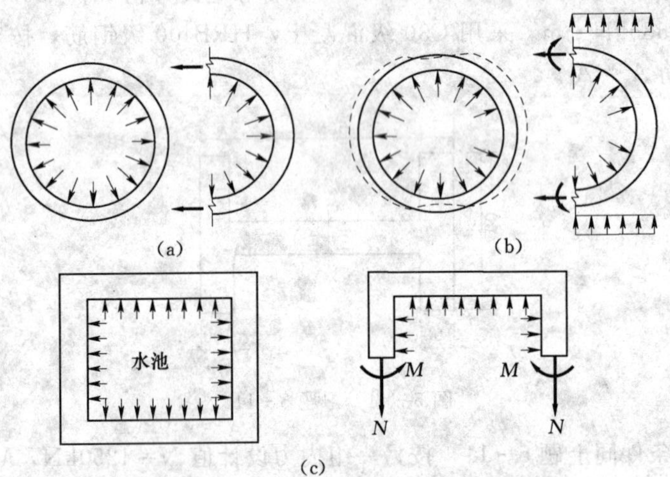

图 6－1　圆形水管管壁、矩形水池池壁的受力

第二节　轴心受拉构件正截面承载力计算

一、轴心受拉构件的受力过程

轴心受拉构件从开始加载到破坏，其受力过程可分为三个阶段。

1. 第Ⅰ阶段

从开始加载到混凝土裂缝出现前。此时，构件上的应力及应变均很小，钢筋与混凝土共同受力，由于此阶段钢筋与混凝土均在弹性范围内工作，其应力与应变大致成正比，构件的拉力与其截面平均应变基本上呈线性关系，如图6-2（a）中的OA段。随着荷载的增加，混凝土的应变达到极限拉应变，即将出现裂缝。此时的受力状态是构件抗裂验算的依据。

2. 第Ⅱ阶段

混凝土开裂至受拉钢筋屈服前的阶段。当荷载增至某值时，构件在某一截面产生第一条裂缝，裂缝的开展方向大体上与荷载作用方向相垂直，而且很快贯穿整个截面。随着荷载的逐渐增大，构件其他截面上也陆续产生裂缝，这些裂缝将构件分割成许多段，各段之间仅以钢筋联系着，如图6-2（b）所示。当裂缝出现后，裂缝截面处的混凝土逐渐退出工作，截面上的拉力全部由钢筋承担，在相同拉力增量作用下，开裂构件截面的平均拉应变ε较未开裂构件截面的平均应变大许多，因而构件的$N-\varepsilon$曲线斜率减小，如图6-2（a）中AB段，AB段的斜率比第一阶段OA段斜率要小。此时的受力状态是验算构件裂缝宽度的依据。

3. 第Ⅲ阶段

受拉钢筋屈服至构件破坏阶段。随着荷载的进一步加大，截面中部分钢筋逐渐达到屈服强度，此时裂缝迅速扩展，构件的变形随之大幅度增加，裂缝宽度也增大许多，如图6-2（b），此时构件达到破坏状态。由于此阶段内较小的荷载增量也能造成构件应变的大幅度增加，所以构件的$N-\varepsilon$曲线大体是水平直线状，如图6-2（a）中的BC段。此时的受力状态是构件承载力计算的依据。

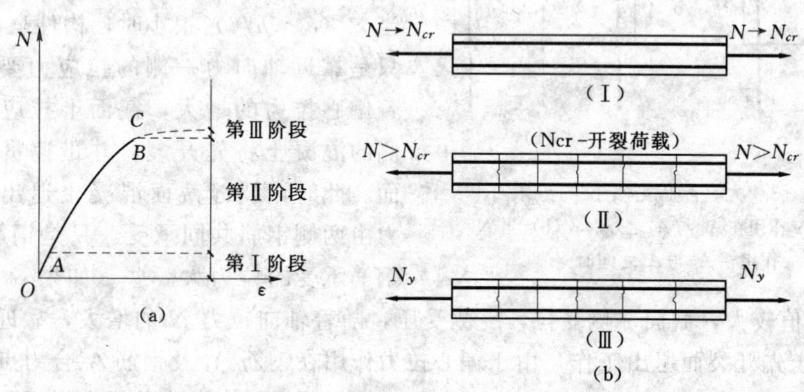

图6-2　轴心受拉构件受力全过程示意图

二、轴心受拉构件的承载力计算

轴心受拉构件的承载力计算是以上述第三阶段的应力状态作为依据的。当达到承载力极限状态时，混凝土已开裂退出工作，受拉钢筋达到屈服，故轴心受拉构件正截面承载力计算公式为：

$$N \leqslant f_y A_s \tag{6-1}$$

式中　N——轴心拉力设计值；

f_y——钢筋抗拉强度设计值；

A_s——纵向钢筋的全部截面面积。

【例 6-1】 已知某钢筋混凝土屋架下弦，截面尺寸 $b\times h=200\text{mm}\times150\text{mm}$，其所受的轴心拉力设计值为 285kN，混凝土强度等级 C30，钢筋为 HRB400。确定该屋架下弦的钢筋截面面积。

【解】 HRB400 钢筋，$f_y=360\text{N/mm}^2$，代入公式（6-1）得

$$A_s=N/f_y=285\times10^3/360=791.7(\text{mm}^2)$$

选用 4 Φ 16，$A_s=804\text{mm}^2$。

第三节　偏心受拉构件承载力计算

一、偏心受拉构件的划分及受力特征

偏心受拉构件按其轴向拉力 N 的作用位置不同，可分为大偏心受拉与小偏心受拉两种情况。如图 6-3 所示，设矩形截面上作用有轴向拉力 N，其偏心距为 e_0，距轴向拉力 N 较近一侧钢筋面积为 A_s，较远一侧钢筋面积为 A'_s。当轴向拉力作用在钢筋 A_s 与钢筋 A'_s 合力点之外时，属于大偏心受拉构件；当轴向力作用在钢筋 A_s 与钢筋 A'_s 合力点之间时，属于小偏心受拉构件。

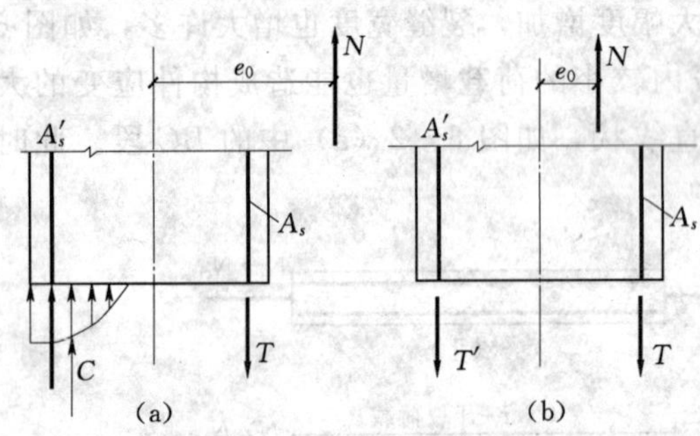

图 6-3　大、小偏心受拉的界限

(a) 当 N 作用在 A_s 与 A'_s 之外时；(b) 当 N 作用在 A_s 与 A'_s 之间时

1. 小偏心受拉构件的受力特征

当轴向拉力作用在钢筋 A_s 及钢筋 A'_s 合力点之间时，依据偏心距 e_0 的大小不同，截面上混凝土应力分布有两种不同的状况。当 e_0（$e_0<h/6$）很小时，构件全截面受拉，只是靠近轴向力一侧的拉应力要大些，随着偏心拉力的增大，截面上拉应力较大一侧的混凝土将先开裂，并迅速贯通整个截面。此时，裂缝截面混凝土退出工作，拉力由两侧钢筋共同承受，只是钢筋 A_s 一侧钢筋承受的拉力大一些。如果 e_0（$h/6<e_0<h/2-a_s$）值较大，截面一侧受拉，一侧受压，随着轴向拉力 N 的增大，靠近偏心拉力一侧的混凝土先开裂而退出工作，由于偏心拉力作用在钢筋 A_s 及钢筋 A'_s 合力点之间，在钢筋 A_s 一侧的混凝土开裂后，为保持力的平衡，在钢筋 A'_s 一侧的混凝土将不可能再存在受压区，此时中和轴已移到截面之外，而是这部分混凝土转化为受拉，并随偏心拉力的增大而开裂。因此，只要偏心拉力作用在钢筋 A_s 及钢筋 A'_s 合力点之间，与偏心距的大小无关，临近破坏前，截面已全部裂通，混凝土已全部退出工作，仅有钢筋 A_s 及钢筋 A'_s 受拉以平衡轴向力 N，只要两侧钢筋配置均不超过正常用量，则当截面达到承载力极限状态时，两侧钢筋均能达到屈服，这种情况称为小偏心受拉。

2. 大偏心受拉构件受力特征

图 6-4 表示矩形截面大偏心受拉构件的受力情况，轴向拉力 N 作用在钢筋 A_s 与钢

筋 A'_s合力点以外时，截面混凝土在离轴向力较近一侧受拉，因而混凝土产生裂缝，而离轴向力较远一侧受压。随着钢筋 A_s 值的增大，当受拉侧混凝土拉应变达到其极限拉应变时截面开裂，但裂缝不会贯通整个截面，而始终存在一定的受压区，否则拉力 N 得不到平衡，当 N 增大至一定值时，受拉侧钢筋 A_s 达到屈服，裂缝进一步向受压区延伸，使受压区面积减小，混凝土的压应力和压应变增大，直至受压侧边缘混凝土达到极限压应变，混凝土被压碎而破坏，同时受压钢筋 A'_s也达到屈服，这种构件称为大偏心受拉构件。

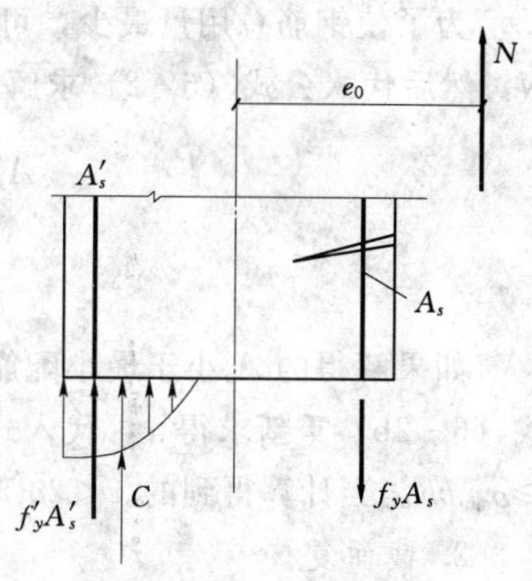

图 6-4 大偏心受拉构件应力截面应力图形

二、大偏心受拉构件正截面承载力计算

由上所述，大偏心受拉构件的破坏特征与大偏心受压构件的破坏特征类似。构件破坏时，受拉钢筋 A_s 及受压 A'_s的应力都达到屈服强度，受压区混凝土的计算应力图形仍可简化为矩形应力图形，受压区混凝土强度为 $\alpha_1 f_c$。截面应力图形如图 6-5 所示。

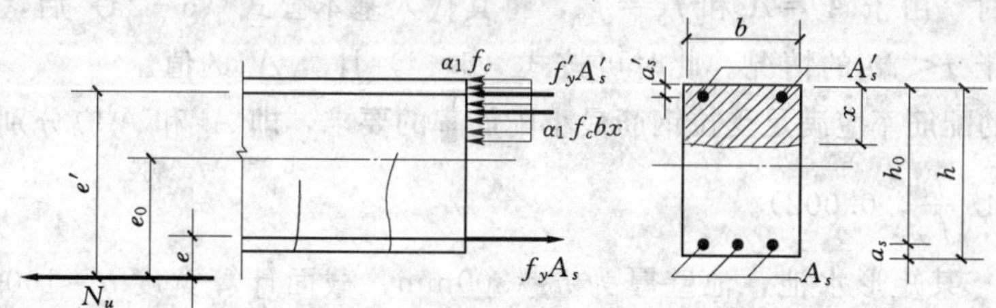

图 6-5 大偏心受拉计算图形

根据力和力矩的平衡条件，可以得到矩形截面大偏心受拉构件正截面承载力计算的基本公式：

$$N \leqslant N_u = f_y A_s - f'_y A'_s - \alpha_1 f_c bx \tag{6-2a}$$

$$Ne \leqslant N_u e = \alpha_1 f_c bx\left(h_0 - \frac{x}{2}\right) + f'_y A'_s (h_0 - a'_s) \tag{6-2b}$$

$$e = e_0 - h/2 + a_s \tag{6-3}$$

公式（6-2）的适用范围为 $2a'_s \leqslant x \leqslant \xi_b h_0$，其意义同大偏心受压构件。

当 $x < 2a'_s$时，公式（6-2）不再适用，此时，可按偏心受压的相应情况类似处理，即取 $x = 2a'_s$，并对钢筋 A'_s合力点取矩，可得以下公式

$$Ne' \leqslant N_u e' = f_y A_s (h_0 - a'_s) \tag{6-4}$$

式中 e'——轴向力作用点与受压钢筋合力点之间的距离，$e' = h/2 - a'_s + e_0$。

由此可见，大偏心受拉构件的截面设计与大偏心受压构件类似，所不同的只是轴向力 N 的方向与偏心受压相反。

1. 截面设计

已知截面尺寸、材料强度及偏心拉力设计值 N 及弯矩 M，要求计算截面的配筋面积 A_s 及 A'_s。

为了使钢筋总用量最少，可采用与大偏心受压构件相同的方法，可令 $x=\xi_b h_0$，$N_u=N$，然后代入公式（6-2）求解 A_s'及 A_s。

$$A_s'=\frac{Ne-\xi_b(1-0.5\xi_b)\alpha_1 f_c bh_0^2}{f_y'(h_0-a_s')} \tag{6-5}$$

$$A_s=\xi_b\frac{\alpha_1 f_c}{f_y}bh_0+\frac{f_y'}{f_y}A_s'+\frac{N}{f_y} \tag{6-6}$$

如果解得的 A_s'小于最小配筋率的要求，可取 $A_s'=\rho_{\min}'bh$，并按 A_s'为已知的情况，由式（6-2b）重新求得 x，代入式（6-2a）求出 A_s。A_s 需满足最小配筋率的要求，即 $A_s\geqslant\rho_{\min}bh$。当计算得到的 $x<2a_s'$时，应取 $x=2a_s'$，按式（6-4）计算 A_s。

2. 截面复核

已知截面尺寸、材料强度及截面配筋，求截面的承载力 N_u 或复核截面承载力是否能抵抗偏心拉力 N。

联立解式（6-2a）、（6-2b）求得 x。在 x 值满足适用条件的前提下，可由公式（6-2a）求解截面所能承受的轴向力 N；如果 $x>\xi_b h_0$，则取 $x=\xi_b h_0$ 代入式（6-2b）求解 N；如果 $x<2a_s'$，则由式（6-4）求解 N。

对称配筋时，由于 $A_s=A_s'$和 $f_y=f_y'$，将其代入基本公式（6-2a）后，必然会求得 x 为负值，即属于 $x<2a_s'$的情况。此时可按式（6-4）计算 A_s 的值。

以上计算的配筋率应满足受拉钢筋最小配筋率的要求，即 A_s 和 A_s'应分别不小于 $\rho_{\min}bh$，$\rho_{\min}=\max\left(0.45\frac{f_t}{f_y},\ 0.002\right)$。

【例 6-2】 某矩形水池，池壁厚为 $h=300$mm，截面计算宽度 $b=1000$mm，承受轴向拉力设计值 $N=300$kN，弯矩设计值 $M=150$kN·m，$a_s=a_s'=35$mm，如图 6-1（c），混凝土强度等级为 C30，采用 HRB400 级钢筋，求 A_s 及 A_s'。

【解】（1）判断大小偏心受拉

$h_0=300-35=265$mm，$f_c=14.3\text{N/mm}^2$；$f_y=360\text{N/mm}^2$；$\xi_b=0.518$；$\alpha_1=1.0$

$e_0=\frac{M}{N}=\frac{150}{300}=0.5\text{m}=500\text{mm}>\frac{h}{2}-a_s=150-35=115$mm，为大偏心受拉。

$$e=e_0-h/2+a_s=500-150+35=385(\text{mm})$$

（2）求 A_s'

假定 $x=x_b=\xi_b h_0=0.518\times265=137.27(\text{mm})$

$$A_s'=\frac{Ne-\alpha_1 f_c bx_b(h_0-x_b/2)}{f_y'(h_0-a_s')}$$

$$=\frac{300\times10^3\times385-1.0\times14.3\times1000\times137.27\times(265-137.27/2)}{360\times(265-35)}<0$$

按构造要求，取 $A_s'=\rho_{\min}'bh=0.002\times1000\times300=600\text{mm}^2$，选取 HRB400 级钢筋，⏀12@180（$A_s'=628\text{mm}^2$）。

（3）以 A_s'为已知，再求 x

$$Ne\leqslant N_u e=\alpha_1 f_c bx\left(h_0-\frac{x}{2}\right)+f_y'A_s'(h_0-a_s')$$

代入数据得

$1.0\times14.3\times1000\times x\times(265-x/2)+360\times628\times(265-35)-300\times10^3\times385=0$

整理得

$$x^2-530x+8881.3=0$$

$$x=\frac{530-\sqrt{530^2-4\times8881.3}}{2}=17.3\text{mm}$$

$x=17.3\text{mm}<2a_s'=70\text{mm}$，取 $x=x=2a_s'=70\text{mm}$，对 A_s'合力点取矩，可求得 A_s。

$$A_s=\frac{Ne'}{f_y(h_0-a_s')}=\frac{300\times10^3\times(150-35+500)}{360\times(265-35)}=2228.3(\text{mm}^2)$$

选配Φ 20@140（$A_s=2244\text{mm}^2$）。

（4）验算最小配筋率

$$45\frac{f_t}{f_y}=45\times\frac{1.43}{360}=0.18<0.2，取\ \rho_{\min}=0.2\%，$$

$$\rho=\frac{2244}{1000\times300}\times100\%=0.75\%>0.2\%，满足要求。$$

三、小偏心受拉构件正截面承载力计算

如图 6-6 为矩形截面小偏心受拉构件正截面承载力计算的应力图形，计算构件正截面受拉承载力时，可假定构件破坏时钢筋 A_s'及钢筋 A_s 的应力都达到屈服强度，根据内外力分别对 A_s'及 A_s 合力点取矩得：

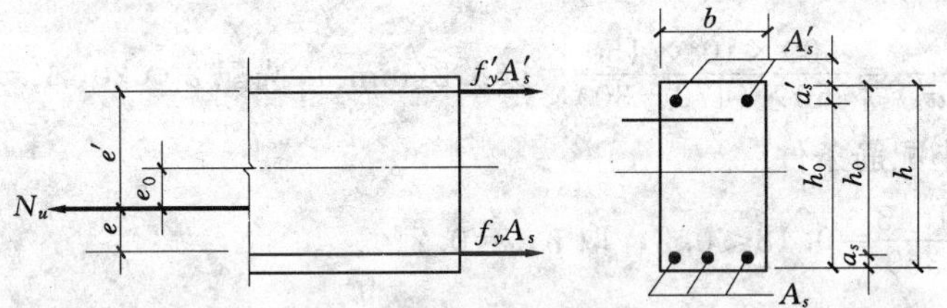

图 6-6　小偏心受拉计算图形

$$Ne=f_yA_s'(h_0-a_s')\tag{6-7a}$$

$$Ne'=f_yA_s(h_0'-a_s)\tag{6-7b}$$

式中　e'——轴向力作用点至钢筋 A_s'合力点的距离，可按下式计算：

$$e'=h/2-a_s'+e_0\tag{6-8}$$

e——轴向力作用点至 A_s 合力点的距离，可按下式计算：

$$e=h/2-a_s-e_0\tag{6-9}$$

将 e 和 e' 带入式（6-7）中，同时设 $a_s=a_s'$，且 $e_0=\dfrac{M}{N}$，则有

$$A_s=\frac{N(h-2a_s')}{2f_y(h_0-a_s')}+\frac{M}{f_y(h_0-a_s)}=\frac{N}{2f_y}+\frac{M}{f_y(h_0-a_s)}\tag{6-10a}$$

$$A_s'=\frac{N(h-2a_s')}{2f_y(h_0-a_s')}-\frac{M}{f_y(h_0-a_s)}=\frac{N}{2f_y}-\frac{M}{f_y(h_0-a_s)}\tag{6-10b}$$

由上式可见，第一项代表轴心受拉所需要的钢筋，第二项反映了弯矩 M 对配筋的影响。显然 M 存在使 A_s 增大，A_s'减小。因此在设计中如有不同的内力组合（M，N）时，

应按最大 N 与最大 M 的内力组合计算 A_s，而按最大 N 和最小 M 的内力组合计算 A'_s。

当对称配筋时，离轴向力较远一侧的钢筋 A'_s 的应力达不到其抗拉屈服强度设计值。因此，设计截面时可按下列公式计算：

$$A_s = A'_s = \frac{Ne'}{f_y(h'_0 - a_s)} \tag{6-11}$$

式中　$e' = h/2 - a'_s + e_0$。

【例 6-3】 矩形截面偏心受拉构件，$b=300\text{mm}$，$h=500\text{mm}$，承受轴向拉力设计值 $N=600\text{kN}$，弯矩设计值 $M=42\text{kN}\cdot\text{m}$，采用 C30 级混凝土，HRB400 级钢筋，计算构件的配筋。

【解】（1）判断大小偏心

$$f_c = 14.3\text{N/mm}^2；f_y = 360\text{N/mm}^2，设\ a_s = a'_s = 30\text{mm}$$

$$h_0 = 500 - 30 = 470\text{mm}；\xi_b = 0.518；\alpha_1 = 1.0$$

$e_0 = \dfrac{M}{N} = \dfrac{42}{600} = 0.07\text{m} = 70\text{mm} < \dfrac{h}{2} - a_s = 250 - 30 = 220\text{mm}$，为小偏心受拉构件。

（2）求钢筋面积

$$e' = e_0 + 0.5h - a'_s = 70 + 250 - 30 = 290(\text{mm})$$

$$e = 0.5h - e_0 - a'_s = 250 - 70 - 30 = 150(\text{mm})$$

$A_s = \dfrac{Ne'}{f_y(h'_0 - a_s)} = \dfrac{600\times10^3\times290}{360\times(470-30)} = 1098.5(\text{mm}^2)$，选配 4 ⌀ 20（$A_s = 1256\text{mm}^2$）；

$A'_s = \dfrac{Ne}{f_y(h_0 - a'_s)} = \dfrac{600\times10^3\times150}{360\times(470-30)} = 568.2(\text{mm}^2)$，选配 2 ⌀ 20（$A'_s = 628\text{mm}^2$）。

（3）校核最小配筋条件

$45\dfrac{f_t}{f_y} = 45\times\dfrac{1.43}{360} = 0.18 < 0.2$，取 $\rho_{\min} = 0.2\%$。

$\rho_{\min}bh = 0.2\%\times300\times500 = 300\text{mm}^2$，均小于 A_s 和 A'_s，满足要求。

四、偏心受拉构件斜截面受剪承载力计算

1. 轴向拉力对斜截面抗剪强度的影响

一般偏心受拉构件，在承受弯矩和拉力的同时，也存在着剪力，当剪力较大时，不能忽视斜截面承载力的影响。

试验表明，轴向拉力 N 的存在有时会使斜裂缝贯穿全截面，使斜截面末端没有剪压区，构件的斜截面承载力比无轴向拉力时要降低一些，降低的程度与轴向拉力有关。

2. 计算公式

《规范》对矩形、T 形和 I 形截面的钢筋混凝土偏心受拉构件，其斜截面受剪承载力应符合下列规定

$$V \leqslant \frac{1.75}{\lambda + 1.0} f_t b h_0 + f_{yv}\frac{A_{sv}}{s}h_0 - 0.2N \tag{6-12}$$

式中　λ——偏心受拉构件计算截面的剪跨比，取为 $M/(Vh_0)$；

N——与剪力设计值 V 相应的轴向拉力设计值。

当式（6-12）右边的计算值小于 $f_{yv}\dfrac{A_{sv}}{s}h_0$ 时，则斜裂缝贯通全截面，剪力全部由箍

筋承担，受剪承载力应取 $f_{yv}\frac{A_{sv}}{s}h_0$，为防止斜拉破坏，此时 $f_{yv}\frac{A_{sv}}{s}h_0$ 值不得小于 $0.36f_tbh_0$。

【例 6-4】 一钢筋混凝土受拉构件，承受轴向拉力设计值 $N=120$kN，跨中承受集中荷载 $P=150$kN，混凝土的强度等级为 C30，纵向受拉钢筋采用 HRB400，箍筋采用 HPB300，确定箍筋的数量。

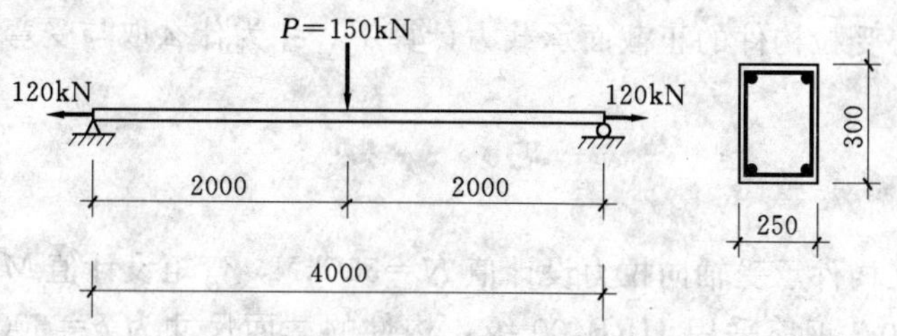

图 6-7　截面图（单位：mm）

【解】（1）内力的确定

$$f_t=1.43\text{N/mm}^2\text{；}f_{yv}=270\text{N/mm}^2\text{，设 }a_s=a_s'=30\text{mm}$$

$$h_0=300-30=270\text{mm，}V=75\text{kN，}N=120\text{kN}$$

（2）验算截面限制条件

$\frac{h_w}{b}=\frac{270}{250}=1.08<4.0$，因混凝土的强度等级<C50，取混凝土强度影响系数 $\beta_c=1.0$

$0.25\beta_cf_cbh_0=0.25\times1.0\times14.3\times250\times270=241312.5\text{N}=241.3\text{kN}>V=75(\text{kN})$，满足要求。

（3）计算剪跨比

$$\lambda=\frac{a}{h_0}=\frac{2000}{270}=7.41>3.0\text{，取 }\lambda=3.0$$

（4）计算箍筋用量

$$\frac{1.75}{\lambda+1}f_tbh_0-0.2N=\frac{1.75}{3+1}\times1.43\times250\times270-0.2\times120000=18230(\text{N})$$

$$0.36f_tbh_0=0.36\times1.43\times250\times270=34749\ (\text{N})$$

$$f_{yv}\frac{A_{sv}}{s}h_0=V-\left(\frac{1.75}{\lambda+1}f_tbh_0-0.2N\right)=75000-18230=56770\text{N}>0.36f_tbh_0=34749(\text{N})$$

$$\frac{A_{sv}}{s}=\frac{56770}{f_{yv}h_0}=\frac{56770}{270\times270}=0.779(\text{mm}^2/\text{mm})$$

选用Φ 8 箍筋，$A_{sv1}=50.3\text{mm}^2$。

$$s=\frac{2\times50.3}{0.779}=129\text{mm，取 }s=120\text{mm。}$$

思　考　题

6-1　大小偏心受拉的界限是如何划分的？试写出对称配筋矩形截面大小偏心受拉界

限时的轴力和弯矩。

6-2　试说明为什么对称配筋矩形截面偏心受拉构件：(1) 在小偏心受拉情况下，A_s'不可能达到f_y；(2) 在大偏心受拉情况下，A_s'不可能达到f_y'，也不可能出现$\xi>\xi_b$的情况。

6-3　偏心受拉构件计算中为何不考虑偏心距增大系数？

6-4　试比较不对称配筋矩形截面在承受的弯矩相同的情况下，分别在受弯、大偏心受压和大偏心受拉时截面的总配筋量。

6-5　大偏心受拉构件的正截面承载力计算中，ξ_b为什么取与受弯构件相同？

习　题

6-1　已知某构件承受轴向拉力设计值$N=550\text{kN}$，弯矩设计值$M=50\text{kN}\cdot\text{m}$，混凝土强度等级为C30，钢筋采用HRB400级，构件的截面尺寸为$b=300\text{mm}$，$h=450\text{mm}$，计算截面配筋。

6-2　已知矩形截面，$b=300\text{mm}$，$h=400\text{mm}$，混凝土强度等级C25，钢筋采用HRB335级，对称配筋$A_s=A_s'=942\text{mm}^2$（3⌀20）。承受的弯矩$M=80\text{kN}\cdot\text{m}$，试确定该截面所能承受的最大轴向拉力和最大轴向压力（不考虑附加偏心距和偏心距增大系数）。

第七章 钢筋混凝土受扭构件承载力计算

概要： 本章主要讲述纯扭、剪扭和弯剪扭构件的承载力计算。内容包括矩形、T形和I形截面开裂扭矩、塑性抵抗矩的计算和承载力计算公式、方法及相关构造要求。

第一节 概 述

扭转是结构构件受力的基本形式之一。凡是在构件截面上有扭矩作用的构件，称为受扭构件。在工程结构中，处于纯扭矩作用的构件很少，一般情况下多是扭转和弯曲同时发生的复合受扭构件。如图7-1所示的雨篷梁、框架边梁以及吊车梁等，均属弯、剪、扭复合受扭构件。

受扭构件根据扭转形成的原因不同，可分为两种类型，即平衡扭转和协调扭转。静定的受扭构件，由荷载产生的扭矩可由构件的静力平衡条件直接求得而与构件的抗扭刚度无关，称为平衡扭转。例如图7-1（a）所示的雨篷梁，雨篷板荷载对雨篷梁截面产生的扭矩T就属于平衡扭矩。对于超静定受扭构件，构件截面上的扭矩是由于相邻构件的变形受到该构件的约束而产生的，扭矩的大小除了静力平衡条件外，还必须结合相邻构件的变形协调条件才能确定，即构件所受到的扭矩大小与构件的抗扭刚度有关，称为协调扭转，也称为约束扭转。如图7-1（b）所示的框架边梁就是典型的协调扭转构件，边梁承受的扭矩T是由于次梁在支座（边梁）处的转角而产生的，边梁的抗扭刚度越大，对次梁端部产生的约束作用越大，边梁受到的扭矩作用也就越大。当边梁因开裂而引起抗扭刚度降低后，对次梁转角的约束作用减小，边梁扭矩也相应减小。

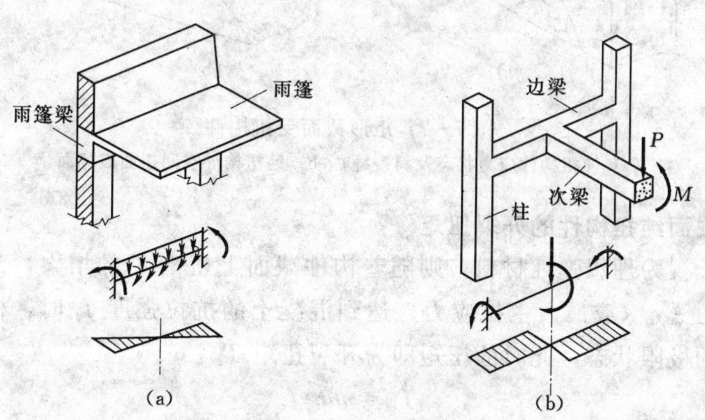

图7-1 受扭构件实例

（a）平衡扭转；（b）协调扭转

第二节 开 裂 扭 矩

一、矩形截面纯扭构件开裂前的应力状态

纯扭构件在裂缝出现前，由于混凝土的极限拉应变很小，因此钢筋在构件开裂前的应力也很小，它对提高构件的开裂扭矩作用不大，故在分析受扭构件开裂前的应力状态和开裂扭矩时可忽略钢筋的影响。

对于均质弹性材料，由材料力学可知，在扭矩 T 作用下的矩形截面构件扭转时，构件截面上各点处将产生与周边相切的剪应力 τ，其剪应力的分布规律如图 7-2 所示。由图可见，在截面形心处的剪应力为零，截面边缘处的剪应力较大，其中最大剪应力发生于矩形截面长边的中点，其值为

$$\tau_{\max}=\frac{T}{\alpha hb^2} \tag{7-1}$$

式中 α——与比值$\dfrac{h}{b}$有关的系数，当$\dfrac{h}{b}=1\sim10$ 时，$\alpha=0.208\sim0.313$；

b、h——矩形截面的短边、长边尺寸。

截面在剪应力作用下，将产生与构件纵轴成 45°方向和 135°方向的主拉应力 σ_{tp} 和主压应力 σ_{cp} ［图 7-2 (a)］，且有 $\sigma_{tp}=-\sigma_{cp}=\tau$。由于截面上的剪应力与周边形成顺流分布，因此其主应力轨迹线沿构件表面成螺旋型。当主拉应力 σ_{tp} 达到混凝土的抗拉强度 f_t 时，在构件截面长边中点附近的某一薄弱位置产生裂缝，并沿主压应力轨迹线迅速延伸至相邻两个面，最后形成一个三面开裂一面受压的空间扭曲破坏面［图 7-2 (b)］。

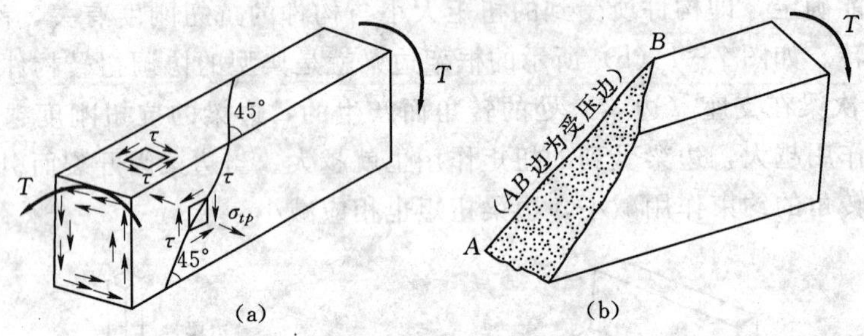

图 7-2 矩形截面受扭构件

(a) 纯扭构件应力状态及斜裂缝；(b) 纯扭构件空间扭曲破坏面

二、矩形截面纯扭构件的开裂扭矩

若将混凝土视为理想弹性材料，则随着构件截面上扭矩 T 的增大，当截面长边中点处的最大剪应力 $\tau_{\max}$（或最大主拉应力）达到混凝土的抗拉强度 f_t 时，构件达到混凝土即将出现裂缝的极限状态，此时的扭矩即为开裂扭矩 T_{cr}：

$$T_{cr}=\alpha hb^2 f_t \tag{7-2}$$

若将混凝土视为理想的塑性材料，当最大剪应力达到混凝土抗拉强度时，构件并不立即破坏，而是进入塑性阶段，扭矩仍可继续增加，截面上的剪应力出现塑性重分布而使构件整个截面上的剪应力分布趋于均匀（图 7-3），直到截面上各点的剪应力均达到混凝土

的抗拉强度时，构件才达到极限承载力。此时，根据塑性力学理论，可将截面上的剪应力分为四个区，计算各部分剪应力的合力及相应组成的力偶，其总和即为开裂扭矩 T_{cr}：

$$T_{cr}=\tau_{\max}\frac{b^2}{6}(3h-b)=f_t\frac{b^2}{6}(3h-b)=f_tW_t \tag{7-3}$$

式中 b、h——矩形截面的短边、长边尺寸；

W_t——受扭构件的截面受扭塑性抵抗矩，对于矩形截面：

$$W_t=\frac{b^2}{6}(3h-b) \tag{7-4}$$

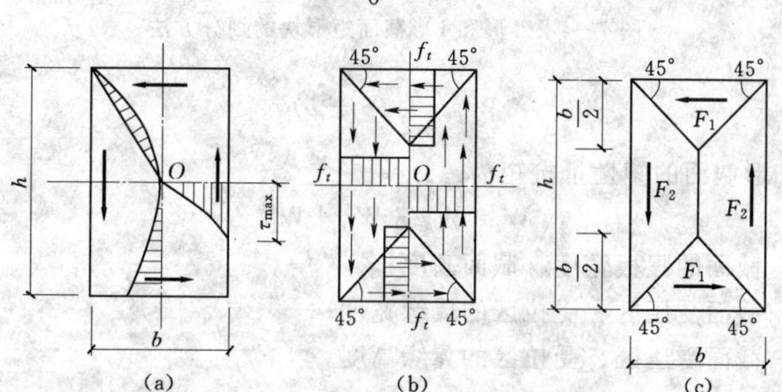

图 7-3 受扭截面应力分布

(a) 弹性截面；(b) 塑性截面；(c) 开裂扭矩计算图示

实际上，混凝土既非弹性材料，又非理想的塑性材料，而是介于两者之间的弹塑性材料。构件达到开裂极限状态时，截面上的应力分布介于弹性与理想塑性材料之间，因此其开裂扭矩应介于式（7-2）和式（7-3）的计算值之间。要准确地确定截面真实的应力分布是十分困难的，为实用计算方便，开裂扭矩可采用理想塑性材料的剪应力分布图形计算，但混凝土抗拉强度应适当降低。试验表明，对高强混凝土，其降低系数为 0.7，对于低强度混凝土降低系数为接近 0.8。为偏于安全起见，《规范》采用 0.7，则开裂扭矩的计算公式为

$$T_{cr}=0.7f_tW_t \tag{7-5}$$

三、带翼缘截面的受扭塑性抵抗矩

实际工程中除矩形截面受扭构件外，常有 T 形、I 形和倒 L 形截面的受扭构件，对于这类带翼缘的构件，可将其截面划分成矩形截面，划分的原则是：先按其截面总高度确定腹板截面，然后再划分受压翼缘和受拉翼缘。按此原则，可将 T 形、I 形截面分别划分为两个和三个矩形块（图 7-4），计算各矩形块的受扭塑性抵抗矩，并将各矩形分块的受扭塑性抵抗矩叠加即可得出构件全截面总的受扭塑性抵抗矩 W_t。各矩形块的截面受扭塑性抵抗矩可分别按下列公式计算：

腹板
$$W_{tw}=\frac{b^2}{6}(3h-b) \tag{7-6}$$

受压翼缘
$$W'_{tf}=\frac{h'^2_f}{2}(b'_f-b) \tag{7-7}$$

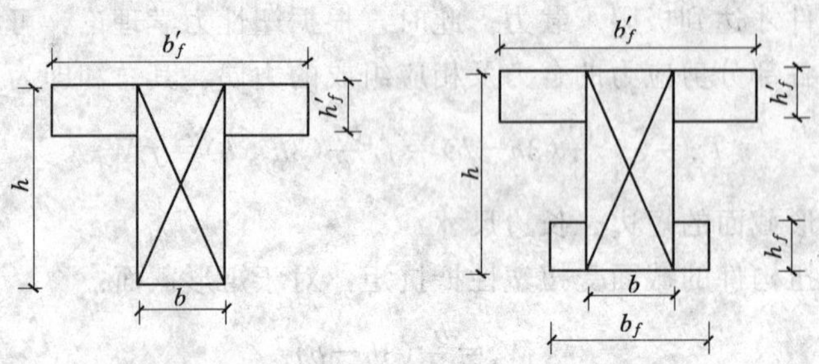

图 7－4　T形和I形截面矩形块的划分方法

受拉翼缘
$$W_{tf}=\frac{h_f^2}{2}(b_f-b) \tag{7-8}$$

则T形和I形截面的塑性抵抗矩为：

$$W_t=W_{tw}+W'_{tf}+W_{tf} \tag{7-9}$$

式中　b、h ——截面的腹板宽度、截面高度；

b'_f、b_f——截面受压区、受拉区的翼缘宽度；

h'_f、f_f——截面受压区、受拉区的翼缘高度。

计算时取用的翼缘宽度尚应符合 $b'_f \leqslant b+6h'_f$ 及 $b_f \leqslant b+6h_f$ 的条件，且应满足 $\frac{h_w}{b} \leqslant 6$。

第三节　纯扭构件承载力计算

一、受扭钢筋的形式和构造要求

1. 受扭钢筋的形式

如前所述，构件在扭矩作用下产生的主拉应力与构件轴线成45°角，因此，从受力合理的角度考虑，受扭构件最有效的配筋形式是沿主拉应力迹线成45°角的螺旋钢筋。但螺旋形钢筋施工困难，且不能适应变方向扭矩的作用，所以一般工程中受扭构件的配筋是采用横向箍筋和纵向钢筋形成的空间配筋方式来抵抗扭矩。

2. 受扭钢筋的构造要求

(1) 箍筋的构造要求。受扭箍筋必须采用封闭式，且应沿截面周边布置，其直径和间距应符合一般梁中箍筋的有关要求；当采用复合箍筋时，位于截面内部的箍筋不应计入受扭所需的箍筋面积；箍筋末端应做成135°弯钩，弯钩端头平直段长度不应小于10d（d为箍筋直径）。

(2) 纵向钢筋的构造要求。承受扭矩的纵向钢筋，除应在梁截面四角设置受扭纵向钢筋外，其余受扭纵向钢筋宜沿截面周边均匀对称布置，其间距不应大于200mm及梁截面短边尺寸。受扭纵向钢筋应按受拉钢筋锚固在支座内。

二、纯扭构件破坏特征

试验表明，素混凝土矩形截面纯扭构件，随着扭矩的逐渐增加，首先在构件截面长边中点附近最薄弱处出现斜裂缝，该条斜裂缝沿着与构件轴线约成45°的方向迅速地以螺旋形向相邻两个面延伸，最后形成一个三面开裂一面受压的空间扭曲破坏面（图7－2）。裂缝出现将导致构件迅速破坏，其破坏带有突然性，具有典型脆性破坏特征。

在混凝土中配置适量的受扭钢筋，虽对构件的开裂扭矩影响不大，但可大大提高构件的受扭承载力，改变素混凝土纯扭构件的脆性破坏性质。

钢筋混凝土受扭构件在扭矩作用下，混凝土开裂后即退出工作，斜截面上的拉应力主要由钢筋承担，随着钢筋（箍筋和纵筋）配置数量的不同，构件呈不同的破坏特征。根据受扭构件钢筋配置的多少，大致可把受扭构件的破坏类型分为适筋破坏、部分超筋破坏、超筋破坏和少筋破坏四种。

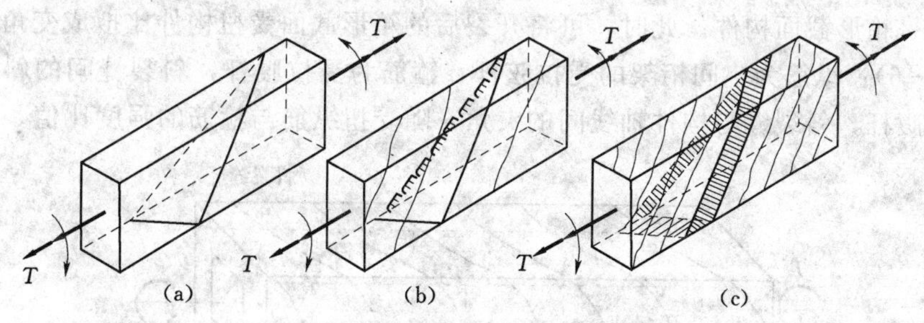

图 7－5　受扭构件的破坏形态

(a) 少筋破坏；(b) 适筋破坏；(c) 超筋破坏

1. 适筋破坏

当构件中的箍筋和纵筋配置适当时，在扭矩作用下，混凝土开裂并逐渐退出工作，钢筋应力增加但尚未屈服。随着扭矩的不断增大，箍筋和纵筋相继达到屈服，使混凝土裂缝不断展开，最后由于受压区混凝土被压碎而使构件破坏。破坏前，构件的变形和裂缝发展过程较明显［图 7－5 (b)］，其破坏与受弯构件适筋梁类似，属延性破坏，此类构件称为适筋构件。在工程设计中普遍应用。

2. 部分超筋破坏

当构件中的箍筋和纵筋配置不匹配，一种配置合适而另一种配置过多时，在构件破坏前，只有配置数量合适的那种钢筋屈服，而另一种数量配置过多的钢筋直到受压边混凝土被压碎时，仍未能屈服。这类构件称为部分超配筋构件。部分超筋构件的破坏也具有一定的延性，但其延性比适筋构件小，但还不是完全超筋，在设计中允许采用，但不经济。

3. 超筋破坏

当构件中的箍筋和纵筋配置过多时，随着扭矩的不断增加，构件在破坏前表面的螺旋裂缝虽然根数多但宽度小［图 7－5 (c)］，其破坏始于受压区混凝土被压碎。破坏时箍筋和纵筋均未屈服，属于脆性破坏。这类构件称为超配筋构件，与受弯构件超筋梁类似，在设计中应予避免。

4. 少筋破坏

当构件中的箍筋和纵筋配置过少或其中之一配置过少时，随着扭矩的增大，一旦混凝土开裂，与裂缝相交的钢筋立即达到或超过屈服强度，构件随即破坏［图 7－5 (a)］，其破坏特征与素混凝土构件相似，构件的破坏扭矩和开裂扭矩基本相等，属脆性破坏。这类构件称为少配筋构件，与受弯构件少筋梁类似，在设计中应予避免。

三、矩形截面纯扭构件的受扭承载力计算

矩形截面纯扭构件受扭承载力计算以适筋破坏为依据，即破坏时构件受扭箍筋和受扭纵筋均达到屈服。

1. 受扭构件的工作机理

试验研究表明，矩形截面纯扭构件在裂缝充分发展且钢筋应力接近屈服点时，构件截面核心部分混凝土起的作用很小。这是因为截面核心部分混凝土的剪应力较小，且距截面形心距离较近，故核心部分混凝土受扭能力较小。因此，可将实心截面的钢筋混凝土受扭构件假想为一箱形截面构件。此时，可将开裂后的箱形截面受扭构件比拟成变角空间桁架模型（图 7-6）：纵筋为空间桁架的受拉弦杆，箍筋为受拉腹杆，斜裂缝间的斜向混凝土条带为斜压腹杆，斜裂缝与构件轴线间的夹角 α 随受扭纵筋与箍筋的强度比值 ζ 而变化。

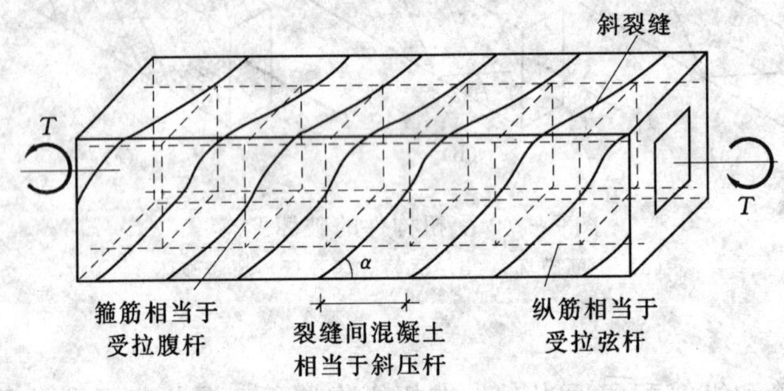

图 7-6　空间桁架模型

变角空间桁架模型采用如下基本假定：

①混凝土只承受压力，螺旋形裂缝将混凝土外壳被划分为一系列倾角为 α 的桁架斜压杆；

②纵筋和箍筋只承受拉力，分别为桁架的弦杆和腹杆；

③忽略核心混凝土的受扭作用及钢筋的销栓作用。

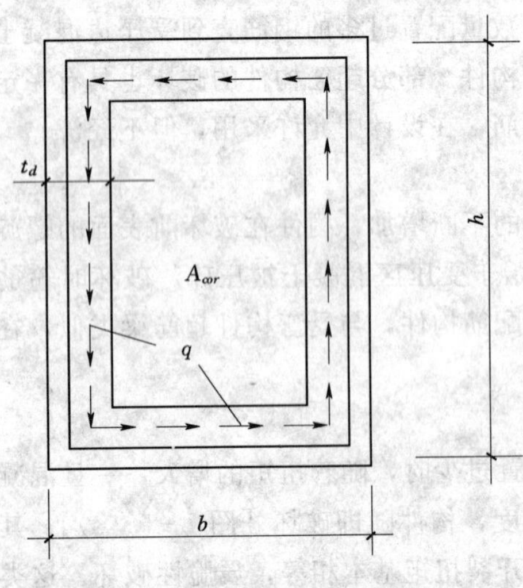

图 7-7　混凝土构件薄壁中的剪力流

由材料力学可知，闭口薄壁构件在扭矩 T 作用下，剪应力将沿截面的周边形成剪力流（顺流），见图 7-7，且

$$q=\tau t_d=\frac{T_u}{2A_{cor}} \tag{7-10}$$

式中　A_{cor}——剪力流路线所围成的面积，取箍筋内表面范围内核心部分所围成的面积；

τ——扭剪应力；

t_d——箱形截面侧壁厚度。

在上述假定下，引入剪力流概念，按变角空间桁架模型，由静力平衡条件可导出矩形截面纯扭构件的受扭承载力为

$$T_u=2\sqrt{\zeta}f_{yv}\frac{A_{st1}A_{cor}}{s} \tag{7-11}$$

式中　ζ——受扭构件纵筋与箍筋的配筋强度比值，见式（7-15）。

2. 矩形截面纯扭构件受扭承载力计算

按变角空间桁架模型得到的极限扭矩公式（式 7-11），是在忽略核心区混凝土受扭作用的假定下得到的，其反应了构件中钢筋的作用，但并未反应出混凝土的作用。实际上，混凝土的受扭承载力与钢筋的受扭承载力并非彼此完全独立的变量，而是相互关联的。因此，应将构件的受扭承载力作为一个整体来考虑。

钢筋混凝土纯扭构件试验结果表明，构件的受扭承载力由混凝土的受扭承载力 T_c 与钢筋的受扭承载力 T_s 两部分构成，即

$$T_u=T_c+T_s \tag{7-12}$$

将混凝土的塑性极限扭矩计算公式和变角空间桁架模型极限扭矩计算公式代入式（7-12），可得出总极限扭矩计算公式的基本形式，即

$$T_u=\alpha_1 f_t W_t+\alpha_2\sqrt{\zeta}f_{yv}\frac{A_{st1}A_{cor}}{s} \tag{7-13}$$

《规范》根据构件受扭的工作机理，采用先确定有关的基本变量，然后根据大量的实测数据进行回归分析，并考虑可靠性要求后，可得到：$\alpha_1=0.35$，$\alpha_2=1.2$（图 7-8）。

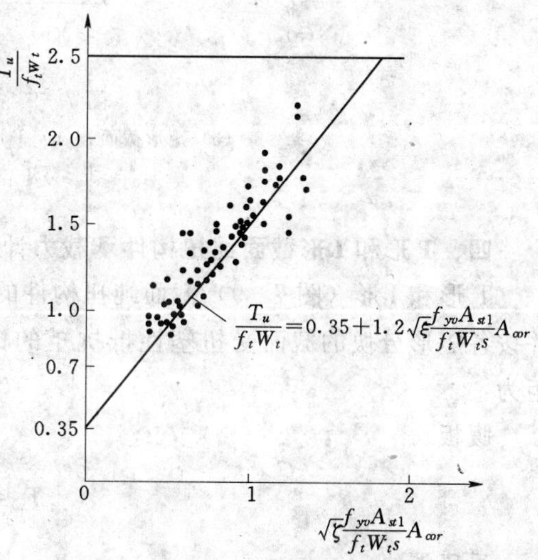

图 7-8　纯扭构件承载力试验结果与公式计算值的比较

因此，《规范》采用的矩形截面钢筋混凝土纯扭构件的受扭承载力计算公式为

$$T\leqslant 0.35f_tW_t+1.2\sqrt{\zeta}f_{yv}\frac{A_{st1}A_{cor}}{s} \tag{7-14}$$

$$\zeta=\frac{f_yA_{stl}s}{f_{yv}A_{st1}u_{cor}} \tag{7-15}$$

式中　T——扭矩设计值；

ζ——受扭构件纵筋与箍筋的配筋强度比值，试验表面，当 $0.5\leqslant\zeta\leqslant2.0$ 时，钢筋混凝土受扭构件破坏时，其纵筋和箍筋基本能达到屈服强度。为稳妥起见，《规范》建议起 $0.6\leqslant\zeta\leqslant1.7$，当 $\zeta>1.7$ 时，取 1.7，设计计算时通常取 $\zeta=1.0\sim1.2$；

A_{stl}——受扭计算中取对称布置的全部纵向钢筋截面面积；

A_{st1}——受扭计算中沿截面周边配置的箍筋单肢截面面积；

f_y——受扭纵筋的抗拉强度设计值；

f_{yv}——受扭箍筋的抗拉强度设计值；

A_{cor}——截面核心部分面积，$A_{cor}=b_{cor}\times h_{cor}$。此处 b_{cor}，h_{cor} 分别为箍筋内表面范围内核心截面部分的短边、长边尺寸；

u_{cor}——截面核心部分的周长，$u_{cor}=2(b_{cor}+h_{cor})$。

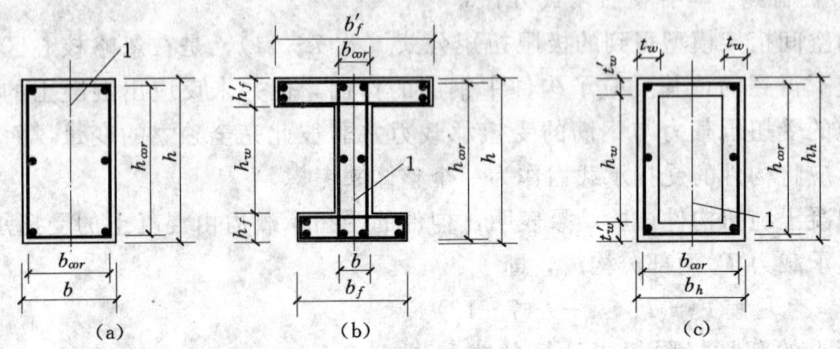

图 7－9　受扭构件截面

(a) 矩形截面；(b) T 形、I 形截面；(c) 箱形截面

1—弯矩、剪力作用平面

四、T 形和 I 形截面纯扭构件承载力计算

T 形和 I 形（图 7－9）截面纯扭构件的扭矩由腹板、受压翼缘和受拉翼缘共同承担，并按各矩形分块的截面受扭塑性抵抗矩的比例分配截面总的扭矩 T，各矩形块承担的扭矩为：

腹板：

$$T_w=\frac{W_{tw}}{W_t}T \tag{7-16}$$

受压翼缘：

$$T'_f=\frac{W'_{tf}}{W_t}T \tag{7-17}$$

受拉翼缘：

$$T_f=\frac{W_{tf}}{W_t}T \tag{7-18}$$

式中　T——整个截面所承受的扭矩设计值；

T_w——腹板所承受的扭矩设计值；

T'_f、T_f——受压翼缘、受拉翼缘所承受的扭矩设计值。

计算出每个矩形截面的扭矩设计值后，可按式（7－14）分别计算腹板、受压翼缘和受拉翼缘的受扭承载力，确定各自所需的受扭纵筋和受扭箍筋的面积，最后再统一配筋。

五、箱形截面纯扭构件受扭承载力

对于图 7－9 所示的箱形截面纯扭构件，试验研究表明，当壁厚符合一定要求时，其截面的受扭承载力与实心截面基本相同。因此，《规范》以矩形截面的受扭构件承载力计算公式为基础，对式（7－14）中的第一项（混凝土项）乘以箱形截面壁厚的影响系数 α_h，钢筋项受扭承载力取与实心矩形截面相同，即可得出下列计算公式

$$T \leqslant 0.35\alpha_h f_t W_t + 1.2\sqrt{\zeta} f_{yv} \frac{A_{st1} A_{cor}}{s} \tag{7-19}$$

$$W_t = \frac{b_h^2}{6}(3h_h - b_h) - \frac{(b_h - 2t_w)^2}{6}[3h_w - (b_h - 2t_w)] \tag{7-20}$$

式中 α_h——箱形截面壁厚影响系数，$\alpha_h = 2.5\frac{t_w}{b_h}$。当 α_h 大于 1.0 时，取 1.0；

b_h、h_h——箱形截面的短边尺寸、长边尺寸；

t_w——箱形截面壁厚，其值不应小于$\frac{b_h}{7}$。

六、纯扭构件承载力计算公式的适用条件

1. 适用条件

(1) 构件截面最小尺寸。

为保证受扭构件在破坏时混凝土不首先被压碎，即避免出现超筋破坏，《规范》规定了截面尺寸的限制条件。对$\frac{h_w}{b} \leqslant 6$ 的矩形、T 形、I 形截面和$\frac{h_w}{t_w} \leqslant 6$ 的箱形截面构件，其截面应符合下列条件：

当$\frac{h_w}{b}$或$\frac{h_w}{t_w} \leqslant 4$ 时

$$T \leqslant 0.2\beta_c f_c W_t \tag{7-21}$$

当$\frac{h_w}{b}$或$\frac{h_w}{t_w} = 6$ 时

$$T \leqslant 0.16\beta_c f_c W_t \tag{7-22}$$

当 $4 < \frac{h_w}{b}$（或$\frac{h_w}{t_w}$）< 6 时，按线性内插法确定。

式中 T——扭矩设计值；

b——矩形截面的宽度，T 形或 I 形截面取腹板宽度，箱形截面取两侧壁总厚度 $2t_w$；

h_w——截面腹板高度；对矩形截面，取有效高度 h_0；对 T 形截面，取有效高度减去翼缘高度；对 I 形和箱形截面，取腹板净高；

t_w——箱形截面壁厚，其值不应小于$\frac{b_h}{7}$，此处，b_h 为箱形截面的宽度；

β_c——混凝土强度影响系数：当混凝土强度等级不超过 C50 时，β_c 取 1.0；当混凝土强度等级为 C80 时，β_c 取 0.8，其间按线性内插法确定。

若不满足以上要求，则需增大截面尺寸或提高混凝土强度等级。

(2) 最小配筋率。

为避免少筋破坏，《规范》规定纯扭构件中箍筋和纵筋应满足最小配筋率要求：

1) 箍筋的最小配筋率要求为

$$\rho_{sv} = \frac{A_{st}}{bs} \geqslant \rho_{sv,\min} = 0.28\frac{f_t}{f_{yv}} \tag{7-23}$$

对于箱形截面构件，b 应以 b_h 代替。

2）受扭纵筋的最小配筋率要求为

$$\rho_{tl}=\frac{A_{stl}}{bh}\geqslant\rho_{tl,\min}=0.85\frac{f_t}{f_y} \tag{7-24}$$

（3）构造配筋。

当构件承受的扭矩小于开裂扭矩时，即 $T\leqslant 0.7f_tW_t$ 时，可不进行受扭承载力计算，仅需按构造要求配置箍筋和纵筋。

【例 7-1】 某钢筋混凝土矩形截面梁，截面尺寸 $b\times h=250\text{mm}\times 500\text{mm}$，承受扭矩设计值为 15kN·m。混凝土强度等级为 C25（$f_c=11.9\text{N/mm}^2$，$f_t=1.27\text{N/mm}^2$），纵筋采用 HRB400 级钢筋（$f_y=360\text{N/mm}^2$），箍筋采用 HPB300 级钢筋（$f_{yv}=270\text{N/mm}^2$），安全等级为二级，环境类别为一类。试计算其配筋。

【解】 一类环境，混凝土最小保护层 $c=20\text{mm}$，取 $a_s=40\text{mm}$

$$h_0=h-a_s=500-40=460(\text{mm})$$

（1）验算构件截面尺寸

$$W_t=\frac{b^2}{6}(3h-b)=\frac{250^2}{6}(3\times 500-250)=13.02\times 10^6(\text{mm}^3)$$

$$\frac{h_w}{b}=\frac{460}{250}=1.84<4$$

$$0.2\beta_c f_c W_t=0.2\times 1.0\times 11.9\times 13.02\times 10^6=30.99\text{kN}\cdot\text{m}>T=15(\text{kN}\cdot\text{m})$$

故截面尺寸满足要求。

（2）验算是否按计算配筋

$$0.7f_tW_t=0.7\times 1.27\times 13.02\times 10^6=11.57\text{kN}\cdot\text{m}<T=15(\text{kN}\cdot\text{m})$$

故需按计算配筋。

（3）受扭箍筋计算

取配筋强度比 $\zeta=1.2$。

若采用 $\phi 8$ 的箍筋，$A_{st1}=50.3\text{mm}^2$，则：

$$b_{cor}=b-2c-2\times 8=250-2\times 20-16=194(\text{mm})$$

$$h_{cor}=h-2c-2\times 8=500-2\times 20-16=444(\text{mm})$$

$$A_{cor}=b_{cor}\times h_{cor}=194\times 444=86136(\text{mm}^2)$$

$$u_{cor}=2(b_{cor}+h_{cor})=2\times(194+444)=1276(\text{mm})$$

由 $T=T_u$，根据式（7-14）有：

$$\frac{A_{st1}}{s}=\frac{T-0.35f_tW_t}{1.2\sqrt{\zeta}f_{yv}A_{cor}}=\frac{15\times 10^6-0.35\times 1.27\times 13.02\times 10^6}{1.2\times\sqrt{1.2}\times 270\times 86136}=0.301(\text{mm}^2/\text{mm})$$

$$s=\frac{50.3}{0.301}=167.1(\text{mm})$$

取 $s=150\text{mm}$。

验算配箍率：

$$\rho_{sv}=\frac{2A_{st1}}{bs}=\frac{2\times 50.3}{250\times 150}=0.268\%>\rho_{sv,\min}=0.28\frac{f_t}{f_{yv}}=0.28\times\frac{1.27}{270}=0.132\%$$

满足要求。

(4) 受扭纵筋计算

按式 (7-15) 计算 A_{stl}

$$A_{stl}=\frac{\zeta f_{yv}u_{cor}}{f_y}\cdot\frac{A_{st1}}{s}=\frac{1.2\times270\times1276}{360}\times0.301=345.7(\text{mm}^2)$$

验算配筋率

$$\rho_{tl}=\frac{A_{stl}}{bh}=\frac{345.7}{250\times500}=0.277\%<\rho_{tl,\min}$$

$$=0.85\frac{f_t}{f_y}=0.85\times\frac{1.27}{360}=0.30\%$$

不满足要求。取

$$A_{stl,\min}=\rho_{tl,\min}bh=0.003\times250\times500=375(\text{mm}^2)$$

选用 6 Φ 10，$A_{stl}=471\text{mm}^2>A_{stl,\min}=375$ (mm^2)

(5) 绘制截面配筋图 (图 7-10)

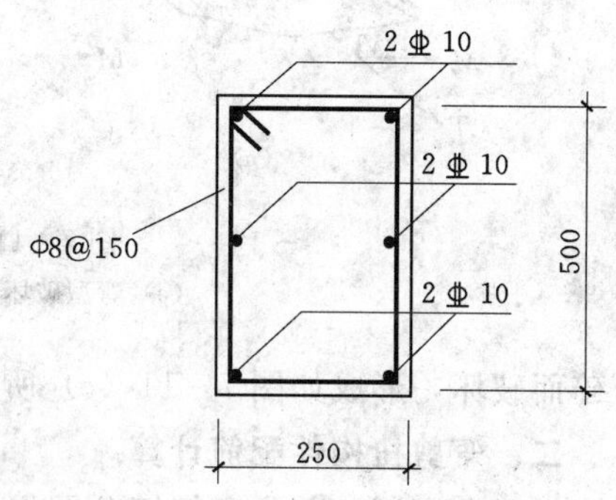

图 7-10 [例 7-1] 的截面配筋图

第四节　弯剪扭构件的承载力计算

一、弯剪扭构件的破坏类型

在弯矩、剪力和扭矩共同作用下的钢筋混凝土构件，其受力状态是十分复杂的，构件的破坏类型及承载力，既与截面所受弯矩 M、剪力 V 和扭矩 T 的组合比例及扭弯比 φ($\varphi=T/M$) 和扭剪比 χ ($\chi=T/Vb$) 有关，还与构件的内在因素（构件截面形状、尺寸、配筋及材料强度等）有关。

对于不同的弯扭比和扭剪比，弯剪扭构件截面表现出三种破坏类型。

1. 弯型破坏

在配筋量适当，弯矩较大（即扭弯比较小）且剪力不起控制的条件下，裂缝首先在弯曲受拉底面出现，然后发展到两侧面。弯曲受压的顶面无裂缝。构件破坏时，与螺旋裂缝相交的纵筋和箍筋均受拉并达到屈服，顶部混凝土压碎而破坏，形成如图 7-11 (a) 所示的弯型破坏。

2. 扭型破坏

若扭弯比 φ 和扭剪比 χ 均较大，且构件顶部配筋少于底部配筋时，由于弯矩较小，使其在构件顶部引起的压应力也较小，故扭矩在顶部产生的拉应力就有可能抵消弯矩产生的压应力，并使顶部纵筋先达到屈服，产生扭转斜裂缝，并向两侧面扩展，最后促使构件底部受压而破坏，形成如图 7-11 (b) 所示的扭型破坏。

3. 剪扭型破坏

若弯矩较小，剪力和扭矩起控制作用，则在截面一侧由于剪力和扭矩所引起的剪应力的叠加，使裂缝在侧面出现，然后向顶面和底面扩展形成螺旋裂缝，构件的另一侧面则受压。如配筋合适，破坏时与螺旋裂缝相交的纵筋和箍筋受拉并达到屈服，受压一侧混凝土

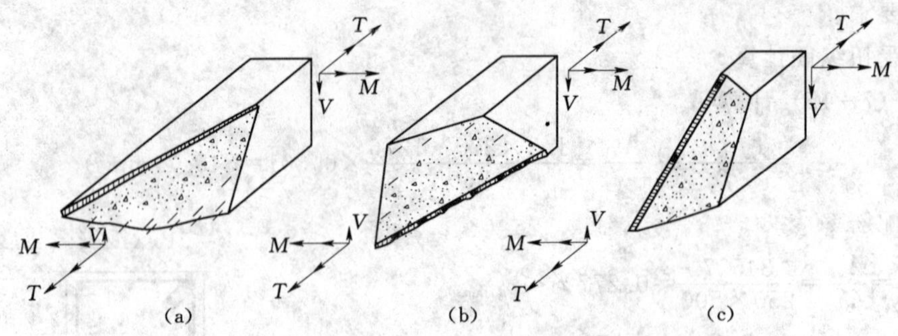

图 7-11　弯剪扭构件的破坏形态

(a) 弯型破坏；(b) 扭型破坏；(c) 剪扭型破坏

压碎而破坏，形成如图 7-11 (c) 所示的剪扭型破坏。

二、弯剪扭构件配筋计算

对于在弯矩、剪力和扭矩共同作用下的构件，其受力属于空间问题，各项承载力相互关联，即当有扭矩作用时，构件的抗弯和抗剪承载力要相应发生变化。反之，当有弯矩和剪力作用时，构件的抗扭承载力也会随之相应变化。由于构件的抗弯、剪、扭承载力之间的相互影响问题较复杂，准确的理论计算十分繁琐，也不便于工程设计。为简化设计，在国内大量试验研究和按变角空间桁架模型分析的基础上，《规范》给出了弯扭、剪扭及弯剪扭构件承载力的实用配筋计算方法。

(一) 弯扭构件配筋计算

对于弯扭构件的承载力计算，《规范》采用分别按受弯构件和纯扭构件计算其纵筋和箍筋，然后将相应的钢筋面积进行叠加的简化计算方法，即弯扭构件的纵筋用量为受弯构件所需钢筋面积和纯扭构件所需钢筋面积之和，而箍筋用量则仅为受扭箍筋用量。

(二) 剪扭构件配筋计算

对于剪扭构件的承载力计算，如简单地把受扭和受剪分别计算，则截面混凝土的作用就被重复考虑了。由于《规范》受剪及受扭承载力计算公式中都考虑了混凝土的作用，因此，在剪扭构件的承载力计算公式中，应考虑扭矩对混凝土抗剪承载力和剪力对混凝土抗扭承载力的相互影响，即剪扭构件的相关性。

设 V_{∞} 和 T_{∞} 分别为无腹筋构件在单纯受剪力或扭矩作用的受剪承载力和受扭承载力，V_c 和 T_c 分别为同时受剪力和扭矩作用的受剪承载力和受扭承载力。以 $\frac{T_c}{T_{\infty}}$ 为纵坐标，$\frac{V_c}{V_{\infty}}$ 为横坐标，则可根据试验结果绘出图 7-12 所示剪扭承载力相关关系曲线，从图中可见，无腹筋构件和有腹筋构件的剪扭承载力相关曲线均服从 1/4 圆曲线规律。即随着同时作用的扭矩的增大，构件的抗剪承载力逐渐降低，其规律是先慢后快；当扭矩达到构件的抗纯扭承载力时，其抗剪承载力下降为零，反之亦然。

采用 1/4 圆曲线的相关关系会增加计算的复杂性，为简化计算，《规范》建议用图 7-12 (c) 所示的三段折线（AB、BC、CD）关系来近似代替上述 1/4 圆曲线的变化规律。此三段折线表明：

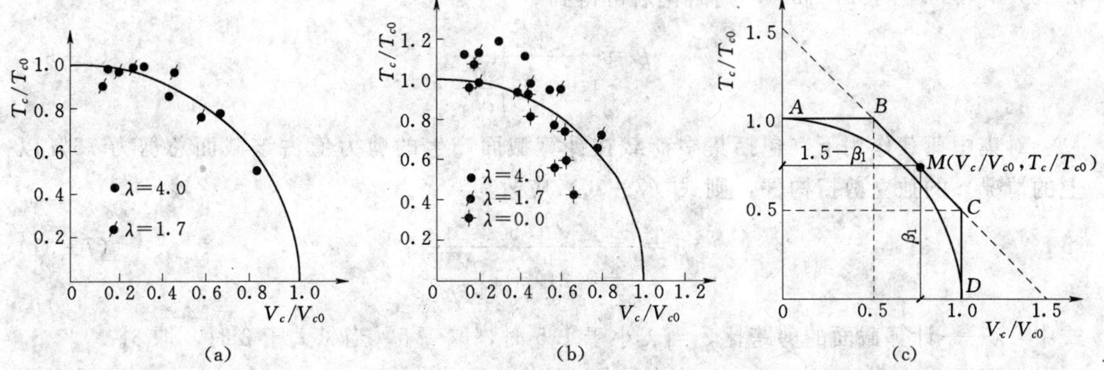

图 7-12　剪扭承载力相关关系

(a) 无腹筋构件；(b) 有腹筋构件；(c) 计算模型

(1) 当$\frac{T_c}{T_{c0}}\leqslant 0.5$时，$\frac{V_c}{V_{c0}}=1.0$，取$V_c=V_{c0}=0.7f_tbh_0$，即此时可忽略扭矩的影响，仅按受弯构件的斜截面受剪承载力公式进行计算；

(2) 当$\frac{V_c}{V_{c0}}\leqslant 0.5$时，$\frac{T_c}{T_{c0}}=1.0$，取$T_c=T_{c0}=0.35f_tW_t$，即此时可忽略剪力的影响，仅按纯扭构件的受扭承载力公式进行计算；

(3) 当$0.5<\frac{T}{T_{c0}}\leqslant 1.0$或$0.5<\frac{V}{V_{c0}}\leqslant 1.0$时，要考虑剪扭相关性。其线性关系为

$$\frac{T_c}{T_{c0}}+\frac{V_c}{V_{c0}}=1.5 \tag{7-25}$$

对于式 (7-25)，若令

$$\frac{T_c}{T_{c0}}=\beta_t \tag{7-26}$$

则有

$$\frac{V_c}{V_{c0}}=1.5-\beta_t \tag{7-27}$$

用式 (7-27) 等号两边分别除以式 (7-26) 等号两边，即

$$\frac{\dfrac{V_c}{V_{c0}}}{\dfrac{T_c}{T_{c0}}}=\frac{1.5-\beta_t}{\beta_t} \tag{7-28}$$

由此可

$$\beta_t=\frac{1.5}{1+\dfrac{\dfrac{V_c}{V_{c0}}}{\dfrac{T_c}{T_{c0}}}} \tag{7-29}$$

在式 (7-29) 中，若以剪力设计值和扭矩设计值之比$\frac{V}{T}$代替V_c/T_c，取$T_{c0}=$

$0.35f_tW_t$ 和 $V_{co}=0.7f_tbh_0$，则简化后可得到

$$\beta_t=\frac{1.5}{1+0.5\dfrac{VW_t}{Tbh_0}} \tag{7-30}$$

对集中荷载作用下（包括集中荷载在计算截面产生的剪力值占该截面总剪力 75%以上的情况）的独立剪扭构件，则式（7-30）应改为

$$\beta_t=\frac{1.5}{1+0.2(\lambda+1)\dfrac{VW_t}{Tbh_0}} \tag{7-31}$$

式中　λ——计算截面的剪跨比，当 λ 小于 1.5 时，取 1.5，当 λ 大于 3 时，取 3。

根据图 7-12 可知，当 $\beta_t<0.5$ 时，取 $\beta_t=0.5$；当 $\beta_t>1.0$ 时，取 $\beta_t=1.0$。

即 β_t 应符合：$0.5\leqslant\beta_t\leqslant1.0$，故称 β_t 为剪扭构件混凝土受扭承载力降低系数。因此，当需要考虑剪力和扭矩的相关性时，应对构件的抗剪承载力和抗扭承载力计算公式进行修正：即对抗剪承载力公式中的混凝土作用项乘以（$1.5-\beta_t$），对抗扭承载力混凝土作用项乘以 β_t。

1. 矩形截面剪扭构件承载力计算

（1）一般剪扭构件。

1）受剪承载力计算

$$V\leqslant V_u=0.7(1.5-\beta_t)f_tbh_0+f_{yv}\frac{A_{sv}}{s}h_0 \tag{7-32}$$

式中　A_{sv}——受剪承载力所需的箍筋截面面积。

2）受扭承载力计算

$$T\leqslant0.35\beta_tf_tW_t+1.2\sqrt{\zeta}f_{yv}\frac{A_{st1}A_{cor}}{s} \tag{7-33}$$

（2）集中荷载作用下的独立剪扭构件。

1）受剪承载力计算

$$V\leqslant(1.5-\beta_t)\frac{1.75}{\lambda+1}f_tbh_0+f_{yv}\frac{A_{sv}}{s}h_0 \tag{7-34}$$

2）受扭承载力计算。受扭承载力仍应按公式（7-33）计算，但式中 β_t 应按公式（7-31）计算。

2. T 形和 I 形截面剪扭构件

T 形和 I 形截面剪扭构件承载力计算方法，是由腹板部分承受截面全部剪力和分配给腹板的扭矩，翼缘部分仅承受所分配的扭矩。

（1）受剪承载力计算。按式（7-32）、式（7-30）或式（7-34）、式（7-31）进行计算，但应将公式中的 T 和 W_t 分别代之以 T_w 和 W_{tw}。

（2）受扭承载力计算。可按纯扭构件的计算方法，将截面划分为几个矩形截面分别进行计算。其中，腹板承受剪力和扭矩，为剪扭构件，可按式（7-33）、式（7-30）或式（7-33）、式（7-31）进行计算，但应将公式中的 T 和 W_t 分别代之以 T_w 和 W_{tw}；受压翼缘及受拉翼缘仅承受扭矩，故可按纯扭构件进行计算，但应将公式中的 T 和 W_t 分别代

之以 T'_f 和 W'_{tf} 或 T_f 和 W_{tf}。

3. 箱形截面剪扭构件

箱形截面剪扭构件的承载力计算公式同纯扭构件一样，是以矩形截面剪扭构件承载力计算公式为基础，引入箱形截面壁厚影响系数得到的。

(1) 一般剪扭构件。

1) 受剪承载力计算

$$V \leqslant V_u = 0.7(1.5-\beta_t) f_t b h_0 + f_{yv} \frac{A_{sv}}{s} h_0 \tag{7-35}$$

式中　β_t——按式（7－30）计算，但式中的 W_t 应代之以 $\alpha_h W_t$。

2) 受扭承载力计算

$$T \leqslant 0.35 \alpha_h \beta_t f_t W_t + 1.2\sqrt{\zeta} f_{yv} \frac{A_{st1} A_{cor}}{s} \tag{7-36}$$

(2) 集中荷载作用下的独立剪扭构件。

1) 受剪承载力计算

$$V \leqslant (1.5-\beta_t) \frac{1.75}{\lambda+1} f_t b h_0 + f_{yv} \frac{A_{sv}}{s} h_0 \tag{7-37}$$

2) 受扭承载力。受扭承载力仍应按式（7－36）计算，但式中 β_t 应按式（7－31）计算。

（三）弯剪扭构件配筋计算

在弯矩、剪力和扭矩共同作用下的矩形、T形、I形和箱形截面弯剪扭构件，为简化计算，《规范》采用“叠加法”进行其构件承载力计算：即纵向钢筋截面面积应分别按受弯构件的正截面受弯承载力和剪扭构件受扭承载力计算确定，并应配置在相应位置；箍筋截面面积应分别按剪扭构件的受剪承载力和受扭承载力计算确定，并应配置在相应的位置。当符合下列条件时，可按下列规定进行承载力计算：

(1) 当 $V \leqslant 0.35 f_t b h_0$ 或对于集中荷载作用下的独立构件当 $V \leqslant 0.875 f_t b h_0/(\lambda+1)$ 时，可忽略剪力作用，可仅计算受弯构件的正截面受弯承载力和纯扭构件受扭承载力；

(2) 当 $T \leqslant 0.175 f_t W_t$ 时或对于箱形截面 $T \leqslant 0.175 \alpha_h f_t W_t$ 时，可忽略扭矩作用，可仅计算受弯构件的正截面受弯承载力和斜截面受剪承载力。

（四）弯剪扭构件承载力计算公式的适用条件

(1) 构件截面最小尺寸。

在弯矩、剪力和扭矩共同作用下，对 $\frac{h_w}{b} \leqslant 6$ 的矩形、T形、I形截面和 $\frac{h_w}{t_w} \leqslant 6$ 的箱形截面构件，其截面应符合下列条件：

当 $\frac{h_w}{b}$ 或 $\frac{h_w}{t_w} \leqslant 4$ 时

$$\frac{V}{b h_0} + \frac{T}{0.8 W_t} \leqslant 0.25 \beta_c f_c \tag{7-38}$$

当 $\frac{h_w}{b}$ 或 $\frac{h_w}{t_w} = 6$ 时

$$\frac{V}{bh_0}+\frac{T}{0.8W_t}\leqslant 0.2\beta_c f_c \tag{7-39}$$

当 $4<\frac{h_w}{b}$（或$\frac{h_w}{t_w}$）<6 时，按线性内插法确定。

（2）最小配筋率。

1）箍筋的最小配筋率应满足：

$$\rho_{sv}\geqslant\rho_{sv,\min}=0.28\frac{f_t}{f_{yv}} \tag{7-40}$$

2）受扭纵筋的最小配筋率应满足：

$$\rho_{tl,\min}=\frac{A_{stl,\min}}{bh}=0.6\sqrt{\frac{T}{Vb}}\frac{f_t}{f_y} \tag{7-41}$$

在弯剪扭构件中，配置在截面弯曲受拉边的纵向受力钢筋，其截面面积不应小于按受弯构件受拉钢筋最小配筋率计算的钢筋截面面积与按受扭构件纵向配筋率计算并分配到弯曲受拉边的钢筋截面面积之和。

（3）构造配筋。

当弯剪扭构件符合

$$\frac{V}{bh_0}+\frac{T}{W_t}\leqslant 0.7f_t \tag{7-42}$$

时，可不进行构件受剪扭承载力计算，但应按上述规定配置构造纵向钢筋和箍筋。

【例 7-2】 已知一均布荷载作用下的钢筋混凝土 T 形截面构件，截面尺寸如图 7-13 所示，$b\times h=250\text{mm}\times500\text{mm}$，$b'_f=400\text{mm}$，$h'_f=100\text{mm}$。构件承受的扭矩设计值 $T=12\text{kN}\cdot\text{m}$，弯矩设计值 $M=96\text{kN}\cdot\text{m}$，剪力设计值 $V=78\text{kN}$。混凝土强度等级为 C25（$f_c=11.9\text{N/mm}^2$，$f_t=1.27\text{N/mm}^2$），纵筋采用 HRB400 级钢筋（$f_y=360\text{N/mm}^2$），箍筋采用 HPB300 级（$f_y=270\text{N/mm}^2$）钢筋。环境类别为一类，安全等级为二级。试计算该构件的配筋。

【解】 一类环境，混凝土最小保护层 $c=20\text{mm}$，取 $a_s=40\text{mm}$

$$h_0=h-a_s=500-40=460(\text{mm})$$

（1）计算构件截面塑性抵抗矩

$$W_{tw}=\frac{b^2}{6}(3h-b)=\frac{250^2}{6}(3\times500-250)=13.02\times10^6(\text{mm}^3)$$

$$W'_{tf}=\frac{h'^2_f}{2}(b'_f-b)=\frac{100^2}{2}(400-250)=0.75\times10^6(\text{mm})$$

$$W_t=W_{tw}+W'_{tf}=(13.02+0.75)\times10^6=13.77\times10^6(\text{mm}^3)$$

（2）验算构件截面尺寸

$$\frac{h_w}{b}=\frac{(h_0-h'_f)}{b}=\frac{(460-100)}{250}=1.44<4$$

$$\frac{V}{bh_0}+\frac{T}{0.8W_t}=\frac{78\times10^3}{250\times460}+\frac{12\times10^6}{0.8\times13.77\times10^6}=1.767\text{N/mm}^2<0.25\beta_c f_c=0.25\times1.0\times$$

$11.9=2.975(\text{N/mm}^2)$ 故截面尺寸符合要求。

（3）验算是否按计算配筋

$$\frac{V}{bh_0}+\frac{T}{W_t}=\frac{78\times10^3}{250\times460}+\frac{12\times10^6}{13.77\times10^6}=1.549\text{N/mm}^2>0.7f_t=0.7\times1.27=0.889(\text{N/mm}^2)$$

故需按计算配置受扭钢筋。

(4) 扭矩分配

腹板：$T_w=\frac{W_{tw}}{W_t}T=\frac{13.02\times10^6}{13.77\times10^6}\times12=11.35(\text{kN}\cdot\text{m})$

受压翼缘：$T'_f=\frac{W'_{tw}}{W_t}T=\frac{0.75\times10^6}{13.77\times10^6}\times12=0.65(\text{kN}\cdot\text{m})$

(5) 确定计算方法

$$V=78\text{kN}>0.35f_tbh_0=0.35\times1.27\times250\times460=51.12(\text{kN})$$

$$T=12\text{kN}\cdot\text{m}>0.175f_tW_t=0.175\times1.27\times13.77\times10^6=3.06(\text{kN}\cdot\text{m})$$

故需考虑剪力及扭矩对构件受扭和受剪承载力的影响。

(6) 腹板配筋计算

若采用 $\phi8$ 的箍筋，则：

$$b_{cor}=b-2c-2\times8=250-2\times20-16=194(\text{mm})$$

$$h_{cor}=h-2c-2\times8=500-2\times20-16=444(\text{mm})$$

$$A_{cor}=b_{cor}\times h_{cor}=194\times444=86.136\times10^3(\text{mm}^2)$$

$$u_{cor}=2(b_{cor}+h_{cor})=2\times(194+444)=1276(\text{mm})$$

①受扭箍筋计算

$$\beta_t=\frac{1.5}{1+0.5\frac{VW_{tw}}{T_wbh_0}}=\frac{1.5}{1+0.5\times\frac{78\times10^3\times13.02\times10^6}{11.35\times10^6\times250\times460}}=1.080>1.0$$

故取 $\beta_t=1.0$

取配筋强度比 $\zeta=1.2$。

由式（7-33）得受扭箍筋用量：

$$\frac{A_{st1}}{s}=\frac{T_w-0.35\beta_tf_tW_{tw}}{1.2\sqrt{\zeta}f_{yv}A_{cor}}=\frac{11.35\times10^6-0.35\times1.0\times1.27\times13.02\times10^6}{1.2\times\sqrt{1.2}\times270\times86.136\times10^3}$$

$$=0.182(\text{mm}^2/\text{mm})$$

由式（7-32）得受剪箍筋用量（采用双肢箍筋）

$$\frac{A_{sv}}{s}=\frac{V-0.7(1.5-\beta_t)f_tbh_0}{f_{yv}h_0}=\frac{78\times10^3-0.7\times(1.5-1)\times1.27\times250\times460}{270\times460}$$

$$=0.216(\text{mm}^2/\text{mm})$$

故腹板所需单肢箍筋总的需要量为：

$$\frac{A_{st1}}{s}+\frac{A_{sv}}{2s}=0.182+\frac{0.216}{2}=0.29(\text{mm}^2/\text{mm})$$

因为取箍筋直径为 $\phi8$（$A_{st1}=50.3\text{mm}^2$），则得箍筋间距为：

$$s=\frac{50.3}{0.29}=173.4(\text{mm})$$

取 $s=150\text{mm}$

验算配箍率：

$$\rho_{sv}=\frac{A_{sv}}{bs}=\frac{2\times50.3}{250\times160}=0.252\%>\rho_{sv,\min}=0.28\frac{f_t}{f_{yv}}=0.28\times\frac{1.27}{270}=0.132\%$$

满足要求。

②受扭纵筋计算

由式（7-15）得

$$A_{stl}=\frac{\zeta f_{yv}A_{st1}u_{cor}}{f_y s}=\frac{1.2\times270\times0.182\times1276}{360}=209.0(\text{mm}^2)$$

验算受扭纵筋配筋率：

$$\rho_{st}=\frac{A_{stl}}{bh}=\frac{209.0}{250\times500}=0.167\%>\rho_{tl,\min}=0.6\frac{f_t}{f_y}\sqrt{\frac{T}{Vb}}=0.6\times\frac{1.27}{360}\times\sqrt{\frac{12\times10^6}{78\times10^3\times250}}$$

$$=0.166\%$$

满足要求。

受扭纵筋按顶部、中部和底部三排布置，每排钢筋面积$=\frac{1}{3}A_{stl}=\frac{1}{3}\times209.0=69.7(\text{mm}^2)$

则顶部和中部两排钢筋每排选用 2 ⌀ 10 的钢筋，其截面面积为 157mm²。

③受弯纵筋计算

由于　$\alpha_1 f_c b'_f h'_f\left(h_0-\frac{h'_f}{2}\right)=1.0\times11.9\times400\times100\times\left(460-\frac{100}{2}\right)=195.16\text{kN}\cdot\text{m}>96$（kN·m）

故属于第一类 T 形截面。

$$\alpha_s=\frac{M}{\alpha_1 f_c b'_f h_0^2}=\frac{96\times10^6}{1.0\times11.9\times400\times460^2}=0.095$$

$$\gamma_s=0.5(1+\sqrt{1-2\alpha_s})=0.5\times(1+\sqrt{1-2\times0.095})=0.95$$

$$A_s=\frac{M}{f_y\gamma_s h_o}=\frac{96\times10^6}{360\times0.95\times460}=610.2(\text{mm}^2)$$

验算受弯纵筋最小配筋率

$\rho_{\min}$取 0.2%和 $45\frac{f_t}{f_y}\%=45\times\frac{1.27}{360}\%=0.159\%$中较大者

$$A_{s,\min}=\rho_{\min}bh=0.2\%\times250\times500=250\text{mm}^2<A_s=610.2(\text{mm}^2)$$

满足要求

故腹板底部所需面积纵筋为

$$A_s+\frac{1}{3}A_{stl}=610.2+\frac{1}{3}\times209.0=679.9(\text{mm}^2)$$

选用 3 ⌀ 18 的钢筋，其面积为 763mm²。

（7）受压翼缘配筋计算。

受压翼缘配筋按纯扭构件计算。

①受扭箍筋计算

取配筋强度比 $\zeta=1.3$。

若采用 ϕ8 的箍筋，$A_{st1}=50.3\text{mm}^2$，则：

$$A'_{cor}=b'_{cor}\times h'_{cor}=94\times44=4136(\text{mm}^2)$$

$$u'_{cor}=2\times(b'_{cor}+h'_{cor})=2\times(94+44)=276(\text{mm})$$

由式（7-33）得受扭箍筋用量：

$$\frac{A'_{st1}}{s}=\frac{T'_f-0.35f_tW'_{tf}}{1.2\sqrt{\zeta}f_{yv}A'_{cor}}$$

$$=\frac{0.65\times10^6-0.35\times1.27\times0.75\times10^6}{1.2\times\sqrt{1.3}\times270\times4136}$$

$$=0.207(\text{mm}^2/\text{mm})$$

$$s=\frac{50.3}{0.207}=243(\text{mm})$$

取 $s=150\text{mm}$

②受扭纵筋计算

由式（7-15）得

$$A_{stl}=\frac{\zeta f_{yv}u'_{cor}}{f_y}\cdot\frac{A'_{st1}}{s}=\frac{1.3\times270\times276}{360}\times0.207$$

$$=55.7(\text{mm}^2)$$

选用 4 Φ 10，$A_{stl}=314\text{mm}^2$

（8）绘制截面配筋图，如图 7-13 所示。

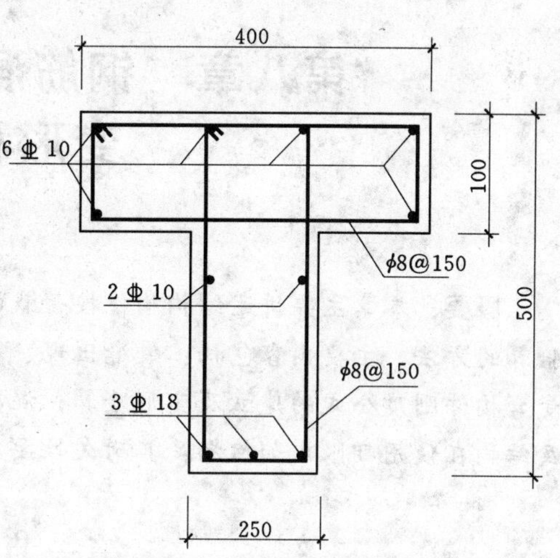

图 7-13　［例 7-2］的截面配筋图

思　考　题

7-1　什么是平衡扭转？什么是协调扭转？各有什么特点？

7-2　简要说明素混凝土纯扭构件的破坏特征？

7-3　钢筋混凝土纯扭构件的破坏类型有哪几类？它们的破坏特征是什么？

7-4　ζ、W_t、β_t 的意义是什么？如何计算？

7-5　剪扭构件承载力计算中如符合下列条件，说明了什么？

$$\frac{V}{bh_0}+\frac{T}{0.8W_t}\leqslant0.25\beta_cf_c \text{ 和 } \frac{V}{bh_0}+\frac{T}{W_t}\leqslant0.7f_t$$

7-6　受扭构件中纵筋和箍筋有哪些构造要求？

习　题

7-1　已知一钢筋混凝土矩形截面纯扭构件，$b\times h=300\text{mm}\times400\text{mm}$，承受扭矩设计值为 13kN·m，采用 C25 级混凝土，纵筋采用 HRB400 级钢筋，箍筋采用 HPB300 级钢筋。环境类别为一类，安全等级为二级。试计算该构件的配筋。

7-2　已知一均布荷载作用下的钢筋混凝土矩形截面弯剪扭构件，$b\times h=250\text{mm}\times450\text{mm}$，承受扭矩设计值 10kN·m，弯矩设计值 $M=59\text{kN}\cdot\text{m}$，均布荷载产生的剪力设计值 $V=65\text{kN}$，采用 C30 级混凝土，纵筋采用 HRB400 级钢筋，箍筋均采用 HPB300 级钢筋。环境类别为一类，安全等级为二级。试计算该构件的配筋。

第八章　钢筋混凝土构件的裂缝、变形和耐久性

概要：本章主要讲述结构构件按荷载的标准组合和准永久组合进行正常使用极限状态验算的方法。主要内容包括：裂缝出现、分布和发展的机理及最大裂缝宽度公式的建立；受弯构件刚度公式的建立及变形验算；混凝土结构进入破坏阶段如何保证其截面延性，以及结构在使用期限内如何满足其耐久性要求。

第一节　概　　述

设计钢筋混凝土结构，应首先对受力构件进行承载能力极限状态计算，以保证结构构件的安全可靠。随后，应验算各构件是否满足正常使用极限状态的要求，因过大的裂缝宽度或变形不但影响结构的美观，更重要的是不能保证结构的适用性和耐久性。所以，为满足结构设计所预期的各项功能要求，在进行承载力极限状态计算之后，还要根据结构的使用条件对某些构件的裂缝宽度和变形进行控制验算，以满足结构的适用性功能要求；此外，在正常维护条件下，足够的耐久性也是结构功能的重要组成部分，如混凝土保护层的最小厚度防止钢筋的锈蚀等。实践工程中，随着建筑材料日益向高强、轻质方向发展，构件截面尺寸进一步减小，正常使用极限状态的验算日益彰显出其重要意义。介于此，本章主要讲述混凝土构件按正常使用极限状态进行裂缝宽度和变形的验算方法，此外还扼要介绍了混凝土的耐久性及构件截面进入破坏阶段的后期变形能力，即截面延性问题。

正常使用极限状态的验算是通过将荷载组合效应值控制在一定限值之内而实现的。具体实践中，应根据其使用功能和外观要求，按下列规定对钢筋混凝土结构构件进行正常使用极限状态验算：

（1）对需控制变形的构件进行变形验算。

（2）对不允许出现裂缝的构件进行混凝土拉应力验算。

（3）对允许出现裂缝的构件进行受力裂缝宽度验算。

（4）对有舒适度要求的楼盖结构进行竖向自振频率验算。

与以往不同，新规范进一步深化了对使用功能的要求，新增了对楼盖舒适度验算的要求。

对于钢筋混凝土结构构件来说，不满足正常使用极限状态所产生的危害性较不满足承载力极限状态的危害性小，因此正常使用极限状态的目标可靠指标值β要小一些。故《规范》规定，结构构件承载力计算采用荷载效应组合设计值；而变形及裂缝宽度验算（即变

形、裂缝、应力等计算值不超过相应的规定限制）则均采用荷载效应标准组合、准永久组合并考虑长期作用的影响。此处，对长期作用影响的考虑主要是因为构件的变形和裂缝宽度都随时间而增大。试验研究表明，按正常使用极限状态验算结构构件的变形及裂缝宽度时，其荷载效应值大致相当于破坏荷载效应值的50%～70%。

一、裂缝控制的目的和要求

对于一般钢筋混凝土结构构件，裂缝产生的原因主要有两类：直接作用和间接作用。在合理设计和施工的条件下，荷载的直接作用往往不是形成过大裂缝宽度的主要原因，而温度变化、混凝土收缩、基础不均匀沉降、冰冻、钢筋锈蚀等间接作用对裂缝的产生、发展起着很大的影响。工程实践表明，大多裂缝都是几种原因组合作用的结果。值得关注的是，因混凝土抗拉强度远小于抗压强度，在使用荷载作用下，结构构件在不大的拉应力下就可能开裂，在正常使用状态下就必然有裂缝产生。此外，由基础不均匀沉降、温度变化和混凝土收缩等因素引起的裂缝，往往会引起结构中某些部位的开裂，而不是个别构件受拉区的开裂，对这类裂缝应通过合理的结构布置及相应的构造措施予以控制。

外部美观、耐久适用是裂缝宽度限制的主要目的，并以后者为主。因为裂缝过宽时气体、水分和化学介质会侵入裂缝，引起钢筋锈蚀，不仅削弱了钢筋的受力面积，还会因钢筋体积的膨胀引起保护层的剥落，产生长期危害，影响结构的使用寿命。近年来，高强钢筋的应用逐渐广泛，构件中钢筋应力相应提高，应变增大，裂缝必然随之加宽，钢筋锈蚀的后果也随之加重。各种工程结构设计规范规定，对钢筋混凝土构件的横向裂缝须进行最大裂缝宽度验算。而对水池等有专门要求的结构，因发生裂缝后会引起严重渗漏，应进行抗裂验算。总体来说，可根据结构构件所处环境和工作条件来控制裂缝；同时，还应考虑到裂缝对建筑物观瞻、对人的心理感受和使用者的不安程度的影响。满足外观要求的裂缝宽度限制与裂缝长度、位置、周围光线条件以及使用者的心理承受能力有关，有专题研究对公众的反应做过调查，发现大多数人对于宽度超过0.3mm的裂缝感到明显心理压力。

综合考虑结构的功能要求、环境条件对钢筋的腐蚀影响、钢筋种类对腐蚀的敏感性、荷载作用的时间等因素，《规范》将钢筋混凝土结构构件的正截面裂缝控制等级划分为三级，分别用应力及裂缝宽度进行控制：

一级——严格要求不出现裂缝的构件，按荷载效应标准组合计算时，构件受拉边缘混凝土不应产生拉应力；

二级——一般要求不出现裂缝的构件，按荷载效应标准组合计算时，构件受拉边缘混凝土拉应力不应大于混凝土轴心抗拉强度标准值；按荷载效应准永久组合计算时，构件受拉边缘混凝土不宜产生拉应力，当有可靠经验时可适当放松；

三级——允许出现裂缝的构件，对一般钢筋混凝土构件，按荷载准永久组合并考虑长期作用影响计算时，构件的最大裂缝宽度 w_{max} 不应超过表8-1规定的最大裂缝宽度限值。对预应力混凝土构件，按荷载效应标准组合并考虑长期作用的影响验算裂缝宽度时，构件的最大裂缝宽度 w_{max} 同样不应超过表8-1规定的最大裂缝宽度限值。表8-1中，结构构件所处的环境类别按表8-2确定。

表 8-1　结构构件的裂缝控制等级及最大裂缝宽度的限值　单位：mm

<table>
<tr><th rowspan="2">环境类别</th><th colspan="2">钢筋混凝土结构</th><th colspan="2">预应力混凝土结构</th></tr>
<tr><th>裂缝控制等级</th><th>w_{lim}</th><th>裂缝控制等级</th><th>w_{lim}</th></tr>
<tr><td>一</td><td rowspan="4">三级</td><td>0.30（0.40）</td><td rowspan="2">三级</td><td>0.20</td></tr>
<tr><td>二 a</td><td rowspan="3">0.20</td><td>0.10</td></tr>
<tr><td>二 b</td><td>二级</td><td>—</td></tr>
<tr><td>三 a、三 b</td><td>一级</td><td>—</td></tr>
</table>

注 1. 一类环境下，年平均相对湿度小于 60% 的地区采用括号内限值。
2. 钢筋混凝土屋架、托架及需作疲劳验算的吊车梁，在一类环境下裂缝最大宽度限值取 0.20mm；对钢筋混凝土屋面梁和托梁，最大裂缝宽度限值取 0.30mm。
3. 表中最大裂缝宽度限值为用于验算荷载作用引起的最大裂缝宽度。

表 8-2　混凝土结构的环境类别

<table>
<tr><th colspan="2">环 境 类 别</th><th>条　　件</th></tr>
<tr><td colspan="2">一</td><td>室内干燥环境；无侵蚀性静水浸没环境</td></tr>
<tr><td rowspan="2">二</td><td>a</td><td>室内潮湿环境；非严寒和非寒冷地区的露天环境；
非严寒和非寒冷地区与无侵蚀性的水或土壤直接接触的环境；
严寒和寒冷地区的冰冻线以下与无侵蚀性的水或土壤直接接触的环境</td></tr>
<tr><td>b</td><td>干湿交替环境；水位频繁变动环境；严寒和寒冷地区的露天环境；
严寒和寒冷地区的冰冻线以上与无侵蚀性的水或土壤直接接触的环境</td></tr>
<tr><td rowspan="2">三</td><td>a</td><td>严寒和寒冷地区冬季水位变动区环境；受除冰盐影响环境；海风环境</td></tr>
<tr><td>b</td><td>盐渍土环境；受除冰盐作用环境；海岸环境</td></tr>
<tr><td colspan="2">四</td><td>海水环境</td></tr>
<tr><td colspan="2">五</td><td>受人为或自然的侵蚀性物质影响的环境</td></tr>
</table>

注 1. 室内潮湿环境是指构件表面经常处于结露或湿润状态的环境。
2. 严寒和寒冷地区的划分应符合现行国家标准《民用建筑热工设计规范》GB 50176 的有关规定。
3. 海岸环境和海风环境宜根据当地情况，考虑主导风向及结构所处迎风、背风部位等因素的影响，由调查研究和工程经验确定。
4. 受除冰盐影响环境是指受到除冰盐盐雾影响的环境；受除冰盐作用环境是指被除冰盐溶液溅射的环境以及使用除冰盐地区的洗车房、停车楼等建筑。
5. 暴露的环境是指混凝土结构表面所处的环境。

二、变形控制的目的和要求

混凝土结构设计规范中对受弯构件的变形也有一定要求。这主要出于以下几方面的考虑：

(1) 结构使用功能的保证。结构构件产生过大的变形，会严重影响甚至丧失其使用功能。如吊车梁的挠度过大会妨碍吊车的正常运行，精密仪表车间的楼盖梁、板变形过大，会直接影响产品质量等。

(2) 防止对相关结构构件产生不良影响。某一构件变形过大，易导致相关构件的过大变形或破坏，有时甚至会改变荷载的传递路线、大小和性质，使结构构件的实际受力情况与设计中的计算假定不符。如梁端的旋转引起支撑面的减少，易产生局部承压破坏。

(3) 防止对非结构构件产生不良影响。如大跨度楼层梁的过大变形会导致脆性隔墙开裂，顶棚粉刷破坏。又如过梁的变形过大会损坏门窗等。

(4) 保证变形在人心理可承受范围。如可变荷载（活荷载、风荷载等）引起的振动及噪声未引起人的不良感觉。在可变荷载下产生颤动，不能出现因动力效应引起的共振等。

正是出于以上因素的考虑，根据工程经验，《规范》对受弯构件的最大挠度限值进行了规定，详见表 8-3。特别是近年来高强混凝土和钢筋的采用，使得混凝土构件截面尺寸相应减小，变形问题尤为突出。

第二节　混凝土构件裂缝宽度验算

混凝土构件裂缝的成因很多，要建立一个能涵盖各种因素的计算公式是十分困难的。对此，国内外研究者从 20 世纪 30 年代开始进行研究，提出了各种不同的计算公式。这些计算公式大体可分为两类：一是数理统计公式，即通过大量实测资料回归分析出不同参数对裂缝宽度的影响，然后用数理统计方法建立起由一些主要参数组成的经验公式。目前，美国、俄罗斯等国家规范及我国港工规范的裂缝宽度公式就属这一类；另一类是半理论半经验公式，即根据裂缝出现和开展的机理，在若干假定的基础上建立理论公式，然后根据试验资料确定公式中的参数，从而得到裂缝宽度的计算公式。我国建筑与水工类规范就采用此类裂缝宽度公式。

一、裂缝的出现、分布和发展

以受弯构件为例，在裂缝未出现前，受拉区由钢筋和混凝土共同受力，各截面的受拉钢筋应力及受拉混凝土应力大体相等；由于混凝土与钢筋间的黏结未被破坏，沿构件纵向钢筋的应力、应变也大致相同。如图 8-1 (a) 所示。随着荷载的增加，截面应变不断增大，由于混凝土的极限抗拉强度很小，当受拉区外边缘的混凝土达到其抗拉强度 f_t 时，在某一薄弱截面处，首先出现第一条（批）裂缝。由于混凝土的非匀质性及截面的局部缺陷等因素的影响，第一条（批）裂缝出现的位置是随机的。当裂缝出现后，裂缝截面处的混凝土不再承受拉力，应力降至零。原先由受拉混凝土承担的拉力转由钢筋承担。使开裂截面处钢筋的应力突然增大，如图 8-1 (b) 所示。配筋率越低，钢筋的应力增量越大，如图 8-2 所示。

在裂缝出现瞬间，原受拉张紧的混凝土突然断裂回缩，使混凝土和钢筋之间产生相对滑移和黏结应力。因受到钢筋与混凝土黏结作用的影响，混凝土的回缩受到约束。离裂缝截面越远，黏结力累计越大，混凝土的回缩就越小。通过黏结力的作用，钢筋的拉应力部分传递给混凝土，使钢筋的拉应力随着离裂缝截面距离的增大而逐渐减小。混凝土的应力从裂缝处为零随着离裂缝截面距离的增大而逐渐增大。当达到某一距离 l 后，黏结应力消失，钢筋和混凝土又具有相同的拉伸应变，各自的应力又呈均匀分布，如图 8-1 (c) 所示。此 l 即为黏结应力作用长度，也称为传递长度。

荷载继续增加，混凝土构件将在其他一些薄弱截面出现新的裂缝，同样该新裂缝截面处的混凝土会退出工作，应力下降为零，钢筋应力突增，由于黏结应力作用，钢筋与混凝土的应力将随离裂缝的距离而变化。中和轴也不保持在一个水平面上，而是随着裂缝位置呈波浪形变化。

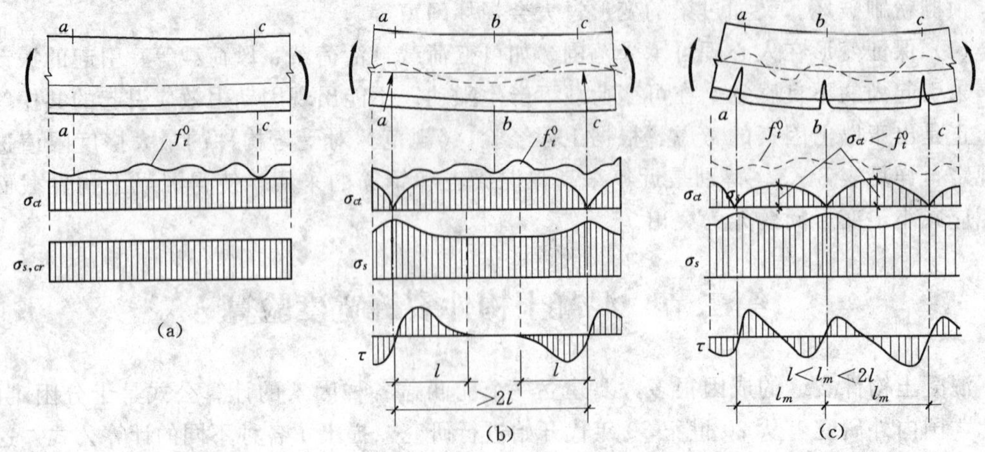

图 8-1　裂缝的出现、分布和开展

显然，在已有裂缝两侧 l 范围内或间距小于 $2l$ 的已有裂缝间，将不可能再出现裂缝了。因为在这些范围内，通过黏结应力传递的混凝土拉应力将小于混凝土的实际抗拉强度，不足以使混凝土开裂。因此，随着荷载的增加，裂缝会陆续出现。当荷载增大到一定程度后，裂缝会基本出齐，裂缝间距趋于稳定。从理论上讲，最小裂缝间距为 l，最大裂缝间距为 $2l$，平均裂缝间距 l_m 则为 $1.5l$。

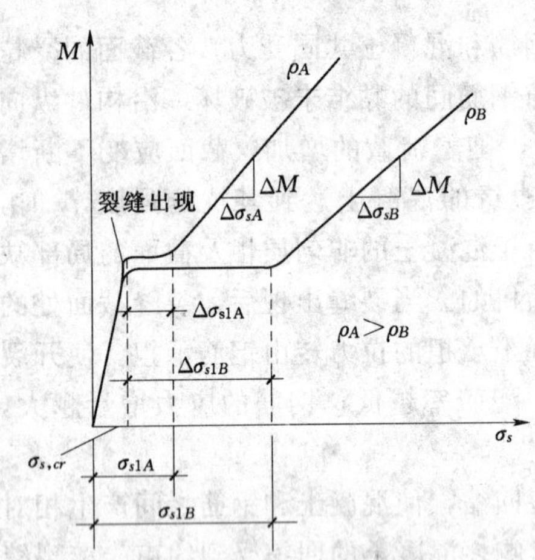

图 8-2　配筋率对钢筋应力的影响

试验得知，由于混凝土质量的不均匀性及黏结强度的差异，裂缝的间距有疏有密。黏结强度高，则黏结应力传递长度 l 短，裂缝分布密些；裂缝间距与钢筋表面积大小也有关，钢筋面积相同时小直径钢筋的表面积大些，因而 l 就短些；同时与配筋率有关，如图 8-2 所示，低配筋率时钢筋应力增量较大，所引起的冲量将使 τ 应力图形峰值超过黏结强度而出现裂缝附近的局部黏结破坏，从而增大滑移量，使 l 长些，裂缝分布疏些。我国的一些试验指出，大概在荷载超过开裂荷载 50%以上时，裂缝间距才趋于稳定。对正常配筋率或配筋率较高的梁来说，在正常使用时期，可以认为裂缝间距已基本稳定。也就是说，此后荷载再继续增加时，构件不再出现新的裂缝，而只是使原有的裂缝扩展与延伸，荷载越大，裂缝越宽。在荷载长期作用下，混凝土的滑移徐变和拉应力的松弛，将导致裂缝间受拉混凝土不断退出工作，使裂缝开展宽度增大；此外，由于荷载变动使钢筋直径时胀时缩等因素，也将引起黏结强度的降低，导致裂缝宽度的增大。

实际上，由于材料的不均匀性以及截面尺寸的偏差等因素的影响，裂缝的出现具有某种程度的偶然性，因而裂缝的分布和宽度同样是不均匀的。但是，对大量试验资料的统计分析表明，从平均的观点来看，平均裂缝间距和平均裂缝宽度具有一定的规律性，平均裂缝宽度与最大裂缝宽度之间也具有一定的规律性。《规范》就是以平均裂缝间距和平均裂缝宽度为基础，根据统计求得的"扩大系数"来确定最大裂缝宽度的。

二、平均裂缝间距 l_m

如上所述，平均裂缝间距 l_m 为 $1.5l$。传递长度 l 可由平衡条件求得。图 8-3 所示为一轴心受拉构件，在截面 $a—a$ 出现第一条裂缝，并即将在截面 $b—b$ 出现第二条相邻裂缝时的一段隔离体应力图形。在截面 $a—a$ 处，混凝土应力为零，钢筋应力为 σ_{s1}，在距裂缝为 l 的 $b—b$ 截面处，通过黏结应力的传递，混凝土应力从截面 $a-a$ 处的零提高到 f_t，钢筋应力则降至 σ_{s2}。由平衡条件得

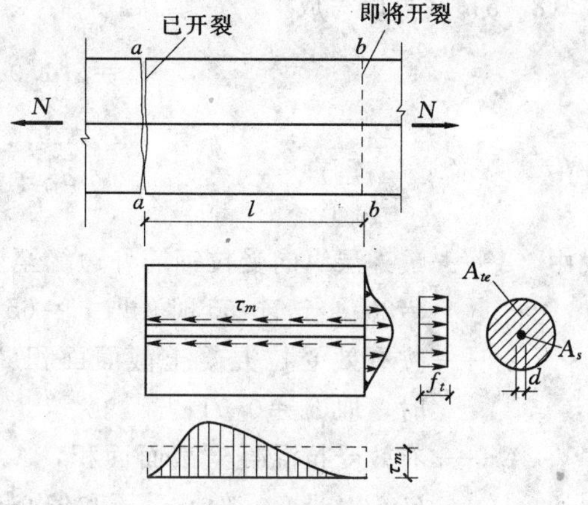

图 8-3　轴心受拉构件黏结应力传递长度

$$\sigma_{s1}A_s=\sigma_{s2}A_s+f_tA_{te} \tag{8-1}$$

取 l 段内钢筋的截离体，钢筋两端的不平衡力由黏结力平衡。黏结力为钢筋表面积上黏结应力的总和，考虑到黏结应力的不均匀分布，在此取平均黏结应力 τ_m。由平衡条件得

$$\sigma_{s1}A_s=\sigma_{s2}A_s+\tau_m\mu l \tag{8-2}$$

将式（8-2）代入式（8-1）得

$$l=\frac{f_tA_{te}}{\tau_m\mu} \tag{8-3}$$

式中　A_{te}——有效受拉混凝土截面面积；

τ_m——l 范围内纵向受拉钢筋与混凝土的平均黏结应力；

μ——纵向受拉钢筋截面总周长，$\mu=n\pi d$，n 和 d 为钢筋的根数和直径。

由于 $A_s=n\frac{\pi d^2}{4}$ 及截面有效配筋率 $\rho_{te}=\frac{A_s}{A_{te}}$，平均裂缝间距可表示为

$$l_m=1.5l=\frac{1.5}{4}\frac{f_t}{\tau_m}\frac{d}{\rho_{te}}=k_2\frac{d}{\rho_{te}} \tag{8-4}$$

k_2 值为一经验系数，其值与 f_t、τ_m 有关。试验研究表明，黏结应力平均值 τ_m 与混凝土的抗拉强度 f_t 成正比，它们的比值可取为常值，故 k_2 为一常数；式中纵向受拉钢筋的有效配筋率 ρ_{te} 主要取决于有效受拉混凝土截面面积 A_{te} 的取值。有效受拉混凝土截面面积不是指全部受拉混凝土的截面面积，因为对于裂缝间距和裂缝宽度而言，钢筋的作用仅仅影响到它周围的有限区域，裂缝出现后只是钢筋周围有限范围内的混凝土受到钢筋的约束，而距钢筋截面较远的混凝土受钢筋的约束影响就很小。另外，试验也表明，混凝土保护层厚度对裂缝间距有一定的影响，保护层厚度大时，l_m 也大些。考虑到这两种情况，并且考虑到不同种类钢筋与混凝土的黏结特性的不同，用等效直径 d_{eq} 来表示纵向受拉钢筋的直径，于是构件的平均裂缝间距一般表达式为

$$l_m=\beta\left(k_1c_s+k_2\frac{d_{eq}}{\rho_{te}}\right) \tag{8-5}$$

式（8－5）中 k_1、k_2 为经验系数。根据试验结果并参照使用经验，当最外层纵向受拉钢筋外边缘至受拉区底边的距离 c_s 小于等于 65mm 时，可取 $k_1=1.9$；$k_2=0.08$。所以式（8－5）又可以写成

$$l_m=\beta\left(1.9c_s+0.08\frac{d_{eq}}{\rho_{te}}\right) \tag{8-6}$$

其中

$$d_{eq}=\frac{\sum n_i d_i^2}{\sum n_i v_i d_i} \tag{8-7}$$

式中　c_s——最外层纵向受拉钢筋外边缘至受拉区底边的距离，mm：当 $c_s<20$ 时，取 $c_s=20$；当 $c_s>65$ 时，取 $c_s=65$；

ρ_{te}——按有效受拉混凝土截面面积 A_{te} 计算的纵向受拉钢筋配筋率，当 $\rho_{te}<0.01$ 时，取 $\rho_{te}=0.01$；

A_{te}——有效受拉混凝土截面面积，A_{te} 可按下列规定取用：对轴心受拉构件，$A_{te}=bh$；对受弯、偏心受压和偏心受拉构件，$A_{te}=0.5bh+(b_f-b)h_f$，如图 8－4 所示；

d_{eq}——纵向受拉钢筋的等效直径，mm；

d_i——第 i 种纵向受拉钢筋的公称直径，mm；

n_i——第 i 种纵向受拉钢筋的根数；

v_i——第 i 种纵向受拉钢筋的相对黏结特性系数，光圆钢筋 $v_i=0.7$，带肋钢筋 $v_i=1.0$，当采用环氧树脂涂层带肋钢筋时，v_i 值乘以 0.8 的折减系数；

β——与构件受力状态有关的系数，由试验结果分析确定。对轴心受拉构件，$\beta=1.1$；对其他受力构件，$\beta=1.0$。

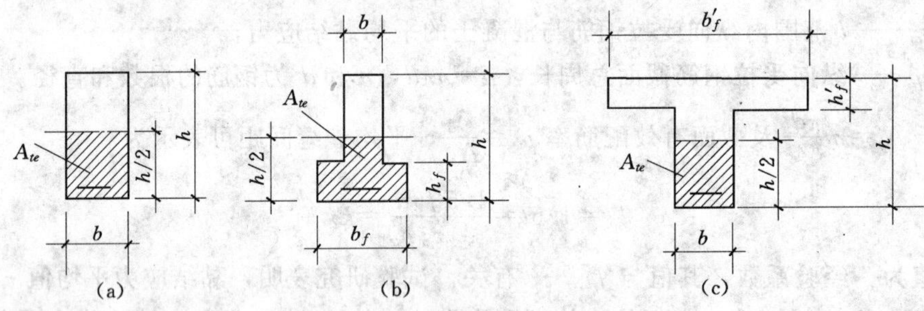

图 8－4　有效受拉混凝土截面面积

三、平均裂缝宽度

裂缝宽度是指受拉钢筋重心水平处构件侧表面上的裂缝宽度。试验表明，裂缝宽度的离散程度比裂缝间距更大些，因此，平均裂缝宽度的计算是建立在稳定的平均裂缝间距基础上的。

如前所述，裂缝开展后，其宽度是由裂缝间混凝土的回缩造成的，由于裂缝间的混凝土与钢筋黏结作用的存在，受拉区混凝土并未完全回缩。因此，裂缝宽度 w_m 应等于裂缝平均间距范围内钢筋重心处的钢筋的平均伸长值与混凝土的平均伸长值之差。如图 8－5 所示，即

$$w_m=\varepsilon_{sm}l_m-\varepsilon_{cm}l_m=\varepsilon_{sm}\left(1-\frac{\varepsilon_{cm}}{\varepsilon_{sm}}\right)l_m=\alpha_c\varepsilon_{sm}l_m \quad (8-8)$$

式中　ε_{sm}、ε_{cm}——裂缝间钢筋及混凝土的平均拉应变；

α_c——裂缝间混凝土自身伸长对裂缝宽度的影响系数，$\alpha_c=1-\frac{\varepsilon_{cm}}{\varepsilon_{sm}}$。

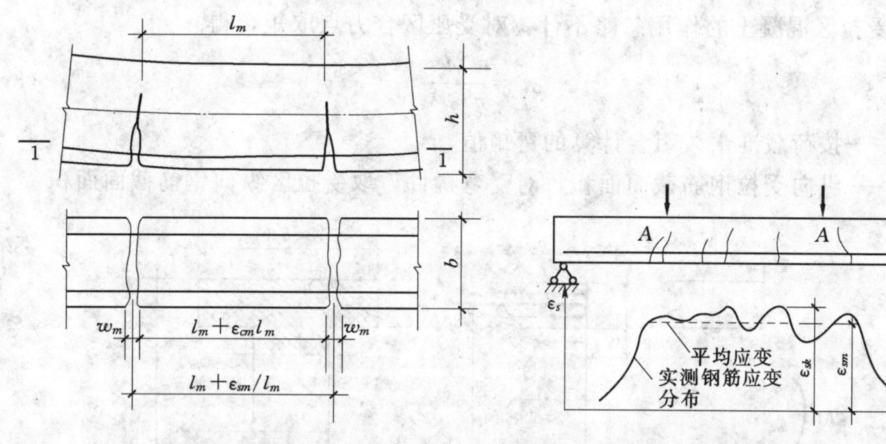

图 8-5　平均裂缝宽度计算图　　　图 8-6　纯弯段内受拉钢筋的应变分布图

试验研究表明，系数 α_c 反映了裂缝间混凝土伸长对裂缝宽度的影响，与配筋率、截面形状和混凝土保护层厚度等因素有关。但 α_c 值的大小主要取决于混凝土构件受力状态。综合分析国内多家单位的混凝土构件裂缝加载试验结果，对受弯和偏压构件取 $\alpha_c=0.77$，其他构件统一取 $\alpha_c=0.85$。ε_{sm} 为裂缝间钢筋的平均应变。由图 8-6 所示的试验梁实测纵向受拉钢筋应变分布图可以看出，钢筋应变是不均匀的，裂缝截面处最大，非裂缝截面的钢筋应变逐渐减小，这是因为裂缝之间的混凝土仍然能承担拉力的缘故。图中的水平虚线表示平均应变 ε_{sm}。设 ψ 为裂缝之间钢筋应变不均匀系数，其值为裂缝间钢筋的平均应变 ε_{sm} 与开裂截面处钢筋的应变 ε_s 之比，即 $\psi=\frac{\varepsilon_{sm}}{\varepsilon_s}$，又由于 $\varepsilon_s=\frac{\sigma_s}{E_s}$，则平均裂缝宽度 w_m 可表达为

$$w_m=\alpha_c\psi\frac{\sigma_{sq}}{E_s}l_m \quad (8-9)$$

对钢筋混凝土结构构件进行裂缝宽度计算时，钢筋应力采用荷载准永久组合计算，所以式（8-9）中把裂缝截面处的钢筋应力 σ_s 改记为 σ_{sq}。

由上式可以看出，裂缝宽度主要取决于裂缝截面的钢筋应力 σ_{sq}，而裂缝间距 l_m 和裂缝间纵向受拉钢筋应变不均匀系数 ψ 也是两个重要的参数。

1. 裂缝截面处的钢筋应力 σ_{sq}

σ_{sq} 是按荷载准永久组合计算的钢筋混凝土构件裂缝截面处纵向受拉钢筋的应力。依据受力性质，受弯、轴心受拉、偏心受拉及偏心受压构件均可按裂缝截面处力的平衡条件求得 σ_{sq}，具体如下：

（1）轴心受拉构件。

$$\sigma_{sq}=\frac{N_q}{A_s} \tag{8-10}$$

式中　N_q——按荷载准永久组合计算的轴向拉力值；

A_s——纵向受拉钢筋截面面积，对轴心受拉构件，取全部纵向钢筋截面面积。

（2）受弯构件。对于受弯构件，在正常使用荷载作用下，裂缝截面的应力图形如图 8－7 所示，受拉区混凝土的作用忽略不计，对受压区合力点取矩，得

$$\sigma_{sq}=\frac{M_q}{\eta h_0 A_s} \tag{8-11}$$

式中　M_q——按荷载准永久组合计算的弯矩值；

A_s——纵向受拉钢筋截面面积，对受弯构件，取受拉区纵向钢筋截面面积。

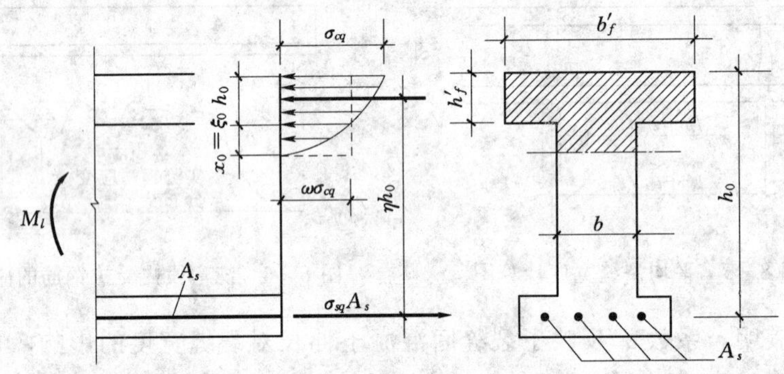

图 8－7　受弯构件裂缝截面处的应力图形

式中的 η 为裂缝截面内力臂长度系数，其值可由试验测得，从试验测得的部分数据来看，其值与构件的混凝土强度、配筋率以及受压区的截面形状等因素有关。根据试验和理论分析结果，η 值可按下列经验公式计算：

$$\eta=1-\frac{0.4\sqrt{\alpha_E\rho}}{1+2\gamma'_f} \tag{8-12}$$

式中　ρ——纵向受拉钢筋配筋率；

α_E——钢筋弹性模量与混凝土弹性模量之比；

γ'_f——受压翼缘截面面积与腹板有效截面面积的比值，$\gamma'_f=\frac{(b'_f-b)h'_f}{bh_0}$，当 $h'_f>0.2h_0$ 时，取 $h'_f=0.2h_0$。

为方便计算，在正常使用荷载作用下，对于常用的混凝土强度等级和配筋率，因截面的相对受压区高度 $\xi=\frac{x}{h_0}$ 值的变化很小，故 η 值的变化也不大，在 0.83～0.93 之间波动，故可近似取 $\eta=0.87$，则受弯构件受拉区纵向钢筋应力 σ_{sq} 为：

$$\sigma_{sq}=\frac{M_q}{0.87h_0A_s} \tag{8-13}$$

（3）偏心受拉构件。大小偏心受拉构件裂缝截面应力图形如图 8－8 所示。当截面有受压区存在时，假定受压区合力点位于受压钢筋合力点处，则可近似取大偏心受拉构件截面内力臂长 $\eta h_0=h_0-a'_s$，大小偏心受拉构件的 σ_{sq} 可统一写成

$$\sigma_{sq}=\frac{N_q e'}{A_s(h_0-a_s')} \tag{8-14}$$

式中　N_q——按荷载准永久组合计算的轴向压力值；

e'——轴向拉力作用点至受压区或受拉较小边纵向钢筋合力点的距离，$e'=e_0+y_c-a_s'$；

y_c——截面重心至受压或较小受拉边缘的距离；

A_s——纵向受拉钢筋截面面积，对偏心受拉构件，取受拉较大边的纵向钢筋截面面积。

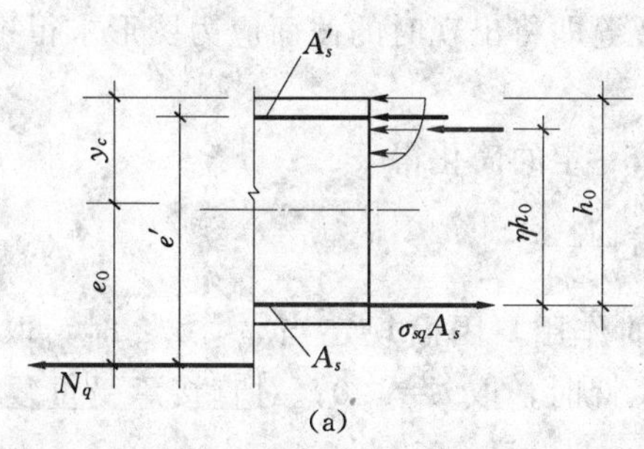

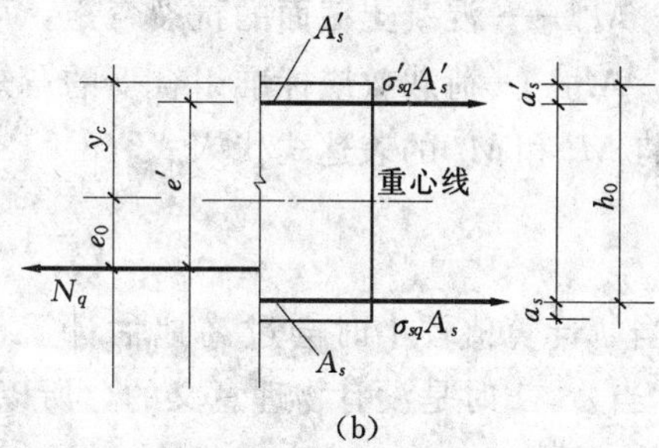

图 8-8　偏心受拉构件钢筋应力计算图

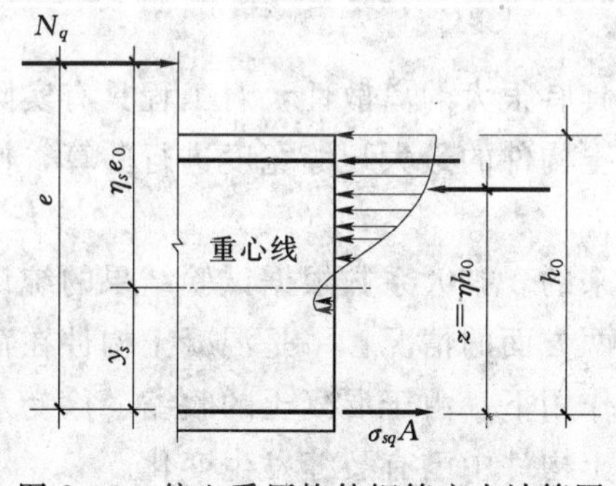

图 8-9　偏心受压构件钢筋应力计算图

（4）偏心受压构件

偏心受压构件的裂缝截面应力图形如图 8-9 所示。对受压区合力点取矩，得

$$\sigma_{sq}=\frac{N_q(e-z)}{A_s z} \tag{8-15}$$

$$z=\left[0.87-0.12(1-\gamma_f')\left(\frac{h_0}{e}\right)^2\right]h_0 \tag{8-16}$$

$$\eta_s=1+\frac{1}{4000\frac{e_0}{h_0}}\left(\frac{l_0}{h}\right)^2 \tag{8-17}$$

式中　N_q——按荷载准永久组合计算的轴向压力值；

e——轴向压力作用点至纵向受拉钢筋合力点的距离，$e=\eta_s e_0+y_s$；

η_s——使用阶段的轴心压力偏心距增大系数，可近似的按式（8-17）取值，当$\frac{l_0}{h}\leqslant 14$ 时，取 $\eta_s=1.0$；

y_s——截面重心至纵向受拉钢筋合力点的距离；

z——纵向受拉钢筋合力点至受压区合力点之间的距离，且 $z\leqslant 0.87h_0$。

2. 裂缝间纵向受拉钢筋应变不均匀系数 ψ

系数 ψ 是钢筋平均应变与裂缝截面处钢筋应变的比值，即 $\psi=\frac{\varepsilon_{sm}}{\varepsilon_s}$。它反映了裂缝截面之间的混凝土参与受拉对钢筋应变的影响程度。显然 ψ 是不会大于 1 的。ψ 值越小，表示混凝土参与承受拉力的程度越大；ψ 值越大，表示混凝土承受拉力的程度越小，各截面中钢筋的应变就比较均匀；当 $\psi=1$ 时，就表明此时裂缝间受拉混凝土全部退出工作。ψ 的大小与以有效受拉混凝土截面面积计算的纵向受拉钢筋配筋率 ρ_{te} 有关。这是因为参加工作的受拉混凝土主要是指钢筋周围的那部分有效受拉混凝土面积。当 ρ_{te} 较小时，说明钢筋周围的混凝土参加受拉的有效相对面积大些，它所承担的总拉力也相对大些，对纵向受拉钢筋应变的影响程度也相应大些，因而 ψ 值小些。根据试验资料发现，ψ 可用下列近似公式表达：

$$\psi=1.1\left(1-\frac{M_{cr}}{M_k}\right) \tag{8-18}$$

式中　M_{cr}——混凝土截面的抗裂弯矩，可根据裂缝即将出现时的截面应力图形求得；

M_k——荷载效应标准组合下的弯矩。

将 M_{cr} 和 M_k 的表达式代入式（8-18），并作一定的简化得

$$\psi=1.1-0.65\frac{f_{tk}}{\rho_{te}\sigma_{sq}} \tag{8-19}$$

当 ψ 计算值较小时会过高地估计了混凝土的作用，因而规定当 $\psi<0.2$ 时，取 $\psi=0.2$；当 $\psi>1$ 时是没有物理意义的，所以当 $\psi>1.0$ 时，取 $\psi=1.0$；对直接承受重复荷载的构件，取 $\psi=1.0$。

四、最大裂缝宽度及验算

1. 最大裂缝宽度的确定

由于混凝土的不均匀性，混凝土构件的裂缝宽度具有很大的离散性，对工程具有实际意义的是混凝土构件的最大裂缝宽度。所以应对混凝土构件的最大裂缝宽度进行验算，使其不超过《规范》规定的允许值（表 8-1）。

最大裂缝宽度是由平均裂缝宽度乘以扩大系数得来的。扩大系数根据试验结果的统计分析并参照使用经验确定。扩大系数的确定，要考虑两方面的情况：一是混凝土构件在荷载效应标准组合下裂缝宽度的离散性；二是荷载长期作用下，由于混凝土的收缩、徐变及钢筋与混凝土之间的滑移徐变等因素的影响，使混凝土构件中已有裂缝发生变化。

在荷载效应标准组合作用下，裂缝宽度的分布是不均匀的。如何确定荷载标准组合作用下最大裂缝宽度的计算控制值呢？合理的方法应该是根据统计分析确定在某一保证率下的相对最大裂缝宽度，通常取最大裂缝宽度计算控制值的保证率为 95%，即超过这个宽度的裂缝出现概率不大于 5%。梁的试验表明，裂缝宽度的频率基本上呈正态分布。因此，相对最大裂缝宽度可由下式求得

$$w_{\max}=\tau_l\tau_m w_m=(1+1.645\delta)\tau_l w_m \tag{8-20}$$

式中　δ——裂缝宽度的变异系数。

对于受弯构件、偏心受压构件可取 δ 的平均值为 0.4，故短期裂缝宽度的扩大系数 $\tau_m=1.66$；偏心受拉和轴心受拉构件的试验表明，裂缝宽度的频率分布曲线是偏态的，所以 $w_{\max}$ 与 w_m 的比值比受弯构件要大，取 $\tau_m=1.9$。

在荷载长期作用下，裂缝宽度将随时间而增大。在荷载长期作用影响下的最大裂缝宽度即是验算时的最大裂缝宽度值，其值由短期最大裂缝宽度乘以长期扩大系数求得。根据对试验结果的分析，《规范》取长期荷载下裂缝宽度的扩大系数为 $\tau_l=1.5$。

基于以上因素的考虑，《规范》规定在矩形、T形、倒T形和I形截面的钢筋混凝土受拉、受弯和偏心受压构件中，按荷载准永久组合，考虑裂缝宽度分布不均匀性和荷载长期作用影响的最大裂缝宽度可按下列公式计算：

$$w_{\max}=\alpha_{cr}\psi\frac{\sigma_{sq}}{E_s}\left(1.9c_s+0.08\frac{d_{eq}}{\rho_{te}}\right) \tag{8-21}$$

式中　α_{cr}——构件受力特征系数；

对轴心受拉构件 $\alpha_{cr}=1.5\times1.9\times0.85\times1.1=2.7$；

对偏心受拉构件 $\alpha_{cr}=1.5\times1.9\times0.85\times1.0=2.4$；

对受弯和偏心受压构件 $\alpha_{cr}=1.5\times1.66\times0.77\times1.0=1.9$。

2. 最大裂缝宽度的验算

验算裂缝宽度时，应满足：

$$w_{\max}\leqslant w_{\lim} \tag{8-22}$$

式中　$w_{\max}$——按荷载效应准永久组合并考虑长期作用影响计算的最大裂缝宽度；

$w_{\lim}$——《规范》规定的最大裂缝宽度限值，按表8-1采用。

由式（8-21）可知，最大裂缝宽度主要与钢筋应力、有效配筋率及钢筋直径等有关。裂缝宽度的验算是在满足构件承载力的前提下进行的，此时构件的截面尺寸、配筋率等均已确定。在验算时，可能会出现满足了截面强度要求，不满足裂缝宽度要求，这通常在配筋率较低，而钢筋选用的直径较大的情况下出现。因此，当计算最大裂缝宽度超过允许值不大时，常可用减小钢筋直径的方法解决，必要时适当增加配筋率。

对于受拉及受弯构件，当承载力要求较高时，往往会出现不能同时满足裂缝宽度或变形限值要求的情况，这时增大截面尺寸或增加用钢量显然是不经济也是不合理的。对此，有效的措施是施加预应力。

此外，《规范》规定，对直接承受吊车荷载但不需作疲劳验算的受弯构件，可将计算求得的最大裂缝宽度乘以系数0.85；对按《规范》要求配置表层钢筋网片的梁，最大裂缝宽度可乘以0.7的折减系数；对$\frac{e_0}{h_0}\leqslant0.55$的偏心受压构件，可不验算裂缝宽度。

【例8-1】 已知一矩形截面简支梁的截面尺寸 $b\times h=250\text{mm}\times500\text{mm}$，承受均布荷载。其中，永久荷载标准值 $g_k=13.6\text{kN/m}$（包括梁自重），可变荷载标准值 $q_k=7.2\text{kN/m}$，准永久值系数 $\psi_q=0.4$。梁的计算跨度 $l_o=6.6\text{m}$，采用C25混凝土，HRB335级钢筋，由承载力计算已配置4Φ18纵向受力钢筋和Φ8@150mm的箍筋，试验算最大裂缝宽度是否满足要求。

【解】（1）内力计算

荷载效应准永久组合：

$$M_q=\frac{1}{8}(g_k+\psi_q q_k)l_o^2=\frac{1}{8}\times(13.6+0.4\times7.2)\times6.6^2=89.7(\text{kN}\cdot\text{m})$$

（2）查表确定各类参数

C25：$f_{tk}=1.78\text{N/mm}^2$；HRB335：$E_s=2\times10^5\text{N/mm}^2$；4Φ18：$A_s=1017\text{mm}^2$；

环境类别一级：最大裂缝宽度限值 $w_{\lim}=0.3\text{mm}$，$c=20\text{mm}$，$c_s=28\text{mm}$

（3）相关参数计算

$$a_s=c+d_{sv}+\frac{d}{2}=20+8+\frac{18}{2}=37(\text{mm})$$

$$h_0=h-a_s=500-\left(20+8+\frac{18}{2}\right)=463(\text{mm})$$

$$\rho_{te}=\frac{A_s}{0.5bh}=\frac{1017}{0.5\times250\times500}=0.0163$$

$$\sigma_{sq}=\frac{M_q}{0.87h_0A_s}=\frac{89.7\times10^6}{0.87\times463\times1017}=219.0(\text{N/mm}^2)$$

$$\psi=1.1-\frac{0.65f_{tk}}{\rho_{te}\sigma_{sq}}=1.1-\frac{0.65\times1.78}{0.0163\times219.0}=0.776$$

(4) 计算最大裂缝宽度

$$w_{\max}=\alpha_{cr}\psi\frac{\sigma_{sq}}{E_s}\left(1.9c_s+0.08\frac{d_{eq}}{\rho_{te}}\right)$$

$$=1.9\times0.776\times\frac{219.0}{2\times10^5}\times\left(1.9\times28+0.08\times\frac{18}{0.0163}\right)=0.23(\text{mm})$$

(5) 验算裂缝：$w_{\max}=0.23\text{mm}<w_{\lim}=0.3\text{mm}$，满足要求。

【例 8-2】 有一矩形截面的偏心受压柱，截面尺寸 $b\times h=400\text{mm}\times600\text{mm}$，对称配筋，即受拉和受压钢筋均为 4 ⌀ 20 的 HRB400 级钢筋，箍筋Φ 8@150mm，采用 C30 混凝土，柱的计算长度 $l_0=5.1\text{m}$，环境类别为二类，荷载效应准永久组合的 $N_q=420\text{kN}$，$M_q=190\text{kN}\cdot\text{m}$。试验算是否满足裂缝宽度要求。

【解】 (1) 查表确定各类参数与系数

C30：$f_{tk}=2.01\text{N/mm}^2$；HRB400：$E_s=2\times10^5\text{N/mm}^2$；4 ⌀ 20：$A_s=A_s'=1256\text{mm}^2$

环境类别为二 a：最大裂缝宽度限值 $w_{\lim}=0.2\text{mm}$，$c_s=25\text{mm}$

(2) 计算有关参数

$$\frac{l_0}{h}=\frac{5100}{600}=8.5<14,\ \eta_s=1.0$$

$$a_s=c_s+d_{sv}+\frac{d}{2}=25+8+\frac{20}{2}=43(\text{mm})$$

$$h_0=h-a_s=600-43=557(\text{mm})$$

$$e_0=\frac{M_q}{N_q}=\frac{190\times10^6}{420\times10^3}=452.4\text{mm}>0.55h_0=306.4(\text{mm})$$

$$e=\eta_se_0+\frac{h}{2}-a_s=1.0\times452.4+300-43=709.4(\text{mm})$$

$$z=\left[0.87-0.12\left(\frac{h_0}{e}\right)^2\right]h_0=\left[0.87-0.12\left(\frac{557}{709.4}\right)^2\right]\times557=443.4(\text{mm})$$

$$\sigma_{sq}=\frac{N_q(e-z)}{A_sz}=\frac{420\times10^3\times(709.4-443.4)}{1256\times443.4}=200.6(\text{N/mm}^2)$$

$$\rho_{te}=\frac{A_s}{0.5bh}=\frac{1256}{0.5\times400\times600}=0.0105$$

$$\psi=1.1-0.65\frac{f_{tk}}{\rho_{te}\sigma_{sq}}=1.1-0.65\times\frac{2.01}{0.0105\times200.6}=0.48$$

（3）计算最大裂缝宽度

$$w_{max}=\alpha_{cr}\psi\frac{\sigma_{sq}}{E_s}\left(1.9c_s+0.08\frac{d_{eq}}{\rho_{te}}\right)=1.9\times0.48\times\frac{200.6}{2\times10^5}\left(1.9\times33+0.08\times\frac{20}{0.0105}\right)$$

$$=0.197(\text{mm})$$

（4）验算裂缝：$w_{max}=0.197\text{mm}<w_{lim}=0.2\text{mm}$，满足要求。

第三节　受弯构件变形验算

一、截面抗弯刚度的概念及《规范》给出的定义

由材料力学可知，弹性匀质材料梁的最大挠度计算公式为

$$f=S\frac{Ml_0^2}{EI} \tag{8-23}$$

或

$$f=S\phi l_0^2 \tag{8-24}$$

式中　M——梁的最大弯矩；

S——与荷载形式、支承条件有关的系数，如承受均布荷载的简支梁，$S=\frac{5}{48}$；

l_0——梁的计算跨度；

ϕ——截面曲率，即单位长度上的转角；

EI——截面抗弯刚度。

EI 是梁的截面抗弯刚度，由式（8-23）和式（8-24）可知，$EI=\frac{M}{\phi}$。所以截面抗弯刚度就是欲使截面产生单位转角所需施加的弯矩。由此可知，在 M—ϕ 曲线上任一点与原点 O 的连线，其倾斜角的正切值就是相应的截面抗弯刚度。它体现了截面抵抗弯曲变形的能力。

当梁的截面尺寸和材料已知时，弹性匀质材料梁的截面抗弯刚度 EI 就是一常数。由式（8-23）可知，弯矩 M 与挠度 f 成直线关系，如图 8-10 中的虚线 OA 所示。

对钢筋混凝土梁，由于其材料的非弹性性质和受拉区裂缝的发展，梁的截面刚度不是常数，而是随着荷载的增加有所变化。图 8-10 中的实线就是一根典型的钢筋混凝土适筋梁弯矩 M 与挠度 f 的关系曲线。从中可以看出，M—f 曲线可以分为三个阶段。

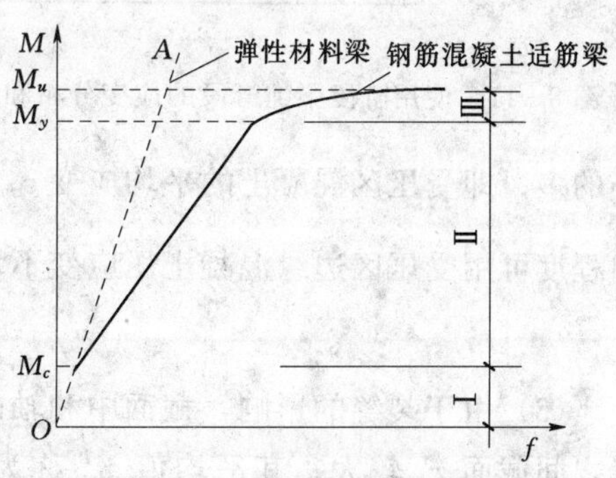

图 8-10　受弯构件的 M—f 曲线

第Ⅰ阶段是裂缝出现以前，这一阶段梁处于弹性工作阶段，M 与 f 基本上成直线关系，且与 OA 非常接近。临近裂缝出现时，M 与 f 关系由直线逐渐向下弯曲。这是由于受拉混凝土出现了塑性变形，变形模量略有降低的原因。裂缝出现以后到受拉区钢筋屈服以前为第Ⅱ阶段。裂缝出现后，梁进入带裂缝工作阶段。M—f 曲线发生明显转折，梁的截面刚度明显降低。这主要是由于混凝土裂缝的开展以及混凝土塑性变形所引起的。一般配筋率越低的

构件，M—f 曲线转折越明显。试验也表明，截面尺寸和材料都相同的适筋梁，配筋率大的，变形小些，相应的截面抗弯刚度大些，反之亦然。当受拉区钢筋屈服以后，M—f 曲线出现第二个转折点，进入第Ⅲ阶段。此阶段，截面刚度急剧降低，弯矩稍许增加都会引起挠度的剧增。

由以上分析可以看出，钢筋混凝土受弯构件的刚度不是一个常数，裂缝的出现与开展对其有显著影响。对普通钢筋混凝土受弯构件来讲，在使用荷载作用下，绝大多数处于第Ⅱ阶段，因此，正常使用阶段的变形验算，主要是指这一阶段的变形验算。《规范》规定，在 M—ϕ 曲线上，$0.5M_u^0 \sim 0.7M_u^0$ 区段内任一点与坐标原点 O 相连的割线斜率 $\tan\alpha$ 为截面的弯曲刚度。α 随弯矩增大而减小，则弯曲刚度随弯矩增大而减小，M_u^0 为破坏弯矩试验值。另外，试验还表明，截面刚度随时间的增长而减小。所以，在变形验算时，在受弯构件短期刚度 B_s 的基础上，考虑荷载准永久组合的长期作用对挠度增大的影响，即采用考虑荷载长期作用影响的刚度 B 进行变形验算。

二、短期荷载作用下受弯构件的短期刚度

1. 使用阶段受弯构件的应变分布特征

裂缝出现以后，受弯构件处于第Ⅱ阶段。试验表明，在钢筋混凝土梁纯弯段内测得的钢筋和混凝土应变具有以下分布特征（如图 8-11）：

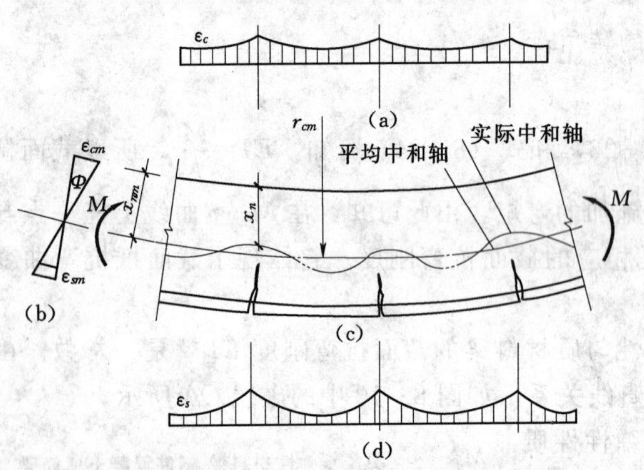

图 8-11　使用阶段梁纯弯段的应变分布和中和轴位置

(1) 钢筋应变沿梁长分布不均匀，裂缝截面处应变较大，裂缝之间应变较小。其不均匀程度可以用受拉钢筋应变不均匀系数 $\psi=\dfrac{\varepsilon_{sm}}{\varepsilon_s}$ 来反映。ε_{sm} 为裂缝间钢筋的平均应变，ε_s 为裂缝截面处的钢筋应变。所以有

$$\varepsilon_{sm}=\psi\varepsilon_s \tag{8-25}$$

(2) 压区混凝土的应变沿梁长分布也是不均匀的。裂缝截面处应变较大，裂缝之间应变较小。但其应变值的波动幅度比钢筋应变波动的幅度要小的多。即受压区混凝土的平均应变 ε_{cm} 与裂缝截面处的应变 ε_c 相差很小。同样，其不均匀程度可用受压区边缘混凝土压应变不均匀系数 $\psi_c=\dfrac{\varepsilon_{cm}}{\varepsilon_c}$ 来反映。则同理可得

$$\varepsilon_{cm}=\psi_c\varepsilon_c \tag{8-26}$$

(3) 由于裂缝的影响，截面中和轴的高度 x_n 也呈波浪形变化，开裂截面处 x_n 小而裂缝之间截面 x_n 较大。其平均值 x_{nm} 称为平均中和轴高度，相应的中和轴为平均中和轴，相应截面称为平均截面，相应曲率为平均曲率，平均曲率半径记为 r_{cm}。试验表明，平均应变 ε_{sm}、ε_{cm} 是符合平截面假定的，即沿平均截面平均应变呈直线分布。

2. 受弯构件短期刚度公式的建立

由以上试验分析可见，由于裂缝的影响，钢筋与混凝土的应变沿构件长度方向是不均

匀的，但在纯弯段内，其平均应变 ε_{sm}、ε_{cm} 符合平截面假定。所以可得平均曲率

$$\phi=\frac{1}{r_{cm}}=\frac{\varepsilon_{sm}+\varepsilon_{cm}}{h_0} \tag{8-27}$$

利用材料力学中弯矩与曲率的关系，可求得受弯构件短期刚度 B_s

$$B_s=\frac{M_k}{\phi}=\frac{M_k h_0}{\varepsilon_{sm}+\varepsilon_{cm}} \tag{8-28}$$

在荷载效应标准组合作用下，钢筋在屈服以前其应力应变符合虎克定律，所以裂缝截面纵向受拉钢筋的拉应变 ε_{sk} 可按下式计算

$$\varepsilon_{sk}=\frac{\sigma_{sk}}{E_s} \tag{8-29}$$

而受压区混凝土在裂缝截面处的应变 ε_{ck} 考虑到受压混凝土的塑性变形，计算中采用混凝土的变形模量 $E_c'=\nu E_c$（ν 为混凝土的弹性系数），则

$$\varepsilon_{ck}=\frac{\sigma_{ck}}{\nu E_c} \tag{8-30}$$

σ_{sk} 和 σ_{ck} 可根据第二阶段裂缝截面的应力图形求得，如图 8－7 所示，对受压区合力点取矩可得

$$\sigma_{sk}=\frac{M_k}{\eta h_0 A_s} \tag{8-31}$$

压区混凝土由于塑性变形，裂缝截面的压应力呈曲线分布，可用压应力为 $\omega\sigma_{ck}$ 的等效矩形应力图形来代替。ω 为矩形应力图形丰满程度系数。受压区面积为 $(b_f'-b)h_f'+\xi_0 bh_0=(\gamma_f'+\xi_0)bh_0$，对纵向受拉钢筋的重心取矩可得：

$$\sigma_{ck}=\frac{M_k}{\omega(\gamma_f'+\xi_0)\eta bh_0^2} \tag{8-32}$$

在荷载效应标准组合下的截面平均应变 ε_{sm} 和 ε_{cm} 可用裂缝截面处的相应应变 ε_{sk} 和 ε_{ck} 来表达。

$$\varepsilon_{sm}=\psi\varepsilon_{sk}=\psi\frac{\sigma_{sk}}{E_s}=\psi\frac{M_k}{A_s\eta h_0 E_s} \tag{8-33}$$

$$\varepsilon_{cm}=\psi_c\varepsilon_{ck}=\psi_c\frac{\sigma_{ck}}{\nu E_c}=\psi_c\frac{M_k}{\omega(\gamma_f'+\xi_0)\eta bh_0^2\nu E_c} \tag{8-34}$$

为了简化，取 $\zeta=\omega\nu(\gamma_f'+\xi_0)\dfrac{\eta}{\psi_c}$，则上式简化为

$$\varepsilon_{cm}=\frac{M_k}{\zeta bh_0^2 E_c} \tag{8-35}$$

式中　ζ——受压区边缘混凝土平均应变综合系数。

将式（8－33）和式（8－35）代入式（8－28），分子和分母同乘以 $E_sA_sh_0^2$，并取 $\alpha_E=\dfrac{E_s}{E_c}$，$\rho=\dfrac{A_s}{bh_0}$，即可求得受弯构件短期刚度。

$$B_s=\frac{E_sA_sh_0^2}{\dfrac{\psi}{\eta}+\dfrac{E_sA_sh_0^2}{\zeta E_c bh_0^3}}=\frac{E_sA_sh_0^2}{\dfrac{\psi}{\eta}+\dfrac{\alpha_E\rho}{\zeta}} \tag{8-36}$$

式中　ψ——裂缝间受拉钢筋应变不均匀系数，可按式（8－19）计算；

α_E——钢筋与混凝土的弹性模量之比；

ρ——纵向受拉钢筋配筋率；

η——裂缝截面处内力臂长度系数；

ζ——受压边缘混凝土平均应变综合系数。

显然，当构件的截面尺寸和配筋率已确定时，上式中分母的第一项反映了钢筋应变不均匀程度对刚度的影响。当 M_k 较小时，σ_{sk} 也较小，钢筋与混凝土之间具有较强的黏结作用，钢筋应变不均匀程度较小，即 ψ 值较小，因而，受拉区混凝土参与受力的程度大，短期刚度 B_s 较大；当 M_k 较大时，则正相反，短期刚度 B_s 较小。分母中的第二项则反映了受压区混凝土变形对刚度的影响。

受压区边缘混凝土平均应变综合系数 ζ 可由试验求得。国内外试验资料表明，ζ 与 $\alpha_E\rho$ 及受压翼缘加强系数 γ'_f 有关，为简化计算，《规范》直接给出了 $\frac{\alpha_E\rho}{\zeta}$ 的计算式：

$$\frac{\alpha_E\rho}{\zeta}=0.2+\frac{6\alpha_E\rho}{1+3.5\gamma'_f} \tag{8-37}$$

式中　γ'_f——受压区翼缘加强系数，对于矩形截面，$\gamma'_f=0$；当 $h'_f>0.2h_0$ 时，取 $h'_f=0.2h_0$。

试验证明，裂缝截面处的内力臂系数 η 在使用荷载情况下，对于常用的混凝土强度等级及配筋率，其值在 0.83～0.93 之间变化，为方便计算，可近似取 $\eta=0.87$。将 η 值和式（8-37）代入式（8-36），则受弯构件短期刚度公式可写为

$$B_s=\frac{E_sA_sh_0^2}{1.15\psi+0.2+\frac{6\alpha_E\rho}{1+3.5\gamma'_f}} \tag{8-38}$$

三、长期荷载作用下钢筋混凝土受弯构件的刚度公式

在长期荷载作用下，钢筋混凝土受弯构件的变形随时间而增大，刚度随时间而降低。钢筋混凝土梁的长期荷载试验表明，变形随时间而增长的规律，与混凝土长期荷载作用下的徐变变形的试验结果相似，前 6 个月变形增长较快，以后逐渐减缓，一年后趋于收敛，但数年后仍能发现变形有很小的增长。荷载长期作用下变形增加的原因主要是混凝土的徐变引起平均应变的增大。此外，钢筋与混凝土之间的滑移徐变使裂缝之间的受拉混凝土不断退出工作，从而引起受拉钢筋在裂缝之间的应变不断增长。混凝土的收缩也会使刚度降低，导致变形增加。因此，凡是影响混凝土徐变和收缩的因素，如混凝土的组成成分、受压钢筋的配筋率、荷载的作用时间、使用环境的温湿度等都会引起构件刚度的变化。所以，钢筋混凝土受弯构件的刚度应在短期刚度的基础上考虑荷载长期作用的影响后确定。

长期荷载作用下受弯构件挠度的增大，可用考虑荷载准永久组合对挠度增大的影响系数 θ 来反映。

《规范》中分别给出了考虑荷载准永久组合和荷载标准组合的长期作用对挠度增加的影响，给出了以下二个考虑荷载长期作用影响的刚度计算公式：

1. 采用荷载效应标准组合时

仅需对在 M_q 下产生的那部分挠度乘以挠度增大的影响系数，而对 (M_k-M_q) 这部分弯矩产生的短期挠度是不必增大的。根据式（8-23），受弯构件的挠度为

$$f=S\frac{(M_k-M_q)l_0^2}{B_s}+S\frac{M_q l_0^2}{B_s}\theta \tag{8-39}$$

如果上式用考虑荷载长期作用影响的抗弯刚度 B 来表达，则有

$$f=S\frac{M_k l_0^2}{B} \tag{8-40}$$

当荷载作用形式相同时，式（8-39）等于式（8-40），即可求得受弯构件刚度 B 的计算公式

$$B=\frac{M_k}{M_q(\theta-1)+M_k}B_s \tag{8-41}$$

式中　M_k——按荷载效应的标准组合计算的弯矩，取计算区段内的最大弯矩值；

M_q——按荷载效应的准永久组合计算的弯矩，取计算区段内的最大弯矩值。

2. 采用荷载准永久组合时，可直接取

$$B=\frac{B_s}{\theta} \tag{8-42}$$

关于 θ 的取值，主要是根据试验结果经分析后确定。这其中考虑到了长期荷载作用下受压钢筋对混凝土受压徐变及收缩所起的约束作用，从而减少刚度降低的影响。《规范》规定，对钢筋混凝土受弯构件：当 $\rho'=0$ 时，取 $\theta=2.0$；当 $\rho'=\rho$ 时，取 $\theta=1.6$；当 ρ' 为中间数值时，θ 按线性内插法取用。ρ 和 ρ' 分别为受拉钢筋与受压钢筋的配筋率。对翼缘位于受拉区的倒 T 形截面，由于在荷载标准组合作用下受拉混凝土参与工作较多，而在荷载长期作用下混凝土退出工作的影响较大，θ 值应增加 20%。

四、最小刚度原则与钢筋混凝土受弯构件的变形（挠度）验算

1. 最小刚度原则

由上面的阐述可知，截面刚度与弯矩有关，前面所建立的刚度计算公式都是指在纯弯区段内的平均截面抗弯刚度。而实际上，一般钢筋混凝土受弯构件的截面弯矩沿构件长度是变化的，这就是说，即使是等截面的钢筋混凝土受弯构件，其各个截面的刚度也是不相等的。如图 8-12 所示简支梁，在剪跨范围内各截面弯矩是不相等的，在靠近支座的截面处，因截面弯矩小于开裂弯矩，所以不会出现正截面裂缝，因而其截面刚度比纯弯区段内的截面刚度要大的多。如果用纯弯区段的截面刚度计算挠度，其计算挠度值似乎会偏大。但实际情况是，在剪跨区段内还存在着剪切变形，甚至可能出现少量斜裂缝，这些都会使梁的挠度增大。在一般情况下，这些使挠度增大的影响与按照最小刚度计算时的偏差大致可以相抵。因此，为了简化计算，《规范》规定：在等截面构件中，可假定各同号弯矩区段内的刚度相等，并取用该区段内最大弯矩处的刚度。即取用该区段的最小刚度作为该区段的刚度来计算挠度。这就是变形计算中的最小刚度原则。当计算跨度内的支座截面刚度不大

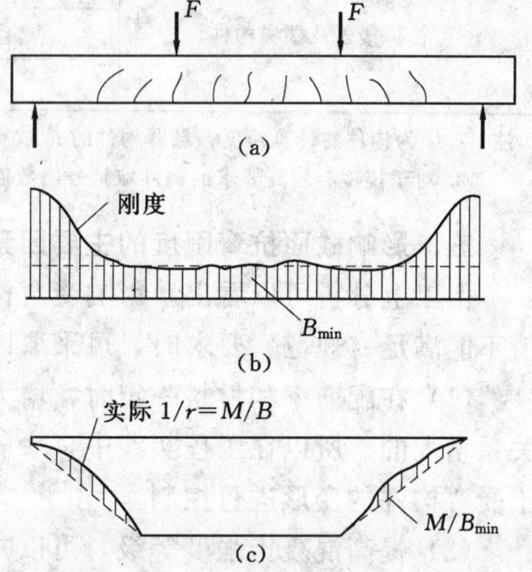

图 8-12　沿梁刚度和曲率分布

于跨中截面刚度的两倍或不小于跨中截面刚度的$\frac{1}{2}$时，该跨也可按等刚度构件进行计算，其构件刚度可取跨中最大弯矩截面的刚度。经对国内外约350根试验梁的验算结果显示，计算值与试验值符合较好。这说明按照最小刚度原则计算受弯构件的变形是可以满足工程要求的。

2. 受弯构件的变形验算

对钢筋混凝土受弯构件，最大挠度应按荷载的准永久组合，并应考虑长期作用的影响进行计算。当按照刚度计算公式求出各同号弯矩区段中的最小刚度后，即可按结构力学的方法计算钢筋混凝土受弯构件的挠度。所求得的挠度值应满足

$$f \leqslant f_{\lim} \tag{8-43}$$

式中　$f_{\lim}$——挠度限值，按表8-3采用；

f——根据最小刚度原则并采用荷载长期作用影响的刚度B进行计算的挠度，当跨间为同号弯矩时，由式（8-23）可知

$$f = S\frac{M_q l_0^2}{B} \tag{8-44}$$

S为与荷载形式有关的系数。例如：均布荷载作用下的简支梁$S=\frac{5}{48}$；而集中力作用下的简支梁取$S=\frac{1}{12}$。

表8-3　　受弯构件挠度限值

构件类型		挠度限值
吊车梁	手动吊车	$l_0/500$
	电动吊车	$l_0/600$
屋盖、楼盖及楼梯构件	当$l_0<7$m时	$l_0/200$（$l_0/250$）
	当7m$\leqslant l_0 \leqslant$9m时	$l_0/250$（$l_0/300$）
	当$l_0>9$m时	$l_0/300$（$l_0/400$）

注　1. l_0为构件的计算跨度；悬臂构件的l_0取实际臂长的2倍。
2. 对于挠度有较高要求的构件取括号内数值。

五、影响截面抗弯刚度的主要因素

由以上分析可以看出，影响受弯构件刚度的因素较多。当混凝土受弯构件产生的变形值不能满足《规范》要求时，可采取以下措施控制变形。

（1）在配筋率和材料一定时，增大截面高度是提高刚度最有效的措施，因其是按平方关系增大的。所以在工程实践中，一般都是根据实践经验，选取适宜的高跨比预先对混凝土受弯构件的变形进行控制。

（2）提高混凝土强度等级，可以减少ψ和α_E，增加混凝土受弯构件的刚度B_s。

（3）受拉钢筋配筋率增大，可以使θ减小，从而提高刚度B_s。

（4）截面形状对刚度也有影响，当仅受拉区有翼缘时，有效配筋率较小，则由式（8-19）知ψ也小些，刚度增大；当仅有受压翼缘时，系数γ_f'不为零，所以刚度增大。

(5) 在常用配筋率 $\rho=1\%\sim2\%$ 的情况下，提高混凝土强度等级对提高刚度的作用不大。

(6) 采用预应力混凝土，可以显著减小挠度变形。

【例 8-3】 有一矩形截面混凝土简支梁，$b\times h=300\text{mm}\times600\text{mm}$，计算跨度 $l_0=7.8\text{m}$，混凝土等级为 C30，采用 HRB400 级钢筋，环境类别是一类，梁上均布恒荷载（包括梁自重）$g_k=12\text{kN/m}$，均布活荷载 $q_k=7\text{kN/m}$，准永久系数为 $\psi_q=0.5$，按正截面承载力验算已配受拉钢筋 3 Φ 22（$A_s=1140\text{mm}^2$）。试验算其变形是否满足要求？

【解】 (1) 计算梁内最大弯矩

按荷载效应准永久组合作用下的跨中最大弯矩

$$M_q=\frac{1}{8}(g_k+\psi_q q_k)l_0^2=\frac{1}{8}\times(12+0.5\times7)\times7.8^2=117.9(\text{kN}\cdot\text{m})$$

(2) 计算参数的确定

C30 混凝土，$E_c=3.0\times10^4\text{N/mm}^2$，$f_{tk}=2.01\text{N/mm}^2$

HRB400 钢筋，$E_s=2.0\times10^5\text{N/mm}^2$

(3) 计算受拉钢筋应变不均匀系数 ψ

$$\sigma_{sq}=\frac{M_q}{0.87h_0A_s}=\frac{117.9\times10^6}{0.87\times560\times1140}=212.3(\text{N/mm}^2)$$

$$\rho_{te}=\frac{A_s}{A_{te}}=\frac{1140}{0.5\times300\times600}=0.0127$$

$$\psi=1.1-\frac{0.65f_{tk}}{\rho_{te}\sigma_{sq}}=1.1-\frac{0.65\times2.01}{0.0127\times212.3}=0.615$$

(4) 计算短期刚度 B_s

$$\alpha_E\rho=\frac{E_s}{E_c}\frac{A_s}{bh_0}=\frac{2.0\times10^5}{3.0\times10^4}\times\frac{1140}{300\times560}=0.0452$$

对于矩形截面 $\gamma_f'=0$，所以

$$B_s=\frac{E_sA_sh_0^2}{1.15\psi+0.2+6\alpha_E\rho}=\frac{2.0\times10^5\times1140\times560^2}{1.15\times0.615+0.2+6\times0.0452}=6.07\times10^{13}(\text{N}\cdot\text{mm}^2)$$

(5) 计算长期刚度 B

采用荷载准永久组合时

$$B_q=\frac{B_s}{\theta}=\frac{6.07\times10^{13}}{2}=3.04\times10^{13}$$

(6) 计算跨中挠度

$$f_q=\frac{5}{48}\frac{M_ql_0^2}{B_q}=\frac{5\times117.9\times10^6\times7800^2}{48\times3.04\times10^{13}}=24.6(\text{mm})$$

(7) 验算挠度变形

$$f_{\lim}=\frac{l_0}{250}=\frac{7800}{250}=31.2\text{mm}>f_q=24.6(\text{mm})$$

所以满足要求。

【例 8-4】 图 8-13 所示多孔板，计算跨度 $l_0=3.04\text{m}$，混凝土为 C20，配置 9Φ6受力筋，保护层厚度 $c=10\text{mm}$，按荷载准永久组合计算的弯矩值 $M_q=3.53\text{kN}\cdot\text{m}$，$f_{\lim}=\dfrac{l_0}{200}$，试验算挠度是否满足要求。

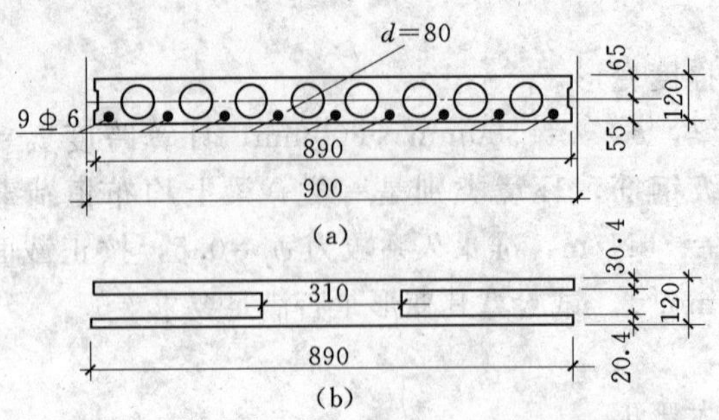

图 8-13　［例 8-4］附图

(a) 截面尺寸；(b) 换算后截面

【解】 (1) 将多孔板截面换算成工形截面

换算时按截面面积、形心位置和截面对形心轴的惯性矩不变的条件，即

$$\frac{\pi d^2}{4}=b_a h_a$$

$$\frac{\pi d^4}{64}=\frac{b_a h_a^3}{12}$$

求得：$b_a=72.6\text{mm}$，$h_a=69.2\text{mm}$。换算后的工形截面尺寸为

$$b=890-72.6\times 8=310(\text{mm})$$

$$h_f'=65-\frac{69.2}{2}=30.4(\text{mm})$$

$$h_f=55-\frac{69.2}{2}=20.4(\text{mm})$$

(2) 参数确定

C20 混凝土，$E_c=2.55\times 10^4\text{N/mm}^2$，$f_{tk}=1.54\text{N/mm}^2$

HRB300 钢筋，$E_s=2.1\times 10^5\text{N/mm}^2$

(3) 计算受拉钢筋应变不均匀系数 ψ

$$\sigma_{sq}=\frac{M_q}{0.87h_0 A_s}=\frac{3.53\times 10^6}{0.87\times 107\times 28.3\times 9}=188.5(\text{N/mm}^2)$$

$$\rho_{te}=\frac{A_s}{0.5bh+(b_f-b)h_f}=\frac{28.3\times 9}{0.5\times 310\times 120+(890-310)\times 20.4}=0.00837$$

$$\psi=1.1-\frac{0.65f_{tk}}{\rho_{te}\sigma_{sq}}=1.1-\frac{0.65\times 1.54}{0.00837\times 188.5}=0.47$$

(4) 计算短期刚度 B_s

$$\alpha_E\rho=\frac{E_s}{E_c}\frac{A_s}{bh_0}=\frac{2.1\times 10^5}{2.55\times 10^4}\times\frac{28.3\times 9}{310\times 107}=0.063$$

对于工字型截面，$\gamma_f'=\dfrac{(b_f'-b)h_f'}{bh_0}=\dfrac{(890-310)\times 30.4}{310\times 107}=0.53$

$$B_s=\frac{E_sA_sh_0^2}{1.15\psi+0.2+\frac{6\alpha_E\rho}{1+3.5\gamma_f'}}=\frac{2.1\times10^5\times28.3\times9\times107^2}{1.15\times0.47+0.2+\frac{6\times0.063}{1+3.5\times0.53}}$$

$$=6.24\times10^{11}(\text{N}\cdot\text{mm}^2)$$

（5）计算长期刚度 B

采用荷载准永久组合时

$$B_q=\frac{B_s}{\theta}=\frac{6.24\times10^{11}}{2}=3.12\times10^{11}$$

（6）计算跨中挠度

$$f_q=\frac{5}{48}\frac{M_ql_0^2}{B_q}=\frac{5\times3.53\times10^6\times3040^2}{48\times3.12\times10^{11}}=10.9(\text{mm})$$

（7）验算挠度变形

$$f_{\lim}=\frac{l_0}{200}=\frac{3040}{200}=15.2\text{mm}>f_q=10.9(\text{mm})$$

所以满足要求。

第四节　混凝土构件的截面延性

一、延性的概念及意义

结构、构件或构件截面的延性是指它们进入破坏阶段以后，在承载力没有显著下降的情况下承受变形的能力，即延性反映的是结构、构件或截面的后期变形能力。这里的后期是指从构件进入破坏阶段钢筋开始屈服起，到最大承载力（或下降到最大承载力的85%）时的整个过程。

结构延性通常采用延性系数评价，即用结构具有一定承载力的最大变形与其弹性极限变形的比值来对延性进行定量评价。对构件的截面延性可用截面延性系数来评价，如受弯构件，在其 M—ϕ 曲线上，将 ϕ_u 与 ϕ_y 的比值称为截面曲率延性系数。ϕ_u 为达到极限弯矩时的曲率，ϕ_y 为截面屈服时的曲率。

结构、构件或截面具有一定的延性，对实际工程具有非常重要的作用。结构具有较好的延性，在破坏前有较大的变形预兆来引起人的注意，从而保证生命和财产的安全；能更好地适应偶然超载、反复荷载、基础不均匀沉降、温度变形等因素引起的附加内力和变形；有利于超静定结构实现充分的内力重分配；在地震作用下，能更好地吸收和耗散地震能量，降低地震反应，减轻地震破坏。

延性差的结构、构件或截面，其后期变形能力小，在达到其最大承载力后会突然脆性破坏，这在实际工程中是要避免的。

二、受弯构件的截面曲率延性系数

1. 受弯构件截面曲率延性系数表达式

在研究受弯构件的截面曲率延性系数时，仍然采用平截面假定。图8-14分别表示适

筋梁截面受拉钢筋开始屈服和达到截面最大承载力时的截面应变及应力图形。由截面应变图知

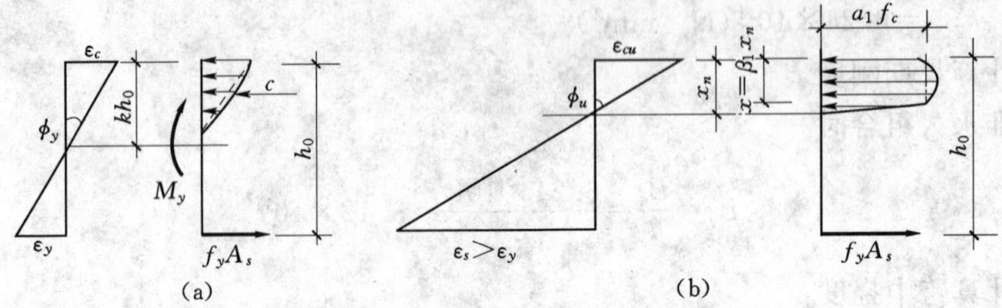

图 8-14　适筋梁截面开始屈服及最大承载力时应变、应力图

$$\phi_y=\frac{\varepsilon_y}{(1-k)h_0} \tag{8-45}$$

$$\phi_u=\frac{\varepsilon_{cu}}{x_n} \tag{8-46}$$

则按照截面曲率延性系数的定义，可得截面曲率延性系数 μ_φ

$$\mu_\phi=\frac{\phi_u}{\phi_y}=\frac{\varepsilon_{cu}}{\varepsilon_y}\times\frac{(1-k)h_0}{x_n} \tag{8-47}$$

式中　ε_{cu}——受压区边缘混凝土极限压应变；

x_n——达到截面最大承载力时混凝土受压区的高度；

ε_y——钢筋开始屈服时的钢筋应变，$\varepsilon_y=\dfrac{f_y}{E_s}$；

k——钢筋开始屈服时的受压区高度系数。

式（8-45）中，钢筋开始屈服时的混凝土受压区高度系数可以按图 8-14（a）虚线所示的混凝土受压区压应力三角形图形由平衡条件求得

对单筋截面

$$k=\sqrt{(\rho\alpha_E)^2+2\rho\alpha_E}-\rho\alpha_E \tag{8-48}$$

对双筋截面

$$k=\sqrt{(\rho+\rho')^2\alpha_E^2+2(\rho+\rho'a_s'/h_0)\alpha_E}-(\rho+\rho')\alpha_E \tag{8-49}$$

其中

$$\rho=\frac{A_s}{bh_0};\rho'=\frac{A_s'}{bh_0};\alpha_E=\frac{E_s}{E_c} \tag{8-50}$$

式中　ρ、ρ'——受拉及受压钢筋的配筋率；

α_E——钢筋与混凝土弹性模量之比。

达到截面最大承载力时的混凝土受压区高度 x_n，可用承载力计算中采用的混凝土受压区高度 x 来表示，即

$$x_n=\frac{x}{\beta_1}=\frac{(\rho-\rho')f_yh_0}{\beta_1\alpha_1f_c} \tag{8-51}$$

式中　β_1——受压区混凝土的应力图形简化为等效矩形应力图时，受压区高度按截面应变保持平截面假定所确定的中和轴高度调整系数。当混凝土强度等级不超过C50时取为0.80，当混凝土强度等级为C80时取为0.74，中间值按线性插值法计算；

α_1——矩形应力图形中混凝土轴心抗压强度的调整系数。当混凝土强度等级不超过C50时取为1.0，当混凝土强度等级为C80时取为0.94，中间值按线性插值法计算。

将式（8-51）代入式（8-47）得

$$\mu_\phi=\frac{\varepsilon_{cu}}{\varepsilon_y}\times\frac{(1-k)\beta_1\alpha_1 f_c}{(\rho-\rho')f_y} \tag{8-52}$$

2. 影响截面曲率延性系数的因素

由式（8-52）知，影响受弯构件的截面曲率延性系数的主要因素是纵向钢筋配筋率、混凝土极限压应变、钢筋屈服强度及混凝土强度等。各因素的影响有如下规律：

（1）纵向受拉钢筋配筋率 ρ 增大，k 和 x_n 均增大，导致 ϕ_y 增大而 ϕ_u 减小，从而延性系数减小，如图8-15所示。

（2）受压钢筋配筋率 ρ' 增大，k 和 x_n 均减小，导致 ϕ_y 减小而 ϕ_u 增大，因此延性系数增大。

（3）混凝土极限压应变 ε_{cu} 增大，则延性系数提高。大量试验表明，采用密排箍筋能增加对受压混凝土的约束，使极限压应变得到提高从而提高延性系数。

（4）混凝土强度等级提高，而钢筋屈服强度适当降低，此时相应的 k 和 x_n 均略有减小，$\frac{f_c}{f_y}$ 比值增大，ϕ_u 增大，从而延性系数有所提高。

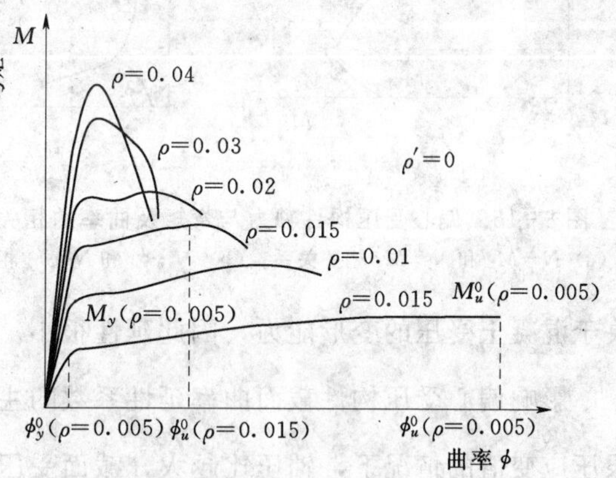

图8-15　不同配筋率的矩形截面 M—ϕ 关系曲线

上述各影响因素可以归纳为两个综合因素，即混凝土极限压应变 ε_{cu} 以及受压区相对高度。在实际应用时，还应做出具体分析。例如，把单筋矩形截面梁改为双筋梁，除 x_n 减小外，ε_{cu} 也略有增大，故截面延性系数提高较多。所以有时在受压区配置受压钢筋比加密箍筋的作用还有效一些。

通过以上分析可以看出，提高截面曲率延性系数的主要措施有：

（1）限制纵向受拉钢筋的配筋率。由图8-15可以看出，纵向受拉钢筋配筋率较高时，弯矩达到峰值后，M—ϕ 曲线很快下降；当纵向受拉钢筋配筋率较低时，弯矩达到峰值时，M—ϕ 曲线能保持相当长的水平段，然后才缓慢地下降。一般应控制纵向受拉钢筋配筋率不大于2.5%。

（2）限制截面受压区高度。根据国内外的试验结果，当控制截面受压区高度 $x\leqslant$

(0.25～0.35) h_0 时，可以使梁形成具有较大转动能力的塑性铰，保证梁具有足够的截面曲率延性，满足结构的抗震要求。

(3) 规定受压钢筋和受拉钢筋的最小比例。受压钢筋会增加梁的延性，受拉钢筋配筋率增大会降低延性，因此受压钢筋与受拉钢筋的比例对梁的延性有较大的影响。一般使受压钢筋与受拉钢筋的比例保持为 0.3～0.5。

(4) 在弯矩较大的区段适当加密箍筋。

三、偏心受压构件截面曲率延性的分析

大偏心受压构件的截面极限状态与受弯构件截面的极限状态相同，因此偏心受压构件截面曲率延性系数的计算方法与受弯构件相同。影响偏心受压构件截面曲率延性系数的两个综合因素也和受弯构件相同，与受弯构件不同的是偏心受压构件存在轴向压力，致使受压区的高度增大，截面曲率延性系数降低较多。

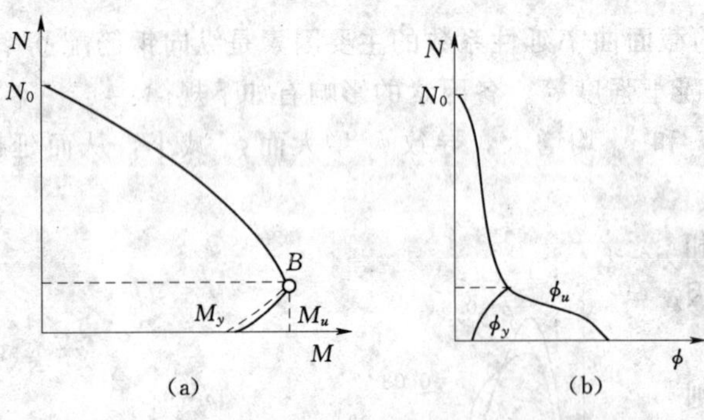

图 8-16　偏心受压构件轴力与弯矩及曲率的相关关系
(a) $N-M_u$ 和 $N-M_y$ 相关关系；(b) $N-\phi_u$ 和 $N-\phi_y$ 相关关系

当偏心受压构件承受的轴向压力较小时，其破坏为受拉破坏，由图 8-16 所示，此时屈服弯矩和极限弯矩相差很小，而极限曲率与屈服曲率有较大差别，说明具有一定的延性。随着轴向压力的增加，截面的屈服曲率有所增加，而截面的极限曲率则迅速减小，延性不断降低，达到界限状态时，$\phi_y=\phi_u$，延性系数 $\mu_\phi=1.0$。轴力超过界限轴力时，受拉侧钢筋达不到屈服，延性将只取决于混凝土受压的变形能力，因此延性很小。

影响偏心受压构件截面曲率延性系数的主要因素是轴压比 $n=\dfrac{N}{f_cA}$。在相同混凝土极限压应变值的情况下，轴压比越大，截面受压区高度越大，则截面曲率延性系数越小。为防止出现小偏心受压破坏形态，保证偏心受压构件截面具有一定的延性，应限制轴压比。《规范》规定，考虑地震作用组合的框架柱，根据不同的抗震等级，轴压比限制为 0.65～0.9。

偏心受压构件配箍率的大小，对截面曲率延性系数的影响也较大。图 8-17 为一组配箍率不同的混凝土棱柱体的应力—应变关系曲线。其中构件的配箍率以含箍特征值 $\lambda_s=\dfrac{\rho_{sv}f_{yv}}{f_c}$ 表示，由图可见 λ_s 对承载力的提高作用不十分显著，但对破坏阶段的应变影响较大。当 λ_s 较高时，下降段平缓，混凝土极限压应变值增大，使截面曲率延性系数提高。试验还表明，如采用密排的封闭箍筋

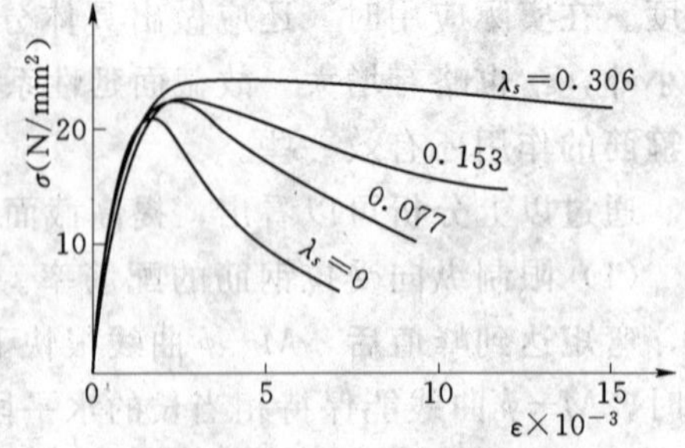

图 8-17　配箍率对棱柱体试件 σ—ε 曲线的影响

或在矩形、方形箍内附加其他形式的箍筋（螺旋形、井字形等构成复式箍筋）以及采用螺旋箍筋，都能有效地提高受压区混凝土的极限压应变值，从而提高截面曲率延性。

在工程设计中，常采取一些抗震构造措施以保证地震区的框架梁柱等构件具有一定的延性。这些措施中最主要的是综合考虑不同抗震等级对延性的要求，确定轴压比限值，规定加密箍筋的要求及区段等。

第五节　混凝土结构的耐久性

一、耐久性的概念与主要影响因素

1. 混凝土结构的耐久性

应用广泛的混凝土结构处在自然和人为环境的化学和物理作用下，除要满足结构的安全性和适用性之外，还应满足结构的耐久性要求，否则，如果因结构耐久性不足而失效将影响结构的使用寿命；或为了继续正常使用需进行大规模的维修或改造，付出巨大的维修代价，对国家经济建设造成巨大浪费。因此，对混凝土结构的耐久性进行研究十分重要。以往，对于安全性、适用性的研究较为深入，《规范》也明确规定了相应的设计计算方法。而对耐久性的研究相对不成熟，从 20 世纪 70 年代起，我国对混凝土结构的耐久性问题进行了研究，建设部在“七五”和“八五”期间都设立了混凝土耐久性研究课题。到 90 年代，混凝土设计规范专题研究中专门列入了耐久性问题的项目，并相继开展了钢筋腐蚀遭受破坏和混凝土碳化等耐久性方面的调查研究，以及耐久性设计的理论与方法等方面的研究，开始编制混凝土结构耐久性设计规范和标准，并在《规范》中首次列入了耐久性设计的内容。

混凝土结构的耐久性是指结构或构件在预定设计使用年限内，在正常的维护条件下，不需要进行大修即可满足使用和安全功能要求的能力。即在正常维护条件下，要求结构能使用到预期的使用年限。对于一般建筑结构，我国目前规定的设计使用年限为 50 年，重要的建筑物可取 100 年，还可根据业主的需要而定。

耐久性难以用计算公式表达。根据试验结果和工程实践，混凝土结构的耐久性设计主要根据结构所处的环境类别和设计使用年限，同时考虑混凝土材料的基本要求，针对影响耐久性的主要影响因素提出相应的规定对策。

2. 影响混凝土结构耐久性的主要因素

影响混凝土结构耐久性的因素很多，可分为内部因素和外部因素。内部因素主要有混凝土的强度、渗透性、保护层厚度、水泥品种、标号和用量、氯离子及碱含量、外加剂用量等；外部因素则主要是环境温度、湿度、CO_2 含量、化学介质侵蚀、冻融及磨损等。混凝土结构在内部因素与外部因素的综合作用下，将会发生耐久性能下降或耐久性能失效。现将常见的耐久性问题列举如下：

（1）混凝土的冻融破坏。混凝土水化结硬后，内部有很多毛细孔。浇筑混凝土时，为得到必要的和易性，往往添加的水量比水泥水化需要的水量要多些，多余的水分滞留在混凝土毛细孔中，当毛细孔中的水分遇到低温时就会结冰，结冰产生的体积膨胀会引起混凝土内部结构的破坏。反复冻融多次，混凝土的损伤累积到一定的程度就会引起结构破坏。

防止混凝土冻融破坏的主要措施有：降低水灰比、减少混凝土中的多余水分、提高混凝土的抗冻性能等。

(2) 混凝土的碱集料反应。混凝土集料中的某些活性矿物与混凝土微孔中的碱性溶液产生的化学反应称为碱集料反应。碱集料反应产生的碱—硅酸盐凝胶吸水后体积膨胀，体积可增大3～4倍，从而导致混凝土开裂、剥落、钢筋外露锈蚀，直至结构构件失效。

引起碱集料反应的条件有三个：①混凝土的凝胶中有碱性物质，这种碱性物质主要来自于水泥，若水泥中的含碱量（Na_2O，K_2O）大于0.6%时，则会很快析出到水溶液中，遇到活性骨料就会产生反应；②骨料中有活性骨料，如蛋白石、黑硅石、燧石、玻璃质火山石、安山石等含 SiO_2 的骨料；③水分，碱集料反应的充分条件是水分，在干燥环境下很难发生碱集料反应。

防止碱集料反应的主要措施有采用低碱水泥，或掺用粉煤灰等掺和料来降低混凝土中的碱性，对含活性成分的骨料加以控制。

(3) 侵蚀性介质的腐蚀。在一些特殊环境条件下，环境中的侵蚀性介质对混凝土结构的耐久性影响很大。如石化、化学、冶金及港湾工程中，混凝土会受到硫酸盐、酸、盐类结晶、海水等侵蚀性化学介质的作用。有些化学介质侵入造成混凝土中的一些成分被溶解、流失，从而引起混凝土裂缝、孔隙，甚至松散破碎；有些化学介质侵入，与混凝土中的一些成分产生化学反应，生成的物质体积膨胀，引起混凝土结构的开裂和损伤破坏。

对于这类因素的影响，应根据实际情况，采取相应的技术措施。如从生产流程上防止化学介质散溢，采用耐酸或耐碱混凝土等。

(4) 混凝土的碳化。混凝土的碳化是指大气中的二氧化碳与混凝土中的碱性物质发生化学反应，使其碱性下降的过程。混凝土碳化的实质是混凝土的中性化。混凝土碳化对本身是无害的，但当碳化到钢筋表面时，使钢筋的保护膜受到破坏，造成钢筋发生锈蚀的必要条件。同时，混凝土碳化还会加剧混凝土的收缩，可导致混凝土开裂。因此，混凝土碳化是影响混凝土结构耐久性的重要问题。

(5) 钢筋锈蚀。钢筋锈蚀也是影响混凝土结构耐久性的关键问题。钢筋锈蚀使混凝土保护层脱落，钢筋有效面积减小，导致承载力下降甚至结构破坏。后面我们也将详细讨论钢筋的锈蚀问题。

二、混凝土的碳化

混凝土在浇筑养护后形成强碱性环境，其pH值在13左右。由于混凝土的高碱性，埋在混凝土中的钢筋表面形成了一层氧化膜，使钢筋处于钝化状态，对钢筋起到一定的保护作用。然而，空气、土壤中的二氧化碳或其他酸性气体会侵入到混凝土中，与混凝土中的碱性物质，主要是 $Ca(OH)_2$ 发生反应，使混凝土的pH值下降，这个过程称为混凝土的中性化过程，其中因大气环境下二氧化碳引起的中性化过程称为混凝土的碳化。碳化使混凝土的pH值降低，一般pH值大于11.5时，钢筋表面的氧化膜是稳定的。碳化可使混凝土的pH值降至10以下。当混凝土保护层被碳化至钢筋表面时，将破坏钢筋表面的氧化膜。钢筋表面氧化膜的破坏是钢筋锈蚀的必要条件，这时如有水分侵入，钢筋就会锈蚀。此外，碳化会加剧混凝土的收缩，导致混凝土的开裂。

1. 混凝土碳化的机理

混凝土的碳化是一个复杂的物理化学过程，由于混凝土是一个多孔体，环境中的二氧化碳气体通过混凝土中的孔隙向混凝土内部扩散，并与孔隙中的可碳化物质发生化学反应而产生碳酸钙。可碳化物质是水泥水化过程中产生的，主要有氢氧化钙［$Ca(OH)_2$］，此外还有水化硅酸钙（$3CaO \cdot 2SiO_2 \cdot 3H_2O$）、未水化的硅酸三钙（$3CaO \cdot SiO_2$）和硅酸二钙（$2CaO \cdot SiO_2$）在有水分的条件下也能参与碳化反应。碳化反应生成的碳酸钙及其他固态物质堵塞在孔隙中，减弱了二氧化碳的扩散，并使混凝土密实度与强度提高，同时孔隙中的氢氧化钙浓度及 pH 值下降。其反应过程可用下列反应方程式表示：

$$Ca(OH)_2 + CO_2 \longrightarrow CaCO_3 + H_2O \tag{8-53}$$

$$3CaO \cdot 2SiO_2 \cdot 3H_2O + 3CO_2 \longrightarrow 3CaCO_3 + 2SiO_2 + 3H_2O \tag{8-54}$$

$$3CaO \cdot SiO_2 + 3CO_2 + nH_2O \longrightarrow SiO_2 \cdot nH_2O + 3CaCO_3 \tag{8-55}$$

$$2CaO \cdot SiO_2 + 2CO_2 + nH_2O \longrightarrow SiO_2 \cdot nH_2O + 2CaCO_3 \tag{8-56}$$

2. 影响混凝土碳化的因素

影响混凝土碳化的因素很多，归纳起来有两大类，即环境因素与材料本身的性质。环境因素主要是指空气中的二氧化碳的浓度、环境的温度与相对湿度；材料因素主要有水泥种类和用量、水灰比、外加矿物原料、骨料品种和施工养护质量等都会对混凝土的碳化有影响。

（1）二氧化碳浓度。空气中二氧化碳的浓度越大，混凝土内外二氧化碳浓度梯度也越大，二氧化碳就越容易扩散进入混凝土孔隙，化学反应也加快。

（2）环境湿度与温度。碳化反应产生的水分要向外扩散，湿度越大，水分扩散越慢。当空气相对湿度大于80％时，碳化反应的附加水分无法向外扩散，二氧化碳向内渗透速度也很小，使碳化反应大大降低。而在极干燥的环境中，空气中的二氧化碳无法溶于混凝土中的孔隙水中，碳化反应也无法进行。试验表明，当混凝土周围介质的相对湿度为50％～75％时，混凝土的碳化速度最快。环境温度越高，碳化的化学反应速度越快，且二氧化碳向混凝土内的扩散速度也越快。试验表明，温度的交替变化将有利于二氧化碳的扩散，从而加快混凝土的碳化。

（3）水泥品种与用量。水泥品种和用量决定了单位体积中可碳化物质的含量，单位体积中水泥用量大，可碳化物质的含量多，同时混凝土的强度和抗碳化能力也会提高。

（4）水灰比。水灰比是决定混凝土结构与孔隙率的主要因素。在水泥用量不变的条件下，水灰比越大，混凝土内部的孔隙率也越大，密实性差，二氧化碳的渗透性大，因而碳化速度快。另外，水灰比大时混凝土孔隙中的游离水增多，也会加速碳化反应。

（5）骨料品种与粒径。骨料粒径大小对骨料与水泥浆的黏结有重要影响，粗骨料与水泥浆黏结较差，二氧化碳易从骨料—水泥浆界面扩散，使碳化过程加快。有些轻骨料，本身孔隙能透过二氧化碳气体，这也会加速混凝土的碳化过程。

（6）外掺加剂。外加剂会影响水泥水化，从而改变孔结构和孔隙率，特别是引气剂的加入会直接增加孔隙含量。因此外加剂也影响着碳化速度。

（7）施工养护条件。施工养护条件的差异会影响混凝土的密实性，当然也就会影响混凝土的碳化。此外，养护方法与龄期的不同，导致水泥水化程度不同，在水泥熟料一定的条件下，生成的可碳化物质含量不同，因此也影响着碳化速度。

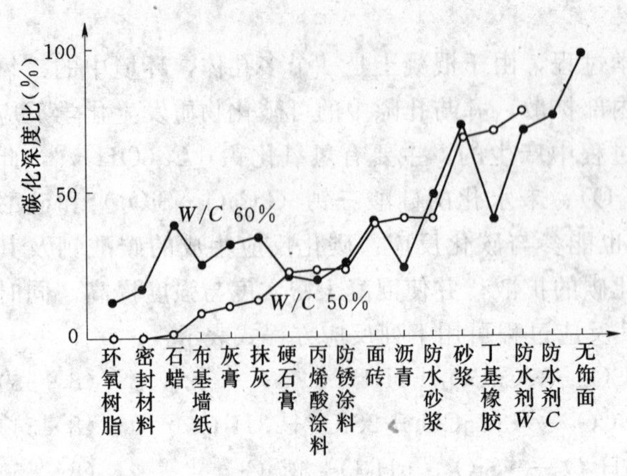

图 8-18　不同饰面材料的碳化深度比

（8）覆盖层。覆盖层的种类和厚度对混凝土的碳化有着不同程度的影响。如果覆盖层有气密性，使渗入混凝土的 CO_2 数量减少，则可提高混凝土的抗碳化性能。图 8-18 为不同面层在快速碳化试验中对抗碳化性能的比较。该图是在 100%浓度的 CO_2 气体中，在 0.6MPa 压力条件下，5 天后测定的碳化深度与裸混凝土碳化深度的比值。由此比较可见，各种饰面均有提高抗碳化能力的作用，至少是对碳化起到延缓的作用。

3. 减小混凝土碳化的措施

减小或延缓混凝土的碳化，可有效地提高混凝土结构的耐久性能。根据以上影响混凝土碳化的主要因素的分析，减小其碳化的主要措施有：

（1）合理设计混凝土的配合比。按规定控制水泥用量的低限值和水灰比的高限值，合理采用掺和料。

（2）提高混凝土的密实性和抗渗性。混凝土在施工过程中应加强振捣和养护，减小水分蒸发，避免产生表面裂缝。

（3）满足钢筋的最小保护层厚度。混凝土碳化达到钢筋表面需要一定的时间，混凝土保护层越厚，需要的时间越长。

（4）采用覆盖层。可以避免混凝土与大气环境的直接接触，这对减小混凝土的碳化十分有效。

三、钢筋的锈蚀

混凝土的碳化及其他酸性物质的侵入，使钢筋表面的氧化膜破坏，在有水分和氧气的条件下，就会引发钢筋锈蚀。钢筋锈蚀后其体积膨胀数倍，会引起混凝土保护层的脱落和构件开裂，影响正常使用。钢筋锈蚀还会使钢筋有效面积减小，导致构件的承载力下降甚至结构破坏。因此，钢筋锈蚀是影响钢筋混凝土结构耐久性的重要因素。

1. 钢筋锈蚀的机理

钢筋的锈蚀是一个电化学过程。由于钢筋材质的差异、混凝土碱度的差异以及环境温湿度的不同，使钢筋各部位存在电势差，即形成局部的阳极和阴极，如图 8-19 所示，阳极区段的钢筋表面处于活化状态，铁原子失去电子成为二价铁离子（Fe^{2+}），铁离子被溶解进溶液，在阴极上发生反应生成的氢氧化亚铁与水中的氧作用生成氢氧化铁。

$$Fe^{2+}+2OH^{-}\longrightarrow Fe(OH)_2 \qquad (8-57)$$

$$4Fe(OH)_2+O_2+2H_2O\longrightarrow 4Fe(OH)_3 \qquad (8-58)$$

钢筋表面生成的氢氧化铁，一部分失水后形成氧基氢氧化铁（FeOOH），一部分因氧化不充分而生成 $Fe_3O_4\cdot nH_2O$，在钢筋表面形成疏松的铁锈。铁锈的体积为铁的 2～4 倍。

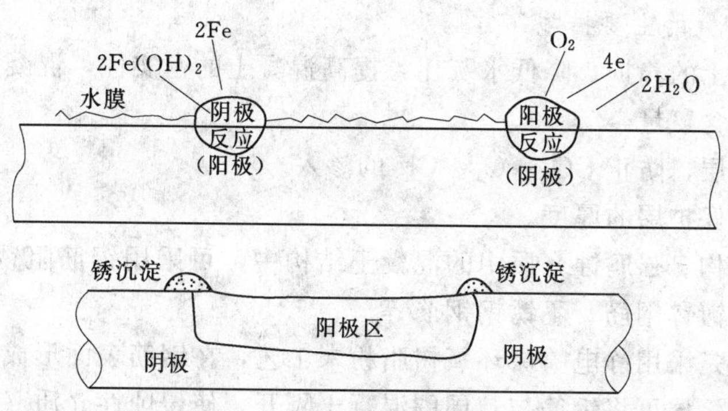

图 8－19　钢筋的锈蚀

钢筋锈蚀有相当长的过程，钢筋首先在裂缝宽度较大处的个别点发生"坑蚀"，继而逐渐形成"环蚀"，同时向裂缝两边扩展，形成锈蚀面，使钢筋截面削弱。钢筋锈蚀形成的铁锈是疏松、多孔、非共格结构，极易透气和渗水，因而无论铁锈多厚都不能保护内部的钢材不被锈蚀，上述反应将不断进行下去。严重时，体积膨胀会导致混凝土出现沿钢筋长度的纵向裂缝，并使保护层剥落，习称"暴筋"，从而截面承载力降低，最终使结构构件破坏或失效。

2. 影响钢筋锈蚀的主要因素

(1) 环境条件。环境条件对钢筋锈蚀有明显的作用，如温度、湿度及干湿交替作用，海浪飞溅、海盐渗透、冻融循环作用等对混凝土中钢筋的锈蚀有明显作用。工程调查表明，在干燥无腐蚀介质的使用条件下，只要有足够的保护层厚度，结构的使用寿命就比较长，而在干湿交替或潮湿并有氯离子侵蚀的环境条件下，结构的使用寿命相对要短得多。

(2) 含氧量。钢筋锈蚀反应必须有氧参加，如果没有溶解氧，即使钢筋混凝土构件完全处于水中也不易发生锈蚀。因此，在混凝土的水溶液中溶氧的含量是影响钢筋锈蚀的主要因素。如果混凝土非常致密，水灰比又低，则氧气渗入困难，可使钢筋锈蚀显著减弱。

(3) Cl^-离子的含量。氯离子的存在将导致钢筋表面氧化膜的破坏。在含有氯离子的使用环境中，如海水浇捣混凝土、掺入氯盐早强剂等，以及环境大气中的Cl^-离子被吸附在钢筋氧化膜表面，使氧化膜破坏，并与铁离子生成金属氯化物，对钢筋锈蚀影响很大。因此，氯离子含量应严格控制。

(4) 混凝土的密实度。混凝土密实性越好，水分、氧气及氯离子就越难侵入，钢筋也就不易锈蚀。

(5) 混凝土构件上的裂缝。混凝土构件上的裂缝将加大混凝土的渗透性，使混凝土的碳化和钢筋的锈蚀加重，同时钢筋的锈蚀膨胀又会造成混凝土的进一步开裂，从而加重钢筋的锈蚀。混凝土裂缝与钢筋锈蚀的相互作用，使混凝土结构的耐久性大大降低。

裂缝对钢筋锈蚀的影响与裂缝的宽度、形式、分布及环境条件有关。钢筋锈蚀首先在横向裂缝处开始，但横向裂缝引起的钢筋脱钝锈蚀仅是局部的，一旦锈蚀开始，其锈蚀的速度和程度受横向裂缝的影响较小。当钢筋大面积锈蚀时，会导致混凝土沿钢筋开裂，即出现纵向裂缝。纵向裂缝的出现会加速钢筋的锈蚀。可以把大范围内出现沿钢筋的纵向裂缝作为判别混凝土结构构件寿命终结的标准。

3. 防止钢筋锈蚀的主要措施

（1）加强混凝土的养护，降低水灰比，提高混凝土的密实性，混凝土中的掺和料要符合标准，严格控制含氯量。

（2）采用覆盖层，防止 CO_2、O_2、Cl^- 的渗入。

（3）保证钢筋保护层的厚度。

（4）在海工结构、强腐蚀介质中的混凝土结构中，可采用钢筋阻锈剂和防腐蚀钢筋，如环氧涂层钢筋、镀锌钢筋、不锈钢钢筋等。

环氧涂层钢筋是采用静电喷涂环氧树脂粉末工艺，在钢筋表面形成一定厚度的环氧树脂防腐涂层。这种涂层可将钢筋与其周围混凝土隔开，使侵蚀性介质（如氯离子等）不直接接触钢筋表面，从而避免钢筋受到腐蚀。

四、耐久性设计

耐久性设计的目的是保证混凝土结构的使用年限，要求在规定的设计工作寿命内，混凝土结构能在自然和人为环境的化学和物理作用下，不出现无法接受的承载力减小、使用功能降低和外观破损等耐久性问题。

在混凝土结构的使用过程中，影响其耐久性的因素复杂，涉及面广，规律不好把握。因此与结构承载力设计不同，耐久性设计主要以定性的概念设计为主。其基本原则是按环境类别和设计使用年限进行设计。根据我国国情及大量调查分析结果，考虑混凝土结构特点并加以简化、调整，参考《混凝土结构耐久性设计规范》（GB/T 50476）的相关规定，《规范》规定了混凝土结构耐久性设计的主要内容：确定结构所处的环境类别；提出对混凝土材料耐久性的基本要求；确定构件中钢筋的混凝土保护层厚度；不同环境条件下的耐久性技术措施；提出结构使用阶段的检测与维护要求；对临时性混凝土结构可以不考虑耐久性设计。

1. 混凝土结构使用环境分类

混凝土结构所处环境是影响其耐久性的外因，两者关系密切。同一结构在强腐蚀环境中的使用寿命要比一般大气环境中的使用寿命短。因此，《规范》对混凝土结构使用环境进行了详细分类（详见表 8-2）。设计时可根据实际情况，参考表 8-2 确定混凝土结构所处的环境类别，然后针对不同的环境类别采取相应的措施，达到耐久性的要求。此处环境类别是指混凝土暴露表面所处的环境条件。

2. 保证耐久性的措施

目前对结构耐久性的研究尚不够，《规范》对耐久性的设计规定主要是根据结构的使用环境和设计使用年限，针对影响耐久性的主要因素，从设计、材料、施工方面提出的一些构造和技术措施。

（1）最小保护层厚度。混凝土保护层最小厚度的确定是从保证钢筋与混凝土的黏结和保证混凝土结构构件的耐久性这两方面来考虑的。对处于一、二、三类环境中的一般建筑结构（设计使用年限 50 年），《规范》规定了最小混凝土保护层厚度见表 8-4。对处于四、五类环境中的建筑结构应按专门规定考虑。而对设计使用年限有较高要求的建筑结构（100 年），混凝土保护层厚度应按表 8-3 的数值乘以 1.4 或采用表面防护、定期维修等措施。梁、柱与墙中纵向受力钢筋的保护层厚度大于 50mm 时，宜采取有效构造措施防止混凝土保护层开裂、剥落和下坠，通常做法是采用纤维混凝土或加配钢筋网片。采用钢筋网片时，网片钢筋混凝土保护层厚度不应小于 25mm，以防止防裂钢筋网片成为引导锈蚀的通道。

表 8-4　　**混凝土保护层的最小厚度 c**　　单位：mm

环境类别		板、墙、壳	梁、柱、杆
一		15	20
二	a	20	25
	b	25	35
三	a	30	40
	b	40	50

注　1. 混凝土强度等级不大于 C25 时，标准数值应增加 5mm。
2. 钢筋混凝土基础宜设置混凝土垫层，保护层厚度从垫层顶面算起，且不应小于 40mm。

（2）结构耐久性对混凝土材料的基本要求。混凝土结构材料是影响结构耐久性的内因。《规范》根据调查结果和混凝土材料性能研究，考虑材料抵抗性能退化，提出了设计使用年限为 50 年的结构混凝土材料耐久性基本要求，详见表 8-5。

表 8-5　　**结构混凝土材料耐久性的基本要求**

环境类别		最大水胶比	最低强度等级	最大氯离子含量（%）	最大碱含量（kg/m^3）
一		0.60	C20	0.30	不限制
二	a	0.55	C25	0.20	3.0
	b	0.50（0.55）	C30（C25）	0.15	
三	a	0.45（0.50）	C35（C30）	0.15	
	b	0.40	C40	0.10	

注　1. 氯离子含量系指其占凝胶材料总量的百分比。
2. 预应力构件混凝土中的最大氯离子含量为 0.06%；最低混凝土强度等级应按表中规定提高两个等级。
3. 素混凝土构件的水胶比及最低强度等级的要求可适当放松。
4. 当有可靠工程经验时，二类环境中的混凝土最低强度等级可降低一级。
5. 处于严寒和寒冷地区二 b、三 a 类环境中的混凝土应使用引气剂，并可采用括号内有关参数。
6. 当使用非碱活性骨料时，对混凝土中的碱含量可不作限制。

设计使用年限为 100 年且处于一类环境中的结构混凝土应符合下列规定：

1）钢筋混凝土结构的最低混凝土强度等级为 C30；预应力混凝土结构的最低混凝土强度等级为 C40；

2）混凝土中的最大氯离子含量为 0.06%；

3）宜使用非碱活性骨料；当使用碱活性骨料时，混凝土中的最大碱含量为 3.0kg/m^3。

对处于不良环境或耐久性有特殊要求的混凝土结构构件，《规范》有针对性地提出耐久性保护措施，如对处于二类和三类环境中，设计使用年限为 100 年的混凝土结构，应采取专门有效措施；更恶劣环境（四类、五类环境类别）中的混凝土结构设计有专业规范可供参考；处于严寒及寒冷地区潮湿环境中的结构混凝土应满足抗冻要求，混凝土的抗冻等级应符合相关标准的要求；对有抗渗要求的混凝土结构，混凝土的抗渗等级应符合相关标准的要求；悬臂构件处于二类、三类环境时，宜采用悬臂梁一板结构形式，或增设表面防护层；处于二类、三类环境时，混凝土结构构件金属部件应采取可靠防锈措施。

（3）结构设计技术措施。对于结构中使用环境较差的构件，宜设计成可更换或易维修的构件。

处于三类环境时，混凝土结构构件可采用具有耐腐蚀性能钢筋，或阴极保护措施等增强混凝土结构的耐久性。混凝土宜采用有利提高耐久性的高强混凝土。

设计使用年限内，混凝土结构应按要求使用维护，定期检查、维修或更换构件。如建立定期检测、维修制度；可更换构件应按规定更换；按规定维护或更换构件表面防护层；及时处理可见的耐久性缺陷。

思　考　题

8-1　引起混凝土构件裂缝的原因有哪些？

8-2　设计结构构件时，为什么要控制裂缝宽度和变形？受弯构件的裂缝宽度和变形计算应以哪一受力阶段为依据？

8-3　简述裂缝的出现、分布和开展的过程和机理。

8-4　最大裂缝宽度公式是怎样建立起来的？为什么不用裂缝宽度的平均值而用最大值作为评价指标？

8-5　何谓构件的截面抗弯刚度？怎样建立受弯构件的刚度公式？

8-6　何谓最小刚度原则？试分析应用该原则的合理性。

8-7　影响受弯构件长期挠度变形的因素有哪些？如何计算长期挠度？

8-8　减少受弯构件挠度和裂缝宽度的有效措施有哪些？

8-9　何谓混凝土构件截面的延性？其主要的表达方式及影响因素是什么？

8-10　影响结构耐久性的因素有哪些？《规范》采用了哪些措施来保证结构的耐久性？

习　题

8-1　有一矩形截面简支梁，处于露天环境，跨度为 $l_0=6.0$m，截面尺寸 $b\times h=250\text{mm}\times600\text{mm}$，使用期间承受均布线荷载，其中永久荷载标准值 $g_k=18$kN/m，可变荷载标准值为 $q_k=12$kN/m，可变荷载的准永久组合系数 $\psi_q=0.5$。已知梁内配置 HRB335 级纵向受拉钢筋为 2 Φ 14＋2 Φ 16（$A_s=710\text{mm}^2$），混凝土为 C25，试验算该梁的裂缝宽度是否满足要求？

8-2　某桁架下弦为偏心受拉构件，截面为矩形 $b\times h=200\text{mm}\times300\text{mm}$，混凝土为 C20，钢筋为 HRB335，$a_s=a_s'=40$mm，按正截面承载力计算靠近轴向力一侧配钢筋 3 Φ 18（$A_s=763\text{mm}^2$），按荷载标准组合计算的轴向力 $N_k=180$kN，弯矩 $M_k=18\text{kN}\cdot\text{m}$，最大裂缝宽度限值 $w_{\lim}=0.3$mm，试验算其裂缝宽度是否满足要求。

8-3　某矩形截面的对称配筋偏心受压柱，截面尺寸 $b\times h=400\text{mm}\times600\text{mm}$，计算

长度 $l_0=6\text{m}$，混凝土为 C35，受拉和受压钢筋均为 4 Φ 22 的 HRB335 级钢筋，混凝土保护层厚度 $c=25\text{mm}$，按荷载标准组合计算的 $N_k=390\text{kN}$，$M_k=200\text{kN}\cdot\text{m}$。试验算是否满足室内正常环境使用的裂缝宽度要求。

8-4　某公共建筑门厅入口悬挑板 $l_0=3\text{m}$（图 8-20），板厚 200mm（$h_0=177\text{mm}$），配置 ϕ10@200 的受力钢筋，混凝土为 C25，板上永久荷载标准值 $g_k=3\text{kN/m}^2$，可变荷载标准值 $q_k=0.5\text{kN/m}^2$，可变荷载准永久值系数 $\psi_q=1.0$，试计算板的挠度是否满足《规范》规定的挠度限值要求。

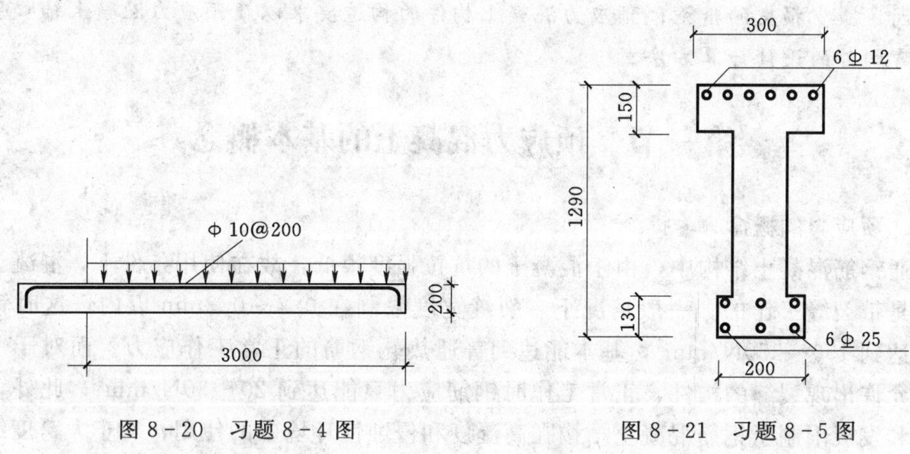

图 8-20　习题 8-4 图　　　　图 8-21　习题 8-5 图

8-5　已知某工字形截面简支梁，截面尺寸如图 8-21 所示，梁跨度 $l_0=12\text{m}$，采用 C35 级混凝土，HRB335 级钢筋，$a_s=65\text{mm}$，$a_s'=40\text{mm}$，跨中截面所受的各种荷载引起的弯矩为：$M_q=560\text{kN}\cdot\text{m}$，$M_k=620\text{kN}\cdot\text{m}$，验算构件的挠度是否小于 $f_{\text{lim}}=\dfrac{l_0}{300}$。

第九章　预应力混凝土构件

概要：本章主要讲述预应力混凝土的基本概念、预应力的施加方法、预应力损失及引起的原因、减少损失的措施；预应力混凝土构件的构造要求以及预应力混凝土轴心受拉构件及受弯构件的设计计算方法。

第一节　预应力混凝土的基本概念

一、预应力的概念

普通钢筋混凝土结构中，由于混凝土的抗拉强度很低，故在使用条件下，混凝土结构往往都是带裂缝工作的。一般情况下，裂缝宽度限制在 0.2～0.3mm 以内，这时钢筋应力只能达到 150～250N/mm^2，基本能达到普通热轧钢筋的正常工作应力。而对于一些使用上不允许出现裂缝的构件，正常工作时钢筋应力只能达到 20～30N/mm^2；此外，裂缝的出现和发展限制了钢筋混凝土结构在高湿度和侵蚀性环境中的使用，对于大跨度结构和承受动力荷载的结构，上述矛盾就更为突出。为了满足变形和裂缝控制的要求，需要加大构件的截面尺寸和用钢量，这将导致自重过大。如果采用高强度钢筋，在使用荷载作用下，其应力可以达到 500～1000N/mm^2，此时裂缝宽度将很大，无法满足使用要求。

为了提高构件的抗裂性能，充分利用高强度材料，可在结构构件投入使用之前，预先对由使用荷载引起的混凝土受拉区施加预压应力，用来抵消或减小使用荷载作用下产生的拉应力，这样，可以延缓裂缝的出现，甚至于不出现裂缝，改善构件的抗裂性能，以满足使用要求，实现高强度钢筋和高强度混凝土两种材料的完美结合。

预应力的原理在生活中也是常见的。例如一个盛水用的木桶是由一块块木片由竹箍或铁箍箍成的，它盛水后所以不漏水，就是因为用力把木桶箍紧时，使木片与木片之间产生预压应力。当木桶盛水后，水压使木桶产生的环向拉力只能抵消木片之间的一部分预压应力，而木片与木片之间能始终保持受压的紧密状态。这就是预应力的简单原理。

图 9-1 所示简支梁，在使用荷载作用之前，预先在梁的受拉区施加偏心预压应力 N_p，使梁截面下部出现预压应力 σ_{pc}，梁上部出现预拉应力 σ_{pt}，如图 9-1（a）所示。当使用荷载 q（包括梁自重）作用时，梁下部出现拉应力 σ_t，上部出现压应力 σ_c，如图 9-1（b）所示。在预压应力 N_p 和使用荷载 q 共同作用下，梁的下边缘应力将减至 $\sigma_{pc}-\sigma_t$，应力分布如图 9-1（c）所示。显然，通过人为控制预压应力 N_p 的大小及作用点，可以使梁在使用荷载作用下受拉区的应力减小，甚至变成压应力，以满足不同裂缝控制的要求。

由此可见，预应力混凝土构件中由于预应力的存在，可以延缓混凝土的开裂，提高构件的抗裂度和刚度，节约了材料，减轻了构件的自重，克服了钢筋混凝土结构的主要缺点。

预应力混凝土和普通钢筋混凝土一样是由钢筋和混凝土两种材料组合而成的，高强钢筋只有在与混凝土有机结合之前预先张拉，让使用荷载作用下受拉区混凝土预先受压，储备抗拉能力，才能使高强度钢筋的预张拉和使用荷载共同作用下，强度得到充分利用。因此，预应力混凝土是一种充分利用高强度钢筋的力学性能来改善混凝土抗拉强度性能差的缺陷，从而提高混凝土抗裂性能的有效手段。

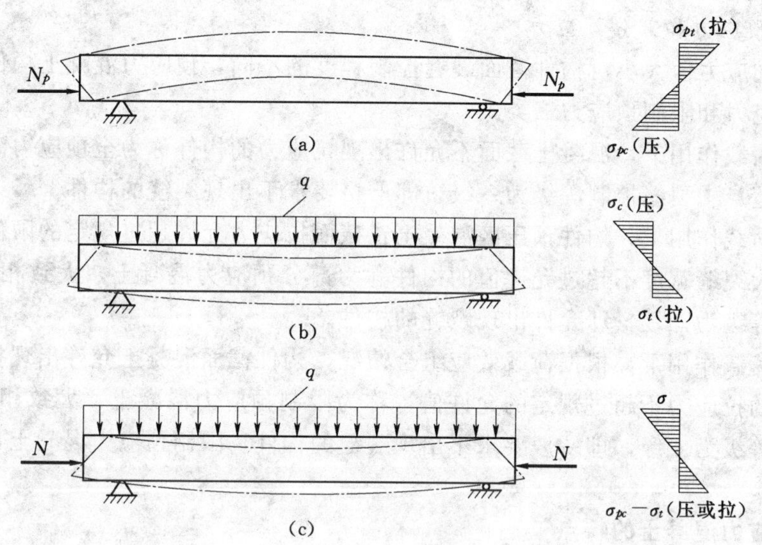

图 9-1　预应力混凝土简支梁

(a) 预压力作用下；(b) 外荷载作用下；(c) 预压力和外荷载共同作用下

二、预应力混凝土的类型

在工程结构中，根据设计、制作与施工等特点，常将预应力混凝土进行如下分类：

1. 体内预应力与体外预应力

预应力钢筋布置在混凝土构件内部的称为体内预应力；预应力钢筋布置在混凝土构件体外的称为体外预应力。

2. 直线预应力、线形预应力和环形预应力

直线预应力用于一般直线型构件的预应力配筋；线形预应力用于折线和曲线；环形预应力常用于储油罐、管道等环形构件。

3. 先张预应力和后张预应力

浇筑混凝土之前先张拉钢筋称为先张预应力；而后张预应力则为先浇筑混凝土，待混凝土达到规定的强度后再穿钢筋进行张拉。

4. 有端部锚具预应力和无端部锚具预应力

根据预应力钢筋束端部是否有锚具来划分。

5. 有黏结预应力和无黏结预应力

预应力钢筋全长均包裹在混凝土里面而形成有黏结的构件，称为有黏结的预应力混凝土构件，预应力混凝土先张法构件、预留孔道穿钢筋张拉后灌浆的后张法构件均属于此类构件。

预应力钢筋的伸缩、滑动自由，不与周围的混凝土产生黏结力的预应力混凝土构件，属于无黏结预应力混凝土。这种构件的预应力钢筋表面涂有油脂外包塑料套管，从而阻止了预应力钢筋和混凝土之间的黏结。常用于后张法构件中，其设计理论和有黏结预应力混凝土相同，施工时无需事先预留孔道、穿拉钢筋和灌浆等工艺，简化了后张法预应力混凝土构件制作的施工流程，适用于多跨、连续的整体现浇结构。

6. 全部预应力和部分预应力

根据预加应力值大小对构件截面裂缝控制程度的不同，预应力混凝土构件分为全预应力、部分预应力和限制预应力三类。

在使用荷载作用下，混凝土截面不允许出现拉应力的构件称为全预应力混凝土，大致相当于《规范》中裂缝控制等级为一级，即严格要求不出现裂缝的构件。

在使用荷载作用下，构件预压区混凝土正截面拉应力允许超过规定的限值，但当裂缝出现时，最大裂缝宽度不超过允许值的构件称为部分预应力混凝土，大致相当于《规范》中裂缝控制等级为三级，即允许出现裂缝的构件。

在使用荷载作用下，根据荷载效应组合情况，构件截面混凝土允许出现拉应力，但预压区正截面的拉应力不超过规定的允许值，称为限制预应力混凝土，大致相当于《规范》中裂缝控制等级为二级，即一般要求不出现裂缝的构件，限制预应力混凝土也属于部分预应力混凝土。

三、预应力混凝土的特点

与普通钢筋混凝土相比，预应力混凝土结构具有如下特点：

1. 改善了构件的抗裂性能

由于预压应力的存在，构件受到外荷载作用后，只有当受拉区混凝土的预压应力被抵消变成拉应力，且拉应力超过混凝土的抗拉强度，构件才会出现裂缝，从而提高了构件的抗裂性能，结构的耐久性好。

2. 增大了构件的刚度

预应力混凝土构件正常使用时，在荷载标准效应组合下，构件不开裂或开裂很小，混凝土基本上处于弹性工作阶段；另外，预应力混凝土梁在预应力作用下会产生向上的预拱，在外荷载作用下其挠度减小，因此构件的刚度比普通钢筋混凝土构件有所增大。

3. 充分利用高强度材料

在普通钢筋混凝土中高强度材料得不到充分的利用，而在预应力混凝土结构中，必须通过张拉预应力钢筋产生较大的拉应力，来得到较好的预压应力，所以高强度钢筋得到了有效的利用。与此同时，应尽可能的采用高强度混凝土和高强度钢筋配合使用，以取得合理经济的效果。与普通钢筋混凝土结构相比，减少了钢筋用量和构件截面尺寸，减轻了构件自重，可节约钢材30%～50%，减轻结构自重达30%，且跨度越大越经济。

4. 扩大了混凝土的应用范围

预应力技术的应用，为装配式结构提供了良好的装配、拼装手段。通过预应力筋在纵、横方向施加预应力可使装配式构件成为理想的整体。改善了混凝土在高湿度、侵蚀性环境、大跨度结构和承受动力荷载等方面的运用，因此扩大了构件的适用范围，并提高了构件抵抗外部不良环境影响的能力。

预应力混凝土结构有很多优点，其缺点是构造、施工和计算均比普通钢筋混凝土构件复杂，且延性也较差。

四、预应力混凝土的应用范围

预应力混凝土的技术及应用，在我国已取得很大的进展。随着我国经济及建筑业的不断发展，以及预应力混凝土的新材料、新结构、新机具及先进施工方法的不断出现，预应力混凝土将得到更为广泛的应用和发展。

由于预应力混凝土结构改善了构件的抗裂性能，因此可用于高湿度和侵蚀性的环境中。采用高强度材料，可减小截面面积，使结构轻巧，刚度大，变形小，在大跨度结构和承受动力荷载的结构中得到了广泛的应用。

下列结构宜优先采用预应力混凝土。

(1) 对裂缝控制等级较高的结构。某些结构物，如水池、储油池、核反应堆、受到侵蚀性介质作用的工业厂房、水利、海港工程结构等，要求有较高的密闭性或耐久性，在裂缝控制上要求较严格，应通过预应力混凝土结构来满足这种要求。

(2) 大跨度和受力较大的结构。在工程结构中，为了建造大跨度或承受重型荷载的构件，要求采用轻质高强材料，以减少截面、减轻自重，但又要控制变形及裂缝。采用预应力混凝土结构，可提高其刚度，减少变形和对裂缝加以控制，并能充分发挥高强材料的作用。

(3) 对构件的刚度和变形控制要求较高的结构，如工业厂房的吊车、码头和桥梁中的大跨度梁式构件等，用预应力混凝土结构，通过预压力作用使构件产生的反拱，可抵消或减少荷载作用下所产生的变形，以满足其使用要求。

值得注意的是，预应力混凝土的优点在于提高构件的刚度，改善构件的抗裂性能，但它不能提高构件的正截面极限承载能力，且其延性较差，存在一定的局限性，因此不能完全代替普通钢筋混凝土构件。预应力混凝土施工工序多，对施工技术要求较高，需要张拉设备与锚夹具，计算比较复杂，劳动力费用高，因此特别适用于普通钢筋混凝土受到限制的情况（如潮湿环境、大跨度结构）。普通结构混凝土结构施工方便，造价相对较低，在一般工程结构中仍然广泛使用。

第二节　施加预应力的方法、预应力混凝土的材料与张拉机具

一、施加预应力的方法

混凝土预应力的建立方法有多种，按照建立方式的不同，可分为机械张拉法、电热张拉法和化学法等，机械张拉法是目前最常用也是最简便的方法。它是通过机械张拉设备张拉配置在结构构件内部的纵向受力钢筋并使其产生弹性回缩，达到对构件施加预应力的目的。按照施工工艺的不同，可分为先张法和后张法两种。

1. 先张法

在浇筑混凝土之前先张拉预应力钢筋的方法叫做先张法，制作先张法预应力混凝土构件需要张拉台座、拉伸机、传力架和夹具等设备，其工艺流程如下：

(1) 在固定台座（钢模）上穿预应力钢筋，使之就位，如图 9-2 (a) 所示。

(2) 用拉伸机张拉预应力钢筋至控制应力，用夹具将预应力筋固定在台座上，如图 9-2 (b) 所示。

(3) 支模并浇筑混凝土，按特定养护制度养护，以加快混凝土的结硬过程，缩短施工周期，如图 9-2 (c) 所示。

(4) 混凝土达到规定强度（约为设计强度的 75%以上）后，截断预应力钢筋，预应力钢筋在回缩时挤压混凝土，使混凝土获得预压应力，如图 9-2 (d) 所示，简称放张。

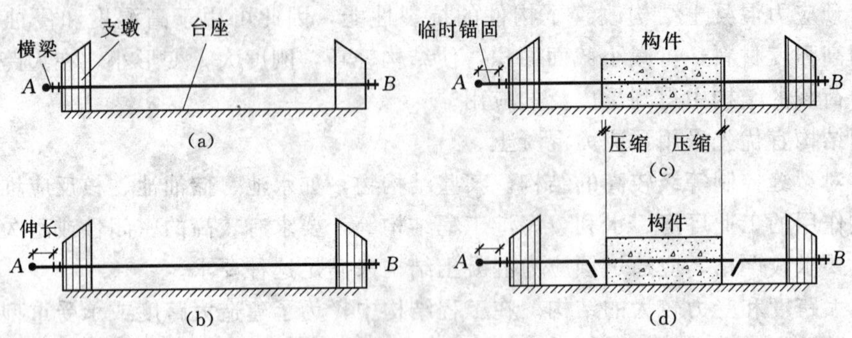

图 9-2 先张法主要工序示意图

(a) 钢筋就位；(b) 张拉钢筋；(c) 临时固定钢筋，浇筑混凝土并养护；(d) 放松钢筋，钢筋回缩混凝土预受压

当构件尺寸不大时，可不用台座，在钢模上直接张拉。先张法预应力混凝土构件，预应力是靠钢筋与混凝土之间的黏结力来传递的。预应力筋回缩时钢筋与混凝土之间的黏结力，由端部通过一定长度（传递长度 l_{tr}）挤压混凝土，建立预应力，这种方式称为自锚。此方法适用于预制构件厂批量生产中、小型预应力构件，如预应力混凝土楼面板，屋面板和梁等。

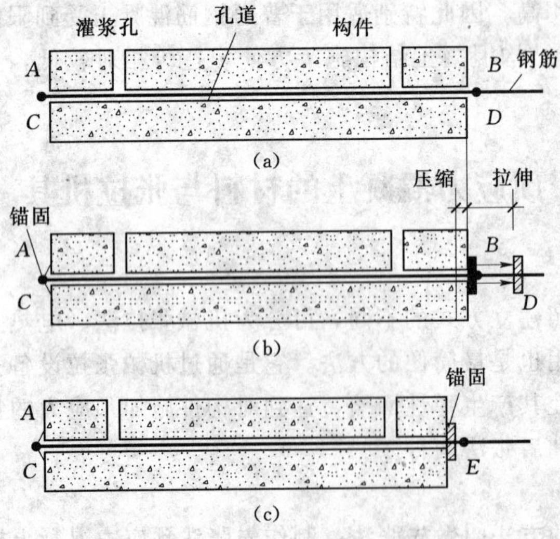

图 9-3 后张法主要工序示意图

(a) 制作构件，预留孔道，穿入预应力钢筋；(b) 安装千斤顶，张拉钢筋；(c) 锚固钢筋，拆除千斤顶、孔道压力灌浆

2. 后张法

在结硬后的混凝土构件上张拉预应力筋的方法称为后张法，其工艺流程如下。

(1) 支模浇筑混凝土并预留孔道，如图 9-3 (a) 所示。

(2) 养护混凝土至规定的强度后，将预应力筋穿入预留孔道，用拉伸机张拉预应力筋至控制应力后，用锚具将预应力筋固定在构件端部（锚具留在构件上不取下），9-3 (b) 所示，混凝土构件同时受压。

(3) 在孔道内灌浆，即形成有黏结的预应力混凝土构件；也可不灌浆，形成无黏结的预应力混凝土构件。

后张法预应力混凝土构件，预应力是通过构件端部的锚具来传递的。因此，锚具是构件的一部分，是永久性的，不能重复使用。此方法多用于施工现场制作大型构件，如预应力屋架、吊车梁和大跨度桥梁等。

3. 先张法与后张法的特点比较

(1) 先张法：

优点：1) 张拉工序简单。

2) 不需在构件上放置永久性锚具。

3) 能成批生产，特别适宜于量大面广的中小型构件，如楼板、屋面板等。

缺点：1) 需要较大的台座或成批的钢模、养护池等固定设备，一次性投资较大。

2) 预应力筋布置呈直线型，曲线布置困难。

(2) 后张法：

优点：1) 张拉预应力筋可以直接在构件上或整个结构上进行，可根据不同荷载性质合理布置各种形状的预应力筋。

2) 适宜于运输不便，只能在现场施工的大型构件、特殊结构或可由块体拼接而成的特大构件。

缺点：1) 需要永久性的工作锚具，耗钢量较大。

2) 张拉工序比先张法要复杂，施工周期长。

4. 其他方法简介

(1) 在后张法中，不需要台座，张拉钢筋可用千斤顶，也可用电热法。后者主要利用钢筋的热胀性能，将预应力钢筋两端接上电源，通以电流，由于钢筋电阻较大，使钢筋因受热而伸长，当伸长值达到预定长度要求时，将钢筋锚固在混凝土构件上，然后切断电源，利用钢筋冷却回缩，对混凝土建立预应力。

(2) 自应力混凝土。在先张法中，可利用膨胀水泥或混合料，使混凝土在凝结硬化过程中产生体积膨胀，但这种混凝土的膨胀要受到钢筋的约束，此时钢筋与混凝土之间产生了作用力与反作用力，这样就可通过钢筋的约束作用对混凝土施加一预压应力，这种预压应力是通过构件自身变化而实现的，无任何外力因素，所以称为自应力混凝土。

二、预应力混凝土材料

预应力混凝土中，施工阶段预应力钢筋要产生较高的张拉应力，在使用阶段钢筋拉应力还会进一步提高。同时，混凝土也将产生较大的压应力，这就要求预应力钢筋和混凝土都必须具有较高的强度。

1. 混凝土

预应力混凝土结构对混凝土的性能，满足下列要求：

(1) 强度高。预应力混凝土只有采用较高强度的混凝土，才能建立起较高的预压应力，并可以减小截面尺寸，减轻结构自重。另外，对于先张法构件，高强度混凝土可以提高混凝土和钢筋之间的黏结强度；对于后张法构件，则可以提高端部锚具处的局部承压强度。

(2) 收缩、徐变小。混凝土的收缩、徐变小，可以减小混凝土因为收缩、徐变引起的预应力损失，建立较高的预压应力。

(3) 快硬、早强。混凝土结硬速度快，早期强度高，可尽快施加预应力，有利于提高台座、模具、夹具的周转率，加快施工进度，降低间接费用。

与普通钢筋混凝土结构相比，预应力混凝土结构要求采用强度等级更高的混凝土，《规范》规定：预应力混凝土结构的混凝土强度等级不宜低于C40，且不应低于C30。

2. 预应力钢筋

预应力混凝土构件中用于施加预应力的钢筋（钢丝）称为预应力钢筋，满足下列要求：

(1) 强度高。混凝土预压应力的大小取决于钢筋张拉应力的大小。考虑到张拉过程中会出现各种预应力损失，需要采用较高的张拉应力，这必然要求钢筋具有较高的强度。

(2) 塑性好。为了避免预应力混凝土构件发生脆性破坏，要求预应力钢筋在拉断前具有一定的延伸率。当构件处于低温和冲击荷载作用是，更应该注意对钢筋的塑性和冲击韧性的要求。对预应力钢筋要求在最大力作用下的总伸长率大于3.5%。

(3) 良好的加工性能。预应力筋要求具有良好的冷拉、冷拔和焊接性能，在经弯转或"镦粗"后不影响原来的物理性能。

(4) 与混凝土之间具有良好的黏结性能。先张法预应力混凝土构件预应力的建立，是靠预应力钢筋和混凝土之间的黏结力来完成的，因此，预应力筋和混凝土之间必须具有足够的黏结强度。当采用光面高强度钢丝时，其表面应经"刻痕"和"压波"等措施处理后方可使用。

我国目前用于预应力混凝土中的钢材主要有钢丝、钢绞线及预应力螺纹钢筋三大类。

(1) 钢丝。预应力混凝土所用的钢丝可分为冷拉钢丝与消除预应力钢丝两类。按外形分有光面钢丝、螺旋肋钢丝；按应力松弛性能分有普通松弛（Ⅰ级松弛）及低松弛（Ⅱ级松弛）两种。钢丝的公称直径有5mm、7mm、9mm三种，其极限抗拉强度标准值可高达1860kN/mm^2，要求钢丝表面不得有裂纹、小刺、机械损伤、氧化铁皮和油污。

(2) 钢绞线。常用的钢绞线是由直径5～6mm的高强度钢丝捻制而成的。用三根钢丝捻制的钢绞线，其结构为1×3，公称直径有8.6mm、10.8mm、12.9mm。用七根钢丝捻制的钢绞线，其结构为1×7，公称直径有9.5mm、12.7mm、15.2 mm、17.8mm、21.6mm。钢绞线的极限抗拉强度标准值可达到1960kN/mm^2，按条件屈服强度（$\sigma_{0.2}=0.85f_{ptk}$）确定钢筋强度设计值。钢绞线比单根钢丝直径大，且具有一定的韧性，便于施工。7股钢绞线应用广泛，3股钢绞线仅用于先张法构件。

钢绞线经最终热处理后以盘或卷供应，每盘钢绞线应由一整根组成，无特殊要求，每盘钢绞线长度不小于200m。成品的钢绞线表面不得带有润滑剂、油渍等，以免降低钢绞线与混凝土之间的黏结力。钢绞线表面允许有轻微的浮锈，但不得锈蚀成目视可见的麻坑。

(3) 预应力螺纹钢筋。常用的预应力螺纹钢筋直径有18mm、25mm、32mm、40mm、50mm五种，极限抗拉强度可达1230kN/mm^2。预应力螺纹钢筋表面不得有肉眼可见的裂纹、结疤、折叠。钢筋表面不得沾有油污，端部应切割正直。在制作过程中，除端部外，应使钢筋不受到切割火花或其他方式造成的局部加热影响。

预应力混凝土构件中的预应力筋（钢筋、钢丝、钢绞线）的种类、符号、强度设计值、标准值和弹性模量详见附表 2－10 和附表 2－11。

三、锚具和夹具

锚具和夹具是制作预应力构件时锚固预应力钢筋的工具。一般认为，预应力构件制作完成后能够取下来重复使用的称为夹具。在构件端部，与构建连成一体共同受力不再取下来的称为锚具。锚具和夹具主要依靠摩擦阻力、握裹力和承压锚固来夹住或锚住钢筋。因此，对夹具和锚具的要求是：

(1) 安全可靠，锚夹具本身应具有足够的强度和刚度。

(2) 性能优良，应使预应力筋在锚夹具内尽可能不产生滑移，以减少预应力损失。

(3) 构造简单，便于机械加工制作。

(4) 使用方便，节约钢材，降低造价。

1. 锚具的形式

锚具的形成及种类很多，具体可分为以下几种。

(1) 按锚具的钢筋类型分：可分为锚固粗钢筋、锚固平行钢筋（钢丝）束、锚固钢绞线的锚具几种。

对于粗钢筋，一般是一个锚具锚住一根钢筋；对于钢筋束和钢绞线，则是一个锚具须同时锚住若干根钢筋或钢绞线。

(2) 按锚固和传递预应力的原理分：可分为摩阻式、承压式等几种。

摩阻式：靠楔作用原理产生对钢筋的摩擦挤压作用。

承压式：靠钢筋端部形成的墩头或螺帽直接支承在混凝土上。

(3) 按锚具的材料分：可分为钢制锚具和混凝土制成的锚具等。

(4) 按锚具使用的部位不同来分：可分为张拉端锚具和固定端锚具两种。有时同一锚具可用在张拉端，亦可用在固定端。

2. 建筑结构中常用的锚具

锚夹具的种类繁多，构造复杂，按其构造形式及锚固原理，可以分为三种基本类型。

(1) 锚块锚塞型。锚块锚塞型锚具由锚块和锚塞两部分组成如图 9－4 所示，其中锚块形式有锚板、锚圈、锚筒等，根据所锚钢筋的根数，锚塞也可分成若干片。锚块内的孔洞以及锚塞做成锲形或锥形，预应力筋回缩时受到挤压而被锚住。这种锚具常用于预应力筋的张拉端，也可用于固定端。锚块置于台座、钢模（先张法）或构件上（后张法）。用于固定端时，在张拉过程中锚塞即就位挤紧，而用于张拉端时，钢筋张拉完毕才将锚塞挤紧。

图 9－4 (a) 所示的锚具称为楔形锚具，图 9－4 (b) 所示的锚具称为锥形锚具，这两种锚具通常用于先张法锚固单根钢丝或钢绞线。图 9－4 (c) 也是一种锲形锚具，用来锚固后张法构件中的钢丝束。图 9－4 (d) 是 JM12 型锚具，由锚环与夹片组成。受力时，预应力钢筋依靠摩擦力将预应力传给夹片。适用于 3～6 根直径为 12mm 热处理钢筋的钢丝束及 5～6 根 7 股 4mm 钢丝的钢绞线所组成的钢丝束，常用于后张法，有多种规格。由带锥孔的锚板和夹具所组成的夹片式锚具有 XM、QM、YM、OVM 等，主要用于锚固钢绞线束，能锚固由 1～55 根不等的钢绞线所组成的钢筋束，称为大吨位钢绞线群锚体系。

(2) 墩头锚具。这种锚具是利用预应力钢筋的粗墩头来达到锚固的，常用于钢丝束或

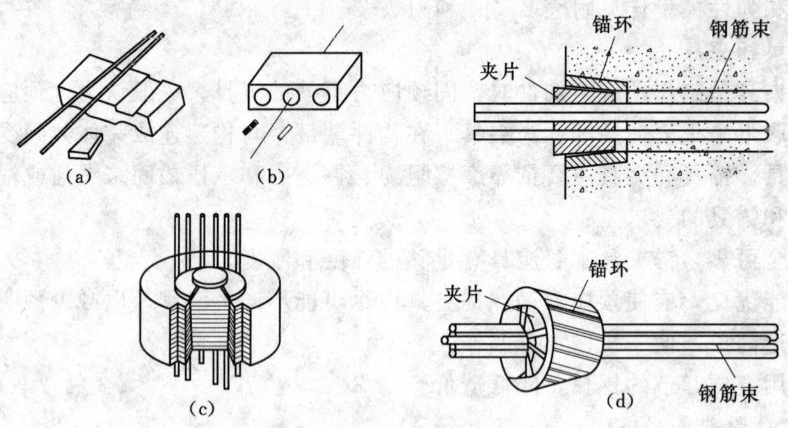

图 9-4　锚块锚塞型锚具

(a) 锲型锚具（用于先张法）；(b) 锥型锚具；(c) 锲型锚具（用于后张法）；(d) JM12 型锚具

钢筋束，如图 9-5 所示，张拉端采用锚环如图 9-5（a），固定端采用锚板如图 9-5（b）。将钢丝或钢筋的端头镦粗，穿入锚环内，边张拉边拧紧内螺帽。

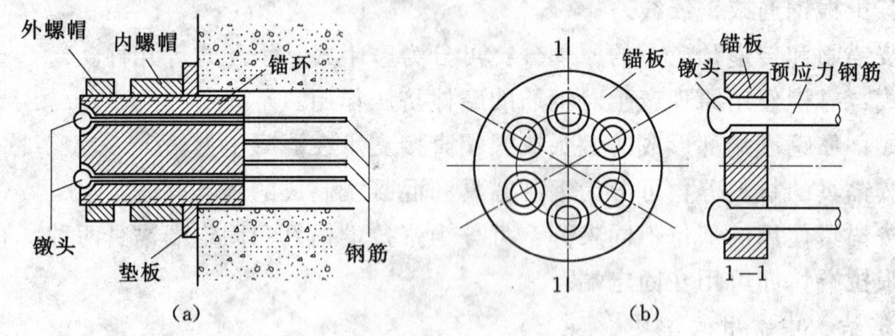

图 9-5　墩头锚具

(a) 张拉端墩头锚具；(b) 固定端墩头锚具

墩头锚具加工简单，张拉方便，锚固可靠，成本低廉；但是对钢丝或钢筋的下料长度精度要求较高，否则会使预应力筋受力不均匀。它适用于多根直径 10～18mm 或 18 根以下直径 5mm 的平行钢丝束。

(3) 螺丝端杆型锚具。在预应力筋的两端各焊上一短段螺丝端杆，套以螺帽和垫板，形成一种简单的锚具，如图 9-6（a）所示用于粗钢筋，如图 9-6（b）所示用于钢丝束。前者由螺丝端杆、螺母、垫板组成，螺丝端杆焊于预应力筋端部；后者由锥形螺丝杆、套筒、螺母、垫板组成，通过套筒将钢丝束与锥形螺丝杆挤压成一体。

预应力筋通过对焊与螺丝端杆连接，螺丝端杆与张拉设备连接，张拉终止时通过螺帽和垫板将预应力钢筋锚固在构件上。这种锚具的优点是构造简单，滑移小，便于再次张拉。缺点是对预应力筋长度精度要求较高，且要特别注意焊接接头的质量，以免发生脆断。

为解决粗直径预应力钢筋焊接接头质量不易保证的问题，生产了不带纵肋的精轧螺纹钢筋。这种钢筋沿全长表面热轧成大螺距的螺纹，任何一处都可以截断并用螺帽锚固，方便施工。

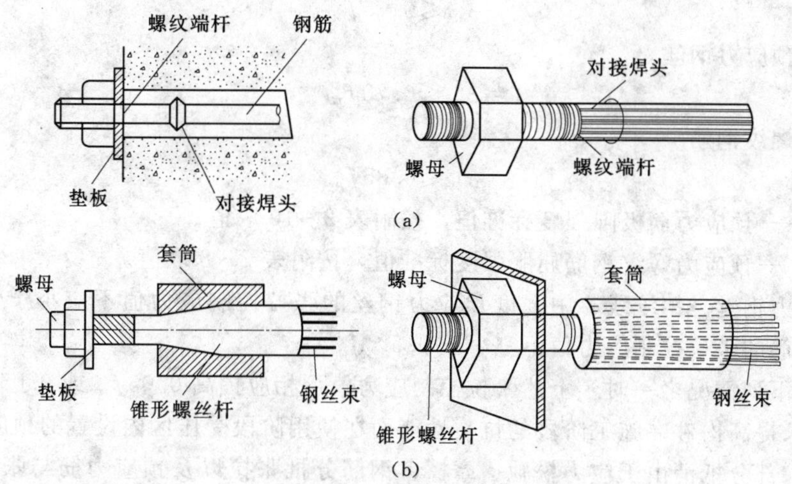

图 9-6　螺丝端杆型锚具

(a) 用于粗钢筋；(b) 用于钢丝束

第三节　张拉控制应力与预应力损失

一、张拉控制应力

张拉控制应力是指张拉预应力钢筋时，张拉设备的测力器仪表所显示的总张拉力除以预应力钢筋截面面积所得的应力值，用 σ_{con} 表示。

σ_{con} 是施工时张拉预应力钢筋控制的依据，取值应合理。为了充分发挥预应力混凝土的优点，当构件截面尺寸和配筋量一定时，张拉控制应力 σ_{con} 越大，在构件受拉区就能获得较高的混凝土预压应力，构件在使用阶段的抗裂性能也就越好。但是，张拉控制应力取值过高，也会出现下列情况。

(1) 在施工阶段会使构件的某些部位受到拉力（预拉区）甚至开裂，对后张法构件可能造成混凝土端部承压破坏。

(2) 构件出现裂缝时的荷载值与极限荷载值接近，使构件在破坏前无明显的预兆，构件的延性较差。

(3) 为了减小预应力损失，有时需要进行超张拉，如 σ_{con} 过高，有可能在超张拉过程中使个别钢筋的预应力超过它本身的屈服强度，使钢筋产生较大的塑性变形或脆断。

此外，σ_{con} 过大，还会增大预应力钢筋的应力损失。因此对 σ_{con} 应规定其上限值。同时，如果张拉控制应力 σ_{con} 取值过低，则预应力钢筋经过各种损失后，对混凝土产生的预压应力过小，不能有效地提高预应力混凝土构件的抗裂度和刚度，所以 σ_{con} 也有下限值的要求。

根据长期积累的设计和施工经验，《规范》规定预应力钢筋的张拉控制应力 σ_{con} 应符合下列规定：

消除应力钢丝、钢绞线

$$\sigma_{con} \leqslant 0.75 f_{ptk}$$

中强度预应力钢丝

$$\sigma_{con} \leqslant 0.70 f_{ptk}$$

预应力螺纹钢筋

$$\sigma_{con} \leqslant 0.85 f_{pyk}$$

式中　f_{ptk}——预应力筋极限强度标准值，按附表 2-10 取值；

f_{pyk}——预应力螺纹钢筋屈服强度标准值，按附表 2-8 取值。

消除应力钢丝、钢绞线、中强度预应力钢丝的张拉控制应力值不应小于 $0.4f_{ptk}$；预应力螺纹钢筋的张拉控制应力值不宜小于 $0.5f_{pyk}$。

当符合下列情况之一时，上述张拉控制应力值可相应提高 $0.05f_{ptk}$ 或 $0.05f_{pyk}$：

1）要求提高构件在施工阶段的抗裂性能而在使用阶段受压区内设置的预应力筋；

2）要求部分抵消由于应力松弛、摩擦、钢筋分批张拉以及预应力筋与张拉台座之间的温差等因素产生的预应力损失。

二、预应力损失

预应力混凝土构件在施工和使用过程中，由于受到预应力钢筋与孔道壁之间的摩擦、锚夹具片的滑移，混凝土的收缩、徐变以及钢筋的应力松弛等因素的影响，将导致预应力钢筋的张拉控制应力不断地降低。这种预应力钢筋的降低，称为预应力损失。

引起预应力损失的因素很多，有些因素引起的预应力损失随时间的增长和环境因素的变化而变化，而且又进一步相互影响，所以要精确计算和确定预应力损失是十分复杂的。基于长期的研究和工程实践，《规范》采用分项计算各项应力损失，再用预叠加的方法来求得预应力混凝土构件的总预应力损失。以下将分别介绍各种因素引起的应力损失值的计算。

1. 张拉端锚具变形和钢筋内缩引起的预应力损失 σ_{l1}

（1）预应力损失 σ_{l1} 的计算。直线预应力钢筋张拉到 σ_{con} 后，固定在台座或构件上时，由于锚具、垫板与构件之间的空隙被挤紧，以及由于钢筋和楔块在锚具内的滑移，使得被拉紧的钢筋内缩所引起的预应力损失值 σ_{l1}（N/mm^2），按下式计算

$$\sigma_{l1} = \frac{a}{l} E_s \tag{9-1}$$

式中　a——张拉端锚具变形和钢筋内缩值，按表 9-1 取用；

l——张拉端到锚固端的距离，mm；

E_s——预应力钢筋的弹性模量。

表 9-1　锚具变形和钢筋内缩值 a　　单位：mm

锚具类别		a
支承式锚具（钢丝束镦头锚具等）	螺帽缝隙	1
	每块后加垫板的缝隙	1
夹片式锚具	有顶压时	5
	无顶压时	6～8

注　1. 表中的锚具变形和钢筋内缩值也可根据实测数值确定。

2. 其他类型的锚具变形和钢筋内缩值应根据实测数据确定。

对块体拼成的结构，预应力损失尚应考虑块体间填缝的预压变形。当采用混凝土或砂浆为填缝材料时，每条填缝的预压变形值取 1mm。

式（9-1）只适用于计算直线预应力筋由于锚具变形和钢筋内缩引起的预应力损失。

锚具变形引起的损失只考虑张拉端。因为锚固端锚具变形已在张拉钢筋的过程中完成，不会因卸掉千斤顶后再次变形而引起损失。

（2）减小 σ_{l1} 损失的措施。

1）选择锚具变形小或使预应力筋内缩小的锚具、夹具，尽量少用垫板，因为每增加一块垫板，a 值就增加 1mm。

2）增加台座长度。在锚具、钢材等相同时，构件厚度（或台座）愈长，则预应力损失 σ_{l1} 愈小，两者之间成反比。对于先张法应尽量采用长线台座生产预应力构件，当台座长度为 100m 以上时，σ_{l1} 可以忽略不计。

对于配置预应力曲线钢筋或折线钢筋的后张法构件，由于锚具变形和预应力筋内缩引起的预应力损失 σ_{l1}，应根据曲线预应力筋或折线预应力筋与孔道壁之间反向摩擦影响长度 l_f 范围内的预应力筋变形值等于锚具变形和预应力筋内缩值的条件确定，其计算公式和式（9-1）有所不同，可参见《规范》和其他参考书。

2. 预应力钢筋与孔道壁之间摩擦引起的预应力损失 σ_{l2}

（1）预应力损失 σ_{l2} 的计算。后张法预应力混凝土构件，当采用预应力直线钢筋时，由于预留孔道偏差、内壁粗糙及预应力钢筋表面粗糙等原因，使预应力钢筋在张拉过程中与孔道壁之间产生摩擦阻力。这种摩擦阻力距离预应力钢筋张拉端越远，影响越大，使构件各截面上的实际预应力有所减小。当采用预应力曲线钢筋时，曲线孔道壁的曲率使预应力钢筋与孔道壁之间产生附加的法向力和摩擦力，摩擦阻力更大。

预应力钢筋与孔道壁之间摩擦引起的预应力损失 σ_{l2}（N/mm²），可按下式计算

$$\sigma_{l2}=\sigma_{con}\left(1-\frac{1}{e^{kx+\mu\theta}}\right) \tag{9-2}$$

当 $kx+\mu\theta$ 不大于 0.3 时，σ_{l2} 可按下式近似计算：

$$\sigma_{l2}=(kx+\mu\theta)\sigma_{con} \tag{9-3}$$

式中　x——从张拉端部至计算截面的孔道长度，m，可近似取该段孔道在纵轴上的投影长度，如图 9-7 所示；

θ——从张拉端至计算截面曲线孔道各部分切线的夹角之和，rad，如图 9-7 所示；

k——考虑孔道每米长度局部偏差的摩擦系数，按表 9-2 确定。它与预应力筋的表面形状、孔道成型的质量、预应力钢筋的焊接外形质量、预应力钢筋与孔壁的接触程度等因素有关；

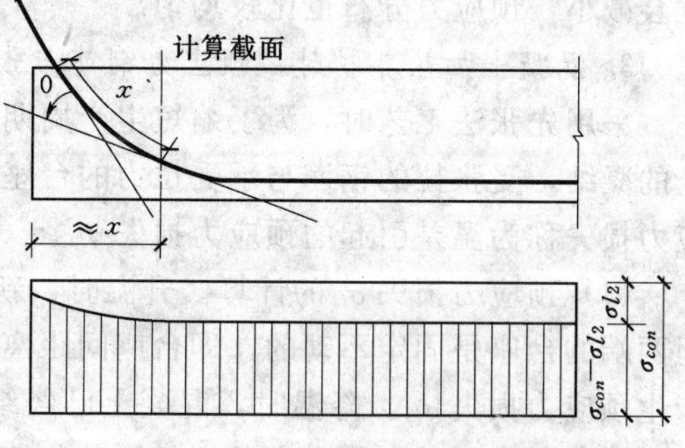

图 9-7　摩擦引起的预应力损失

μ——预应力钢筋与孔道壁间的摩擦系数，与孔道成型方式及预应力筋的外形有关，按表 9-2 取用。

表 9-2　摩擦系数

孔道成型方式	k	μ	
		钢绞线、钢丝束	预应力螺纹钢筋
预埋金属波纹管	0.0015	0.25	0.50
预埋塑料波纹管	0.0015	0.15	—
预埋钢管	0.0010	0.30	—
抽芯成型	0.0014	0.55	0.60
无黏结预应力筋	0.0040	0.09	—

注　摩擦系数也可根据实测数据确定。

(2) 减小预应力损失 σ_{l2} 的措施。

1) 对较长的构件可采用两端进行张拉，计算中孔道长度可按构件的一半长度计算。比较图 9-8 (a)、(b) 图可知，两端张拉可使摩擦损失 σ_{l2} 减小一半。但此法将引起 σ_{l1} 的增加，应用时需加以注意。

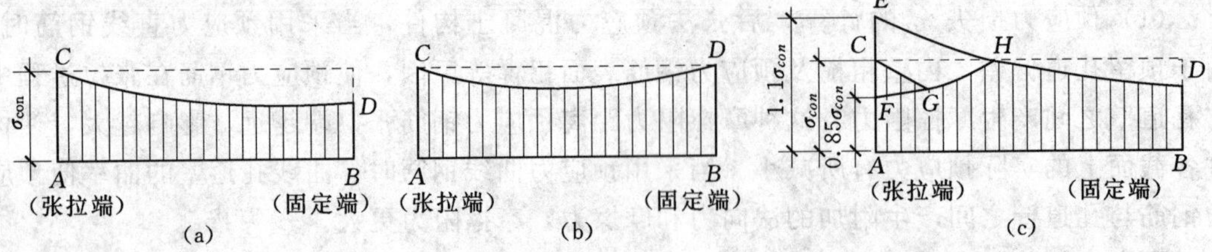

图 9-8　一端张拉、两端张拉及超张拉对减少摩擦损失的影响

2) 采用超张拉，如图 9-8 (c) 所示。当张拉程序为：

$$1.1\sigma_{con}\xrightarrow{\text{停 2min}}0.85\sigma_{con}\xrightarrow{\text{停 2min}}\sigma_{com}$$

张拉应力由零加至 $1.1\sigma_{con}$ (A 点到 E 点) 持续两分钟，将张拉应力降至 $0.85\sigma_{con}$ (E 点至 F 点)，持续两分钟后，由于孔道与钢筋之间产生反向摩擦，预应力将沿 $FGHD$ 分布。当张拉端 A 再次张拉至 σ_{con} 时，则钢筋中的应力将沿 $CGHD$ 分布。这样预应力损失就会减小，预应力分布也比较均匀。

3. 混凝土加热养护时，预应力钢筋与张拉设备之间温差引起的预应力损失 σ_{l3}

采用先张法工艺时，为了缩短生产周期，浇筑混凝土后常用蒸汽养护的方法加速混凝土的凝结，受张拉的钢筋与承受拉力的台座支墩之间，因蒸汽养护产生的温差所引起的预应力损失称为温差引起的预应力损失 σ_{l3}。

(1) 预应力损失 σ_{l3} 的计算。升温时，新浇筑的混凝土尚未结硬，钢筋受热自由膨胀，但两端的台座是固定不动的，即台座间距离保持不变，这使张紧的预应力筋就有点放松，产生预应力损失 σ_{l3}。降温时，混凝土已经结硬并和钢筋形成整体一起回缩，而两者的温度线膨胀系数相近，将产生基本相同的收缩，使得预应力损失无法恢复。

设混凝土加热养护时，预应力筋与台座之间的温差为 Δt(℃)，钢筋的线膨胀系数为 α

$=0.00001/℃$，则 σ_{l3} 可按下式计算：

$$\sigma_{l3}=\varepsilon_s E_s=\frac{\Delta l}{l}E_s=\frac{\alpha l\Delta t}{l}E_s=\alpha\Delta t E_s$$

$$=0.00001\times2\times10^5\times\Delta t=2\Delta t\ (\mathrm{N/mm^2}) \tag{9-4}$$

(2) 减小预应力损失 σ_{l3} 的措施。

1) 采用二次升温养护。先在常温下养护，待混凝土强度达到一定强度后，再逐渐升温到规定的温度养护，此时钢筋与混凝土已经结成整体，将一起胀缩，不再产生预应力损失。

2) 钢模上张拉预应力筋。由于预应力筋是锚固在钢模上，升温时两者温度相同，可不考虑此项损失。

4. 钢筋应力松弛引起的预应力损失 σ_{l4}

钢筋在高应力作用下，塑性变形会随时间而增大，在钢筋长度保持不变的情况下，钢筋应力会随时间的增长而逐渐降低，这种现象称为钢筋的应力松弛。另外，在钢筋应力保持不变的条件下，其应变会随时间的增长而逐渐增大，这一现象称为钢筋的徐变。因钢筋的松弛和徐变所引起预应力筋的预应力损失统称为钢筋应力松弛损失 σ_{l4}。

试验证明，钢筋的应力松弛有如下特点：

1) 松弛与时间有关，先快后慢。一般张拉后 1h 可完成 50%左右，24h 完成 80%左右，此后发展缓慢并逐步趋于稳定。

2) 松弛与初始张拉应力有关。初始张拉应力越高，松弛速度越快，松弛也越大。

3) 松弛与钢材品种有关。预应力钢丝、钢绞线与预应力螺纹钢筋的松弛规律不同。

4) 松弛损失与环境温度有关。一般松弛损失随温度增高而增大。

(1) 钢筋应力松弛引起的预应力损失 σ_{l4} 的计算：

《规范》规定：

对于消除应力钢丝、钢绞线：

普通松弛
$$\sigma_{l4}=0.4\left(\frac{\sigma_{con}}{f_{ptk}}-0.5\right)\sigma_{con} \tag{9-5}$$

低松弛

当 $\sigma_{con}\leqslant0.7f_{ptk}$ 时
$$\sigma_{l4}=0.125\left(\frac{\sigma_{con}}{f_{ptk}}-0.5\right)\sigma_{con} \tag{9-6}$$

当 $0.7f_{ptk}<\sigma_{con}\leqslant0.8f_{ptk}$ 时
$$\sigma_{l4}=0.2\left(\frac{\sigma_{con}}{f_{ptk}}-0.575\right)\sigma_{con} \tag{9-7}$$

对于中强度预应力钢筋
$$\sigma_{l4}=0.08\sigma_{con} \tag{9-8}$$

对于预应力螺纹钢筋
$$\sigma_{l4}=0.03\sigma_{con} \tag{9-9}$$

当 $\frac{\sigma_{con}}{f_{ptk}}\leqslant0.5$ 时，预应力钢筋的应力松弛值 $\sigma_{l4}=0$。

(2) 减小预应力损失 σ_{l4} 的措施：

1) 进行超张拉。先控制张拉应力达到 (1.05～1.1) σ_{con}，持荷 2～5min，然后卸荷再施加张拉应力至 σ_{con}，可以减小松弛引起的预应力损失。这是因为在高应力短时间所产生的应力松弛损失可达到在低应力下需要较长时间才能完成的应力松弛数值，持荷 2min

相当于一部分松弛损失发生在锚固之前，锚固后的损失减小。

2）采用低松弛的高强钢材。

5. 混凝土的收缩、徐变引起的预应力损失 σ_{l5}

混凝土在空气中结硬时体积产生收缩，而在预压应力长期作用下，混凝土沿压力方向会发生徐变。收缩和徐变使得预应力混凝土构件的长度缩短，从而使预应力筋回缩，引起预应力损失。收缩与徐变虽然是两种性质完全不同的现象，但他们的影响因素和变化规律较为相似，为此《规范》将两种预应力损失合在一起考虑。

（1）混凝土的收缩、徐变引起预应力损失的计算。

《规范》给出了下列计算公式：

先张法构件

$$\sigma_{l5}=\frac{60+340\dfrac{\sigma_{pc}}{f'_{cu}}}{1+15\rho} \tag{9-10}$$

$$\sigma'_{l5}=\frac{60+340\dfrac{\sigma'_{pc}}{f'_{cu}}}{1+15\rho'} \tag{9-11}$$

后张法构件

$$\sigma_{l5}=\frac{55+300\dfrac{\sigma_{pc}}{f'_{cu}}}{1+15\rho} \tag{9-12}$$

$$\sigma'_{l5}=\frac{55+300\dfrac{\sigma'_{pc}}{f'_{cu}}}{1+15\rho'} \tag{9-13}$$

式中　σ_{pc}、σ'_{pc}——在受拉、受压区预应力筋 A_p 和 A'_p 各自合力点处混凝土的法向压应力。

f'_{cu}——施加预应力时混凝土所达到的立方体拉压强度；

σ_{l5}、σ'_{l5}——受拉区及受压区预应力筋因混凝土收缩、徐变引起的预应力损失值；

ρ、ρ'——受拉区、受压区预应力筋和非预应力筋的配筋率。

对先张法构件：

$$\rho=\frac{A_p+A_s}{A_0};\rho'=\frac{A'_p+A'_s}{A_0} \tag{9-14}$$

对后张法构件：

$$\rho=\frac{A_p+A_s}{A_n};\rho'=\frac{A'_p+A'_s}{A_n} \tag{9-15}$$

此处，A_0 为混凝土换算截面面积，A_n 为混凝土净截面面积。

当构件为对称配筋时，取 $\rho=\rho'$，此时配筋率应按其钢筋总截面面积的一半进行计算。

由以上公式可看出：

1）混凝土收缩和徐变引起的预应力损失值与拉、压区预应力筋合力位置处混凝土的预压应力 σ_{pc} 和 σ'_{pc}、施加预应力时混凝土的立方体抗压强度 f'_{cu}、拉压区配筋率 ρ 和 ρ'、预应力的偏心距、受荷时的龄期、构件的尺寸以及环境湿度等因素有关，主要是前三者。

2）式（9－10）～式（9－13）右边第一项分数代表收缩引起的损失值（后张法比先张法损失值小），第二项分数代表徐变引起的损失值。

3）上述等式是在一般相对湿度条件下得出的计算公式，对于处于干燥（年平均湿度低于40%）条件下的构件，计算损失值应增加30%；对处于高湿条件下的构件（如储水池、桩等），计算损失值应减少50%。

4）混凝土收缩、徐变引起的预应力损失在全部预应力损失中占有很大的比例，应采取各种有效措施减少混凝土收缩与徐变，以提高有效预应力值。

（2）减小预应力损失的措施。

1）采用高标号水泥，减小水泥用量，降低水灰比，采用干硬性混凝土。

2）采用级配较好的骨料，加强震捣，提高混凝土的密实性。

3）加强养护，以减少混凝土的收缩。

6. 环形截面构件受张拉的螺旋式预应力筋挤压混凝土引起的预应力损失 σ_{l6}

实际工程中，常用绕丝机将预应力钢筋缠绕于水池、油罐、高压容器等预制混凝土圆筒外壁，使混凝土承受环向压力以抵抗内压。圆筒构件由于受到预应力钢筋对混凝土的挤压，使环形构件的直径减小，预应力钢筋中的拉应力降低，从而引起预应力筋的应力损失 σ_{l6}。

σ_{l6} 的大小与环形构件的直径 d 成反比，直径越小，损失越大。

《规范》规定：

当 $d \leqslant 3\text{m}$ 时，$\sigma_{l6}=30\text{N/mm}^2$

$d>3\text{m}$ 时，$\sigma_{l6}=0$

三、预应力损失值的组合

前面介绍的六种预应力损失并不是同时存在，同时发生的。有的只发生在先张法构件中，有的只发生在后张法构件中，有的是两种构件都发生，而且是分批产生的。如先张法（除采用折线预应力筋时）不会有摩擦损失，后张法构件不应有温差引起的损失。为了分析计算方便，《规范》将预应力损失分为两个阶段：第一阶段指预应力损失在混凝土预压时能完成的，称为第一批损失，用 $\sigma_{l\text{I}}$ 表示；第二阶段指预应力损失是在混凝土预压后逐渐完成的，称为第二批损失，用 $\sigma_{l\text{II}}$ 表示。总的预应力损失为 $\sigma_l=\sigma_{l\text{I}}+\sigma_{l\text{II}}$。对于预应力构件在各阶段的预应力损失值可按表9－3的规定进行相应的组合。

表9－3　各阶段的预应力损失值的组合

预应力损失值的组合	先张法构件	后张法构件
混凝土预压前（第一批）的损失 $\sigma_{l\text{I}}$	$\sigma_{l1}+\sigma_{l2}+\sigma_{l3}+\sigma_{l4}$	$\sigma_{l1}+\sigma_{l2}$
混凝土预压前（第一批）的损失 $\sigma_{l\text{II}}$	σ_{l5}	$\sigma_{l4}+\sigma_{l5}+\sigma_{l6}$

注　先张法构件由于钢筋应力松弛引起的损失值 σ_{l4}，在第一批和第二批损失中所占的比例如需区分，可根据实际情况确定。

当进行制作、运输、吊装等施工阶段验算时，应按构件的实际情况考虑预应力损失值的组合，σ_{l5} 还应考虑时间对混凝土收缩和徐变损失的影响系数，详见《规范》的规定。

考虑到各项预应力损失的离散性，实际损失值有可能比按规范计算值高，为此《规范》规定由上述计算求得的总损失值 σ_l 不应小于下列数值：

先张法构件 $100N/mm^2$；

后张法构件 $80N/mm^2$。

这是考虑工程实际与计算理论的偏差，为确保安全而定的下限值。

第四节 预应力混凝土轴心受拉构件

预应力混凝土轴心受拉构件从张拉钢筋开始直到构件破坏，可分为两个阶段：施工阶段和使用阶段。施工阶段是指构件承受外荷载之前的受力阶段，使用阶段是指构件承受外荷载之后的受力阶段。其中每个阶段又包括若干个过程，各个过程中的预应力筋与混凝土分别处于不同的应力状态。在设计预应力混凝土轴心受拉构件时，除了要保证使用荷载作用下的强度及裂缝要求外，还应对施工阶段进行验算。因此必须对预应力混凝土轴心受拉构件的施工阶段和使用阶段的应力状态进行分析，掌握预应力构件从张拉钢筋到加荷破坏各过程中预应力筋与混凝土的应力状态，以及相应阶段的外荷大小。

一、轴心受拉构件的应力分析

1. 先张法构件

（1）施工阶段。施工阶段又可以细分为三个小阶段：

1）张拉预应力筋，完成第一批预应力损失 $\sigma_{l\text{I}}$。在台座上张拉预应力筋至张拉控制应力 σ_{con}，这时混凝土尚未浇筑，构件尚未变形，预应力钢筋的总拉力为 $\sigma_{con}A_p$（如表 9-4 中 b 项），A_p 为预应力钢筋的截面面积，如果构件中布置有非预应力钢筋 A_s，则该阶段中它不承受任何应力。

张拉钢筋完毕，将预应力钢筋锚固在台座上，因锚具变形和钢筋内缩产生预应力损失 σ_{l1}。浇筑混凝土并养护构件，由于混凝土加热养护，温差产生预应力损失 σ_{l3}，同时钢筋应力松弛产生预应力损失 σ_{l4}，第一批预应力损失值为 $\sigma_{l\text{I}}=\sigma_{l1}+\sigma_{l3}+\sigma_{l4}$，见表 9-4 中的 c 项，这时预应力筋应力降为 $\sigma_p=\sigma_{con}-\sigma_{l\text{I}}$。此时由于混凝土尚未受到压缩，所以混凝土压应力 $\sigma_{pc}=0$，非预应力钢筋应力也为零。

2）放松预应力筋。当混凝土达到规定的强度后，放松预应力筋，预应力筋回缩，这时，钢筋与混凝土之间已具有的足够的黏结力强度，使组成构件的三部分（混凝土、预应力钢筋和非预应力钢筋）将共同变形，使混凝土和非预应力钢筋因受压而回缩。同时，预应力筋也缩短，其拉应力也随之减少。但预应力筋与混凝土的变形是协调的，即两者的回缩变形相等。见表 9-4 中的 d 项。

设此时混凝土所获得的预压应力为 σ_{pcI}，则预应力筋的回缩变形为 $\sigma_{pc\text{I}}/E_c$，预应力筋的应力将减少 $(\sigma_{pc\text{I}}/E_c)\times E_s=\alpha_E\sigma_{pc\text{I}}$，其中 $\alpha_E=E_s/E_c$。此时预应力筋的应力为：

$$\sigma_{pe\text{I}}=\sigma_{con}-\sigma_{l\text{I}}-\alpha_E\sigma_{pc\text{I}} \tag{9-16}$$

同时，非预应力钢筋受到的压应力为

$$\sigma_{s\text{I}}=\alpha_E\sigma_{pc\text{I}} \tag{9-17}$$

混凝土的预压应力 $\sigma_{pc\text{I}}$ 可由截面内力平衡条件 $\sum N=0$ 求得，即

$$(\sigma_{con}-\sigma_{l\text{I}}-\alpha_E\sigma_{pc\text{I}})A_p=\sigma_{pc\text{I}}A_c+\alpha_E\sigma_{pc\text{I}}A_s$$

化简得

$$\sigma_{pc\mathrm{I}}=\frac{A_p(\sigma_{con}-\sigma_{l\mathrm{I}})}{A_c+\alpha_E A_s+\alpha_E A_p}=\frac{N_{p\mathrm{I}}}{A_n+\alpha_E A_p}=\frac{N_{p\mathrm{I}}}{A_0}\tag{9-18}$$

式中　A_c——扣除预应力和非预应力筋截面面积后的混凝土截面面积；

A_n——净截面面积（换算截面面积减去全部纵向预应力筋截面面积换算成混凝土的截面面积，即 $A_n=A_0-\alpha_E A_p$）；

A_0——构件换算截面面积；

A_s——非预应力筋截面面积；

A_p——预应力筋截面面积；

α_E——预应力筋或非预应力筋弹性模量与混凝土弹性模量之比，$\alpha_E=E_s/E_c$；

$N_{p\mathrm{I}}$——完成第一批损失后，预应力筋的总预拉力，$N_{p\mathrm{I}}=(\sigma_{con}-\sigma_{l\mathrm{I}})A_p$。

表 9-4　　先张法预应力混凝土轴心受拉构件各阶段的应力分析

受力阶段		简　图	预应力钢筋应力 σ_p	混凝土应力 σ_{pc}	非预应力钢筋应力 σ_s
施工阶段	a. 在台座上穿钢筋		0	—	—
	b. 张拉预应力钢筋		σ_{con}	—	—
	c. 完成第一批损失	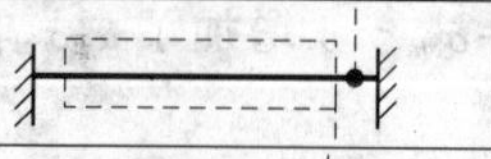	$\sigma_{con}-\sigma_{l\mathrm{I}}$	0	0
	d. 放松钢筋	 $\sigma_{pc\mathrm{I}}A_p$ $\sigma_{pe\mathrm{I}}$（压）	$\sigma_{pe\mathrm{I}}$ $=\sigma_{con}-\sigma_{l1}-\alpha_E\sigma_{pc\mathrm{I}}$	$\sigma_{pc\mathrm{I}}$ $=\frac{(\sigma_{con}-\sigma_{l\mathrm{I}})A_p}{A_0}$（压）	$\sigma_{s1}=\alpha_E\sigma_{pc\mathrm{I}}$（压）
	e. 完成第二批损失	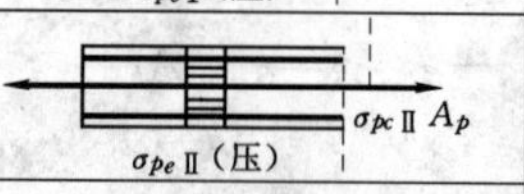 $\sigma_{pc\mathrm{II}}A_p$ $\sigma_{pe\mathrm{II}}$（压）	$\sigma_{pc\mathrm{II}}$ $=\sigma_{con}-\sigma_l-\alpha_E\sigma_{c\mathrm{I}}$	$\sigma_{pc\mathrm{II}}$ $=\frac{(\sigma_{con}-\sigma_l)A_p}{A_0}$（压）	$\sigma_{s\mathrm{II}}=\sigma_E\alpha_{pc\mathrm{I}}+\sigma_{l5}$（压）
使用阶段	f. 加载至 $\sigma_{pc}=0$	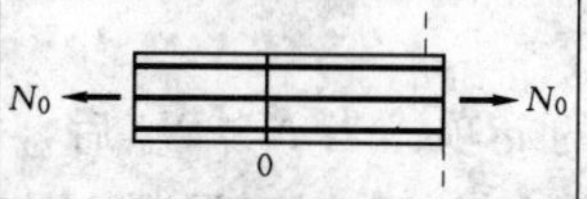 N_0　0　N_0	$\sigma_{p0}=\sigma_{con}-\sigma_l$	0	σ_{l5}（压）
	g. 加载至裂缝即将出现	 N_{cr}　f_{tk}（拉）　N_{cr}	$\sigma_{pcr}=\sigma_{con}-\sigma_l+\alpha_E f_{tk}$	f_{tk}（拉）	$\alpha_E f_{tk}-\sigma_{l5}$（拉）
	h. 加载至破坏	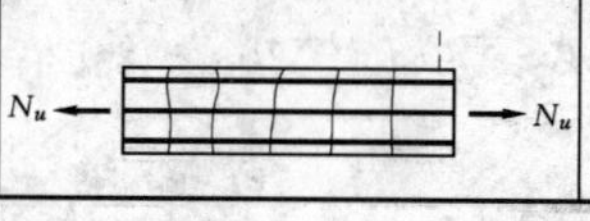 N_u　N_u	f_{py}	0	f_y（拉）

式（9-18）可以理解为混凝土未压缩前（混凝土应力为零时）、第一批损失后的预应力筋总预拉力 $N_{p\mathrm{I}}=A_p(\sigma_{con}-\sigma_{l\mathrm{I}})$ 看作外力，作用在整个构件的换算截面 A_0 上，由此所产生的预压应力 $\sigma_{pc\mathrm{I}}$。

3）完成第二批损失 $\sigma_{l\mathrm{II}}$ 混凝土受到预压应力之后，随着时间的增长，预应力筋进一步松弛、混凝土发生收缩、徐变将产生第二批预应力损失 $\sigma_{l\mathrm{II}}$，此时构件进一步缩短，混凝土压应力由 $\sigma_{pc\mathrm{I}}$ 降为 $\sigma_{pc\mathrm{II}}$，预应力筋的拉应力由 $\sigma_{pe\mathrm{I}}$ 降为 $\sigma_{pe\mathrm{II}}$，非预应力筋的压应力降至 $\sigma_{s\mathrm{II}}$，见表 9-4 中的 e 项，有：

$$\sigma_{pe\mathrm{II}}=\sigma_{con}-\sigma_{l\mathrm{I}}-\sigma_{l\mathrm{II}}-\alpha_E\sigma_{pc\mathrm{II}}=\sigma_{con}-\sigma_l-\alpha_E\sigma_{pc\mathrm{II}}\tag{9-19}$$

由内力平衡条件可求得：

$$\sigma_{pc\,\mathrm{II}}=\frac{(\sigma_{con}-\sigma_l)A_p}{A_c+\alpha_E A_s+\alpha_E A_p}=\frac{N_{p\,\mathrm{II}}}{A_0} \tag{9-20}$$

式中　σ_l——预应力总损失；

$\sigma_{pc\,\mathrm{II}}$——预应力混凝土所建立的有效预压应力；

$\sigma_{pe\,\mathrm{II}}$——全部预应力损失完成后，预应力筋的有效预应力；

$N_{p\,\mathrm{II}}$——完成全部损失后，预应力钢筋的总预拉力，$N_{p\,\mathrm{II}}=(\sigma_{con}-\sigma_l)A_p$。

考虑非预应力钢筋时，其压力值为：

$$\sigma_{s\,\mathrm{II}}=\alpha_E\sigma_{pc\,\mathrm{II}}+\sigma_{l5} \tag{9-21}$$

式中　σ_{l5}——非预应力钢筋在混凝土收缩和徐变过程中所增加的应力值。同理，按内力平衡条件可求得

$$\sigma_{pc\,\mathrm{II}}=\frac{(\sigma_{con}-\sigma_l)A_p-\sigma_{l5}A_s}{A_0} \tag{9-22}$$

（2）使用阶段。使用阶段也可以细分为三个小阶段：

1）加荷至混凝土应力为零（既截面处于消压状态），见表 9-4 中的 f 项。当外荷载加至 N_0 时，引起的截面拉应力大小恰好与混凝土的有效预压应力 $\sigma_{pc\,\mathrm{II}}$ 全部抵消，混凝土应力从 σ_{pc} 下降为 0，此时预应力筋的拉应力由 $\sigma_{pe\,\mathrm{II}}=\sigma_{con}-\sigma_l$ 增加了 $\alpha_E\sigma_{pc\,\mathrm{II}}$，而非预应力筋的压应力由 $\sigma_{s\,\mathrm{II}}=\alpha_E\sigma_{pc\,\mathrm{II}}+\sigma_{l5}$ 降为 $\sigma_{s0}=\sigma_{l5}$，因此有：

$$\sigma_{p0}=\sigma_{pe\,\mathrm{II}}+\alpha_E\sigma_{pc\,\mathrm{II}}=(\sigma_{con}-\sigma_l-\alpha_E\sigma_{pc\,\mathrm{II}})+\alpha_E\sigma_{pc\,\mathrm{II}}=\sigma_{con}-\sigma_l \tag{9-23}$$

由 $\sum N=0$ 可求得

$$N_0=\sigma_{p0}A_p-\sigma_{s0}A_s=(\sigma_{con}-\sigma_l)A_p-\sigma_{l5}A_s=\sigma_{pc\,\mathrm{II}}A_0 \tag{9-24}$$

式中　σ_{p0}——混凝土应力为零时预应力筋的拉应力；

N_0——混凝土应力为零时的外荷载。

2）加荷至混凝土即将出现裂缝，见表 9-4 中的 g 项。当 $N>N_0$ 后，混凝土开始受拉，随着荷载的增加，拉应力不断增加。当外荷载增加到 N_{cr} 时，混凝土的拉应力达到了 f_{tk}，混凝土即将开裂。这时预应力筋的拉应力增加了 $\alpha_E f_{tk}$，即

$$\sigma_{pcr}=\sigma_{p0}+\alpha_E f_{tk}=\sigma_{con}-\sigma_l+\alpha_E f_{tk} \tag{9-25}$$

非预应力筋的应力 σ_s 由受压转为受拉，其值为 $\sigma_{scr}=\alpha_E f_{tk}-\sigma_{l5}$。

轴向拉力 N_{cr} 可由截面上内外力平衡条件求得：

$$\begin{aligned}N_{cr}&=\sigma_{pcr}A_p+\sigma_{scr}A_s+A_c f_{tk}\\&=(\sigma_{con}-\sigma_l)A_p-\sigma_{l5}A_s+f_{tk}(\alpha_E A_p+\alpha_E A_s+A_c)\\&=\sigma_{pc\,\mathrm{II}}A_0+f_{tk}A_0\\&=(\sigma_{pc\,\mathrm{II}}+f_{tk})A_0\end{aligned} \tag{9-26}$$

式中　σ_{pcr}——混凝土即将开裂时，预应力筋的拉应力；

N_{cr}——混凝土即将开裂时，作用在预应力构件上的轴向拉力。

3）加荷至构件破坏，见表 9-4 中的 h 项。混凝土开裂后，裂缝截面的混凝土退出工作，截面上拉力全部由预应力筋与非预应力筋承担，当预应力筋与非预应力筋分别达到其抗拉设计强度 f_{py} 和 f_y 时，构件破坏，此时的外荷载为 N_u，则

$$N_u = f_{py}A_p + f_yA_s \tag{9-27}$$

式中 f_{py}——预应力筋的抗拉设计强度，N/mm^2；

N_u——构件破坏时，作用在预应力构件上的轴向拉力。

2. 后张法构件

后张法构件的应力状态与先张法构件有许多共同点，但由于张拉工艺不同，又具有自己的特点。

(1) 施工阶段。施工阶段可以分为三个小阶段：

1) 浇筑混凝土，养护直至钢筋张拉前，可认为截面中不产生任何应力，见表 9-5 中 a 项。张拉钢筋，见表 9-5 中 b 项。张拉钢筋时，由于千斤顶支撑在构件上，其反作用力传给混凝土，使混凝土受到弹性压缩，并产生了摩擦损失 σ_{l2}。此时预应力筋的拉应力为 $\sigma_{pe} = \sigma_{con} - \sigma_{l2}$，非预应力筋的压应力为 $\sigma_s = \alpha_E \sigma_{pc}$。

表 9-5　后张法预应力混凝土轴心受拉构件各阶段的应力分析

受力阶段		简图	预应力钢筋应力 σ_p	混凝土应力 σ_{pc}	非预应力钢筋 σ_s
施工阶段	a. 穿钢筋		0	0	0
	b. 张拉钢筋	σ_{pc}(压)　$\sigma_{pe}A_p$	$\sigma_{con} - \sigma_{l2}$	$\sigma_{pc} = \dfrac{(\sigma_{con} - \sigma_{l2})A_p}{A_n}$(压)	$\alpha_s = \alpha_E \sigma_{pc}$(压)
	c. 完成第一批损失	$\sigma_{pc\,I}$(压)　$\sigma_{pe\,I}A_p$	$\sigma_{pe\,I} = \sigma_{con} - \sigma_{l\,I}$	$\sigma_{pc\,I} = \dfrac{(\sigma_{con} - \sigma_{l\,I})A_p}{A_n}$(压)	$\alpha_{s\,I} = \alpha_E \sigma_{pc\,I}$(压)
	d. 完成第二批损失	$\sigma_{pc\,II}$(压)　$\sigma_{pe\,II}A_p$	$\sigma_{pe} = \sigma_{con} - \sigma_l$	$\sigma_{pc\,II} = \dfrac{(\sigma_{con} - \sigma_l)A_p - \sigma_{l5}A_s}{A_n}$(压)	$\sigma_{s\,II} = \alpha_E \sigma_{pc\,II} + \sigma_{l5}$(压)
使用阶段	e. 加载至 $\sigma_{pc} = 0$	N_0　0　N_0	$\sigma_{po} = \sigma_{con} - \sigma_l + \alpha_E \sigma_{pc\,II}$	0	σ_{l5} (压)
	f. 加载至裂缝即将出现	N_{cr}　f_{tk}(拉)　N_{cr}	$\sigma_{pcr} = \sigma_{con} - \sigma_l + \alpha_E \sigma_{pc\,II} + \alpha_E f_{tk}$	f_{tk}(拉)	$\alpha_E f_{tk} - \sigma_{l5}$(拉)
	g. 加载至破坏	N_u　N_u	f_{py}	0	f_y(拉)

混凝土的预压应力 σ_{pc} 可由截面内力平衡条件确定，可求得：

$$\sigma_{pe}A_p = \sigma_s A_s + \sigma_{pc}A_c$$

将 σ_{pe}、σ_s 带入，可得

$$(\sigma_{con}-\sigma_{l2})A_p=\alpha_E\sigma_{pc}A_s+\sigma_{pc}A_c$$

有
$$\sigma_{pc}=\frac{(\sigma_{con}-\sigma_{l2})A_p}{A_c+\alpha_E A_s}=\frac{(\sigma_{con}-\sigma_{l2})A_p}{A_n} \tag{9-28}$$

式中 σ_{pc}——混凝土预压应力；

σ_{pe}——张拉钢筋时，预应力筋的拉应力；

A_c——混凝土截面面积，应扣除非预应力筋截面面积及预留孔道的面积。

2）完成第一批预应力损失，见表 9-5 中 c 项所示。预应力筋张拉完毕，用锚具在构件上锚住钢筋，锚具变形引起的应力损失为 σ_{l1}，此时预应力筋的拉应力 $\sigma_{pe\,\text{I}}$ 由 $\sigma_{con}-\sigma_{l2}$ 降至 $\sigma_{con}-\sigma_{l1}-\sigma_{l2}$，即

$$\sigma_{pe\,\text{I}}=\sigma_{con}-\sigma_{l1}-\sigma_{l2}=\sigma_{con}-\sigma_{l\,\text{I}} \tag{9-29}$$

非预应力筋的压应力为 $\sigma_{s\,\text{I}}=\alpha_E\sigma_{pc\,\text{I}}$。

混凝土压应力 $\sigma_{pc\,\text{I}}$ 可由截面内力平衡条件求得

$$\sigma_{pe\,\text{I}}A_p=\sigma_{pc\,\text{I}}A_c+\sigma_{s\,\text{I}}A_s$$

即
$$(\sigma_{con}-\sigma_{l\,\text{I}})A_p=\sigma_{pc\,\text{I}}A_c+\alpha_E\sigma_{pc\,\text{I}}A_s$$

所以
$$\sigma_{pc\,\text{I}}=\frac{(\sigma_{con}-\sigma_{l\,\text{I}})A_p}{A_c+\alpha_E A_s}=\frac{N_{p\,\text{I}}}{A_n} \tag{9-30}$$

式中 $\sigma_{pc\,\text{I}}$——完成第一批损失后，混凝土的预压应力；

$\sigma_{pe\,\text{I}}$——完成第一批损失后，预应力筋的拉应力；

$N_{p\,\text{I}}$——完成第一批损失后，预应力筋的计算拉力，$N_{p\,\text{I}}=(\sigma_{con}-\sigma_{l\,\text{I}})A_p$。

3）完成第二批预应力损失，见表 9-5 中 d 项所示。混凝土受到预压应力之后，随着时间的增长，将产生由于预应力钢筋的松弛、混凝土的收缩和徐变（对环形构件还有挤压变形）引起的应力损失 σ_{l4}、σ_{l5}。使得预应力钢筋的应力由 $\sigma_{pe\,\text{I}}$ 降为 $\sigma_{pe\,\text{II}}$

$$\sigma_{pe\,\text{II}}=\sigma_{con}-\sigma_{l\,\text{I}}-\sigma_{l\,\text{II}}=\sigma_{con}-\sigma_l \tag{9-31}$$

非预应力筋的压应力为 $\sigma_{s\,\text{II}}=\alpha_E\sigma_{pc\,\text{II}}+\sigma_{l5}$；混凝土的压应力 $\sigma_{pc\,\text{II}}$ 可由截面内力平衡条件求得

$$\sigma_{pe\,\text{II}}A_p=\sigma_{pc\,\text{II}}A_c+\sigma_{s\,\text{II}}A_s$$

将 $\sigma_{pe\,\text{II}}$ 和 $\sigma_{s\,\text{II}}$ 带入上式，可得

$$\sigma_{pc\,\text{II}}=\frac{(\sigma_{con}-\sigma_l)A_p-\sigma_{l5}A_s}{A_c+\alpha_E A_s}=\frac{N_{p\,\text{II}}}{A_n} \tag{9-32}$$

式中 $\sigma_{pc\,\text{II}}$——完成第Ⅱ批预应力损失后，混凝土的预压应力；

$\sigma_{pe\,\text{II}}$——完成第Ⅱ批预应力损失后，预应力筋的拉应力；

$N_{p\,\text{II}}$——完成全部预应力损失后，预应力筋的总拉力。

（2）使用阶段。

使用阶段也可以细分为三个小阶段：

1）加荷至混凝土应力为零（即截面处于消压状态），见表 9-5 中 e 项。在外荷载 N_0 作用下，混凝土应力由 σ_{pc} 降为 0。非预应力筋的应力由 $\sigma_{s\,\text{II}}=\alpha_E\sigma_{pc\,\text{II}}+\sigma_{l5}$ 降为 $\sigma_{s0}=\sigma_{l5}$。预应力筋的应力由 $\sigma_{pe\,\text{II}}=\sigma_{con}-\sigma_l$ 增加了 $\alpha_E\sigma_{pc\,\text{II}}$，即

$$\sigma_{p0}=\sigma_{pe\,\text{II}}+\alpha_E\sigma_{pc\,\text{II}}=\sigma_{con}-\sigma_l+\alpha_E\sigma_{pc\,\text{II}} \tag{9-33}$$

由$\sum N=0$可求得

$$N_0=\sigma_{p0}A_p-\sigma_{s0}A_s=(\sigma_{con}-\sigma_l+\alpha_E\sigma_{pc\text{II}})A_p-\sigma_{s0}A_s$$

由式（9－32）知（$\sigma_{con}-\sigma_l$）$A_p-\sigma_{l5}A_s=\sigma_{pc\text{II}}A_n=\sigma_{pc\text{II}}$（$A_c+\alpha_EA_s$）

有

$$\begin{aligned}N_0&=\sigma_{pc\text{II}}(A_c+\alpha_EA_s)+\alpha_E\sigma_{pc\text{II}}A_p\\&=\sigma_{pc\text{II}}(A_c+\alpha_EA_s+\alpha_EA_p)\\&=\sigma_{pc\text{II}}A_0\end{aligned} \tag{9-34}$$

式中　σ_{p0}——加荷至混凝土应力为零时，预应力筋的拉应力；

N_0——加荷至混凝土应力为零时，构件承受的轴向拉力。

2）加荷至混凝土即将开裂，见表9－5中f项。当外荷载增加至N_{cr}时，混凝土的拉应力达到f_{tk}，裂缝即将出现。此时预应力筋的拉应力增加了α_Ef_{tk}，即

$$\sigma_{pcr}=\sigma_{p0}+\alpha_Ef_{tk}=\sigma_{con}-\sigma_l+\alpha_E\sigma_{pc\text{II}}+\alpha_Ef_{tk} \tag{9-35}$$

非预应力筋的拉应力$\sigma_s=\alpha_Ef_{tk}-\sigma_{l5}$。

轴向拉力N_{cr}可由截面内外平衡条件求得，则有：

$$\begin{aligned}N_{cr}&=\sigma_{pcr}A_p+\alpha_Ef_{tk}A_s+f_{tk}A_c\\&=(\sigma_{con}-\sigma_l+\alpha_E\sigma_{pc\text{II}}+\alpha_Ef_{tk})A_p+(\alpha_Ef_{tk}-\sigma_{l5})A_s+f_{tk}A_c\\&=(\sigma_{con}-\sigma_l)A_p-\sigma_{l5}A_s+\alpha_E\sigma_{pc\text{II}}A_p+f_{tk}(\alpha_EA_s+A_c+\alpha_EA_p)\\&=(\sigma_{con}-\sigma_l)A_p-\sigma_{l5}A_s+\alpha_E\sigma_{pc\text{II}}A_p+f_{tk}A_0\\&=\sigma_{pc\text{II}}A_n+\alpha_E\sigma_{pc\text{II}}A_p+f_{tk}A_0\\&=(\sigma_{pc\text{II}}+f_{tk})A_0\end{aligned} \tag{9-36}$$

3）加荷至构件破坏，见表9－5中g项。当轴向拉力超过N_{cr}后，混凝土开裂，开裂处混凝土不再承受拉力，拉力全部由预应力钢筋和非预应力钢筋承担，构件破坏时，预应力钢筋和非预应力钢筋的拉应力分别达到了f_{py}和f_y，由平衡条件可得：

$$N_u=f_{py}A_p+f_yA_s \tag{9-37}$$

3. 先张法与后张法构件计算公式比较

（1）在施工阶段，比较式（9－16）与式（9－29）及式（9－19）与式（9－31）可知，先张法构件预应力钢筋的应力比后张法构件少α_E倍的混凝土预压应力。同样，在使用阶段，对比式（9－23）与式（9－33）及式（9－25）与式（9－35）可知，在N_0和N_{cr}作用时，先张法构件预应力钢筋的应力比后张法构件少$\alpha_E\sigma_{pc\text{II}}$，所以先张法构件的$\sigma_{con}$比后张法构件取得高。

（2）比较式（9－18）、式（9－22）与式（9－30）、（9－32）可知，公式的形式基本相同，但是先张法用换算截面面积A_0，而后张法用净截面面积A_n。如果构件截面尺寸及配筋相同，σ_{con}也相同，则后张法构件的有效预压应力$\sigma_{pc\text{II}}$比先张法高些。

（3）两种张拉方法在使用阶段N_0、N_{cr}、N_u的计算公式相同，但计算N_0和N_{cr}时，两种方法的$\sigma_{pc\text{II}}$值是不相同的。

（4）预应力筋始终处于高应力状态，混凝土在荷载N_0以前一直负担压应力。这样，可以充分利用预应力筋强度高的优点，也充分利用了混凝土抗压性能好的优点。

（5）预应力构件出现裂缝比普通钢筋混凝土构件迟得多，所以其抗裂度大为提高，但裂缝出现的荷载与破坏荷载比较接近。

(6) 当材料强度等级和截面尺寸相同时，预应力混凝土轴心受拉构件与普通钢筋混凝土轴心受拉构件的承载力相同。

二、轴心受拉构件的计算

预应力混凝土轴心受拉构件，应进行使用阶段承载力计算、裂缝控制验算及施工阶段张拉或放松预应力钢筋时构件的承载力验算，对于后张法构件，还应进行端部锚固区局部受压验算。

1. 使用阶段承载力计算

如图 9－9 所示当预应力混凝土轴心受拉构件达到承载能力极限时，全部轴向拉力由预应力钢筋和非预应力钢筋共同承担，此时，预应力钢筋和非预应力钢筋均已屈服，由式（9－27）和式（9－37）可得：

$$N \leqslant N_u = f_{py}A_p + f_yA_s \tag{9-38}$$

式中　N——轴向拉力设计值；

f_{py}、f_y——预应力筋、非预应力筋的抗拉强度设计值；

A_p、A_s——预应力筋、非预应力筋的截面面积。

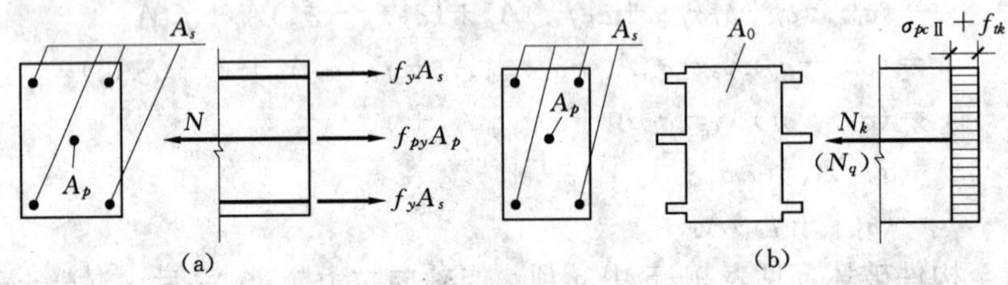

图 9－9　预应力混凝土轴心受拉构件使用阶段承载力和抗裂度计算简图

(a) 使用阶段承载力计算简图；(b) 使用阶段抗裂度计算简图

2. 使用阶段抗裂度验算

裂缝控制验算是预应力混凝土结构中一项重要内容，根据结构的使用功能及所持的环境不同，对构件裂缝控制的要求也不同。对于钢筋混凝土轴心受拉构件，应根据《规范》规定，采用不同的裂缝控制等级进行验算。

轴心受拉构件抗裂度的验算，由式（9－26）与式（9－36）可知，如果构件由荷载标准值产生的轴向拉力 N 不超过 N_{cr}，则构件不会开裂，即

$$N \leqslant N_{cr} = (\sigma_{pc\,\mathrm{II}} + f_{tk})A_0 \tag{9-39}$$

设 $\sigma_{pc\,\mathrm{II}} = \sigma_{pc}$，用应力形式表达式（9－39），可写成

$$\frac{N}{A_0} \leqslant \sigma_{pc} + f_{tk}$$

$$\sigma_c - \sigma_{pc} \leqslant f_{tk} \tag{9-40}$$

预应力混凝土轴心受拉构件，应按预应力构件的功能要求、所处环境及对钢材敏感性的不同，按下列规定进行混凝土拉应力和正截面裂缝宽度验算。由于属于正常使用极限状态验算，验算时采用荷载效应的准永久组合和标准组合，材料强度采用标准值。

(1) 一级裂缝控制等级构件，在荷载标准组合下，受拉边缘应力应符合下列规定：

$$\sigma_{ck} - \sigma_{pc} \leqslant 0 \tag{9-41}$$

（2）二级裂缝控制等级构件，在荷载标准组合下，受拉边缘应力应符合下列规定：

$$\sigma_{ck}-\sigma_{pc}\leqslant f_{tk} \tag{9-42}$$

其中

$$\sigma_{ck}=\frac{N_k}{A_0} \tag{9-43}$$

式中 σ_{ck}——荷载效应的标准组合下抗裂验算边缘的混凝土法向应力；

N_k——按荷载效应标准组合计算的轴向拉力值；

A_0——混凝土的换算截面面积；

σ_{pc}——扣除全部预应力损失后在抗裂验算边缘混凝土的预压应力，按公式（9-22）和式（9-32）计算。

3. 裂缝宽度验算

对在使用阶段允许出现裂缝的预应力混凝土轴心受拉构件，应验算其裂缝宽度，按荷载标准组合并考虑长期作用影响的效应计算。其最大裂缝宽度的计算公式与钢筋混凝土构件相同。即

$$w_{\max}=\alpha_{cr}\psi\frac{\sigma_{sk}}{E_s}\left(1.9c_s+0.08\frac{d_{eq}}{\rho_{te}}\right) \tag{9-44}$$

其中

$$\sigma_{sk}=\frac{N_k-N_{p0}}{A_p+A_s}$$

式中 α_{cr}——构件受力特征系数，按表 9-6 采用；

ψ——裂缝间纵向受拉钢筋应变不均匀系数，当 $\psi<0.2$ 时，取 $\psi=0.2$；当 $\psi>1.0$ 时，取 $\psi=1.0$；对直接承受重复荷载的构件，取 $\psi=1.0$；

σ_{sk}——按荷载效应标准组合计算的预应力混凝土构件纵向受拉钢筋的等效应力；

A_p、A_s——受拉区纵向预应力筋、非预应力筋截面面积；

N_k——按荷载效应标准组合计算的轴向拉力值；

N_{p0}——混凝土法向预应力等于零时，全部纵向预应力筋和非预应力筋的合力；

E_s——预应力钢筋的弹性模量；

c_s——最外层纵向受拉钢筋外边缘至受拉区底边的距离（mm），当 $c_s<20$ 时，取 $c_s=20$mm；当 $c_s>65$ 时，取 $c_s=65$mm；

ρ_{te}——按有效受拉混凝土截面面积计算的纵向受拉钢筋配筋率；对无黏结后张构件，仅取纵向受拉普通钢筋计算配筋率；在最大裂缝宽度计算中，当 $\rho_{te}<0.01$ 时，取 $\rho_{te}=0.01$；

A_{te}——有效受拉混凝土截面面积，对轴心受拉构件，取截面面积；

d_{eq}——受拉区纵向受拉钢筋的等效直径（mm）；对无黏结后张构件，仅为受拉区纵向受拉普通钢筋的等效直径；当采用不同直径的钢筋时，$d_{eq}=\frac{\sum n_i d_i^2}{\sum n_i \nu_i d_i}$；

ν_i——受拉区第 i 种纵向受拉钢筋的相对粘结特性系数，可按表 9-7 取用。

表 9-6　　构件受力特征系数

类　型	α_{cr}	
	钢筋混凝土构件	预应力混凝土构件
受弯、偏心受压	1.9	1.5
偏心受压	2.4	—
轴心受拉	2.7	2.2

表 9-7　　钢筋的相对黏结特性系数 ν_i

钢筋类别	钢筋		先张法预应力钢筋			后张法预应力钢筋		
	光面钢筋	带肋钢筋	带肋钢筋	螺旋肋钢丝	钢绞线	带肋钢筋	钢绞线	光面钢丝
ν_i	0.7	1.0	1.0	0.8	0.6	0.8	0.5	0.4

4. 轴心受拉构件施工阶段的验算

混凝土预应力构件在施工过程中，当放张预应力钢筋（先张法）或张拉预应力钢筋完毕（后张法）时，混凝土将受到最大的预压应力 σ_{cc}，而此时混凝土强度一般仅达到设计强度的 75%，构件强度能否足够，应予以验算。此外，后张法构件还需要进行锚具下的局部承压验算。

(1) 张拉（或放松）预应力钢筋时，构件的承载力验算。

为了保证放张或张拉预应力筋时，混凝土的抗压强度，预压应力应满足下列条件：

$$\sigma_{cc} \leqslant 0.8 f'_{ck} \tag{9-45}$$

式中　σ_{cc}——放松或张拉预应力筋完毕时，混凝土承受的预压应力。

对先张法按第一批损失出现后计算 σ_{cc}，即

$$\sigma_{cc} = \frac{(\sigma_{con} - \sigma_{l\,\mathrm{I}})A_p}{A_0} \tag{9-46}$$

后张法按未加锚具前的张拉端计算，即不考虑锚具和摩擦损失，此时 σ_{cc} 按下式计算：

$$\sigma_{cc} = \frac{\sigma_{con} A_p}{A_n} \tag{9-47}$$

式中　f'_{ck}——放张或张拉预应力筋完毕时混凝土的轴心抗压强度标准值。

(2) 构件端部锚固区的局部受压验算。

后张法混凝土的预压应力是通过锚头对端部混凝土的局部压力来维持的。一般锚具下垫板与混凝土的接触面积很小，预压应力又很大，故锚具下的混凝土将承受很大的压应力，且需要通过一定的距离才能比较均匀地扩散到整个截面上。如图 9-10 所示，据理论分析及试验资料得知，锚头下局部受压使混凝土处于三向受力状态，不仅有压应力，而且还存在不小的拉应力。构件端部可能出现纵向裂缝，严重的可导致局部受压破坏。通常做法是在端部锚固区范围内配置方格式或螺旋式间接钢筋，以提高局部受压承载力并控制裂缝宽度。

对于后张法构件，为了防止构件端部发生局部受压破坏，《规范》规定，应进行以下两个方面的计算。

1) 构件端部截面尺寸验算。

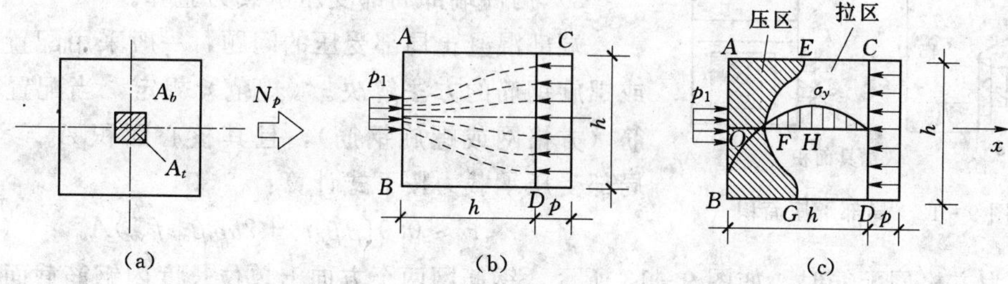

图 9-10　构件端部混凝土局部受压时内力分布

试验表明，当局部受压区配置的间接钢筋过多时，虽然能提高局部受压承载能力，但垫板下的混凝土会产生过大的下沉变形，导致局部破坏，为了限制下沉变形，应使构件端部截面尺寸不能过小。配置间接钢筋的混凝土结构构件，局部受压区的截面尺寸应符合下列要求

$$F_l \leqslant 1.35\beta_c\beta_l f_c A_{ln} \tag{9-48}$$

式中　F_l——局部受压面上作用的局部荷载或局部压力设计值，取 $F_l = 1.2\sigma_{con}A_p$；

f_c——混凝土轴心抗压强度设计值；在后张法预应力混凝土构件的张拉阶段验算中，可根据相应阶段的混凝土立方体抗压强度 f'_{cu} 值按线性内插法确定对应的轴心抗压强度设计值；

β_c——混凝土强度影响系数，当混凝土强度等级不超过 50N/mm² 时，取 $\beta_c = 1.0$；当混凝土强度等级等于 80N/mm² 时，取 $\beta_c = 0.8$，其间按线性内插法取用；

β_l——混凝土局部受压时的强度提高系数，$\beta_l = \sqrt{A_b/A_l}$；

A_b——局部受压计算底面积，可按局部受压面积与计算底面积同心、对称的原则进行计算。可按图 9-11 取用；

A_l——局部承压面积，如有钢垫板可考虑垫板按 45°扩散后的面积，不扣除开孔构件的孔道积，按图 9-12 采用；

A_{ln}——混凝土局部受压净面积；对后张法构件，应在混凝土局部受压面积中扣除孔道、凹槽部分的面积；

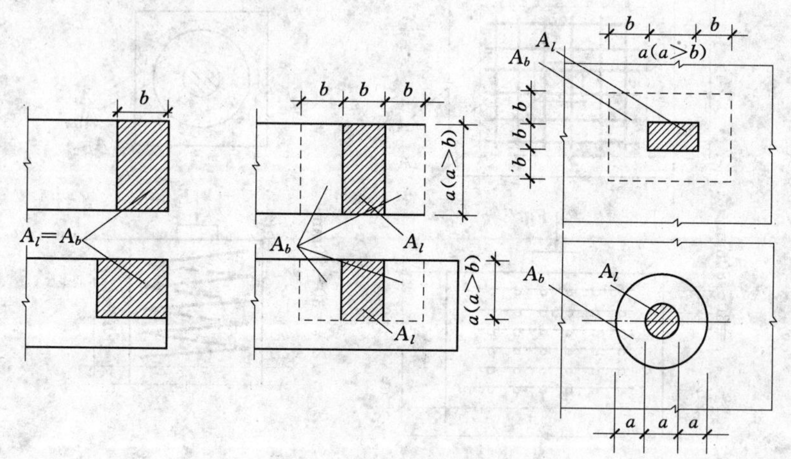

图 9-11　局部受压计算底面面积 A_b

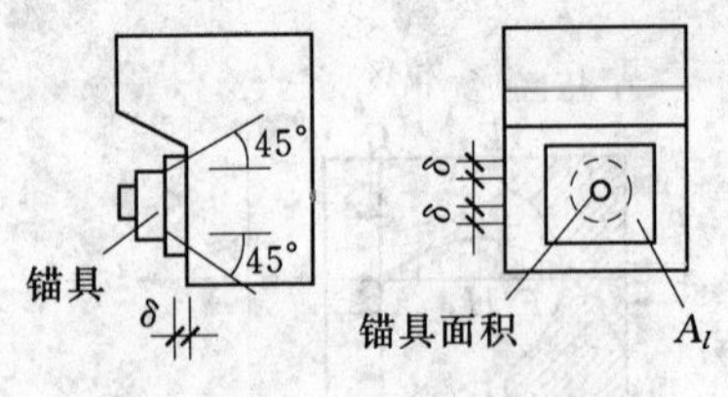

图 9-12 局部承压面积

2）构件端部局部受压承载力验算。

端部混凝土局部受压的问题，一般采用配置钢筋网或螺旋钢筋的方法解决。《规范》规定，当配置间接钢筋（方格网或螺旋钢筋），且其核心面积 $A_{cor}\geqslant A_l$ 时，局部受压承载力按下式计算：

$$F_l\leqslant 0.9(\beta_c\beta_l f_c+2\alpha\rho_v\beta_{cor}f_{yv})A_{ln} \tag{9-49}$$

当为方格网配筋时，如图 9-13 所示，钢筋网两个方向上单位长度内钢筋截面面积的比值不宜大于 1.5，其体积配筋率 ρ_v 应按下列公式确定：

$$\rho_v=\frac{n_1A_{s1}l_1+n_2A_{s2}l_2}{A_{cor}s} \tag{9-50}$$

当为螺旋式配筋时，如图 9-13 所示，其体积配筋率 ρ_v 应按下列公式确定：

$$\rho_v=\frac{4A_{ss1}}{d_{cor}s} \tag{9-51}$$

式中 β_{cor}——配置间接钢筋的局部受压承载力提高系数，$\beta_{cor}=\sqrt{\frac{A_{cor}}{A_l}}$；当 $A_{cor}>A_b$ 时，取 $A_{cor}=A_b$；当 $A_{cor}\leqslant 1.25A_l$，β_{cor} 取 1.0；

A_{cor}——方格网或螺旋式间接钢筋内表面范围内的混凝土核心面积，应大于混凝土局部受压面积 A_l，其重心应与 A_l 的重心重合，计算中按同心、对称的原则取用，如图 9-13 所示；

α——间接钢筋对混凝土约束的折减系数，当混凝土强度等级不超过 C50 时，取 1.0，当混凝土强度等级为 C80 时，取 0.85，其间按线性内插法确定；

ρ_v——间接钢筋的配筋率；

l_1、l_2——钢筋网两个方向的长度，$l_2>l_1$；

n_1、A_{s1}——方格网沿 l_1 方向的钢筋根数、单根钢筋的截面面积；

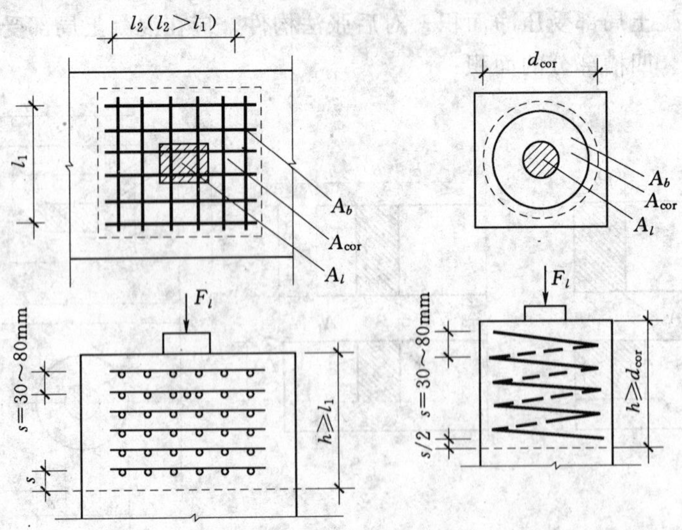

图 9-13 局部受压配筋

n_2，A_{s2}——方格网沿 l_2 方向的钢筋根数、单根钢筋的截面面积；

s——方格网式或螺旋式间接钢筋的间距，宜取 30～80mm；

A_{ss1}——单根螺旋式间接钢筋的截面面积；

d_{cor}——螺旋式间接钢筋内表面范围内的混凝土截面直径。

间接钢筋应配置在图 9－13 所示 h 范围内，分格网式钢筋，不应小于 4 片，螺旋式钢筋，不应小于 4 圈。柱接头，h 尚不应小于 $15d$，d 为柱的纵向钢筋直径。

【例 9－1】　18m 预应力混凝土屋架下弦杆的计算。设计条件列表如下：

材　料	混凝土	预应力钢筋	非预应力钢筋
品种和强度等级	C55	钢绞线	HRB400
截面	280×180（mm） 孔道 2ϕ55	ϕ1×7 （d=15.2 mm）	4 Φ 12（A_s=452mm²）
材料强度 N/mm²	$f_c=25.3$　$f_{ck}=35.5$ $f_t=1.96\ f_{tk}=2.74$	$f_{ptk}=1720$ $f_{py}=1220$	$f_y=360$ $f_{yk}=400$
弹性模量 N/mm²	$E_c=3.55\times10^6$	$E_s=1.95\times10^5$	$E_s=2\times10^5$
张拉工艺	后张法，一端张拉，采用 JM 锚具，孔道为充压橡皮管抽芯成型		
张拉控制应力	$\sigma_{con}=0.70f_{ptk}=0.70\times1720=1204\text{N/mm}^2$		
张拉时混凝土强度	$f'_{cu}=50\text{N/mm}^2$		
下弦杆内力	永久荷载标准值产生的轴向拉力 N_k=580kN 可变荷载标准值产生的轴向拉力 N_k=250kN		
裂缝控制等级	二级		
结构重要性系数	$\gamma_0=1.1$		

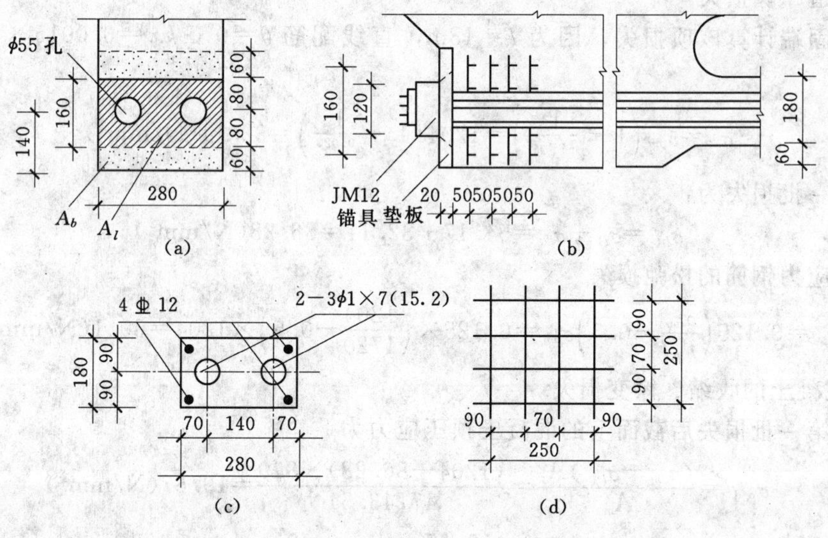

图 9－14　屋架下弦

（a）受压面积；（b）下弦端节点；（c）下弦截面配筋；（d）钢筋网片

【解】 (1) 使用阶段承载力计算由式 (9-38) 有

$$A_p=\frac{\gamma_0 N-f_y A_s}{f_{py}}=\frac{1.1(1.2\times580000+1.4\times250000)-360\times452}{1220}=810(\text{mm}^2)$$

选用 2 束高强低松弛钢绞线，每束 3ϕ1×7 (d=15.2mm)，A_p=840mm²，见图 9-14 (c)。

(2) 使用阶段抗裂度验算

1) 截面几何特征

$$A_c=280\times180-2\times\frac{3.14}{4}\times55^2-452=456198.75(\text{mm}^2)$$

预应力钢筋的弹性模量与混凝土弹性模量之比为

$$\alpha_{E1}=\frac{E_s}{E_c}=\frac{1.95\times10^5}{3.55\times10^4}=5.49$$

非预应力钢筋的弹性模量与混凝土弹性模量之比为

$$\alpha_{E2}=\frac{E_s}{E_c}=\frac{2\times10^5}{3.55\times10^4}=5.63$$

净截面面积为

$$A_n=A_c+\alpha_{E2}A_s=45198.75+5.63\times452=47743.51(\text{mm}^2)$$

换算截面面积为

$$A_0=A_n+\alpha_{E1}A_p=47743.51+5.49\times840=52355.11(\text{mm}^2)$$

2) 计算预应力损失

①锚具变形损失

由表 9-1 查得：a=5mm

$$\sigma_{l1}=\frac{a}{l}E_s=\frac{5}{18000}\times1.95\times10^5=54.17(\text{N/mm}^2)$$

②孔道摩擦损失

按锚固端计算该项损失，因为 l=18m，直线配筋 $\theta=0°$，$kx=0.0015\times18=0.027<0.2$

有
$$\sigma_{l2}=\sigma_{con}\left(1-\frac{1}{e^{kx+\mu\theta}}\right)=1204\left(1-\frac{1}{e^{0.027}}\right)=32.11(\text{N/mm}^2)$$

则第一批损失为：

$$\sigma_{l\text{I}}=\sigma_{l1}+\sigma_{l2}=54.17+32.11=86.28(\text{N/mm}^2)$$

③预应力钢筋的松弛损失

$$\sigma_{l4}=0.125\left(\frac{\sigma_{con}}{f_{ptk}}-0.5\right)\sigma_{con}=0.125\times\left(\frac{1204}{1720}-0.5\right)\times1204=30.1(\text{N/mm}^2)$$

④ 混凝土的收缩、徐变损失

完成第一批损失后截面上的混凝土预压应力为

$$\sigma_{pc\text{I}}=\frac{(\sigma_{con}-\sigma_{l\text{I}})A_p}{A_n}=\frac{(1204-86.28)\times840}{47743.51}=19.67(\text{N/mm}^2)$$

$$\frac{\sigma_{pc}}{f'_{cu}}=\frac{19.67}{50}=0.393<0.5$$

$$\rho=\frac{1}{2}\times\frac{A_s+A_p}{A_n}=\frac{1}{2}\times\frac{840+452}{47743.51}=0.014$$

$$\sigma_{l5}=\frac{55+300\left(\frac{\sigma_{pc}}{f'_{cu}}\right)}{1+15\rho}=\frac{55+300\times0.393}{1+15\times0.014}=142.99(\mathrm{N/mm^2})$$

则第二批预应力损失为：

$$\sigma_{l\mathrm{II}}=\sigma_{l4}+\sigma_{l5}=30.1+142.99=173.09(\mathrm{N/mm^2})$$

总预应力损失则为：

$$\sigma_l=\sigma_{l\mathrm{I}}+\sigma_{l\mathrm{II}}=86.24+173.09=259.33\mathrm{N/mm^2}>80(\mathrm{N/mm^2})$$

(3) 验算抗裂度

1) 计算混凝土有效预压应力 $\sigma_{pc\mathrm{II}}$

$$\sigma_{pc\mathrm{II}}=\frac{(\sigma_{con}-\sigma_l)A_p-\sigma_{l5}A_s}{A_n}=\frac{(1204-259.33)\times840-142.99\times452}{47743.51}=15.27(\mathrm{N/mm^2})$$

2) 在荷载效应标准组合下：

$$N_k=580+250=830(\mathrm{kN})$$

$$\sigma_{ck}=\frac{N_k}{A_0}=\frac{830\times10^3}{52355.11}=15.85(\mathrm{N/mm^2})$$

$$\sigma_{ck}-\sigma_{pc\mathrm{II}}=15.85-15.27=0.58\mathrm{N/mm^2}<f_{tk}=2.74(\mathrm{N/mm^2})$$

满足要求

(4) 施工阶段混凝土压应力验算

最大张拉力为：

$$N_p=\sigma_{con}A_p=1204\times840=1011360\mathrm{N}=1011(\mathrm{kN})$$

截面混凝土上压应力为：

$$\sigma_{cc}=\frac{N_p}{A_n}=\frac{1011\times10^3}{47743.51}=21.18\mathrm{N/mm^2}<0.8f'_{ck}=0.8\times35.5=28.4(\mathrm{N/mm^2})$$

(5) 锚具下局部受压验算

1) 端部受压区截面尺寸验算

JM 锚具的直径为 120mm，锚具下垫板厚 20mm，局部受压面积可按压力 F_l 从锚具边缘在垫板中按 45°扩散的面积计算，在计算局部受压计算底面积时，近似地按图 9-14(a) 实线所围的矩形面积代替两个圆面积。

锚具下局部受压面积

$$A_l=280\times(120+2\times20)=44800(\mathrm{mm^2})$$

$$A_b=280\times(160+2\times60)=78400(\mathrm{mm^2})$$

$$\beta_l=\sqrt{\frac{A_b}{A_l}}=\sqrt{\frac{78400}{44800}}=1.323$$

$$F_l=1.2\sigma_{con}A_p=1.2\times1204\times840=1213632\mathrm{N}\approx1214(\mathrm{kN})$$

$$A_{ln}=44800-2\times\frac{\pi}{4}\times55^2=40048(\mathrm{mm^2})$$

当 $f_{cuk}=55\mathrm{N/mm^2}$ 时，按直线内插法得 $\beta_c=0.967$ 按式 (9-48)

$$1.35\beta_c\beta_l f_c A_{ln}=1.35\times0.967\times1.323\times25.3\times40048\approx1750\mathrm{kN}>F_l=1214(\mathrm{kN})$$

满足要求

2）局部受压承载力计算

横向钢筋（间接钢筋）采用4片$\phi8$方格焊接网片，如图9-14（b），间距$s=50$mm，网片尺寸见图9-14（d）

$$A_{cor}=250\times250=62500\text{mm}^2<A_b=78400(\text{mm}^2)$$

$$\beta_{cor}=\sqrt{\frac{A_{cor}}{A_l}}=\sqrt{\frac{62500}{44800}}=1.181$$

横向钢筋的体积配筋率为

$$\rho_v=\frac{n_1A_{s1}l_1+n_2A_{s2}l_2}{A_{cor}s}=\frac{4\times50.3\times250+4\times50.3\times250}{62500\times50}=0.032$$

由C55混凝土，按内插法求得$\alpha=0.975$

按式（9-49）得

$0.9(\beta_c\beta_l f_c+2\alpha\rho_v\beta_{cor}f_y)A_{\text{ln}}=0.9(0.967\times1.323\times25.3+2\times0.975\times0.032\times1.181\times270)\times40048=1883.79\text{N}>F_l=1214\text{kN}$ 满足要求

第五节 预应力混凝土受弯构件

一、受弯构件各阶段应力分析

与预应力轴心受拉构件类似，预应力混凝土受弯构件的受力过程也分为两个阶段：施工阶段和使用阶段，每个阶段又包含若干个过程。

预应力混凝土受弯构件中，预应力钢筋A_p一般都放置在使用阶段的截面受拉区。但对梁底受拉区需配置较多预应力钢筋的大型构件，当梁自重在梁顶产生的压应力不足以抵消偏心预压力在梁顶预拉区所产生的预拉应力时，往往在梁顶部也需配置预应力钢筋A'_p。对于在预压力作用下允许预拉区出现裂缝的中小型构件，可不配置A'_p，但需控制其裂缝宽度。为了防止在制作、运输和吊装等施工阶段出现裂缝，在梁的受拉区和受压区通常也配置一些非预应力钢筋A_s和A'_s，如图9-15所示。

在预应力轴心受拉构件中，预应力钢筋A_p和非预应力钢筋A_s在截面上的布置是对称的，预应力钢筋的总拉力可认为作用在截面的形心轴上，混凝土受到的预压应力是均匀的，即全截面均匀受压；在受弯构件中，如果截面只配置A_p，则预应力钢筋的总拉力对截面是偏心的压力，所以混凝土受到的预应力是不均匀的，上边缘的预应力和下边缘的预压应力分别用σ_{pc}和σ'_{pc}表示，如图9-15（a）。如果同时配置A_p和A'_p（一般$A_p>A'_p$），则预应力钢筋A_p和A'_p的张拉力的合力位于A_p和A'_p之间，仍然是一个偏心压力，此时，混凝土的预应力图形有两种可能：如果A'_p少，应力图形为两个三角形，σ'_{pc}为拉应力；如果A'_p较多，则应力图形为梯形，σ'_{pc}为压应力，其值小于σ_{pc}，如图9-15（b）所示。

由于对混凝土施加了预应力，使构件在使用阶段截面不产生拉应力或不开裂，因此，可把预应力钢筋的合力视为作用在换算截面上的偏心压力，并把混凝土看作为理想弹性体，按材料力学公式计算混凝土的预应力。

表9-8、表9-9为仅在截面受拉区配置预应力钢筋的先张法和后张法预应力混凝土受弯构件在各个受力阶段的应力分析。

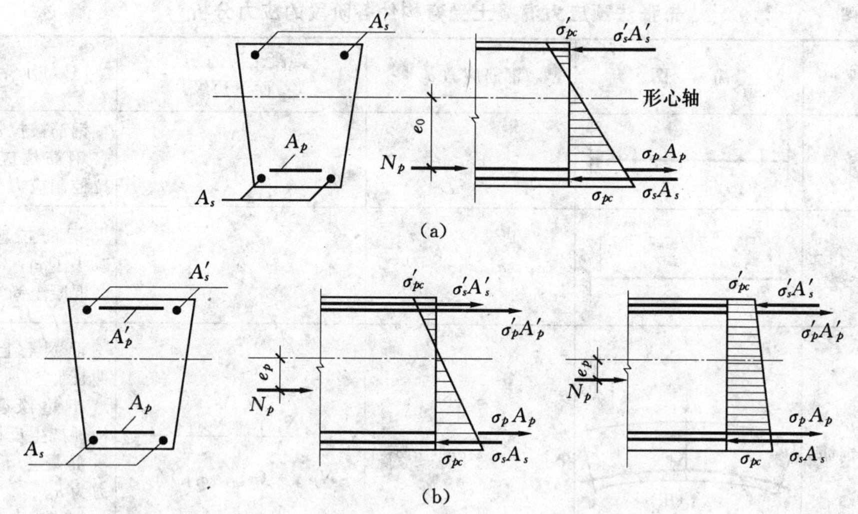

图 9-15 预应力混凝土受弯构件截面混凝土应力

(a) 受拉区配置预应力筋的截面应力；(b) 受拉、受压区均配置预应力筋的截面应力

图 9-16 所示为配有预应力钢筋 A_p、A_p'和非预应力钢筋 A_s、A_s'的不对称截面受弯构件的一般截面形式。对照预应力混凝土轴心受拉构件相应各受力阶段的截面应力分析，可得出预应力混凝土受弯构件截面上混凝土法向预应力 σ_{pc}、预应力钢筋的拉应力 σ_{pe}，预应力钢筋和非预应力钢筋的合力 N_{p0}（N_p）及其偏心距 e_{p0}（e_p）等的计算公式。

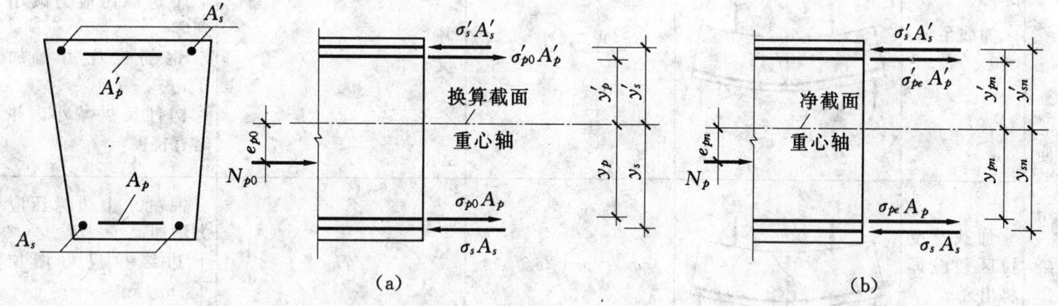

图 9-16 配有预应力钢筋和非预应力钢筋的预应力混凝土受弯构件截面

(a) 先张法构件；(b) 后张法构件

1. 施工阶段

(1) 先张法构件。施工阶段可以细分为三个小阶段（图 9-16 (a)、表 9-8)。

1) 张拉预应力筋，完成第一批预应力损失 $\sigma_{l\,\text{I}}$。张拉钢筋时 A_p 和 A_p'的控制应力为 σ_{con} 和 σ_{con}'，第一批损失出现后，预应力的拉力分别为 $A_p(\sigma_{con}-\sigma_{l\,\text{I}})$ 和 $A_p'(\sigma_{con}'-\sigma_{l\,\text{I}}')$，预应力筋和非预应力筋的合力（此时非预应力筋应力为零）为 $N_{p0\,\text{I}}=A_p(\sigma_{con}-\sigma_{l\,\text{I}})+A_p'(\sigma_{con}'-\sigma_{l\,\text{I}}')$。

2) 放松预应力筋时，把混凝土挤压应力为零时的预应力筋 A_p、A_p'和非预应力筋 A_s、A_s'的合力 $N_{p0\,\text{I}}$ 看作外力，作用在换算截面 A_0 上（$A_0=A_c+\alpha_E A_p+\alpha_E A_s+\alpha_E A_p'+\alpha_E A_s'$，当钢筋弹性模量不同时，应分别取用）。

表 9-8　　先张法预应力混凝土受弯构件各阶段的应力分析

受力阶段		简图	钢筋应力 σ_p	混凝土应力 σ_{pc}（截面下边缘）	说明
施工阶段	张拉钢筋		σ_{con}	—	钢筋被拉长 钢筋拉应力等于张拉控制应力
	完成第一批损失		$\sigma_{con}-\sigma_{l1}$	0	钢筋拉应力降低，减小了 $\sigma_{l\mathrm{I}}$ 混凝土尚未受力
	放松钢筋	$\sigma'_{pc\mathrm{I}}$ $\sigma_{pc\mathrm{I}}$（压）	$\sigma_{pe\mathrm{I}}=\sigma_{con}-\sigma_{l1}-\alpha_E\sigma_{pc\mathrm{I}}$	$\sigma_{pc\mathrm{I}}=\dfrac{N_{p0\mathrm{I}}}{A_0}+\dfrac{N_{p0\mathrm{I}}e_{p0\mathrm{I}}}{I_0}y_0$ $N_{p0\mathrm{I}}=(\sigma_{con}-\sigma_{l\mathrm{I}})A_p$	混凝土上边缘受拉伸长 下边缘受压缩短，构件产生反拱 混凝土下边缘压应力为 $\sigma_{pc\mathrm{I}}$ 钢筋拉应力减小了 $\alpha_E\sigma_{pc\mathrm{I}}$
	完成第二批损失	$\sigma'_{pc\mathrm{II}}$ $\sigma_{pc\mathrm{II}}$（压）	$\sigma_{pe\mathrm{II}}=\sigma_{con}-\sigma_l-\alpha_E\sigma_{pc\mathrm{II}}$	$\sigma_{pe\mathrm{II}}=\dfrac{N_{p0\mathrm{II}}}{A_0}+\dfrac{N_{p0\mathrm{II}}e_{p0\mathrm{II}}}{I_0}y'_0$ $N_{p0\mathrm{II}}=(\sigma_{con}-\sigma_l)A_p$	混凝土下边缘压应力降低到 $\sigma_{pc\mathrm{I}}$ 钢筋拉应力继续减小
使用阶段	加载至 $\sigma_{pc}=0$	P_0　P_0 0	$\sigma_{con}-\sigma_l$	0	混凝土上边缘由拉变压 下边缘压应力减小到零 钢筋拉应力增加了 $\alpha_E\sigma_{pc\mathrm{II}}$； 构件反拱减小，并略有挠度
	加载至受拉区裂缝即将出现	P_{cr}　P_{cr} f_{tk}（拉）	$\sigma_{con}-\sigma_l+2\alpha_E f_{tk}$	f_{tk}	混凝土上边缘压应力增加； 下边缘拉应力增加了 $2\alpha_E f_{tk}$； 构件挠度增加
	加载至破坏	P_v　P_v	f_{vy}	0	截面下部裂缝开展，构件挠度剧增 钢筋拉应力增加到 f_{py}； 混凝土上边缘压应力增加到 $\alpha_1 f_c$

此时，偏心压力 $N_{p0\mathrm{I}}$ 作用下截面各点混凝土的法向应力 $\sigma_{pc\mathrm{I}}$ 为：

$$\sigma_{pc\mathrm{I}}=\frac{N_{p0\mathrm{I}}}{A_0}\pm\frac{N_{p0\mathrm{I}}e_{p0\mathrm{I}}}{I_0}y_0 \tag{9-52}$$

$$e_{p0\mathrm{I}}=\frac{A_p(\sigma_{con}-\sigma_{l\mathrm{I}})y_p-A'_p(\sigma'_{con}-\sigma'_{l\mathrm{I}})y'_p}{N_{p0\mathrm{I}}} \tag{9-53}$$

式中　$e_{p0\mathrm{I}}$——预应力筋和非预应力筋的合力对换算截面形心轴的距离；

I_0——换算截面惯性矩；

y_0——换算截面重心至所计算纤维的距离；

y_p、y'_p——受拉区、受压区预应力筋合力至换算截面形心的距离。

上式中右边第二项与第一项方向相同时取正号，相反时取负号。

相应阶段预应力筋的拉应力为

$$\sigma_{pe\mathrm{I}}=\sigma_{con}-\sigma_{l\mathrm{I}}-\alpha_E\sigma_{pc\mathrm{I},p} \tag{9-54}$$

$$\sigma'_{pe\mathrm{I}}=\sigma'_{con}-\sigma'_{l\mathrm{I}}-\alpha_E\sigma'_{pc\mathrm{I},p} \tag{9-55}$$

非预应力筋的压应力为

$$\sigma_{s\mathrm{I}}=\alpha_E\sigma_{pc\mathrm{I},s} \tag{9-56}$$

$$\sigma'_{s\mathrm{I}}=\alpha_E\sigma'_{pc\mathrm{I},s} \tag{9-57}$$

$\sigma_{pc\mathrm{I},p}$、$\sigma'_{pc\mathrm{I},p}$和$\sigma_{pc\mathrm{I},s}$、$\sigma'_{pc\mathrm{I},s}$分别为A_p、A'_p和A_s、A'_s重心处混凝土的法向应力值。

3）完成第二批损失后，考虑混凝土收缩徐变对A_s、A'_s的影响，公式相应改变。当混凝土应力为零时，全部预应力筋与非预应力筋的合力为

$$N_{p0\mathrm{II}}=A_p(\sigma_{con}-\sigma_l)+A'_p(\sigma'_{con}-\sigma'_l)-A_s\sigma_{l5}-A'_s\sigma'_{l5} \tag{9-58}$$

$$\sigma_{pc\mathrm{II}}=\frac{N_{p0\mathrm{II}}}{A_0}\pm\frac{N_{p0\mathrm{II}}e_{p0\mathrm{II}}}{I_0}y_0 \tag{9-59}$$

$$e_{p0\mathrm{II}}=\frac{A_p(\sigma_{con}-\sigma_l)y_p-A'_p(\sigma'_{con}-\sigma'_l)y'_p-A_s\sigma_{l5}y_s+A'_s\sigma'_{l5}y'_s}{N_{p0\mathrm{II}}} \tag{9-60}$$

式中　y_s、y'_s——受拉区、受压区非预应力筋合力至换算截面形心的距离。

$$\sigma_{pe\mathrm{II}}=\sigma_{con}-\sigma_l-\alpha_E\sigma_{pc\mathrm{II},p} \tag{9-61}$$

$$\sigma'_{pe\mathrm{II}}=\sigma'_{con}-\sigma'_l-\alpha_E\sigma'_{pc\mathrm{II},p} \tag{9-62}$$

$$\sigma_{s\mathrm{II}}=\alpha_E\sigma_{pc\mathrm{II},s}+\sigma_{l5} \tag{9-63}$$

$$\sigma'_{s\mathrm{II}}=\alpha_E\sigma'_{pc\mathrm{II},s}+\sigma'_{l5} \tag{9-64}$$

（2）后张法构件。施工阶段又可以细分为三个小阶段［图9-16（b）、表9-9］。

1）张拉预应力筋　因千斤顶支撑在构件上，故在张拉预应力筋的同时混凝土受压，产生摩擦损失σ_{l2}，预应力钢筋的预应力为$\sigma_{con}-\sigma_{l2}$，有

$$N_p=A_p(\sigma_{con}-\sigma_{l2})+A'_p(\sigma'_{con}-\sigma'_{l2}) \tag{9-65}$$

$$\sigma_{pc}=\frac{N_p}{A_n}\pm\frac{N_pe_{pn}}{I_n}y_n \tag{9-66}$$

式中　N_p——预应力钢筋的合力；

e_{pn}——预应力钢筋合力的偏心距；

A_n——不包括预应力钢筋换算截面面积在内的净换算截面面积，$A_n=A_c+\alpha_EA_s+\alpha_EA'_s$；

I_n——净面积惯性矩；

y_n——所计算纤维处到净换算截面重心的距离。

表 9－9　后张法预应力混凝土受弯构件各阶段的应力分析

受力阶段		简图	钢筋应力 σ_p	混凝土应力 σ_{pc} （截面下边缘）	说明
施工阶段	穿钢筋	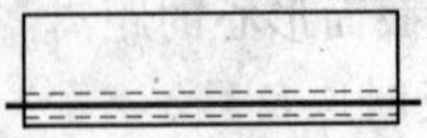	0	0	
	张拉钢筋	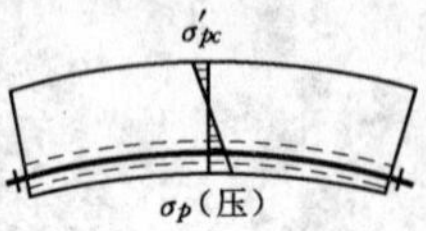 σ'_{pc} σ_p（压）	$\sigma_{con}-\sigma_{l2}$	$\sigma_{pe}=\frac{N_p}{A_n}+\frac{N_p e_{pn}}{I_n}y_n$ $N_p=(\sigma_{con}-\sigma_{l2})A_p$	钢筋被拉长摩擦损失同时产生 钢筋拉应力比控制应力 σ_{con} 减小了 σ_{l2} 混凝土上边缘受拉伸长，下边缘受压缩短构件产生反拱
	完成第一批损失	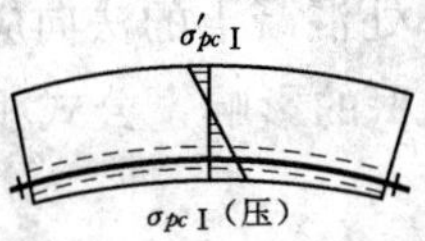 $\sigma'_{pc\,\mathrm{I}}$ $\sigma_{pc\,\mathrm{I}}$（压）	$\sigma_{pe\,\mathrm{I}}=\sigma_{con}-\sigma_{l1}$	$\sigma_{pe\,\mathrm{I}}=\frac{N_{p\,\mathrm{I}}}{A_n}+\frac{N_{p\,\mathrm{I}}e_{pn\,\mathrm{I}}}{I_n}y_n$ $N_{p\,\mathrm{I}}=(\sigma_{con}-\sigma_{l1})A_p$	混凝土下边缘压应力减小到 $\sigma_{pc\,\mathrm{I}}$ 钢筋拉应力减小了 σ_{l1}
	完成第二批损失	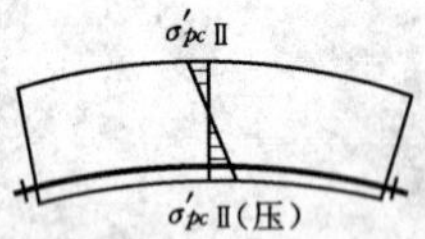 $\sigma'_{pc\,\mathrm{II}}$ $\sigma'_{pc\,\mathrm{II}}$（压）	$\sigma_{pe\,\mathrm{II}}=\sigma_{con}-\sigma_l$	$\sigma_{pe\,\mathrm{II}}=\frac{N_{p\,\mathrm{II}}}{A_n}+\frac{N_{p\,\mathrm{II}}e_{pn\,\mathrm{II}}}{I_n}y_n$ $N_{p\,\mathrm{II}}=(\sigma_{con}-\sigma_l)A_p$	混凝土下边缘压应力降低到 $\sigma_{pc\,\mathrm{II}}$ 钢筋拉应力继续减小
使用阶段	加载至 $\sigma_{pc}=0$	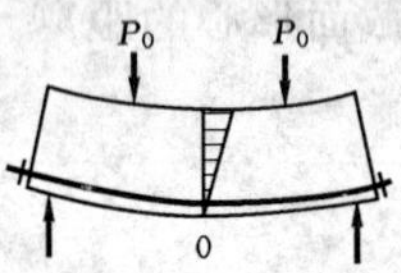 P_0　P_0 0	$(\sigma_{con}-\sigma_l)+\alpha_E\sigma_{pc\,\mathrm{I}}$	0	混凝土上边缘由拉变压下边缘压应力减小到零 钢筋拉应力增加了 $\alpha_E\sigma_{pc\,\mathrm{I}}$ 构件反拱减少，略有挠度
	加载至受拉区裂缝即将出现	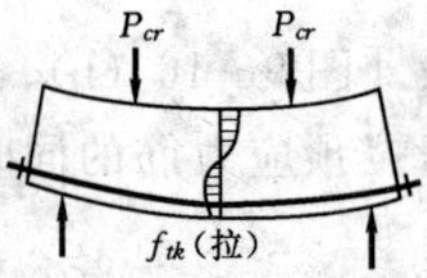 P_{cr}　P_{cr} f_{tk}（拉）	$\sigma_{con}-\sigma_l+\alpha_E\sigma_{pc\,\mathrm{I}}$ $+2\alpha_E f_{tk}$	f_{tk}	混凝土上边缘压应力增加，下边缘拉应力到达 f_{tk} 钢筋拉应力增加了 $2\alpha_E f_{tk}$ 构件挠度增加
	加载至破坏	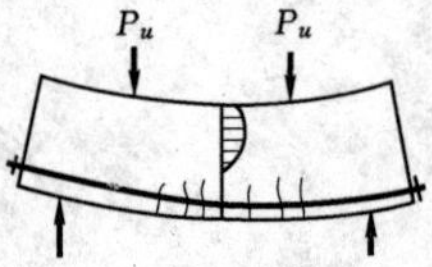 P_u　P_u	f_{py}	0	截面下边缘裂缝开展、构件挠度剧增 钢筋拉应力增加到 f_{py} 混凝土上边缘压应力增加到 $\alpha_1 f_c$

2）完成第一批损失后　卸去千斤顶，用锚具锚固预应力钢筋，产生损失 σ_{l1}，预应力钢筋应力下降为 $\sigma_{pe\,\mathrm{I}}$，有

$$\sigma_{pe\,\mathrm{I}}=\sigma_{con}-\sigma_{l\,\mathrm{I}}-\sigma_{l2}=\sigma_{con}-\sigma_{\mathrm{II}} \quad (9-67)$$

$$N_{p\,\mathrm{I}}=A_p(\sigma_{con}-\sigma_{l\,\mathrm{I}})+A'_p(\sigma'_{con}-\sigma'_{l\,\mathrm{I}}) \tag{9-68}$$

$$\sigma_{pc\,\mathrm{I}}=\frac{N_{p\,\mathrm{I}}}{A_n}\pm\frac{N_{p\,\mathrm{I}}e_{pn\,\mathrm{I}}}{I_n}y_n \tag{9-69}$$

$$e_{pn\,\mathrm{I}}=\frac{A_p(\sigma_{con}-\sigma_{l\,\mathrm{I}})y_{pn}-A'_p(\sigma'_{con}-\sigma'_{l\,\mathrm{I}})y'_{pn}}{N_{p\,\mathrm{I}}} \tag{9-70}$$

式中　$N_{p\,\mathrm{I}}$——预应力钢筋的合力；

$e_{pn\,\mathrm{I}}$——预应力钢筋合力的偏心距。

3）完成第二批损失后　由于预应力筋松弛、混凝土收缩和徐变（对于环形构件还有挤压变形）引起的预应力损失 σ_{l4}、σ_{l5}（以及 σ_{l6}）使得预应力钢筋的应力下降为 $\sigma_{l\,\mathrm{II}}$，即

$$\sigma_{pe\,\mathrm{II}}=\sigma_{con}-\sigma_{l\,\mathrm{I}}-\sigma_{l\,\mathrm{II}}=\sigma_{con}-\sigma_l \tag{9-71}$$

$$N_{p\,\mathrm{II}}=A_p(\sigma_{con}-\sigma_l)+A'_p(\sigma'_{con}-\sigma'_l)-A_s\sigma_{l5}-A'_s\sigma'_{l5} \tag{9-72}$$

$$\sigma_{pc\,\mathrm{II}}=\frac{N_{p\,\mathrm{II}}}{A_n}\pm\frac{N_{p\,\mathrm{II}}e_{pn\,\mathrm{II}}}{I_n}y_n \tag{9-73}$$

$$e_{pn\,\mathrm{II}}=\frac{A_p(\sigma_{con}-\sigma_l)y_{pn}-A'_p(\sigma'_{con}-\sigma'_l)y'_{pn}}{N_{p\,\mathrm{II}}} \tag{9-74}$$

式中　$N_{p\,\mathrm{II}}$——预应力钢筋的合力；

$e_{pn\,\mathrm{II}}$——预应力钢筋合力的偏心距。

2. 使用阶段

在外荷载作用下，截面受到弯矩 M 的作用，使截面产生应力 $\sigma=\dfrac{My_0}{I_0}=\dfrac{M}{W_0}$，其中 W_0 为换算截面受拉边缘弹性抵抗矩。

(1) 加荷至受拉边缘混凝土为零［图 9－17（c）］。设在荷载作用下，截面承受弯矩 M_0（也称消压弯矩），截面下边缘的拉应力正好抵消受拉边缘混凝土的预压应力 $\sigma_{pc\,\mathrm{II}}$，即

$$\frac{M_0}{W_0}-\sigma_{pc\,\mathrm{II}}=0$$

或

$$M_0=\sigma_{pc\,\mathrm{II}}W_0 \tag{9-75}$$

式中　M_0——由外荷载引起的恰好使截面受拉边缘混凝土预压应力为零时的弯矩；

W_0——换算截面受拉边缘的弹性地抗矩。

由于受弯构件截面应力分布不均匀，当荷载加到 M_0 时，只是截面下边缘混凝土应力为零，截面其他纤维的应力并不等于零。

同理，预应力钢筋合力点处混凝土法向应力等于零时，受拉区及受压区的预应力钢筋的应力 σ_{po}、σ'_{po} 为

先张法

$$\sigma_{po}=\sigma_{con}-\sigma_l-\alpha_E\sigma_{pc\,\mathrm{II},p}+\alpha_E\frac{M_0}{W_0}\approx\sigma_{con}-\sigma_l \tag{9-76}$$

$$\sigma'_{po}=\sigma'_{con}-\sigma'_l \tag{9-77}$$

后张法

$$\sigma_{po}=\sigma_{con}-\sigma_l-\alpha_E\frac{M_0}{W_0}\approx\sigma_{con}-\sigma_l+\alpha_E\sigma_{pc\,\mathrm{II}} \tag{9-78}$$

$$\sigma'_{po}=\sigma'_{con}-\sigma'_l+\alpha_E\sigma_{pc\,\mathrm{II}} \tag{9-79}$$

式中　$\sigma_{pc\,\mathrm{II},p}$——在 M_0 作用下，受拉区预应力钢筋合力处的混凝土法向应力，可近似取等于混凝土截面下边缘的预压应力 $\sigma_{pc\,\mathrm{II}}$。

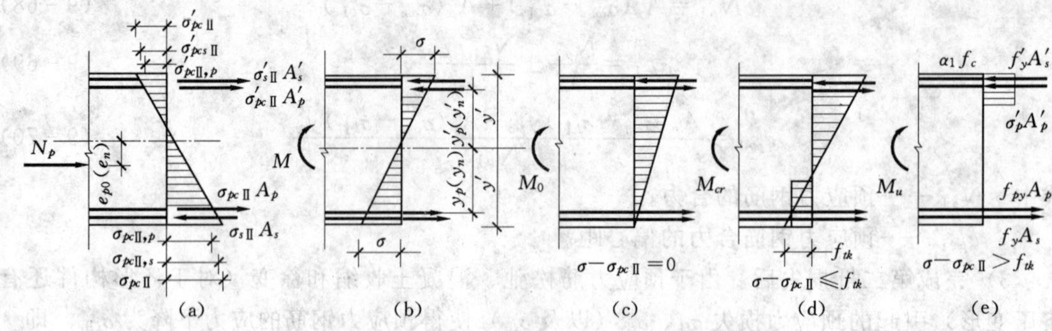

图 9-17　受弯构件截面的应力变化

(a) 预应力作用下；(b) 荷载作用下；(c) 受拉区截面下边缘混凝土应力为零；(d) 受拉区截面下边缘混凝土即将出现裂缝；(e) 受拉区截面下边缘混凝土开裂；

(2) 加荷至拉区混凝土即将出现裂缝［图 9-17 (d)］。当混凝土受拉区混凝土应力达到其抗拉强度标准值 f_{tk} 时，混凝土即将出现裂缝，此时截面上受到的弯矩为 M_{cr}。相当于构件截面在承受消压弯矩 M_0 后，又增加了一个普通钢筋混凝土构件的抗裂弯矩 $\overline{M_{cr}}$。

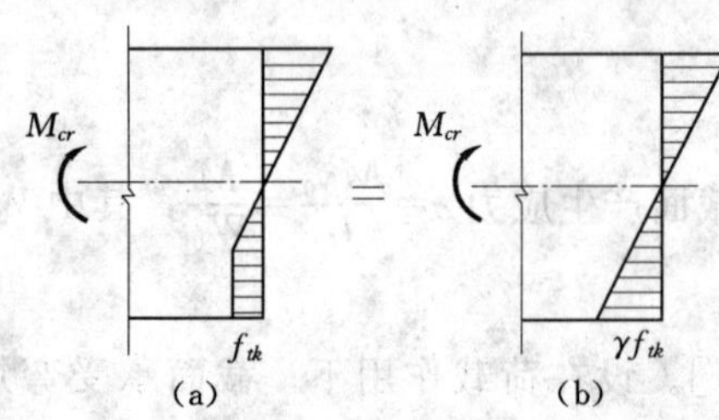

图 9-18　开裂弯矩

(a) 实际应力分布；(b) 等效弹性应

在即将开裂时，拉区混凝土的塑性变形已充分发展，截面受拉区应力图形实际应呈曲线分布，可近似取为梯形［图 9-18 (a)］。为了简化计算，能够继续应用材料力学的弹性计算公式，按抗裂弯矩相等的原则，可将拉区混凝土应力图变为三角形应力图，并取受拉边缘的应力为 γf_{tk}［图 9-18 (b)］。

这样，普通钢筋混凝土构件的抗裂弯矩即为 $\gamma f_{tk}W_0$。γ 为截面抵抗矩塑性影响系数，可根据两种应力图形下，素混凝土截面开裂弯矩相等的条件求得。对矩形截面，当拉区应力图取梯形时，根据截面应变保持平截面的假定，可求得其开裂弯矩为 $M_{cr}=0.256f_{tk}bh^2$，而拉区应力图形取弹性三角形分布时，$W_0=\frac{1}{6}bh^2$，其开裂弯矩为 $\frac{1}{6}\gamma f_{tk}bh^2$，按这两个开裂弯矩相等即可求得 $\gamma=1.536$。γ 与截面形状和高度有关，《规范》建议按下式确定：

$$\gamma=\left(0.7+\frac{120}{h}\right)\gamma_m \tag{9-80}$$

式中　γ_m——截面抵抗矩塑性影响系数基本值，取值见表 9-10；

表 9-10　　**截面抵抗矩塑性影响系数基本值 γ_m**

截面形状	矩形截面	翼缘位于受压区的 T 形截面	对称工字形截面或箱形截面		翼缘位于受拉区的倒 T 形截面		圆形和环形截面
			$b_f/b\leqslant2$ h_f/h 为任意值	$b_f/b>2$ $h_f/h<0.2$	$b_f/b\leqslant2$ h_f/h 为任意值	$b_f/b>2$ $h_f/h<0.2$	
γ_m	1.55	1.50	1.45	1.35	1.50	1.40	$1.6-0.24r_1/r$

注　r 为圆形和环形截面外径；r_1 为环形截面内径。

h——截面高度，当 $h<400$mm 时，取 $h=400$mm；当 $h>1600$mm 时，取 $h=1600$mm；对圆形、环形截面，取 $h=2r$，此处 r 为圆形截面半径或环形截面的外环半径。

因此，预应力受弯构件的抗裂弯矩为

$$M_{cr}=M_0+M'_{cr}=\sigma_{pc\,\mathrm{II}}W_0+\gamma f_{tk}W_0=(\sigma_{pc\,\mathrm{II}}+\gamma f_{tk})W_0 \tag{9-81}$$

(3) 加荷至构件破坏（图 9-17（e））。当加荷至破坏时，受拉区出现垂直裂缝，裂缝截面混凝土退出工作，拉力全部由钢筋承受，此时与普通混凝土截面应力状态类似，计算方法也基本相同。需要指出的是，在使用阶段，先张法与后张法求 M_0、M_{cr} 以及破坏弯矩 M_u 的计算公式是完全相同的，只是在 M_0、M_{cr} 公式中，求 $\sigma_{pc\,\mathrm{II}}$ 时，先张法与后张法是不同的。

二、受弯构件承载力计算

1. 正截面受弯承载力计算

(1) 破坏阶段截面应力状态。试验表明，预应力混凝土受弯构件与钢筋混凝土受弯构件相似，如果 $\xi\leqslant\xi_b$，破坏时截面上受拉区的预应力钢筋先到达屈服强度，而后受压区混凝土被压碎使截面破坏。受压区的预应力钢筋 A'_p 及非预应力钢筋 A_s、A'_s 的应力均可按平截面假定确定。但在计算上，预应力混凝土受弯构件与钢筋混凝土受害构件相比有以下几点不同：

1) 基本假定中的截面应变应保持平面、不考虑混凝土的抗拉强度及采用的混凝土受压应力与应变关系这几条对预应力混凝土受弯构件仍然适用；而"纵向钢筋的应力取等于钢筋应变与弹性模量的乘积，但其绝对值不应大于相应的强度设计值"这一条，对预应力钢筋是近似的，因为预应力钢筋是采用没有明显流幅的钢筋。

2) 界限破坏时截面相对受压区高度 ξ_b 的计算。

设受拉区预应力钢筋合力点处混凝土预压应力为零时，预应力钢筋中的应力为 σ_{p0}，预拉应变为 $\varepsilon_{p0}=\sigma_{p0}/E_s$，界限破坏时，预应力钢筋应力达到抗拉强度设计值 f_{py}，截面上受拉区预应力钢筋的应力增加（$f_{py}-\sigma_{p0}$），相应的应变增加（$f_{py}-\sigma_{p0}/E_s$）。根据平截面假定，相对界限受压区高度 ξ_b 可按图 9-19 所示几何关系确定：

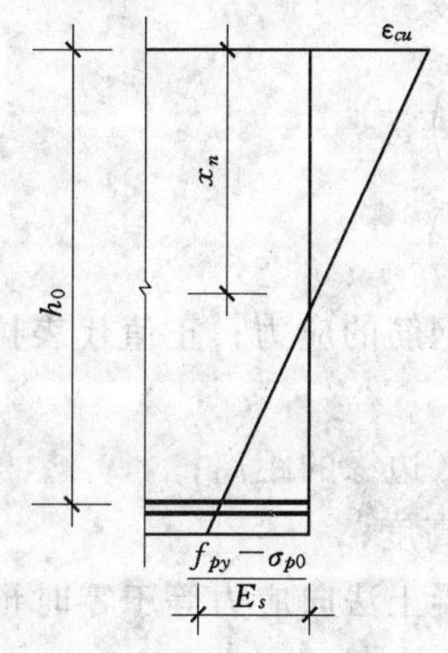

图 9-19　相对受压区高度

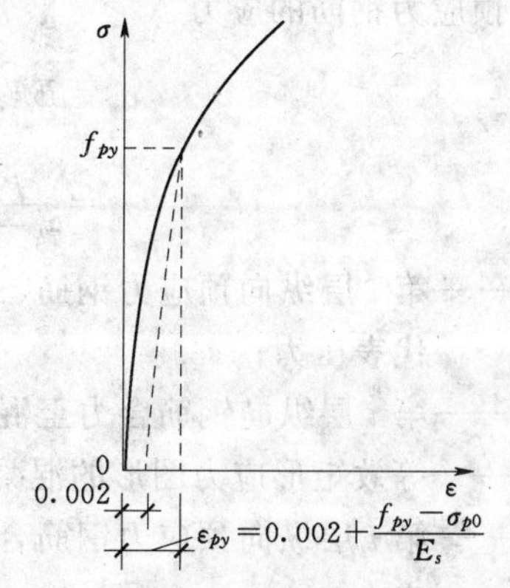

图 9-20　条件屈服钢筋的拉应变

$$\frac{x_n}{h_0}=\frac{\varepsilon_{cu}}{\varepsilon_{cu}+\dfrac{f_{py}-\sigma_{p0}}{E_s}} \tag{9-82}$$

设界限破坏时，界限受压区高度为 x_b，则有 $x=x_b=\beta_1 x_n$，代入上式得

$$\frac{x_b}{\beta_1 h_0}=\frac{\varepsilon_{cu}}{\varepsilon_{cu}+\dfrac{f_{py}-\sigma_{p0}}{E_s}} \tag{9-83}$$

即

$$\xi_b=\frac{x_b}{h_0}=\frac{\beta_1}{1+\dfrac{f_{py}-\sigma_{p0}}{E_s\varepsilon_{cu}}} \tag{9-84}$$

对于无明显屈服点的预应力钢筋（钢丝、钢绞线、热处理钢筋），根据条件屈服点定义，如图 9-20 所示，钢筋到达条件屈服点的拉应变

$$\varepsilon_{py}=0.002+\frac{f_{py}-\sigma_{p0}}{E_s} \tag{9-85}$$

改写式（9-84）得

$$\xi_b=\frac{x_b}{h_0}=\frac{\beta_1}{1+\dfrac{0.002}{\varepsilon_{cu}}+\dfrac{f_{py}-\sigma_{p0}}{E_s\varepsilon_{cu}}} \tag{9-86}$$

式中　σ_{p0}——受拉区纵向预应力钢筋合力点处混凝土法向应力等于零时的预应力钢筋应力，先张法 $\sigma_{p0}=\sigma_{con}-\sigma_l$；后张法 $\sigma_{p0}=\sigma_{con}-\sigma_l-\alpha_E\sigma_{pc\mathrm{II},p}$。

当在截面受拉区内配置不同种类的钢筋或不同的预应力值时，其相对界限受压区高度应分别计算，并取较小值。

3）任意位置处预应力钢筋及非预应力钢筋应力的计算。设第 i 根预应力钢筋的预拉应力为 σ_{pi}，它到混凝土受压区边缘的距离为 h_{0i}，根据平截面假定，它的应力由图 9-21 可得

$$\sigma_{pi}=E_s\varepsilon_{cu}\left(\frac{\beta_1 h_{0i}}{x}-1\right)+\sigma_{p0i} \tag{9-87}$$

以上可按下列近似公式计算

$$\sigma_{pi}=\frac{f_{py}-\sigma_{p0i}}{\xi_b-\beta_1}\left(\frac{x}{h_{0i}}-\beta_1\right)+\sigma_{p0i} \tag{9-88}$$

同理，非预应力钢筋的应力

$$\sigma_{si}=E_s\varepsilon_{cu}\left(\frac{\beta_1 h_{0i}}{x}-1\right) \tag{9-89}$$

或

$$\sigma_{si}=\frac{f_y}{\xi_b-\beta_1}\left(\frac{x}{h_{0i}}-\beta_1\right) \tag{9-90}$$

式中　σ_{pi}、σ_{si}——第 i 层纵向预应力钢筋、非预应力钢筋的应力；正值代表拉应力、负值代表压力；

h_{0i}——第 i 层纵向钢筋合力至混凝土受压区边缘的距离；

x——等效矩形应力图形的混凝土受压区高度；

σ_{p0i}——第 i 层纵向预应力钢筋合力点处混凝土法向应力等于零时预应力钢筋的应力。

预应力钢筋的应力 σ_{pi} 应符合下列条件

$$\sigma_{p0i}-f'_{py}\leqslant\sigma_{pi}\leqslant f_{py} \quad (9-91)$$

当 σ_{pi} 为拉应力且其值大于 f_{py} 时，取 $\sigma_{pi}=f_{py}$；当 σ_{pi} 为压应力且其绝对值大于（$\sigma_{p0i}-f'_{py}$）的绝对值时，取 $\sigma_{pi}=\sigma_{p0i}-f'_{py}$。

非预应力钢筋应力 σ_{si} 应符合下列条件

$$-f'_y\leqslant\sigma_{si}\leqslant f_y \quad (9-92)$$

当 σ_{si} 为拉应力且其值大于 f_y 时，取 $\sigma_{si}=f_y$；当 σ_{si} 为压应力且其绝对值大于 f'_y 时，取 $\sigma_{si}=-f'_y$。

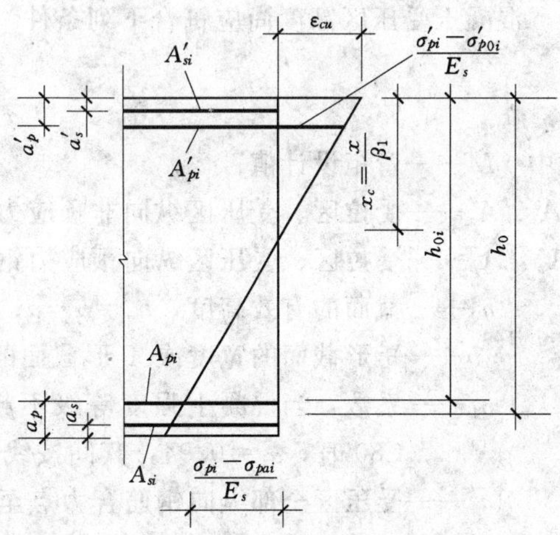

图 9-21　钢筋应力 σ_{pi} 的计算

4）受压区预应力钢筋应力 σ'_{pe} 的计算。随着荷载的不断增大，在预应力钢筋 A'_p 重心处的混凝土压应力和压应变都有所增加，预应力钢筋 A'_p 的拉应力随之减小，故截面到达破坏时，A'_p 的应力可能仍为拉应力，也可能变为压应力，但其应力值 σ'_{pe} 却达不到抗压强度设计值 f'_{py}，而仅为

先张法构件
$$\sigma'_{pe}=(\sigma'_{con}-\sigma'_l)-f'_{py}=\sigma'_{p0}-f'_{py} \quad (9-93)$$

后张法构件
$$\sigma'_{pe}=(\sigma'_{con}-\sigma'_l)+\alpha_E\sigma'_{pc\,\mathrm{II},p}-f'_{py}=\sigma'_{p0}-f'_{py} \quad (9-94)$$

（2）矩形截面或翼缘位于受拉边的倒 T 形截面预应力混凝土受弯构件正截面承载力计算

与普通钢筋混凝土受弯构件类似，预应力混凝土受弯构件正截面破坏时，受拉区预应力钢筋先达到屈服，然后受压区边缘的压应变达到混凝土的极限压应变而破坏。如果在截面上还有非预应力钢筋 A_s、A'_s，破坏时其应力都能达到屈服强度。而受压区预应力钢筋 A'_p 在截面破坏时的应力应按式（9-93）或式（9-94）计算。对于图 9-22 所示的矩形截面或翼缘位于受拉边的 T 形截面预应力混凝土受弯构件，其正截面受弯承载力计算的基本公式为

$$M\leqslant M_u=\alpha_1 f_c bx\left(h_0-\frac{x}{2}\right)+f'_yA'_s(h_0-a'_s)-(\sigma'_{p0}-f'_{py})A'_p(h_0-a'_p) \quad (9-95)$$

$$\alpha_1 f_c bx=f_yA_s-f'_yA'_s+f_{py}A_p+(\sigma'_{p0}-f'_{py})A'_p \quad (9-96)$$

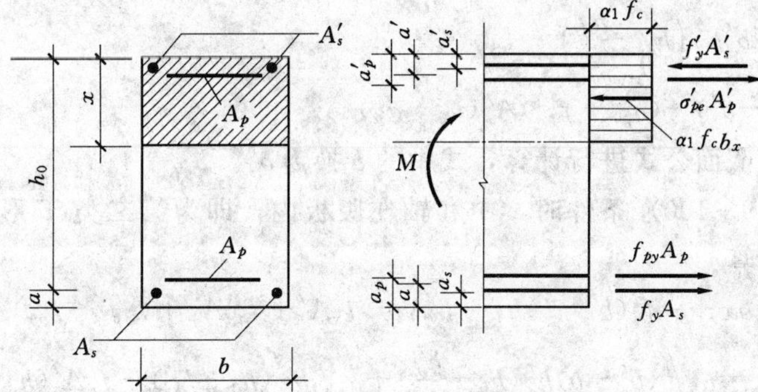

图 9-22　矩形截面预应力混凝土受弯构件正截面承载力计算简图

混凝土受压区高度尚应符合下列条件

$$x \leqslant \xi_b h_0 \tag{9-97}$$

$$x \geqslant 2a' \tag{9-98}$$

式中　M——弯矩设计值；

A_s、A'_s——受拉区、受压区纵向非预应力钢筋的截面面积；

A_p、A'_p——受拉区、受压区纵向预应力钢筋的截面面积；

h_0——截面的有效高度，$h_0 = h - a$；

b——矩形截面的宽度或 T 形截面的腹板宽度；

α_1——系数，当混凝土强度等级不超过 C50 时，$\alpha_1 = 1.0$；当混凝土强度等级为 C80 时，$\alpha_1 = 0.94$，其间按线性内插法取用；

a'——受压区全部纵向钢筋合力点至截面受压边缘的距离，当受压区未配置纵向预应力钢筋或受压区纵向预应力钢筋应力 $\sigma'_{pe} = \sigma'_{p0} - f'_{py}$ 为拉应力时，则式（9-98）中的 a' 用 a'_s 代替；

a'_s、a'_p——受压区纵向非预应力钢筋合力点、预应力钢筋合力点至截面受压边缘的距离。

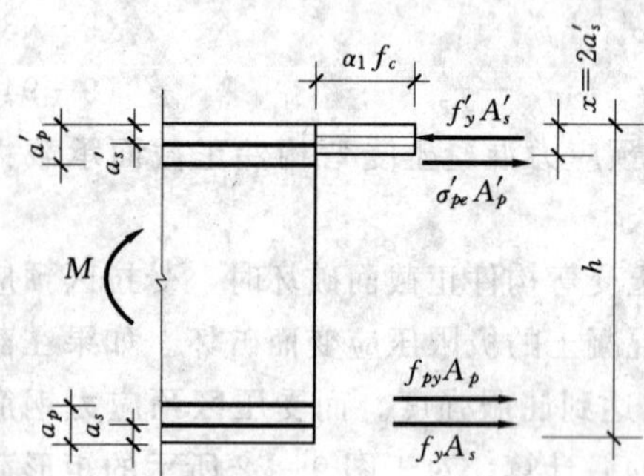

图 9-23　矩形截面预应力混凝土受弯构件垂直截面当 $x < 2a'$ 时的计算简图

当 $x < 2a'$ 时，正截面受弯承载力可按下列公式计算：当 σ'_{pe} 为拉应力时，取 $x = 2a'_s$，如图 9-23 所示。

$$M \leqslant M_u = f_{py} A_p (h - a_p - a'_s) + f_y A_s (h - a_s - a'_s) + (\sigma'_{p0} - f'_{py}) A'_p (a'_p - a'_s) \tag{9-99}$$

式中　a_s、a_p——受拉区纵向非预应力钢筋、预应力钢筋合力点至受拉边缘的距离。

（3）翼缘位于受压区的 T 形截面、I 形截面预应力混凝土受弯构件正截面承载力计算。

T 形截面翼缘位于受压区，所以要先判断中和轴是在受压区翼缘内（第一类 T 形截面）还是在腹板内（第二类 T 形截面）。

当符合下列条件时，中和轴在受压区翼缘内，属于第一类 T 形截面。

$$M \leqslant M_u = \alpha_1 f_c b'_f h'_f \left(h_0 - \frac{h'_f}{2}\right) + f'_y A'_s (h_0 - a'_s) - (\sigma'_{p0} - f'_{py}) A'_p (h_0 - a'_p) \tag{9-100}$$

可以参照矩形截面公式进行计算，式中的 b 换为 b'_f。

当不符合式（9-100）条件时，中和轴在腹板内，即为第二类 T 形截面，正截面受弯承载力按下式计算

$$\alpha_1 f_c b x + \alpha_1 f_c (b'_f - b) h'_f = f_y A_s - f'_y A'_s + f_{py} A_p + (\sigma'_{p0} - f'_{py}) A'_p \tag{9-101}$$

$$M \leqslant M_u = \alpha_1 f_c (b'_f - b) h'_f \left(h_0 - \frac{h'_f}{2}\right) + \alpha_1 f_c b x \left(h_0 - \frac{x}{2}\right) + f'_y A'_s (h_0 - a'_s) - (\sigma'_{p0} - f'_{py}) A'_p (h_0 - a'_p) \tag{9-102}$$

式中 h'_f——T形截面受压区翼缘高度；

b'_f——T形截面受压区翼缘宽度。

上式计算时，混凝土受压区高度必须满足式（9-97）的要求，预应力混凝土受弯构件中纵向受拉钢筋配筋率必须符合下式要求

$$M_u \geqslant M_{cr} \tag{9-103}$$

式中 M_u——构件的正截面受弯承载力设计值，按式（9-95）、式（9-100）或式（9-102）计算；

M_{cr}——构件的正截面开裂弯矩，按式（9-81）计算。

式（9-103）规定了各类预应力受力钢筋的最小配筋率。其意义是"构件截面开裂后受拉预应力钢筋不至于立即破坏"，目的是为了保证构件具有一定的延性，避免发生无预兆的脆性破坏。

2. 斜截面承载力计算

与钢筋混凝土受弯构件类似，预应力混凝土受弯构件也包括斜截面受剪承载力和斜截面受弯承载力的计算，需要注意施加预应力对斜截面承载力的影响。

（1）斜截面受剪承载力计算

1）计算公式。预应力混凝土梁的斜截面受剪承载力比钢筋混凝土梁大些，主要是由于预应力抑制了斜裂缝的出现和发展，增加了混凝土剪压区高度，从而提高了混凝土剪压区的受剪承载力。因此，计算预应力混凝土梁的斜截面受剪承载力可在钢筋混凝土梁计算公式的基础上增加一项由预应力而提高的斜截面受剪承载力设计值 V_p，根据矩形截面有箍筋预应力混凝土梁的试验结果，V_p 的计算公式为

$$V_p = 0.05N_{p0} \tag{9-104}$$

为此，对矩形、T形及工字形截面的预应力混凝土受弯构件的斜截面受剪承载力按下列公式计算：

$$V = V_{cs} + V_p \tag{9-105}$$

$$V_{cs} = \alpha_{cv} f_t b h_0 + f_{yv}\frac{A_{sv}}{s}h_0 \tag{9-106}$$

式中 V_p——由预应力所提高的构件受剪承载力设计值；

α_{cv}——斜截面混凝土受剪承载力系数，对于一般受弯构件取0.7；对集中荷载作用下（包括作用有多种荷载，其中集中荷载对支座截面或节点边缘所产生的剪力值占总剪力值的75%以上的情况）的独立梁，取 α_{cv} 为 $\frac{1.75}{\lambda+1}$，λ 为计算截面的剪跨比，可取 λ 等于 a/h_0，当 $\lambda<1.5$ 时，取 $\lambda=1.5$；当 $\lambda>3$ 时，取 $\lambda=3$，a 取集中荷载作用点至支座截面或节点边缘的距离；

A_{sv}——配置在同一截面内各肢箍筋的全部截面面积，$A_{sv}=nA_{sv1}$，其中，n 为同一截面内箍筋的肢数，A_{sv1} 为单肢箍筋的截面面积；

f_t——混凝土抗拉强度设计值；

N_{p0}——计算截面上混凝土法向应力等于零时预加应力，按式（9-58）、（9-72）计

算；当 $N_{p0}>0.3f_cA_0$ 时，取 $N_{p0}=0.3f_cA_0$，此处，A_0 为构件的换算截面面积；

f_{yv}——箍筋抗拉强度设计值，按附录二附表 2－7 采用。

对于先张法预应力混凝土构件，如果斜截面受拉区始端在预应力传递长度 l_{tr} 范围内，则预应力钢筋的合力取为 $\sigma_{p0}\dfrac{l_a}{l_{tr}}A_p$，如图 9－24。$l_a$ 为斜裂缝与预应力钢筋交点至构件端部的距离。l_{tr} 按下列公式计算

$$l_{tr}=\alpha\frac{\sigma_{pe}}{f'_{tk}}d \tag{9-107}$$

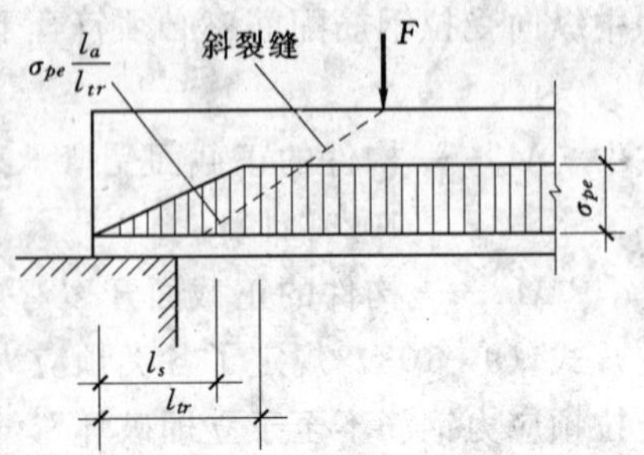

图 9－24 预应力钢筋的预应力传递长度范围内，有效预应力值的变化

式中 σ_{pe}——放张时预应力钢筋的有效预应力；

d——预应力钢筋的公称直径，按附录三采用；

α——预应力钢筋的外形系数，按表 9－9 采用；

f'_{tk}——与放张时混凝土立方体抗压强度 f'_{cu} 相应的轴心抗拉强度标准值，按附表 2－1 以线性内插法确定。

表 9－9 **预应力钢筋的外形系数**

钢筋类型	光圆钢筋	带肋钢筋	螺旋肋钢筋	三股钢绞线	七股钢绞线
α	0.16	0.14	0.13	0.16	0.17

当采用骤然放松预应力钢筋的施工工艺时，对光面预应力钢丝，l_{tr} 的起点应从距构件末端 $0.25l_{tr}$ 处开始计算。

当混凝土法向预应力等于零时，预应力钢筋及非预应力钢筋的合力 N_{p0} 引起的截面弯矩与由荷载产生的截面弯矩方向相同时，以及对预应力混凝土连续梁和允许出现裂缝的预应力混凝土简支梁，均取 $V_p=0$。

当配有箍筋和预应力弯起钢筋时，其斜截面受剪承载力按下列公式计算

$$V\leqslant V_{cs}+V_p+0.8f_{yv}A_{sb}\sin\alpha_s+0.8f_{py}A_{pb}\sin\alpha_p \tag{9-108}$$

式中 V——在配置弯起钢筋处的剪力设计值，当计算第一排（对支座而言）弯起钢筋时，取用支座边缘处的剪力值；当计算以后的每一排弯起钢筋时，取前一排（对支座而言）弯起钢筋弯起点处的剪力值；

V_{cs}——构件斜截面上混凝土和箍筋的受剪承载力设计值，按式（9－106）计算；

V_p——由预加力所提高的构件受剪承载力设计值，按式（9－104）计算，但在计算 N_{p0} 时不考虑预应力弯起钢筋的作用；

A_{sb}、A_{pb}——同一弯起平面内弯起普通钢筋、弯起预应力钢筋的截面面积；

α_s、α_p——斜截面上弯起普通钢筋、弯起预应力钢筋的切线与构件纵向轴线的夹角。

2）适用范围。为了防止斜压破坏，受剪截面应符合下列条件：

当$\frac{h_w}{b}\leqslant 4$时　　$V\leqslant 0.25\beta_c f_c b h_0$　　(9-109)

当$\frac{h_w}{b}\geqslant 6$时　　$V\leqslant 0.2\beta_c f_c b h_0$　　(9-110)

当$4<\frac{h_w}{b}<6$时，按线性内插法取用。

式中　V——构件斜截面上的最大剪力设计值；

β_c——混凝土强度影响系数，当混凝土强度等级不超过C50时，取$\beta_c=1.0$；当混凝土强度等级为C80时，取$\beta_c=0.8$，其间按线性内插法取用；

b——矩形截面宽度、T形截面或I形截面的腹板宽度；

h_w——截面的腹板高度，矩形截面取有效高度h_0，T形截面取有效高度扣除翼缘高度，I形截面取腹板净高。

矩形、T形、I形截面的一般预应力混凝土受弯构件，当符合下列要求时，可不进行斜截面受剪承载力计算，仅需按构造要求配置箍筋。

$$V\leqslant \alpha_{cv} f_t b h_0+0.05N_{p0} \tag{9-111}$$

受拉边倾斜的矩形，T形和I形截面的预应力混凝土受弯构件，如图9-25所示，其斜截面受剪承载力按下式计算

$$V\leqslant V_{cs}+V_{sp}+0.8f_y A_{sb}\sin\alpha_s \tag{9-112}$$

$$V_{sp}=\frac{M-0.8(\sum f_{yv}A_{sv}z_{sv}+\sum f_y A_{sb}z_{sb})}{z+c\tan\beta}\tan\beta \tag{9-113}$$

式中　V——构件斜截面上的最大剪力设计值；

M——构件斜截面上受压区末端的弯矩设计值；

V_{cs}——构件斜截面上混凝土和箍筋的受剪承载能力设计值，其计算公式与普通钢筋混凝土受弯构件相同，其中h_0取斜截面受拉区始端的垂直截面有效高度；

V_{sp}——构件截面上受拉边倾斜的纵向预应力受拉钢筋的合力设计值在垂直方向的投影：对预应力混凝土受弯构件，其值不应大于$(f_{py}A_p+f_y A_s)\sin\beta$，且不应小于$\sigma_{pe}A_p\sin\beta$；

z_{sv}——同一截面内箍筋的合力至斜截面受压区合力点的距离；

z_{sb}——同一弯起平面内普通钢筋的合力至斜截面受压区合力点的距离；

z——斜截面受拉区始端处纵向受力钢筋合力的水平分力至斜截面受压区合力点的距离，可近似取为$0.9h_0$；

β——斜截面受拉区始端处倾斜的纵向受拉钢筋的倾角；

c——斜截面的水平投影长度，可近似取为h_0。

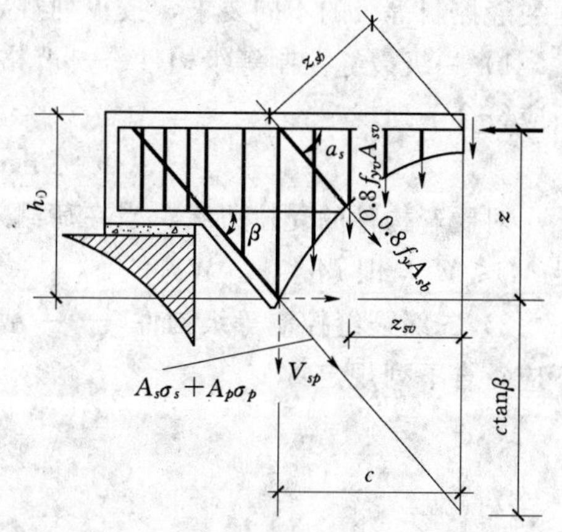

图9-25　受拉边倾斜的受弯构件斜截面受剪承载力

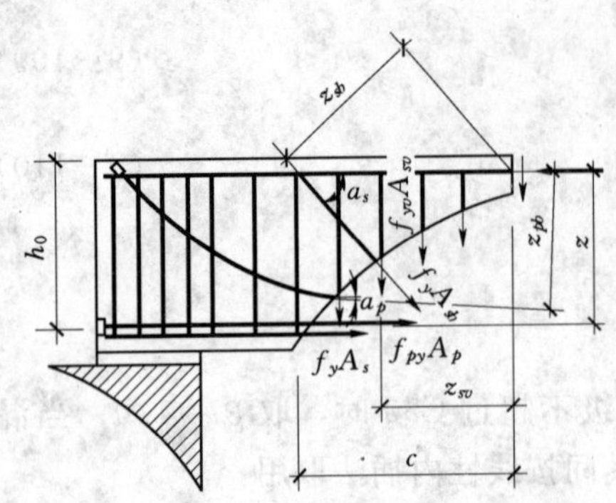

图 9-26　受弯构件斜截面受弯承载力计算

3. 斜截面受弯承载力计算

预应力混凝土受弯构件斜截面的受弯承载力应按照下式计算，如图 9-26 所示。

$$M \leqslant (f_yA_s + f_{py}A_p)z + \sum f_yA_{sb}z_{sb} + \sum f_{py}A_{pb}z_{pb} + \sum f_{yv}A_{sv}z_{sv} \quad (9-114)$$

此时，斜截面的水平投影长度 c 可按下列条件确定：

$$V = \sum f_yA_{sb}\sin\alpha_s + \sum f_{py}A_{pb}\sin\alpha_p + \sum f_{yv}A_{sv} \quad (9-115)$$

式中　V——斜截面受压区末端的剪力设计值；

z——纵向受拉普通钢筋和预应力钢筋的合力点至受压区合力点的距离，可近似取为 $0.9h_0$；

z_{sb}、z_{pb}——同一弯起平面内弯起普通钢筋、弯起预应力钢筋的合力点至斜截面受压区合力点的距离；

z_{sv}——同一斜截面上箍筋的合力点至斜截面受压区合力点的距离。

在计算先张法预应力混凝土构件端部锚固区的斜截面受弯承载力时，公式中的 f_{py} 应按下列规定确定：锚固区内的纵向预应力筋抗拉强度设计值在锚固起点处应取为零，在锚固终点处应取为 f_{py}，在两点之间可按线性内插法确定。此时，纵向预应力筋的锚固长度 l_a 应符合有关受拉钢筋锚固长度的规定。

三、受弯构件使用阶段抗裂与裂缝宽度验算

1. 正截面抗裂及裂缝宽度验算

（1）正截面抗裂验算。

预应力混凝土受弯构件，在使用阶段不允许出现裂缝的受弯构件，其正截面抗裂度根据裂缝控制等级的不同要求，按下列规定验算受拉边缘的应力：

1）一级裂缝控制等级构件——严格要求不出现裂缝的构件，在荷载效应的标准组合下应符合下列规定：

$$\sigma_{ck} - \sigma_{pc\,\mathrm{II}} \leqslant 0 \quad (9-116)$$

对受弯构件的受拉边缘，当在荷载效应的标准组合 M_k 下不允许出现拉应力时，应满足 $M_k \leqslant M_0$，即 $M_k \leqslant \sigma_{pc\,\mathrm{II}} W_0$。

2）二级裂缝控制等级构件——一般要求不出现裂缝的构件，在荷载效应的标准组合下应符合下列规定：

$$\sigma_{ck} - \sigma_{pc\,\mathrm{II}} \leqslant f_{tk} \quad (9-117)$$

$$\sigma_{ck} = \frac{M_k}{W_0} \quad (9-118)$$

式中　$\sigma_{pc\,\mathrm{II}}$——扣除全部预应力损失值后，在抗裂验算边缘混凝土的预压应力，按式（9-59）、式（9-73）计算；

σ_{ck}——荷载的标准组合下抗裂验算边缘混凝土的法向应力；

M_k——按荷载的标准组合计算的弯矩值；

W_0——构件换算截面受拉边缘的弹性抵抗矩；

f_{tk}——混凝土抗拉强度标准值，按附录二附表 2-1 采用。

对受弯构件的受拉边缘，当在荷载效应的标准组合 M_k 下不允许开裂时，应满足 $M_k \leqslant M_{cr}$，按照弹性方法计算时，即 $M_k \leqslant (\sigma_{pc\text{II}} + f_{tk})W_0$；考虑受拉区混凝土塑性计算时，则 $M_k \leqslant (\sigma_{pc\text{II}} + \gamma f_{tk})W_0$，可得验算式 $(\sigma_{ck} - \sigma_{pc\text{II}}) \leqslant \gamma f_{tk}$。

（2）裂缝宽度验算。

对在使用阶段允许出现裂缝的预应力混凝土构件，应验算裂缝宽度。在荷载标准组合下并考虑裂缝宽度分布的不均匀性和荷载长期作用影响，纵向受拉钢筋截面重心水平处的最大裂缝宽度 w_{max} 按式（9-44）计算，但这时取 $A_{te} = 0.5bh + (b_f - b)h_f$；按荷载标准组合计算的预应力混凝土构件纵向受拉钢筋的等效应力为

$$\sigma_{sk} = \frac{M_k - N_{p0}(z - e_p)}{(\alpha_1 A_p + A_s)z} \tag{9-119}$$

$$z = \left[0.87 - 0.12(1 - \gamma'_f)\left(\frac{h_0}{e}\right)^2\right]h_0 \tag{9-120}$$

$$e = e_p + \frac{M_k}{N_{p0}} \tag{9-121}$$

式中 z——受拉区纵向预应力钢筋和非预应力钢筋合力点至受压区压力合力点的距离，如图 9-27 所示；

γ'_f——受压翼缘截面面积与腹板有效截面面积的比值，$\gamma'_f = \frac{(b'_f - b)h'_f}{bh_0}$，其中，$b'_f$、$h'_f$为受压区翼缘的宽度、高度，当 $h'_f > 0.2h_0$ 时，取 $h'_f = 0.2h_0$；

e_p——混凝土法向预应力等于零时，全部纵向预应力和非预应力钢筋的合力 N_{p0} 的作用点至受拉区纵向预应力和非预应力钢筋合力点的距离；

M_k——按荷载标准组合计算的弯矩值。

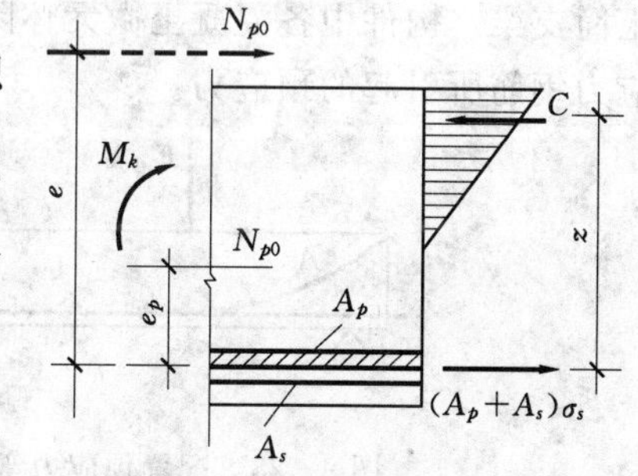

图 9-27 预应力和非预应力筋合力点至受压区压力合力点的距离

对承受吊车荷载但不需要做疲劳验算的受弯构件，可将计算求得的最大裂缝宽度乘以系数 0.85。

对环境类别为Ⅱ a 类的预应力混凝土构件，在荷载准永久组合下，应符合下列规定：

$$\sigma_{cq} - \sigma_{pc\text{II}} \leqslant f_{tk} \tag{9-122}$$

$$\sigma_{cq} = \frac{M_q}{W_0} \tag{9-123}$$

式中 σ_{cq}——荷载的准永久组合下抗裂验算边缘混凝土的法向应力；

M_q——按荷载的准永久组合计算的弯矩值。

2. 斜截面抗裂验算

《规范》规定，预应力混凝土受弯构件斜截面的抗裂度验算，主要是验算截面上混凝

土的主拉应力 σ_{tp} 和主压应力 σ_{cp} 不超过规定的限值。

(1) 混凝土主拉应力。

对一级裂缝控制等级构件，应符合以下规定

$$\sigma_{tp} \leqslant 0.85 f_{tk} \tag{9-124}$$

对二级裂缝控制等级构件，应符合以下规定

$$\sigma_{tp} \leqslant 0.95 f_{tk} \tag{9-125}$$

(2) 混凝土主压应力。

对一、二级裂缝控制等级构件，均应符合以下规定

$$\sigma_{cp} \leqslant 0.6 f_{ck} \tag{9-126}$$

式中 σ_{tp}、σ_{cp}——混凝土的主拉应力和主压应力；

f_{tk}、f_{ck}——混凝土的抗拉强度和抗压强度标准值；

0.85、0.95——考虑张拉时的不准确性和构件质量变异影响的经验系数；

0.6——主要防止腹板在预应力和荷载作用下压坏，并考虑到主压应力过大会导致斜截面抗裂能力降低的经验系数。

此时，应选择跨度内不利位置的截面，对该截面的换算截面重心处和截面宽度突变处进行验算。

(3) 混凝土主拉应力 σ_{tp} 和主压应力 σ_{cp} 的计算。预应力混凝土构件在斜截面开裂前，基本上处于弹性工作状态，所以主应力可按材料力学方法计算。图 9-28 为一预应力混凝土简支梁，构件中各混凝土微元体除了承受由荷载产生的正应力和剪应力外，还承受由预应力钢筋所引起的预应力。

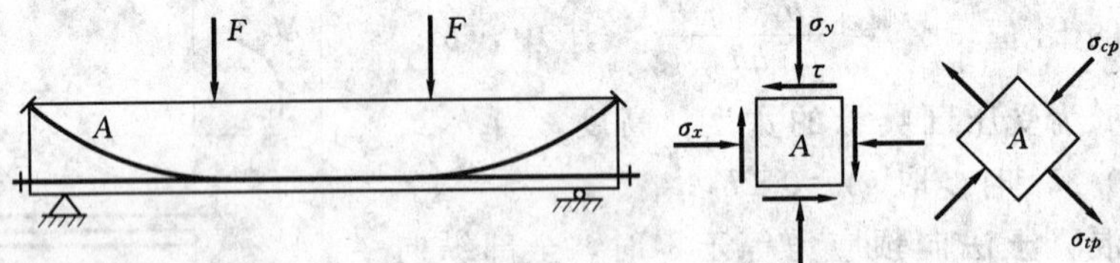

图 9-28 配置预应力弯起钢筋 A_{pb} 的受弯构件中微元体 A 的应力情况

荷载作用下截面上任一点的正应力和剪应力分别为

$$\left.\begin{aligned}\sigma_q &= \frac{M_k y_0}{I_0} \\ \tau_q &= \frac{V_k S_0}{b I_0}\end{aligned}\right\} \tag{9-127}$$

如果梁中仅配预应力纵向钢筋，则将产生预应力 $\sigma_{pc\,\mathrm{II}}$，在预应力和荷载的联合作用下，计算纤维处产生沿 x 方向的混凝土法向应力为

$$\sigma_x = \sigma_{pc\,\mathrm{II}} + \sigma_q = \sigma_{pc\,\mathrm{II}} + \frac{M_k y_0}{I_0} \tag{9-128}$$

如果梁中还配有预应力弯起钢筋，将要产生预剪应力 τ_{pc}，其值可按下式确定

$$\tau_{pc} = \frac{\sum (\sigma_{pe} A_{pb} \sin\alpha_p) S_0}{b I_0} \tag{9-129}$$

所以，计算纤维处的剪应力为

$$\tau=\tau_q+\tau_{pc}=\frac{(V_k-\sum\sigma_{pe}A_{pb}\sin\alpha_p)S_0}{bI_0} \tag{9-130}$$

对预应力混凝土吊车梁，在集中力作用点两侧各 0.6h 的长度范围内，由集中荷载标准值 F_k 在混凝土中产生竖向压应力 σ_y 和剪应力 τ_F，其简化分布如图 9-29 所示。从图中可看出，由 F_k 产生的竖向压应力最大值为

$$\sigma_{y,\max}=\frac{0.6F_k}{bh} \tag{9-131}$$

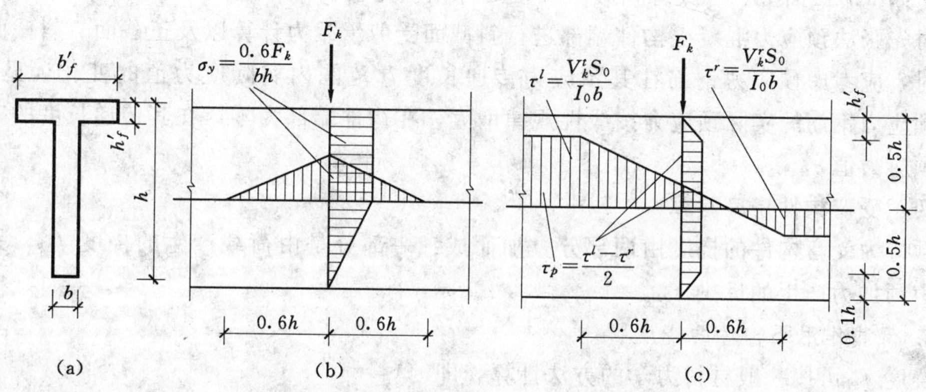

图 9-29　预应力混凝土吊车梁集中荷载作用点附近应力分布

(a) 截面；(b) 竖向压应力 σ_y 分布；(c) 剪应力 τ_F 分布

混凝土的主拉应力 σ_{tp} 和主压应力 σ_{cp} 可按下列公式计算

$$\left.\begin{matrix}\sigma_{tp}\\ \sigma_{cp}\end{matrix}\right\}=\frac{\sigma_x+\sigma_y}{2}\pm\sqrt{\left(\frac{\sigma_x-\sigma_y}{2}\right)^2+\tau^2} \tag{9-132}$$

式中　σ_x——由预加力和弯矩值 M_k 在计算纤维处产生的混凝土法向应力；

σ_y——由集中荷载标准值 F_k 产生的混凝土竖向压应力；

τ——由剪力值 V_k 和预应力弯起钢筋的预加力在计算纤维处产生的混凝土剪应力；当计算截面上有扭矩作用时，尚应计入扭矩引起的剪应力；对超静定后张法预应力混凝土结构构件，在计算剪应力时，尚应计入预加应力引起的次剪力；

F_k——集中荷载标准值；

M_k——按荷载标准组合计算的弯矩值；

V_k——按荷载标准组合计算的剪力值；

σ_{pe}——预应力弯起钢筋的有效预应力；

S_0——计算纤维以上部分的换算截面面积对构件换算截面重心的面积矩；

σ_{pc}——扣除全部预应力损失后，在计算纤维处由预加力产生的混凝土法向应力，按式 (9-59)、式 (9-73) 计算；

y_0、I_0——换算截面重心至所计算纤维处的距离和换算截面惯性矩；

A_{pb}——计算截面上同一弯起平面内的预应力弯起钢筋的截面面积；

α_p——计算截面上预应力弯起钢筋的切线与构件纵向轴线的夹角。

上述公式中 σ_x、σ_y、σ_{pc} 和 $\frac{M_k y_0}{I_0}$，当为拉应力时，以正值代入；当为压应力时，以负值代入。

（4）斜截面抗裂度验算位置。

计算混凝土主应力时，应选择跨度内不利位置的截面，如弯矩和剪力较大的截面或外形有突变的截面，并且在沿截面高度上，应选择该截面的换算截面重心处和截面宽度有突变处，如I形截面上、下翼缘与腹板交接处等主应力较大的部位。

对先张法预应力混凝土构件端部进行斜截面受剪承载力计算以及正截面、斜截面抗裂验算时，应考虑预应力钢筋在其预应力传递长度 l_{tr} 范围内实际应力值的变化，见图9-24。预应力钢筋的实际预应力按线性规律增大，在构件端部为零，在其传递长度的末端取有效预应力值 σ_{pe}。

四、受弯构件挠度验算

预应力受弯构件的挠度由两部分叠加而成：一部分是由荷载产生的挠度 f_{1l}，另一部分是由预加力产生的反拱 f_{2l}。

1. 荷载作用下构件的挠度 f_{1l}

挠度 f_{1l} 可按一般材料力学的方法计算，即

$$f_{1l}=S\frac{M_k l^2}{B} \tag{9-133}$$

其中截面弯曲刚度 B 应分别按下列情况计算。

（1）按荷载效应的标准组合下的短期刚度，可由下列公式计算：

对于使用阶段要求不出现裂缝的构件

$$B_s=0.85E_cI_0 \tag{9-134}$$

式中 E_c——混凝土的弹性模量；

I_0——换算截面惯性矩；

0.85——刚度折减系数，考虑混凝土受拉区开裂前出现的塑性变形。

对于使用阶段允许出现裂缝的构件

$$B_s=\frac{0.85E_cI_0}{K_{cr}+(1-K_{cr})\omega} \tag{9-135}$$

$$K_{cr}=\frac{M_{cr}}{M_k} \tag{9-136}$$

$$\omega=\left(1+\frac{0.21}{\alpha_E\rho}\right)(1+0.45\gamma_f)-0.7 \tag{9-137}$$

$$M_{cr}=(\sigma_{pc\,\mathrm{II}}+\gamma f_{tk})W_0 \tag{9-138}$$

式中 K_{cr}——预应力混凝土受弯构件正截面的开裂弯矩 M_{cr} 与弯矩 M_k 的比值，当 $K_{cr}>1.0$ 时，取 $K_{cr}=1.0$；

γ——混凝土构件的截面抵抗矩塑性影响系数；

$\sigma_{pc\,\mathrm{II}}$——扣除全部预应力损失后在抗裂验算边缘的混凝土预压应力；

α_E——钢筋弹性模量与混凝土弹性模量的比值，$\alpha_E=\frac{E_s}{E_c}$；

ρ——纵向受拉钢筋配筋率，$\rho=\frac{\alpha_1 A_p+A_s}{bh_0}$，对灌浆的后张预应力筋，取 $\alpha_1=1.0$，对无黏结后张预应力筋，取 $\alpha_1=0.3$；

γ_f——受拉翼缘面积与腹板有效截面面积的比值，$\gamma_f=\frac{(b_f-b)\ h_f}{bh_0}$，其中 b_f、h_f 为受拉区翼缘的宽度、高度。

对预压时预拉区出现裂缝的构件，B_s 应降低 10%。

(2) 按荷载效应标准组合并考虑预加应力长期作用影响的刚度，可按下式计算。

$$B=\frac{M_k}{M_q(\theta-1)+M_k}B_s \tag{9-139}$$

式中　M_k——按荷载的标准组合计算的弯矩，取计算区段内的最大弯矩值；

M_q——按荷载的准永久组合计算的弯矩，取计算区段内的最大弯矩值；

θ——考虑荷载长期作用对挠度增大的影响系数，对预应力混凝土受弯构件，取 $\theta=2.0$。

2. 预加应力产生的反拱 f_{2l}

预应力混凝土构件在偏心距为 e_p 的总预压力 N_p 作用下将产生反拱 f_{2l}，其值可按结构力学公式计算，即按两端有弯矩（等于 N_pe_p）作用的简支梁计算。设梁的跨度为 l，截面弯曲刚度为 B，则

$$f_{2l}=\frac{N_pe_pl^2}{8B} \tag{9-140}$$

式中的 N_p、e_p 及 B 等按下列不同的情况取用不同的数值，具体规定如下：

(1) 荷载标准组合下的反拱值。

荷载标准组合时的反拱值是由构件施加预应力引起的，按 $B_s=0.85E_cI_0$ 计算，此时的 N_p、e_p 均按扣除第一批预应力损失值后的情况计算，先张法构件为 $N_{p0\,\text{II}}$、$e_{p0\,\text{II}}$，后张法构件为 $N_{p\text{II}}$、$e_{pn\,\text{II}}$。

(2) 考虑预加应力长期影响下的反拱值。

预加应力长期影响下的反拱值是由于在使用阶段预应力的长期作用，预压区混凝土的徐变变形影响使梁的反拱值增大，故使用阶段的反拱值可按刚度 $B_s=0.425E_cI_0$ 计算，此时 N_p、e_p 应按扣除全部预应力损失后的情况计算，先张法构件为 $N_{p0\,\text{II}}$、$e_{p0\,\text{II}}$，后张法构件为 $N_{p\text{II}}$、$e_{pn\,\text{II}}$。

3. 挠度验算

由荷载标准组合下构件产生的挠度扣除预应力产生的反拱，即为预应力受弯构件的挠度，应不超过规定的限值。即

$$f=f_{1l}-f_{2l}\leqslant f_{\lim} \tag{9-141}$$

式中　$f_{\lim}$——受弯构件挠度限值。

五、受弯构件施工阶段的验算

预应力受弯构件，在制作、运输及安装等施工阶段的受力状态，与使用阶段是不相同的。在制作时，截面上受到了偏心压力，截面下边缘受压，上边缘受拉，见图 9-30(a)。而在运输、安装时，搁置点或吊点通常离梁端有一段距离，两端悬臂部分因自重引

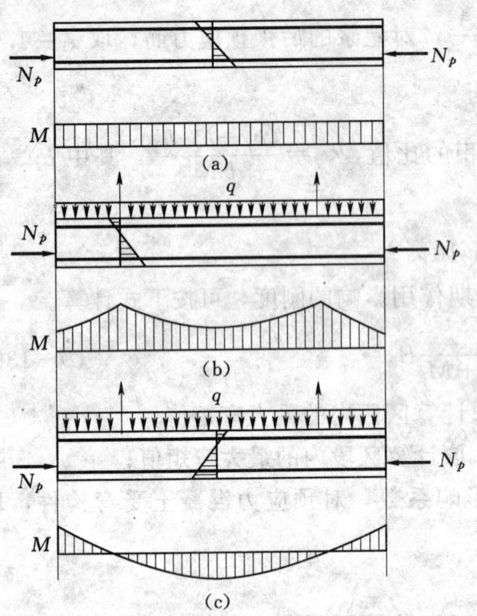

图 9-30　预应力混凝土受弯构件
(a) 制作阶段；(b) 吊装阶段；(c) 使用阶段

起负弯矩，与偏心预压力引起的负弯矩是相叠加的，见图 9-30 (b)。在截面上边缘（或称预拉区），如果混凝土的拉应力超过了混凝土的抗拉强度时，预拉区将出现裂缝，并随时间的增长裂缝不断开展。在截面下边缘（预压区），如混凝土的压应力过大，也会产生纵向裂缝。试验表明，预拉区的裂缝虽可在使用荷载下闭合，对构件的影响不大，但会使构件在使用阶段的正截面抗裂度和刚度降低。因此，必须对构件制作阶段的抗裂度进行验算。《规范》采用限制边缘纤维混凝土应力值的方法，来满足预拉区不允许出现裂缝的要求，同时保证预压区的抗压强度。

《规范》规定，对制作、运输及安装等施工阶段，除进行承载能力极限状态验算外，还应对在预加力、自重及施工荷载作用下截面边缘的混凝土法向拉应力 σ_{ct} 和压应力 σ_{cc} 进行控制。

对制作、运输及安装等施工阶段预拉区允许出现拉应力的构件，或预压时全截面受压的构件，在预加力、自重及施工荷载作用下（必要时考虑动力系数）截面边缘的混凝土法向应力宜符合下列规定

$$\sigma_{ct} \leqslant f'_{tk} \tag{9-142a}$$

$$\sigma_{cc} \leqslant 0.8 f'_{ck} \tag{9-142b}$$

式中　f'_{tk}，f'_{ck}——按相应施工阶段混凝土强度等级 f'_{cu} 确定的混凝土抗拉强度和抗压强度标准值，按附表 2-1 用线性内插法确定。

简支构件的端部区段截面预拉区边缘纤维的混凝土拉应力允许大于 f'_{tk}，但不应大于 $2f'_{tk}$。

相应施工阶段截面边缘的混凝土法向拉应力 σ_{ct} 和压应力 σ_{cc} 按下式计算：

$$\left.\begin{matrix}\sigma_{cc}\\ \\ \sigma_{ct}\end{matrix}\right\} = \sigma_{pc\,\mathrm{I}} + \frac{N_k}{A_0} \pm \frac{M_k}{W_0} \tag{9-143}$$

式中　$\sigma_{pc\,\mathrm{I}}$——由预加力产生的混凝土法向应力，当 $\sigma_{pc\,\mathrm{I}}$ 为压应力时，取正值；当 $\sigma_{pc\,\mathrm{I}}$ 为拉应力时，取负值；

N_k、M_k——构件自重及施工荷载的标准组合在计算截面产生的轴向力值及弯矩值；

W_0——验算边缘的换算截面弹性抵抗矩。

【例 9-2】　12m 预应力混凝土工字形截面梁，截面尺寸及有关数据见图 9-31。采用先张法在 100m 长线台座上张拉钢筋，养护温差 $\Delta t = 20$℃，采用超张拉，设松弛损失 σ_{l4} 在放松前已完成 50%，预应力钢筋采用 $\phi 5^H$ 消除应力螺旋肋钢丝，张拉控制应力 $\sigma_{con} = \sigma'_{con} = 0.75 f_{ptk}$，箍筋用 HRB300 钢筋，混凝土为 C40 级，放松时 $f'_{cu} = 35\text{N/mm}^2$。设梁的

计算跨度 $l_0=11.65\text{m}$，净跨 $l_n=11.25\text{m}$，均布荷载标准值 $g_k=10\text{kN/m}$（永久荷载，荷载系数 1.2），$p_k=12\text{kN/m}$（可变荷载，荷载系数 1.4），准永久值系数 0.6。此梁为处于室内正常环境的一般构件，裂缝控制等级为二级，允许挠度 $[f/l_0]=\frac{1}{400}$。吊装时吊点位置设在距梁端 2m 处，计算各阶段的强度、抗裂度和变形。

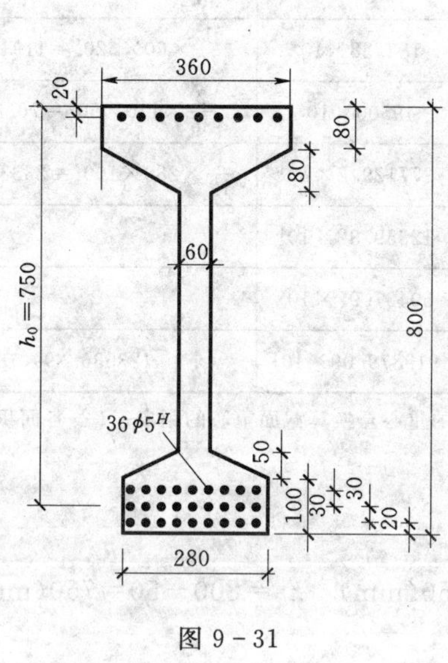

图 9-31

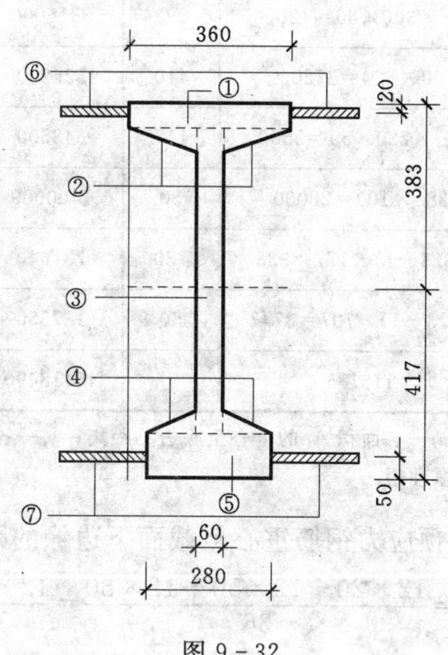

图 9-32

【解】（1）计算数据

1）混凝土 C40：$f_c=19.1\text{N/mm}^2$，$f_{ck}=26.8\text{N/mm}^2$，$f_t=1.71\text{N/mm}^2$，$f_{tk}=2.39\text{N/mm}^2$，$f'_{tk}=2.2\text{N/mm}^2$，$E_c=3.25\times10^4\text{N/mm}^2$

2）钢筋：$f_{ptk}=1570\text{N/mm}^2$；$f_{py}=1110\text{N/mm}^2$；$f'_{py}=410\text{N/mm}^2$；$E_s=2.05\times10^5\text{N/mm}^2$，$A'_p=177\text{mm}^2$；$A_p=707\text{mm}^2$。箍筋：$f_y=270\text{N/mm}^2$

3）张拉控制应力：$\sigma_{con}=\sigma'_{con}=0.75f_{ptk}=0.75\times1570=1177.5\ (\text{N/mm}^2)$

（2）内力计算

弯矩设计值：$M_{\max}=\frac{1}{8}(1.2\times10+1.4\times12)\times11.65^2=488.6(\text{kN}\cdot\text{m})$

剪力设计值：$V_{\max}=\frac{1}{2}(1.2\times10+1.4\times12)\times11.25=162(\text{kN})$

荷载效应标准组合弯矩值：$M_k=\frac{1}{8}(10+12)\times11.65^2=373.23(\text{kN}\cdot\text{m})$

荷载效应准永久组合弯矩值：$M_q=\frac{1}{8}(10+0.6\times12)\times11.65^2=291.8(\text{kN}\cdot\text{m})$

（3）截面几何特征

截面划分及编号见表 9-12。

钢筋与混凝土的弹性模量比

$$\alpha_E=\frac{E_s}{E_c}=\frac{20.5\times10^4}{3.25\times10^4}=6.3$$

表 9-12　　例 9-2 计算参数表

编号	A_i (mm²)	a_i (mm)	$S_i=A_ia_i$ (mm³)	y_i (mm)	$A_iy_i^2$ (mm⁴)	I_i (mm⁴)
①	360×80=28800	760	21888000	343	338829.12×10^4	$\frac{1}{12}\times360\times80^3=1536\times10^4$
②	$\frac{1}{2}\times300\times80=12000$	693	8316000	276	91411.2×10^4	$\frac{2}{36}\times150\times80^3=426.67\times10^4$
③	60×620=37200	410	15252000	7	182.28×10^4	$\frac{1}{12}\times60\times620^3=119164\times10^4$
④	$\frac{1}{2}\times220\times50=5500$	117	643500	300	49500×10^4	$\frac{2}{36}\times110\times50^3=76.39\times10^4$
⑤	280×100=28000	50	1400000	367	377129.2×10^4	$\frac{1}{12}\times280\times100^3=2333.33\times10^4$
⑥	(6.3−1)×177=938	780	731640	363	12359.32×10^4	
⑦	(6.3−1)×707=3747	50	187350	367	50467.97×10^4	
Σ	116185		48418490		919879.09×10^4	123536.39×10^4

注　表中 a_i—各面积 A_i 的重心至底边的距离；y_i—各面积 A_i 的重心至换算截面重心的距离；I_i—各面积 A_i 对其自身的惯性矩。

下部预应力钢筋重心至截面下边缘的距离：

$$a_p=\frac{12\times20+12\times50+12\times80}{36}=\frac{12\times150}{36}=50(\text{mm})\quad h_0=800-50=750(\text{mm})$$

换算截面重心至截面下边缘的距离：

$$y_0=\frac{\sum S_i}{\sum A_i}=\frac{48418490}{116185}=416.74(\text{mm})\approx417(\text{mm})$$

换算截面重心至截面上边缘的距离：

$$y_0'=800-416.75=383.25\text{mm}\approx383(\text{mm})$$

换算截面惯性矩：

$$I_0=\sum A_iy_i^2+\sum I_i=919879.09\times10^4+123536.39\times10^4=1043415.48\times10^4(\text{mm}^4)$$

(4) 预应力损失

1) 锚具损失

$\sigma_{l1}=\sigma_{l1}'=0$（因 100m 长线台座，可以忽略锚具变形损失）

2) 温差损失

$$\sigma_{l3}=\sigma_{l3}'=2\Delta t=2\times20\text{N/mm}^2=40\text{N/mm}^2$$

3) 钢筋松弛损失

$$\sigma_{l4}=\sigma_{l4}'=0.4\left(\frac{\sigma_{con}}{f_{ptk}}-0.5\right)\sigma_{con}$$

$$\sigma_{l4}=\sigma_{l4}'=0.4\times\left(\frac{1177.5}{1570}-0.5\right)\times1177.5=117.75\ (\text{N/mm}^2)$$

第一批预应力损失

$$\sigma_{l\text{I}}=\sigma_{l1}+\sigma_{l2}+\sigma_{l3}+0.5\sigma_{l4}=40+0.5\times117.75=99\ (\text{N/mm}^2)$$

第一批预应力损失出现后预应力钢筋的合力：

$$N_{p0\,\text{I}}=(\sigma_{con}-\sigma_{l\,\text{I}})A_p+(\sigma_{con}-\sigma'_{l\,\text{I}})A'_p=(\sigma_{con}-\sigma_{l\,\text{I}})(A_p+A'_p)$$
$$=(1177.5-99)\times(707+177)=953394\ (\text{N})$$

预应力钢筋合力点至换算截面重心的距离

$$e_{p0\,\text{I}}=\frac{(\sigma_{con}-\sigma_{l\,\text{I}})A_py_p-(\sigma'_{con}-\sigma'_{l\,\text{I}})A'_py'_p}{N_{p\,\text{I}}}=\frac{(\sigma_{con}-\sigma_{l\,\text{I}})(A_py_p-A'_py'_p)}{N_{p\,\text{I}}}$$
$$=\frac{(1177.5-99)\times(707\times367-177\times363)}{953394}=220.83\ (\text{mm})$$

受拉区预应力钢筋 A_p 及 A'_p 重心处混凝土的预压应力

$$\sigma_{pc\,\text{I}}=\frac{N_{p\,\text{I}}}{A_0}+\frac{N_{p\,\text{I}}\,e_{p\,\text{I}}}{I_0}y_p=\frac{953394}{116185}+\frac{953394\times220.83}{1043415.48\times10^4}\times367=15.61\ (\text{N/mm}^2)$$

受压区预应力钢筋 A'_p 重心处混凝土的预压应力

$$\sigma'_{pc\,\text{I}}=\frac{N_{p\,\text{I}}}{A_0}-\frac{N_{p\,\text{I}}\,e_{p\,\text{I}}}{I_0}y'_p=\frac{953394}{116185}-\frac{953394\times220.83}{1043415.48\times10^4}\times363=0.88\ (\text{N/mm}^2)$$

混凝土收缩和徐变引起的损失 σ_{l5} 计算如下

$$\rho=\frac{A_p}{A_0}=\frac{707}{116185}=0.0061,\rho'=\frac{A'_p}{A_0}=\frac{177}{116185}=0.0015$$

$$\frac{\sigma_{pc\,\text{I}}}{f'_{cu}}=\frac{15.61}{35}=0.45<0.5,\frac{\sigma'_{pc\,\text{I}}}{f'_{cu}}=\frac{0.88}{35}=0.025$$

$$\sigma_{l5}=\frac{60+340\dfrac{\sigma_{pc\,\text{I}}}{f'_{cu}}}{1+15\rho}=\frac{60+340\times0.45}{1+15\times0.0061}=195.14(\text{N/mm}^2)$$

$$\sigma'_{l5}=\frac{60+340\dfrac{\sigma'_{pc\,\text{I}}}{f'_{cu}}}{1+15\rho'}=\frac{60+340\times0.025}{1+15\times0.0015}=66.99\ (\text{N/mm}^2)$$

第二批预应力损失：

$$\sigma_{l\,\text{II}}=0.5\sigma_{l4}+\sigma_{l5}=0.5\times117.75+195.14=254.02\ (\text{N/mm}^2)$$
$$\sigma'_{l\,\text{II}}=0.5\sigma'_{l4}+\sigma'_{l5}=0.5\times117.75+66.99=125.87(\text{N/mm}^2)$$

总预应力损失：

$$\sigma_l=\sigma_{l\,\text{I}}+\sigma_{l\,\text{II}}=99+254.02=353.02\ \text{N/mm}^2>100\ (\text{N/mm}^2)$$
$$\sigma'_l=\sigma'_{l\,\text{I}}+\sigma'_{l\,\text{II}}=99+125.87=224.87\ \text{N/mm}^2>100\ (\text{N/mm}^2)$$

(5) 使用阶段正截面承载力计算

采用先张法完成全部预应力损失后混凝土法向应力为零时预应力钢筋的应力：

$$\sigma'_{p0}=\sigma'_{con}-\sigma'_l=1177.5-224.87=952.63\ (\text{N/mm}^2)$$
$$\sigma_{p0}=\sigma_{con}-\sigma_l=1177.5-353.02=824.48\ (\text{N/mm}^2)$$

构件破坏时受压区预应力钢筋的应力

$$\sigma'_{pe}=\sigma'_{p0}-f'_{py}=952.63-410=542.63\ (\text{N/mm}^2)$$

$$x=\frac{f_{py}A_p+\sigma'_{pe}A'_p}{\alpha_1f_cb'_f}=\frac{1110\times707+542.63\times177}{1.0\times19.1\times360}=128.10\ (\text{mm})$$

$x=128.10\text{mm}>h'_f=\left(80+\dfrac{80}{2}\right)=120$ (mm)，故属第二类 T 形截面，应重新计算受压区高度。

$$x=\frac{f_{py}A_p+\sigma'_{pe}A'_p-\alpha_1 f_c(b'_f-b)h'_f}{\alpha_1 f_c b}$$

$$=\frac{1110\times707+542.63\times177-1.0\times19.1\times(360-60)\times120}{1.0\times19.1\times60}$$

$$=168.6\text{mm}>2a'_p=40\ (\text{mm})$$

$$\xi_b=\frac{\beta_1}{1.6+\dfrac{f_{py}-\sigma_{p0}}{0.0033E_s}}=\frac{0.8}{1.6+\dfrac{1110-824.48}{0.0033\times2.05\times10^5}}=0.4$$

$\xi_b h_0=0.4\times750=300\text{mm}>x=168.6\text{mm}$，符合适用条件。

$$M_u=\alpha_1 f_c bx(h_0-0.5x)+\alpha_1 f_c(b'_f-b)h'_f(h_0-0.5h'_f)-\sigma'_{pe}A'_p(h_0-a'_p)$$

$$=1.0\times19.1\times60\times168.6\times(750-0.5\times168.6)+19.1\times(360-60)\times120\times(750-0.5\times120)-542.63\times177\times(750-20)$$

$$=532.95\text{kN}\cdot\text{m}>M=488.6\ (\text{kN}\cdot\text{m})$$

正截面承载力满足要求。

(6) 使用阶段正截面抗裂度验算

扣除全部预应力损失后预应力钢筋的合力

$$N_{p0\,\text{II}}=(\sigma_{con}-\sigma_l)A_p+(\sigma'_{con}-\sigma'_l)A'_p$$

$$=(1177.5-353.02)\times707+(1177.5-224.87)\times177=751522.87\ (\text{N})$$

预应力钢筋合力点至换算截面重心的距离

$$e_{p\text{II}}=\frac{(\sigma_{con}-\sigma_l)A_p y_p-(\sigma'_{con}-\sigma'_l)A'_p y'_p}{N_{p\text{II}}}$$

$$=\frac{(1177.5-353.02)\times707\times367-(1177.5-224.87)\times177\times363}{751522.87}=203.21\ (\text{mm})$$

混凝土下边缘的预压应力

$$\sigma_{pc\,\text{II}}=\frac{N_{p0\,\text{II}}}{A_0}+\frac{N_{p\,\text{II}}e_{p0\,\text{II}}}{I_0}\cdot y=\frac{751522.87}{116185}+\frac{751522.87\times203.21}{1043415.48\times10^4}\times417=12.57\ (\text{N/mm}^2)$$

荷载效应标准组合下的截面边缘拉应力

$$\sigma_{ck}=\frac{M_k}{I_0}y=\frac{373.23\times10^6}{1043415.48\times10^4}\times417=14.92\ (\text{N/mm}^2)$$

构件的裂缝控制为Ⅱ级，有

$$\sigma_{ck}-\sigma_{pc\,\text{II}}=14.92-12.57=2.35\text{N/mm}^2<f_{tk}=2.4(\text{N/mm}^2)$$ 满足要求

(7) 使用阶段斜截面承载力计算

复核截面尺寸

$$h_w=490\text{mm},h_w/b=490/60=8.17>6.0$$

$$0.2\beta_c f_c bh_0=0.2\times1.0\times19.1\times60\times750=171.9\text{kN}>V=162(\text{kN})$$

截面尺寸满足要求。

预应力所提高的构件的受剪承载力设计值 V_p：

构件端部至支座边缘的距离 $l=\dfrac{(12-11.25)\times10^3}{2}=375(\text{mm})$

可求得：$l_{tr}=\alpha\dfrac{\sigma_{pe}}{f'_{tk}}=0.13\dfrac{1177.5-99}{2.2}=320\text{mm}<l$

故：$N_{p0}=N_{p0\,\mathrm{II}}=751522.87\mathrm{N}>0.3f_cA_0=0.3\times19.1\times116185=665740.05(\mathrm{N})$

取：$N_{p0}=665.74\mathrm{kN}$

$$V_p=0.05N_{p0}=0.05\times665.74=33.29(\mathrm{kN})$$

验算是否需要按照计算配置箍筋

$$\alpha_c f_t bh_0+V_p=0.7\times1.71\times60\times750+33.29\times10^3=87.16\mathrm{kN}<V=162(\mathrm{kN})$$

必须按计算配置箍筋。

$$\frac{A_{sv}}{s}=\frac{V-\alpha_c f_t bh_0-V_p}{f_{yv}h_0}=\frac{(162-87.16)\times10^3}{270\times750}=0.37$$

选用双肢箍 $n=2$，$\phi6$，$A_{sv1}=28.3\mathrm{mm}^2$

$s\leqslant\dfrac{2\times28.3}{0.37}=152.97\ (\mathrm{mm})$　　取 $s=150\mathrm{mm}$

选用Φ6@150 的箍筋。

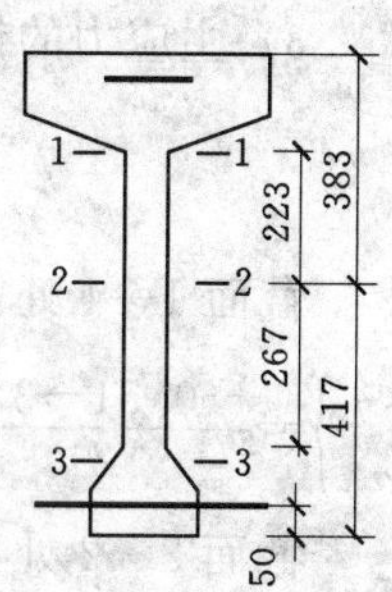

图 9－33

(8) 使用阶段斜截面抗裂度验算

沿构件长度方向，均布荷载作用下的简支梁，支座边缘处的剪力最大，并且沿截面高度，其主应力在 1—1、2—2、3—3 截面处较大（如图 9－33 所示），因而，必须对以上截面作主应力验算。

1) 正应力计算

在支座边缘处由荷载产生的剪力及弯矩为

$$V=\frac{1}{2}(g_k+p_k)l_n=\frac{1}{2}\times(10+12)\times11.25=123.75\ (\mathrm{kN})$$

$$M=V_a-\frac{1}{2}(g_k+p_k)a^2=123.75\times\frac{11.65-11.25}{2}-\frac{1}{2}\times(10+12)\times0.2^2=24.31\ (\mathrm{kN\cdot m})$$

由 M 在支座边缘截面产生的正应力

$$\sigma_q=\frac{M}{I_0}y=\frac{24.31\times10^6}{1043415.48\times10^4}y=0.0023y$$

截面 1—1 处：$\sigma_{q1-1}=-0.0023y=-0.0023\times(383-160)=-0.51\ (\mathrm{N/mm^2})$（压）

截面 2—2 处：$\sigma_{q2-2}=0$

截面 3—3 处：$\sigma_{q3-3}=0.0023y=0.0023\times(417-150)=0.61\ (\mathrm{N/mm^2})$

由预应力产生的正应力

$$\sigma_{pc\,\mathrm{II}}=\frac{N_{p0\,\mathrm{II}}}{A_0}\pm\frac{N_{p0\,\mathrm{II}}\,e_{p0\,\mathrm{II}}}{I_0}\cdot y=\frac{751522.87}{116185}\pm\frac{751522.87\times203.21}{1043415.48\times10^4}y=6.47\pm0.0146y$$

截面 1—1 处：$\sigma_{pc\,\mathrm{II}}=6.47-0.0146\times(383-160)\ =3.2\ (\mathrm{N/mm^2})$

截面 2—2 处：$\sigma_{pc\,\mathrm{II}}=6.47-0.0146\times0=6.47\ (\mathrm{N/mm^2})$

截面 3—3 处：$\sigma_{pc\,\mathrm{II}}=6.47+0.0146\times(417-150)\ =10.4\ (\mathrm{N/mm^2})$

2) 剪应力的计算

荷载效应标准组合下支座截面的剪应力

$$\tau_q=\frac{VS_0}{bI_0}=\frac{123.75\times10^3S_0}{60\times1043415.48\times10^4}=1.98\times10^{-7}S_0$$

截面 1—1 处：$S_{1-1}=28800\times(383-40)+12000\times(383-80-80/3)+60\times80\times(383$

$-80-80/2)+885\times(383-20)=14778055\ (mm^3)$

$$\tau_{q1-1}=1.98\times10^{-7}\times14778055=2.93\ (N/mm^2)$$

截面 2—2 处：$S_{2-2}=14778055+60\times223\times\frac{223}{2}=16269925\ (mm^3)$

$$\tau_{q2-2}=1.98\times10^{-7}\times16269925=3.22\ (N/mm^2)$$

截面 3—3 处：$S_{3-3}=28000\times(417-50)+5500\times(417-100-50/3)+60\times50\times(417-100-50/2)+3528\times(417-50)=14098609.33\ (mm^3)$

$$\tau_{q3-3}=1.98\times10^{-7}\times14098609.33=2.79\ (N/mm^2)$$

3）主应力的计算（$\sigma_x=\sigma_q+\sigma_{pc\,II}$，$\sigma_y=0$）

$$\left.\begin{matrix}\sigma_{tp}\\ \sigma_{cp}\end{matrix}\right\}=\frac{\sigma_q+\sigma_{pc\,II}}{2}\pm\sqrt{\left(\frac{\sigma_q+\sigma_{pc\,II}}{2}\right)^2+\tau^2}$$

截面 1—1 处：

$$\left.\begin{matrix}\sigma_{tp}\\ \sigma_{cp}\end{matrix}\right\}=\frac{-0.51-3.2}{2}\pm\sqrt{\left(\frac{-0.51-3.2}{2}\right)^2+2.93^2}=-1.86\pm3.47=\begin{matrix}1.61(\text{拉})\\ -5.33(\text{压})\end{matrix}\ (N/mm^2)$$

截面 2—2 处：

$$\left.\begin{matrix}\sigma_{tp}\\ \sigma_{cp}\end{matrix}\right\}=\frac{0-6.47}{2}\pm\sqrt{\left(\frac{0-6.47}{2}\right)^2+3.22^2}=-3.24\pm4.56=\begin{matrix}1.32(\text{拉})\\ -7.8(\text{压})\end{matrix}$$

截面 3—3 处：

$$\left.\begin{matrix}\sigma_{tp}\\ \sigma_{cp}\end{matrix}\right\}=\frac{0.61-10.4}{2}\pm\sqrt{\left(\frac{0.61-10.4}{2}\right)^2+2.79^2}=-4.9\pm5.63=\begin{matrix}0.73(\text{拉})\\ -10.52(\text{压})\end{matrix}\ (N/mm^2)$$

最大主拉应力 $\sigma_{tp\max}=1.61N/mm^2<0.95f_{tk}=0.95\times2.39=2.27\ (N/mm^2)$

最大主压应力 $\sigma_{cp\max}=10.52N/mm^2<0.6f_{ck}=0.6\times26.8=16.08\ (N/mm^2)$

满足要求。

（9）变形验算

使用阶段一般不允许裂缝出现的构件。

$$B_s=0.85E_cI_0=0.85\times3.25\times10^4\times1043415.48\times10^4=2.88\times10^{14}\ (N\cdot mm^2)$$

$$B=\frac{M_k}{M_q(\theta-1)+M_k}B_s=\frac{373.23\times2.88\times10^{14}}{291.8\times(2-1)+373.23}=1.61\times10^{14}\ (N\cdot mm^2)$$

由荷载产生的挠度

$$f_{1l}=\frac{5}{384}\times\frac{(g_k+p_k)l^4}{B}=\frac{5}{384}\times\frac{(10+12)\times(11.65\times1000)^4}{1.61\times10^{14}}=32.77\ (mm)$$

由预应力引起的反拱：

$$f_{2l}=\frac{N_{p0\,II}\,e_{p0\,II}\,l^2}{8B}=\frac{N_{p0\,II}\,e_{p0\,II}\,l^2}{4B_s}=\frac{751522.87\times203.21\times(11.65\times1000)^2}{4\times2.88\times10^{14}}=17.99\ (mm)$$

总的长期挠度为：

$$f_l=f_{1l}-f_{2l}=32.77-17.99=14.78mm$$

$$f_l/l_0=\frac{14.78}{11.65\times10^3}=\frac{1}{788}<[f/l_0]=\frac{1}{400}$$

变形满足要求

(10) 施工阶段承载力及抗裂度验算

1) 放松钢筋时的验算

本构件为使用阶段一般不出现裂缝的构件，故可看成施工阶段允许出现裂缝的构件。

$$N_{p0\text{I}}=953394\text{N}, e_{p0\text{I}}=220.83\text{mm}$$

截面上边缘混凝土应力：

$$\sigma_{ct}=\frac{N_{p0\text{I}}}{A_0}-\frac{N_{p0\text{I}}e_{p0\text{I}}}{I_0}y'=\frac{953394}{116185}-\frac{953394\times220.83}{1043415.48\times10^4}\times383=0.48(\text{N/mm}^2)(\text{压应力})$$

$$\sigma_{ct}=-0.48\text{N/mm}^2<2f'_{tk}=2\times2.2=4.4\ (\text{N/mm}^2)$$

满足要求

截面下边缘混凝土应力：

$$\sigma_{cc}=\frac{N_{p0\text{I}}}{A_0}+\frac{N_{p0\text{I}}e_{p0\text{I}}}{I_0}y=\frac{953394}{116185}+\frac{953394\times220.83}{1043415.48\times10^4}\times417=16.62\ (\text{N/mm}^2)(\text{压应力})$$

$$\sigma_{cc}=16.62\text{N/mm}^2<0.8f'_{ck}=0.8\times26.8=21.44(\text{N/mm}^2)\quad \text{满足要求}$$

2) 吊装时的验算

预应力梁的自重，由表 9-12 可得

$$g=(28800+12000+37200+5500+28000)\times10^{-6}\times25=2.79(\text{kN/m})$$

已知吊点离梁端为 2m，则：

$$M_q=\frac{1}{2}gl^2=\frac{1}{2}\times2.79\times2^2=5.58\ (\text{kN}\cdot\text{m})$$

截面上边缘混凝土应力：

$$\sigma_{ct}=\frac{N_{p0\text{I}}}{A_0}-\frac{N_{p0\text{I}}e_{p0\text{I}}}{I_0}y'-\frac{1.5M_q}{I_0}\cdot y'$$

$$=0.48-\frac{1.5\times5.58\times10^6}{1043415.48\times10^4}\times383=0.17\ (\text{N/mm}^2)(\text{压应力})$$

$$\sigma_{ct}=-0.17\text{N/mm}^2<2f'_{tk}=4.4(\text{N/mm}^2)\quad \text{满足要求}$$

截面下边缘混凝土应力：

$$\sigma_{cc}=\frac{N_{PI}}{A_0}+\frac{N_{PI}e_{PI}}{I_0}y'+\frac{1.5M_q}{I_0}y$$

$$=16.62+\frac{1.5\times5.58\times10^6}{1043415.48\times10^4}\times417=16.95\text{N/mm}^2<0.8f'_{ck}=21.44(\text{N/mm}^2)$$

满足要求。

第六节　预应力混凝土构件的构造要求

使用预应力混凝土构件时，除应满足钢筋混凝土结构的有关规定外，还应根据预应力混凝土的张拉工艺、锚固措施及预应力钢筋种类的不同，满足有关的构造要求。

一、一般规定

1. 截面形式和尺寸

预应力轴心受拉构件通常采用正方形或矩形截面。预应力受弯构件可采用 T 形、I 形及箱型等截面。

为了便于布置预应力钢筋及预压区在施工阶段具有足够的抗压能力，可设计成上、下翼缘不对称的I形截面，下部受拉翼缘的宽度可比上翼缘狭窄些，但高度比上翼缘大。

截面形式沿构件纵轴也可以变化，如跨中为I形，接近支座处为了承受较大的剪力并能有足够位置布置锚具，常做成矩形。

预应力混凝土构件具有较大的抗裂度和刚度，其截面尺寸可比钢筋混凝土构件小些。对于预应力混凝土受弯构件，其截面高度 $h=\left(\frac{1}{20}\sim\frac{1}{14}\right)l$（$l$ 为跨度），最小可为$\frac{l}{35}$，大至可取普通钢筋混凝土梁高的70%左右。翼缘宽度一般可取$\frac{h}{3}\sim\frac{h}{2}$，翼缘厚度一般可取$\frac{h}{10}\sim\frac{h}{6}$，腹板宽度尽可能小些，可取$\frac{h}{15}\sim\frac{h}{8}$。

2. 预应力纵向钢筋

（1）直线布置。当荷载和跨度不大时，直线布置最为简单，如图9-34所示，施工方便，使用先张法和后张法均可。

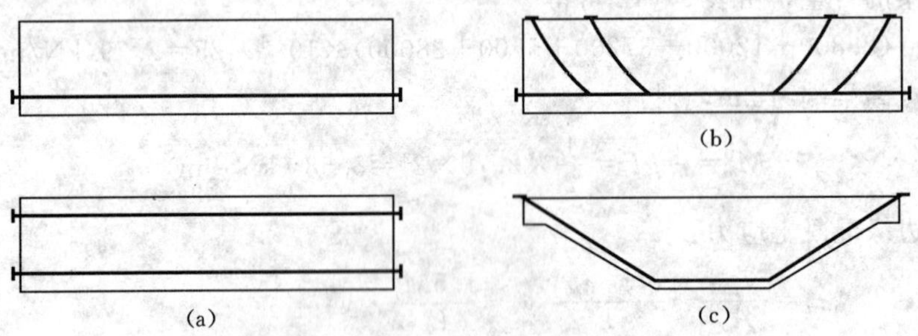

图9-34　预应力钢筋的布置

(a) 直线形；(b) 曲线形；(c) 折线形

（2）曲线布置、折线布置　当荷载和跨度较大时，可布置成曲线形式［图9-34 (b)］和折线形式［图9-34 (c)］，施工时一般用后张法，如预应力混凝土屋面梁、吊车梁等构件。为了承受支座附近的主拉应力及防止由于施加预应力而在预拉区产生裂缝和在构件端部产生沿截面中部的纵向水平裂缝，在靠近支座部位，宜将一部分预应力筋弯起，弯起的预应力钢筋沿构件端部均匀布置。

3. 非预应力纵向钢筋的布置

预应力混凝土构件中，除了配置预应力钢筋外，为了防止施工阶段因混凝土的收缩和温差及施加预应力过程中引起预拉区开裂以及防止构件在制作、堆放、运输、吊装等过程中出现裂缝或减小裂缝宽度，可在构件截面（预拉区）设置足够的非预应力钢筋。

在后张法预应力混凝土构件的预拉区和预压区，应设置纵向非预应力构造钢筋。在预应力钢筋弯折处，应加密箍筋或沿弯折处内侧布置非预应力钢筋网片，以加强在钢筋弯折区段的混凝土。

对预应力钢筋在构件端部全部弯起的受弯构件或直线配筋的先张法构件，当构件端部与下部支撑结构焊接时，应考虑混凝土的收缩、徐变及温度变化所产生的不利影响，宜在构件端部可能产生裂缝的部位，设置足够的非预应力纵向构造钢筋。

二、先张法构件的构造要求

(1) 先张法预应力钢筋的净间距不应小于其公称直径的 2.5 倍和混凝土粗骨料最大粒径的 1.25 倍，且应符合下列规定：预应力钢丝，不应小于 15mm；三股钢绞线，不应小于 20mm；七股钢绞线，不应小于 25mm。当混凝土振捣密实性具有可靠保证时，净间距可放宽为最大粗骨料粒径的 1.0 倍。

(2) 先张法预应力混凝土构件应保证钢筋与混凝土之间有可靠的黏结力，宜采用变形钢筋、刻痕钢丝、钢绞线等。当采用光面钢丝作预应力钢筋时，应根据钢丝的强度、直径及构件的受力特点采取适当措施，保证钢丝在混凝土中可靠地锚固，防止因钢丝与混凝土黏结力不足造成钢丝滑动。

(3) 先张法预应力混凝土构件端部宜采取下列构造措施：

1) 单根配置的预应力钢筋，其端部宜设置螺旋筋。如图 9-35 所示。

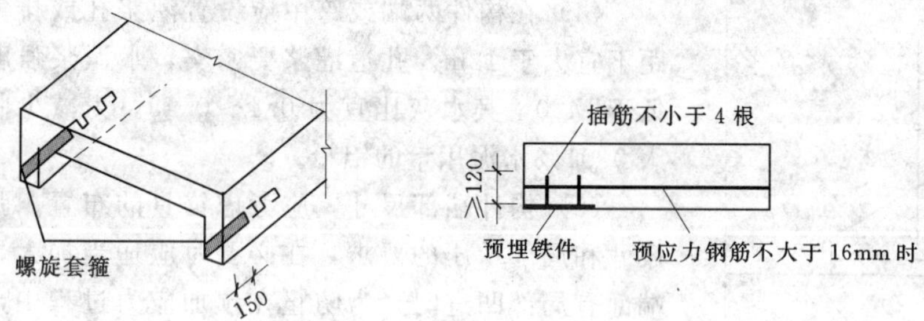

图 9-35　端部用螺旋筋或插筋加强

2) 对分散布置的多根预应力钢筋，在构件端部 10d（d 为预应力钢筋的公称直径）且不小于 100mm 长度范围内，设置 3～5 片与预应力钢筋垂直的钢筋网片。

3) 采用预应力钢丝配筋的薄板，在板端 100mm 范围内应适当加密横向钢筋。

4) 槽型板类构件，应在构件端部 100mm 长度范围内沿构件板面设置附加横向钢筋，其数量不应少于 2 根。

三、后张法构件的构造要求

(1) 后张法预应力钢筋的锚固应选用可靠的锚具，其制作方法和质量要求应符合现行《钢筋混凝土工程施工及验收规范》的规定。

(2) 后张法预应力钢筋及预留孔道布置应符合下列构造规定：

1) 预制构件中预留孔道之间的水平净间距不宜小于 50mm，且不宜小于粗骨料粒径的 1.25 倍；孔道至构件边缘的净间距不宜小于 30mm；且不宜小于孔道直径的 50%。

2) 现浇混凝土梁中预留孔道在竖直方向的净间距不应小于孔道外径，水平方向的净间距不应小于 1.5 倍孔道外径，且不宜小于粗骨料粒径的 1.25 倍；从孔壁外壁至构件边缘的净间距，梁底不宜小于 50mm，梁侧不宜小于 40mm，裂缝控制等级为三级的梁，梁底不宜小于 60mm，梁侧不宜小于 50mm。

3) 预留孔道的内径宜比预应力束外径及需穿过孔道的连接器外径大 6～15mm，且孔道的截面积宜为穿入预应力束截面的 3.0～4.0 倍。

4）当有可靠经验并能保证混凝土浇筑质量时，预留孔道可水平并列贴紧布置，但并排的数量不应超过2束。

5）在现浇楼板中采用扁形锚固体系时，穿过每个预留孔道的预应力筋数量宜为3～5根；在常用荷载情况下，孔道在水平方向的净间距不应超过8倍板厚及1.5m中的较大值。

6）板中单根无黏结预应力筋的间距不宜大于板厚的6倍，且不宜大于1m；带状束的无黏结预应力筋根数不宜多余5根，带状束间距不宜大于板厚的12倍，且不宜大于2.4m。

7）梁中集束布置的无黏结预应力筋，集束的水平净间距不宜小于50mm，束至构件边缘的净间距不宜小于40mm。

(3) 后张法预应力混凝土构件中，曲线预应力钢丝束、钢绞线束的曲率半径不宜小于4m；对折线配筋的构件，在预应力钢筋弯折处的曲率半径可适当减小。

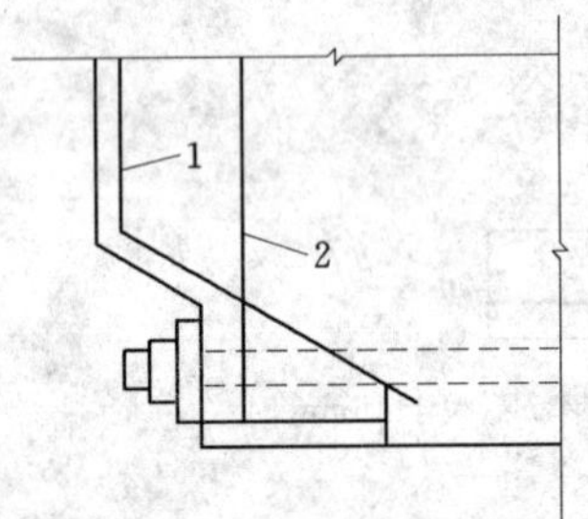

图9-36 端部转折处构造钢筋
1—折线构造钢筋；2—竖向构造钢筋

(4) 在构件两端或跨中应设置灌浆孔或排气孔，其孔距不宜大于12m。孔道灌浆要密实，水泥浆强度等级不应低于M20，其水灰比宜为0.4～0.45。为减少收缩，宜掺入0.01%水泥用量的铝粉。

(5) 构件端部尺寸，应考虑锚具的布置、张拉设备的尺寸和局部承压的要求，在必要时应适当加大。当构件在端部有局部凹进时，为防止在预加应力过程中，端部转折处产生裂缝，应增设折线构造钢筋，如图9-36所示。

在预应力钢筋锚具下及张拉设备支撑处，应设置预埋钢垫板并设间接钢筋和附加构造钢筋。

对外露金属锚具应采取涂刷油漆、砂浆封闭等防锈措施。

思 考 题

9-1 什么叫预应力混凝土结构？对构件施加预应力的主要目的是什么？试举出日常生活中一些利用预应力原理的例子。

9-2 普通钢筋混凝土结构和预应力混凝土结构有什么区别？它们各有何优缺点？

9-3 张拉钢筋的方法有哪几种？试述它们之间的主要区别、特点和适用范围。

9-4 在预应力混凝土结构中，对材料性能有何要求？为什么？

9-5 什么是张拉控制应力？为什么要对预应力钢筋的张拉控制应力进行控制？

9-6 预应力损失有哪些？如何减小各项预应力损失值？

9-7 什么是第一批和第二批预应力损失？先张法和后张法各项预应力损失是怎样组合的？

9-8 试述先张法、后张法轴心受拉构件在施工阶段、使用阶段各自的应力变化过程及相应应力值的计算公式。

9-9 预应力混凝土轴心受拉构件使用阶段的承载力计算和抗裂度验算的内容是

什么？

9-10　为什么要对预应力混凝土构件进行施工阶段的验算？如何进行构件端部锚固区局部受压验算？

9-11　对受弯构件的纵向受力钢筋施加预应力后，能否提高正截面受弯承载力？斜截面受剪承载力？为什么？

9-12　预应力混凝土受弯构件正截面的界限相对受压区高度 ξ_b 与普通钢筋混凝土受弯构件正截面的界限相对受压区高度 ξ_b 是否相同？为什么？

9-13　预应力混凝土受弯构件的受压预应力钢筋 A_p' 有什么作用？

9-14　预应力混凝土受弯构件正截面和斜截面抗裂验算如何进行？集中荷载对斜截面抗裂性能有何影响？

9-15　预应力混凝土受弯构件的变形是如何进行计算的？与普通钢筋混凝土受弯构件的变形有何异同？

9-16　预应力混凝土构件的构造要求有哪些？

习　题

9-1　某预应力混凝土轴心受拉构件，长 24m，截面尺寸 $b\times h=250\text{mm}\times150\text{mm}$，采用先张法在 50m 台座上张拉（超张拉 5%），端头采用墩头锚具固定混凝土压应力筋。混凝土为 C50，预应力钢筋为 10 Φ^H^9 螺旋肋钢丝，分两排布置，每排 5 Φ^H^9，$f_{ptk}=1570\text{N/mm}^2$。蒸汽养护时构件与台座之间的温差 $\Delta t=20$℃，混凝土达到强度设计值的 75%时放松预应力钢筋。试计算各项预应力损失。

9-2　某 24m 跨度预应力拱形屋架下弦，如图 9-37 所示，设计条件见表 9-13，试对屋架下弦进行使用阶段及施工阶段强度计算和抗裂度计算。

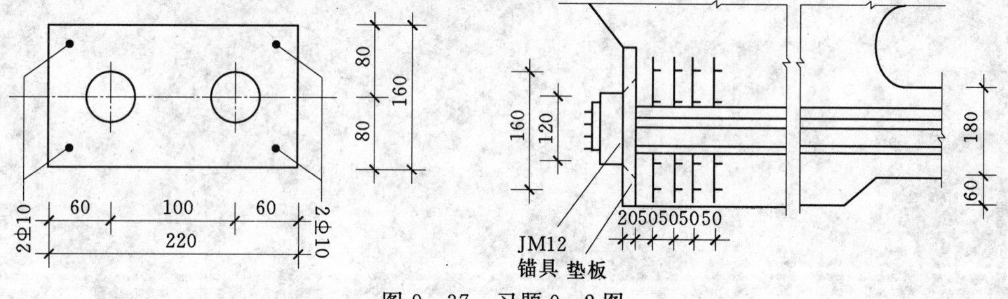

图 9-37　习题 9-2 图

表 9-13　　设计条件

材　料	混凝土	预应力钢筋	非预应力钢筋
品种和强度等级	C50	消除应力钢丝	HRB400
截面	220×160（mm）孔道 2Φ55	每束 4Φ^H^9	4 Φ 10（$A_s=314\text{mm}^2$）
材料强度 N/mm²	$f_c=23.1$ $f_{ck}=32.4$ $f_t=1，89$ $f_{tk}=2.64$	$f_{ptk}=1470$ $f_{py}=1040$	$f_y=360$ $f_{yk}=400$

续表

材　　料	混凝土	预应力钢筋	非预应力钢筋
弹性模量（N/mm^2）	$E_c=3.45\times10^6$	$E_s=2.05\times10^5$	$E_s=2\times10^5$
张拉工艺	后张法，一端张拉，采用JM12锚具，孔道为预埋钢管超张拉5%。		
张拉控制应力	$\sigma_{con}=0.75f_{ptk}=0.75\times1470=1102.5N/mm^2$		
张拉时混凝土强度	$f'_{cu}=50N/mm^2$		
下弦杆内力	永久荷载标准值产生的轴向拉力 $N_k=250kN$ 可变荷载标准值产生的轴向拉力 $N_k=120kN$		
裂缝控制等级	二级		
结构重要性系数	$\gamma_0=1.1$		

附录1　术 语 及 符 号

附1-1《混凝土结构设计规范（GB 50010—2010）》的术语

1. 混凝土结构 concrete structure

以混凝土为主制成的结构，包括素混凝土结构、钢筋混凝土结构和预应力混凝土结构等。

2. 素混凝土结构 plain concrete structure

无筋或不配置受力钢筋的混凝土结构。

3. 普通钢筋 steel bar

用于混凝土结构构件中的各种非预应力筋的总称。

4. 预应力筋 prestressing tendon and/or bar

用于混凝土结构构件中施加预应力的钢丝、钢绞线和预应力螺纹钢筋等的总称。

5. 钢筋混凝土结构 reinforced concrete structure

配置受力普通钢筋的混凝土结构。

6. 预应力混凝土结构 prestressed concrete structure

配置受力的预应力筋，通过张拉或其他方法建立预加应力的混凝土结构。

7. 现浇混凝土结构 cast - in - situ concrete structure

在现场原位支模并整体浇筑而成的混凝土结构。

8. 装配式混凝土结构 precast concrete structure

由预制混凝土构件或部件装配、连接而成的混凝土结构。

9. 装配整体式混凝土结构 assembled monolithic concrete structure

由预制混凝土构件或部件通过钢筋、连接件或施加预应力加以连接，并在连接部位浇筑混凝土而形成整体受力的混凝土结构。

10. 叠合构件 composite member

由预制混凝土构件（或既有混凝土结构构件）和后浇混凝土组成，以两阶段成型的整体受力结构构件。

11. 深受弯构件 deep flexural member

跨高比小于5的受弯构件。

12. 深梁 deep beam

跨高比小于2的简支单跨梁或跨高比小于2.5的多跨连续梁。

13. 先张法预应力混凝土结构 pretensioned prestressed concrete structure

在台座上张拉预应力筋后浇筑混凝土，并通过放张预应力筋由黏结传递而建立预应力的混凝土结构。

14. 后张法预应力混凝土结构 post - tensioned prestressed concrete structure

浇筑混凝土并达到规定强度后，通过张拉预应力筋并在结构上锚固而建立预应力的混凝土结构。

15. 无黏结预应力混凝土结构 unbonded prestressed concrete structure

配置与混凝土之间可保持相对滑动的无黏结预应力筋的后张法预应力混凝土结构。

16. 有黏结预应力混凝土结构 bonded prestressed concrete structure

通过灌浆或与混凝土直接接触使预应力筋与混凝土之间相互黏结而建立预应力的混凝土结构。

17. 结构缝 structural joint

根据结构设计需求而采取的分割混凝土结构间隔的总称。

18. 混凝土保护层 concrete cover

结构构件中钢筋外边缘至构件表面范围用于保护钢筋的混凝土，简称保护层。

19. 锚固长度 anchorage length

受力钢筋依靠其表面与混凝土的黏结作用或端部构造的挤压作用而达到设计承受应力所需的长度。

20. 钢筋连接 splice of reinforcement

通过绑扎搭接、机械连接、焊接等方法实现钢筋之间内力传递的构造形式。

21. 配筋率 ratio of reinforcement

混凝土构件中配置的钢筋面积（或体积）与规定的混凝土截面面积（或体积）的比值。

22. 剪跨比 ratio of shear span to effective depth

截面弯矩与剪力和有效高度乘积的比值。

23. 横向钢筋 transverse reinforcement

垂直于纵向受力钢筋的箍筋或间接钢筋。

附1-2　《混凝土结构设计规范（GB 50010—2010）》的符号

1. 材料性能

E_c——混凝土的弹性模量；

E_s——钢筋的弹性模量；

C30——立方体抗压强度标准值为 30N/mm^2 的混凝土强度等级；

HRB500——强度级别为 500MPa 的普通热轧带肋钢筋；

HRBF400——强度级别为 400MPa 的细晶粒热轧带肋钢筋；

RRB400——强度级别为 400MPa 的余热处理带肋钢筋；

HPB300——强度级别为 300MPa 的热轧光圆钢筋；

HRB400E——强度级别为 400MPa 且有较高抗震性能的普通热轧带肋钢筋；

f_{ck}、f_c——混凝土轴心抗压强度标准值、设计值；

f_{tk}、f_t——混凝土轴心抗拉强度标准值、设计值；

f_{yk}、f_{pyk}——普通钢筋、预应力筋屈服强度标准值；

f_{stk}，f_{ptk}——普通钢筋、预应力筋极限强度标准值；

f_y、f'_y——普通钢筋抗拉、抗压强度设计值；

f_{py}、f'_{py}——预应力筋抗拉、抗压强度设计值；

f_{yv}——横向钢筋的抗拉强度设计值；

δ_{gt}——钢筋最大力下的总伸长率，也称均匀伸长率。

2. 作用和作用效应

N——轴向力设计值；

N_k、N_q——按荷载标准组合、准永久组合计算的轴向力值；

N_{u0}——构件的截面轴心受压或轴心受拉承载力设计值；

N_{p0}——预应力构件混凝土法向预应力等于零时的预加力；

M——弯矩设计值；

M_k、M_q——按荷载标准组合、准永久组合计算的弯矩值；

M_u——构件的正截面受弯承载力设计值；

M_{cr}——受弯构件的正截面开裂弯矩值；

T——扭矩设计值；

V——剪力设计值；

F_l——局部荷载设计值或集中反力设计值；

σ_s、σ_p——正截面承载力计算中纵向钢筋、预应力筋的应力；

σ_{pe}——预应力筋的有效预应力；

σ_l、σ_l'——受拉区、受压区预应力筋在相应阶段的预应力损失值；

τ——混凝土的剪应力；

$w_{\max}$——按荷载准永久组合或标准组合，并考虑长期作用影响的计算最大裂缝宽度。

3. 几何参数

b——矩形截面宽度，T形、I形截面的腹板宽度；

c——混凝土保护层厚度；

d——钢筋的公称直径（简称直径）或圆形截面的直径；

h——截面高度；

h_0——截面有效高度；

l_{ab}、l_a——纵向受拉钢筋的基本锚固长度、锚固长度；

l_0——计算跨度或计算长度；

s——沿构件轴线方向上横向钢筋的间距、螺旋筋的间距或箍筋的间距；

x——混凝土受压区高度；

A——构件截面面积；

A_s、A_s'——受拉区、受压区纵向普通钢筋的截面面积；

A_p、A_p'——受拉区、受压区纵向预应力筋的截面面积；

A_l——混凝土局部受压面积；

A_{cor}——箍筋、螺旋筋或钢筋网所围的混凝土核心截面面积；

B——受弯构件的截面刚度；

I——截面惯性矩；

W——截面受拉边缘的弹性抵抗矩；

W_t——截面受扭塑性抵抗矩。

4. 计算系数及其他

α_E——钢筋弹性模量与混凝土弹性模量的比值；

γ——混凝土构件的截面抵抗矩塑性影响系数；

η——偏心受压构件考虑二阶效应影响的轴向力偏心距增大系数；

λ——计算截面的剪跨比，即 $M/(Vh_0)$；

ρ——纵向受力钢筋的配筋率；

ρ_v——间接钢筋或箍筋的体积配筋率；

ϕ——表示钢筋直径的符号，ϕ20 表示直径为 20mm 的钢筋。

附录2 《混凝土结构设计规范》(GB 50010—2010) 规定的材料力学指标

附表 2-1　　混凝土强度标准值 (N/mm^2)

轴心抗压强度	混凝土强度等级													
	C15	C20	C25	C30	C35	C40	C45	C50	C55	C60	C65	C70	C75	C80
f_{ck}	10.0	13.4	16.7	20.1	23.4	26.8	29.6	32.4	35.5	38.5	41.5	44.5	47.4	50.2
轴心抗拉强度	混凝土强度等级													
	C15	C20	C25	C30	C35	C40	C45	C50	C55	C60	C65	C70	C75	C80
f_{tk}	1.27	1.54	1.78	2.01	2.20	2.39	2.51	2.64	2.74	2.85	2.93	2.99	3.05	3.11

附表 2-2　　混凝土强度设计值 (N/mm^2)

轴心抗压强度	混凝土强度等级													
	C15	C20	C25	C30	C35	C40	C45	C50	C55	C60	C65	C70	C75	C80
f_c	7.2	9.6	11.9	14.3	16.7	19.1	21.1	23.1	25.3	27.5	29.7	31.8	33.8	35.9
轴心抗拉强度	混凝土强度等级													
	C15	C20	C25	C30	C35	C40	C45	C50	C55	C60	C65	C70	C75	C80
f_t	0.91	1.10	1.27	1.43	1.57	1.71	1.80	1.89	1.96	2.04	2.09	2.14	2.18	2.22

附表 2-3　　混凝土的弹性模量 ($\times 10^4 N/mm^2$)

混凝土强度等级	C15	C20	C25	C30	C35	C40	C45	C50	C55	C60	C65	C70	C75	C80
E_c	2.20	2.55	2.80	3.00	3.15	3.25	3.35	3.45	3.55	3.60	3.65	3.70	3.75	3.80

附表 2-4　　混凝土受压疲劳强度修正系数 γ_ρ

ρ_c^f	$0 \leqslant \rho_c^f < 0.1$	$0.1 \leqslant \rho_c^f < 0.2$	$0.2 \leqslant \rho_c^f < 0.3$	$0.3 \leqslant \rho_c^f < 0.4$	$0.4 \leqslant \rho_c^f < 0.5$	$\rho_c^f \geqslant 0.5$
γ_ρ	0.68	0.74	0.80	0.86	0.93	1.00

附表 2-5　　混凝土受拉疲劳强度修正系数 γ_ρ

ρ_c^f	$0 \leqslant \rho_c^f < 0.1$	$0.1 \leqslant \rho_c^f < 0.2$	$0.2 \leqslant \rho_c^f < 0.3$	$0.3 \leqslant \rho_c^f < 0.4$	$0.4 \leqslant \rho_c^f < 0.5$
γ_ρ	0.63	0.66	0.69	0.72	0.74
ρ_c^f	$0.5 \leqslant \rho_c^f < 0.6$	$0.6 \leqslant \rho_c^f < 0.7$	$0.7 \leqslant \rho_c^f < 0.8$	$\rho_c^f \geqslant 0.8$	—
γ_ρ	0.76	0.80	0.90	1.00	—

附表 2-6　　混凝土的疲劳变形模量 ($\times 10^4 N/mm^2$)

强度等级	C30	C35	C40	C45	C50	C55	C60	C65	C70	C75	C80
E_c^f	1.30	1.40	1.50	1.55	1.60	1.65	1.70	1.75	1.80	1.85	1.90

附表 2-7　　普通钢筋强度标准值 (N/mm^2)

牌　号	符　号	公称直径 d(mm)	屈服强度标准值 f_{yk}	极限强度标准值 f_{stk}
HPB300	Φ	6~22	300	420
HRB335 HRBF335	Φ $Φ^F$	6~50	335	455
HRB400 HRBF400 RRB400	Φ $Φ^F$ $Φ^R$	6~50	400	540
HRB500 HRBF500	Φ $Φ^F$	6~50	500	630

附表 2-8　　预应力筋强度标准值 (N/mm^2)

种　类		符　号	公称直径 d(mm)	屈服强度标准值 f_{pyk}	极限强度标准值 f_{ptk}
中强度预应力钢丝	光面 螺旋肋	$Φ^{PM}$ $Φ^{HM}$	5、7、9	620	800
				780	970
				980	1270
预应力螺纹钢筋	螺纹	$Φ^T$	18、25、32、40、50	785	980
				930	1080
				1080	1230
消除应力钢丝	光面 螺旋肋	$Φ^P$ $Φ^H$	5	—	1570
				—	1860
			7	—	1570
			9	—	1470
				—	1570
钢绞线	1×3 (三股)	$Φ^S$	8.6、10.8、12.9	—	1570
				—	1860
				—	1960
	1×7 (七股)		9.5、12.7、15.2、17.8	—	1720
				—	1860
				—	1960
			21.6	—	1860

注　极限强度标准值为 $1960N/mm^2$ 的钢绞线作后张预应力配筋时，应有可靠的工程经验。

附表 2-9　　普通钢筋强度设计值 (N/mm^2)

牌　号	抗拉强度设计值 f_y	抗压强度设计值 f'_y
HPB300	270	270
HRB335、HRBF335	300	300
HRB400、HRBF400、RRB400	360	360
HRB500、HRBF500	435	410

附表 2-10　　预应力筋强度设计值（N/mm²）

种　　类	极限强度标准值 f_{ptk}	抗拉强度设计值 f_{py}	抗压强度设计值 f'_{py}
中强度预应力钢丝	800	510	410
	970	650	
	1270	810	
消除应力钢丝	1470	1040	410
	1570	1110	
	1860	1320	
钢绞线	1570	1110	390
	1720	1220	
	1860	1320	
	1960	1390	
预应力螺纹钢筋	980	650	410
	1080	770	
	1230	900	

注　当预应力筋的强度标准值不符合表 4.2.3-2 的规定时，其强度设计值应进行相应的比例换算。

附表 2-11　　钢筋的弹性模量（$\times 10^5$ N/mm²）

牌　号　或　种　类	弹性模量 E_s
HPB300 钢筋	2.10
HRB335、HRB400、HRB500 钢筋 HRBF335、HRBF400、HRBF500 钢筋 RRB400 钢筋 预应力螺纹钢筋	2.00
消除应力钢丝、中强度预应力钢丝	2.05
钢绞线	1.95

注　必要时可采用实测的弹性模量。

附表 2-12　　普通钢筋疲劳应力幅限值（N/mm²）

疲劳应力比值 ρ_s^f	疲劳应力幅限值 Δf_y^f	
	HRB335	HRB400
0	175	175
0.1	162	162
0.2	154	156
0.3	144	149
0.4	131	137
0.5	115	123
0.6	97	106

续表

疲劳应力比值 ρ_s^f	疲劳应力幅限值 Δf_y^f	
	HRB335	HRB400
0.7	77	85
0.8	54	60
0.9	28	31

注　当纵向受拉钢筋采用闪光接触对焊连接时，其接头处的钢筋疲劳应力幅限值应按表中数值乘以 0.8 取用。

附表 2-13　　预应力筋疲劳应力幅限值 (N/mm²)

疲劳应力比值 ρ_p^f	钢绞线 $f_{ptk}=1570$	消除应力钢丝 $f_{ptk}=1570$
0.7	144	240
0.8	118	168
0.9	70	88

注　1. 当 ρ_{sv}^f 不小于 0.9 时，可不作预应力筋疲劳验算。

2. 当有充分依据时，可对表中规定的疲劳应力幅限值作适当调整。

附录3　钢筋的计算截面面积及公称质量

附表 3-1　　钢筋的公称直径、公称截面面积及理论重量

公称直径 (mm)	不同根数钢筋的公称截面面积（mm²）									单根钢筋理论重量 (kg/m)
	1	2	3	4	5	6	7	8	9	
6	28.3	57	85	113	142	170	198	226	225	0.222
8	50.3	101	151	201	252	302	352	402	453	0.395
10	78.5	157	236	314	393	471	550	628	707	0.617
12	113.1	226	339	452	565	678	791	904	1017	0.888
14	153.9	308	461	615	769	923	1077	1231	1385	1.21
16	201.1	402	603	804	1005	1206	1407	1608	1809	1.58
18	254.5	509	763	1017	1272	1527	1781	2036	2290	2.00 (2.11)
20	314.2	628	942	1256	1570	1884	2199	2513	2827	2.47
22	380.1	760	1140	1520	1900	2281	2661	3041	3421	2.98
25	490.9	982	1473	1964	2454	2945	3436	3927	4418	3.85 (4.10)
28	615.8	1232	1847	2463	3079	3695	4310	4926	5542	4.83
32	804.2	1609	2413	3217	4021	4826	5630	6434	7238	6.31 (6.65)
36	1017.9	2036	3054	4072	5089	6107	7125	8143	9161	7.99
40	1256.6	2513	3770	5027	6283	7540	8796	10053	11310	9.87 (10.34)
50	1963.5	3928	5892	7856	9820	11784	13748	15712	17676	15.42 (16.28)

注　括号内为预应力螺纹钢筋的数值。

附表 3-2　　钢绞线的公称直径、公称截面面积及理论重量

种类	公称直径（mm）	公称截面面积（mm²）	理论重量（kg/m）
1×3	8.6	37.7	0.296
	10.8	58.9	0.462
	12.9	84.8	0.666
1×7 标准型	9.5	54.8	0.430
	12.7	98.7	0.775
	15.2	140	1.101
	17.8	191	1.500
	21.6	285	2.237

附表 3-3　　钢丝的公称直径、公称截面面积及理论重量

公称直径（mm）	公称截面面积（mm²）	理论重量（kg/m）
5.0	19.63	0.154
7.0	38.48	0.302
9.0	63.62	0.499

附表 3-4　　钢筋混凝土板每 m 宽的钢筋截面面积表（mm^2）

钢筋间距	钢筋直径											
	3	4	5	6	6/8	8	8/10	10	10/12	12	12/14	14
70	101.0	180.0	280.0	404.0	561.0	719.0	920.0	1121.0	1369.0	1616.0	1907.0	2199.0
75	94.2	168.0	262.0	377.0	524.0	671.0	859.0	1047.0	1277.0	1508.0	1780.0	2052.0
80	88.4	157.0	245.0	354.0	491.0	629.0	805.0	981.0	1198.0	1414.0	1669.0	1924.0
85	83.2	148.0	231.0	333.0	462.0	592.0	758.0	924.0	1127.0	1331.0	1571.0	1811.0
90	78.5	140.0	218.0	314.0	437.0	559.0	716.0	872.0	1064.0	1257.0	1483.0	1710.0
95	74.5	132.0	207.0	298.0	414.0	529.0	678.0	826.0	1008.0	1190.0	1405.0	1620.0
100	70.6	126.0	196.0	283.0	393.0	503.0	644.0	785.0	958.0	1131.0	1335.0	1539.0
110	64.2	114.0	178.0	257.0	357.0	457.0	585.0	714.0	871.0	1028.0	1214.0	1399.0
120	58.9	105.0	163.0	236.0	327.0	419.0	537.0	654.0	798.0	942.0	1113.0	1283.0
125	56.5	101.0	157.0	226.0	314.0	402.0	515.0	628.0	766.0	905.0	1068.0	1231.0
130	54.4	96.6	151.0	218.0	302.0	387.0	495.0	604.0	737.0	870.0	1027.0	1184.0
140	50.5	89.8	140.0	202.0	281.0	359.0	460.0	561.0	684.0	808.0	954.0	1099.0
150	47.1	83.8	131.0	189.0	262.0	335.0	429.0	523.0	639.0	754.0	890.0	1026.0
160	44.1	78.5	123.0	177.0	246.0	314.0	403.0	491.0	599.0	707.0	834.0	962.0
170	41.5	73.9	115.0	166.0	231.0	296.0	379.0	462.0	564.0	665.0	785.0	905.0
180	39.2	69.8	109.0	157.0	218.0	279.0	358.0	436.0	532.0	628.0	742.0	855.0
190	37.2	66.1	100.0	149.0	207.0	265.0	339.0	413.0	504.0	595.0	703.0	810.0
200	35.3	62.8	98.2	141.0	196.0	251.0	322.0	393.0	479.0	565.0	668.0	770.0
220	32.1	57.1	89.2	129.0	179.0	229.0	293.0	357.0	436.0	514.0	607.0	700.0
240	29.4	52.4	81.8	118.0	164.0	210.0	268.0	327.0	399.0	471.0	556.0	641.0
250	28.3	50.3	78.5	113.0	157.0	201.0	258.0	314.0	383.0	452.0	534.0	616.0
260	27.2	48.3	75.5	109.0	151.0	193.0	248.0	302.0	369.0	435.0	513.0	592.0
280	25.2	44.9	70.1	101.0	140.0	180.0	230.0	280.0	342.0	404.0	477.0	550.0
300	23.6	41.9	65.5	94.2	131.0	168.0	215.0	262.0	319.0	377.0	445.0	513.0
320	22.1	39.3	61.4	88.4	123.0	157.0	201.0	245.0	299.0	353.0	417.0	481.0

附录4 《混凝土结构设计规范》(GB 50010—2010)的有关规定

附表4-1　　受弯构件的挠度限值

构　件　类　型		挠　度　限　值
吊车梁	手动吊车	$l_0/500$
	电动吊车	$l_0/600$
屋盖、楼盖及楼梯构件	当 $l_0<7$m 时	$l_0/200(l_0/250)$
	当 7m$\leqslant l_0\leqslant$9m 时	$l_0/250$ ($l_0/300$)
	当 $l_0>9$m 时	$l_0/300$ ($l_0/400$)

注　1. 表中 l_0 为构件的计算跨度；计算悬臂构件的挠度限值时，其计算跨度 l_0 按实际悬臂长度的2倍取用。
2. 表中括号内的数值适用于使用上对挠度有较高要求的构件。
3. 如果构件制作时预先起拱，且使用上也允许，则在验算挠度时，可将计算所得的挠度值减去起拱值；对预应力混凝土构件，尚可减去预加力所产生的反拱值。
4. 构件制作时的起拱值和预加力所产生的反拱值，不宜超过构件在相应荷载组合作用下的计算挠度值。

附表4-2　　混凝土结构的环境类别

环　境　类　别	条　　件
一	室内干燥环境； 无侵蚀性静水浸没环境
二a	室内潮湿环境； 非严寒和非寒冷地区的露天环境； 非严寒和非寒冷地区与无侵蚀性的水或土壤直接接触的环境； 严寒和寒冷地区的冰冻线以下与无侵蚀性的水或土壤直接接触的环境
二b	干湿交替环境； 水位频繁变动环境； 严寒和寒冷地区的露天环境； 严寒和寒冷地区冰冻线以上与无侵蚀性的水或土壤直接接触的环境
三a	严寒和寒冷地区冬季水位变动区环境； 受除冰盐影响环境； 海风环境
三b	盐渍土环境； 受除冰盐作用环境； 海岸环境
四	海水环境
五	受人为或自然的侵蚀性物质影响的环境

注　1. 室内潮湿环境是指构件表面经常处于结露或湿润状态的环境。
2. 严寒和寒冷地区的划分应符合现行国家标准《民用建筑热工设计规范》GB 50176的有关规定。
3. 海岸环境和海风环境宜根据当地情况，考虑主导风向及结构所处迎风、背风部位等因素的影响，由调查研究和工程经验确定。
4. 受除冰盐影响环境是指受到除冰盐盐雾影响的环境；受除冰盐作用环境是指被除冰盐溶液溅射的环境以及使用除冰盐地区的洗车房、停车楼等建筑。
5. 暴露的环境是指混凝土结构表面所处的环境。

附表4-3 结构构件的裂缝控制等级及最大裂缝宽度的限值(mm)

<table>
<tr><th rowspan="2">环境类别</th><th colspan="2">钢筋混凝土结构</th><th colspan="2">预应力混凝土结构</th></tr>
<tr><th>裂缝控制等级</th><th>$w_{\lim}$</th><th>裂缝控制等级</th><th>$w_{\lim}$</th></tr>
<tr><td>一</td><td rowspan="4">三级</td><td>0.30(0.40)</td><td rowspan="2">三级</td><td>0.20</td></tr>
<tr><td>二a</td><td rowspan="3">0.20</td><td>0.10</td></tr>
<tr><td>二b</td><td>二级</td><td>—</td></tr>
<tr><td>三a、三b</td><td>一级</td><td>—</td></tr>
</table>

注 1. 对处于年平均相对湿度小于60%地区一类环境下的受弯构件,其最大裂缝宽度限值可采用括号内的数值;
2. 在一类环境下,对钢筋混凝土屋架、托架及需作疲劳验算的吊车梁,其最大裂缝宽度限值应取为0.20mm;对钢筋混凝土屋面梁和托梁,其最大裂缝宽度限值应取为0.30mm;
3. 在一类环境下,对预应力混凝土屋架、托架及双向板体系,应按二级裂缝控制等级进行验算;对一类环境下的预应力混凝土屋面梁、托梁、单向板,应按表中二a级环境的要求进行验算;在一类和二a类环境下需作疲劳验算的预应力混凝土吊车梁,应按裂缝控制等级不低于二级的构件进行验算;
4. 表中规定的预应力混凝土构件的裂缝控制等级和最大裂缝宽度限值仅适用于正截面的验算;预应力混凝土构件的斜截面裂缝控制验算应符合本规范第7章的有关规定;
5. 对于烟囱、筒仓和处于液体压力下的结构,其裂缝控制要求应符合专门标准的有关规定;
6. 对于处于四、五类环境下的结构构件,其裂缝控制要求应符合专门标准的有关规定;
7. 表中的最大裂缝宽度限值为用于验算荷载作用引起的最大裂缝宽度。

附表4-4 混凝土保护层的最小厚度 c(mm)

环境类别	板、墙、壳	梁、柱、杆
一	15	20
二a	20	25
二b	25	35
三a	30	40
三b	40	50

注 1. 混凝土强度等级不大于C25时,表中保护层厚度数值应增加5mm。
2. 钢筋混凝土基础宜设置混凝土垫层,基础中钢筋的混凝土保护层厚度应从垫层顶面算起,且不应小于40mm。

附表4-5 截面抵抗矩塑性影响系数基本值 γ_m

<table>
<tr><td>项次</td><td>1</td><td>2</td><td colspan="2">3</td><td colspan="2">4</td><td>5</td></tr>
<tr><td rowspan="2">截面形状</td><td rowspan="2">矩形截面</td><td rowspan="2">翼缘位于受压区的T形截面</td><td colspan="2">对称I形截面或箱形截面</td><td colspan="2">翼缘位于受拉区的倒T形截面</td><td rowspan="2">圆形和环形截面</td></tr>
<tr><td>$b_f/b\leq2$、h_f/h为任意值</td><td>$b_f/b>2$、$h_f/h<0.2$</td><td>$b_f/b\leq2$、h_f/h为任意值</td><td>$b_f/b>2$、$h_f/h<0.2$</td></tr>
<tr><td>γ_m</td><td>1.55</td><td>1.50</td><td>1.45</td><td>1.35</td><td>1.50</td><td>1.40</td><td>$1.6-0.24r_1/r$</td></tr>
</table>

注 1. 对 $b'_f>b_f$ 的I形截面,可按项次2与项次3之间的数值采用;对 $b'_f<b_f$ 的I形截面,可按项次3与项次4之间的数值采用。
2. 对于箱形截面,b 系指各肋宽度的总和。
3. r_1 为环形截面的内环半径,对圆形截面取 r_1 为零。

附表 4-6　　纵向受力钢筋的最小配筋百分率 ρ_{min} (%)

受力类型			最小配筋百分率
受压构件	全部纵向钢筋	强度等级 500MPa	0.50
		强度等级 400MPa	0.55
		强度等级 300MPa、335MPa	0.60
	一侧纵向钢筋		0.20
受弯构件、偏心受拉、轴心受拉构件一侧的受拉钢筋			0.20 和 $45f_t/f_y$ 中的较大值

注 1. 受压构件全部纵向钢筋最小配筋百分率，当采用 C60 以上强度等级的混凝土时，应按表中规定增加 0.10。

2. 板类受弯构件（不包括悬臂板）的受拉钢筋，当采用强度等级 400MPa、500MPa 的钢筋时，其最小配筋百分率应允许采用 0.15 和 $45f_t/f_y$ 中的较大值。

3. 偏心受拉构件中的受压钢筋，应按受压构件一侧纵向钢筋考虑。

4. 受压构件的全部纵向钢筋和一侧纵向钢筋的配筋率以及轴心受拉构件和小偏心受拉构件一侧受拉钢筋的配筋率均应按构件的全截面面积计算。

5. 受弯构件、大偏心受拉构件一侧受拉钢筋的配筋率应按全截面面积扣除受压翼缘面积 $(b'_f-b)h'_f$ 后的截面面积计算。

6. 当钢筋沿构件截面周边布置时，“一侧纵向钢筋”系指沿受力方向两个对边中一边布置的纵向钢筋。

参 考 文 献

[1] 沈蒲生．混凝土结构设计原理［M］．3版．北京：高等教育出版社，2007.

[2] 顾祥林．混凝土结构基本原理［M］．2版．上海：同济大学出版社，2011.

[3] 东南大学，同济大学，天津大学．混凝土结构设计原理（上册）［M］．4版．北京：中国建筑工业出版社，2008.

[4] 叶列平．混凝土结构（上册）［M］．北京：清华大学出版社，2005.

[5] 江见鲸，陆新征，江波．钢筋混凝土基本构件设计［M］．2版．北京：清华大学出版社，2006.

[6] 翟爱良，李平．混凝土结构设计原理［M］．北京：中国水利水电出版社，2009.

[7] 邵永健，朱天志．段红霞．混凝土结构设计原理［M］．北京：北京大学出版社，2010.

[8] 梁兴文，王社良，李晓文．混凝土结构设计原理［M］．北京：科学出版社，2007.

[9] 马芹永．混凝土结构基本原理［M］．北京：机械工业出版社，2007.

[10] 宗兰，宋琼．建筑结构（上册）［M］．2版．北京：机械工业出版社，2008.

[11] 规范编制组．混凝土结构设计规范（GB 50010—2010）［S］．北京：中国建筑工业出版社，2011.

[12] 规范编制组．工程结构可靠性设计统一标准（GB 50153—2008）［S］．北京：中国建筑工业出版社，2009.

[13] 规范编制组．建筑结构可靠度设计统一标准（GB 50068—2001）［S］．北京：中国建筑工业出版社，2001.

[14] 规范编制组．建筑结构荷载规范（GB 50009—2001）［S］．北京：中国建筑工业出版社，2006.